Hans Sachs

Isotrope Geometrie des Raumes

Hans Sachs

Isotrope Geometrie des Raumes

Friedr. Vieweg & Sohn   Braunschweig / Wiesbaden

CIP-Titelaufnahme der Deutschen Bibliothek

Sachs, Hans:
Isotrope Geometrie des Raumes /Hans Sachs. –
Braunschweig; Wiesbaden: Vieweg, 1990
ISBN-13: 978-3-528-06332-0   e-ISBN-13: 978-3-322-83785-1
DOI: 10.1007/978-3-322-83785-1

Mag. Dr. *Hans Sachs* ist ordentlicher Universitätsprofessor am Institut für Mathematik und
Angewandte Geometrie der Montanuniversität Leoben, Österreich.

Der Verlag Vieweg ist ein Unternehmen der Verlagsgruppe Bertelsmann International.

Druck und buchbinderische Verarbeitung: Lengericher Handelsdruckerei, Lengerich

<u>VORWORT</u>

Der allgemeine Begriff der *m-dimensionalen isotropen Mannigfaltigkeit* V_m eines komplexen euklidischen R_n wurde von J. LENSE geprägt und führte zu einer Reihe außerordentlich interessanter Untersuchungen (vgl. [92] - [104]). Später hat M. PINL (vgl. [138] - [160]) diese Thematik unter Aspekten der Riemannschen Geometrie konsequent weiterentwickelt. Ist $\vec{x} = \vec{x}(u_1, u_2, \cdots, u_m)$ eine m-dimensionale Riemannsche Mannigfaltigkeit V_m, die in einem komplexen euklidischen $R_n(x_1, \cdots, x_n)$ eingebettet ist und bezeichnet

$$(0.1) \qquad g_{\alpha\beta} = g_{\beta\alpha} = \vec{x}_\alpha \cdot \vec{x}_\beta = \frac{\partial \vec{x}}{\partial u_\alpha} \cdot \frac{\partial \vec{x}}{\partial u_\beta}$$

ihren Maßtensor, so heißt V_m *isotrop vom Rang r*, wenn Rang $(g_{\alpha\beta}) = r < m$ gilt. Für $r = m$ liegt der klassische Fall einer regulären Riemannschen Metrik vor, die von R_n auf V_m induziert wird, während man im Fall $r > m$ gerne V_m als *(m-r)-fach isotrop* bezeichnet. Speziell für $r = 0$, d. h. $g_{\alpha\beta} \equiv 0$ liegen sogenannnte *vollisotrope Mannigfaltigkeiten* vor, denn für das allgemeine Bogenelementquadrat

$$(0.2) \qquad ds^2 = g_{\alpha\beta} \, du^\alpha \, du^\beta$$

gilt hier $ds^2 \equiv 0$. Diese vollisotropen Mannigfaltigkeiten wurden nicht nur von J. LENSE und M. PINL sondern auch von E. BOMPIANI (vgl. [13] - [17]) studiert. Allgemeine *Einbettungsprobleme* isotroper Mannigfaltigkeiten in reguläre Riemannsche Räume hat vor allem W. O. VOGEL behandelt (vgl. [250] - [254]). Eine zusammenfassende Darstellung über den bisher angesprochenen Themenkomplex wird unabhängig von diesem Buch in Form einer Monographie von W. O. VOGEL publiziert werden. Für unsere Betrachtungen sind vor allem die *linearen h-fach isotropen Räume* von Interesse, die sich als Tangentialräume isotroper Riemannscher Mannigfaltigkeiten V_m einstellen, wobei

$$(0.3) \qquad ds^2 = dx_1^2 + dx_2^2 + \cdots + dx_{n-h}^2$$

gilt. Diese Räume nennt man kurz *h-fach isotrope Räume* $I_N^{(h)}$ (vgl. z. B. [156], [229], [170], [3]). Will man die interessante Theorie einer singulären Metrik mit einer gewissen Anschaulichkeit verbinden, so sind naturgemäß die beiden Fälle $n = 3$, $h = 1$ und $n = 3$, $h = 2$ in den Vordergrund zu stellen.

Der Fall $n = 3$, $h = 1$ liefert die sogenannte *einfach isotrope Geometrie*, — den Gegenstand dieses Buches — die vor allem von K. STRUBECKER in zahlreichen Arbeiten systematisch entwickelt wurde (vgl. [203] - [225], [229] - [241]). Der hervorragende Inhalt dieser Abhandlungen kann nicht genug gewürdigt werden. Standen in den allgemeinen Untersuchungen von J. LENSE und M. PINL vor allem Fragestellungen der *Analysis* im Vordergrund, so ist es das Verdienst von K. STRUBECKER nun rein *geometrische Aspekte* in den Mittelpunkt der Betrachtungen zu stellen. Durch seine Untersuchungen fanden viele, bisher oft als Einzelergebnisse in anderen mathematischen Disziplinen vorliegende Resultate, ihren natürlichen Platz in der Geometrie des einfach isotropen Raumes (vgl. z. B. [225], [231]). Die grundlegenden Untersuchungen von K. STRUBECKER bildeten auch das Fundament für die weitere Erforschung der einfach isotropen Geometrie; wir verweisen an dieser Stelle nur auf die Abhandlungen von D. PALMAN ([117] - [119], [121] - [129]), H. SACHS ([167] - [184]) und G. STAMOU ([193]- [200]).

Der Fall $n = 3$, $h = 2$ führt zur Geometrie des *zweifach isotropen Raumes* $I_3^{(2)}$, die vor allem von H. BRAUNER in den schönen Abhandlungen [18] - [20] entwickelt wurde. Sowohl die Geometrie des einfach als auch zweifach isotropen Raumes läßt sich mittels der *Fundamentalgruppe* einer gewissen *Absolutfigur* induzieren und damit im Sinne des Erlanger Programms (vgl. [72] - [73]) konzipieren. Diese Einsicht bietet die Möglichkeit weitgehendsten Verallgemeinerungen zu sogenannten CAYLEY-KLEINSCHEN GEOMETRIEN (vgl. z. B. [41]), die besonders intensiv von russischen Autoren untersucht wurden (vgl. [163] - [165], [66]). Die Geometrie des zweifach isotropen Raumes wird vom Autor an anderer Stelle lehrbuchmäßig dargestellt werden. Das vorliegende Buch ist aus Vorlesungen entstanden, die ich wiederholt an der Universität Kaiserslautern und an der TU Graz gehalten habe. Es berücksichtigt alle *Originalarbeiten* bis zum Jahr 1989, die nur irgendwie greifbar waren. Die meisten Begriffe der einfach isotropen Geometrie werden im Buch systematisch entwickelt; nur gelegentlich muß auf das Lehrbuch [180] verwiesen werden, wo alle Begriffsbildungen und Sätze nachgelesen werden können, die sich auf die *ebene isotrope Geometrie* beziehen. Viele Teile des Buches sind jedoch unabhängig von [180] lesbar. 17 Textfiguren sollen dem Leser helfen, die oft schwierigen Zusammenhänge klar zu erkennen.

Mein besonderer Dank gilt Herrn Univ.-Doz. Dr. M. HUSTY für das Mitlesen der Korrekturen, Frl. U. KÖBERL für das Erstellen der Textvorlage und Herrn Dr. W. HARTMANN für die Bereitstellung der Textfiguren, die vielfach auf der CAD-Anlage des Institutes für Angewandte Geometrie der MU Leoben entwickelt wurden. Nicht zuletzt gilt mein aufrichtiger Dank wieder dem Vieweg-Verlag, vor allem Frau U. SCHMICKLER-HIRZEBRUCH, die mit großem Entgegenkommen das Erscheinen dieses Buches ermöglichte.

Möge dieses Buch nicht nur die Schönheit und den Formenreichtum der isotropen Geometrie vorstellen, sondern auch im *horazischen Geist* den Leser zu eigener Forschung auf diesem interessanten Gebiet anregen!

INHALTSVERZEICHNIS

Meinem Schwager

Franz Gärtner zum 70. Geburtstag gewidmet

Non satis est pulchra esse poemata: dulcia sunto
et quocumque volent animum auditoris agunto.

(Horaz: De arte poetica, 99-100).

§1 <u>Die dreidimensionalen einfach isotropen Geometrien und ihre Invarianten.</u>

Im folgenden gehen wir vom dreidimensionalen, reellen projektiven Raum $P_3(\mathcal{R})$ aus, den wir durch projektive Koordinaten $(x_0 : x_1 : x_2 : x_3)$ beschreiben und gelegentlich auch komplex zu $P_3(\mathcal{C})$ erweitern. Auf P_3 operiert die *15-parametrige Gruppe* von *Projektivitäten* $\mathcal{G}_{15}$

$$(1.1) \quad \begin{cases} \rho\bar{x}_0 = \alpha_{00}x_0 + \alpha_{01}x_1 + \alpha_{02}x_2 + \alpha_{03}x_3 \\ \rho\bar{x}_1 = \alpha_{10}x_0 + \alpha_{11}x_1 + \alpha_{12}x_2 + \alpha_{13}x_3 \\ \rho\bar{x}_2 = \alpha_{20}x_0 + \alpha_{21}x_1 + \alpha_{22}x_2 + \alpha_{23}x_3 \\ \rho\bar{x}_3 = \alpha_{30}x_0 + \alpha_{31}x_1 + \alpha_{32}x_2 + \alpha_{33}x_3 \end{cases} \quad \text{mit } Det\ (\alpha_{ik}) \neq 0,$$

wobei $\rho \neq 0$ einen Proportionalitätsfaktor bezeichnet. Hier und i. f. ist stets zu beachten, daß die projektiven Koordinaten eines Punktes aus P_3 nur bis auf einen Faktor bestimmt sind, d. h. Äquivalenzklassen von Quadrupel sind (vgl. [35]); wir ziehen jedoch obige einprägsame Schreibweise vor. Im Sinne des Erlanger Programms ist die Geometrie $(P_3, \mathcal{G}_{15})$ die *projektive Geometrie* (vgl. [180,5f]), deren Grundelemente wir wiederholt benützen werden; sie können z. B. in [33], [47], [71], [76], [105], [120] und [164] nachgelesen werden.

Zur *einfach isotropen Geometrie* gelangen wir nun durch *Auszeichnung* einer gewissen *Absolutfigur*. Diese Absolutfigur besteht aus einer *Ebene ω* des P_3 und *zwei konjugiert-komplexen Geraden* f_1 und f_2, die in ω liegen.

<u>**Definition 1.1:**</u> Die Gruppe der projektiven Automorphien der Absolutfigur $\{\omega, f_1, f_2\}$ heißt *allgemeine einfach isotrope Ähnlichkeitsgruppe* $\mathcal{G}_8$. Wird $I_3^{(1)} := P_3 \setminus \omega$ gesetzt, dann heißt die Geometrie $(I_3^{(1)}, \mathcal{G}_8)$ die *allgemeine einfach isotrope Ähnlichkeitsgeometrie*. $I_3^{(1)}$ heißt einfach isotroper Raum.

<u>Folgerungen:</u>
1) Wir können o.B.d.A. ein projektives Koordinatensystem in P_3 so wählen, daß ω durch $x_0 = 0$ beschrieben wird. Wie üblich kann man ω als Fernebene eines projektiv abgeschlossenen dreidimensionalen affinen Raumes $A_3 = P_3 \setminus \omega$ interpretieren und hiermit in A_3 affine Koordinaten $x = \frac{x_1}{x_0}, y = \frac{x_2}{x_0}, z = \frac{x_3}{x_0}$ benützen. Da in ω durch $(x_1 : x_2 : x_3)$ projektive Koordinaten gegeben sind, und ein konjugiert-komplexes Geradenpaar $\{f_1, f_2\}$ eine Kurve 2. Ordnung vom Rang 2 und der Signatur 2 ist, kann man diese — wie aus der projektiven Geometrie bekannt — in der Normalform $x_1^2 + x_2^2 = 0$ annehmen. Die beiden Geraden $\{f_1, f_2\}$ sind dann über $\mathcal{C}$ gegeben durch

$$(1.2) \quad x_0 = (x_1 + ix_2)(x_1 - ix_2) = 0.$$

Wir bezeichnen f_1, f_2 als die beiden *absoluten Geraden*, speziell

$$(1.3) \qquad f_1 : x_0 = (x_1 + ix_2) = 0$$

als *erste*, und

$$(1.4) \qquad f_2 : x_0 = (x_1 - ix_2) = 0$$

als *zweite* absolute Gerade. f_1 und f_2 schneiden sich ersichtlich im Punkt F(0:0:0:1). F heißt *absoluter Punkt*. Da f_1 und f_2 bei allgemeinen isotropen Ähnlichkeiten als Ganzes festbleiben, ist der Schnittpunkt $F = f_1 \cap f_2$ ein Fixpunkt bei diesen Abbildungen.

2) Wir gehen jetzt daran, die Abbildungsgleichungen für die Transformationen aus $\mathcal{G}_8$ aufzustellen. Da f_1 und f_2 als Ganzes festbleiben, bleibt auch ihre Verbindungsebene ω als Ganzes fest, d. h. für alle Abbildungen aus $\mathcal{G}_8$ muß aus $x_0 = 0$ stets $\bar{x}_0 = 0$ folgen. Dies liefert die Bedingungen $\alpha_{01} = \alpha_{02} = \alpha_{03} = 0$ (transformiere dazu die Punkte (0:1:0:0), (0:0:1:0) und (0:0:0:1)). Da F(0:0:0:1) ein Fixpunkt ist, folgt aus (1.1) noch $\alpha_{13} = \alpha_{23} = 0$. Damit hat sich (1.1) bisher vereinfacht zu

$$(1.5) \qquad \begin{cases} \rho\bar{x}_0 = \alpha_{00}x_0 \\ \rho\bar{x}_1 = \alpha_{10}x_0 + \alpha_{11}x_1 + \alpha_{12}x_2 \\ \rho\bar{x}_2 = \alpha_{20}x_0 + \alpha_{21}x_1 + \alpha_{22}x_2 \\ \rho\bar{x}_3 = \alpha_{30}x_0 + \alpha_{31}x_1 + \alpha_{32}x_2 + \alpha_{33}x_3. \end{cases}$$

Um die Darstellung der Transformationsgruppe $\mathcal{G}_8$ zu finden, bedenken wir, daß Projektivitäten geradentreu sind und daher bei den gesuchten Abbildungen entweder f_1 auf f_1 und f_2 auf f_2 oder f_1 auf f_2 und f_2 auf f_1 abgebildet werden. Beide Abbildungstypen untersuchen wir nun getrennt.

<u>Fall a)</u>: $f_1 \to f_1$ und $f_2 \to f_2$

Diese Abbildungen, die die absoluten Geraden einzeln festlassen, heißen *direkte isotrope Ähnlichkeiten*. Bei ihnen geht somit $x_0 = x_1 + ix_2 = 0$ in $\bar{x}_0 = \bar{x}_1 + i\bar{x}_2 = 0$ und $x_0 = = x_1 - ix_2 = 0$ in $\bar{x}_0 = \bar{x}_1 - i\bar{x}_2 = 0$ über. Dies liefert zunächst aus (1.5) die Beziehungen $\alpha_{11}x_1 + \alpha_{12}x_2 + i(\alpha_{21}x_1 + \alpha_{22}x_2) = 0$ bzw. $\alpha_{11}x_1 + \alpha_{12}x_2 - i(\alpha_{21} + \alpha_{22}x_2) = 0$, die wegen $x_1 = -ix_2$ bzw. $x_2 = ix_2$ die Bedingungen

$$(1.6) \qquad \begin{cases} i(\alpha_{22} - \alpha_{11}) + \alpha_{12} + \alpha_{21} = 0 \\ -i(\alpha_{22} - \alpha_{11}) + \alpha_{12} + \alpha_{21} = 0 \end{cases}$$

abgeben. Durch Addition bzw. Subtraktion folgt daraus: $\alpha_{11} = \alpha_{22}$, $\alpha_{12} = -\alpha_{21}$. Hiermit reduziert sich (1. 5) zu

$$(1.7) \qquad \begin{cases} \rho\bar{x}_0 = \alpha_{00}x_0 \\ \rho\bar{x}_1 = \alpha_{10}x_0 + \alpha_{11}x_1 + \alpha_{12}x_2 \\ \rho\bar{x}_2 = \alpha_{20}x_0 - \alpha_{12}x_1 + \alpha_{11}x_2 \\ \rho\bar{x}_3 = \alpha_{30}x_0 + \alpha_{31}x_1 + \alpha_{32}x_2 + \alpha_{33}x_3. \end{cases}$$

Geht man schließlich zu affinen Koordinaten über und setzt man
$\frac{\alpha_{10}}{\alpha_{00}} =: a$, $\frac{\alpha_{20}}{\alpha_{00}} =: b$, $\frac{\alpha_{30}}{\alpha_{00}} =: c$, $\frac{\alpha_{11}}{\alpha_{00}} =: h_1$, $\frac{\alpha_{12}}{\alpha_{00}} =: h_2$, $\frac{\alpha_{31}}{\alpha_{00}} =: c_1$, $\frac{\alpha_{32}}{\alpha_{00}} =:$ c_2, $\frac{\alpha_{33}}{\alpha_{00}} =: c_3$, so erhält man aus (1.7)

$$(1.8) \qquad \begin{cases} \bar{x} = a + h_1 x + h_2 y \\ \bar{y} = b - h_2 x + h_1 y \\ \bar{z} = c + c_1 x + c_2 y + c_3 z. \end{cases}$$

Nach [180,5] bilden diese Transformationen eine Gruppe, was man auch sofort direkt nachprüfen könnte. Diese Gruppe hängt gemäß (1.8) von 8 freien Parametern ab.

Wir nennen diese Gruppe die *Gruppe G_8 der direkten isotropen Ähnlichkeiten*.

<u>Fall b)</u>: $f_1 \rightarrow f_2$ und $f_2 \rightarrow f_1$

Diese Abbildungen, die die absoluten Geraden vertauschen, heißen *indirekte isotrope Ähnlichkeiten*. Bei ihnen geht somit $x_0 = x_1 + ix_2 = 0$ in $\bar{x}_0 = \bar{x}_1 - i\bar{x}_2 = 0$ und $x_0 = x_1 - ix_2 = 0$ in $\bar{x}_0 = \bar{x}_1 + i\bar{x}_2 = 0$ über und man erhält analog wie im Fall a) die Bedingungen $\alpha_{22} = -\alpha_{11}$, $\alpha_{12} = \alpha_{21}$. Nach dem Übergang zu affinen Koordinaten findet man somit unter Verwendung derselben Abkürzungen wie im Fall a)

$$(1.9) \qquad \begin{cases} \bar{x} = a + h_1 x + h_2 y \\ \bar{y} = b + h_2 x - h_1 y \\ \bar{z} = c + c_1 x + c_2 y + c_3 z. \end{cases}$$

Diese Transformationen bilden keine Gruppe; man erkennt dies z. B. daran, daß (1.9) nicht die Identität $\{\bar{x} = x, \bar{y} = y\}$ enthält. Daß keine Gruppe vorliegt ist aber auch daran zu erkennen, daß die Zusammensetzung zweier Projektivitäten, die f_1 und f_2 vertauschen, eine Projektivität ist, die f_1 und f_2 einzeln festläßt, d. h. eine Abbildung ist, die nicht zur Ausgangsmenge gehört. Die achtparametrige Schar der indirekten isotropen Ähnlichkeiten bezeichnen wir mit H_8.

Die Gruppe $\mathcal{G}_8 = G_8 \cup H_8$ erhält man aus (1.8) und (1.9) in der Gestalt

$$(1.10) \qquad \begin{cases} \bar{x} = a + h_1 x + h_2 y \\ \bar{y} = b \mp h_2 x \pm h_1 y \\ \bar{z} = c + c_1 x + c_2 y + c_3 z. \end{cases}$$

Die Darstellung (1.10) zeigt, daß diese Gruppe tatsächlich von 8 freien Parametern abhängt, womit die Bezeichnungen $\mathcal{G}_8$ gerechtfertigt ist.

3) Eine bequeme Darstellung der Gruppen $\mathcal{G}_8$, G_8 und der Transformationsschar H_8 erhält man, wenn man mittels $h_1 := p \cos\varphi$, $h_2 := -p\sin\varphi(p > 0)$ neue Gruppenparameter p und φ einführt. Man findet gemäß (1.8), (1.9) und (1.10):

$$(1.11) \qquad \begin{cases} \bar{x} = a + p(x \cos\varphi - y \sin\varphi) \\ \bar{y} = b + p(x \sin\varphi + y \cos\varphi) \quad \dots \ G_8 \\ \bar{z} = c + c_1 x + c_2 y + c_3 z \end{cases}$$

4

$$(1.12) \quad \begin{cases} \bar{x} = a + p(x\ \cos\varphi - y\ \sin\varphi) \\ \bar{y} = b + p(-x\ \sin\varphi - y\ \cos\varphi)\ \ldots\ H_8 \\ \bar{z} = c + c_1 x + c_2 y + c_3 z \end{cases}$$

$$(1.13) \quad \begin{cases} \bar{x} = a + p(x\ \cos\varphi - y\ \sin\varphi) \\ \bar{y} = b + p(\pm x\ \sin\varphi \pm y\ \cos\varphi)\ \ldots\ \mathcal{G}_8. \\ \bar{z} = c + c_1 x + c_2 y + c_3 z \end{cases}$$

Wir werden i. f. stets die [xy]-Ebene als *Grundrißebene* bezeichnen. Dann folgt aus (1.11) bzw. (1.12), daß sich die direkten isotropen Ähnlichkeiten im Grundriß als gleichsinnige euklidische Ähnlichkeiten auswirken, während die indirekten isotropen Ähnlichkeiten als ungleichsinnige euklidische Ähnlichkeiten erscheinen (vgl. z. B. [180,133]). Die Gruppe $\mathcal{G}_8$ wirkt im Grundriß als allgemeine euklidische Ähnlichkeitsgruppe. Die Gruppe $\mathcal{G}_8$ besitzt die beiden Komponenten G_8 und H_8; analog wie in der euklidischen Ähnlichkeitsgeometrie beschränkt man sich meist darauf, die isotrope Ähnlichkeitsgeometrie auf die Gruppe G_8 aufzubauen.

Definition 1.2: Die Geometrie $(I_3^{(1)},\ G_8)$ heißt *direkte* (gleichsinnige) *einfach isotrope Ähnlichkeitsgeometrie.*

4) Die einfach isotrope Ähnlichkeitsgeometrie wurde hier analog konstruiert wie die ebene isotrope Ähnlichkeitsgeometrie in [180,9f]. Sie gehört somit ebenfalls in die Klasse der CAYLEY-KLEINSCHEN Geometrien. Da die Absolutfigur $\{\omega, f_1, f_2\}$ in nuce aus 2 Geraden f_1, f_2 besteht, kann man die einfach isotrope Geometrie auch als Grenzfall der sogenannten *axialen Geometrien* auffassen (vgl. die Zusammenfassung [179]), die vor allem in Bulgarien untersucht wurden.

Wir fassen einige Resultate zusammen:

SATZ 1.1: *Die reellen projektiven Automorphien der Absolutfigur $\{\omega, f_1, f_2\}$ bilden die achtparametrige Gruppe $\mathcal{G}_8$ der allgemeinen isotropen Ähnlichkeiten (1.13); sie enthält die Untergruppe G_8 der direkten isotropen Ähnlichkeiten (1.11) und die Schar H_8 der indirekten isotropen Ähnlichkeiten (1.12). Die direkten isotropen Ähnlichkeiten wirken sich im Grundriß als gleichsinnige euklidische Ähnlichkeiten aus.*

Die Gruppe G_8 ist das isotrope Analogon zur siebenparametrigen, gleichsinnigen euklidischen Ähnlichkeitsgruppe mit der Darstellung

$$(1.14) \qquad \vec{\bar{x}} = \vec{a} + (c\ \mathcal{T})\ \vec{x},$$

wobei $\mathcal{T}$ eine eigentlich orthogonale Matrix bezeichnet und $c \in \mathcal{R}^+$ gilt. Für $c = 1$ liefert (1.14) die sechsparametrige euklidische Bewegungsgruppe. Wir werden nun versuchen eine isotrope Bewegungsgruppe — als Untergruppe der G_8 — aufzustellen. Dazu ist es zunächst zweckmäßig, die Gruppe G_8 bezüglich Invarianten von Punktepaaren zu untersuchen. Vorerst die

Definition 1.3: Jede Gerade $g \subset I_3^{(1)}$, deren Fernpunkt G_u mit dem absoluten Punkt F zusammenfällt, heißt *vollisotrop*. Eine Gerade g mit $G_u \neq F$ heißt *nichtisotrop*. Zwei Punkte A, B heißen *parallel*, wenn sie mit einer vollisotropen Geraden inzidieren.

Sind $A = (a_1, a_2, a_3)$, $B = (b_1, b_2, b_3)$ zwei nicht parallele Punkte, so definieren wir einen *Abstand* mittels

$$(1.15) \qquad\qquad d(A, B) = +\sqrt{(b_1 - a_1)^2 + (b_2 - a_2)^2}.$$

Da dieser Abstand nur vom Grundriß der Punkte A und B abhängt und sich die Gruppe G_8 als gleichsinnige euklidische Ähnlichkeitsgruppe im Grundriß auswirkt, transformiert sich $d(A, B)$ bezüglich G_8 nach dem Gesetz

$$(1.16) \qquad\qquad d(\bar{A}, \bar{B}) = p\, d(A, B).$$

Dies folgt aus der Tatsache, daß $p > 0$ der Ähnlichkeitsfaktor der euklidischen Ähnlichkeiten (1.11) ist, und daß (1.15) der euklidische Abstand der Punkte $\widetilde{A} = (a_1, a_2, 0)$, $\widetilde{B} = (b_1, b_2, 0)$ ist. Man bestätigt (1.16) auch durch Nachrechnen mittels (1.15) und (1.11).

Nach (1.16) ist somit $d(A, B)$ eine relative Invariante gegenüber G_8. Für $p \equiv 1$ ist $d(A, B)$ eine absolute Invariante. Wir beweisen

SATZ 1.2: *Alle Transformationen der Gestalt*

$$(1.17) \qquad\qquad \left\{ \begin{array}{l} \bar{x} = a + x\,\cos\varphi - y\,\sin\varphi \\ \bar{y} = b + x\,\sin\varphi + y\,\cos\varphi \\ \bar{z} = c + c_1 x + c_2 y + c_3 z \end{array} \right.$$

bilden eine siebenparametrige Untergruppe $\mathcal{B}_7 \subset G_8$, genannt Gruppe der abstandstreuen isotropen Ähnlichkeiten. Der Abstand $d(A, B)$ nicht paralleler Punkte $A, B | \epsilon I_3^{(1)}$ ist eine absolute Invariante gegenüber der Gruppe $\mathcal{B}_7$.

<u>Beweis:</u> Der Beweis erfolgt mittels Satz 1.3 aus [180]: Sind $T_1, T_2 \mid \epsilon \mathcal{B}_7$, so ist auch $T_2 \circ T_1 \epsilon \mathcal{B}_7$, denn die Zusammensetzung dieser Abbildungen im Grundriß liefert wieder eine euklidische Bewegung und die z-Koordinate der zusammengesetzten Transformation hat dieselbe Bauart wie die z-Koordinate der Ausgangstransformationen. Analog sieht man ein, daß mit $T \epsilon \mathcal{B}_7$ auch $T^{-1} \epsilon \mathcal{B}_7$ gilt.

Im zugrundegelegten Koordinatensystem, in dem F die projektiven Koordinaten F(0:0:0:1) besitzt, kann jede vollisotrope Gerade durch einen Richtungsvektor $\vec{v} = (0, 0, v_3)$ festgelegt werden. Zwei Punkte $A(a_1, a_2, a_3)$, $B(b_1, b_2, b_3)$ sind demnach genau dann parallel, wenn gilt $a_1 = b_1$, $a_2 = b_2$. Hieraus folgt, daß der Abstand $d(A, B)$ für parallele Punkte stets Null wird, auch wenn die Punkte verschieden sind. Die Abstandsdefiniton (1.15) ist daher für parallele Punkte ungeeignet und man versucht eine Ersatzinvariante einzuführen. Sind $A(a_1, a_2, a_3)$ und $B(a_1, a_2, b_3)$ zwei parallele Punkte, so bezeichnen wir

$$(1.18) \qquad\qquad s(A, B) = b_3 - a_3$$

als deren *Spanne*. Bezüglich der Gruppe G_8 gilt:
$$s(\bar{A}, \bar{B}) = \bar{b}_3 - \bar{a}_3 = c + c_1 b_1 + c_2 b_2 + c_3 b_3 - c - c_1 a_1 - c_2 a_2 - c_3 a_3 = c_3(b_3 - a_3) = c_3 s(A, B);$$
hiermit ist $s(A, B)$ als relative Invariante bezüglich der Gruppe G_8 erkannt. Für $c_3 \equiv 1$ ist $s(A, B)$ eine absolute Invariante. Es gilt der

SATZ 1.3: *Alle Transformationen der Gestalt*

$$(1.19) \qquad \begin{cases} \bar{x} = a + p(x\, \cos\varphi - y\, \sin\varphi) \\ \bar{y} = b + p(x\, \sin\varphi + y\, \cos\varphi) \quad , \; p > 0 \\ \bar{z} = c + c_1 x + c_2 y + z \end{cases}$$

bilden eine siebenparametrige Untergruppe $S_7 \subset G_8$, genannt Gruppe der spannentreuen isotropen Ähnlichkeiten. Die Spanne $s(A, B)$ paralleler Punkte $A, B \mid \epsilon\, I_3^{(1)}$ ist eine absolute Invariante gegenüber der Gruppe S_7.

Beweis:
Der Beweis geht analog wie der Beweis von Satz 1.2, wobei man beachtet, daß im Grundriß (1.19) als gleichsinnige euklidische Ähnlichkeitsgruppe erscheint, und daß sowohl bei der Zusammensetzung als auch bei der Bildung der Inversen die z-Koordinate in (1.19) ihre Bauart beibehält.

$$\Diamond$$

Faßt man die Begriffe *Abstand* d und *Spanne* s unter der Bezeichnung *Entfernung* zusammen, so erkennt man gemäß den entsprechenden Definitonen, daß die Entfernung zweier Punkte A, B genau dann verschwindet, wenn $A = B$ gilt. Ist nämlich $s(A, B) = 0$, so gilt $a_3 = b_3$ und aus der Parallelität der Punkte folgt $A = B$. Sind A und B nicht parallel, so folgt aus $d(A, B) = 0$ gemäß (1.15) $a_1 = b_1$, $a_2 = b_2$ und damit $A = B$; die Umkehrung ist evident.

Der Durchschnitt der Untergruppen $\mathcal{B}_7 \subset G_8$ und $S_7 \subset G_8$ ist eine Gruppe, welche die Entfernung von Punkten als absolute Invariante besitzt. Dieser Gruppe $\mathcal{B}_6^{(1)} = \mathcal{B}_7 \cap S_7$ kommt in der isotropen Geometrie zentrale Bedeutung zu; sie ist das Analogon zur sechsparametrigen euklidischen Bewegungsgruppe.

Definition 1.4: Die Transformationsgruppe $\mathcal{B}_6^{(1)} = \mathcal{B}_7 \cap S_7$ heißt Gruppe der *einfach isotropen Bewegungen*. Die Geometrie $(I_3^{(1)}, \mathcal{B}_6^{(1)})$ heißt *einfach isotrope Bewegungsgeometrie*.

Folgerungen und Anmerkungen:
1) Aus (1.17) und (1.19) erhält man folgende Darstellung der einfach isotropen Bewegungsgruppe $\mathcal{B}_6^{(1)}$:

$$(1.20) \qquad \begin{cases} \bar{x} = a + x \, \cos\varphi - y \, \sin\varphi \\ \bar{y} = b + x \, \sin\varphi + y \, \cos\varphi \\ \bar{z} = c + c_1 x + c_2 y + z. \end{cases}$$

Diese Gruppe ist somit sechsparametrig, was durch den Index 6 angedeutet wird; der Index 1 in $\mathcal{B}_6^{(1)}$ soll daran erinnern, daß es sich um eine Transformationsgruppe der *einfach* isotropen Geometrie handelt.

2) Die Gruppe der isotropen Bewegungen wird gelegentlich auch als *Gruppe der unimodularen isotropen Bewegungen* bezeichnet; für die Determinante des homogenen Teils einer isotropen Bewegung T, gilt nämlich *Det T* $= 1$. Hingegen gilt für die entsprechende Determinante einer abstandstreuen isotropen Ähnlichkeit S stets *Det S* $= c_3 \neq 1$, falls keine isotrope Bewegung vorliegt. Aus diesem Grund wird die Gruppe der abstandstreuen isotropen Ähnlichkeiten manchmal auch als *Gruppe der modularen isotropen Bewegungen* bezeichnet.

3) Während für den Abstand d zweier Punkte A, B gilt $d(A,B) = d(B,A)$, ist die Spanne paralleler Punkte orientiert, d. h. es gilt $s(A,B) = -s(B,A)$.

4) Anhand von (1.17) und (1.20) erkennt man, daß sich sowohl die abstandstreuen isotropen Ähnlichkeiten als auch die einfach isotropen Bewegungen im Grundriß als ebene euklidische Bewegungen auswirken; dies ist ein Resultat, dem i. f. entscheidende Bedeutung zukommt.

5) Da die direkten isotropen Ähnlichkeiten spezielle Affinitäten sind, ist es sinnvoll nach jenen isotropen Ähnlichkeiten zu fragen, die gleichzeitig volumstreu sind. Für die Determinante des homogenen Teils einer Transformation T dieser Art muß gelten *Det T* $= 1$, was gemäß (1.11) auf die Bedingung $c_3 p^2 = 1$ führt. Diese Bedingung sondert aus G_8 eine siebenparametrige Schar $\mathcal{W}_7$ von Transformationen aus. Aus den bekannten Rechenregeln für Determinanten *Det* $(T_1 \cdot T_2) = Det\ T_1 \cdot$ $\cdot Det\ T_2$, *Det* $T^{-1} = (Det\ T)^{-1}$ folgt mittels [180, Satz 1.3], daß die Menge $\mathcal{W}_7$ ebenfalls eine Untergruppe der Gruppe G_8 ist. Wir bezeichnen $\mathcal{W}_7$ als die *Gruppe der volumstreuen einfach isotropen Ähnlichkeiten*.

6) Nach den bisherigen Überlegungen zeigt sich bereits ein wesentlicher Unterschied zwischen der euklidischen und der einfach isotropen Bewegungsgruppe. Während erstere in die eindeutig bestimmte gleichsinnige euklidische Ähnlichkeitsgruppe (1.14) eingebettet ist, haben wir bisher schon drei siebenparametrige isotrope Ähnlichkeitsgruppen gefunden, die die isotrope Bewegungsgruppe $\mathcal{B}_6^{(1)}$ enthalten: $\mathcal{B}_6^{(1)} \subset \mathcal{B}_7$, $\mathcal{B}_6^{(1)} \subset S_7$, $\mathcal{B}_6^{(1)} \subset \mathcal{W}_7$. Diese drei siebenparametrigen Ähnlichkeitsgruppen sind andererseits in der achtparametrigen isotropen Ähnlichkeitsgruppe G_8 enthalten, deren Parameterzahl somit um 1 höher ist als im euklidischen Fall. Diese Erscheinungen beruhen letztlich auf der anders gearteten Absolutfigur. Beim Aufbau der dreidimensionalen euklidischen Geometrie wählt man bekanntlich als Absolutfigur in der Fernebene ω eines projektiv erweiterten, dreidimensionalen affinen Raumes den *nullteiligen Kegelschnitt*

$$(1.21) \qquad x_0 = x_1^2 + x_2^2 + x_3^2 = 0$$

und betrachtet seine projektiven Automorphien; diese Automorphismengruppe ist die euklidische Ähnlichkeitsgruppe. Nach (1.2) verwendet man zum Aufbau der einfach isotropen Geometrie hingegen die einfach singuläre Kurve 2. Ordnung $x_1^2 + x_2^2 = 0$ in der Fernebene $x_0 = 0$. Diese Singularität bewirkt die höhere Parameterzahl der zugehörigen Automorphismengruppe und die Reichhaltigkeit ihrer Untergruppen.

7) Zu den bisher gewonnenen Ähnlichkeitsgruppen lassen sich entsprechende Gruppengeometrien aufbauen. Bisher wurden aber die Geometrien $(I_3^{(1)}, \mathcal{B}_7)$, $(I_3^{(1)}, \mathcal{S}_7)$, $(I_3^{(1)}, \mathcal{W}_7)$ kaum untersucht. Die isotrope Bewegungsgeometrie $(I_3^{(1)}, \mathcal{B}_6^{(1)})$ hingegen wurde vor allem von K. STRUBECKER (vgl. [203] - [225], [229] - [241]), aber auch von D. PALMAN (vgl. [117] - [119], [121] - [129]) und H. SACHS (vgl. [167] - [177], [181] -[184]) sehr weit entwickelt.

Wir fassen einige Resultate zusammen im

SATZ 1.4: *Die sechsparametrige einfach isotrope Bewegungsgruppe (1.20) ist der Durchschnitt der Gruppe der abstandstreuen und der spannentreuen isotropen Ähnlichkeiten. Einfach isotrope Bewegungen besitzen Abstände und Spannen von Punktepaaren als absolute Invarianten und erscheinen im Grundriß als ebene euklidische Bewegungen.*

Beschäftigen wir uns noch mit einigen wichtigen Untergruppen der Gruppe G_8! Bestimmen wir zunächst die Menge aller Transformationen aus G_8, die jede Gerade $g \subset \omega$ mit $F \in g$ als Ganzes festläßt. Jede Gerade dieser Art läßt sich in projektiven Koordinaten durch

$$(1.22) \qquad x_0 = \alpha_1 x_1 + \alpha_2 x_2 = 0 \quad mit \quad (\alpha_1, \alpha_2) \neq (0, 0)$$

beschreiben. Beachtet man, daß (1.8) in $x_0 = 0$ die Koordinaten x_1, x_2 gemäß $\{\bar{x}_1 = = h_1 x_1 + h_2 x_2, \bar{x}_2 = -h_2 x_2 + h_1 x_2\}$ transformiert, so folgt $\alpha_1 \bar{x}_1 + \alpha_2 \bar{x}_2 = \alpha_1 (h_1 x_1 + + h_2 x_2) + \alpha_2 (-h_2 x_1 + h_1 x_2) = \rho (\alpha_1 x_1 + \alpha_2 x_2)$ mit $\rho \neq 0$, wenn man benützt, daß g als Ganzes festbleiben soll. Ein Koeffizientenvergleich liefert aus dieser Bedingung die beiden Gleichungen $\rho \alpha_1 = \alpha_1 h_1 - \alpha_2 h_2$, $\rho \alpha_2 = \alpha_1 h_2 + \alpha_2 h_1$, die nach Elimination von ρ auf $0 = h_2 (\alpha_1^2 + \alpha_2^2)$ führt. Wegen $(\alpha_1, \alpha_2) \neq (0, 0)$ folgt notwendig $h_2 = 0$ und diese Bedingung ist auch hinreichend dafür, daß jede Gerade aus dem Büschel um F in ω als Ganzes festbleibt. Die Transformationen dieser Art lassen sich in der Form

$$(1.23) \qquad \begin{cases} \bar{x} = a + h_1 x \\ \bar{y} = b + h_1 y \\ \bar{z} = c + c_1 x + c_2 y + c_3 z \end{cases} \quad \dots G_7$$

darstellen. Nach [180, Satz 1.5] bilden diese Transformationen eine siebenparametrige Gruppe; diese Untergruppe $G_7 \subset G_8$ bezeichnen wir als *Grenzgruppe der einfach isotropen Ähnlichkeiten.* Bei vielen Überlegungen ist auch die Gruppe $G_6 := G_7 \cap \mathcal{W}_7$ von Bedeutung; diese Gruppe besteht aus allen einfach isotropen Grenzähnlichkeiten, die gleichzeitig volumstreu sind. Aus (1.23) erhält man für sie die Bedingung $h_1^2 c_3 = 1$ und damit die Darstellung

$$(1.24) \qquad \begin{cases} \bar{x} = a + h_1 x \\ \bar{y} = b + h_1 y \\ \bar{z} = c + c_1 x + c_2 y + \frac{1}{h_1^2} z. \end{cases}$$

Die Gruppe (1.24) heißt *Gruppe der volumstreuen einfach isotropen Grenzähnlichkeiten*; sie ist ersichtlich sechsparametrig. Bildet man die Gruppe $\mathcal{B}_7 \cap G_7$, so folgt hierfür aus (1.17) und (1.23) $h_1 = \pm 1$, $h_2 = \pm 1$; in dieser Gruppe ist jene Komponente von Bedeutung, die zu $h_1 = h_2 = 1$ gehört. Diese Untergruppe der G_7, die wir mit B_6 bezeichnen hat die Darstellung

$$(1.25) \qquad \begin{cases} \bar{x} = a + x \\ \bar{y} = b + y \\ \bar{z} = c + c_1 x + c_2 y + c_3 z \end{cases} \quad \ldots B_6$$

und heißt *Gruppe der modularen Grenzbewegungen*; im Grundriß erscheinen diese Transformationen als Schiebungen. Schließlich betrachten wir noch alle modularen Grenzbewegungen, die gleichzeitig spannentreu sind. Man erhält sie aus (1.25) für $c_3 = 1$. Alle Transformationen dieser Art bilden eine fünfparametrige Untergruppe $B_5 \subset B_6$, die man als *Gruppe der unimodularen Grenzbewegungen* bezeichnet; sie besitzt die Darstellung

$$(1.26) \qquad \begin{cases} \bar{x} = a + x \\ \bar{y} = b + y \\ \bar{z} = c + c_1 x + c_2 y + z. \end{cases} \quad \ldots B_5$$

Die Gruppe B_5 ist ebenfalls volumentreu.

Man gewinnt eine tiefere Einsicht in die Struktur der Gruppe B_5, wenn man die folgenden Transformationen

$$(1.27) \qquad \begin{cases} \bar{x} = \alpha + x \\ \bar{y} = \beta + y \\ \bar{z} = \gamma - \beta x + \alpha y + z \end{cases} \quad \ldots S_3^{(l)}$$

und

$$(1.28) \qquad \begin{cases} \bar{x} = A + x \\ \bar{y} = B + y \\ \bar{z} = C + Bx - Ay + z \end{cases} \quad \ldots S_3^{(r)}$$

betrachtet. Die Transformationenen (1.27) heißen *isotrope Cliffordsche Linksschiebungen*, während man die Transformationen (1.28) als *isotrope Cliffordsche Rechtsschiebungen* bezeichnet.

Wir beweisen den

SATZ 1.5: *Die Gruppe B_5 der unimodularen Grenzbewegungen ist ein Normalteiler der einfach isotropen Bewegungsgruppe $B_6^{(1)}$. Die isotropen Cliffordschen Links- und Rechtsschiebungen bilden je eine dreiparametrige, einfach transitive Untergruppe der Gruppe B_5. Die Gruppe der unimodularen Grenzbewegungen läßt sich auf unendlich viele Arten als kommutatives Produkt, bestehend aus einer Cliffordschen Rechtsschiebung und einer Cliffordschen Linksschiebung, zusammensetzen.*

Beweis:

(I): Wir zeigen zunächst, daß $BB_5 = B_5 B$ für jede einfach isotrope Bewegung B gilt. Sind $T_1, T_2 \mid \epsilon\, B_5$ mit den Darstellungen

$$T_1 \cdots \begin{cases} \bar{x} = A + x \\ \bar{y} = B + y \\ \bar{z} = C + C_1 x + C_2 y + z \end{cases} \qquad T_2 \cdots \begin{cases} \bar{x} = \alpha + x \\ \bar{y} = \beta + y \\ \bar{z} = \gamma + \gamma_1 x + \gamma_2 y + z, \end{cases}$$

so liefert die Bedingung $B \circ T_1 = T_2 \circ B$ unter Heranziehung von (1.20) nach einem Koeffizientenvergleich das Gleichungssystem

$$\begin{cases} A\, \cos\varphi - B\, \sin\varphi = \alpha \\ A\, \sin\varphi + B\, \cos\varphi = \beta \\ \gamma_1\, \cos\varphi + \gamma_2\, \sin\varphi = C_1 \\ -\gamma_1\, \sin\varphi + \gamma_2\, \cos\varphi = C_2 \\ c_1 A + c_2 B + C = \gamma + \gamma_1 + \gamma_2 b. \end{cases}$$

Dieses System besitzt bei festen Werten a, b, c, φ, c_1, c_2 und vorgegebenen Werten A, B, C, C_1, C_2 eine eindeutige Lösung α, β, γ, γ_1, γ_2.

(II): Wir zeigen mittels [180, Satz 1.3], daß die Linksschiebungen $S_3^{(l)}$ eine Untergruppe der Gruppe B_5 bilden. Sind $T_1, T_2 \mid \epsilon\, S_3^{(l)}$ mit den Darstellungen

$$T_1 \cdots \begin{cases} \bar{x} = \alpha_1 + x \\ \bar{y} = \beta_1 + y \\ \bar{z} = \gamma_1 - \beta_1 x + \alpha_1 y + z \end{cases} \qquad T_2 \cdots \begin{cases} \widehat{x} = \alpha_2 + \bar{x} \\ \widehat{y} = \beta_2 + \bar{y} \\ \widehat{z} = \gamma_2 - \beta_2 \bar{x} + \alpha_2 \bar{y} + \bar{z}, \end{cases}$$

so hat $T_2 \circ T_1$ die Darstellung

$$\begin{cases} \widehat{x} = (\alpha_2 + \alpha_1) + x \\ \widehat{y} = (\beta_2 + \beta_1) + y \\ \widehat{z} = (\gamma_2 - \beta_2 \alpha_1 + \alpha_2 \beta_1 + \gamma_1) - (\beta_1 + \beta_2)x + (\alpha_1 + \alpha_2)y + z \end{cases} \quad , \text{d.h.}$$

die zusammmengesetzte Abbildung gehört wieder zu $S_3^{(l)}$. Ebenso rechnet man nach, daß mit T auch T^{-1} zu $S_3^{(l)}$ gehört. Analog beweist man, daß die Rechtsschiebungen eine Gruppe bilden.

(III): Die Linksschiebungen bilden eine einfach transitive Gruppe; ist nämlich zu einem Punkt $P(x,y,z)$ der Bildpunkt $\bar{P}(\bar{x}, \bar{y}, \bar{z})$ vorgegeben, so folgt aus (1.27), daß man α, β, γ eindeutig so bestimmen kann, daß durch die entsprechende Transformation P nach $\bar{P}$ abgebildet wird. Dies gilt analog für Rechtsschiebungen.

(IV): Setzt man eine Rechtsschiebung $S^{(r)}$ mit der Darstellung

$$S^{(r)} \cdots \begin{cases} \widehat{x} = A + x \\ \widehat{y} = B + y \\ \widehat{z} = C + Bx - Ay + z \end{cases} \qquad \text{mit einer Linksschiebung}$$

$$S^{(l)} \cdots \begin{cases} \bar{x} = \alpha + \widehat{x} \\ \bar{y} = \beta + \widehat{y} \\ \bar{z} = \gamma - \beta\widehat{x} + \alpha\widehat{y} + \widehat{z} \end{cases} \qquad \text{zusammen, so entsteht}$$

$$(1.29) \quad S^{(l)} \circ S^{(r)} \ldots \begin{cases} \bar{x} = (\alpha + A) + x \\ \bar{y} = (\beta + B) + y \\ \bar{z} = (\gamma - \beta A + \alpha B + C) + (B - \beta)x + (\alpha - A)y + z \end{cases} \text{, d.h.}$$

eine Grenzbewegung (1.26). Soll umgekehrt eine vorgegebene Grenzbewegung (1.26) als Produkt $S^{(l)} \circ S^{(r)}$ dargestellt werden, so folgt aus (1.26) und (1.29) das Gleichungssystem

$$(1.30) \quad \begin{cases} \alpha + A = a \\ \beta + B = b \\ B - \beta = c_1 \\ \alpha - A = c_2 \\ \gamma - \beta A + \alpha B + C = c. \end{cases}$$

Bei gegebenen Werten a, b, c, c_1, c_2 lassen sich aus den ersten vier Gleichungen die Unbekannten α, β, A, B eindeutig bestimmen. Die letzte Gleichung erlaubt es, bei vorgegebenem γ die Unbekannte C eindeutig festzulegen, d. h. die Lösung des Systems hängt von einem freien Parameter ab. Ebenso sieht man ein, daß sich die Gruppe B_5 auf unendlich viele Arten als Produkt $S^{(r)} \circ S^{(l)}$ darstellen läßt.

$$\Diamond$$

<u>Anmerkungen:</u>

1) An Hand von (1.27) und (1.28) erkennt man, daß die Gruppe $S_3^{(l)} \cap S_3^{(r)}$ die Darstellung

$$(1.31) \quad \{\bar{x} = x, \quad \bar{y} = y, \quad \bar{z} = \gamma + z\}$$

besitzt. Diese Tansformationen sind Schiebungen in vollisotroper Richtung. Man bezeichnet die einparametrige Gruppe (1.31) als *vollisotrope Schiebungsgruppe*. Mittels (1.27) bzw. (1.28) und (1.31) bestätigt man unmittelbar, daß eine Cliffordsche Links- bzw. Rechtsschiebung mit jeder vollisotropen Schiebung vertauschbar ist.

2) Betrachtet man die letzte Gleichung in (1.30), so erkennt man, daß der freie Parameter γ in der Lösung von (1.30) geometrisch eine Schiebung in vollisotroper Richtung bedeutet. Damit hat man folgendes Resultat: *Jede einfach isotrope Grenzbewegung läßt sich bis auf vollisotrope Schiebungen eindeutig in das Produkt einer Rechts- und einer Linksschiebung zerlegen.*

Die tiefere Bedeutung der Cliffordschen Schiebungsgruppen $S_3^{(l)}$ und $S_3^{(r)}$, sowie der Gruppe B_5 der unimodularen Grenzbewegungen zeigt sich erst dann in wahrem Licht, wenn man sie mit algebraischen Methoden beschreibt. Ähnlich wie man die ebene isotrope Geometrie zweckmäßig mittels dualer Zahlen aufbauen kann (vgl. [180,§8]), so leisten hier die *isotropen Quaternionen* hervorragende Dienste. Darunter verstehen wir höhere komplexe Zahlen

$$(1.32) \quad x = x_0 e_0 + x_1 e_1 + x_2 e_2 + x_3 e_3,$$

die man aus den projektiven Koordinaten $(x_0 : x_1 : x_2 : x_3)$ der Punkte $X \in P_3$ mittels vier *Basiseinheiten* $\{e_0 : e_1 : e_2 : e_3\}$ bildet, wobei letztere der Produkttabelle

(1.33)

	$\cdot e_0$	$\cdot e_1$	$\cdot e_2$	$\cdot e_3$
$e_0 \cdot$	e_0	e_1	e_2	e_3
$e_1 \cdot$	e_1	0	e_3	0
$e_2 \cdot$	e_2	$-e_3$	0	0
$e_3 \cdot$	e_3	0	0	0

genügen. Die Menge dieser Elemente wird noch durch die *Nullquaternion* $0 =$ $= 0 \cdot e_0 + 0 \cdot e_1 + 0 \cdot e_2 + 0 \cdot e_3$ zu einer Menge **Q** ergänzt. Ersichtlich stellt die Quaternion $x \neq 0$ (1.32) und die Quaternion

$$(1.34) \qquad \lambda x = (\lambda x_0)\, e_0 + (\lambda x_1)\, e_1 + (\lambda x_2)\, e_2 + (\lambda x_3)\, e_3$$

denselben Punkt $X \in P_3$ dar. Demnach nennen wir zwei Quaternionen *gleich*, wenn sie proportionale Komponenten besitzen. Auf **Q** kann nun eine Addition komponentenweise und eine Multiplikation über die Produkttabelle (1.33) der Basiseinheiten erkärt werden. Dann erhält man rasch die

Folgerungen:
1) Ist nebst (1.32) eine weitere Quaternion

$$(1.35) \qquad y = y_0 e_0 + y_1 e_1 + y_2 e_2 + y_3 e_3$$

gegeben, so berechnet man aus (1.33)

$$(1.36a) \qquad xy = (x_0 y_0)\, e_0 + (x_1 y_0 + x_0 y_1)\, e_1 + (x_2 y_0 + x_0 y_2)\, e_2 +$$
$$+ (x_3 y_0 + x_0 y_3 - x_2 y_1 + x_1 y_2)\, e_3 \qquad \text{und}$$

$$(1.36b) \qquad yx = (x_0 y_0)\, e_0 + (x_1 y_0 + x_0 y_1)\, e_1 + (x_2 y_0 + x_0 y_2)\, e_2 +$$
$$+ (x_3 y_0 + x_0 y_3 - y_2 x_1 + y_1 x_2)\, e_3 .$$

Die Formeln (1.36 a) und (1.36 b) zeigen, daß im allgemeinen $xy \neq yx$ gilt, d. h., daß die Quaternionenmultiplikation *nicht kommutativ* ist. Es gilt allerdings

$$(1.37) \qquad 0 \cdot x = x \cdot 0 = 0$$

und e_0 spielt die Rolle des *Einselelemtes* (Haupteinheit), denn es gilt

$$(1.38) \qquad x \cdot e_0 = e_0 \cdot x = x$$

für alle Quaternionen x. Wir indentifizieren i. f. e_0 mit der reellen Zahl 1. Man rechnet weiter leicht nach, daß die Quaternionenmultiplikation *assoziativ* ist, d. h., daß für drei beliebige Quaternionen x, y, z stets

$$(1.39) \qquad (xy)\,z = x\,(yz)$$

gilt.

2) Unter der zu x (1.32) *konjugierten Quaternion* versteht man die Quaternion

$$(1.40) \qquad \widetilde{x} = x_0 e_0 - x_1 e_1 - x_2 e_2 - x_3 e_3.$$

Unter der *Norm einer isotropen Quaternion* versteht man die reelle Zahl

$$(1.41) \qquad N(x) = x \cdot \widetilde{x} = \widetilde{x} \cdot x = x_0^2,$$

wie man an Hand von (1.36 a,b) nachrechnet. Weiters überzeugt man sich leicht davon, daß

$$(1.42) \qquad \widetilde{xy} = \widetilde{y} \cdot \widetilde{x}$$

gilt. Hiermit folgt schließlich $N(xy) = xy \cdot \widetilde{xy} = x\,y\,\widetilde{y}\,\widetilde{x} = x\,N(y)\,\widetilde{x} = N(y) \cdot N(x) = N(x)\,N(y)$, d. h. der sogenannte *Normsatz*

$$(1.43) \qquad N(xy) = N(x)\,N(y).$$

Zu jeder Quaternion x mit $N(x) \neq 0$ existiert eine *inverse Quaternion*, nämlich

$$(1.44) \qquad x^{-1} := \frac{1}{N(x)}\,\widetilde{x},$$

denn es gilt $x\,x^{-1} = \frac{1}{N(x)}\,x\,\widetilde{x} = 1$.

3) Eine Quaternion $x \neq 0$, für welche eine Quaternion $y \neq 0$ existiert, sodaß $xy = 0$ $(yx = 0)$ gilt, heißt ein *linker (rechter) Nullteiler*. Wir beweisen: *Eine Quaternion $x \neq 0$ ist genau dann ein Nullteiler, wenn ihre Norm verschwindet.*

Beweis:
(1): Sei $x \neq 0$ und $N(x) = 0$. Dann ist auch $\widetilde{x} \neq 0$ und $x\,\widetilde{x} = N(x) = 0$, d. h. x ist Nullteiler.
(2): Ist x ein Nullteiler, so existiert $y \neq 0$ mit $xy = 0$ und aus dem Normsatz folgt $N(xy) = N(x)\,N(y) = N(0) = 0$. Angenommen es wäre $N(x) \neq 0$, dann existiert x^{-1} und durch Multiplikation von $xy = 0$ mit x^{-1} erhält man $x^{-1}(xy) = y = 0$ im Widerspruch zur Voraussetzung.

Wir haben damit gesehen, daß wegen (1.41) die Nullteiler von $\mathbf{Q}$ genau die Quaternionen der Gestalt

$$(1.45) \qquad x = x_1 e_1 + x_2 e_2 + x_3 e_3$$

sind, d. h. Quaternionen die zu uneigentlichen Punkten des isotropen Raumes $I_3^{(1)}$ gehören. Wir fassen zusammen und beweisen ergänzend den

SATZ 1.6.: *Die isotropen Quaternionen $\mathbf{Q}$ bilden eine nicht kommutative Algebra mit Einselement, deren Nullteiler genau jene Quaternionen sind, die zu Fernpunkten des projektiv erweiterten einfach isotropen Raumes $I_3^{(1)}$ gehören. Die Cliffordschen Links- und Rechtsschiebungen des einfach isotropen Raumes lassen sich mittels isotroper Quaternionen in der Gestalt*

$$(1.46\,l, r) \qquad \bar{x} = a\,x \ , \ \ \bar{x} = x\,b$$

darstellen, wobei a und b keine Nullteiler sind.

Beweis:
Mit $\bar{x} = \bar{x}_0 e_0 + \bar{x}_1 e_1 + \bar{x}_2 e_2 + \bar{x}_3 e_3$ und einer Quaternion $a = a_0 e_0 + a_1 e_1 + a_2 e_2 + a_3 e_3$ für die $a_0 \neq 0$ gilt erhält man aus (1.46 l) und (1.36 b) mit $y = a$ die Abbildungsgleichungen

$$(1.47) \qquad \begin{cases} \rho \bar{x}_0 = a_0 x_0 \\ \rho \bar{x}_1 = a_1 x_0 + a_0 x_1 \\ \rho \bar{x}_2 = a_2 x_0 + a_0 x_2 \\ \rho \bar{x}_3 = a_3 x_0 - a_2 x_1 + a_1 x_2 + a_0 x_3. \end{cases}$$

Geht man in (1.47) zu affinen Koordinaten über und setzt man $\alpha := \frac{a_1}{a_0}$, $\beta := \frac{a_2}{a_0}$, $\gamma := \frac{a_3}{a_0}$, so gewinnt man (1.27). Analog beweist man die Gleichwertigkeit von (1.46 r) mit (1.28).

$$\Diamond$$

Setzt man die Cliffordsche Linksschiebung $\bar{x} = ax'$ mit der Cliffordschen Rechtsschiebung $x' = xb$ zusammen, so gewinnt man nach Satz 1.5 eine Transformation der Gruppe der unimodularen Grenzbewegungen B_5 in der eleganten Form

$$(1.48) \qquad \bar{x} = a\,x\,b$$

und alle Transformationen der B_5 lassen sich so darstellen. Diese Betrachtungen zeigen die Zweckmäßigkeit des Operierens mit isotropen Quaternionen, wobei wir bisher [46] in modifizierter Form folgten. Die enge Beziehung zwischen der isotropen Quaternionenalgebra $\mathbf{Q}$ und der isotropen Geometrie zeigt sich auch darin, daß man viele abstrakte Sätze über $\mathbf{Q}$ im isotropen Raum sichtbar machen kann. Das folgende hübsche Resultat z. B. stammt von W. GRIMM (vgl. [46,52f]):

SATZ 1.7: *Das Produkt zweier isotroper Quaternionen $a \neq 0$, $b \neq 0$ verschwindet genau dann, wenn die ihnen — im projektiv erweiterten einfach isotropen Raum —*

zugeordneten Punkte A, B auf einer Ferngeraden durch den absoluten Punkt F liegen bzw. mit F inzidieren.

Beweis:

(1): Für die Quaternionen $a = a_0 e_0 + a_1 e_1 + a_2 e_2 + a_3 e_3$ und $b = b_0 e_0 + b_1 e_1 + b_2 e_2 + b_3 e_3$ gilt nach (1.46 a) $ab = 0$ genau dann, wenn das Gleichungssystem

$$(1.49) \qquad \begin{cases} a_0 b_0 = 0,\, a_0 b_1 + a_1 b_0 = 0,\, a_0 b_2 + a_2 b_0 = 0 \\ a_0 b_3 + a_3 b_0 + a_1 b_2 - a_2 b_1 = 0 \end{cases}$$

erfüllt ist. Gilt in der ersten Gleichung $a_0 = 0$, $b_0 \neq 0$, dann lauten die restlichen Gleichungen $a_1 b_0 = 0$, $a_2 b_0 = 0$, $a_3 b_0 + a_1 b_2 - a_2 b_1 = 0$, aus denen $a_1 = a_2 = a_3 = 0$, d. h. $a = 0$ folgen würde im Widerspruch zur Voraussetzung. Damit ist gezeigt, daß $a_0 = 0$, $b_0 = 0$ gilt und a und b Nullteiler sind. Aus (1.49) verbleibt damit nur mehr die Bedingung

$$(1.50) \qquad a_1 b_2 - a_2 b_1 = 0.$$

Sind umgekehrt a und b Nullteiler aus **Q**, welche (1.50) erfüllen, dann gilt $ab = 0$.

(2): Zur geometrischen Deutung betrachten wir die den Quaternionen a, b zugeordneten Bildpunkte $A(0 : a_1 : a_2 : a_3)$ und $B(0 : b_1 : b_2 : b_3)$. Sie liegen in der Fernebene $x_0 = 0$ und sind mit $F(0{:}0{:}0{:}1)$ genau dann kollinear, wenn

$$(1.51) \qquad \begin{vmatrix} a_1 & a_2 & a_3 \\ b_1 & b_2 & b_3 \\ 0 & 0 & 1 \end{vmatrix} = 0$$

gilt, was mit (1.50) gleichwertig ist. Der erwähnte Sonderfall ordnet sich hier ein.

Verwendet man an Stelle der isotropen Quaternionen sogenannte *verallgemeinerte Quaternionen* (vgl. [46,34f]), dann lassen sich formal gleichlautend mit (1.46 l,r) so die Cliffordschen Schiebungsgruppen des *elliptischen* und *quasielliptischen* Raumes beschreiben, welche ebenfalls dreiparametrig sind. Die Zusammensetzung (1.48) liefert dann die entsprechenden *Bewegungsgruppen* des elliptischen bzw. quasielliptischen Raumes, welche allerdings *sechsparametrig* sind (vgl. [230,158f,180f]). Im einfach isotropen Raum läßt sich zwar nicht die volle isotrope Bewegungsgruppe $B_6^{(1)}$ als Produkt ihrer Cliffordschen Schiebungsgruppen $S_3^{(l)}$ und $S_3^{(r)}$ darstellen, jedoch die Grenzgruppe B_5; dies liegt daran, daß der Durchschnitt der Schiebungsgruppen $S_3^{(l)}$ und $S_3^{(r)}$ selbst eine einparametrige Gruppe ist.

Wir kehren nun von den algebraischen Überlegungen wieder zur Geometrie zurück und gehen daran, für *Ebenen* des einfach isotropen Raumes *Invarianten* einzuführen. Dazu klassifizieren wir zunächst die Ebenen entsprechend ihrer Lage zur Absolutfigur $\{\omega, f_1, f_2, F\}$:

Definition 1.5: Eine Ebene $\epsilon \subset I_3^{(1)}$ heißt *nichtisotrop*, wenn ihre Ferngerade nicht mit dem absoluten Punkt F inzidiert. Eine Ebene $\epsilon \subset I_3^{(1)}$ heißt *isotrop*, wenn ihre Ferngerade mit F inzidiert.

SATZ 1.8: *Jede nichtisotrope Ebene* $\epsilon \subset I_3^{(1)}$ *läßt sich in der Form*

$$(1.52) \qquad z = ux + vy + w$$

darstellen. Jede isotrope Ebene läßt sich durch

$$(1.53) \qquad ux + vy + w = 0 \quad mit \quad (u,v) \neq (0,0)$$

beschreiben.

Beweis:

Jede Ebene ϵ des $P_3 \supset I_3^{(1)}$ kann durch $u_0 x_0 + u_1 x_1 + u_2 x_2 + u_3 x_3 = 0 (*)$ beschrieben werden, wobei $(u_0, u_1, u_2, u_3) \neq (0,0,0,0)$ gilt. Für Ebenen des $I_3^{(1)}$ gilt hierbei sogar $(u_1, u_2, u_3) \neq (0,0,0)$. Die Ferngerade von ϵ ist durch $x_0 = u_1 x_1 + u_2 x_2 + u_3 x_3 = 0$ gegeben. Daraus erkennt man, daß F(0:0:0:1) genau dann auf der Ferngeraden von ϵ liegt, wenn $u_3 = 0$ gilt. Liegt F nicht auf der Ferngeraden von ϵ, so folgt aus $(*)$ nach Übergang zu affinen Koordinaten unter Verwendung der Abkürzungen $\frac{u_1}{u_3} =: -u$, $\frac{u_2}{u_3} =: -v$, $\frac{u_0}{u_3} =: -w$ die Darstellung (1.52). Für eine isotrope Ebene erhält man wegen $u_3 = 0$ aus $(*)$ mit den Abkürzungen $u_1 =: u, u_2 =: v, u_0 =: w$ die Gleichung (1.53).

$$\Diamond$$

Wir untersuchen nun das Transformationsverhalten der Ebenenkoordinaten [u,v,w] einer nichtisotropen bzw. einer isotropen Ebene bezüglich der Gruppe G_8 der einfach isotropen Ähnlichkeiten (1.11). Die Koordinaten einer nichtisotropen Ebene sind hierbei inhomogen, die einer isotropen Ebene sind homogen.

SATZ 1.9: *Bei einer einfach isotropen Ähnlichkeit (1.11) transformieren sich die Ebenenkoordinaten einer nichtisotropen Ebene nach dem Gesetz*

$$(1.54) \qquad \begin{cases} \bar{u} = A + \frac{c_3}{p} u \cos\varphi - \frac{c_3}{p} v \sin\varphi \\[2mm] \bar{v} = B + \frac{c_3}{p} u \sin\varphi + \frac{c_3}{p} v \cos\varphi \qquad \ldots G_8^* \\[2mm] \bar{w} = C + C_1 u + C_2 v + C_3 w, \end{cases}$$

wobei abkürzend $A := \frac{1}{p}(c_1 \cos\varphi - c_2 \sin\varphi)$, $B := \frac{1}{p}(c_1 \sin\varphi + c_2 \cos\varphi)$ *gesetzt wurde, und die Konstanten* C, C_1, C_2 *nicht weiter interessieren. Die Koordinaten einer isotropen Ebene transformieren sich bezüglich der Gruppe G_8 nach dem Gesetz*

$$(1.55) \qquad \begin{cases} \bar{u} = \frac{1}{p} u \cos\varphi - \frac{1}{p} v \sin\varphi \\[2mm] \bar{v} = \frac{1}{p} u \sin\varphi + \frac{1}{p} v \cos\varphi \qquad \ldots G_8^* \\[2mm] \bar{w} = C_1 u + C_2 v + w \end{cases}$$

mit nicht näher interessierenden Konstanten C_1, C_2.

Beweis:
Unterwirft man eine nichtisotrope Ebene $\epsilon \ldots z = ux + vy + w$ einer isotropen Ähnlichkeit (1.11), so erhält man die nichtisotrope Bildebene $\bar\epsilon \ldots \bar z = \bar u \bar x + \bar v \bar y + \bar w$. Mittels (1.11) entsteht hieraus $c + c_1 x + c_2 y + c_3 z = \bar u \, [a + p(x \, \cos\varphi - y \, \sin\varphi)] + \bar v \, [b + {}+ p(x \, \sin\varphi + y \, \cos\varphi)] + \bar w$. Wird in diese Gleichung noch $z = ux + vy + w$ eingesetzt, so erhält man durch einen Koeffizientenvergleich die drei Gleichungen

$$(1.56) \qquad \begin{cases} c_1 + c_3 u = \bar u \, p \, \cos\varphi + \bar v \, p \, \sin\varphi \\ c_2 + c_3 v = -\bar u \, p \, \sin\varphi + \bar v \, p \, \cos\varphi \\ c + c_3 w = \bar u a + \bar v b + \bar w, \end{cases}$$

aus denen man die Größen $\bar u, \bar v, \bar w$ berechnen kann. Man gewinnt (1.54), wobei die Bauart der übrigen Koeffizienten — die von den Gruppenparametern $a, b, p, \varphi, c, c_1, c_2, c_3$ abhängen — im folgenden nicht explizit benötigt wird. Analog bestätigt man (1.55) an Hand von (1.11) und (1.53).

$$\Diamond$$

Folgerungen:

1) Ein Vergleich der Formeln (1.54) und (1.55) mit (1.11) zeigt, daß das Transformationsverhalten der Ebenenkoordinaten bezüglich der Gruppe G_8 vollkommen mit dem Transformationsverhalten der Punktkoordinaten übereinstimmt; die auftretenden Konstanten sind hierbei zwar anders gebaut, was aber unwesentlich ist. Diese Analogie im Transformationsverhalten wird es uns i. f. ermöglichen geeignete Invarianten für Ebenenpaare aufzusuchen.

2) Ist speziell die einfach isotrope Ähnlichkeit eine Bewegung der Gruppe $\mathcal{B}_6^{(1)}$ ($p = {}= 1, c_3 = 1$), so folgt aus (1.54) bzw. (1.55)

$$(1.57) \qquad \begin{cases} \bar u = A + u \, \cos\varphi - v \, \sin\varphi \\ \bar v = B + u \, \sin\varphi + v \, \cos\varphi \\ \bar w = C + C_1 u + C_2 v + w \end{cases} \ldots \mathcal{B}_6^{(1)^*} \qquad \text{bzw.}$$

$$(1.58) \qquad \begin{cases} \bar u = u \, \cos\varphi - v \, \sin\varphi \\ \bar v = u \, \sin\varphi + v \, \cos\varphi \\ \bar w = C_1 u + C_2 v + w, \end{cases} \ldots \mathcal{B}_6^{(1)^*} \qquad \text{d.h.}$$

eine einfach isotrope Bewegung wirkt auch als solche auf der Menge der Ebenenkoordinaten.

3) In Analogie zu (1.15) ist es nun naheliegend, folgenden *Winkelbegriff* für nichtisotrope Ebenen einzuführen.

Definition 1.6: Sind ϵ_1 und ϵ_2 zwei nichtisotrope Ebenen mit den Darstellungen $z = {}= u_1 x + v_1 y + w_1$, $z = u_2 x + v_2 y + w_2$, so versteht man unter ihrem *Winkel* ψ den Ausdruck

$$(1.59) \qquad \psi(\epsilon_1, \epsilon_2) := +\sqrt{(u_2 - u_1)^2 + (v_2 - v_1)^2}.$$

Mittels Folgerung 2) ergibt sich ja sofort, daß ψ eine *absolute Invariante* bezüglich $\mathcal{B}_6^{(1)^*}$ und somit bezüglich $\mathcal{B}_6^{(1)}$ ist.

4) Bezüglich der isotropen Ähnlichkeitsgruppe G_8 transformiert sich ψ nach dem Gesetz $\bar{\psi} = \frac{c_3}{p}\,\psi$, wie aus (1.54) folgt. Somit ist ψ eine relative Invariante bezüglich G_8. Speziell für $p = c_3$ ist ψ sogar eine absolute Invariante. Alle isotropen Ähnlichkeiten (1.11), für die $p = c_3$ gilt, bilden eine Untergruppe $W_7 \subset G_8$, wie man mittels [180,Satz 1.3] bestätigt. Diese siebenparametrige Gruppe mit der Darstellung

$$(1.60) \qquad \begin{cases} \bar{x} = a + p(x\,\cos\varphi - y\,\sin\varphi) \\ \bar{y} = b + p(x\,\sin\varphi + y\,\cos\varphi) \quad \ldots\ W_7 \\ \bar{z} = c + c_1 x + c_2 y + pz \end{cases}$$

wird als Gruppe der *einfach isotropen winkeltreuen Ähnlichkeiten* bezeichnet. Die zugehörige Geometrie wurde bisher nur in [135] und [178] untersucht.

5) Nach (1.59) gilt $\psi = 0$ genau dann, wenn $u_2 = u_1$ und $v_2 = v_1$ gilt. Dann sind die Ebenen ϵ_1, ϵ_2 entweder parallel ($w_1 \neq w_2$) oder identisch ($w_1 = w_2$). Sind ϵ_1 und ϵ_2 parallel, so führen wir eine Ersatzinvariante ein.

Definition 1.7: Sind ϵ_1 und ϵ_2 zwei nichtisotrope, parallele Ebenen mit den Darstellungen $z = u_1 x + v_1 y + w_1$, $z = u_1 x + v_1 y + w_2$, so heißt der Ausdruck

$$(1.61) \qquad a(\epsilon_1, \epsilon_2) = w_2 - w_1$$

ihr *Parallelabstand*.

Nach (1.54) transformiert sich a nach dem Gesetz $\bar{a} = c_3 a$, d. h. a ist eine relative Invariante gegenüber isotropen Ähnlichkeiten. a ist dagegen eine *absolute Invariante* gegenüber isotropen Ähnlichkeiten mit $c_3 = 1$, d. h. gegenüber den spannentreuen isotropen Ähnlichkeiten (1.19). Insbesondere ist a damit eine absolute Invariante gegenüber $\mathcal{B}_6^{(1)}$. Zum Unterschied von $\psi(\epsilon_1, \epsilon_2)$ ist $a(\epsilon_1, \epsilon_2)$ orientiert. Wir bemerken noch, daß $a(\epsilon_1, \epsilon_2) = 0$ genau dann gilt, wenn ϵ_1 mit ϵ_2 übereinstimmt.

6) Sind ϵ_1 und ϵ_2 zwei isotrope Ebenen mit den Darstellungen $u_1 x + v_1 y + w_1 = 0$ bzw. $u_2 x + v_2 y + w_2 = 0$, so definieren wir ihren Winkel $\tilde{\varphi}$ mittels

$$(1.62) \qquad \cos\tilde{\varphi}(\epsilon_1, \epsilon_2) = \frac{u_1 u_2 + v_1 v_2}{+\sqrt{(u_1^2 + v_1^2)(u_2^2 + v_2^2)}}.$$

An Hand von (1.58) bestätigt man sofort, daß $\tilde{\varphi}$ eine absolute Invariante bezüglich isotroper Bewegungen ist. Da die Darstellungen der Ebenen ϵ_1, ϵ_2 nicht normiert sind (d. h. durch Multiplikation einer Ebenengleichung $ux + vy + w = 0$ mit einem Faktor $\rho \neq 0$ entsteht eine andere Darstellung derselben Ebene), muß (1.62) gegenüber Umnormungen unempfindlich sein. Dies ist aber tatsächlich der Fall, wie man an (1.62) unmittelbar erkennt.

7) Aus (1.62) folgt, daß $\widetilde{\varphi} = 0$ gleichwertig mit $u_1 : v_1 = u_2 : v_2$ ist (wir setzen $v_1 \neq 0$ voraus und überlassen die einfache Diskussion der Sonderfälle dem Leser). Dann sind die Ebenen ϵ_1 und ϵ_2 entweder identisch ($w_1 = w_2$) oder parallel ($w_1 \neq w_2$). Ist im zweiten Fall die Ebene ϵ_1 durch $ux + vy + w_1 = 0$ gegeben, so normieren wir die Gleichung der Ebene ϵ_2 zu $ux + vy + w_2 = 0$. Für die so normierten Darstellungen von ϵ_1, ϵ_2 definieren wir einen Abstand φ^* mittels

$$(1.63) \qquad \varphi^*(\epsilon_1, \epsilon_2) = \frac{w_2 - w_1}{+\sqrt{u^2 + v^2}}.$$

Anhand von (1.58) erkennt man unmittelbar, daß φ^* eine absolute Invariante bezüglich der isotropen Bewegungsgruppe $\mathcal{B}_6^{(1)}$ ist. Aus (1.63) folgt noch, daß $\varphi^* = 0$ genau dann gilt, wenn $w_2 = w_1$, d. h. $\epsilon_1 \equiv \epsilon_2$ ist.

8) Wir überlegen noch, daß eine isotrope Ebene ϵ_1 und eine nichtisotrope Ebene ϵ_2 keine Invariante bezüglich der isotropen Bewegungsgruppe $\mathcal{B}_6^{(1)}$ besitzen. Dazu genügt es zu zeigen, daß man durch eine isotrope Bewegung jedes Ebenenpaar $\{\epsilon_1, \epsilon_2\}$ — bestehend aus einer isotropen Ebene ϵ_1 und einer nichtisotropen Ebene ϵ_2 — in jedes ebensolche Ebenenpaar $\{\bar\epsilon_1, \bar\epsilon_2\}$ überführen kann, wobei $\epsilon_1 \rightarrow \bar\epsilon_1$ und $\epsilon_2 \rightarrow \bar\epsilon_2$ abgebildet wird. Um die isotropen Ebenen $\epsilon_1, \bar\epsilon_1$ aufeinander abzubilden, genügt es ihre Spuren in der Grundrißebene zur Deckung zu bringen; dies gelingt aber stets durch eine euklidische Bewegung, womit in (1.20) die Gruppenparameter a, b, φ festliegen. Mit Hilfe der restlichen Parameter c, c_1, c_2 muß nun die Abbildung $\epsilon_2 \rightarrow \bar\epsilon_2$ realisiert werden. Sind die Ebenen $\epsilon_2, \bar\epsilon_2$ durch die Ebenenkoordinaten $[u,v,w]$ bzw. $[\bar u, \bar v, \bar w]$ gegeben, so erkennt man an Hand von (1.56) — wobei man $c_3 = 1$ und $p = 1$ zu setzen hat —, daß c, c_1, c_2 sogar eindeutig bestimmt sind. Hiermit hat man sogar eine eindeutig bestimmte Bewegung gefunden, die das Verlangte leistet.

9) Den Durchschnitt der Gruppe der abstandstreuen isotropen Ähnlichkeiten $\mathcal{B}_7$ (1.17) mit der Gruppe der winkeltreuen isotropen Ähnlichkeiten W_7 (1.60) findet man für $p = 1$, d. h. es gilt $\mathcal{B}_7 \cap W_7 = \mathcal{B}_6^{(1)}$. Ähnlich wie im Satz 1.5 kann man beweisen, daß die Untergruppen $\mathcal{B}_7$ und W_7 Normalteiler der Gruppe G_8 der direkten isotropen Ähnlichkeiten sind. Die isotrope Bewegungsgruppe $\mathcal{B}_6^{(1)}$ ist als Durchschnitt zweier Normalteiler dann ebenfalls ein Normalteiler der Gruppe G_8.

Wir fassen einige Resultate zusammen:

SATZ 1.10: *Die Gruppe W_7 der winkeltreuen isotropen Ähnlichkeiten und die Gruppe $\mathcal{B}_7$ der abstandstreuen isotropen Ähnlichkeiten sind Normalteiler der Gruppe G_8 der direkten isotropen Ähnlichkeiten. Sie durchdringen sich in der Gruppe $\mathcal{B}_6^{(1)}$ der isotropen Bewegungen, welche die Abstände und Winkel zwischen Punkten bzw. Ebenen, sowie deren Ersatzinvarianten als absolute Invarianten besitzt. Eine isotrope und eine nichtisotrope Ebene besitzen keine Invariante bezüglich der isotropen Bewegungsgruppe.*

Bevor wir eine geometrische Deutung der eingeführten Invarianten geben, wollen wir noch einen Orthogonalitätsbegriff einführen:

Definition 1.8: Eine Gerade g heißt *orthogonal (normal)* zu einer nichtisotropen Ebene ϵ, wenn g eine vollisotrope Gerade ist. Eine Gerade g heißt *normal* zu einer isotropen

Ebene ϵ, wenn ihr Grundriß $\widetilde{g}$ euklidisch normal zur Spur $\widetilde{\epsilon}$ ist. Zwei nichtisotrope Geraden g_1 und g_2 heißen *normal*, wenn ihre Grundrisse $\widetilde{g}_1, \widetilde{g}_2$ euklidisch normal sind. Jede vollisotrope Gerade ist *normal* zu jeder nichtisotropen Geraden. Zwei isotrope Ebenen ϵ_1, ϵ_2 heißen *normal*, wenn ihre Spuren $\widetilde{\epsilon}_1, \widetilde{\epsilon}_2$ euklidisch normal sind.

<u>Bemerkungen:</u>

1) Aus obiger Definition folgt sofort, daß die eingeführten Begriffe $\mathcal{B}_6^{(1)}$-invariant sind.

2) Wir untersuchen die isotrope *Normalebene* in einem Punkt N einer nichtisotropen Geraden g. Sie wird von allen isotropen Normalen auf g in N aufgespannt und besteht daher aus jener isotropen Ebene ν, deren Grundriß $\widetilde{\nu}$ euklidisch normal zum Grundriß $\widetilde{g}$ von g ist.

3) Sei g eine Gerade einer nichtisotropen Ebene ϵ; wegen $F \notin \epsilon$ ist g eine nichtisotrope Gerade. Betrachtet man in jedem Punkt von g die isotrope Normale auf ϵ, so bilden diese Geraden die isotrope Ebene durch g. Damit hat man gezeigt: *Alle Normalebenen einer nichtisotropen Ebene sind isotrope Ebenen.*

I. f. ist es wichtig zu wissen, welche Geometrie die einfach isotrope Bewegungsgruppe $\mathcal{B}_6^{(1)}$ in den Ebenen des isotropen Raumes $I_3^{(1)} \subset P_3$ induziert. Es gilt der

<u>SATZ 1.11:</u> *Die Gruppe $\mathcal{B}_6^{(1)}$ der einfach isotropen Bewegungen induziert in jeder isotropen Ebene des einfach isotropen Raumes eine ebene isotrope Geometrie und in jeder nichtisotropen Ebene eine zur euklidischen Geometrie parallelperspektive Geometrie. In der Fernebene ω des projektiv erweiterten isotropen Raumes wird durch die Gruppe $\mathcal{B}_6^{(1)}$ eine zur euklidischen Geometrie duale Geometrie induziert.*

<u>Beweis:</u>

(1) Ist ϵ eine isotrope Ebene mit der Ferngeraden $\epsilon_u = \epsilon \cap \omega$, so induziert die Gruppe $G_8 \supset \mathcal{B}_6^{(1)}$ in ϵ jene Projektivitäten, die $\{\epsilon_u, F\}$ als Ganzes festlassen; dies sind aber nach [180, Satz 2.1] *ebene allgemeine isotrope Ähnlichkeiten.* Gemäß Definition 1.4 werden die isotropen Bewegungen aus der Gruppe G_8 durch die Eigenschaften der Abstandstreue und der Spannentreue ausgesondert. Sind nun P_1, P_2 zwei nicht parallele Punkte der Ebene ϵ, so stimmt für sie der im $I_3^{(1)}$ erklärte Begriff Abstand (1.15) mit dem in der isotropen Ebene ϵ erklärten Abstandsbegriff (vgl. [180,(2.8)]) überein. Dasselbe gilt für den Begriff der Spanne paralleler Punkte, der im $I_3^{(1)}$ (1.18) und in der isotropen Ebene (vgl. [180, (2.11)] erklärt wurde. Die in ϵ von $\mathcal{B}_6^{(1)}$ induzierte Transformationsgruppe ergibt sich somit als Durchschnitt der Gruppe der ebenen längentreuen isotropen Ähnlichkeiten $\mathcal{L}_4$ mit der Gruppe $\mathcal{S}_4$ der ebenen spannentreuen isotropen Ähnlichkeiten, d. h. man erhält die ebene isotrope Bewegungsgruppe $\mathcal{B}_3$ (vgl. [180, (2.12)]).

(2) Ist ϵ eine nichtisotrope Ebene, so schneidet ihre Ferngerade $\epsilon_u = \epsilon \cap \omega$ die absoluten Geraden f_1, f_2 in zwei konjugiert-komplexen Punkten E_1, E_2, die speziell für die Grundrißebene $\pi : z = 0$ die absoluten Kreispunkte I_1, I_2 mit den projektiven Koordinaten $I_1(0 : 1 : i : 0)$ und $I_2(0 : 1 : -i : 0)$ sind. Durch eine *Parallelperspektivität* (vgl. [25,44]) mit vollisotropen Perspektivitätsgeraden läßt sich aber ϵ auf π abbilden, wobei E_1 auf F_1 und E_2 auf F_2 abgebildet wird. Somit ist die in ϵ induzierte Geometrie parallperspektiv zu der in π herrschenden ebenen euklidischen Geometrie. Die schematische Abbildung 1 zeigt die Absolutfigur des einfach

isotropen Raumes und illustriert den soeben beschriebenen Sachverhalt.

Abbildung 1:

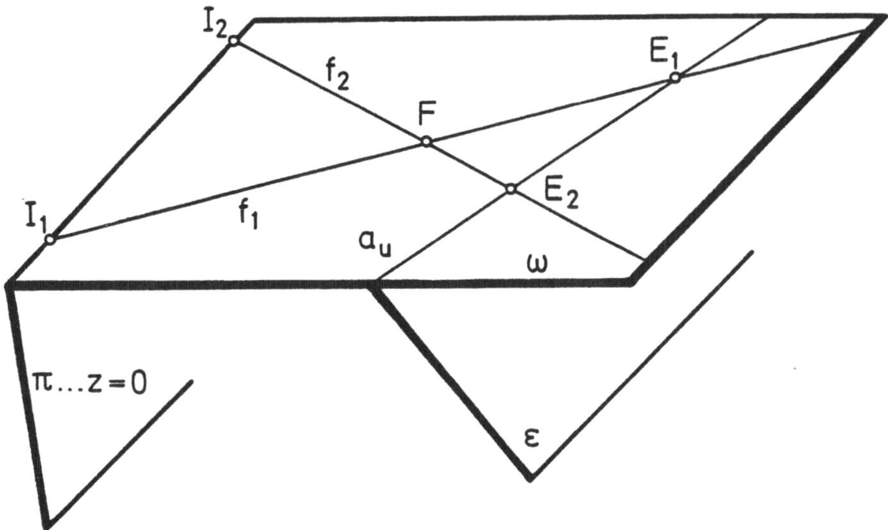

(3) Die Absolutfigur der in ω induzierten Geometrie besteht aus dem konjugiert-komplexen Geradenpaar f_1, f_2 mit dem reellen Schnittpunkt F. Dieses Gebilde ist daher in ω dual zur Absolutfigur $\{F_1^*, F_2^*, f^*\}$, die aus zwei konjugiert-komplexen Punkten F_1^*, F_2^* besteht, die auf einer reellen Geraden f^* liegen. Bezeichnen $(x_1 : x_2 : x_3)$ homogene Punktkoordinaten und $[u_1 : u_2 : u_2]$ homogene Geradenkoordinaten in ω, so kann diese Dualisierung durch die Korrelation

$$(1.64) \qquad \{x_1 = u_3, \quad x_2 = u_1, \quad x_3 = u_2\}$$

realisiert werden. Sie bildet die Gerade $f_1 : x_1 + ix_2 = 0$ auf den Punkt $F_1(0 : 1 : i)$ und die Gerade $f_2 : x_1 - ix_2 = 0$ auf den Punkt $F_2(0 : 1 : -i)$ ab; diese Punkte liegen auf der reellen Verbindungsgeraden $x_1 = 0$. Das Transformationsverhalten der Ebenenkoordinaten bezüglich der Gruppe $\mathcal{B}_6^{(1)}$ und damit das Transformationsverhalten der Geradenkoordinaten in ω ist nach (1.57) bzw. (1.58) bekannt. Betrachten wir zunächst Geraden in ω, die nicht mit F inzidieren, so folgt mittels $u = -\frac{u_1}{u_3}$, $v = -\frac{u_2}{u_3}$, $\bar{u} = -\frac{\bar{u}_1}{\bar{u}_3}$, $\bar{v} = -\frac{\bar{u}_2}{\bar{u}_3}$ aus (1.57) und (1.64)

$$(1.65) \qquad \begin{cases} \frac{\bar{x}_2}{\bar{x}_1} = -A + \frac{x_2}{x_1} \cos\varphi - \frac{x_3}{x_1} \sin\varphi \\[2mm] \frac{\bar{x}_3}{\bar{x}_1} = -B + \frac{x_2}{x_1} \sin\varphi + \frac{x_3}{x_1} \cos\varphi. \end{cases}$$

Wird x_1 als homogenisierende Koordinate aufgefaßt, so beschreibt (1.65) eine euklidische Bewegung (vgl. [180,(8.26)]). Dasselbe Resultat erhält man aus (1.58) bei der Betrachtung von Geraden $g \subset \omega$ mit $F \in g$. Die von $\mathcal{B}_6^{(1)}$ in ω induzierte Geometrie ist daher dual zur euklidischen Bewegungsgeometrie.

◇

Geometrische Deutung der Invarianten:

Bei den folgenden Deutungen werden wir oft die Projektion von Gebilden in die Grundrißebene $z = 0$ benützen; diese Projektion erfolgt stets in vollisotroper Richtung. Die entsprechenden Grundrisse kennzeichnen wir durch das Symbol *Schlange* z. B. bezeichnet $\tilde{P}$ den (vollisotropen) Grundriß des Punktes P.

1) Sind A und B zwei nicht parallele Punkte des $I_3^{(1)}$, so ist nach (1.15) ihr isotroper Abstand d gleich dem euklidischen Abstand ihrer Grundrisse $\tilde{A}$ und $\tilde{B}$.

2) Sind A und B zwei parallele Punkte des $I_3^{(1)}$, so ist ihre Spanne s gemäß (1.18) gleich dem euklidischen Abstand der Punkte A, B – gemessen auf der vollisotropen Verbindungsgeraden. Dieser Abstand ist allerdings orientiert.

3) Eine euklidische Deutung des isotropen Winkels ψ (1.59) zweier nichtisotroper, nicht paralleler Ebenen ϵ_1, ϵ_2 gewinnt man wie folgt: Wir wählen auf der z-Achse des zugrundegelegten Koordinatensystems den Einheitspunkt $Z(0,0,1)$ und zeichnen von Z aus die euklidischen Normalen l_1, l_2 auf die Ebenen ϵ_1, ϵ_2. Die Schnittpunkte von l_1 bzw. l_2 mit der Grundrißebene π bezeichnen wir mit L_1 bzw. L_2. Sind die Ebenen $\epsilon_j(j = 1,2)$ durch $z = u_j x + v_j y + w_j$ gegeben, so besitzen die Normalen l_j die Parameterdarstellung $\vec{x} = (0,0,1) + \lambda(u_j, v_j, -1)$, da $(u_j, v_j, -1)$ ein euklidischer Normalenvektor der Ebene ϵ_j ist. Hiermit gewinnt man die Schnittpunkte $L_1 = (u_1, v_1, 0)$, $L_2 = (u_2, v_2, 0)$ und über $\overline{L_1 L_2}^2 = (u_2 - u_1)^2 + (v_2 - v_1)^2 = \psi^2$ eine *euklidische Deutung* des Winkels ψ. *Der isotrope Winkel ψ zweier nichtisotroper, nicht paralleler Ebenen ist gleich dem euklidischen Abstand der Schnittpunkte L_1, L_2, der vom Einheitspunkt $Z(0,0,1)$ auf die Ebenen ϵ_1, ϵ_2 gefällten Normalen l_1, l_2 mit der Grundrißebene.*

4) Eine andere Deutung des Winkels ψ zweier nichtisotroper, nicht paralleler Ebenen ϵ_1, ϵ_2 — die nur Begriffe der isotropen Geometrie benützt — gab der Verfasser in [167,86]. Es gilt:

Der Winkel ψ zweier nichtisotroper, nicht paralleler Ebenen ϵ_1, ϵ_2 kann durch den Betrag jenes isotropen Winkels gemessen werden, den jene beiden Geraden g_1, g_2 bilden, die von einer Normalebene ν auf die Schnittgerade $s = \epsilon_1 \cap \epsilon_2$ aus ϵ_1 und ϵ_2 herausgeschnitten werden.

Beweis:
Da die Schnittgerade s zweier nichtisotroper, nicht paralleler Ebenen nicht vollisotrop ist, kann man durch eine isotrope Bewegung erreichen, daß s mit der x-Achse des zugrundegelegten Koordinatensystems zusammenfällt. Die Ebenen ϵ_1 und ϵ_2 besitzen dann die Gleichungen $z = v_1 y$ und $z = v_2 y$ und nach (1.59) findet man ihren Schnittwinkel $\psi(\epsilon_1, \epsilon_2) = |v_2 - v_1|$. Jede Normalebene ν auf s ist parallel zur [yz]-Ebene, so daß die Projektionen von g_1 bzw. g_2 auf die [yz]-Ebene durch die Gleichungen $z = v_1 y$ bzw. $z = v_2 y$ gegeben sind. Gemäß [180, (2.15)] erhält man daher für den Winkel $\sphericalangle(g_1, g_2)$ im Sinne der ebenen isotropen Geometrie, die in ν vorliegt: $\widehat{\psi} := \sphericalangle(g_1, g_2) = v_2 - v_1$. Hieraus folgt $|\widehat{\psi}| = \psi$.

Diese Deutung des isotropen Winkels ψ entspricht genau der euklidischen Definition des Schnittwinkels zweier Ebenen.

Da die Winkelmessung in einer isotropen Ebene additiv ist, folgt aus dieser Deutung übrigens unmittelbar die Additivität des isotropen Winkels zwischen nichtisotropen, nicht parallelen Ebenen eines Büschels.

5) Der Parallelabstand $a(\epsilon_1, \epsilon_2)$ zweier nichtisotroper, paralleler Ebenen ϵ_1, ϵ_2 gemäß (1.61) läßt folgende geometrische Deutung zu: *Ist h eine beliebige, vollisotrope Gerade und sind $H_1 = h \cap \epsilon_1$, $H_2 = h \cap \epsilon_2$ die Schnittpunkte von h mit ϵ_1 bzw. ϵ_2, so ist der Parallelabstand $a(\epsilon_1, \epsilon_2)$ gleich der Spanne $s(H_1, H_2)$ dieser Schnittpunkte.*

Beweis:
Ist h durch $x = x_0, y = y_0$ gegeben, so erhält man aus den Ebenengleichungen $\epsilon_1 \ldots z = u_1 x + v_1 y + w_1$, $\epsilon_2 \ldots z = u_1 x + v_1 y + w_2$ die Schnittpunkte $H_1(x_0, y_0, u_1 x_0 + v_1 y_0 + w_1)$, $H_2(x_0, y_0, u_1 x_0 + v_1 y_0 + w_2)$, woraus die von h unabhängige Deutung $s(H_1, H_2) = w_2 - w_1 = a(\epsilon_1, \epsilon_2)$ folgt.

$$\Diamond$$

6) Die in (1.62) erklärte Invariante $\widetilde{\varphi}$ zweier isotroper Ebenen ϵ_1, ϵ_2 stimmt mit dem euklidischen Schnittwinkel ihrer Spuren $\widetilde{\epsilon}_1, \widetilde{\epsilon}_2$ überein. Dies folgt sofort daraus, daß die Spuren $\widetilde{\epsilon}_1, \widetilde{\epsilon}_2 \ldots u_1 x + v_1 y + w_1 = 0$, $u_2 x + v_2 y + w_2 = 0$ der Ebenen ϵ_1, ϵ_2 die euklidischen Normalenvektoren $\vec{n}_1(u_1, v_1)$ bzw. $\vec{n}_2(u_2, v_2)$ besitzen und $\sphericalangle(\widetilde{\epsilon}_1, \widetilde{\epsilon}_2) = \sphericalangle(\vec{n}_1, \vec{n}_2)$ gilt.

7) Der nach (1.63) definierte Abstand φ^* zweier paralleler isotroper Ebenen ϵ_1, ϵ_2 stimmt mit dem euklidischen Abstand ihrer Spuren überein. Dies folgt sofort an Hand der Hesseschen Normalformen der Spuren $\widetilde{\epsilon}_j : ux + vy + w_j = 0 (j = 1, 2)$.

Ergänzungen:
In den bisherigen Überlegungen wurden nur Invarianten von Punktepaaren und Ebenenpaaren untersucht. Gestützt auf den in Definition 1.8 eingeführten Orthogonalitätsbegriff ist es nicht schwer, auch *zwischen Punkten und Ebenen Invarianten* einzuführen.

a) Gegeben sei eine nichtisotrope Ebene ϵ mit der Gleichung $z = ux + vy + w$ und ein Punkt $P(x_0, y_0, z_0)$. Um einen Abstand des Punktes P von der Ebene ϵ einzuführen, betrachten wir die vollisotrope Normale h von P auf ϵ und ihren Schnittpunkt $N = h \cap \epsilon$ mit ϵ. Als Abstand $d(P, \epsilon)$ des Punktes P von der Ebene ϵ definieren wir die Spanne $s(P, N)$. Aus $P(x_0, y_0, z_0)$ und $N(x_0, y_0, ux_0 + vy_0 + w)$ findet man unmittelbar

$$(1.66) \qquad d(P, \epsilon) = S(P, N) = ux_0 + vy_0 + w - z_0$$

b) Gegeben sei jetzt eine isotrope Ebene ϵ mit der Darstellung $ux + vy + w = 0$ und ein Punkt $P(x_0, y_0, z_0)$. Als Abstand $d(P, \epsilon)$ definiert man dann den euklidischen Abstand $d(\widetilde{P}, \widetilde{\epsilon})$ des Grundrisses $\widetilde{P}$ von P von der Spur $\widetilde{\epsilon}$ der Ebene ϵ. Dieser Ausdruck ist ja gemäß Satz 1.4 invariant bezüglich der Gruppe $\mathcal{B}_6^{(1)}$. Mit der Hesseschen Normalform von $\widetilde{\epsilon}$ findet man

$$(1.67) \qquad d(P, \epsilon) = d(\widetilde{P}, \widetilde{\epsilon}) = \left| \frac{ux_0 + vy_0 + w}{+\sqrt{u^2 + v^2}} \right|.$$

Hiermit haben wir für Punkte und Ebenen Invarianten eingeführt. Invarianten für Geradenpaare werden wir in §3 betrachten. Bei den bisherigen Ausführungen folgten wir den grundlegenden Abhandlungen [203],[208] und [213]. In der Arbeit [203] hat K. STRUBECKER erstmals isotrope Invarianten eingeführt, wobei er als Absolutfigur allerdings ein reelles, schneidendes Ferngeradenpaar wählt.

Definition 1.9: Sind f_1, f_2 zwei reelle Geraden der Fernebene ω eines projektiv erweiterten affinen Raumes A_3, so heißt die Automorphismengruppe $\mathcal{G}_8^P$ der Absolutfigur $\{f_1, f_2, \omega\}$ *allgemeine pseudo-isotrope Ähnlichkeitsgruppe*. Wird $I_3^{(1)} := P_3 \setminus \omega$ gesetzt, so heißt die Geometrie $(I_3^{(1)}, \mathcal{G}_8^P)$ die *allgemeine pseudo-isotrope Ähnlichkeitsgeometrie*.

Zu allen von uns bisher angegebenen Invarianten und Transformationsgruppen gibt es pseudo-isotrope Gegenstücke ; diese werden in [203] ausführlich beschrieben. Das entstehende *Invariantensystem* ist allerdings *umfangreicher* , da die Realität der absoluten Geraden f_1, f_2 eine genauere Unterscheidung bzw. Klassifikation der Gebilde Punkte, Geraden und Ebenen notwendig macht. Der pseudo-isotrope Raum liegt auch den Abhandlungen [62]-[65] und [131] zu Grunde. Wir gehen auf diese Thematik nur kurz ein und verweisen vor allem auf [203]:

Definition 1.10: Eine Gerade, die $f_1(f_2)$ schneidet heißt eine *isotrope Gerade von erster (zweiter) Art*. Eine Ebene, die $f_1(f_2)$ enthält heißt *vollisotrop von erster (zweiter) Art*.

Legt man unter Verwendung projektiver Koordinaten die absoluten Geraden eines pseudo-isotropen Raumes $I_3^{(1)^P}$ durch

$$(1.68) \qquad f_1 \ \ldots \ x_0 = x_1 = 0 \quad und \quad f_2 \ \ldots \ x_0 = x_2 = 0$$

fest, so findet man als projektive Automorphismengruppe die Gruppe $\mathcal{G}_8^P$

$$(1.69) \qquad \begin{cases} \bar{x}_0 = x_0 \\ \bar{x}_1 = \alpha_{10}x_0 + \alpha_{11}x_1 \\ \bar{x}_2 = \alpha_{20}x_0 + \alpha_{22}x_2 \\ \bar{x}_3 = \alpha_{30}x_0 + \alpha_{31}x_1 + \alpha_{32}x_2 + \alpha_{33}x_3, \end{cases}$$

aus der man durch die Forderung $\alpha_{11}\alpha_{22} = 1$, $\alpha_{33} = 1$ die *pseudo-isotrope Bewegungsgruppe* $\mathcal{B}_6^{(1)^P}$

$$(1.70) \qquad \begin{cases} \bar{x}_0 = x_0 \\ \bar{x}_1 = \alpha_{10}x_0 + \alpha_{11}x_1 \\ \bar{x}_2 = \alpha_{20}x_0 + \frac{1}{\alpha_{11}}x_2 \\ \bar{x}_3 = \alpha_{30}x_0 + \alpha_{31}x_1 + \alpha_{32}x_2 + x_3 \end{cases}$$

als Untergruppe aussondern kann. Die Gruppe (1.70) ist das pseudo-isotrope Gegenstück zu (1.20). Wird in (1.70) noch $\alpha_{11} = 1$ gesetzt, so erhält man die fünfparametrige Grenzgruppe $\mathcal{B}_5^P \cap \mathcal{B}_6^{(1)^P}$ mit der Darstellung

$$(1.71) \qquad \begin{cases} \bar{x} = \alpha_{10} + x \\ \bar{y} = \alpha_{20} + y \\ \bar{z} = \alpha_{30} + \alpha_{31}\, x + \alpha_{32}\, y + z \end{cases}$$

in affinen Koordinaten. Will man nun beispielsweise für Punkte $A(a_1, b_2, a_3)$, $B(b_1, b_2, b_3)$ einen *Abstandsbebegriff* einführen, so hat man u. a. folgenden Sonderfall zu diskutieren:

Definition 1.11: Zwei Punkte A, B heißen *parallel von 1. Art (2.Art)*, wenn sie auf einer isotropen Geraden von erster (zweiter) Art liegen, aber auf keiner vollisotropen Geraden liegen.

Die neu für den pseudo-isotropen Raum auftretenden Probleme werden z. B. belegt durch folgenden

SATZ 1.12: *Zwei parallele Punkte 1. Art $A(a_1, a_2, a_3)$, $B(a_1, b_2, b_3)$ des pseudo-isotropen Raumes $I_3^{(1)^P}$ besitzen bezüglich der pseudo-isotropen Bewegungsgruppe $\mathcal{B}_6^{(1)^P}$ keine Invariante. Bezüglich der Grenzgruppe $\mathcal{B}_5^P$ besitzen sie die absolute Invariante*

$$(1.72) \qquad d(A, B) = b_2 - a_2.$$

Beweis:
(1): Wir schreiben (1.70) in der affinen Gestalt

$$(1.73) \qquad \begin{cases} \bar{x} = \alpha_{10} + \alpha_{11} x \\ \bar{y} = \alpha_{20} + \dfrac{1}{\alpha_{11}} y \\ \bar{z} = \alpha_{30} + \alpha_{31} x + \alpha_{32} y + z \end{cases}$$

und zeigen, daß man A, B auf zwei beliebige Punkte $\bar{A}(\bar{a}_1, \bar{a}_2, \bar{a}_3)$, $\bar{B}(\bar{a}_1, \bar{b}_2, \bar{b}_3)$, die parallel von 1. Art sind, mittels (1.73) abbilden kann. Hierzu ist das Gleichungssystem

$$(1.74) \qquad \begin{cases} \bar{a}_1 = \alpha_{10} + \alpha_{11} a_1 \\ \bar{a}_2 = \alpha_{20} + \dfrac{1}{\alpha_{11}} a_2 \\ \bar{a}_3 = \alpha_{30} + \alpha_{31} a_1 + \alpha_{32} a_2 + a_3 \\ \bar{a}_1 = \alpha_{10} + \alpha_{11} a_1 \\ \bar{b}_2 = \alpha_{20} + \dfrac{1}{\alpha_{11}} b_2 \\ \bar{b}_3 = \alpha_{30} + \alpha_{31} a_1 + \alpha_{32} b_2 + b_3 \end{cases}$$

zu diskutieren. Aus der zweiten und fünften Gleichung läßt sich α_{20} und α_{11} wegen $a_2 \neq b_2$ eindeutig bestimmen und aus der ersten Gleichung gewinnt man α_{10}. Faßt man schließlich die dritte und sechste Gleichung zu einem System zusammen, so besitzt dieses System sogar eine einparametrige Schar von Lösungen.

(2): Der Nachweis der Invarianz von (1.72) bezüglich der Gruppe (1.71) ist trivial.

$$\diamond$$

Analog kann man für parallele Punkte 2. Art $(a_2 = b_2)$ bezüglich der Gruppe $\mathcal{B}_5^P$ über

$$(1.75) \qquad d(A, B) = b_1 - a_1$$

eine Invariante einführen. Die angesprochene Problematik würde natürlich auch im einfach isotropen Raum $I_3^{(1)}$ auftreten, wenn man dort *komplexe isotrope Geometrie* betreiben wollte, d. h. wenn man in $I_3^{(1)}(C)$ arbeitet und komplexe Punkte, Geraden und Ebenen zuläßt.

Der Unterschied zwischen der einfach isotropen und der pseudo-isotropen Geometrie ist formal derselbe wie der Unterschied zwischen euklidischer und pseudoeuklidischer Geometrie. Letztere wird bekanntlich erhalten, indem man die Absolutfigur (1.21) der euklidischen Geometrie durch den in ω gelegenen einteiligen Kegelschnitt $x_0 = x_1^2 + x_2^2 - x_3^2 = 0$ ersetzt. Die dreidimensionale pseudoeuklidische Geometrie findet sich — im Zusammenhang mit der sogenannten Zyklographie — ausführlich in [114] dargestellt. Man vergleiche auch [45,264f] und die ausgezeichnete Darstellung in [165].

Zum Abschluß dieses Abschnittes kehren wir nochmals zur Grenzgruppe (1.25) zurück, die vor allem in [203] untersucht wurde und beschäftigen uns mit zwei interessanten Resultaten, die von CH. LÜBBERT stammen (vgl. [106],[107]). Wir geben zunächst die

Definiton 1.12: Eine Lie-Gruppe $\mathcal{G}$ von Projektivitäten bzw. Affinitäten auf $P_n(\mathcal{R})$ bzw. $A_n(\mathcal{R})(n \geq 3)$ heißt *zerlegbar*, wenn $\mathcal{G}$ als nichttriviales kommutatives Produkt

$$(1.76) \qquad \mathcal{G} = \mathcal{G}_L \circ \mathcal{G}_R, \quad AB = BA, \quad A \in \mathcal{G}_L, B \in \mathcal{G}_R$$

von Lieschen Untergruppen $\mathcal{G}_L$ und $\mathcal{G}_R$ darstellbar ist, wobei $\mathcal{G}_L$ und $\mathcal{G}_R$ auf einer offenen Teilmenge $U \subset P_n$ bzw. $U \subset A_n$ einfach-transitiv operieren.

Beispiele socher Zerlegungen sind wohl bekannt:

1) Die 6-parametrige Bewegungsgruppe des dreidimensionalen elliptischen Raumes. Hier sind $\mathcal{G}_L$ und $\mathcal{G}_R$ die Cliffordschen Links- und Rechtsschiebungen (vgl. [230,160f]); es gilt $U = P_3$.

2) Die 6-parametrige Bewegungsgruppe des dreidimensionalen quasielliptischen Raumes. Wieder sind $\mathcal{G}_L$ und $\mathcal{G}_R$ die entsprechenden Cliffordschen Schiebungsgruppen [230, 177f] und es gilt $U = P_3 \setminus g$, wobei g eine Gerade in P_3 ist.

3) Die 5-parametrige Grenzgruppe des einfach istropen Raumes gemäß Satz 1.5. Hier ist $U = P_3$ und es gibt neben der in Satz 1.5 angegebenen Zerlegung in Clifford-Schiebungen noch weitere(vgl. [203,142]).

Nach CH. LÜBBERT gilt nun der

SATZ 1.13: *Unter den Gruppen der Affinitäten auf $A_3(\mathcal{R})$ ist die Grenzgruppe B_5 (1.26) die einzige zerlegbare mit maximalem Transitivitätsgebiet $U = A_3$ der Faktoren $\mathcal{G}_L$ und $\mathcal{G}_R$.*

Der *Beweis* kann in [107] nachgelesen werden.

Der Begriff des einfach isotropen Raumes, der Begriff der allgemeinen isotropen Ähnlichkeitsgruppe (1.10) und der isotropen Bewegungsgruppe (1.20) wurde vom Autor in [170] n-dimensional verallgemeinert. Hierzu betrachten wir in einem n-dimensionalen reellen projektiven Raum $P_n(\mathcal{R})$ eine Hyperebene ω und gehen durch Aufschneiden von P_n längs ω zum zugeordneten affinen Raum $A_n(\mathcal{R}) = P_n \setminus \omega$ über.

Definition 1.13: Wird in ω ein nullteiliger Hyperkegel Γ ausgezeichnet, so heißt die zur Absolutfigur $\{\omega, \Gamma\}$ gehörige projektive Automorphismengruppe die *allgemeine einfach isotrope Ähnlichkeitsgruppe* $\mathcal{G}$ in A_n. Wird $I_n^{(1)} = P_n \setminus \omega$ gesetzt, dann heißt die Geometrie $(I_n^{(1)}, \mathcal{G})$ die *allgemeine n-dimensionale einfach isotrope Ähnlichkeitsgeometrie*.

Folgerungen:

1) Wie in [170,199ff] gezeigt wird, ist die Gruppe $\frac{1}{2}(n^2 + n + 4)$-parametrig. Mit $\vec{a} = (a_{10}, \ldots, a_{n-10})^t$, $\vec{\bar{x}} = (\bar{x}_1, \ldots, \bar{x}_{n-1})^t$, $\vec{x} = (x_1, \ldots, \bar{x}_{n-1})^t$, einer orthogonalen $(n-1, n-1)$-Matrix T und einer reellen Zahl $\lambda \neq 0$ kann man die Gruppe $\mathcal{G}$ koordinatenmäßig durch

$$(1.77) \qquad \begin{cases} \vec{\bar{x}} = \vec{a} + \lambda T \vec{x} \\ \bar{x}_n = a_{n0} + a_{n1}x_1 + \ldots + a_{nn}x_n \end{cases}$$

darstellen, wobei $x_1, \ldots, x_n$ und $\bar{x}_1, \ldots, \bar{x}_n$ affine Koordinaten in A_n bezeichnen.

2) Wird in (1.77) $\lambda = 1$ und $a_{nn} = 1$ gesetzt, so erhält man eine $\frac{1}{2}n(n+1)$-parametrige Untergruppe $\mathcal{B} \subset \mathcal{G}$, die man als *n-dimensionale einfach isotrope Bewegungsgruppe* des $I_n^{(1)}$ bezeichnen kann. Bezüglich der Bildung von Invarianten in der n-dimensionalen einfach isotropen Bewegungsgeometrie $(I_n^{(1)}, \mathcal{B})$ vergleiche man [170,201f]. Diese Gruppe liegt auch der Arbeit [3] zugrunde.

3) Als Grenzgruppe G des n-dimensionalen isotropen Raumes $I_n^{(1)}$ bezeichnet man nach CH. LÜBBERT (vgl. [107,314], [106,61]) die (2n-1)-parametrige Untergruppe

$$(1.78) \qquad \begin{cases} \vec{\bar{x}} = \vec{a} + E\vec{x} \\ \bar{x}_n = a_{n0} + a_{n1}x_1 + \ldots + x_n \end{cases}$$

von $\mathcal{B}$, wobei E die (n-1,n-1)-Einheitsmatrix bedeutet und die übrigen Bezeichnungen wie in (1.87) gewählt wurden. Nach [106,63] ist die Grenzgruppe G auf $I_n^{(1)}$ $(n \geq 2)$ genau dann in ein kommutatives Produkt regulärer Untergruppen zerlegbar, wenn die Dimension n ungerade ist.

4) Wir geben noch die

Definition 1.14: Eine Zerlegung $G = G_L \circ G_R$ der Grenzgruppe G heißt *mit der isotropen Metrik verträglich*, wenn G_L und G_R Normalteiler in der Bewegungsgruppe $\mathcal{B}$ des $I_n^{(1)}$ sind.

Dann gilt der folgende bemerkenswerte Satz von CH. LÜBBERT (vgl. [106,65]):

SATZ 1.14: *Ist die Zerlegung $G = G_L \circ G_R$ der Grenzgruppe G eines isotropen Raumes $I_n^{(1)}$ ungerader Dimension mit der isotropen Metrik verträglich, dann ist $n = 3$.*

§2 Die einparametrigen Untergruppen der isotropen Bewegungsgruppe $\mathcal{B}_6^{(1)}$ und einige Anwendungen.

Will man die einparametrigen Untergruppen einer Transformationsgruppe bestimmen ohne schwierige Hilfsmittel aus der Theorie der LIE-Gruppen anzuwenden (vgl. [108], [192, 24f], [245]), dann ist der folgende Satz, der in [180,169f] bzw. [40] bewiesen wird, ein wichtiges Hilfsmittel:

SATZ 2.1: *Bildet eine einparametrige Schar von Transformationen $\vec{\bar{x}} = \mathcal{F}(\vec{x}, \tau)$ eine Gruppe, dann wird hierdurch ein von τ unabhängiges Richtungsfeld definiert, d. h. es existiert eine Parametertransformation $t = t(\tau)$, sodaß $\frac{d\vec{\bar{x}}}{dt} = \vec{g}(\vec{\bar{x}})$ nicht von t abhängt.*

Wenden wir den Satz 2.1 auf den Ansatz

$$(2.1) \qquad \begin{cases} \bar{x} = a(t) + x\cos\varphi(t) - y\ \sin\varphi(t) \\ \bar{y} = b(t) + x\sin\varphi(t) + y\ \cos\varphi(t) \\ \bar{z} = c(t)x + c_1(t)x + c_2(t)y + z \end{cases}$$

an, wobei die Anfangsbedingungen

$$(2.2) \qquad a(0) = b(0) = c(0) = \varphi(0) = c_1(0) = c_2(0) = 0$$

an der Stelle $t = 0$ gelten mögen, so hat man zunächst (2.1) nach t zu differenzieren, wodurch man

$$(2.3) \qquad \begin{cases} \dot{\bar{x}} = \dot{a} - \dot{\varphi}x\ \sin\varphi(t) - \dot{\varphi}y\ \cos\varphi(t) \\ \dot{\bar{y}} = \dot{b} + \dot{\varphi}x\ \cos\varphi(t) - \dot{\varphi}y\ \sin\varphi(t) \\ \dot{\bar{z}} = \dot{c} + \dot{c}_1 x + \dot{c}_2 y \end{cases}$$

gewinnt und hat anschließend die rechte Seite von (2.3) durch $\bar{x}$, $\bar{y}$ und $\bar{z}$ auszudrücken. Man findet nach einiger Rechnung

$$(2.4) \qquad \begin{cases} \dot{\bar{x}} = & \dot{a} + b\dot{\varphi} - \dot{\varphi}\bar{y} \\ \dot{\bar{y}} = & \dot{b} - a\dot{\varphi} + \dot{\varphi}\bar{x} \\ \dot{\bar{z}} = & \dot{c} - \dot{c}_1(a\ \cos\varphi + b\ \sin\varphi) + \dot{c}_2(a\ \sin\varphi - b\ \cos\varphi) + \\ & + (\dot{c}_1\ \cos\varphi - \dot{c}_2\ \sin\varphi)\ \bar{x} + (\dot{c}_1\ \sin\varphi + \dot{c}_2\ \cos\varphi)\ \bar{y}. \end{cases}$$

Da nach Satz 2.1 die rechte Seite von (2.4) nicht von t abhängen darf, ergeben sich mit durch den Index Null gekennzeichneten Konstanten folgende Differentialgleichungen

$$(2.5,\ a-f) \qquad \begin{cases} \dot{\varphi} =: \varphi_0, \ \dot{a} + b\dot{\varphi} =: \beta_0, \ \dot{b} - a\dot{\varphi} =: -\alpha_0, \\ \dot{c} - \dot{c}_1(a\ \cos\varphi + b\ \sin\varphi) + \dot{c}_2(a\ \sin\varphi - b\ \cos\varphi) =: \gamma_0 \\ \dot{c}_1\ \sin\varphi + \dot{c}_2\ \cos\varphi =: \gamma_1, \ \dot{c}_1\ \cos\varphi - \dot{c}_2\ \sin\varphi =: -\gamma_2. \end{cases}$$

Zur Integration des Systems (2.5,a-f) ist es zweckmäßig, zwei Hauptfälle zu unterscheiden:

<u>Hauptfall A</u>: $\dot{\varphi} = \varphi_0 \neq 0$.

Aus (2.5 a) folgt $\varphi = \varphi_0 t + c_1$ und die Anfangsbedingung $\varphi(0) = 0$ liefert $c_1 = 0$, d. h. $\varphi(t) = \varphi_0 t$. Nach einiger Rechnung findet man dann als Lösung von (2.5,a-f) unter Berücksichtigung der Anfangsbedingungen (2.2)

$$(2.6) \qquad \varphi(t) = \varphi_0 t$$

$$a(t) = \frac{\alpha_0}{\varphi_0} \, (1 - \cos \varphi_0 t) + \frac{\beta_0}{\varphi_0} \, \sin \varphi_0 t$$

$$b(t) = - \frac{\alpha_0}{\varphi_0} \, \sin \varphi_0 t + \frac{\beta_0}{\varphi_0} \, (1 - \cos \varphi_0 t)$$

$$c_1(t) = \frac{\gamma_1}{\varphi_0} \, (1 - \cos \varphi_0 t) - \frac{\gamma_2}{\varphi_0} \, \sin \varphi_0 t$$

$$c_2(t) = \frac{\gamma_1}{\varphi_0} \, \sin \varphi_0 t + \frac{\gamma_2}{\varphi_0} \, (1 - \cos \varphi_0 t)$$

$$c(t) = At + \frac{1}{\varphi_0} \, B \, \sin \varphi_0 t + \frac{1}{\varphi_0} \, C(1 - \cos \varphi_0 t),$$

wobei die Abkürzungen $A := \gamma_0 + \frac{1}{\varphi_0}(\gamma_1 \beta_0 - \gamma_2 \alpha_0)$, $B := -\gamma_2 k_1 - \gamma_1 k_2$, $\quad C := \gamma_1 k_1 - \gamma_2 k_2$ verwendet wurden, und k_1 und k_2 Integrationskonstanten bezeichnen. Führt man noch die zulässige Parametertransformation $\varphi_0 t =: u$ ein, dann lauten die zugehörigen einparametrigen Untergruppen

$$(2.7) \qquad \begin{cases} \bar{x} = \frac{\alpha_0}{\varphi_0} + (x - \frac{\alpha_0}{\varphi_0}) \, \cos \, u - (y - \frac{\beta_0}{\varphi_0}) \, \sin u \\[2mm] \bar{y} = \frac{\beta_0}{\varphi_0} + (x - \frac{\alpha_0}{\varphi_0}) \, \sin \, u + (y - \frac{\beta_0}{\varphi_0}) \, \cos \, u \\[2mm] \bar{z} = A \frac{u}{\varphi_0} + \frac{B}{\varphi_0} \, \sin \, u + \frac{C}{\varphi_0}(1 - \cos \, u) + c_1(u)x + c_2(u)y + z, \end{cases}$$

wobei $c_1(u)$ und $c_2(u)$ aus (2.6) zu entnehmen sind. Zunächst sieht man, daß bei den Abbildungen (2.7) die vollisotrope Gerade $l\{x = \frac{\alpha_0}{\varphi_0}, y = \frac{\beta_0}{\varphi_0}\}$ eine Fixgerade ist. Man kann daher um eine zweckmäßige Normalform von (2.7) zu erstellen, die z-Achse des zugrundegelegten Koordinatensystems in diese Fixgerade legen; dann folgt $\alpha_0 = \beta_0 = 0$. Wir überlegen weiter, daß die durch

$$(2.8) \qquad \bar{x}_0 = \gamma_1 \bar{x}_1 + \gamma_2 \bar{x}_2 + \varphi_0 \bar{x}_3 = 0$$

definierte Ferngerade l^* ebenfalls eine Fixgerade bei den Abbildungen (2.7) ist. In der Tat folgt mit $\alpha_0 = \beta_0 = 0$ aus (2.7): $\gamma_1(x_1 \cos \, u - x_2 \sin \, u) + \gamma_2(x_1 \sin \, u + x_2 \cos \, u) + [Au + B \sin u + C(1 - \cos u)]x_0 + [\gamma_1(1 - \cos u) - \gamma_2 \sin u]x_1 + [\gamma_1 \sin u + \gamma_2(1 - \cos u)]x_2 + \varphi_0 x_3 = 0$, also $x_0 = \gamma_1 x_1 + \gamma_2 x_2 + \varphi_0 x_3 = 0$. Nun kann man durch eine einfach isotrope Bewegung erreichen, daß l^* in die Ferngerade der Horizontalstellung fällt, also durch $x_0 = x_3 = 0$ beschrieben wird. Dies bedeutet, daß im zugrundegelegten Koordinatensystem $\gamma_1 = \gamma_2 = 0$ gilt. Hiermit nimmt (2.7) die *Normalform*

$$(2.9) \qquad \begin{cases} \bar{x} = x \, \cos \, u - y \, \sin \, u \\[1mm] \bar{y} = x \, \sin \, u + y \, \cos \, u \\[1mm] \bar{z} = p_0 u + z \end{cases}$$

an, wobei $p_0 := \frac{\gamma_0}{\varphi_0}$ gesetzt wurde.. Wir haben nun zwei Unterfälle zu diskutieren:

<u>Unterfall A 1:</u> $p_0 \neq 0$.
Euklidisch betrachtet liegt mit (2.9) eine Schraubung um die Achse l vor. Die Bahnkurven von (2.7) sind daher mittels $\mathcal{B}_6^{(1)}$ transformierte euklidische Schraublinien; wir bezeichnen sie als *isotrope Schraublinien*. Den Bewegungsvorgang selbst nennen wir *isotrope Schraubung*. Die eigentliche Fixgerade l heißt *Hauptachse der Schraubung*, während die Ferngerade l^* als *Nebenachse der isotropen Schraubung* bezeichnet wird. Nach (2.8) ist ersichtlich l^* nicht isotrop, d. h. $F \notin l^*$. Jede Ebene des Büschels um l^* bleibt bei den Abbildungen (2.9) in diesem Büschel. Jeder Punkt von l bzw. l^* bleibt bei (2.9) auf l bzw. l^* ohne jedoch Fixpunkt zu sein, ausgenommen der absolute Punkt F und die Schnittpunkte $R_1 := f_1 l^*$ und $R_2 = f_2 l^*$.

<u>Unterfall A 2:</u> $p_0 = 0$.
Euklidisch betrachtet liegt mit (2.9) eine euklidische Drehung um die Achse l vor, wobei l jetzt Punktfixgerade ist. Die Bahnkurven von (2.7) sind mittels $\mathcal{B}_6^{(1)}$ transformierte euklidische Kreise; wir bezeichnen diese Kurven als *isotrope Kreise elliptischen Typs* und werden sie in §4 näher untersuchen. Jede Ebene durch l^* bleibt jetzt als Ganzes fest. Wir nennen diesen Bewegungsvorgang eine *isotrope Drehung* mit der *Drehachse l*.

<u>HAUPTFALL B:</u> $\dot{\varphi} = \varphi_0 = 0$.
Wegen $\varphi(0) = 0$ ist hier $\varphi \equiv 0$ und das Differentialgleichungssystem (2.5, a-f) vereinfacht sich zu

$$(2.10) \qquad \dot{\varphi} = 0, \quad \dot{a} = \beta_0, \quad \dot{b} = -\alpha_0,$$
$$\dot{c} - \dot{c}_1 a - \dot{c}_2 b = \gamma_0, \quad \dot{c}_2 = \gamma_1, \quad \dot{c}_1 = -\gamma_2.$$

Die einfache Integration liefert unter Berücksichtigung der Anfangsbedingungen (2.2)

$$(2.11) \qquad a(t) = \beta_0 t, \quad b(t) = -\alpha_0 t, \quad c_2(t) = \gamma_1 t, \quad c_1(t) = -\gamma_2 t,$$
$$c(t) = \frac{1}{2} B t^2 + \gamma_0 t,$$

wobei $B := \alpha_0 \gamma_1 - \beta_0 \gamma_2$ gesetzt wurde. Damit lauten die einparametrigen Untergruppen der Gruppe $\mathcal{B}_6^{(1)}$ im zweiten Hauptfall

$$(2.12) \qquad \begin{cases} \bar{x} = \beta_0 t + x \\ \bar{y} = -\alpha_0 t + y \\ \bar{z} = \frac{1}{2} B t^2 + \gamma_0 t - \gamma_2 t x + \gamma_1 t y + z. \end{cases}$$

Wir haben wieder einige Unterfälle zu betrachten:

<u>Unterfall B 1:</u> $B \neq 0$.
Wegen $B \neq 0$ ist sicher $(\alpha_0, \beta_0) \neq (0,0)$. Die Bahnkurven von Punkten $P(x = x_0, y = y_0, z = z_0)$ bei (2.12) liegen dann in den parallelen isotropen Ebenen $\alpha_0 \bar{x} + \beta_0 \bar{y} = \alpha_0 x_0 + \beta_0 y_0$. Durch eine euklidische Drehung des Koordinatensystems um die z-Achse kann man somit $\alpha_0 = 0$ erzwingen, d. h. erreichen, daß die Bahnebenen ϵ durch $\bar{y} = y =$

$= const.$ beschrieben werden. Führt man weiters die Parametertransformation $\beta_0 t =: u$ aus, so erhält man aus (2.12) mit den Abkürzungen $-\frac{1}{2}\frac{\gamma_2}{\beta_0} =: a_1$, $\frac{\gamma_1}{\beta_0} =: a_2$, $\frac{\gamma_0}{\beta_0} =: a_0$

$$(2.13) \qquad \begin{cases} \bar{x} = u + x \\ \bar{y} = y \\ \bar{z} = a_1 u^2 + (a_0 + 2a_1 x + a_2 y)\, u + z. \end{cases}$$

Durch eine Schiebung in y-Richtung kann man noch $a_0 = 0$ erreichen und erhält damit als *Normalform* für diese Untergruppe

$$(2.14) \qquad \begin{cases} \bar{x} = u + x \\ \bar{y} = y \\ \bar{z} = a_1 u^2 + (2a_1 x + a_2 y)\, u + z. \end{cases}$$

Jeder Punkt $P(x,y,z)$ durchläuft bei den Transformationen (2.14) einen *parabolischen Kreis* (vgl. [180,23]) mit der Gleichung

$$(2.15) \qquad \bar{z} = a_1 \bar{x}^2 + (a_2 y)\bar{x} - a_1 x^2 - a_2 xy + z$$

in der Ebene $\bar{y} = y$. Ersichtlich sind alle diese Kreise *kongruent* und die in einer Ebene $\bar{y} = y$ gelegenen Kreise sind sogar konzentrisch (vgl. [180,40]). Bildet man für die Bahnkurven $\vec{x}(u)$ in (2.14) den ersten Ableitungsvektor $\dot{\vec{x}}(u) = \{1, 0, 2a_1 u + 2a_1 x + a_2 y\}$, so erkennt man, daß die Bahnen aller Punkte der Schar paralleler isotroper Ebenen $\sigma \ldots 2a_1 x + a_2 y = konst.$ parallele Tangenten besitzen. Wir bezeichnen diese Ebenen σ als *Richtebenen*. Nur im Sonderfall, daß die Ebenen σ zu den Bahnkreisebenen orthogonal sind, gilt $a_2 = 0$ und (2.14) läßt sich auf die in [261,(25.12)] angegebene Normalform transformieren.

Wir bezeichnen die einparametrige Gruppe (2.14) als Gruppe der *allgemeinen isotropen Grenzdrehungen (parabolische Grenzdrehungen)*.

<u>Unterfall B 2:</u> $B = 0$, $(\alpha_0, \beta_0) \neq (0,0)$, $(\gamma_1, \gamma_2) \neq (0,0)$.
Aus (2.12) folgt, daß in diesem Fall die Bahnen von Punkten $P(x = x_0, y = y_0, z = z_0)$ Geraden sind, nämlich Geraden, die in den isotropen Ebenen $\alpha_0 \bar{x} + \beta_0 \bar{y} = \alpha_0 x_0 + \beta_0 y_0$ liegen und die als Richtungsvektor den Vektor $\vec{w} = \{\beta_0, -\alpha_0, \gamma_0 - \gamma_2 x_0 + \gamma_1 y_0\}$ besitzen. Durch eine euklidische Drehung des Koordinatensystems um die z-Achse kann man wieder $\alpha_0 = 0$ erreichen. Führt man noch die Parametertransformation $\beta_0 t =: u$ aus, so erhält man aus (2.12) unter Verwendung der Abkürzungen $\frac{\gamma_0}{\beta_0} =: a_0$, $\frac{\gamma_1}{\beta_0} =: a_2$ und unter Beachtung, daß aus $B = -\beta_0 \gamma_2 = 0$ wegen $\beta_0 \neq 0$ stets $\gamma_2 = 0$ folgt

$$(2.16) \qquad \{\bar{x} = u + x,\ \bar{y} = y,\ \bar{z} = u(a_0 + a_2 y) + z\}.$$

Schließlich kann durch eine Schiebung in y-Richtung noch $a_0 = 0$ erreicht werden und man gewinnt als *Normalform* für diese Untergruppe

$$(2.17) \qquad \{\bar{x} = u + x,\ \bar{y} = y,\ \bar{z} = u a_2 y + z\}.$$

Die in jeder isotropen Ebene $y = y_0 = konst.$ gelegenen Bahnkurven sind paralle *Geraden* mit der Richtung $\vec{v} = \{1, 0, a_2 y\}$. Demnach sind die Bahngeraden in verschiedenen isotropen Ebenen $y_0^{(1)} = konst.$ und $y_0^{(2)} = konst.$ windschief. Wir nennen die einparametrige Gruppe (2.17) die Gruppe der *windschiefen Schiebungen*. Wir werden auf diese Gruppe nochmals in §3 zurückkommen.

<u>Unterfall B 3:</u> $B = 0$, $(\alpha_0, \beta_0) \neq (0, 0)$, $\gamma_1 = \gamma_2 = 0$.
Wählt man wieder o.B.d.A. $\alpha_0 = 0$, dann erhält man aus (2.12) zunächst

$$(2.18) \qquad \{\bar{x} = \beta_0 t + x, \ \bar{y} = y, \ \bar{z} = \gamma_0 t + z\}$$

mit $\beta_0 \neq 0$. Die Bahnkurven dieser Gruppe sind Geraden der Richtung $\vec{v} = \{\beta_0, 0, \gamma_0\}$ und man kann durch eine isotrope Bewegung stets $\gamma_0 = 0$ erreichen. Wird noch $\beta_0 t =: u$ gesetzt, so gewinnt man als *Normalform* dieser einparametrigen Gruppe

$$(2.19) \qquad \{\bar{x} = u + x, \ \bar{y} = y, \ \bar{z} = z\}.$$

Es handelt sich um *Schiebungen in nichtisotroper Richtung*.

<u>Unterfall B 4:</u> $B = 0$, $\alpha_0 = \beta_0 = 0$, $(\gamma_1, \gamma_2) \neq (0, 0)$.
Gemäß (2.12) lauten jetzt die Abbildungsgleichungen

$$(2.20) \qquad \{\bar{x} = x, \ \bar{y} = y, \ \bar{z} = \gamma_0 t - \gamma_2 xt + \gamma_1 yt + z\}.$$

O.B.d.A. sei $\gamma_1 \neq 0$. Die Bahnkurve jedes Punktes $P(x = x_0, \ y = y_0, \ z = z_0)$ ist eine vollisotrope Gerade. Die Ebene $\epsilon : \gamma_0 - \gamma_2 x + \gamma_1 y = 0$ bleibt punktweise fest, ist also eine Punktfixebene. Da ϵ isotrop ist, kann man nach Anwendung einer euklidischen Drehung um die z-Achse und einer Schiebung in y-Richtung ϵ als Koordinatenebene $y = 0$ wählen, d. h. man hat in (2.20) $\gamma_0 = \gamma_2 = 0$ zu setzen. Damit lautet die *Normalform* dieser Gruppe, wenn $\gamma_1 t = u$ gesetzt wird

$$(2.21) \qquad \{\bar{x} = x, \ \bar{y} = y, \ \bar{z} = uy + z\}.$$

Da es sich bei diesen Abbildungen um Scherungen mit vollisotropen Affinitätsgeraden handelt, nennen wir diese Untergruppe die *Gruppe der vollisotropen Scherungen*.

<u>Unterfall B 5:</u> $B = 0$, $\alpha_0 = \beta_0 = 0$, $\gamma_1 = \gamma_2 = 0$, $\gamma_0 \neq 0$.
Aus (2.12) folgt dann mit $\gamma_0 t =: u$

$$(2.22) \qquad \{\bar{x} = x, \ \bar{y} = y, \ \bar{z} = u + z\},$$

d. h. es ergibt sich die einparametrige Gruppe der *Schiebungen in vollisotroper Richtung*.

<u>Unterfall B 6:</u> $B = 0$, $\alpha_0 = \beta_0 = \gamma_1 = \gamma_2 = \gamma_0 = 0$.
Man erhält die identische Abbildung.

Beachtet man, daß die Abbildungstypen des Hauptfalls B auch schon in der Grenzgruppe (1.26) enthalten sind, so kann man zusammenfassen im

SATZ 2.2: *Die Bewegungsgruppe $\mathcal{B}_6^{(1)}$ des einfach isotropen Raumes enthält abgesehen von der Identität genau 7 Typen einparametriger Untergruppen, nämlich die isotropen Schraubungen, die isotropen Drehungen, die allgemeinen Grenzdrehungen, die windschiefen Schiebungen, die Schiebungen in nichtisotroper Richtung, die vollisotropen Scherungen und die Schiebungen in vollisotroper Richtung. Die zuletzt genannten 5 Typen einparametriger Untergruppen sind alle einparametrigen Untergruppen der Gruppe $\mathcal{B}_5$ der Grenzbewegungen des einfach isotropen Raumes.*

Die verschiedenen Untergruppen der Gruppe $\mathcal{G}_8$ des einfach isotropen Raumes wurden besonders von K. STRUBECKER in [203], [208] und [213] ausführlich studiert. Wir geben hier noch 3 interessante Anwendungen! Dazu betrachten wir die spezielle Grenzdrehung

$$(2.23) \qquad \left\{ \bar{x} = u + x_0, \ \bar{y} = y_0, \ \bar{z} = a_1 u^2 + 2a_1 u x_0 + z_0 \right\},$$

die aus (2.14) für $a_2 = 0$ entsteht. Wir unterwerfen zunächst den parabolischen Kreis k

$$(2.24) \qquad z_0 = b_1 y_0^2 + b_2 y_0 + b_0, \quad b_1 \neq 0,$$

der in der Ebene $x_0 = 0$ liegt der Gruppe (2.23). Über $\{\bar{x} = u, \ \bar{y} = y_0, \bar{z} = a_1 u^2 + b_1 y_0^2 + b_2 y_0 + b_0\}$ gewinnt man die Gleichung der erzeugten Fläche Φ zu

$$(2.25) \qquad \bar{z} = a_1 \bar{x}^2 + b_1 \bar{y}^2 + b_2 \bar{y} + b_0.$$

Für $a_1 b_1 = 0$ erhält man wegen $b_1 \neq 0$ einen *parabolischen Zylinder* Φ mit nichtisotropen Erzeugenden, dessen Fernerzeugende den absoluten Punkt F enthält; für $a_1 b_1 > 0$ ist Φ ein *elliptisches Paraboloid* mit vollisotroper Durchmesserrichtung und für $a_1 b_1 < 0$ stellt sich ein *hyperbolisches Paraboloid* mit vollisotroper Durchmesserrichtung ein. Umgekehrt läßt sich jeder parabolische Zylinder, dessen Fernerzeugende den absoluten Punkt F enthält in der Gestalt

$$(2.26) \qquad (Ax + By)^2 + C_0 + C_1 x + C_2 y - z = 0$$

darstellen und man sieht, daß man durch eine isotrope Bewegung (2.26) stets auf die *Normalform*

$$(2.27) \qquad z = b_1 y^2$$

transformieren kann. Analog lassen sich alle elliptischen und hyperbolischen Paraboloide mit vollisotroper Durchmesserrichtung in der Gestalt

$$(2.28) \qquad Ax^2 + Bxy + Cy^2 + C_0 + C_1 x + C_2 y - z = 0$$

ansetzen und mittels isotroper Bewegungen auf die *Normalform*

$$z = Ax^2 + By^2 \tag{2.29}$$

transformieren. Gilt in (2.29) speziell $A = B$, so schneidet die Fläche (2.29) die Fernebene nach den beiden absoluten Geraden und wird als *Sphäre vom parabolischen Typ* bezeichnet. Durch Vergleich mit (2.25) folgt damit in Erweiterung eines Resultates von H. WÜNSCH (vgl. [261,200]) der

SATZ 2.3: *Jeder parabolische Zylinder, dessen Fernerzeugende den absoluten Punkt F des einfach istropen Raumes enthält, sowie jedes elliptische oder hyperbolische Paraboloid mit vollisotroper Durchmesserrichtung und jede Sphäre parabolischen Typs läßt sich durch parabolische Grenzdrehung eines isotropen Kreises erzeugen.*

Eine allgemeine *Klassifikation der Flächen 2. Ordnung* des $I_3^{(1)}$ bezüglich der Gruppe $\mathcal{B}_6^{(1)}$ wurde erstmals in [256] gegeben, doch ist sich nicht vollständig. Bezüglich einer eingehenden Untersuchung vergleiche [181]. Auf die Sphären des $I_3^{(1)}$ werden wir in §4 zurückkommen.

Wir unterwerfen nun einen *Kreis elliptischen Typs*

$$\{x_0 = R_0 \cos\varphi, \; y_0 = R_0 \sin\varphi, \; z_0 = 0\}, \tag{2.30}$$

der in der Grundrißebene liegt, einer parabolischen Grenzdrehung (2.13), wobei wir noch $a_2 = 0$ voraussetzen. Dadurch entsteht eine Fläche Ψ mit der Darstellung

$$\begin{cases} x = u + R_0 \cos\varphi \\ y = R_0 \sin\varphi \\ z = a_1 u^2 + (2a_1 R_0 \cos\varphi + a_0)u. \end{cases} \tag{2.31}$$

Nach Anwendung der Resultantenmethode gewinnt man aus (2.31) unter Benützung der Abkürzungen $\frac{1}{a_1} =: A$, $\frac{a_0}{a_1} =: B$ die Flächengleichung

$$[Az + R_0^2 - (x^2 + y^2)]^2 - 2ABxz + (2Bx + B^2)(x^2 + y^2 - R_0^2) = 0. \tag{2.32}$$

Wendet man auf (2.32) zunächst die Schiebung $\{x = \bar{x}, \; y = \bar{y}, \; z = \bar{z} - \frac{R_0^2}{A}\}$ und dann die isotrope Bewegung $\{\bar{x} = x, \; \bar{y} = y, \; \bar{z} = z + \frac{B}{A}x\}$ an, so vereinfacht sich (2.32) zu

$$(x^2 + y^2)^2 + A^2 z^2 + B^2 y^2 - 2Az(x^2 + y^2) - B^2 R_0^2 = 0 \tag{2.33}$$

und diese Gleichung läßt sich ersichtlich noch in der übersichtlicheren Form

$$[(x^2 + y^2) - Az]^2 + B^2(y^2 - R_0^2) = 0 \tag{2.34}$$

darstellen. Für $B \neq 0$ ist (2.34) eine spezielle algebraische Fläche 4. Ordnung, welche die Fernebene ω nach den beiden doppelt zu zählenden absoluten Geraden f_2, f_2 schneidet. Allgemein heißt eine Fläche dieser Art eine *Zyklide* des einfach isotropen Raumes (vgl. [121] - [129], [182] - [184]); insbesondere bezeichnen wir die Fläche (2.34) als *PALMAN-Zyklide* (vgl. [183]). Für $B = 0$ stellt sich eine parabolische Sphäre als Grenzfall ein. Schneidet man die Fläche (2.34) mit einer Ebene $y = konst.$, so ergeben sich über C zwei parabolische Kreise vom Radius $\frac{1}{A}$. Speziell für $y = \pm R_0$ findet man zwei parabolische Kreise p_1, p_2, längs denen die Fläche je dieselbe Tangentialebene γ_1 bzw. γ_2 besitzt.Wir nennen diese Kreise die *Plattkreise* der Zyklide. Wird die Fläche (2.34) mit der Ebene $x = 0$ geschnitten, so erhält man die vollständig zirkuläre Kurve 4. Ordnung (vgl. [180,179f])

Abbildung 2:

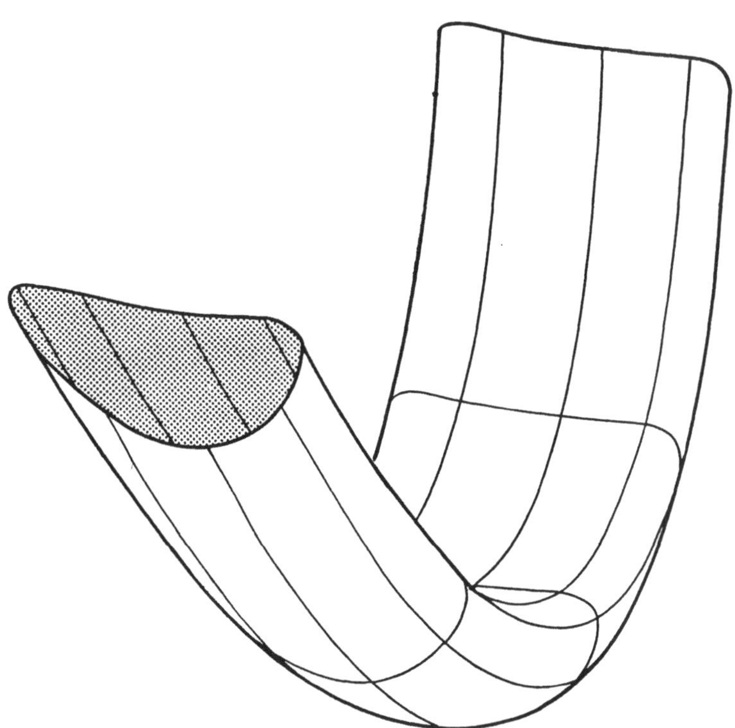

$$(2.35) \qquad (y^2 - Az)^2 + B^2(y^2 - R_0^2) = 0.$$

Diese Kurve tritt in [122,138f, Abb.2] als Meridiankurve einer Drehzyklide vom Typ I_2 auf. Wendet man auf (2.35) die isotrope ebene Inversion $\{\bar{y} = y, \ \bar{z} = 2Ry^2 - z\}$ an (vgl. [180,149]), so erhält man mit $\frac{1}{2R} = A$ die Ellipse $A^2\bar{z}^2 + B^2\bar{y}^2 = B^2 R_0^2$.

Die Fläche (2.34) gestattet somit eine einfache geometrische Erzeugung , wobei ein parabolischer Kreis vom Radius $\frac{1}{A}$ längs (2.35) verschoben wird. Wir haben es daher mit einer speziellen *parabolischen Schiebzyklide* (vgl. [183]) zu tun. Die Fläche gehört zu den *Rückungsflächen* (vgl. [26,68f]). Die Abbildung 2 zeigt eine axonometrische Darstellung der PALMAN-Zyklide.

Wir fassen einiges zusammen im

SATZ 2.4: *Unterwirft man einen Kreis elliptischen Typs einer parabolischen Grenzdrehung, so entsteht eine PALMAN-Zyklide Ψ. Diese Fläche läßt sich auch dadurch erzeugen, daß man einen parabolischen Kreis längs einer Kurve m (2.35) so verschiebt, daß die Trägerebene des Kreises zur Trägerebene von m normal ist. m ist hierbei isotropinvers zu einer Ellipse.*

Als letzte Anwendung betrachten wir die beiden algebraischen Raumkurven 4.Ordnung c_α

$$(2.36) \qquad \begin{cases} x = t \\ y = \alpha t^2 \\ z = -\frac{\alpha^2}{A}t^4 - \frac{1}{A}t^2 \pm \frac{1}{A}\sqrt{\alpha B}\,t, \end{cases}$$

wobei $\alpha \neq 0$, $A \neq 0$ und $B \neq 0$ Konstanten bezeichnen. Diese Kurven lassen sich durch Schnitt der beiden parabolischen Zylinder

$$(2.37a, b) \qquad y = \alpha x^2$$
$$y^2 + Az \mp \sqrt{\alpha B}\,x + \frac{1}{\alpha}y = 0$$

darstellen, wobei (2.37 a) in F seine Fernspitze hat. Ersichtlich ist F der vierfach zu zählende einzige Schnittpunkt von c_α mit der Fernebene ω. Legt man durch c_α das Flächenbüschel 2. Ordnung

$$(2.38) \qquad \lambda[x_0 x_2 - \alpha x_1^2] + \mu[x_2^2 + A x_0 x_3 \mp \sqrt{\alpha B}\,x_0 x_1 + \frac{1}{\alpha}x_0 x_2] = 0,$$

so rechnet man leicht nach, daß alle Büschelquadriken in F die gemeinsame Tangentialebene $x_0 = 0$ besitzen, welche (2.37 a) nach der Geraden $x_0 = x_1 = 0$ schneidet. Die Kurven c_α besitzen somit in F eine *Spitze* mit $x_0 = x_1 = 0$ als *Spitzentangente* (vgl. [32,141]). Wir bezeichnen i. f. die beiden Kurven c_α als *biquadratische Normkurven des* $I_3^{(1)}$ *mit Spitze in F.* Unterwirft man (2.36) einer parabolischen Grenzdrehung (2.13) mit $a_2 = 0$, so erhält man die Fläche

$$(2.39) \qquad \begin{cases} x = u + t \\ y = \alpha t^2 \\ z = a_1 u^2 + (a_0 + 2a_1 t)u - \frac{\alpha^2}{A}t^4 - \frac{1}{A}t^2 \pm \frac{1}{A}\sqrt{\alpha B}\,t. \end{cases}$$

Nach einiger Rechnung findet man hieraus die Schlüsselgleichung

$$(2.40) \qquad x^2 + y^2 + Az = 2ut + u^2 + Aa_1 u^2 \pm \sqrt{\alpha B} t + Au(2a_1 t + a_0),$$

die sich für $Aa_1 = -1$ zu

$$(2.41) \qquad x^2 + y^2 + Az = Aa_0 u \pm \sqrt{\alpha B} t$$

vereinfacht. Hieraus gewinnt man durch weitere Elimination aus (2.39)

$$(2.42) \qquad [(x^2 + y^2) + A(z - Aa_0 x)]^2 = \frac{1}{\alpha} y(\pm\sqrt{\alpha B} - Aa_0)^2.$$

Wählt man noch $a_0 = \pm \frac{2}{A}\sqrt{\alpha B}$, so entsteht nach Anwendung der isotropen Bewegung $\{\bar{x} = x, \ \bar{y} = y, \ \bar{z} = z - Aa_2 x\}$ die Flächengleichung

$$(2.43) \qquad (x^2 + y^2 + Az)^2 = By.$$

Die Fläche Ψ (2.43) ist ersichtlich wieder eine spezielle Zyklide, die wir als *BRAUNER-Zyklide* bezeichnen wollen. Jede Ebene $y = konst.$ schneidet Ψ über C nach zwei parabolischen Kreisen vom Radius $-\frac{1}{A}$, sodaß sich Ψ wieder als Schiebfläche erzeugen läßt. Für $y = 0$ erhält man den *einzigen Plattkreis* der Fläche. Wird Ψ mit $x = 0$ geschnitten, so erhält man die vollständig zirkuläre Kurve 4. Ordnung

$$(2.44) \qquad (y^2 + Az)^2 = By.$$

Man zeigt leicht, daß (2.44) durch isotrope Inversion einer Parabel an einem parabolischen Kreis entsteht. Die Abbildung 3 zeigt eine axonometrische Darstellung einer BRAUNER-Zyklide. Wir fassen zusammen im

SATZ 2.5: *Unterwirft man die biquadratischen Normkurven (2.36) mit Spitze in F geeigneten parabolischen Grenzdrehungen, dann erhält man eine BRAUNER-Zyklide. Diese Fläche läßt sich auch dadurch erzeugen, daß man einen parabolischen Kreis längs einer Kurve m (2.44) so verschiebt, daß die Trägerebene des Kreises zur Trägerebene von m normal ist. m ist hierbei isotrop-invers zu einer Parabel.*

Die BRAUNER-Zyklide gehört somit ebenfalls in die Klasse der parabolischen Schiebzykliden (vgl. [183]). Wir werden in §13 nochmals auf die interessante Flächenklasse der Zykliden zurückkommen.

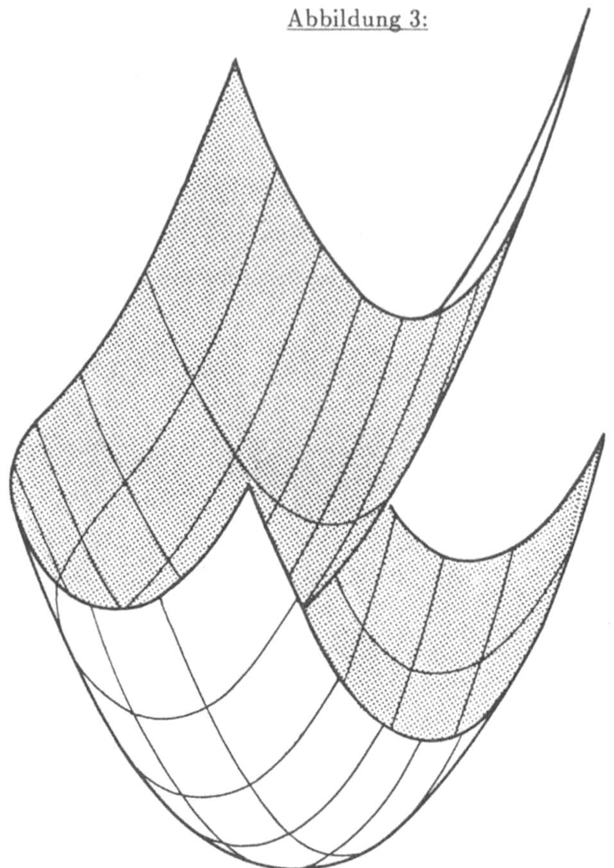

§3 Aus der Liniengeometrie des einfach isotropen Raumes.

Bevor wir uns näher mit den *Invarianten von Geradenpaaren* und allgemeiner mit *linien-geometrischen Begriffen* des einfach isotropen Raumes beschäftigen wollen, werden wir einführend einige Grundprinzipien der projektiven Liniengeometrie zusammenstellen. Bezüglich einer weiterführenden Darstellung verweisen wir auf [264] bzw. [54]. Wir versuchen zunächst jeder *Geraden* $p \in P_3$ geeignete *Koordinaten* zuzuweisen.

Definition 3.1: Sind $X(x_0 : x_1 : x_2 : x_3)$ und $Y(y_0 : y_1 : y_2 : y_3)$ zwei verschiedene Punkte einer Geraden $p \in P_3$, so heißen die Zahlen

$$(3.1) \qquad p_{ik} := \begin{vmatrix} x_i & x_k \\ y_i & y_k \end{vmatrix} \quad (i, k : 0, \ldots, 3; \; i \neq k)$$

die homogenen *Plücker-Koordinaten (Geradenkoordinaten)* von p.

Folgerungen:

1) Von den Zahlen p_{ik} sind wegen $p_{ik} = -p_{ki}$ höchstens 6 Zahlen wesentlich. Aus historischen Gründen wählen wir folgende Zahlen aus, die wir auch noch mit gelegentlich auftretenden anderen Bezeichnungen belegen

$$(3.2) \qquad \begin{aligned} p_{01} &= p_1; \quad p_{02} = p_2; \quad p_{03} = p_3; \\ p_{23} &= p_4; \quad p_{31} = p_5; \quad p_{12} = p_6 \,. \end{aligned}$$

2) Da die Punkte $X, Y \mid \epsilon\, p$ verschieden sind, sind die Zeilen der Matrix

$$(3.3) \qquad A = \begin{pmatrix} x_0 & x_1 & x_2 & x_3 \\ y_0 & y_1 & y_2 & y_3 \end{pmatrix}$$

linear unabhängig und A hat den Rang 2. Demnach gibt es in A mindestens eine nicht verschwindende zweizeilige Unterdeterminante; dies bedeutet aber, daß $(p_1, p_2, p_3, p_4, p_5, p_6) \neq (0, 0, 0, 0, 0, 0,)$ gilt.

3) Wir untersuchen, ob die Zahlen p_{ik} von der Wahl der Punkte $X, Y \mid \epsilon\, p$ abhängen. Dazu seien $X' \neq Y'$ zwei andere Punkte auf p. Für diese gilt dann $X' = \lambda_1 X + \mu_1 Y$, $Y' = \lambda_2 X + \eta_2 Y$

$$\text{mit } \begin{vmatrix} \lambda_1 & \mu_1 \\ \lambda_2 & \mu_2 \end{vmatrix} = \lambda_1 \mu_2 - \mu_1 \lambda_2 \neq 0 \text{ wegen } X' \neq Y'.$$

Nun berechnet man gemäß (3.1)

$$p'_{ik} = \begin{vmatrix} x'_i & x'_k \\ y'_i & y'_k \end{vmatrix} = (\lambda_1 x_i + \mu_1 y_i)(\lambda_2 x_k + \mu_2 y_k) - (\lambda_1 x_k + \mu_1 y_k)(\lambda_2 x_i + \mu_2 y_i) =$$

$$= (\lambda_1 \mu_2 - \mu_1 \lambda_2)(x_i y_k - x_k y_i) = (\lambda_1 \mu_2 - \mu_1 \lambda_2) p_{ik}.$$

Hiermit ist gezeigt, daß die Zahlen p'_{ik} und die Zahlen p_{ik} proportional sind, wobei der Proportionalitätsfaktor nicht von i und k abhängt. Dies motiviert die Bezeichnung *homogene* Plückerkoordinaten und legt die Schreibweise

$$(3.4) \qquad (p_1 : p_2 : p_3 : p_4 : p_5 : p_6) \neq (0 : 0 : 0 : 0 : 0 : 0)$$

nahe. Als Folge der Homogenität erkennt man, daß von den 6 Plücker-Koordinaten höchstens 5 wesentlich sind.

4) Wir zeigen, daß zwischen den Plücker-Koordinaten $p_1, \ldots, p_6$ eine Relation besteht, so daß höchstens vier dieser Koordinaten wesentlich sind. Dazu bilden wir die folgende Determinante Δ, die ersichtlich den Wert Null besitzt, und entwickeln sie nach den beiden ersten Zeilen gemäß dem Laplaceschen Entwicklungssatz:

$$\Delta = \begin{vmatrix} x_0 & x_1 & x_2 & x_3 \\ y_0 & y_1 & y_2 & y_3 \\ x_0 & x_1 & x_2 & x_3 \\ y_0 & y_1 & y_2 & y_3 \end{vmatrix} = (-1)^{3+(1+2)} \begin{vmatrix} x_0 & x_1 \\ y_0 & y_1 \end{vmatrix} \begin{vmatrix} x_2 & x_3 \\ y_2 & y_3 \end{vmatrix} +$$

$$+(-1)^{3+(1+3)}\begin{vmatrix} x_0 & x_2 \\ y_0 & y_2 \end{vmatrix}\begin{vmatrix} x_1 & x_3 \\ y_1 & y_3 \end{vmatrix} + (-1)^{3+(1+4)}\begin{vmatrix} x_0 & x_3 \\ y_0 & y_3 \end{vmatrix}\begin{vmatrix} x_1 & x_2 \\ y_1 & y_2 \end{vmatrix}+$$

$$+(-1)^{3+(2+3)}\begin{vmatrix} x_1 & x_2 \\ y_1 & y_2 \end{vmatrix}\begin{vmatrix} x_0 & x_3 \\ y_0 & y_3 \end{vmatrix} + (-1)^{3+(2+4)}\begin{vmatrix} x_1 & x_3 \\ y_1 & y_3 \end{vmatrix}\begin{vmatrix} x_0 & x_2 \\ y_0 & y_2 \end{vmatrix}+$$

$$+(-1)^{3+(3+4)}\begin{vmatrix} x_2 & x_3 \\ y_2 & y_3 \end{vmatrix}\begin{vmatrix} x_0 & x_1 \\ y_0 & y_1 \end{vmatrix} = 0.$$

Die weitere Ausrechnung ergibt unter Beachtung von (3.1) $2(p_{01}\,p_{23} + p_{02}\,p_{31} + {}+p_{03}\,p_{12}) = 0$, d. h. die sogenannte *Plücker-Identität*

$$(3.5) \qquad \Omega(p) := p_1 p_4 + p_2 p_5 + p_3 p_6 = \sum_{\nu=1}^{3} p_\nu\, p_{\nu+3} = 0,$$

die wir gelegentlich auch in der Schreibweise

$$(3.5a) \qquad \Omega(p) = p_{01}p_{23} + p_{02}p_{31} + p_{03}p_{12} = 0$$

benützen werden.

Wir haben bisher gesehen, daß man jeder Geraden $p \,\epsilon\, P_3$ ein homogenes Sechstupel $p_1 : \ldots : p_6 \neq 0 : \ldots : 0$ zuordnen kann, das der Bedingung (3.5) genügt. Bevor wir umgekehrt zeigen können, daß hierdurch auch ein Gerade $p \,\epsilon\, P_3$ eindeutig bestimmt ist, brauchen wir noch zwei Vorbereitungen.

5) Wir bezeichnen die durch $x_j = 0$ festgelegte Koordinatenebene des zugrundegelegten projektiven Koordinatensystems mit $\pi_j (j = 0, 1, 2, 3)$. Gilt $p \subset \pi_0$, so berechnet man aus den Punkten $X(0 : x_1 : x_2 : x_3)$, $Y(0 : y_1 : y_2 : y_3) \mid \epsilon\, p$ die Plücker-Koordinaten: $p_{01} = p_{02} = p_{03} = 0$. Wird formal $p_{00} = 0$ dazugenommen, so haben wir gesehen, daß aus $p \subset \pi_0$ folgt $p_{ok} = 0 (k = 0, 1, 2, 3)$. Analog sieht man die allgemeine Beziehung

$$(3.6) \qquad p \subset \pi_j \Rightarrow p_{jk} = 0 \quad (k = 0, 1, 2, 3)$$

6) Gilt $p \not\subset \pi_0$, so existiert ein eindeutiger Schnittpunkt $S_0 := p \cap \pi_0$. Werden auf p die Punkte $X \neq S_0$ und $Y = S_0$ gewählt, so gilt $X(x_0 : x_1 : x_2 : x_3)$ mit $x_0 \neq 0$ und $Y(0 : y_1 : y_2 : y_3)$ und man berechnet die ersten drei Plücker-Koordinaten zu $p_{01} : p_{02} : p_{03} = x_0y_1 : x_0y_2 : x_0y_3 = y_1 : y_2 : y_3$. Wird formal $y_o = p_{00} = 0$ dazugenommen, so hat man gefunden $S_0 = (p_{00} : p_{01} : p_{02} : p_{03})$. Analog sieht man die allgemeine Beziehung

$$(3.7) \qquad p \not\subset \pi_j \Rightarrow p \cap \pi_j =: S_j = (p_{j0} : p_{j1} : p_{j2} : p_{j3}) \qquad (j = 0, \ldots, 3).$$

Nun können wir beweisen

SATZ 3.1: *Zu jedem geordneten homogenen Sechstupel* $(p_1 : p_2 : \ldots : p_6) \neq (0 : \ldots : 0)$, *das der Bedingung* $\Omega(p) = 0$ *genügt, existiert genau eine Gerade* $p \in P_3$, *die* $(p_1 : \ldots : p_6)$ *als Plücker-Koordinaten besitzt.*

Beweis:

(a): Wir zeigen zunächst die Existenz einer Geraden p mit den (p_j) als Plücker-Koordinaten. Ohne Einschränkung der Allgemeinheit setzen wir $p_{01} = p_1 \neq 0$ voraus; im gegenteiligen Fall verläuft der Beweis analog, aber mit anderer Indizierung. Aus den vorgebenen Koordinaten (p_{ik}) bilden wir die Punkte $S_0^* = (p_{00} : p_{01} : p_{02} : p_{03}) = (0 : p_{01} : p_{02} : p_{03})$, $S_1^* = (p_{10} : p_{11} : p_{12} : p_{13}) = (-p_{01} : 0 : p_{12} : -p_{31})$. Wegen $p_{01} \neq 0$ gilt $S_0^* \neq S_1^*$, so daß $p^* = S_0^* \cup S_1^*$ existiert. Unter Beachtung von (3.5a) berechnet man die Plücker-Koordinaten von p^* zu:

$$p_1^* : p_2^* : p_3^* : p_4^* : p_5^* : p_6^* = p_{01}^2 : p_{01}p_{02} : p_{01}p_{03} : -p_{02}p_{31} - p_{12}p_{03} :$$

$$: p_{01}p_{31} : p_{01}p_{12} = p_{01}^2 : p_{01}p_{02} : p_{01}p_{03} : p_{01}p_{23} : p_{01}p_{31} : p_{01}p_{12} =$$

$$= p_1 : p_2 : p_3 : p_4 : p_5 : p_6 .$$

Damit ist eine Gerade p gefunden worden, die die Plücker-Koordinaten (p_j) besitzt.

(b): Um die Eindeutigkeit von p nachzuweisen, beachten wir, daß nach (3.7) die Spurpunkte S_0 und S_1 jeder Geraden p mit den Plücker-Koordinaten (p_{ik}) durch $S_0 = (0 : p_{01} : p_{02} : p_{03})$, $S_1 = (-p_{01} : 0 : p_{12} : -p_{31})$ gegeben sind. Sie sind eindeutig bestimmt und verschieden und legen somit p eindeutig als Verbindungsgerade $S_0 \cup S_1$ fest.

$$\Diamond$$

Anmerkungen:

1) Der Satz 3.1 rechtfertigt erst die Bezeichnung *Plücker-Koordinaten* der Geraden p. In den Aussagen (3.6) und (3.7) lassen sich jetzt die Pfeile umkehren.

2) Die Plücker-Identität (3.5) läßt eine wichtige *mehrdimensionale Interpretation* zu. Faßt man die Plücker-Koordinaten (p_j) als projektive Koordinaten der Punkte eines fünfdimensionalen projektiven Raumes auf, so stellt (3.5) eine quadratische Hyperfläche dieses P_5 dar. Diese Hyperfläche 2. Ordnung erweist sich als Quadrik des P_5 und wird oft als *Kleinsche Hyperquadrik* M_4^2 bezeichnet. Bezeichnet $\mathcal{G}$ die Geradenmenge des P_3 so liefert Satz 2.1 eine Bijektion

(3.8) $$\gamma : \mathcal{G} \subset P_3 \;\rightarrow\; M_4^2 \subset P_5$$

der Geraden des P_3 auf die Punkte der Kleinschen Hyperquadrik. In diesem Zusammenhang heißt γ die *Kleinsche Abbildung.*

3) Mittels Satz 3.1 ist endgültig geklärt, wieviele der Plücker-Koordinaten wesentlich sind um eine Gerade $p \in P_3$ festzulegen. Infolge der Homogenität der Plücker-Koordinaten und infolge der Nebenbedingung (3.5) sind genau 4 Koordinaten wesentlich. Diese Tatsache drückt man oft durch die Sprechweise aus: *Die Geradenmenge* $\mathcal{G}$ *des* P_3 *ist eine vierdimensionale Mannigfaltigkeit.* Die Bijektion γ lehrt allerdings, daß $\mathcal{G}$ keine Vektorraumstruktur besitzt.

Das im P_3 herrschende Dualitätsprinzip legt es nahe, bei der Einführung von Geradenkoordinaten, eine Gerade nicht nur als Verbindungsgerade zweier Punkte, sondern auch als Schnittgerade zweier Ebenen aufzufassen. Wir bezeichnen im folgenden die homogenen Ebenenkoordinaten einer Ebene ϵ .. $u_0 x_0 + u_1 x_1 + u_2 x_2 + u_3 x_3 = 0$ mit $[u_0 : u_1 : u_2 : u_3]$.

Definition 3.2: Sind $\epsilon_1[u_0 : u_1 : u_2 : u_3]$ und $\epsilon_2[v_0 : v_1 : v_2 : v_3]$ zwei verschiedene Ebenen durch eine Gerade p, so heißen die Zahlen

$$(3.9) \qquad \widehat{p}_{ik} := \begin{vmatrix} u_i & u_k \\ v_i & v_k \end{vmatrix} \qquad\qquad (i, k : 0, \ldots, 3; \; i \neq k)$$

die *homogenen Achsenkoordinaten* von p.

Den Zusammenhang zwischen Plücker-Koordinaten und Achsenkoordinaten einer Geraden p klärt der

SATZ 3.2: *Die Achsenkoordinaten $\widehat{p}_{ik}$ einer Geraden p stimmen bis auf die Reihenfolge mit den Plücker-Koordinaten p_{ik} von p überein. Hierbei gilt*

$$(3.10) \qquad \widehat{p}_{ik} = \frac{\partial \Omega(p)}{\partial p_{ik}}$$

bzw. ausführlich

$$(3.11) \qquad \begin{aligned} \widehat{p}_1 &= \widehat{p}_{01} = p_{23} = p_4; & \widehat{p}_4 &= \widehat{p}_{23} = p_{01} = p_1 \\ \widehat{p}_2 &= \widehat{p}_{02} = p_{31} = p_5; & \widehat{p}_5 &= \widehat{p}_{31} = p_{02} = p_2 \\ \widehat{p}_3 &= \widehat{p}_{03} = p_{12} = p_6; & \widehat{p}_6 &= \widehat{p}_{12} = p_{03} = p_3. \end{aligned}$$

Beweis:
Es sei p durch die Plücker-Koordinaten (p_{ik}) mit $\Omega(p) = 0$ festgelegt. Nach (3.7) hat p die Spurpunkte $S_0(0 : p_{01} : p_{02} : p_{03})$ und $S_1(-p_{01} : 0 : p_{12} : -p_{31})$. O.B.d.A. sei $p_{01} \neq 0$, da man andernfalls den Beweis unter Zugrundelegung einer anderen Indizierung ausführen kann. Wir bestimmen jetzt zwei Ebenen ϵ_1, ϵ_2, die p enthalten. Dazu eignen sich die Ebenen

$$(3.12) \qquad \begin{aligned} \epsilon_1 &\ldots -p_{31} x_0 - p_{03} x_1 + p_{01} x_3 = 0 \\ \epsilon_2 &\ldots -p_{21} x_0 + p_{02} x_1 - p_{01} x_2 = 0, \end{aligned}$$

denn diese enthalten die Spurpunkte $S_0 \neq S_1$, wie man durch Nachrechnen bestätigt. Es gilt auch $\epsilon_1 \neq \epsilon_2$, denn die Matrix

$$\begin{pmatrix} -p_{31} & -p_{03} & 0 & p_{01} \\ -p_{12} & p_{02} & -p_{01} & 0 \end{pmatrix}$$

besitzt den Rang 2, infolge der nichtverschwindenden Unterdeterminante

$$\begin{vmatrix} 0 & p_{01} \\ -p_{01} & 0 \end{vmatrix} = p_{01}^2 \neq 0.$$

Berechnet man aus (3.12) mittels (3.9) die Achsenkoodinaten $\widehat{p}_{ik}$, so findet man unter Berücksichtigung von $\Omega(p) = 0$:

$$\widehat{p}_{01} : \widehat{p}_{02} : \widehat{p}_{03} : \widehat{p}_{23} : \widehat{p}_{31} : \widehat{p}_{12} = -p_{31}p_{02} - p_{12}p_{03} : p_{01}p_{31} :$$

$$: p_{01}p_{12} : p_{01}^2 : p_{01}p_{02} : p_{01}p_{03} = p_{01}p_{23} : p_{01}p_{31} : p_{01}p_{12} :$$

$$: p_{01}^2 : p_{01}p_{02} : p_{01}p_{03} = p_{23} : p_{31} : p_{12} : p_{01} : p_{02} : p_{03}.$$

Dies beweist (3.11) und die Merkregel (3.10).

$$\Diamond$$

Mit Hilfe der Plücker- bzw. Achsenkoordinaten ist man in der Lage verschiedene Operationen im Geradenraum auszuführen. Wir beschränken uns auf 3 wichtige Operationen und verweisen im übrigen auf Spezialliteratur ([54],[264],[265]).

a) <u>Schnittbedingung zweier Geraden</u>

Es seien p und q zwei verschieden Geraden des P_3, wobei die Punkte $X(x_0 : x_1 : x_2 : x_3), Y(y_0 : y_1 : y_2 : y_3)| \in p$ und die Punkte $S(s_0 : s_1 : s_2 : s_3), T(t_0 : t_1 : t_2 : t_3)| \in q$ liegen mögen. Die Geraden p und q schneiden sich genau dann, wenn die Punkte X, Y, S, T komplanar sind, d. h. wenn gilt

$$D = \begin{vmatrix} x_0 & x_1 & x_2 & x_3 \\ y_0 & y_1 & y_2 & y_3 \\ s_0 & s_1 & s_2 & s_3 \\ t_0 & t_1 & t_2 & t_3 \end{vmatrix} = 0.$$

Berechnet man D mit Hilfe des Laplaceschen Entwicklungssatzes, wobei man nach den ersten beiden Zeilen entwickelt, so findet man unter Benützung der Plücker-Koordinaten

$$p_{ik} = \begin{vmatrix} x_i & x_k \\ y_i & y_k \end{vmatrix}, \; q_{ik} = \begin{vmatrix} s_i & s_k \\ t_i & t_k \end{vmatrix}$$

— durch eine Rechnung, die analog zur Herleitung von (3.5) verläuft:
$$D = p_{01}q_{23} + p_{02}q_{31} + p_{03}q_{12} + p_{23}q_{01} + p_{31}q_{02} + p_{12}q_{03} = 0.$$
Mit anderen Bezeichnungen haben wir daher folgende Kennzeichnung schneidender Geraden $p(p_j)$, $q(q_j)(j = 1, \ldots, 6)$ gewonnen:

$$(3.13) \qquad \Omega(p,q) := p_1 q_4 + p_2 q_5 + p_3 q_6 + p_4 q_1 + p_5 q_2 + p_6 q_3 = 0.$$

Man erkennt, daß $\Omega(p,p) = 2\Omega(p)$ gilt, und daß $\Omega(p,q)$ die Bilinearform zur quadratischen Form $\Omega(p) = 0$ ist.

b) <u>Schnittpunkt S einer Geraden p mit einer Ebene ϵ</u>

Die Gerade p sei durch ihre Plücker-Koordinaten (p_{ik}) und die Ebene ϵ durch ihre Ebenenkoordinaten $[u_0 : u_1 : u_2 : u_3]$ gegeben. Sind $X(x_i)$, $Y(y_i)(i = 0, \ldots, 3)$ zwei verschiedene Punkte auf p, so sind Zahlen (λ_0, μ_0) so zu bestimmen, daß der Punkt $S = \lambda_0 X + \mu_0 Y$ mit ϵ inzidiert. Aus der Ebenengleichung $\sum_{k=0}^{3} u_k x_k = 0$ berechnet man:

$$\sum_{k=0}^{3} u_k(\lambda_0 x_k + \mu_0 y_k) = \lambda_0 \sum_{k=0}^{3} u_k x_k + \mu_0 \sum_{k=0}^{3} u_k y_k = 0 \;\Rightarrow$$

$$\lambda_0 : \mu_0 = \sum_{k=0}^{3} u_k y_k : \left(-\sum_{k=0}^{3} u_k x_k \right) \;\Rightarrow\; s_i = \left(\sum_{k=0}^{3} u_k y_k \right) x_i -$$

$$-\left(\sum_{k=0}^{3} u_k x_k \right) y_i = \sum_{k=0}^{3} u_k (y_k x_i - x_k y_i) = \sum_{k=0}^{3} u_k p_{ik} \qquad (i = 0, \ldots, 3).$$

Damit haben wir folgende Formel gefunden

$$(3.14) \qquad S(s_i) = p \,\cap\, \epsilon; \quad s_i = \sum_{k=0}^{3} p_{ik} u_k \qquad (i = 0, \ldots, 3).$$

c) <u>Verbindungsebene ϵ eines Punktes X mit einer Geraden p</u>

Im P_3 sei ein Punkt $X(x_0 : x_1 : x_2 : x_3)$ und eine mit X nicht inzidente Gerade $p(\widehat{p}_{ik})$ durch ihre Achsenkoordinaten $(\widehat{p}_{ik})$ gegeben. Dann existiert eine eindeutige Verbindungsebene $\epsilon[u_0 : u_1 : u_2 : u_3]$. Durch Dualisieren der Formel (3.14) findet man für ihre Ebenenkoordinaten

$$(3.15) \qquad u_i = \sum_{k=0}^{3} \widehat{p}_{ik}\, x_k \qquad (i = 0, \ldots, 3).$$

Nach diesen Vorbereitungen aus der Liniengeometrie wenden wir uns der Untersuchung von Geraden im einfach isotropen Raum zu. Beginnen wir mit drei

<u>Bemerkungen:</u>

1) Geht man mittels $A_3 = P_3 \setminus \omega$ zum affinen Raum A_3 über und ist $p \,\epsilon\, A_3 \subset P_3$ eine Gerade mit dem Fernpunkt $P_u(0 : v_1 : v_2 : v_3)$ — wobei $\vec{v}(v_1, v_2, v_3)$ ein Richtungsvektor auf p ist —, so berechnet man unter Heranziehung eines eigentlichen Punktes $S(1 : x : y : z)$ auf p die ersten drei Plücker-Koordinaten von p zu $p_1 : p_2 : p_3 = v_1 : v_2 : v_3$. Die *ersten drei Plücker-Koordinaten* einer Geraden $p \,\epsilon\, A_3$ liefern somit einen *Richtungsvektor* von p und umgekehrt.

2) Ist $\vec{v}(v_1, v_2, v_3)$ ein nicht vollisotroper Vektor des einfach isotropen Raumes $I_3^{(1)}$, d.h. gilt $(v_1, v_2) \neq (0, 0)$, so definieren wir seinen isotropen Betrag mittels

$$(3.16) \qquad |\vec{v}| = \sqrt{v_1^2 + v_2^2} = |\widetilde{\vec{v}}|_E \qquad (|\;|_E \ldots \text{euklidischer Betrag}).$$

Dies ist sinnvoll, denn $|\vec{v}|$ ist nach (1.15) invariant bezüglich der Gruppe $\mathcal{B}_6^{(1)}$. Der Vektor

$$(3.17) \qquad \frac{\vec{v}}{|\vec{v}|} = \left(\frac{v_1}{\sqrt{v_1^2 + v_2^2}}, \; \frac{v_2}{\sqrt{v_1^2 + v_2^2}}, \; \frac{v_3}{\sqrt{v_1^2 + v_2^2}} \right)$$

ist dann ein *Einheitsvektor* des $I_3^{(1)}$. Den Betrag eines vollisotropen Vektors $\vec{v}(0, 0, v_3)$ definieren wir mittels

$$(3.18) \qquad |\vec{v}| = v_3.$$

Nach (1.18) ist $|\vec{v}|$ ebenfalls $\mathcal{B}_6^{(1)}$-invariant und der zugehörige Einheitsvektor wird durch

$$(3.19) \qquad \vec{b} = \frac{\vec{v}}{|\vec{v}|} = (0, 0, 1)$$

gegeben.

3) Gemäß Definition 1.3 haben wir bisher *nichtisotrope* und *vollisotrope (eigentliche)* Geraden des $I_3^{(1)}$ unterschieden. Für manche Untersuchungen ist es zweckmäßig, auch die Geraden in ω hinsichtlich der Absolutfigur $\{\omega, f_1, f_2; F\}$ zu klassifizieren. Für diese uneigentlichen Geraden des $I_3^{(1)} \subset P_3$ geben wir die

Definition 3.3: Eine *uneigentliche* Gerade $p \in I_3^{(1)}$ heißt *nichtisotrop*, wenn gilt $F \notin p$; sie heißt *vollisotrop*, wenn gilt $F \in p$.

Legt man eine uneigentliche nichtisotrope Gerade p durch die Punkte $A(0 : x_1 : x_2 : x_3)$, $B(0 : y_1 : y_2 : y_3)$ fest, so findet man hieraus für ihre   Plücker-Koordinaten $p(0 : 0 : 0 : p_4 : p_5 : p_6)$ mit $p_6 \neq 0$. Für eine uneigentliche vollisotrope Gerade q erhält man wegen $F \in q$ die Plücker-Koordinaten $q(0 : 0 : 0 : p_4 : p_5 : 0)$.

Wir gehen jetzt daran, für *Geradenpaare* $\{p, q\}$ des $I_3^{(1)}$ Invarianten bezüglich der Gruppe $\mathcal{B}_6^{(1)}$ einzuführen. Für ein Paar $\{p, q\}$ nichtisotroper Geraden benötigen wir noch eine etwas feinere Klassifikation bezüglich der Absolutfigur $\{\omega, f_1, f_2; F\}$:

Definition 3.4: Sind $p, q \in I_3^{(1)}$ eigentliche, nichtisotrope Geraden, so heißen p, q vom *Typ α)* oder vom *Typ β)*, je nachdem die Fernpunkte P_u, Q_u von p und q mit F nicht kollinear oder kollinear sind.

Nun gilt der

SATZ 3.3: *Sind $p, q \in I_3^{(1)}$ vom Typ α), dann sind die Ausdrücke*

$$(3.20a, b) \qquad d = \frac{\Omega(p, q)}{q_1 p_2 - q_2 p_1} \quad \text{und} \quad \sin\psi = \frac{p_1 q_2 - p_2 q_1}{\sqrt{(p_1^2 + p_2^2)(q_1^2 + q_2^2)}} \quad \text{bzw.}$$

$$\cos\psi = \frac{p_1 q_1 + p_2 q_2}{\sqrt{(p_1^2 + p_2^2)(q_1^2 + q_2^2)}}$$

einfach isotrope Invarianten. d wird als Abstand und ψ als Winkel der beiden Geraden bezeichnet. Sind $p, q \in I_3^{(1)}$ vom Typ β), dann sind die Ausdrücke

$$(3.21a, b) \qquad a = \frac{q_6}{\sqrt{q_1^2 + q_2^2}} - \frac{p_6}{\sqrt{p_1^2 + p_2^2}} \quad \text{bzw.} \quad s = \frac{q_3}{\sqrt{q_1^2 + q_2^2}} - \frac{p_3}{\sqrt{p_1^2 + p_2^2}}$$

einfach isotrope Invarianten. a wird als Abstand und s als Sperrung der beiden Geraden bezeichnet. Ist $p \in I_3^{(1)}$ eine nichtisotrope, eigentliche Gerade und q eine vollisotrope, eigentliche Gerade des $I_3^{(1)}$ dann ist der Ausdruck

$$(3.22) \qquad l = - \frac{\Omega(p,q)}{q_3 \cdot \sqrt{p_1^2 + p_2^2}}$$

eine einfach isotrope Invariante, genannt Abstand der beiden Geraden. Sind p und q vollisotrope, eigentliche Geraden, so ist der Ausdruck

$$(3.23) \qquad l^* = \frac{1}{|p_3||q_3|} \sqrt{(p_3 q_5 - q_3 p_5)^2 + (p_3 q_4 - q_3 p_4)^2}$$

eine einfach isotrope Invariante, genannt Abstand der beiden vollisotropen Geraden.

<u>*Beweis:*</u>

(a): Es seien p und q zwei eigentliche, nichtisotrope Geraden des $I_3^{(1)}$, beschrieben durch ihre Plücker-Koordinaten $p(p_j)$, $q(q_j)(j = 1, \ldots, 6)$. Da die Geraden p, q vom Typ α) sind, sind die durch p und q legbaren isotropen Ebenen ϵ_p und ϵ_q nicht parallel und es existiert somit ihre eigentliche vollisotrope Schnittgerade $h := \epsilon_p \cap \epsilon_q$. Wir bezeichnen h als *vollisotropes Gemeinlot* des Geradenpaares $\{p,q\}$. Bezeichnet H_1 den Schnittpunkt von h mit p und H_2 den Schnittpunkt von h mit q, so ist die Spanne $s(H_1, H_2) =: d$ eine $\mathcal{B}_6^{(1)}$-Invariante. Um die Koordinaten von H_1 zu finden, berechnen wir zunächst nach (3.15) die Gleichung von ϵ_q als Verbindungsebene von q mit $F(0:0:0:1)$ und sodann nach (3.14) die z-Koordinate des Schnittpunktes $H_1 = p \cap \epsilon_q$. Man erhält: $u_i = \hat{q}_{i3} \Rightarrow \epsilon_q : \hat{q}_{03}x_0 + \hat{q}_{13}x_1 + \hat{q}_{23}x_2 = 0$ und mit (3.11) $\epsilon_q[q_6 : -q_2 : q_1 : 0]$. Hiermit liefert (3.14) für $H_1(\eta_0 : \eta_1 : \eta_2 : \eta_3)\eta_0 = = \sum_{k=0}^{3} p_{0k}u_k = -p_1 q_2 + p_2 q_1$, $\eta_3 = \sum_{k=0}^{3} p_{3k}u_k = -p_3 q_6 - p_4 q_2 - p_4 q_1$, also $z(H_1) = \frac{\eta_3}{\eta_0} = -\frac{p_3 q_6 + p_4 q_1 + p_5 q_2}{q_1 p_2 - p_1 q_2}$. Vertauschung der Rollen von p und q ergibt $z(H_2) = \frac{q_3 p_6 + q_4 p_1 + q_5 p_2}{q_1 p_2 - p_1 q_2}$ und schließlich $d(p,q) = z(H_2) - z(H_1) = \frac{\Omega(p,q)}{q_1 p_2 - p_1 q_2}$. Wie aus der euklidischen Geometrie bekannt, bedeutet ψ in (3.20b) den euklidischen Schnittwinkel der beiden Geraden $\tilde{p}$ und $\tilde{q}$, die bei Projektion in vollisotroper Richtung auf die Grundrißebene π entstehen. Faßt man π als orientierte euklidische Ebene und p, q als durch $\vec{p} = (p_1, p_2, p_3)$ und $\vec{q} = (q_1, q_2, q_3)$ orientierte Geraden auf, so legen die beiden Gleichungen (3.20b) jenen Winkel ψ fest um den man die Gerade $\tilde{p}$ im positiven Sinn drehen muß, um sie mit $\tilde{q}$ zur Deckung zu bringen; ψ ist daher eindeutig bis auf Vielfache von 2π bestimmt.

(b): Sind p und q vom Typ β), so sind P_u, Q_u und F kollinear, d. h. p und q liegen in parallelen isotropen Ebenen ϵ_p, ϵ_q. Ihre Richtungsvektoren $\vec{p}(p_1, p_2, p_3)$ und $\vec{q}(q_1, q_2, q_3)$ spannen somit eine isotrope Ebene auf, in der man nach (3.15) ihren isotropen Winkel φ messen kann, den wir hier mit s bezeichnen und Sperrung nennen. Die Berechnung von s geschieht am bestem gemäß [180, Satz 2.6], wobei man $\vec{p}$ und $\vec{q}$ nach (3.16) zu normieren hat und damit $s(p,q) = \frac{\vec{q}}{|\vec{q}|} - \frac{\vec{p}}{|\vec{p}|} = \frac{q_3}{\sqrt{q_1^2 + q_2^2}} - \frac{p_3}{\sqrt{q_1^2 + q_2^2}}$ findet. Als zweite Invariante führen wir jetzt den euklidischen Abstand der Spuren $\tilde{\epsilon}_p$, $\tilde{\epsilon}_q$ ein. Gemäß dem Beweisschritt (a) haben ϵ_p und ϵ_q die Gleichungen

$p_6 - p_2 x + p_1 y = 0$ bzw. $q_6 - q_2 x + q_1 y = 0$, woraus man über die Hesseschen Normalformen $a(\epsilon_p, \epsilon_q) = \dfrac{q_6}{\sqrt{q_1^2+q_2^2}} - \dfrac{p_6}{\sqrt{p_1^2+p_2^2}}$ findet.

(c): Für die Plücker-Koordinaten (q_j) einer vollisotropen Geraden gilt $q_1 = q_2 = 0$, $q_3 \neq 0$. Hieraus folgt wegen $\Omega(q) = 0$ noch $q_6 = 0$, so daß gilt $q(0 : 0 : q_3 : q_4 : q_5 :$ $: 0)$. Der Schnittpunkt $\widetilde{Q}$ von y mit der Grundrißebene π wird nach (3.7) berechnet; man findet seine projektiven Koordinaten zu $\widetilde{Q}(-q_3 : q_5 : -q_4 : 0)$ und damit seine affinen Koordinaten $\widetilde{Q}(-\frac{q_5}{q_3}, \frac{q_4}{q_3}, 0)$. Legen wir durch p die isotrope Ebene ϵ_p, so ist der euklidische Abstand l des Punktes $\widetilde{Q}$ von der Spur $\widetilde{\epsilon}_p$ eine Invariante bezüglich der Gruppe $\mathcal{B}_6^{(1)}$. Man findet $\epsilon_p \ldots p_2 x - p_1 y - p_6 = 0$ und hieraus und $\widetilde{Q}$ über die Hessesche Normalform von $\epsilon_p : l = -\frac{p_2 q_5 + p_1 q_4 + p_3 q_6}{q_3 \sqrt{p_1^2+p_2^2}}$. Diese Formel läßt sich wegen $q_1 = q_2 = q_6 = 0$ auch in der Gestalt (3.22) schreiben.

(d): Als Abstand l^* zweier vollisotroper eigentlicher Geraden p und q definieren wir den euklidischen Abstand ihrer Spurpunkte $\widetilde{P}$ und $\widetilde{Q}$. Wie unter c) findet man $\widetilde{P}(-\frac{p_5}{p_3}, \frac{p_4}{p_3}, 0)$, $\widetilde{Q}(-\frac{q_5}{q_3}, \frac{q_4}{q_3}, 0)$, woraus (3.23) folgt.

$$\Diamond$$

Die eingeführten Invarianten sind vollkommen ausreichend um entsprechende Geradenpaare im $I_3^{(1)}$ festzulegen. Es gilt nämlich der

SATZ 3.4: *Durch Vorgabe der Invarianten $\{d, \psi\}$ bzw. $\{a, s\}$ bzw. l bzw. l^* sind die entsprechenden Geradenpaare bis auf isotrope Bewegungen eindeutig bestimmt.*

Beweis:
Wir führen den Beweis nur für ein nichtisotropes Geradenpaar vom Typ α); der Beweis der übrigen Fälle verläuft ähnlich. Sind die Geraden p und q vom Typ α) und besitzen sie das vollisotrope Gemeinlot h, so kann man dieses durch eine Schiebung in die z-Achse des zugrundegelegten Koordinatensystems legen. Durch eine weitere isotrope Bewegung kann man noch erreichen, daß die beiden Geraden p, q parallel zur Grundrißebene π verlaufen, wobei p mit der x-Achse des Koordinatensystems zusammenfällt. Bei diesen Transformationen werden einerseits d und ψ nicht geändert, andererseits bestimmen sie die Lage von q gegenüber p eindeutig.

$$\Diamond$$

Folgerungen:
Der Satz 3.3 beschreibt die Invarianten von Geradenpaaren. Wir sind nunmehr auch in der Lage, *Invarianten zwischen Ebenen und Geraden* bzw. *Punkten und Geraden* einzuführen. Wir führen dies nur an einigen wichtigen Fällen exemplarisch vor:

1) Es sei eine nichtisotrope Ebene $\epsilon[u_0 : u_1 : u_2 : u_3](u_3 \neq 0)$ und eine nichtisotrope Gerade $p(p_1 : \ldots : p_6)$ gegeben, die ϵ schneidet. Legt man durch p die isotrope Ebene ϵ_p, so schneidet diese ϵ nach einer Geraden g, die mit p in ϵ_p einen isotropen Winkel φ bildet. Wir definieren φ als Winkel zwischen p und ϵ. Aus der Gleichung $p_2 x - p_1 y - p_6 = 0$ für ϵ_p und der Gleichung $u_0 + u_1 x + u_2 y + u_3 z = 0$ von ϵ erhält man den Richtungsvektor $\vec{v} = (p_1, p_2, -\frac{u_1 p_1 + u_2 p_2}{u_3})$ von g; hierbei ist $\vec{v} = (p_1, p_2)$ und die Projektion $\vec{\widetilde{p}} = (p_1, p_2)$ von $\vec{p}(p_1, p_2, p_3)$ gleichorientiert. Nach Normierung

von $\vec{v}$ und $\vec{p}$ ergibt sich somit $\varphi = \sphericalangle(\vec{v},\vec{p}) = \frac{\vec{p}}{|\vec{p}|} - \frac{\vec{v}}{|\vec{v}|} = \frac{p_3}{\sqrt{p_1^2+p_2^2}} + \frac{u_1p_1+u_2p_2}{u_3\sqrt{p_1^2+p_2^2}}$, so daß gilt

$$(3.24) \qquad \varphi = \sphericalangle(\epsilon,p) = \frac{u_1p_1 + u_2p_2 + u_3p_3}{u_3\sqrt{p_1^2 + p_2^2}}.$$

2) Eine oft zweckmäßige Darstellung von φ hat B. PAVKOVIĆ (vgl. [133,116]) angegeben. Es sei $\epsilon(\vec{a},\vec{b})$ eine durch die Vektoren $\vec{a}$ und $\vec{b}$ aufgespannte nichtisotrope Ebene und $\vec{v}$ ein nichtisotroper Vektor. Dann gilt für den Winkel φ zwischen ϵ und $\vec{v}$ die Formel

$$(3.25) \qquad \varphi = \frac{Det(\vec{v},\vec{a},\vec{b})}{|\vec{v}|\ Det(\vec{\tilde{a}},\vec{\tilde{b}})}.$$

<u>Beweis:</u>
Wird ϵ durch $\vec{a} = (a_1,a_2,a_3)$ und $\vec{b} = (b_1,b_2,b_3)$ aufgespannt, so ist $\vec{n} := \vec{a} \times \vec{b}$ ein euklidischer Normalenvektor von ϵ und (3.24) liefert

$$\varphi = \frac{(\vec{a} \times \vec{b}).\vec{v}}{(a_1b_2 - b_1a_2)|\vec{v}|} = \frac{Det(\vec{v},\vec{a},\vec{b})}{Det(\vec{\tilde{a}},\vec{\tilde{b}})|\vec{v}|}.$$

$$\Diamond$$

3) Ist ϵ eine isotrope Ebene mit der Darstellung $u_0 + u_1x + u_2y = 0$ und $p(p_j)$ eine nichtisotrope Gerade, die mit ϵ genau einen Schnittpunkt hat, so definieren wir einen Winkel χ zwischen p und ϵ als den euklidischen Schnittwinkel zwischen $\tilde{p}$ und $\tilde{\epsilon}$. Ein Richtungsvektor von $\tilde{\epsilon}$ ist $\vec{v} = (u_2, -u_1)$, ein Richtungsvektor von $\tilde{p}$ ist $\tilde{\vec{p}} = (p_1,p_2)$. Hiermit folgt nach (3.20b)

$$(3.26) \qquad \sin\chi = \frac{p_1u_1 + p_2u_2}{\sqrt{(p_1^2 + p_2^2)(u_1^2 + u_2^2)}}.$$

4) Ist $p(p_j)$ eine nichtisotrope Gerade und $P(x_0,y_0,z_0) \notin p$ ein Punkt, der nicht der durch p legbaren isotropen Ebene ϵ_p angehört. Den Abstand des Punktes P von der Geraden p definieren wir als euklidischen Abstand des Punktes $\tilde{P}$ von der Spur $\tilde{\epsilon}_p$. Aus der Gleichung $p_2x - p_1y - p_6 = 0$ von ϵ_p folgt über die Hessesche Normalform

$$(3.27) \qquad d(\epsilon,P) = \frac{p_2x_0 - p_1y_0 - p_6}{\sqrt{p_1^2 + p_2^2}}.$$

Ist in einem Geradenpaar $\{p,q\}$ eine Gerade uneigentlich, so lassen sich zumindest in den beiden folgenden Fällen brauchbare Invarianten einführen:

SATZ 3.5: *Ist p eine uneigentliche, nichtisotrope Gerade des $I_3^{(1)}$ und q eine eigentliche, nichtisotrope Gerade des $I_3^{(1)}$, dann ist der Ausdruck*

$$(3.28) \qquad \varphi = \frac{p_4 q_1 + p_5 q_2 + p_6 q_3}{p_6 \sqrt{q_1^2 + q_2^2}} = \frac{\Omega(p,q)}{p_6 \sqrt{q_1^2 + q_2^2}}$$

eine isotrope Invariante, genannt Winkel von p und q. Ist $p \in I_3^{(1)}$ eine uneigentliche, vollisotrope Gerade und q eine eigentliche, nichtisotrope Gerade, so wird über

$$(3.29) \qquad \sin \chi := \frac{p_4 q_1 + p_5 q_2}{\sqrt{(p_4^2 + p_5^2)(q_1^2 + q_2^2)}} = \frac{\Omega(p,q)}{\sqrt{(p_4^2 + p_5^2)(q_1^2 + q_2^2)}}$$

eine einfach isotrope Invariante festgelegt, die man als Winkel von p und q bezeichnet.

Beweis:

Ist p eine uneigentliche, nichtisotrope Gerade, beschrieben durch ihre Plücker-Koordinaten $p(0 : 0 : 0 : p_4 : p_5 : p_6)$ $(p_6 \neq 0)$, so legen wir durch p und z. B. den Koordinatenursprung $O(1 : 0 : 0 : 0)$ eine Ebene ϵ, und definieren den gemäß (3.24) zwischen ϵ und q erklärten Winkel als Winkel zwischen p und q. Nach (3.11) erhält man die Achsenkoordinaten von p zu $(p_4 : p_5 : p_6 : 0 : 0 : 0)$, womit man gemäß (3.15) die Gleichung von ϵ bestimmen kann. Man findet $\epsilon \ldots p_4 x + p_5 y + p_6 z = 0$ und gewinnt hieraus und aus den Plücker-Koordinaten (q_j) der Geraden q unter Verwendung von (3.24) die angegebene Formel (3.28).

Analog gewinnt man (3.29) aus (3.26); hier ist $p_6 = 0$ und ϵ ist eine isotrope Ebene, die mit q den nach (3.26) bestimmten Winkel einschließt.

$$\diamond$$

Die liniengeometrischen Invarianten wurden von K. STRUBECKER erstmals im pseudo-isotropen Raum angegeben (vgl. [203,140f]). Die folgende metrische Interpretation der Billiniearform $\Omega(p,q)$ zweier Geraden $p, q \mid \in I_3^{(1)}$ stammt vom Verfasser (vgl. [172]). Vorerst die

Definition 3.5: Die Plücker-Koordinaten (p_j) einer eigentlichen, nichtisotropen Geraden $p \in I_3^{(1)}$ heißen *normiert*, wenn gilt $p_1^2 + p_2^2 = 1$ und $p_1 > 0$. Die Plücker-Koordinaten einer eigentlichen, vollisotropen Geraden p heißen *normiert*, wenn gilt $p(0,0,1,p_4,p_5,0)$. Die Plücker-Koordinaten einer uneigentlichen, nichtisotropen bzw. uneigentlichen, vollisotropen Geraden p heißen *normiert*, wenn gilt $p(0,0,0,p_4,p_5,1)$ bzw. $p_4^2 + p_5^2 = 1$.

Hiermit gilt der

SATZ 3.6: *Sind p, q eigentliche, nichtisotrope Geraden des $I_3^{(1)}$, beschrieben durch normierte Plücker-Koordinaten $(p_j),(q_j)$, dann gilt*

$$(3.30a,b) \qquad \Omega(p,q) = -d \, \sin \psi \quad bzw. \quad \Omega(p,q) = -as,$$

je nachdem p und q vom Typ α) bzw β) sind. Ist p eine eigentliche, nichtisotrope Gerade und q eine eigentliche, vollisotrope Gerade, so ist

$$(3.31) \qquad \Omega(p,q) = -l,$$

wenn die *Plücker-Koordinaten* von p und q normiert sind. Ist p eine uneigentliche, nichtisotrope Gerade und q eine eigentliche, nichtisotrope Gerade — beide beschrieben durch normierte Plücker Koordinaten — so gilt

$$(3.32) \qquad \Omega(p,q) = \varphi,$$

wenn φ den Winkel zwischen p und q bezeichnet. Ist p eine uneigentliche, vollisotrope Gerade und q eine eigentliche, nichtisotrope Gerade — beide beschrieben durch normierte Plückerkoordinaten — so gilt

$$(3.33) \qquad \Omega(p,q) = \sin \chi.$$

Beweis:
Unter Beachtung der in Definition 3.5 eingeführten Normierungen der Plücker-Koordinaten, ergeben sich die Formeln (3.30a,b) – (3.33) der Reihe nach aus den Gleichungen (3.20a,b) – (3.22) bzw. (3.28) und (3.29). Zum Beweis der Formel (3.30b) ist zu beachten, daß aus der Tatsache, daß p und q vom Typ β) sind zunächst $p_1 : p_2 = q_1 : q_2$ folgt. Aufgrund der Normierung ergibt sich weiter $p_1 = q_1$, $p_2 = q_2$, so daß unter Beachtung von $\Omega(p) = p_1 p_4 + p_2 p_5 + p_3 p_6 = 0$ und $\Omega(q) = q_1 q_5 + q_2 q_4 + q_3 q_6 = 0$ sich schließlich $as = (q_6 - p_6)(q_3 - p_3) = -q_1 q_4 - q_2 q_5 - p_6 q_3 - p_3 q_6 - p_1 p_4 - p_2 p_5 = -\Omega(p,q)$ einstellt.

$$\Diamond$$

In Analogie zur euklidischen Situation ([264,24],[265,978]) geben wir die

Definition 3.6: Die durch (3.30a,b)–(3.33) beschriebene Invariante $\Omega(p,q)$ heißt das *einfach isotrope Moment* $M(p,q)$ der beiden Geraden p, q.

Bei der Bildung des Momentes $M(p,q)$ ist stets zu beachten, daß die Plücker-Koordinaten von p und q gemäß Definition 3.5 normiert sind.

Dreidimensionale Untermengen der vierdimensionalen Geradenmenge $\mathcal{G} \subset P_3$ heißen *Geradenkomplexe*. Wir beschäftigen uns in diesem Abschnitt noch mit der Untersuchung der sogenannten *linearen Geradenkomplexe* des einfach isotropen Raumes (vgl. [172]).

Unter Verwendung der Kleinschen Abbildung γ (3.8) läßt sich der Begriff des linearen Geradenkomplexes projektiv wie folgt fassen:

Definition 3.7: Ist H_4 eine Hyperebene des P_5, so heißt die Geradenmenge $K^1 :=$ $=: \gamma^{-1}(H_4 \cap M_4^2)$ ein *linearer Geradenkomplex*, kurz ein *linearer Komplex*.

Demnach läßt sich ein linearer Komplex durch die Nullstellenmenge einer Linearform

$$(3.34) \qquad \Omega(a,p) = a_4 p_1 + a_5 p_2 + a_6 p_3 + a_1 p_4 + a_2 p_5 + a_3 p_6 = 0$$
$$mit \quad (a_1, \ldots, a_6) \neq (0, \ldots, 0)$$

beschreiben. Lineare Komplexe wurden unter projektiven, aber auch metrischen Gesichtspunkten vielfach untersucht (vgl. [265,996f]). Wir stellen einige Eigenschaften, größtenteils ohne Beweise, zusammen und verweisen im übrigen auf Spezialliteratur über Liniengeometrie (vgl. [48] – [51], [54], [57], [264], [265]).

Eigenschaften:

1.) Lineare Komplexe, für die zusätzlich $\Omega(a) = 0$ gilt, heißen *Gebüsche (spezielle lineare Komplexe)*. Nach Satz 3.1 ist dann dem Sechstupel (a_j) eine Gerade $a \, \epsilon \, P_3$ zugewiesen und ein Vergleich von (3.34) mit (3.13) zeigt, daß ein Gebüsch aus allen Treffgeraden von a besteht. In diesem Zusammenhang heißt a die *Gebüschachse*.

2.) Ein linearer Komplex mit $\Omega(a) \neq 0$ heißt ein *Gewinde*, und alle Strahlen des Komplexes heißen *Gewindestrahlen*. Die Lage dieser Strahlenmenge ist relativ schwierig vorzustellen. Die folgende euklidische Deutung liefert ein ziemlich anschauliches Bild eines Gewindes: *Betrachtet man eine euklidische Schraubung des E_3, so durchläuft jeder Punkt P — der nicht auf der Schraubachse liegt — eine Bahnschraublinie k. Betrachtet man nun in jedem Punkt P die einparametrige Menge der Bahnnormalen der zugehörigen Bahnschraublinie k, so bilden alle diese Strahlen ein Gewinde.*

3.) Werden die p_j in (3.34) gemäß (3.1) unter Verwendung zweier Punkte $X(x_0 : x_1 : : x_2 : x_3), Y(y_0 : y_1 : y_2 : y_3)$ ausgedrückt, so entsteht:

$$(3.35) \qquad a_4(x_0 y_1 - x_1 y_0) + a_5(x_0 y_2 - x_2 y_0) + a_6(x_0 y_3 - x_3 y_0) + a_1(x_2 y_3 - x_3 y_2) +$$

$$+ a_2(x_3 y_1 - x_1 y_3) + a_3(x_1 y_2 - x_2 y_1) = 0.$$

Hieraus folgt

$$(3.36) \qquad (a_4 x_1 + a_5 x_2 + a_6 x_3) y_0 + (-a_4 x_0 + a_3 x_2 - a_2 x_3) y_1 +$$

$$+ (-a_5 x_0 - a_3 x_1 + a_1 x_3) y_2 + (-a_6 x_0 + a_2 x_1 - a_1 x_2) y_3 = 0.$$

Die Gleichung (3.36) zeigt, daß alle Gewindestrahlen durch einen festen Punkt X in einer Ebene liegen; diese Ebene heißt die *Nullebene* des Punktes X. Umgekehrt kann man zeigen, daß alle Gewindestrahlen, die einer Ebene ϵ angehören durch einen Punkt dieser Ebene hindurchgehen; dieser Punkt heißt *Nullpunkt* der Ebene ϵ. Diese Punkt — Ebenenzuordnung wird als *Nullpolarität (Nullkorrelation)* bezeichnet. Werden die Ebenenkoordinaten der Bildebene eines Punktes $X(x_0 : x_1 : : x_2 : x_3)$ mit $[u_0' : u_1' : u_2' : u_3']$ bezeichnet, so erhält man aus (3.36) die Abbildungsgleichungen

$$(3.37) \qquad \begin{cases} u_0' = a_4 x_1 + a_5 x_2 + a_6 x_3 \\ u_1' = -a_4 x_0 + a_3 x_2 - a_2 x_3 \\ u_2' = -a_5 x_0 - a_3 x_1 + a_1 x_3 \\ u_3' = -a_6 x_0 + a_2 x_1 - a_1 x_2. \end{cases}$$

4.) Ist q eine Gerade, die kein Gewindestrahl ist, so gehören die Nullebenen der Punkte von q einem Ebenenbüschel um eine Achse $\bar{q}$ an, die zu q windschief ist. Das Paar $\{q, \bar{q}\}$ heißt ein Paar *reziproker Polaren*.

5.) Ist p ein Gewindestrahl, so bilden die Nullebenen der Punkte von p ein Ebenenbüschel um p als Achse. Die Punkt-Ebenenzuordnung ist hierbei projektiv und wird als *Berührkorrelation* längs p bezeichnet.

Wir wenden uns nunmehr der Untersuchung der Gebüsche und Gewinde im einfach isotropen Raum zu. Die *Klassifikation der Gebüsche* des $I_3^{(1)}$ wird durch folgenden Satz erledigt:

SATZ 3.7:*Bezüglich der isotropen Bewegungsgruppe $B_6^{(1)}$ existieren im einfach isotropen Raum 4 Typen von Gebüschen, die durch die Normalformen*

$$(3.38a - d) \qquad p_3 = 0, \quad p_2 = 0, \quad p_6 = 0, \quad p_4 = 0$$

beschrieben werden können. Die Typen (3.38a) bzw. (3.38b) besitzen eine nichtisotrope bzw. vollisotrope Fernachse. Der Typ (3.38c) besitzt eine eigentliche vollisotrope Achse, der Typ (3.38d) eine eigentliche, nichtisotrope Achse.

Beweis:
Ist die Achse $a(a_1 : \ldots : a_6)$ eine nichtisotrope, uneigentliche Gerade, so gilt $a_1 = a_2 = a_3 = 0$, $a_6 \neq 0$. Durch eine isotrope Bewegung kann überdies $a_4 = a_5 = 0$ erreicht werden. Hiermit folgt (3.38a) aus (3.34). Ist a eine uneigentliche, vollisotrope Gerade, so kann man durch eine isotrope Bewegung erreichen, daß a die Koordinaten $a(0 : 0 : 0 : 0 : 1 : 0)$ erhält; hiermit folgt aus (3.34) die Normalform (3.38b). Ist a eine vollisotrope, eigentliche Gerade, so gilt $a(0 : 0 : 1 : 0 : 0 : 0)$, woraus (3.38c) folgt. Schließlich kann man durch eine isotrope Bewegung erreichen, daß eine eigentliche, nicht vollisotrope Gerade a die Koordinaten $(1 : 0 : 0 : 0 : 0 : 0)$ erhält, woraus mittels (3.34) die Darstellung (3.38d) folgt.

$$\Diamond$$

In den folgenden Betrachtungen setzen wir K^1 stets als Gewinde voraus. Da jeder Ebene ein eindeutiger Nullpunkt zugeordnet wird, kann man nach der Lage des Nullpunktes N der Fernebene ω zur Absolutfigur eine einfach isotrop-invariante Klassifikation der Gewinde des $I_3^{(1)}$ vornehmen (vgl. [172]).

Definition 3.8: Ein Gewinde K^1 des $I_3^{(1)}$ heißt *nichtisotrop*, wenn für den Nullpunkt N der Fernebene ω gilt $N \neq F$. Ein Gewinde K^1 heißt *vollisotrop*, wenn $N = F$ gilt.

Die Bestimmung von Normalformen dieser Gewindetypen führt zu

SATZ 3.8: *Die zwei Gewindetypen des $I_3^{(1)}$ können durch die folgenden Normalformen beschrieben werden*

$$(3.39a,b) \qquad (a) \; Nichtisotrope \; Gewinde : \; a_6 p_3 + a_2 p_5 + a_3 p_6 = 0$$
$$(b) \; Vollisotrope \; Gewinde : \; a_6 p_3 + a_3 p_6 = 0,$$

wobei die Koeffizienten a_2, a_3, a_6 von Null verschieden sind.

Beweis:

(1): Sie K^1 ein zunächst nichtisotropes Gewinde des $I_3^{(1)}$ und es bezeichne N den Nullpunkt der Fernebene ω bezüglich K; dann ist $N \neq F$. Durch eine isotrope Drehung kann man erreichen, daß N die projektiven Koordinaten $N(0 : 0 : c_2 : c_3)$ mit $c_2 \neq 0$ erhält. Nun sei $g \subset \omega$ eine nichtisotrope Gerade, die nicht mit N inzidiert, d. h., die kein Nullstrahl bezüglich K^1 ist. Die reziproke Polare $\bar{g}$ von g ist dann windschief zu g und enthält den Punkt N. Durch eine isotrope Bewegung, die N festläßt, kann man erreichen, daß g durch $x_0 = x_3 = 0$ beschrieben wird, d.h., daß g in die Ferngerade der Horizontalstellung fällt. Wegen $N \notin g$ gilt $c_3 \neq 0$. Die Ecken $P_1(0 : 1 : 0 : 0)$ und $P_2(0 : 0 : 1 : 0)$ des Koordinatentetraeders liegen auf g, während $P_3(0 : 0 : 0 : 1) = F$ gilt. Durch eine Translation kann man noch erreichen, daß die restliche Ecke $P_0(1 : 0 : 0 : 0)$ des Koordinatentetraeders mit $\bar{g}$ inzidiert. Dann sind die Geraden $P_0 \vee P_1$, $P_0 \vee P_2$, $N \vee P_1$, $N \vee P_2$ — als Treffgeraden reziproker Polaren — sicher Gewindestrahlen und ihre Plücker-Koordinaten müssen (3.34) genügen. Dies liefert der Reihe nach die Bedingungen $a_4 = 0$, $a_5 = 0$, $a_2 c_3 = a_3 c_2$, $a_1 = 0$, woraus wegen $a_2 : a_3 = c_2 : c_3$ die Formel (3.39a) folgt.

(2): Für ein vollisotropes Gewinde K^1 gilt $N = F$. Werden g und $\bar{g}$ wie im Beweisschritt (1) gewählt, so folgt zusätzlich noch $a_2 = 0$ wegen $c_2 = 0$ und damit (3.39b).

(3): Die angegebenen Normalformen lassen sich nicht weiter vereinfachen. Aus (3.39a) folgt nämlich wegen $\Omega(a) = a_3 a_6 \neq 0$, daß weder $a_3 = 0$ noch $a_6 = 0$ gelten kann. Es kann aber auch niemals durch eine isotrope Bewegung $a_2 = 0$ erreicht werden, sonst würde ein vollisotropes Gewinde (3.39b) vorliegen. Auch die Normalform (3.39b) kann nicht weiter vereinfacht werden, denn sowohl $a_6 = 0$ als auch $a_3 = 0$ würde Gebüsche liefern.

$\Diamond$

Der wichtigste Begriff in der metrischen Theorie der Gewinde im dreidimensionalen euklidischen Raum E_3 ist der *Achsenbegriff* ([265,1006],[264,6]). Motiviert durch die euklidische Situation, ist die folgende Definition der Gewindeachse eines nichtisotropen Gewindes naheliegend:

Definition 3.9: Ist K^1 ein nichtisotropes Gewinde des $I_3^{(1)}$, N der Nullpunkt der Fernebene ω, $N \vee F =: h$, so heißt die reziproke Polare $\bar{g}$ zu g mit $DV(h, g, f_1, f_2) = -1$ die *Achse* des Gewindes.

Die Gewindeachse $\bar{g}$ ist gemäß dieser Definition eindeutig bestimmt, da g eindeutig festliegt. Berechnen wir zunächst die Plücker-Koordinaten $\bar{g}_1 : \ldots : \bar{g}_6$ der Achse $\bar{g}$ eines nichtisotropen Gewindes K^1. Dazu benötigen wir eine Formel aus der projektiven Geometrie der Gewinde, die man z. B. bei V. HLAVATÝ ([54,22]) findet. Ist $g(g_j)$ kein Gewindestrahl bezüglich des Gewindes $\Omega(a, p) = 0$, so ist die reziproke Polare $\bar{g}(\bar{g}_j)$ von g bezüglich dieses Gewindes gegeben durch

$$(3.40) \qquad \bar{g}_j = \Omega(a, g) a_j - \Omega(a) g_j \quad (j = 1, \ldots, 6).$$

An Hand von (3.37) bestätigt man leicht, daß der Nullpunkt N der Fernebene $\omega : x_0 = 0$ die projektiven Koordinaten $N(0 : a_1 : a_2 : a_3)$ besitzt. Somit kann $h := N \vee F$ durch die Gleichungen $x_0 = a_2 x_1 - a_1 x_2 = 0$ beschrieben werden und g ist durch

$x_0 = a_1x_1 + a_2x_2 = 0$ festgelegt. Hieraus berechnet man mittels (3.11) die Plücker-Koordinaten von g zu $(0:0:0:a_1:a_2:0)$. Mittels (3.40) findet man schließlich, wenn noch die Abkürzung

$$(3.41) \qquad k := \frac{\Omega(a)}{\Omega(a,g)} = \frac{\Omega(a)}{a_1^2 + a_2^2}$$

eingeführt wird — was wegen $\Omega(a,g) \neq 0$ stets möglich ist — die Plücker-Koordinaten der Gewindeachse $\bar{g}$ zu

$$(3.42) \qquad \bar{g}_1 : \ldots : \bar{g}_6 = a_1 : a_2 : a_3 : a_4 - ka_1 : a_5 - ka_2 : a_6.$$

Wir bezeichnen k als *Parameter* des nichtisotropen Gewindes K^1. Seine Bedeutung zeigt der

SATZ 3.9.: *Der Parameter k eines nichtisotropen Gewindes K^1 ist eine geometrische Größe bezüglich der Gruppe $\mathcal{B}_6^{(1)}$. Ist p ein beliebiger nichtisotroper Gewindestrahl, ψ der Winkel von p gegen die Gewindeachse $\bar{g}$ und d der Abstand des Strahls p von der Achse $\bar{g}$, falls p und $\bar{g}$ vom Typ α) sind, bzw. ist a der Abstand und s die Sperrung zwischen p und $\bar{g}$, falls p und $\bar{g}$ vom Typ β) sind, so gilt*

$$(3.43) \qquad d \cdot tg\psi = k \quad bzw. \quad as = k.$$

Beweis:

Es genügt die zweite Aussage zu beweisen, da aus der geometrischen Bedeutung von d und ψ die geometrische Bedeutung von k folgt. Nach Konstruktion ist $\bar{g}$ eine eigentliche, nichtisotrope Gerade. Ist p, $\bar{g}$ vom Typ α), so folgt aus (3.42) und (3.20a) $d(p,\bar{g}) =$
$= \frac{\Omega(p,\bar{g})}{\bar{g}_1 p_2 - \bar{g}_2 p_1} = -\frac{k(a_1 p_1 + a_2 p_2)}{a_1 p_2 - a_2 p_1}$ wegen $\Omega(a,p) = 0$. Ebenso findet man $tg\psi = \frac{p_1 a_2 - p_2 a_1}{p_1 a_1 + p_2 a_2}$,
woraus die Behauptung folgt. Sind p, $\bar{g}$ vom Typ β), so folgt, wenn man p und $\bar{g}$ vorübergehend auf normierte Plücker-Koordinaten (p_j'), $(\bar{g}_j')$ bezogen denkt und den Satz 3.6 (3.30b) anwendet: $-as = \Omega(p,\bar{g}) = -k(p_1' a_1' + p_2' a_2')$. Kehrt man zu den nicht normierten Plücker-Koordinaten zurück und beachtet man daß $p_1 : p_2 = a_1 : a_2$ gilt, so gewinnt man $as = k$.

$$\diamond$$

Für vollisotrope Gewinde des isotropen Raumes $I_3^{(1)}$ kann kein eindeutiger Achsenbegriff eingeführt werden. Wir definieren hier eine Achse $\bar{g}$ bezüglich einer festen, nicht vollisotropen Stellung g, d. h. bezüglich einer Ferngeraden g mit $F \notin g$.

Definition 3.10: Ist K^1 ein vollisotropes Gewinde im $I_3^{(1)}$, so heißt die reziproke Polare $\bar{g}$ zu einer Geraden $g \subset \omega$ mit $F \notin g$ die *Achse des Gewindes K^1 bezüglich der Stellung g.*

Da der Nullpunkt N der Fernebene ω bezüglich eines Gewindes (3.34) die projektiven Koordinaten $N(0 : a_1 : a_2 : a_3)$ besitzt, werden die vollisotropen Gewinde allgemeiner Lage des $I_3^{(1)}$ durch

$$(3.44) \qquad \Omega(a,p) = a_3 p_6 + a_4 p_1 + a_5 p_2 + a_6 p_3 = 0$$

beschrieben. Hieraus und (3.40) gewinnt man die Plücker-Koordinaten der Achse $\bar{g}$ bezüglich der Stellung $g(0:0:0:g_4:g_5:g_6)$ zu

$$(3.45) \qquad \bar{g}_1 : \ldots : \bar{g}_6 = 0 : 0 : g_6 : g_6\frac{a_4}{a_3} - kg_4 : g_6\frac{a_5}{a_3} - kg_5 : 0,$$

wobei

$$(3.46) \qquad k := \frac{a_6}{a_3}$$

gesetzt wurde. Wegen $\Omega(a) \neq 0$ ist k wohl definiert und von Null verschieden. Den Ausdruck $k = \frac{a_6}{a_3}$ bezeichnen wir als *Parameter* des vollisotropen Gewindes K^1. Seine geometrische Bedeutung zeigt der

SATZ 3.10: *Ist K^1 ein vollisotropes Gewinde des $I_3^{(1)}$ mit der Achse $\bar{g}$ bezüglich der Stellung g, dann gilt für alle nichtisotropen Gewindestrahlen p die Gleichung $\frac{l}{\varphi} = k = $ $= $ konst., wobei l den Abstand des Strahls p von der Achse $\bar{g}$ und φ den Winkel von p gegen die Stellung g bezeichnet. Der Parameter k eines vollisotropen Gewindes K^1 ist eine geometrische Größe bezüglich der Gruppe $\mathcal{B}_6^{(1)}$.*

Beweis:
Es genügt die erste Aussage zu beweisen, denn hieraus folgt unmittelbar die geometrische Bedeutung von k. Nach (3.22) findet man für den Abstand l eines nichtisotropen Gewindestrahls p von der vollisotropen Achse $\bar{g} : l = -\Omega(p,\bar{g}) = \frac{k}{g_6} \cdot \frac{1}{\sqrt{p_1^2+p_2^2}} (p_1g_4 + $ $+ p_2g_5 + p_3g_6)$, wobei $\Omega(a,p) = 0$ benützt wurde. Für den Winkel φ des Strahls p gegen die Stellung g findet man aus (3.28) unmittelbar die Beziehung $\varphi = \frac{\Omega(g,p)}{g_6\sqrt{p_1^2+p_2^2}} = $ $= \frac{g_4p_1+g_5p_2+g_6p_3}{g_6\sqrt{p_1^2+p_2^2}}$, woraus die Behauptung folgt.

$$\Diamond$$

Es ist bemerkenswert, daß der Gewindeparameter k eines vollisotropen Gewindes nicht von der ausgewählten Stellung g abhängt, sondern eine reine Gewindeinvariante ist.

Wenden wir uns nun der Untersuchung der *Berührkorrelation längs eines Gewindestrahls* zu. Diese Korrelation besitzt ja auch im dreidimensionalen euklidischen Raum E_3 bemerkenswerte metrische Eigenschaften (vgl. [265,1009]). Sei K^1 ein nichtisotropes Gewinde mit der Achse $\bar{g}$ und p ein Gewindestrahl, der mit $\bar{g}$ vom Typ α) ist. Man berechnet dann — wenn man K^1 o.B.d.A. in der Normalform (3.39a) annimmt — den Abstand $d(p,\bar{g}) =: D$ gemäß (3.20a) und (3.42) zu

$$(3.47) \qquad D = k \frac{p_2}{p_1} \quad \text{mit} \quad k = \frac{a_3a_6}{a_2^2}.$$

Die Nullebene des Fernpunktes P_u von p soll i. f. als *asymptotische Ebene* η bezeichnet werden. Die isotrope Ebene durch p bezeichnen wir als *Zentralebene* ζ und ihren Nullpunkt $Z \in p$ als *Zentralpunkt* in der Korrelation längs p. Wird K^1 in der Normalform (3.39a) angenommen, so vereinfach sich (3.37) zu

$$(3.48) \qquad \begin{cases} u_0' = a_6 x_3 \\ u_1' = a_3 x_2 - a_2 x_3 \\ u_2' = -a_3 x_1 \\ u_3' = -a_6 x_0 + a_2 x_1. \end{cases}$$

Da p und $\bar{g}$ vom Typ α) sind, ist $p_1 \neq 0$ und man findet als Gleichung der asymptotischen Ebene η, d. h. als Gleichung der Nullebene des Punktes $P_u(0 : p_1 : p_2 : p_3)$ aus (3.48)

$$(3.49) \qquad z = \frac{a_2 p_3 - a_3 p_2}{a_2 p_1} \, x + \frac{a_3}{a_2} \, y - \frac{a_6 p_3}{a_2 p_1},$$

wobei x, y, z die Koordinaten eines in η laufenden Punktes bezeichnen. Ebenso erhält man als Gleichung der Nullebene eines Punktes $P(1 : x_0 : y_0 : z_0)$

$$(3.50) \qquad z = \frac{a_2 z_0 - a_3 y_0}{a_2 x_0 - a_6} \, x + \frac{a_3 x_0}{a_2 x_0 - a_6} \, y - \frac{a_6 z_0}{a_2 x_0 - a_6}.$$

Die Nullebene eines Punktes $P(1 : x_0 : y_0 : z_0) \in p$ ist isotrop, wenn $a_2 x_0 = a_6$ gilt. Hiermit findet man für die Koordinaten des Zentralpunktes $Z \in p$:

$$(3.51) \qquad Z\left(\frac{a_6}{a_2}, \; \frac{a_6 p_2 - a_2 p_6}{a_2 p_1}, \; \frac{a_6 p_3 + a_2 p_5}{a_2 p_1} \right).$$

Andererseits erhält man als Gleichung der Projektion $\widetilde{\bar{g}}$ der Achse $\bar{g}$ in die $[xy]$-Ebene

$$(3.52) \qquad x = \frac{a_6}{a_2}.$$

Wir fassen zusammen und beweisen ergänzend den

SATZ 3.11: *Es sei K^1 ein nichtisotropes Gewinde des $I_3^{(1)}$ mit der Achse $\bar{g}$ und dem Parameter k. Ist p ein Gewindestrahl, der mit $\bar{g}$ vom Typ α) ist, dann ist der Zentralpunkt $Z \in p$ der Fußpunkt des isotropen Gemeinlotes von p und $\bar{g}$ auf p. Sind P_1, $P_2 | \neq Z$, P_u zwei Punkte auf p mit den Nullebenen π_1, π_2 und bezeichnet $d(P_1, P_2) =: d$, $\sphericalangle(\pi_1, \pi_2) =: \vartheta$, so gilt, wenn d_1 und d_2 die Abstände der Punkte P_1, P_2 von der Achse $\bar{g}$ bezeichnen*

$$(3.52) \qquad |\vartheta| d_1 d_2 = d|k|.$$

<u>*Beweis:*</u>
Betrachtet man zu den Punkten $P_1(x_0, y_0, z_0)$, $P_2(x_1, y_1, z_1)$ die Nullebenen (3.50), so findet man für ihren isotropen Winkel ϑ zunächst die Beziehung

$$(3.53) \qquad \vartheta^2 = \frac{a_3^2 a_6^2}{(a_2 x_0 - a_6)^2 (a_2 x_1 - a_6)^2} \, [(x_1 - x_0)^2 + (y_1 - y_0)^2].$$

Hierbei wurde zur Umformung die Identität

$$(3.54) \qquad a_6(z_1 - z_0) + a_2(z_0 x_1 - x_0 z_1) + a_3(x_0 y_1 - y_0 x_1) = 0$$

benützt, die sich ergibt, wenn man beachtet, daß P_1 und P_2 auf einem Gewindestrahl p liegen. Beachtet man die Beziehungen $d^2 = (x_1 - x_0)^2 + (y_1 - y_0)^2$, $d_1 = \frac{1}{|a_2|}|a_2 x_0 - a_6|$, $d_2 = \frac{1}{|a_2|}|a_2 x_1 - a_6|$, so folgt aus (3.53) die Behauptung (3.52).

$$\diamond$$

Ein zu einem klassischen Resultat ([265,1009]) weitgehendes Analogon liefert der

SATZ 3.12: *Es sei K^1 ein nichtisotropes Gewinde des $I_3^{(1)}$ mit der Achse $\bar{g}$ und dem Parameter k und p ein Gewindestrahl, der mit $\bar{g}$ vom Typ α) ist und von $\bar{g}$ den Abstand D hat. Bedeutet φ den Winkel, den die Nullebene eines Punktes $P \neq Z| \in p$ mit der asymptotischen Ebene von p bildet und a den Abstand des Punktes P von der Achse $\bar{g}$, so gilt*

$$(3.55) \qquad |\varphi| \cdot d = \sqrt{D^2 + k^2}.$$

Beweis:
Aus (3.49) und (3.50) folgt zunächst

$$(3.56) \qquad \varphi^2 = \frac{a_6^2 a_3^2}{a_2^2 (a_2 x_0 - a_6)^2} \left[\frac{p_2^2}{p_1^2} + 1 \right];$$

hierbei wurde zur Umformung die Identität

$$(3.57) \qquad a_6 p_3 + a_2(z_0 p_1 - p_3 x_0) + a_3(x_0 p_2 - y_0 p_1) = 0$$

benützt, die man erhält, wenn man beachtet, daß $P_u(0 : p_1 : p_2 : p_3)$ und $P(1 : x_0 : y_0 : z_0)$ auf dem Gewindestrahl p liegen. Mit $d = \frac{1}{|a_2|}|a_2 x_0 - a_6|$ und (3.47) folgt schließlich (3.55).

$$\diamond$$

Für einen Gewindestrahl p der mit $\bar{g}$ vom Typ β) ist, ist die asymptotische Ebene isotrop. Der Satz 3.12 gilt dann nicht; hingegen bleibt der Satz 3.11 richtig. Die Sätze 3.7 – 3.12 stammen aus der Arbeit [172] des Verfassers, wo auch weitere Resultate über vollisotrope Gewinde, sowie über das Moment zweier Gewinde nachgelesen werden können.

Beschäftigen wir uns in diesem Zusammenhang noch kurz mit den linearen Komplex-büscheln und Bündeln des $I_3^{(1)}$, die vom Autor in [174] – [177] untersucht wurden.

Definition 3.11: Sind $K_{(1)}^1$ und $K_{(2)}^1$ zwei lineare Geradenkomplexe des dreidimensionalen projektiven Raumes P_3, dann heißt die Komplexmenge

$$(3.58) \qquad u \, K_{(1)}^1 + v \, K_{(2)}^1 = 0, \ (u,v) \in R \times R \setminus (0,0)$$

ein *lineares Komplexbüschel* mit den homogenen Büschelparametern (u, v).

Anmerkungen und Folgerungen:

1) Die Definition 3.11 ist rein projektiver Natur. Die für uns im folgenden wichtigen projektiven Eigenschaften der linearen Komplexbüschel können in [265] nachgelesen werden. Wir stellen hier einige Begriffe und Eigenschaften kurz zusammen.

2) Unter dem *Träger* eines linearen Komplexbüschels versteht man jene Geradenmenge, die sich als Durchschnitt aller Komplexe (3.58) ergibt. Dieser Träger besteht entweder aus einem Geradenbüschel und einem Geradenfeld — dann heißt das Büschel *ausgeartet* oder aus einem sogenannten *Strahlnetz N*. Diesen Begriff präzisieren wir in der

Definition 3.12: Ein Strahlnetz N heißt ein *hyperbolisches Strahlnetz* N_h, wenn N_h aus der Menge der Treffgeraden zweier reeller windschiefer Geraden g_1, g_2 besteht. Ein Strahlnetz N heißt ein *elliptisches Strahlnetz* N_e, wenn N_e aus der Menge der reellen Treffgeraden zweier konjugiert-komplexer Geraden g_1, g_2 besteht . Ein *parabolisches Strahlnetz* N_p besteht aus den Geradenbüscheln mit Zentren Z_j auf einer Geraden l, wobei die Trägerebenen π_j dieser Büschel zur Reihe der Punkte Z_j projektiv ist.

3) Die Geraden g_1, g_2 in Definition 3.12 nennt man die *Brennlinien* des Netzes. Im Fall eines parabolischen Netzes heißt l die *Leitgerade* des Netzes.

4) Hyperbolische und elliptische Netze besitzen einen wesentlichen Unterschied in P_3. Während bei einem elliptischen Netz durch jeden Raumpunkt genau ein Netzstrahl geht, ist dies bei hyperbolischen Netzen nicht der Fall; durch jeden Punkt auf g_1 oder g_2 geht nämlich ein ganzes Büschel von Netzstrahlen.

5) Die Geraden g_1 und g_2 bzw. l sind die Achsen jener Gebüsche, die im Komplexbüschel enthalten sind. Hiermit gelangt man zu einer projektiven *Klassifikation der Komplexbüschel* in Form der

Definition 3.13: Ein lineares Komplexbüschel heißt *hyperbolisch* bzw. *parabolisch* bzw. *elliptisch*, wenn das Trägernetz vom entsprechenden Typ ist, d. h. im Büschel genau zwei bzw. genau ein bzw. kein Gebüsch enthalten ist.

Nach diesen Vorbereitungen wenden wir uns der Klassifikation der nicht ausgearteten Komplexbüschel des $I_3^{(1)}$ zu (vgl. [175]). Zunächst beweisen wir den folgenden

Hilfssatz: Die Nullpunkte der Fernebene ω bezüglich der Gewinde eines linearen Komplexbüschels liegen entweder auf einer Geraden $s \subset \omega$ oder sie fallen alle in einem Punkt $N \in \omega$ zusammen.

Beweis:
Falls nicht der zweite Fall vorliegt, existieren Gewinde K_A^1 und K_B^1 im Büschel (3.58), deren Nullpunkte N_A und N_B in ω verschieden sind. Werden die Gewinde durch $\sum_{i=1}^{6} a_i p_{i+3} = 0$ und $\sum_{i=1}^{6} b_i p_{i+3} = 0$ dargestellt, dann besitzen N_A und N_B die Koordinaten $N_A(0 : a_1 : a_2 : a_3)$ und $N_B(0 : b_1 : b_2 : b_3)$. Die Koordinaten des Nullpunktes N_x eines allgemeinen Gewindes aus dem Büschel (3.58) ergeben sich dann zu $\{x_0 = 0, \ x_i = u a_i + v b_i \ (i = 1, 2, 3)\}$, womit s als Verbindungsgerade der Punkte N_A und N_B nachgewiesen ist.

$\diamond$

Definition 3.14: Ein lineares Komplexbüschel des $I_3^{(1)}$ heißt von *erster Art*, wenn die Nullpunkte der Fernebene ω hinsichtlich der Gewinde des Büschels alle auf einer Geraden $s \subset \omega$ liegen. Fallen alle diese Nullpunkte in einem Punkt $N \in \omega$ zusammen, dann heißt das Büschel von *zweiter Art*.

Wir beweisen jetzt den

SATZ 3.13: *Hinsichtlich der Ähnlichkeitsgruppe G_8 existieren im einfach isotropen Raum $I_3^{(1)}$ genau 15 Typen nicht ausgearteter linearer Komplexbüschel. Von diesen Typen sind 6 Typen hyperbolisch (3 von 1. Art und 3 von 2. Art), 6 Typen sind parabolisch (3 von 1. Art und 3 von 2. Art) und 3 Typen sind elliptisch von 1. Art.*

Beweis:

(1): Wir betrachten zunächst die Büschel 1. Art. Ist das Büschel hyperbolisch mit $F \notin s$, dann liegt der *Typ I* vor. Gilt $F \in s$ und sind g_1, g_2 nichtisotrop, dann liegt der *Typ II* vor. Gilt $F \in s$ und ist eine Brennlinie vollisotrop, dann liegt der *Typ III* vor. Hiermit sind die hyperbolischen Büschel 1.Art erledigt. Ist das Büschel elliptisch und $F \notin s$, dann ist es möglich, daß die Fernpunkte $G_1^{(u)}$, $G_2^{(u)}$ von g_1 und g_2 von den Schnittpunkten $F_1 = s f_1$ und $F_2 = s f_2$ verschieden sind; in diesem Fall liegt der *Typ IV* vor. Gilt hingegen $G_1^{(u)} = F_1$, $G_2^{(u)} = F_2$, so liegt der *Typ V* vor. Falls $F \in s$ gilt, so liegt der *Typ VI* vor. Hiermit sind die elliptischen Büschel 1. Art erledigt. Ist das Büschel parabolisch, dann ist l eine eigentliche Gerade. Für $F \notin s$ liegt der *Typ VII* vor. Gilt $F \in s$ und ist der Schnittpunkt $L := ls$ von F verschieden, dann liegt der *Typ VIII* vor. Für $L = F$ hingegen liegt der *Typ IX* vor. Hiermit sind alle Büscheltypen 1. Art erledigt.

(2): Ist das Büschel von 2. Art mit dem gemeinsamen Nullpunkt $N \in \omega$, dann erhält ω ein ganzes Büschel von Gewindestrahlen, nämlich das Büschel um N. Nach der letzten Folgerung 4, kann das Büschel somit nicht elliptisch sein. Ist das Büschel hyperbolisch, so ist eine Brennlinie g_1 eine eigentliche Gerade mit dem Fernpunkt N, während $g_2 \subset \omega$ gilt. Ist $N = F$, so liegt der *Typ X* vor. Ist $N \neq F$ und gilt $F \in g_2$, so liegt der *Typ XI* vor. Ist schließlich $N \neq F$ und gilt $F \notin g_2$, dann liegt der *Typ XII* vor. Hiermit sind alle hyperbolischen Büschel 2. Art erledigt. Ist das Büschel parabolisch, dann ist l eine Gerade in ω , die N enthält. Für $F \notin l$ liegt der *Typ XIV* vor, während $N = F$ den *Typ XV* liefert.

$$\Diamond$$

Die angegebene Klassifikation der linearen Komplexbüschel liefert gleichzeitig eine *Klassifikation der Strahlnetze des* $I_3^{(1)}$, denn wie der Beweis von Satz 3.13 zeigt, wird die Lage von g_1, g_2 bzw. l zur Absolutfigur $\{\omega, f_1, f_2, F\}$ vollständig diskutiert. Wir haben damit den

SATZ 3.14: *Im einfach isotropen Raum $I_3^{(1)}$ existieren bezüglich der Ähnlichkeitsgruppe G_8 genau 15 verschiedene Netztypen.*

Von den zahlreichen Resultaten zur isotropen Geometrie der linearen Komplexbüschel und -bündel (vgl. [174] – [177]) seien hier nur zwei Sätze hergeleitet. Wir betrachten ein hyperbolisches Komplexbüschel vom Typ I und stellen zunächst seine Normalform bezüglich der Bewegungsgruppe $\mathcal{B}_6^{(1)}$ auf. Man kann o.B.d.A. das zugrundegelegte Koordinatensystem so wählen, daß die reellen Brennlinien g_1 und g_2 durch die Punkte $G_1(1:0:0:c)$, $G_1^{(u)}(0:1:a:0)$ bzw. $G_2(1:0:0:-c)$, $G_2^{(u)}(0:1:-a:0)$ mit $c \neq 0$ und $a \neq 0$ festgelegt werden. Die Plücker-Koordinaten von g_1 bzw. g_2 lauten dann

$$(3.59a,b) \qquad \begin{aligned} g_1 &\ldots (1:a:0:-ac:c:0) \\ g_2 &\ldots (1:-a:0:0:-ac:-c:0). \end{aligned}$$

Hieraus ergeben sich wegen $\Omega(p,g_1) = 0$, $\Omega(p,g_2) = 0$ die Gleichungen der Gebüsche $\{g_1\}$ und $\{g_2\}$ zu

$$(3.60a,b) \qquad \begin{aligned} \{g_1\} &\ldots (-ac)p_1 + cp_2 + p_4 + ap_5 = 0 \\ \{g_2\} &\ldots (-ac)p_1 - cp_2 + p_4 - ap_5 = 0. \end{aligned}$$

Werden diese Gleichungen addiert bzw. subtrahiert, so gewinnt man die beiden folgenden einfachen Gewinde

$$(3.61a,b) \qquad \begin{aligned} K_{(1)}^1 &\ldots (ac)p_1 - p_4 = 0 \\ K_{(2)}^1 &\ldots cp_2 + ap_5 = 0, \end{aligned}$$

mit denen man das Komplexbüschel aufspannen kann. Aus $K_{(1)}^1 + t\, K_{(2)}^1 = 0$ entsteht als *Normalform* eines Büschels vom *Typ I*

$$(3.62) \qquad (ac)p_1 + (tc)p_2 - p_4 + (at)p_5 = 0.$$

Berechnet man gemäß (3.41) aus (3.62) den Parameter k eines der Gewinde (3.62), so erhält man

$$(3.63) \qquad k(t) = \frac{ac(t^2 - 1)}{1 + a^2 t^2}.$$

Die Funktion $k(t)$ besitzt für $t = 0$ ein relatives Extremum, sodaß das Gewinde $K_{(1)}^1$ geometrisch ausgezeichnet ist; wir bezeichnen es als *erstes Fundamentalgewinde* des Büschels und nennen den zugehörigen Gewindeparameter

$$(3.64) \qquad k^0 := k(0) = ac$$

den *ersten Fundamentalparameter*. Der zugehörige Nullpunkt in ω besitzt die Koordinaten $N_0(0:1:0:0)$. Bezeichnen F_1 und F_2 die konjugiert-komplexen Schnittpunkte von s mit f_1 bzw. f_2, so wählen wir nun einen Punkt $N^* \in s$ so, daß $DV(N_0 N^* F_1 F_2) = -1$ gilt. Das zu N^* als Nullpunkt gehörige Gewinde ist hiermit ebenfalls geometrisch ausgezeichnet und werde als *zweites Fundamentalgewinde* bezeichnet. Wegen $N^*(0:0:1:0)$ gehört es zum Parameterwert $t = \infty$ in (3.62) und besitzt nach (3.63) den *zweiten Fundamentalparameter*

$$(3.65) \qquad\qquad k^* = \frac{c}{a}.$$

Berechnen wir mittels (3.63) und (3.42) die Achse $\bar{g}$ eines allgemeinen Gewindes in (3.62), so stellt sich nach kurzer Rechnung

$$(3.66) \qquad \bar{g}_1 : \ldots : \bar{g}_6 = -(1 + a^2 t^2) : at(a + a^2 t^2) : 0 : ac(a^2 + 1)t^2 : tc(a^2 + 1) : 0$$

ein; speziell die Gewindeachse $\bar{G}$ zu $K_{(1)}^1$ bzw. $\bar{G}^*$ zu $K_{(2)}^1$ hat die Koordinaten

$$(3.67a, b) \qquad \bar{G}_1 : \ldots : \bar{G}_6 = 1 : 0 : 0 : 0 : 0 : 0 \qquad \text{bzw.}$$
$$\bar{G}_1^* : \ldots : \bar{G}_6^* = 0 : 1 : 0 : 0 : 0 : 0.$$

Aus (3.66) und (3.67a) berechnet man nach (3.2a) den Abstand d der Achse $\bar{g}$ von $\bar{G}$ zu

$$(3.68) \qquad\qquad d = \frac{(a^2 + 1)ct}{1 + a^2 t^2}$$

und ebenso findet man rasch für den Winkel φ zwischen $\bar{g}$ und $\bar{G}$ die Beziehung

$$(3.69a, b) \qquad \sin\varphi = -\frac{at}{\sqrt{1 + a^2 t^2}}, \quad \cos\varphi = -\frac{1}{\sqrt{1 + a^2 t^2}}.$$

Aus (3.68), (3.69a,b), (3.64) und (3.56) erhält man schließlich nach kurzer Rechnung die beiden grundlegenden Beziehungen

$$(3.70a, b) \qquad d = \frac{1}{2}\left(k_0 + k^*\right) \sin 2\varphi$$
$$k(t) = k^* \sin^2\varphi - k_0 \cos^2\varphi.$$

Hiermit zeigen wir als *Fundamentalsatz für Büschel vom Typ I* den

SATZ 3.15: *Ein lineares Komplexbüschel vom Typ I ist im einfach isotropen Raum bis auf Bewegungen der Gruppe $B_6^{(1)}$ durch die beiden Fundamentalinvarianten k_0 und k^* vollständig bestimmt.*

Beweis:
Sind k_0 und k^* vorgegeben, dann ist in der Tat bei vorgegebener erster Fundamentalachse $\bar{G}$ nach (3.70a) zu vorgegebenem φ der Abstand d bestimmt, und ebenso nach (3.70b) der zugehörige Gewindeparameter. Da durch die Gewindeachse und den Gewindeparameter ein nichtisotropes Gewinde aber eindeutig bestimmt ist, kann man so alle Gewinde des Büschels erzeugen, wobei φ als Scharparameter fungiert.

◇

Die Größen k_0 und k^* bilden somit ein *vollständiges Invariantensystem* für ein Komplexbüschel vom Typ I. Aus (3.66) gewinnt man noch den

SATZ 3.16: *Die Gewindeachsen aller Gewinde eines linearen Komplexbüschels vom Typ I des einfach isotropen Raumes liegen auf einem Plücker-Konoid, das die absoluten Geraden f_1, f_2, den Fernnetzstrahl s und die Brennlinien g_1 und g_2 enthält; für die Normalform (3.62) besitzt es die Gleichung*

$$(3.71) \qquad\qquad z = (k_0 + k^*)\,\frac{xy}{x^2 + y^2}.$$

Beweis:
Der Beweis ergibt sich aus (3.66), indem man zunächst zeigt, daß die Achsenfläche die z-Achse als Leitgerade besitzt und sodann über eine geeignete Parametrisierung die Flächengleichung (3.71) ermittelt.

$$\Diamond$$

Bezüglich weiterer Resultate vergleiche man [175].

Als Anwendung der Theorie der Strahlnetze beweisen wir noch den

SATZ 3.17: *Die Bahngeraden einer windschiefen Schiebung (2.17) liegen in einem parabolischen Strahlnetz vom Typ XV.*

Beweis:
Berechnet man an Hand von (2.17) die Plücker-Koordinaten der Bahngeraden eines Punktes $P(x,y,z)$, so findet man $p_1 : p_2 : \ldots : p_6 = 1 : 0 : a_2 y : a_2 y^2 : z - a_2 xy : -y$ und errechnet daraus, daß diese Bahngeraden den beiden linearen Komplexen

$$(3.72a,b) \qquad\qquad p_2 = 0, \quad p_3 + a_2 p_6 = 0$$

angehören. Der erste Komplex $K^1_{(1)}$ ist ein Gebüsch mit der Gebüschachse $a(0 : 0 : 0 : 0 : : 1 : 0)$, der zweite wegen $a_2 \neq 0$ ein Gewinde $K^1_{(2)}$, welches a enthält. Man bestätigt leicht durch Rechnung, daß das von $K^1_{(1)}$ und $K^1_{(2)}$ aufgespannte Komplexbüschel ein einziges Gebüsch, nämlich $K^1_{(1)}$ enthält. Der Träger des Büschels ist somit ein parabolisches Netz mit der Achse von $K^1_{(1)}$ als Leitgeraden. Da $K^1_{(2)}$ den Nullpunkt $F(0 : 0 : : 0 : 1)$ besitzt, ist das Netz vom Typ XV gemäß der Klassifikation in Satz 3.13.

$$\Diamond$$

Wir wollen unsere liniengeometrischen Betrachtungen mit der Darstellung einiger hübscher Resultate beschließen, die von D. PALMAN stammen (vgl. [119]).
Es sei im einfach isotropen Raum $I_3^{(1)}$ ein hyperbolisches Netz N_h gegeben, dessen Brennlinien g_1, g_2 nichtisotrop sind; außerdem sei ein fester Punkt P_0 gegeben. Fällt man von P_0 aus auf jeden Netzstrahl a die isotrope Normale und bezeichnet man den Normalenfußpunkt mit S, so bilden die Punkte S eine Fläche Φ, die man die *Fußpunktfläche* des Netzes N_h bezüglich des Poles P_0 nennt. S wird nach Definition 1.8 erhalten, indem man durch P_0 eine isotrope Ebene ϵ legt, für die $\widetilde{\epsilon}$ euklidisch normal

zu $\tilde{a}$ ist und diese mit a schneidet. Diese Konstruktion liefert einen eindeutig bestimmten Normalenfußpunkt auf jedem Netzstrahl, ausgenommen dem vollisotropen Gemeinlot von g_1 und g_2 (falls g_1, g_2 vom Typ α) sind), sowie den durch P_0 laufenden Netzstrahlen. Liegt P_0 auf einem Brennstrahl, dann inzidiert ein Büschel von Netzstrahlen mit P_0, liegt P_0 auf keinem Brennstrahl, dann inzidiert ein einziger Netzstrahl mit P_0.

Die angegebene Konstruktion zeigt, daß man denselben Fußpunkt erhält, wenn der Pol die durch P_0 legbare vollisotrope Gerade p_0 durchläuft. Man erhält daher für alle Punkte einer vollisotropen Geraden p_0 dieselbe Fußpunktfläche, so daß wir i. f. von der Fußpunktfläche Φ bezüglich einer vollisotropen *Polgeraden* p_0 sprechen werden. Schlüssel für die weiteren Untersuchungen ist der

SATZ 3.18: *Der Fußpunkt S einer nichtisotropen Geraden a bezüglich einer vollisotropen Polgeraden p_0 im einfach isotropen Raum ist der vierte harmonische Punkt zum Fernpunkt A_u von a in bezug auf die Schnittpunkte I_1, I_2 von a mit den beiden durch p_0 legbaren konjugiert-komplexen Ebenen i_1, i_2.*

Beweis:
Die durch die absoluten Geraden f_1, f_2 des $I_3^{(1)}$ und p_0 legbaren isotropen Ebenen sind auch isotrope Ebenen des euklidischen Raumes E_3, denn f_1, f_2 sind Tangenten an den absoluten Kegelschnitt $i_E : x_0 = x_1^2 + x_2^2 + x_3^2 = 0$, die i_E in den Punkten $(0 : 1 : i : 0)$ und $(0 : 1 : -i : 0)$ berühren. Diese isotropen Ebenen durch p_0 werden mit i_1, i_2 bezeichnet. In der Grundrißebene werden $\tilde{S}$ und der Fernpunkt $\tilde{A}_u$ von $\tilde{a}$ aus dem Punkt $\tilde{p}_0$ durch ein euklidisch orthogonales Geradenpaar $\tilde{s}$, $\tilde{a}'$ projiziert. Somit gilt $DV(\tilde{a}', \tilde{s}, \tilde{i}_1, \tilde{i}_2) = DV(\tilde{A}_u, \tilde{S}, \tilde{I}_1, \tilde{I}_2) = -1$ und da eine Parallelprojektion DV-treu ist, gilt auch $DV(A_u, S, I_1, I_2) = -1$.

$$\Diamond$$

Weiter benötigen wir den

SATZ 3.19: *Es sei Q eine Fläche 2. Ordnung und N_h ein hyperbolisches Strahlnetz des P_3. Wird jedem Punkt $X \in P_3$ jener Punkt $\overline{X}$ auf dem durch X laufenden Netzstrahl zugeordnet, der bezüglich Q zu X polarkonjugiert ist, so entsteht eine involutorische, kubische Abbildung $\vartheta : X \to X'$. Diese Abbildung heißt kubische Inversion.*

Beweis:
Da die Polarität an einer Fläche 2. Ordnung involutorisch ist, ist ϑ sicher eine Involution, d. h. es gilt $\vartheta \circ \vartheta = id$. Es bleibt noch zu zeigen, daß das Bild einer Geraden l bei dieser Abbildung eine Raumkurve 3. Ordnung ist. Der Bildpunkt $\overline{X}$ eines Punktes X wird erhalten, indem man die Verbindungsebene ϵ_1 von X mit der Brennlinie g_1, die Verindungsebene ϵ_2 von X mit der Brennlinie g_2 und die Polarebene ϵ_3 von X bezüglich Q zum Schnitt bringt. Durchläuft nun X die Gerade l, so sind die entsprechenden Ebenenbüschel $\{\epsilon_1\}$ um g_1 und $\{\epsilon_2\}$ um g_2 zur Punktreihe auf l perspektiv, also untereinander projektiv. Die Polarebenen ϵ_3 der Punkte $S \in l$ gehören nach einem bekannten Satz der projektiven Geometrie einem Büschel $\{\epsilon_3\}$ um die reziproke Polare $\bar{l}$ von l bezüglich Q an, wobei das Büschel $\{\epsilon_3\}$ zur Punktreihe auf l ebenfalls projektiv ist (vgl. [71,347f]). Die Bildpunkte $\overline{X}$, die zu den Punkten $X \in l$ gehören werden daher als Erzeugnis dreier projektiv gekoppelter Ebenenbüschel erhalten, und dies ist bekanntlich eine Raumkurve 3. Ordnung (vgl. [71,340]).

$$\Diamond$$

Nunmehr gilt (vgl. [119,292])

SATZ 3.20: *Die Fußpunktfläche Φ eines hyperbolischen Strahlnetzes N_h mit nichtisotropen Brennlinien bezüglich einer vollisotropen Polgeraden p_0 des einfach isotropen Raumes ist das Bild $\vartheta(\omega)$ der Fernebene ω bei jener kubischen Inversion, die durch N_h und die durch p_0 laufenden vollisotropen Ebenen i_1, i_2 als Fläche 2. Ordnung bestimmt ist. Φ ist eine algebraische Fläche 3. Ordnung.*

Beweis:

Die erste Aussage folgt unmittelbar aus den Sätzen 3.18 und 3.19, wobei man Q als über C reduzible Fläche 2. Ordnung, bestehend aus den Ebenen i_1, i_2 zu wählen hat. Außerdem ist zu berücksichtigen, daß ein bezüglich einer Fläche 2. Ordnung Q konjugiertes Punktepaar X, $\overline{X}$ stets zu den Schnittpunkten S_1, S_2 von $X \vee \overline{X}$ mit Q harmonisch liegt.

Die zweite Aussage beweisen wir, indem wir zeigen, daß auf jeder Geraden $p \not\subset \Phi$ genau drei Punkte $T_i (i = 1, 2, 3)$ von Φ liegen. Da $\vartheta(p)$ eine Raumkurve 3. Ordnung $k^{(3)}$ ist, besitzt diese mit ω genau 3 Schnittpunkte im algebraischen Sinn, oder $k^{(3)}$ ist reduzibel. Schließt man die eventuell reduziblen Fälle aus, so erhält man – infolge der Injektivität von ϑ – in den Punkten $\vartheta^{-1}(T_i)(i = 1, 2, 3)$ die Schnittpunkte von p mit Φ.

$\Diamond$

<u>Folgerungen:</u>
1) Da bei der kubischen Inversion ϑ die Punkte von Q Fixpunkte der Abbildung ϑ sind und $\vartheta(\omega) = \Phi$ gilt, so folgt, daß die absoluten Geraden f_1, f_2 des einfach isotropen Raumes der Fußpunktfläche Φ angehören.

2) Sind die Brennstrahlen g_1, g_2 des Netzes N_h vom Typ $\alpha)$, so sind ihre Fernpunkte $G_u^{(1)}$, $G_u^{(2)}$ mit dem absoluten Punkt F nicht kollinear. Man erkennt dann unmittelbar, daß der uneigentliche Netzstrahl $G_u^{(1)} \vee G_u^{(2)} =: e$ der Fläche Φ angehört. Damit ist die Fernkurve der Fläche 3. Ordnung Φ bestimmt; sie besteht aus den 3 Geraden f_1, f_2 und e.

3) Wir betrachten noch einen bemerkenswerten metrischen Sonderfall.

SATZ 3.21: *Sind die Brennstrahlen g_1, g_2 eines hyperbolischen Netzes nichtisotrope, sich orthogonal kreuzende Geraden des einfach isotropen Raumes, so ist die Fußpunktfläche des vollisotropen Gemeinlotes h von g_1 und g_2 isotrop-bewegungsäquivalent zu einem Plücker-Konoid.*

Beweis:

Durch eine isotrope Bewegung kann man zunächst erreichen, daß g_1 und g_2 parallel zur Grundrißebene $\pi(z = 0)$ verlaufen. Durch eine anschließende euklidische Drehung und eine geeignete Schiebung kann man erzielen, daß das vollisotrope Gemeinlot h in die z-Achse des zugrundegelegten Koordinatensystems fällt und die Brennlinie g_1 parallel zur y-Achse durch den Punkt $G_1(1 : 0 : 0 : -c)$ verläuft, während g_2 parallel zur x-Achse durch den Punkt $G_2(1 : 0 : 0 : c)$ verläuft. Mit Hilfe der Punkte $G_1(1 : 0 : 0 : -c)$ und $Y_u(0 : 0 : 1 : 0)$ berechnet man die Plücker-Koordinaten von g_1 zu $(0:1:0:c:0:0)$ und findet hieraus nach (3.11) die Achsenkoordinaten von g_1 als $(c : 0 : 0 : 0 : 1 : 0)$. Ist

$P(\xi_0 : \xi_1 : \xi_2 : \xi_3)$ ein beliebiger Punkt mit $P \not\in g_1$, so erhält man nach (3.15) für die Verbindungsebene ϵ_1 von P mit g_1 die Darstellung

$$(3.73) \qquad (c\xi_1)x_0 + (-c\xi_0 - \xi_3)x_1 + \xi_1 x_3 = 0.$$

Ebenso findet man für die Verbindungsebene ϵ_2 von P mit g_2

$$(3.74) \qquad (c\xi_2)x_0 + (-c\xi_0 + \xi_3)x_2 - \xi_2 x_3 = 0.$$

Die Polarität an dem durch $h : x_1 = x_2 = 0$ laufenden Ebenenpaar $i_{12} : x_1^2 + x_2^2 = 0$ ist durch

$$(3.75) \qquad \xi_1 x_1 + \xi_2 x_2 = 0$$

gegeben. Die drei Gleichungen (3.73) – (3.75) bestimmen jene kubische Inversion ϑ : $P(\xi_0 : \xi_1 : \xi_2 : \xi_3) \to P'(x_0 : x_1 : x_2 : x_3)$, die gemäß Satz 3.20 zur Festlegung der Fußpunktfläche Φ nötig ist. Aus (3.73) – (3.75) berechnet man die Lösung

$$(3.76) \qquad x_0 = \rho[\xi_3(\xi_1^2 + \xi_2^2) - c\xi_0(\xi_1^2 - \xi_2^2)] \quad mit \quad \rho \neq 0.$$

Da Φ nach Satz 3.20 das Bild der Fernebene ω bei der Abbildung ϑ ist, und da ϑ involutorisch ist, folgt mit $x_0 = 0$ aus (3.76) als Gleichung von Φ

$$(3.77) \qquad \xi_3(\xi_1^2 + \xi_2^2) - c\xi_0(\xi_1^2 - \xi_2^2) = 0.$$

Geht man schließlich zu affinen Koordinaten $x = \frac{\xi_1}{\xi_0}$, $y = \frac{\xi_2}{\xi_0}$, $z = \frac{\xi_3}{\xi_0}$ über, so entsteht

$$(3.78) \qquad z(x^2 + y^2) - c(x^2 - y^2) = 0.$$

Dies ist aber nach [115,206] die Gleichung eines Plücker-Konoids.

Bemerkungen:
1) Ein Plücker-Konoid ist eine spezielle Regelfläche 3. Ordnung, der in der euklidischen Liniengeometrie eine besondere Bedeutung zukommt. Die zahlreichen bemerkenswerten Eigenschaften dieser Fläche können in [115,204f] nachgelesen werden.

2) Weitere interessante Sätze über Fußpunktflächen eines hyperbolischen Strahlnetzes findet man in [119]. Die entsprechenden euklidischen Fragestellungen werden in [78] behandelt.

3) Es wäre sicher interessant, die Fragestellung der isotropen Fußpunktflächen für die einzelnen im Satz 3.13 beschriebenen Netztypen gesondert zu verfolgen.

§4 Geometrie der Sphären des einfach isotropen Raumes, Dualitätsprinzip.

Wir werden in §4 die *Geometrie der Sphären und Kreise* des einfach isotropen Raumes entwickeln und überdies ein *metrisches Dualitätsprinzip* darlegen, das es gestattet, die bereits eingeführten Invarianten in übersichtlicher Weise gegenüberzustellen. Bezüglich der folgenden Darstellung vergleiche man [208], [171] bzw. [261].

Definition 4.1: Unter einer *Sphäre* des einfach isotropen Raumes $I_3^{(1)}$ versteht man eine einteilige, irreduzible Fläche 2. Ordnung $\sum$, die die absoluten Geraden f_1 und f_2 enthält.

SATZ 4.1: *Im einfach isotropen Raum exisitiert eine vierparametrige Menge von Sphären, die man in der Form*

$$(4.1) \qquad c_{11}(x^2 + y^2) + 2c_{01}x + 2c_{02}y + 2c_{03}z + c_{00} = 0 \qquad mit \quad c_{11} \neq 0$$

darstellen kann. Diese Sphärenmenge besteht aus Sphären parabolischen Typs (Typ I) und aus Sphären zylindrischen Typs (Typ II). Sphären vom Typ I lassen sich bezüglich der Bewegungsgrupppe $\mathcal{B}_6^{(1)}$ auf die Normalform

$$(4.2) \qquad z = \frac{1}{2p}\,(x^2 + y^2) \quad mit \quad p \neq 0$$

transformieren, während Sphären vom Typ II die Normalform

$$(4.3) \qquad x^2 + y^2 = r^2 \quad mit \quad r > 0$$

besitzen.

Beweis:

Alle Flächen 2. Ordnung des P_3 lassen sich in projektiven Koordinaten in der Form

$$(4.4) \qquad c_{00}x_0^2 + c_{11}x_1^2 + c_{22}x_2^2 + c_{33}x_3^2 + 2c_{01}x_0x_1 + 2c_{02}x_0x_2 +$$

$$+ 2c_{03}x_0x_3 + 2c_{12}x_1x_2 + 2c_{13}x_1x_3 + 2c_{23}x_2x_3 = 0$$

beschreiben, wobei die $c_{ij} \in R$ sind. Sollen die absoluten Geraden $f_1 : x_0 = x_1 + ix_2 = 0$ und $f_2 : x_0 = x_1 - ix_2$ auf der Fläche (4.4) liegen, so müssen ihre Gleichungen (4.4) identisch erfüllen. Wird $x_0 = 0$, $x_1 = -ix_2$ in (4.4) eingesetzt, so entsteht $x_2^2(c_{22} - c_{11} - 2ic_{12}) + x_2x_3(2c_{23} - 2ic_{13}) + c_{33}x_3^2 = 0$. Da diese Beziehung für alle Werte $(x_2 : x_3)$ erfüllt sein muß , fließen hieraus die Bedingungen

$$(4.5a) \qquad c_{22} - c_{11} - 2ic_{12} = 0, \quad c_{23} - ic_{13} = 0, \quad c_{33} = 0.$$

Analog findet man aus $x_0 = 0$, $x_1 = ix_2$ die konjugiert-komplexen Bedingungen

$$(4.5b) \qquad c_{22} - c_{11} + 2ic_{12} = 0, \quad c_{23} + ic_{13} = 0, \quad c_{33} = 0.$$

Aus (4.5a) und 4.5b) folgt somit $c_{11} = c_{22}$, $c_{12} = c_{23} = c_{13} = c_{33} = 0$ und (4.4) reduziert sich auf

$$(4.6) \qquad c_{11}(x_1^2 + x_2^2) + 2c_{01}x_0x_1 + 2c_{02}x_0x_2 + 2c_{03}x_0x_3 + c_{00} = 0,$$

woraus man nach Übergang zu affinen Koordinaten (4.1) erhält. Hierbei gilt $c_{11} \neq 0$, sonst würde keine Fläche 2. Ordnung vorliegen. Die Sphärenmenge (4.1) ist ersichtlich vierparametrig. Gilt in (4.1) $c_{03} \neq 0$, so kann man (4.1) auch in der Form

$$(4.7) \qquad z = R(x^2 + y^2) + \alpha x + \beta y + \gamma \quad mit \quad R \neq 0$$

schreiben wobei $R := -2\frac{c_{11}}{c_{03}}$, $\alpha := -\frac{c_{01}}{c_{03}}$, $\beta := -\frac{c_{02}}{c_{03}}$ und $\gamma := -\frac{c_{00}}{c_{03}}$ gesetzt wurde. Auch (4.7) legt eine vierparametrige Menge von Sphären fest. Schreibt man (4.7) in der Gestalt $z = R(x + \frac{\alpha}{2R})^2 + R(y + \frac{\beta}{2R})^2 - \frac{\alpha^2}{4R} - \frac{\beta^2}{4R} + \gamma$, so kann man diese Gleichung durch Anwendung der Schiebung $\{\bar{x} = x + \frac{\alpha}{2R}, \bar{y} = y + \frac{\beta}{2R}, \bar{z} = z + \frac{\alpha^2 + \beta^2 - 4R\gamma}{4R}\}$ auf die Form $\bar{z} = R(\bar{x}^2 + \bar{y}^2)$ mit $R \neq 0$ transformieren. Wird noch $R := \frac{1}{2p}$ gesetzt, so entsteht nach Vernachlässigung der Querstriche (4.2). Gilt in (4.1) $c_{03} = 0$, so gewinnt man analog aus (4.1) nach Anwendung der Schiebung $\{\bar{x} = x + \frac{c_{01}}{c_{11}}, \bar{y} = y + \frac{c_{02}}{c_{11}}\}$ die Gleichung (4.3), wobei die Querstriche weggelassen wurden und zur Abkürzung $r^2 := \frac{c_{01}^2 + c_{02}^2 - c_{00}c_{11}}{c_{00}}$ gesetzt wurde. Die Fläche (4.3) ist einteilig und irreduzibel nur für $r > 0$.

$$\Diamond$$

Folgerungen:

1) Die Gleichung (4.2) stellt bei euklidischer Betrachtung ein *Drehparaboloid mit voll-isotroper Drehachse* dar; aus diesem Grund bezeichnen wir Sphären, die sich durch

eine isotrope Bewegung in (4.2) überführen lassen als *Sphären vom parabolischen Typ*. Die Gleichung (4.3) hingegen stellt einen *Drehzylinder* vom Radius r mit *vollisotropen Erzeugenden* dar; wir bezeichnen daher Sphären, die zu (4.3) $\mathcal{B}_6^{(1)}$-äquivalent sind als *Sphären* vom *zylindrischen Typ*. I. f. werden wir uns vor allem mit Sphären vom parabolischen Typ beschäftigen.

2) Sowohl die Größe $\frac{1}{2p} = R$ in (4.2) als auch die Größe r in (4.3) sind Invarianten bezüglich der Gruppe $\mathcal{B}_6^{(1)}$.

Beweis:
Wenden wir auf $\bar{z} = \frac{1}{2}\,(\bar{x}^2 + \bar{y}^2)$ eine isotrope Bewegung (1.20) an, so entsteht

$$(4.8) \qquad z = \frac{1}{2p}\,(x^2 + y^2) + x(\frac{a}{p}\,\cos\varphi + \frac{b}{p}\,\sin\varphi - c_1)+$$

$$+ y(\frac{b}{p}\,\cos\varphi - \frac{a}{p}\,\sin\varphi - c_2) + \frac{1}{2p}\,(a^2 + b^2 - 2cp),$$

woraus man die Invarianz von $\frac{1}{2p}$ ablesen kann. Für Sphären vom zylindrischen Typ ergibt sich diese Aussage aus der Bemerkung, daß r der euklidischen Zylinderradius von (4.3) ist, der nach Satz 1.4 ebenfalls eine isotrope Invariante ist.

$$\Diamond$$

Es ist daher naheliegend zu definieren

Definition 4.2: Die Größe $\frac{1}{2p} =: R$ in (4.2) heißt *Radius* der Sphäre vom parabolischen Typ. Die Größe r in (4.3) heißt *Radius* der Sphäre vom zylindrischen Typ. p heißt *Parameter* der Sphäre vom parabolischen Typ.

3) Bei einer euklidischen Sphäre kann der Mittelpunkt M der Sphäre als Pol der Fernebene erklärt werden. Dieser Gedanke, übertragen auf Sphären vom parabolischen Typ, erweist den absoluten Punkt F als Mittelpunkt. Eine Sphäre $\sum$ vom parabolischen Typ berührt nämlich ω in F, weil f_1 und f_2 Erzeugenden von $\sum$ sind, die sich in F schneiden. Die Durchmesser der Sphäre $\sum$ sind dann die vollisotropen Geraden. Gemäß Definition 1.8 steht jeder dieser Durchmesser normal auf der Tangentialebene in seinem eigentlichen Schnittpunkt mit $\sum$. Dies ist ein Analogon zu einem euklidischen Resultat über Sphären.

4) In der euklidischen Geometrie sind alle Sphären ähnlich. In der einfach isotropen Geometrie gilt: *Bezüglich der Gruppe $\mathcal{B}_7$ der abstandstreuen Ähnlichkeiten sind alle Sphären vom parabolischen Typ äquivalent.*

Beweis:
Jede Transformation der Gruppe $\mathcal{B}_7$ läßt sich nach (1.17) aus einer isotropen Bewegung und einer Streckung $\{x = \hat{x}, y = \hat{y}, z = c_3\hat{z}\}$ in vollisotroper Richtung mit $c_3 \neq 0$ zusammensetzen. Wurde durch Anwendung einer isotropen Bewegung die vorgelegte Sphäre Σ auf die Normalform (4.2) transformiert, so wird durch die nachfolgende Streckung $\{x = \hat{x}, y = \hat{y}, z = \frac{1}{2p}\hat{z}\}$ die Gleichung $\hat{z} = \hat{x}^2 + \hat{y}^2$ erzielt, die frei von Konstanten ist.

Versucht man die elementare Sphärendefinition aus der euklidischen Geometrie in die isotrope Geometrie zu übertragen, so findet man als Menge der Punkte, die von einem festen Punkt M den konstanten Abstand r haben, einen Drehzylinder um die vollisotrope Gerade durch m mit Radius r, d. h.eine Sphäre vom zylindrischen Typ. Definiert man eine Sphäre im $I_3^{(1)}$ in Analogie zur Kreisdefinition in der ebenen isotropen Geometrie (vgl. [180, Satz 3.8]) — wonach ein Kreis als Menge der Punkte definiert wird, von denen aus eine Strecke $\overline{AB}$, die nicht auf einer isotropen Geraden liegt, unter konstantem Winkel $\varphi \neq 0$ gesehen wird —, so gelangt man ebenfalls nur zu zylindrischen Sphären. Wir geben i. f. eine andere *Kennzeichnung der Sphären beider Typen*, die vom Verfasser stammt (vgl. [171,243]). Es bezeichne Φ eine einteilige, irreduzible Fläche 2. Ordnung im A_3, P einen Punkt, der nicht auf Φ liegt, und S_1, S_2 die Schnittpunkte einer nichtisotropen Geraden g durch P mit Φ; damit S_1, S_2 existieren, muß vorausgesetzt werden, daß g keine Ausnahmerichtung ist. Wir bezeichnen das Produkt der Abstände $\overline{PS}_1 \cdot \overline{PS}_2 =: \mathcal{P}(P, g, \Phi)$ als *Potenz des Punktes P bezüglich Φ auf der Geraden g*. Dann gilt

SATZ 4.2: *Eine irreduzible, einteilige Fläche 2. Ordnung des $I_3^{(1)}$, für welche die Potenz $\mathcal{P}$ eines Punktes $P \notin \Phi$ nicht von g abhängt, ist entweder eine parabolische oder eine zylindrische Sphäre.*

Beweis:
Wird Φ durch $\vec{x}^* \mathcal{L} \vec{x} + 2\vec{c}^* \vec{x} + c_{00} = 0$ mit $\vec{x}^* = (x, y, z)$, $\mathcal{L} = (c_{ij}) = (c_{ij})^* (i, j = 1, 2, 3)$, $\vec{c}^* = (c_{01}, c_{02}, c_{03})$ und g durch $\vec{x} = \vec{p} + \lambda \vec{v}$ mit $\vec{v} = (v_1, v_2, v_3) \neq o$ beschrieben, so lautet die Schnittbedingung von g mit Φ ersichtlich: $(\vec{v}^* \mathcal{L} \vec{v}) \lambda^2 + 2(\vec{v}^* \mathcal{L} \vec{p} + \vec{c} \vec{v}^*) \lambda + (\vec{p}^* \mathcal{L} \vec{p} + 2\vec{c}^* \vec{p} + c_{00}) = 0$. Da $\vec{v}$ keine Ausnahmerichtung hat, gilt nach Vietà für das Produkt $\lambda_1 \lambda_2$ der Nullstellen dieser Gleichung

$$(4.9) \qquad \lambda_1 \lambda_2 = \frac{\vec{p}^* \mathcal{L} \vec{p} + 2\vec{c}^* \vec{p} + c_{00}}{\vec{v}^* \mathcal{L} \vec{v}}.$$

Berücksichtigt man, daß g keine vollisotrope Gerade ist, so findet man $\mathcal{P}(P, g, \Phi) = \overline{PS}_1 \cdot \overline{PS}_2 = \lambda_1 \lambda_2 \widetilde{\vec{v}}^2$, wobei $\widetilde{\vec{v}} = (v_1, v_2, 0)$ die Projektion von $\vec{v}$ in die Grundrißebene $z = 0$ bezeichnet. Demnach hängt $\mathcal{P}$ genau dann nicht von g ab, wenn die Funktion

$$(4.10) \qquad F(v_1, v_2, v_3) := \frac{\widetilde{\vec{v}}^2}{\vec{v}^* \mathcal{L} \vec{v}} = \frac{v_1^2 + v_2^2}{\sum_{j,k=1}^3 c_{jk} v_j v_k}$$

von v_1, v_2, v_3 unabhängig ist. Speziell muß (4.10) für die Einheitsvektoren $\vec{e}_1(1, 0, 0)$, $\vec{e}_2(0, 1, 0)$ erfüllt sein, was $F = \frac{1}{c_{11}} = \frac{1}{c_{22}}$, d. h. $c_{11} = c_{22}$ nach sich zieht. Hiermit folgt aus (4.10) die Beziehung

$$c_{11}(v_1^2 + v_2^2) - \sum_{j,k=1}^3 c_{jk} v_j v_k = c_{33} v_3^2 - \sum_{j \neq k}^{1,2,3} c_{jk} v_j v_k = 0,$$

die für alle $(v_1, v_2, v_3) \neq (0, 0, 1)$ erfüllt sein muß ; dies liefert $c_{33} = 0$, $c_{12} = c_{13} = c_{23} = 0$. Die entsprechenden Flächen besitzen daher die Gleichung (4.6) und sind somit Sphären vom parabolischen oder zylindrischen Typ.

$$\Diamond$$

Mit (4.9) und $F = \frac{1}{c_{11}}$ findet man sofort als *Potenz eines Punktes* $P(x_0, y_0, z_0)$ bezüglich einer Sphäre (4.6) den Ausdruck

$$(4.11) \qquad \mathcal{P}(P, \Phi) = x_0^2 + y_0^2 + 2\frac{c_{01}}{c_{11}}x_0 + 2\frac{c_{02}}{c_{11}}y_0 + 2\frac{c_{03}}{c_{11}}z_0 + \frac{c_{00}}{c_{11}}.$$

Die Potenz eines Punktes P bezüglich einer Sphäre $\sum$ wird somit gefunden, indem man die Gleichung (4.6) von $\sum$ so normiert, daß der Koeffizient bei $(x^2 + y^2)$ gleich 1 wird und in diese normierte Gleichung die Koordinaten von P einsetzt. Eine Verallgemeinerung des Satzes 4.2 für quadratische Hyperflächen im n-dimensionalen, einfach isotropen Raum $I_n^{(1)}$ findet man in [170,203]. Eine Verallgemeinerung auf algebraische Flächen n-ter Ordnung des $I_3^{(1)}$ wurde in [182] angegeben. Wir kommen in §13 darauf zurück.

Wir wollen nun einen *Kreisbegriff* im einfach isotropen Raum einführen.

Definition 4.3: Unter einem *Kreis elliptischen Typs* versteht man einen einteiligen Kegelschnitt k in einer nichtisotropen Ebene $\epsilon \subset I_3^{(1)}$, dessen Fernpunkte die Schnittpunkte von ϵ mit f_1 und f_2 sind. Unter einem *Kreis parabolischen Typs* versteht man einen Kegelschnitt k in einer isotropen Ebene ϵ, der die Fernebene ω im absoluten Punkt F berührt. Unter einem *Fernkreis* versteht man einen Kegelschnitt in ω, der f_1 und f_2 berührt.

Folgerungen:

1) Im einfach isotropen Raum haben wir somit 2 Arten von Kreisen zu unterscheiden, im projektiv erweiterten $I_3^{(1)}$ sogar 3 Arten. Die Definition 4.3 ist ersichtlich auch $\mathcal{B}_6^{(1)}$-invariant. Projiziert man einen Kreis k vom elliptischen Typ in vollisotroper Richtung auf die Grundrißebene $\pi(z = 0)$, so gehen die Fernpunkte von k in die absoluten Punkte $I_1(0 : 1 : i : 0)$, $I_2(0 : 1 : -i : 0)$ der ebenen euklidischen Geometrie von π über. Somit ist $\tilde{k}$ ein euklidischer Kreis. k selbst entsteht als Schnitt des durch $\tilde{k}$ legbaren vollisotropen Drehzylinders mit einer nichtisotropen Ebene und ist somit (in euklidischer Sicht) eine Ellipse mit kreisförmigem Grundriß.

2) Ist k ein Kreis vom parabolischen Typ mit der isotropen Trägerebene ϵ, so muß k nach Definition 4.3 die Ferngerade $e_u := \epsilon \cap \omega$ in F berühren. Dieser Kreisbegriff stimmt daher mit dem in [180, Definition 3.2] für die isotrope Ebene eingeführten Kreisbegriff überein.

3) Ist k ein Kreis vom elliptischen Typ, so ist der Radius r des durch k legbaren vollisotropen Drehzylinders eine Invariante bezüglich der Gruppe $\mathcal{B}_6^{(1)}$. Wir definieren r als *Radius* des Kreises vom elliptischen Typ. Für Kreise vom parabolischen Typ definieren wir die in [180,(3.2)] eingeführte Invariante als *Radius*. Dies ist gemäß Satz 1.11 sinnvoll.

Beschäftigen wir uns noch ein wenig mit den Fernkreisen k des einfach isotropen Raumes. Sind T_1 und T_2 die Berührungspunkte von k mit f_1 bzw. f_2, so ist $g = F_1 \vee F_2$ die Polare des absoluten Punktes $F(0 : 0 : 0 : 1)$ bezüglich k; g ist eine nichtisotrope Ferngerade. Wird k in der Form $x_0 = \sum_{i,k=1}^{3} a_{ik}x_ix_k = 0(*)$ mit $a_{ik} = a_{ki}$ angesetzt, so kann man eine Normalform von k erzielen, wenn man verlangt, daß g in die Ferngerade der Horizontalstellung $x_0 = x_3 = 0$ fällt, was durch eine isotrope Bewegung stets zu erreichen ist . Für die Polare des Punktes F berechnet man in ω die Gleichung $a_{33}x_3 + a_{13}x_1 + a_{23}x_2 = 0$, woraus zwingend $a_{13} = a_{23} = 0$ folgt. Wird dies in $(*)$ eingesetzt, so lautet die Schnittbedingung von $(*)$ mit $f_1 \dots x_0 = x_1 + ix = 0 \dots (a_{22} - 2a_{12}i - a_{11})x_2^2 + a_{33}x_3^2 = 0$. Diese Gleichung muß $x_3 = 0$ als zweifache Nullstelle besitzen, d. h. es muß gelten $a_{22} - a_{11} - 2a_{12}i = 0$, $a_{33} \neq 0$. Aus der konjugiert-komplexen Beziehung $a_{22} - a_{11} + 2a_{12}i = 0$ folgt schließlich $a_{11} = a_{22}$, $a_{12} = 0$ und $(*)$ nimmt somit die Normalform

$$(4.11a) \qquad x_0 = x_1^2 + x_2^2 + Rx_3^2 = 0 \quad \text{mit} \quad R := \frac{a_{33}}{a_{11}} \neq 0$$

an. Je nachdem $R < 0$ oder $R > 0$ gilt, ist k ein *einteiliger* oder ein *nullteiliger* Fernkreis. Eine einfache Rechnung zeigt überdies, daß R bezüglich isotroper Bewegungen (1.20) invariant ist. Man kann daher R als *Radius* des Fernkreises definieren. Bezeichnet man einen quadratischen Kegel mit einem Fernkreis als Fernkurve als einen *Drehkegel*, dann stellt

$$(4.11b) \qquad x^2 + y^2 + Rz^2 = 0$$

die *Normalform eines Drehkegels* dar. Man erhält sie aus (4.11a) nach Übergang zu affinen Koordinaten, wobei der Koordinatenursprung als Kegelspitze gewählt wurde. Je nachdem $R < 0$ oder $R > 0$ gilt, sprechen wir wieder von einem *einteiligen* bzw. einem *nullteiligen Drehkegel*.

Als Anwendung beweisen wir den

SATZ 4.3: *Bei jeder isotropen Schraubung oder Drehung (2.9) durchlaufen alle Fernpunkte $S \in \omega$, die nicht auf den absoluten Geraden f_1, f_2 oder der Nebenachse l^* der Schraubung bzw. Drehung liegen, isotrope Fernkreise, die f_1 und f_2 in den Schnittpunkten $L_1 = f_1 l^*$ und $L_2 = f_2 l^*$ berühren.*

Beweis:
In projektiven Koordinaten $(x_0 : x_1 : x_2 : x_3)$ können die Abbildungsgleichungen (2.9) in der Gestalt $\{\bar{x}_0 = 0, \bar{x}_1 = x_1 \cos u - x_2 \sin u, \bar{x}_2 = x_1 \sin u + x_2 \cos u, \bar{x}_3 = x_3\}$ geschrieben werden. Ist $X(0 : x_1 : x_2 : x_3)$ ein Punkt, der nicht auf l^* liegt, so gilt in der Normalform (2.9) $x_3 \neq 0$ und man findet für seine Bahnkurve $\left(\frac{\bar{x}_1}{\bar{x}_3}\right)^2 + \left(\frac{\bar{x}_2}{\bar{x}_3}\right)^2 = \left(\frac{x_1}{x_3}\right)^2 + \left(\frac{x_2}{x_3}\right)^2 =: \gamma_0 = konst.$, wobei $\gamma_0 \neq 0$ gilt, da X nicht auf f_1 oder f_2 liegt. Die Gleichung $\bar{x}_1^2 + \bar{x}_2^2 - \gamma_0 \bar{x}_3^2 = 0$ stellt aber nach (4.11a) einen Fernkreis dar. Dieser Fernkreis berührt f_1 und f_2 in den Punkten $L_1(0 : 1 : i : 0)$ und $L_2(0 : 1 : -i : 0)$, die auf l^* liegen.

◊

Die Abbildung 4 zeigt die Situation in der Fernebene ω bei einer isotropen Schraubung bzw. Drehung.

Abbildung 4:

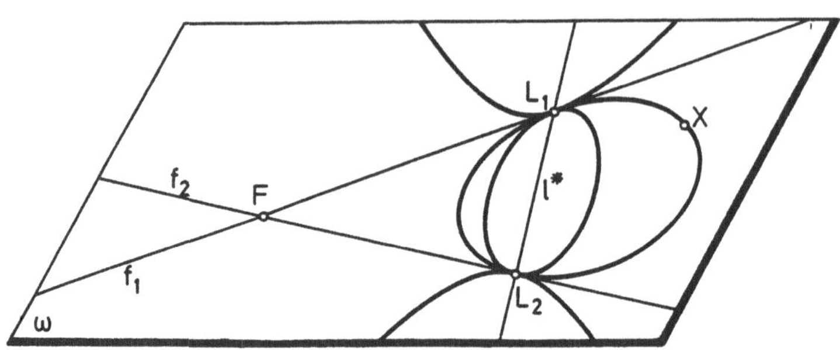

4) Untersuchen wir nun die ebenen Schnitte einer Sphäre $\sum$ vom parabolischen Typ. Da $\sum$ die absoluten Geraden f_1, f_2 enthält, ist der Schnitt mit jeder nichtisotropen Ebene ϵ nach Definition 4.3 ein Kreis vom elliptischen Typ, vorausgesetzt, daß ϵ keine Tangentialebene von $\sum$ ist und falls $\epsilon \cap \sum \neq \emptyset$ ist. Dieses geometrisch evidente Resultat kann man auch analytisch an Hand der Normalform (4.2) rasch bestätigen: Wird ϵ in der Gestalt $z = ux + vy + w$ angenommen, so findet man für den Grundriß von $\epsilon \cap \sum$ die Gleichung

$$(4.12) \qquad (x - up)^2 + (y - vp)^2 = p^2(u^2 + v^2) + 2pw.$$

Dies ist für $p^2(u^2 + v^2) + 2pw > 0$ ein euklidischer Kreis; gilt hingegen $p^2(u^2 + v^2) + 2pw = 0$, so liefert (4.12) über $\mathcal{R}$ nur den Punkt $\widetilde{T}(up, vp)$. Wir zeigen, daß in diesem Fall ϵ eine Tangentialebene von Σ ist. Eine Tangentialebene von $\sum$ besitzt die Gleichung $z = \frac{1}{p}(xx_0 + yy_0) - z_0$, wenn (x_0, y_0, z_0) die Koordinaten des Berührungspunktes bezeichnen. Somit stimmt ϵ genau dann mit dieser Tangentialebene überein, wenn $u = \frac{1}{p}x_0$, $v = \frac{1}{p}y_0$, $w = -z_0$ gilt. Wegen $(x_0, y_0, z_0) \epsilon \sum$ folgt daraus $p^2(u^2 + v^2) = -2pw$. Gilt in (4.12) $p^2(u^2 + v^2) + 2pw < 0$, so ist (4.12) über $\mathcal{C}$ ein nullteiliger Kreis; man kann dann $\Sigma \cap \epsilon$ als *nullteiligen isotropen Kreis* definieren, wenn man in Definition 4.3 auf den Zusatz einteilig verzichtet.

Ist ϵ eine isotrope Ebene und $\sum$ gegeben durch (4.2), so kann man o.B.d.A. ϵ in der Form $x = x_0 = konst.$ annehmen. Dann folgt für $k = \epsilon \cap \sum$ die Gleichung $z = \frac{1}{2p}(x_0^2 + y^2)$, d. h. k ist ein isotroper Kreis parabolischen Typs vom Radius $\frac{1}{2p}$, d. h. vom Radius der Sphäre $\sum$.

5) Mittels (4.8) lassen sich aus der Gruppe $\mathcal{B}_6^{(1)}$ jene Transformationen aussondern, die $\sum$ als Ganzes festlassen; diese Transformationen bilden eine Untergruppe von $\mathcal{B}_6^{(1)}$, die wir als Gruppe der *einfach isotropen Sphärenbewegungen* bezeichnen wollen. Aus (4.8) erhält man die Automorphiebedingungen

$$(4.13) \qquad c_1 = \frac{a}{p} \cos\varphi + \frac{b}{p} \sin\varphi, \quad c_2 = \frac{b}{p} \cos\varphi - \frac{a}{p} \sin\varphi,$$

$$c = \frac{a^2 + b^2}{2p},$$

die bei vorgegebenem a, b und φ die restlichen Parameter c, c_1, c_2 in (1.20) festlegen. Die Gruppe der Sphärenbewegungen ist somit dreiparametrig.

Wir wollen noch die *einparametrigen Untergruppen der Sphärenbewegungen* bestimmen! Nach (1.20) genügt es dazu, von den einparametrigen Untergruppen der ebenen euklidischen Bewegungsgruppe auszugehen und die entsprechenden Sphärenbewegungen dazu aufzusuchen. Wie in §2 mitbewiesen wurde, besitzt die ebene euklidische Bewegungsgruppe nun zwei einparametrige Untergruppen: Die Gruppe der *euklidischen Drehungen* um einen Punkt und die Gruppe der *Schiebungen* in einer festen Richtung.

a) <u>Drehungsgruppe im Grundriß</u> :
Bezeichnet O den Fixpunkt bei der Drehung in π und a die vollisotrope Gerade durch O, so ist a eine Fixgerade; a ist sogar eine Punktfixgerade, denn einerseits bleibt der eigentliche Schnittpunkt $A := \sum \cap a$ fest, und andererseits ist infolge der Spannentreue der isotropen Bewegungen auch jeder weitere Punkt auf a ein Fixpunkt. Die Tangentialebene τ in A an $\sum$ ist Fixebene und ebenso jede Ebene $\epsilon \parallel \tau$, denn der Punkt $\epsilon \cap a$ ist Fixpunkt und da isotrope Bewegungen Affinitäten sind, ist die Bildebene von ϵ parallel zu ϵ. Die Schar der zu τ parallelen Ebenen ϵ schneidet $\sum$ nach Kreisen vom elliptischen Typ; diese Kreise bleiben bei der zugehörigen Untergruppe als Ganzes fest. Durchläuft ein Punkt P in π einen Bahnkreis $\bar{k}$ der euklidischen Drehungsgruppe, so durchläuft P jenen elliptischen Bahnkreis k auf $\sum$, der bei der vollisotropen Parallelprojektion auf π gerade $\tilde{k}$ abgibt. Damit sind die Bahnkurven dieser einparametrigen Untergruppe der Gruppe der Sphärenbewegungen bestimmt; wir bezeichnen diese Gruppe als einparametrige isotrope *Drehungsgruppe mit vollisotroper Drehachse* (Abbildung 5a).

b) <u>Schiebungsgruppe im Grundriß</u> :
Die zugehörigen isotropen Bewegungen sind dann sogar unimodulare Grenzbewegungen nach (1.26). Ist g eine Fixgerade der in π vorliegenden Schiebung, so schneidet die durch g legbare isotrope Ebene γ die Sphäre $\sum$ nach einem Kreis k vom parabolischen Typ und k ist Bahnkurve der dazugehörigen einparametrigen Untergruppe. Wir nennen diese einparametrige Untergruppe der Gruppe der Sphärenbewegungen die *Gruppe der Grenzdrehungen*. Ihre Bahnkurven sind parabolische Kreise auf $\sum$ in parallelen isotropen Ebenen (Abbildung 5 b).

Wir fassen einige Resultate zusammen im

<u>SATZ 4.4</u>: *Eine Sphäre $\sum$ vom parabolischen Typ mit Radius $\frac{1}{2p}$ wird von jeder isotropen Ebene nach einem parabolischen Kreis vom selben Radius geschnitten. Jede nichtisotrope Ebene ϵ, die nicht Tangentialebene von $\sum$ ist und für die $\sum \cap \epsilon \neq \emptyset$ gilt, schneidet $\sum$ nach einem Kreis vom elliptischen Typ. Die Gruppe der isotropen Sphärenbewegungen ist dreiparametrig und besitzt als einzige einparametrige Untergruppen die Drehungsgruppe mit vollisotroper Drehachse und die Gruppe der Grenzdrehungen.*

Abbildung 5 a,b:

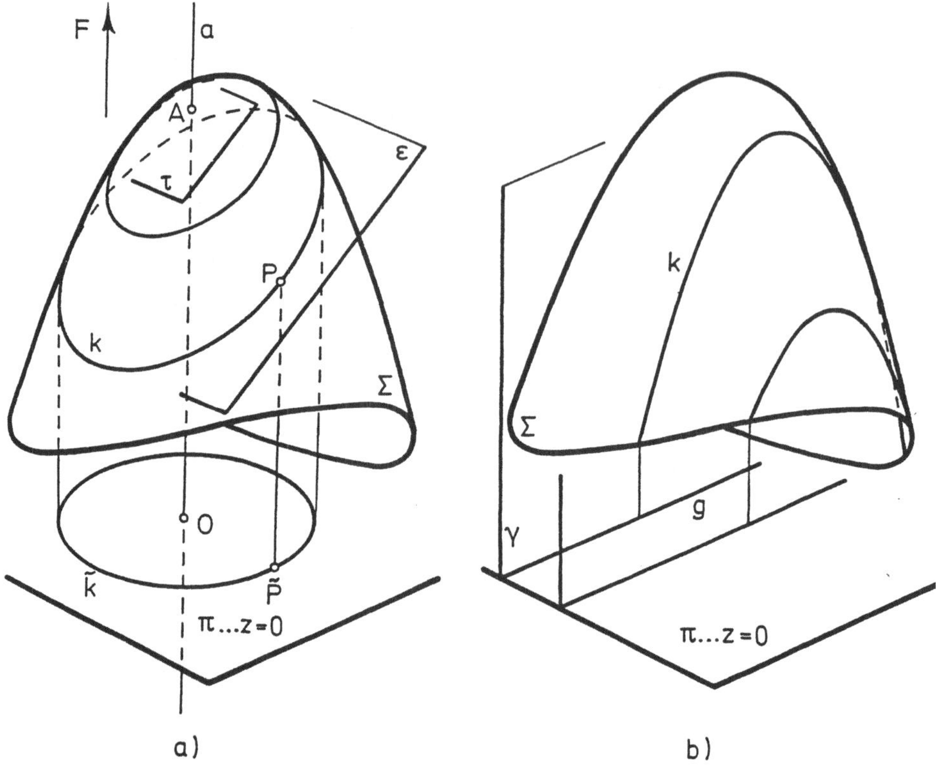

Wir betrachten nun zwei Sphären vom parabolischen Typ

$$(4.14) \qquad \Sigma_1 \ldots z = R_1(x^2 + y^2) + \alpha_1 x + \beta_1 y + \gamma_1$$
$$\Sigma_2 \ldots z = R_2(x^2 + y^2) + \alpha_2 x + \beta_2 y + \gamma_2.$$

Definition 4.4: Zwei parabolische Sphären Σ_1 und Σ_2 heißen *kongruent*, wenn gilt $R_1 = R_2$. Zwei Sphären Σ_1 und Σ_2 heißen *konzentrisch*, wenn gilt $\alpha_1 = \alpha_2$, $\beta_1 = \beta_2$.

<u>Folgerungen:</u>
1) Zwei kongruente Sphären können durch eine isotrope Bewegung ineinander übergeführt werden. Man kann nämlich nach Satz 4.1 sowohl Σ_1 als auch Σ_2 durch eine isotrope Bewegung auf die Normalform (4.2) transformieren und wegen $R_1 = R_2$ sind diese Normalformen identisch.

2) Zwei kongruente, konzentrische Sphären lassen sich durch eine vollisotrope Schiebung ineinander überführen. Dies folgt unmittelbar an Hand von (4.14).

Bezüglich des Schnittes $\Sigma_1 \cap \Sigma_2$ von 2 Sphären parabolischen Typs gilt der

SATZ 4.5: *Zwei kongruente, nicht konzentrische Sphären Σ_1, Σ_2 (4.14) vom parabolischen Typ schneiden sich nach einem parabolischen Kreis vom gleichen Radius. Zwei*

kongruente, konzentrische Sphären vom parabolischen Typ haben keinen Punkt im $I_3^{(1)}$ gemeinsam. Zwei nicht kongruente Sphären $\sum_1$, $\sum_2$ vom parabolischen Typ schneiden sich nach einem Kreis vom elliptischen Typ genau dann, wenn für

$$(4.15) \qquad \triangle := (\alpha_1 - \alpha_2)^2 + (\beta_1 - \beta_2)^2 - 4(R_1 - R_2)(\gamma_1 - \gamma_2)$$

gilt $\triangle > 0$. Sie berühren sich genau dann, wenn $\triangle = 0$ gilt und sie schneiden sich über C in einem nullteiligen Kreis genau für $\triangle < 0$.

<u>Beweis:</u>
(a): Sind $\sum_1$ und $\sum_2$ kongruent, so folgt aus (4.14) durch Differenzenbildung $(\alpha_1 - -\alpha_2)x + (\beta_1 - \beta_2)y + \gamma_1 - \gamma_2 = 0$; sind $\sum_1$ und $\sum_2$ nicht konzentrisch, so stellt diese Gleichung eine isotrope Ebene ϵ dar, womit nach Satz 4.3 die erste Aussage bewiesen ist, denn es gilt $\sum_1 \cap \sum_2 \subset \epsilon$. Sind $\sum_1$ und $\sum_2$ kongruent und konzentrisch, so erkennt man an (4.14), daß $\sum_1 \cap \sum_2 = \emptyset$ gilt, falls man die Sphären in $I_3^{(1)}$ betrachtet; im projektiv erweiterten isotropen Raum besteht $\sum_1 \cap \sum_2$ aus dem absoluten Geradenpaar f_1, f_2.

(b): Sind $\sum_1$ und $\sum_2$ nicht kongruent, so gewinnt man aus (4.14) die Gleichung

$$(4.16) \qquad (\alpha_1 R_2 - \alpha_2 R_1)x + (\beta_1 R_2 - \beta_2 R_1)y + (R_1 - R_2)z + (\gamma_1 R_2 - \gamma_2 R_1) = 0,$$

die eine nichtisotrope Ebene ϵ mit $\sum_1 \cap \sum_2 \subset \epsilon$ darstellt. Nach den Überlegungen zu Satz 4.4 ist somit $\sum_1 \cap \sum_2$ ein elliptischer Kreis, ein Punkt oder ein nullteiliger Kreis vom elliptischen Typ. Um diese Fälle zu klassifizieren, bestimmen wir aus (4.14) den Grundriß des Schnittgebildes $\sum_1 \cap \sum_2$. Man findet

$$(4.17) \qquad (R_1 - R_2)(x^2 + y^2) + (\alpha_1 - \alpha_2)x + (\beta_1 - \beta_2)y + \gamma_1 - \gamma_2 = 0,$$

woraus man nach kurzer Rechnung (4.15) erhält.

$$\diamond$$

Bemerkenswert ist auch folgender

<u>**SATZ 4.6:**</u> *Zwei nicht kongruente Sphären $\sum_1$, $\sum_2$ (4.14) mit $\sum_1 \cap \sum_2 \neq \emptyset$, die sich nicht berühren, schneiden sich längs ihres elliptischen Schnittkreises unter konstantem Winkel φ, wobei gilt*

$$(4.18) \qquad \varphi^2 = (\alpha_1 - \alpha_2)^2 + (\beta_1 - \beta_2)^2 - 4(R_1 - R_2)(\gamma_1 - \gamma_2) = \triangle > 0.$$

Zwei kongruente, nicht konzentrische Sphären $\sum_1, \sum_2$ (4.14) schneiden sich längs ihres parabolischen Schnittkreises unter konstantem Winkel φ mit

$$(4.19) \qquad \varphi^2 = (\alpha_1 - \alpha_2)^2 + (\beta_1 - \beta_2)^2 =: \triangle > 0.$$

Eine Sphäre $\sum_1$ (4.14) und eine nichtisotrope Ebene ϵ, gegeben durch $z = \alpha_2 x + \beta_2 y + \gamma_2$, die sich nicht berühren und für die gilt $\sum_1 \cap \epsilon \neq \emptyset$, schneiden sich längs ihres elliptischen Schnittkreises unter dem konstanten Winkel φ mit

$$(4.20) \qquad \varphi^2 = (\alpha_1 - \alpha_2)^2 + (\beta_1 - \beta_2)^2 - 4R_1(\gamma_1 - \gamma_2) =: \triangle.$$

Zwei nicht kongruente Sphären $\sum_1$, $\sum_2$ berühren sich genau dann, wenn in (4.18) gilt $\varphi = 0$. Zwei kongruente Sphären $\sum_1$, $\sum_2$, die nicht konzentrisch sind, können sich nicht berühren. Eine Sphäre $\sum_1$ und eine nichtisotrope Ebene berühren sich genau dann, wenn in (4.20) gilt $\triangle = 0$.

<u>Beweis:</u>

(a): Ist $P_0(x_0, y_0, z_0) \in \sum_1 \cap \sum_2$, so wird der Schnittwinkel der Sphären $\sum_1$ und $\sum_2$ in P_0 erklärt als der Winkel (1.59) der nichtisotropen Tangentialebenen τ_1, τ_2 in P_0 an $\sum_1$ bzw. $\sum_2$. Die Gleichungen der Ebenen τ_i an $\sum_i (i = 1, 2)$ gewinnt man aus (4.14) zu

$$(4.21) \qquad z = (2R_i x_0 + \alpha_i)x + (2R_i y_0 + \beta_i)y + \alpha_i x_0 + \beta_i y - z_0 \qquad (i = 1, 2).$$

Wird hieraus φ^2 gemäß (1.59) berechnet, so hat man zu beachten, daß in $P_0 \in \sum_1 \cap \sum_2$ für nicht kongruente Sphären die Gleichung (4.17) besteht, bzw., daß für kongruente, nicht konzentrische Sphären die im Beweisschritt (a) von Satz 4.5 angegebene Formel $(\alpha_1 - \alpha_2)x_0 + (\beta_1 - \beta_2)y_0 + \gamma_1 - \gamma_2 = 0$ gilt. Dies beachtend, gewinnt man

$$\varphi^2(\tau_1, \tau_2) = [2(R_2 - R_1)x_0 + (\alpha_2 - \alpha_1)]^2 + [2(R_2 - R_1)y_0 + (\beta - \beta_1)]^2 =$$
$$= (\alpha_2 - \alpha_1)^2 + (\beta_2 - \beta_1)^2 + 4(R_2 - R_1)[(R_2 - R_1)(x_0^2 + y_0^2) + (\alpha_2 - \alpha_1)x_0 +$$
$$+ (\beta_2 - \beta_1)y_0] = (\alpha_2 - \alpha_1)^2 + (\beta_2 - \beta_1)^2 + 4(R_2 - R_1)(\gamma_1 - \gamma_2).$$

(b): Ist $P_0(x_0, y_0, z_0) \in \sum_1 \cap \epsilon$, so wird der Schnittwinkel der Sphäre $\sum_1$ mit der nichtisotropen Ebene ϵ in P_0 erklärt als der Winkel (1.59), den die nichtisotrope Tangentialebene τ_1 in P_0 an $\sum_1$ mit ϵ bildet. Wird in (4.31) formal $R_2 = 0$ gesetzt, so entsteht (4.20).

(c): Die vierte Aussage von Satz 4.6 folgt unmittelbar aus Satz 4.5 gemäß (4.15) und (4.20). Da der Winkel φ in (4.19) genau für $\alpha_1 = \alpha_2$, $\beta_1 = \beta_2$ Null wird, können sich kongruente, nicht konzentrische Sphären niemals berühren. Die letzte Aussage ist evident.

$\diamond$

<u>Bemerkungen:</u>

1) Eine n-dimensionale Verallgemeinerung des Begriffes des einfach isotropen Raumes und entsprechende Sätze über Hypersphären finden sich in der Abhandlung [170] des Verfassers.

2) Betrachtet man den komplex erweiterten isotropen Raum, so gelten die Formeln (4.18) bzw. (4.20) auch, wobei die entsprechenden Schnitte nullteilige Kreise vom elliptischen Typ sind. φ ist dann rein imaginär. Mit einer entsprechenden Deutung dieser geometrischen Situation werden wir uns später beschäftigen.

Bevor wir unsere Betrachtungen über Sphären und Kreise des $I_3^{(1)}$ fortsetzen, wollen wir uns mit dem wichtigen *Dualitätsprinzip* des einfach isotropen Raumes beschäftigen. Wie in der ebenen isotropen Geometrie (vgl. [180, §6]) erlaubt dieses Prinzip eine elegante Gegenüberstellung der metrischen Invarianten des $I_3^{(1)}$ und die Dualisierung metrischer Resultate. Zunächst erinnern wir an das allgemeine Dualitätsprinzip des dreidimensionalen projektiven Raumes P_3 (vgl. [47,158]):

<u>SATZ 4.7</u>: *Jedem Satz der projektiven Geometrie des dreidimensionalen projektiven Raumes P_3, in welchem die Begriffe Punkte, Geraden, Ebenen und Inzidenzen vorkommen, entspricht ein dualer Satz, der durch folgende Begriffsvertauschungen entsteht:*

Punkt P	$\longleftrightarrow$	Ebene π
Verbindungsgerade g	$\longleftrightarrow$	Schnittgerade $\widehat{g}$
zweier Punkte P_1,P_2		zweier Ebenen π_1,π_2
Schnittpunkt S einer	$\longleftrightarrow$	Verbindungsebene σ einer
Geraden g mit einer		Geraden $\widehat{g}$ mit einem
Ebene π		Punkt P
Inzidenz	$\longleftrightarrow$	Inzidenz
l.u. Elemente	$\longleftrightarrow$	l.u. duale Elemente

Einen *Beweis* dieses Satzes unter allgemeinen Gesichtspunkten findet man z. B. in [28,I, 107f].

Betrachtet man nun den einfach isotropen Raum $I_3^{(1)}$ mit seiner Absolutfigur $\{\omega, f_1, f_2, F\}$ in seiner projektiven Erweiterung P_3, so erkennt man, daß die Absolutfigur selbstdual ist. Der Absolutfigur entspricht nämlich dual eine Figur $\{\widehat{O}, \widehat{f_1}, \widehat{f_2}, \widehat{\varphi}\}$, die aus einem Punkt $\widehat{O}$ und zwei mit $\widehat{O}$ inzidenten Geraden $\widehat{f_1}, \widehat{f_2}$ besteht, die eine Ebene $\widehat{\varphi}$ aufspannen; wir nehmen o.B.d.A. an, daß $\widehat{O} = F$, $\widehat{f_1} = f_1$, $\widehat{f_2} = f_2$, $\widehat{\varphi} = \omega$ gilt. Diese projektive Dualität der Absolutfigur, d. h. der die Metrik bestimmenden Elemente bezeichnet man als *metrische Dualität*. Im projektiv erweiterten $I_3^{(1)}$ herrscht somit einerseits projektive Dualität im Sinne von Satz 4.7, andererseits wird eine Dualität der metrischen Invarianten zu erwarten sein. Zunächst können wir unter Anwendung von Satz 4.7 — unter Bezugnahme auf die Absolutfigur $\{\omega, f_1, f_2, F\}$ — einander folgende Begriffe dual gegenüberstellen:

Vollisotrope Gerade	$\longleftrightarrow$	Nichtisotrope Ferngerade
Isotrope Ferngerade	$\longleftrightarrow$	Isotrope Ferngerade
Absolute Gerade	$\longleftrightarrow$	Absolute Gerade
Parallele Punkte	$\longleftrightarrow$	Parallele nichtisotrope Ebenen
Isotrope Ebene	$\longleftrightarrow$	Fernpunkt $\notin f_1 \cup f_2$
Nichtisotrope Ebene	$\longleftrightarrow$	Eigentlicher Punkt
Vollisotrope Ebene	$\longleftrightarrow$	Fernpunkt $\epsilon f_1 \cup f_2 \setminus \omega$
Absolute Ebene ω	$\longleftrightarrow$	Absoluter Punkt F
Nicht parallele Punkte	$\longleftrightarrow$	Nicht parallele,nichtisotrope Ebenen
Parallele isotrope Ebenen	$\longleftrightarrow$	Fernpunkte auf einer isotropen Ferngeraden
Nicht parallele isotrope Ebenen	$\longleftrightarrow$	Fernpunkte auf einer nicht-isotropen Ferngeraden

Die angegebene Tabelle erlaubt eine vollständige metrisch-duale Gegenüberstellung der Gebilde *Punktepaar* und *Ebenenpaar* und damit der entsprechenden metrischen Invarianten. Die Gegenüberstellung der eigentlichen Elementenpaare ergibt zunächst

$$(4.22a) \qquad \text{Nicht parallele Punkte A, B} \longleftrightarrow \text{Nicht parallele, nicht-}$$

(4.22a)   Nicht parallele Punkte A, B $\longleftrightarrow$ Nicht parallele, nicht-
$d(A,B)$ gemäß (1.15)   isotrope Ebenen ϵ_1, ϵ_2
$\varphi(\epsilon_1, \epsilon_2)$ gemäß (1.59)

(4.22b)   Parallele Punkte A, B $\longleftrightarrow$ Parallele, nichtisotrope
$s(A,B)$ gemäß (1.18)   Ebenen ϵ_1, ϵ_2
$a(\epsilon_1, \epsilon_2)$ gemäß (1.61).

Will man die isotropen Ebenen in den Kreis der Betrachtungen einbeziehen, so hat man bereits Fernelemente zu verwenden. Einem nicht parallelen isotropen Ebenenpaar ϵ_1, ϵ_2 entspricht dual ein Fernpunktepaar P_u, Q_u auf einer nichtisotropen Ferngeraden. Werden P_u und Q_u aus einem Punkt O des $I_3^{(1)}$ durch Geraden p, q projiziert, so sind $\{p,q\}$ gemäß Definition 3.4 vom Typ α) und von den beiden in (3.20a,b) angegebenen Invarianten ist die Invariante ψ unabhängig von der Wahl des Punktes O; eine andere Wahl von O hat nämlich auf (3.20b) keinen Einfluß , da diese Invariante nur von der Fernpunkten P_u, Q_u abhängt, die ja schiebungsinvariant sind. Wir können somit $\cos \psi =: \cos \psi(P_u, Q_u)$ als Invariante der *nichtparallelen Fernpunkte* P_u, Q_u (dies soll bedeuten, daß P_u, Q_u, F nicht kollinear sind) definieren. Damit haben wir

(4.23a)   Nicht parallele isotrope $\longleftrightarrow$ Nicht parallele Fernpunkte
Ebenen ϵ_1, ϵ_2 P_u, Q_u
$\cos \widetilde{\varphi}(\epsilon_1, \epsilon_2)$ gemäß $\cos \psi(P_u, Q_u)$ gemäß oben.
(13.20b)

Einem parallelen isotropen Ebenenpaar ϵ_1, ϵ_2 entspricht ein Fernpunktepaar P_u, Q_u auf einer isotropen Ferngeraden; wir bezeichnen so ein Punktepaar auch als *paralleles Fernpunktepaar*. Werden P_u und Q_u wieder aus einem Punkt O des $I_3^{(1)}$ durch Geraden p, q projiziert, so sind $\{p,q\}$ gemäß Definition 3.4 vom Typ β) und die Invariante $s(p,q)$ in (3.21b) hängt nicht von der Wahl des Punktes O ab. Wir definieren $s(p,q) =: s(P_u, Q_u)$ als Invariante des parallelen Fernpunktepaares $\{P_u, Q_u\}$ und haben damit

(4.23b)   Parallele isotrope $\longleftrightarrow$ Parallele Fernpunkte
            Ebenen ϵ_1, ϵ_2 P_u, Q_u
            $\varphi^*(\epsilon_1, \epsilon_2)$, gemäß (1.63) $s(P_u, Q_u)$ gemäß oben.

Wir fassen die bisherigen Überlegungen zusammen im

SATZ 4.8: *In dem durch die Absolutfigur $\{\omega, f_1, f_2, F\}$ abgeschlossenen einfach isotropen Raum $I_3^{(1)}$ herrscht projektive und metrische Dualität, wobei letztere die Gegenüberstellung der Invarianten (4.22a,b) – (4.23a,b) bewirkt.*

<u>Bemerkungen:</u>

1) Weder im euklidischen noch im pseudoeuklidischen Raum herrscht eine metrische Dualität in obigem Sinn. So ist z. B. das duale Gebilde des einteiligen Kegelschnittes $x_1^2 + x_2^2 - x_3^2 = 0$ in der Fernebene $\omega \ldots x_0 = 0$ des dreidimensionalen pseudoeuklidischen Raumes die Menge der Tangentialebenen eines einteiligen Kegels, also nicht selbstdual. Aus diesem Grund besitzt weder die euklidische noch die pseudoeuklidische Geometrie jenes Maß an Symmetrie und Ausgeglichenheit wie die einfach isotrope Geometrie.

2) Die metrische Dualität für die eigentlichen Elemente (4.22a) – (4.22b) läßt sich realisieren durch die *Korrelation* $\{x = u, y = v, z = w\}$, die eine einfache geometrische Deutung gestattet. Wird zu einem Punkt $P(x, y, z)$ zunächst der zur Grundrißebene $\pi \ldots z = 0$ spiegelbildliche Punkt $P(x, y, -z)$ aufgesucht und zu P die Polarebene ϵ in Bezug auf die Sphäre $z = \frac{1}{2}(x^2 + y^2)$ vom Radius $R = \frac{1}{2}$ bestimmt, so besitzt ϵ die inhomogenen Ebenenkoordinaten $[u = x, v = y, w = z]$. Die Abbildung $P \to \epsilon$ ist somit obige Korrelation. Der *Beweis* ergibt sich durch Nachrechnen.

Wir kehren nun wieder zur Theorie der Sphären zurück, wobei wir uns auf die Betrachtung von Sphären parabolischen Typs beschränken. Zunächst wollen wir die Gleichung (4.7) auf inhomogene Ebenenkoordinaten transformieren. Hierzu fassen wir die Sphäre als Menge ihrer Tangentialebenen auf. Da die Tantentialebenen einer Sphäre $\sum$ vom Typ I niemals isotrop sind, kann man sie in der Form $z = Ux + Vy + W$ schreiben. Sind (x_0, y_0, z_0) die Koordinaten des Berührungspunktes einer Tangentialebene mit $\sum$, so findet man die Beziehungen

(4.24)
$$U = 2Rx_0 + \alpha$$
$$V = 2Ry_0 + \beta$$
$$W = \alpha x_0 + \beta y_0 - z_0 + 2\gamma$$

und schließlich als Gleichung von $\sum$ in Ebenenkoordinaten

(4.25)
$$W = -\frac{1}{4R}(U^2 + V^2) + \frac{\alpha}{2R}\, U + \frac{\beta}{2R}\, V + \frac{4R\gamma - \alpha^2 - \beta^2}{4R}.$$

Nach diesen Vorbereitungen kann ein *metrisch-dualer Potenzbegriff* für Sphären vom Typ I eingeführt werden.

SATZ 4.9: *Ist $\sum$ eine Sphäre vom Typ I im $I_3^{(1)}$, π eine nichtisotrope Ebene, die keine Tangentialebene von $\sum$ ist, g eine Gerade in π und bezeichnen ϑ_1, ϑ_2 jene Winkel, die*

die von g an $\sum$ legbaren Tangentialebenen mit π bilden, dann hängt das Winkelprodukt $\vartheta_1 \cdot \vartheta_2 =: \mathcal{P}(\pi, \sum)$ nicht von g ab. $\mathcal{P}(\pi, \sum)$ heißt die Potenz der Ebene π bezüglich $\sum$.

Beweis:

π werde durch $z = Ax + By + C$ beschrieben. Da eine nichtisotrope Ebene niemals eine vollisotrope Gerade enthält, kann jedes g als Schnitt von π mit einer Ebene $\pi_1 : z = = A_1 x + B_1 y + C_1$ erzeugt werden. Für den Winkel ϑ einer nichtisotropen Ebene des Büschels $\lambda\pi + \mu\pi_1 = 0$ gegen π findet man

$$(4.26) \qquad \vartheta^2 = \left(\frac{\mu}{\lambda + \mu}\right)^2 [(A - A_1)^2 + (B - B_1)^2];$$

hierbei gilt $\lambda + \mu \neq 0$, da $\lambda = -\mu$ die isotrope Ebene des Büschels beschreibt. Die inhomogenen Ebenenkoordinaten einer nichtisotropen Ebene des Büschels $\lambda\pi + \mu\pi_1 = 0$ lauten

$$(4.27) \qquad U = \frac{A\lambda + A_1\mu}{\lambda + \mu}, \quad V = \frac{B\lambda + B_1\mu}{\lambda + \mu}, \quad W = \frac{C\lambda + C_1\mu}{\lambda + \mu}.$$

Durch Einsetzen von (4.27) in (4.25) erhält man eine quadratische Gleichung

$$(4.28) \qquad a\lambda^2 + b\lambda\mu + c\mu^2 = 0,$$

deren Koeffizienten von A, B, C, A_1, B_1, C_1, α, β, γ und R abhängen. Die Lösungen $(\lambda_1 : \mu_1)$, $(\lambda_2 : \mu_2)$ von (4.28) liefern die von g an Σ legbaren Tangentialebenen. Da π keine Tangentialebene von Σ ist, ist $\mu = 0$ keine Lösung von (4.28)und somit $a \neq 0$. Aus (4.26) und (4.28) erhält man schließlich unter Benützung der Vietàschen Wurzelsätze die Beziehung $\vartheta_1\vartheta_2 \left(1 - \frac{b}{a} + \frac{c}{a}\right) = (A - A_1)^2 + (B - B_1)^2$, woraus man nach einer Zwischenrechnung die Gleichung

$$(4.29) \qquad \begin{aligned} \vartheta_1\vartheta_2 &= A^2 + B^2 - 2\alpha A - 2\beta B + 4RC + (\alpha^2 + \beta^2 - 4R\gamma) = \\ &= (A - \alpha)^2 + (B - \beta)^2 + 4R(C - \gamma) \end{aligned}$$

erhält. (4.29) zeigt, daß $\vartheta_1\vartheta_2$ nicht von A_1, B_1, C_1, d. h. nicht von g abhängt.

$$\diamond$$

Ein Vergleich von (4.29) mit (4.25) zeigt, daß die Potenz $\mathcal{P}(\pi, \sum)$ erhalten wird, indem man die Gleichung von $\sum$ in Ebenenkoordinaten so normiert, daß der Koeffizient bei $(U^2 + V^2)$ gleich 1 wird und in diese normierte Gleichung die Koordinaten von π einsetzt.

Ein zu Satz 4.9 analoges Resultat für Sphären im dreidimensionalen euklidischen Raum E_3 hat E. Müller in [113,272] angegeben.

Aus (4.20) und (4.29) ergibt sich unmittelbar der

SATZ 4.10: *Die Potenz $\mathcal{P}(\pi, \sum)$ einer nichtisotropen Ebene π bezüglich einer Sphäre $\sum$ vom parabolischen Typ stimmt überein mit dem Quadrat des Schnittwinkels von π mit $\sum$.*

Dieser Satz ist ein isotropes Analogon zu [113,272].

Während sich kongruente, nicht konzentrische Sphären $\sum_1$, $\sum_2$ längs $\sum_1 \cap \sum_2$ stets unter reellem Winkel φ schneiden, ist dies für inkongruente Sphären nicht immer der Fall. Um auch in diesen Fällen eine geometrische Deutung des Schnittwinkels φ zu geben, beweisen wir vorerst den

SATZ 4.11: *Zwei inkongruenten Sphären $\sum_1$, $\sum_2$, die sich nicht berühren, kann stets ein eindeutig bestimmter einteiliger oder nullteiliger Drehkegel Γ umbeschrieben werden. Für den Tangentialabstand d der beiden Sphären gilt*

$$(4.30) \qquad d^2 = \frac{1}{4R_1 R_2}[(\alpha_1 - \alpha_2)^2 + (\beta_1 - \beta_2)^2 - 4(R_1 - R_2)(\gamma_1 - \gamma_2)] = \frac{1}{4R_1 R_2}\Delta.$$

Beweis:
Die Ebenen (U, V, W) jeder $\sum_1$ und $\sum_2$ gleichzeitig umbeschriebenen Torse werden nach (4.25) als Lösungen der beiden Gleichungen

$$W = -\frac{1}{4R_i}(U^2 + V^2) + \frac{\alpha_i}{2R_i}U + \frac{\beta_i}{2R_i}V + \frac{4R_i\gamma_i - \alpha_i^2 - \beta_i^2}{4R_i} (i = 1, 2)$$

bestimmt. Deuten wir (U, V, W) als Punktkoordinaten im Dualraum und beachtet man, daß (4.25) dieselbe Bauart hat wie die Gleichung (4.7), so kann man die Resultate über den Schnitt von Sphären anwenden und wieder dualisieren. Wegen $R_1 \neq R_2$ sind die dualen Sphären $\widehat{\sum}_1$, $\widehat{\sum}_2$ ebenfalls inkongruent; sie berühren sich nicht und schneiden sich somit nach einem einteiligen bzw. nullteiligen Kreis, der in einer nichtisotropen Ebene ϵ liegt. $\widehat{\sum}_1 \cap \widehat{\sum}_2$ entspricht eine $\sum_1$ und $\sum_2$ umbeschriebene Ebenenmenge, wobei alle Ebenen mit dem ϵ entsprechenden Punkt $S \notin \sum_1 \cup \sum_2$ inzidieren. Hiermit ist die gemeinsame Hülltorse Γ als Kegel 2. Ordnung nachgewiesen. Der von einem Punkt S an eine Sphäre $\sum$ mit $S \notin \sum$ legbare Tangentialkegel besitzt als Fernkurve aber einen einteiligen bzw. nullteiligen Kegelschnitt, der jede der absoluten Geraden f_1, f_2 berührt — wie man leicht nachrechnet — womit Γ als einteiliger bzw. nullteiliger Drehkegel nachgewiesen ist.
Ist e eine Erzeugende von Γ und sind T_1 bzw. T_2 die Berührungspunkte von e mit $\sum_1$ bzw. $\sum_2$, so werden wir zeigen, daß der Abstand $\overline{T_1 T_2} =: d$ von e nicht abhängt; d heißt *Tangentialabstand* der beiden Sphären. Besitzen T_1 bzw. T_2 die Koordinaten $T_1(x_1, y_1, z_1)$, $T_2(x_2, y_2, z_2)$, so findet man nach (4.24) die von der Wahl von e unabhängigen Beziehungen

$$(4.31) \qquad\qquad 2R_1 x_1 + \alpha_1 = 2R_2 x_2 + \alpha_2$$
$$2R_1 y_1 + \beta_1 = 2R_2 y_2 + \beta_2$$
$$\gamma_1 - R_1(x_1^2 + y_1^2) = \gamma_2 - R_2(x_2^2 + y_2^2),$$

wobei die letzte dieser Gleichungen durch eine Umformung der aus (4.24) fließenden Bedingung $\alpha_1 x_1 + \beta_1 y_1 - z_1 + 2\gamma_1 = \alpha_2 x_2 + \beta_2 y_2 - z_2 + 2\gamma_2$ mittels der Gleichungen von $\sum_1$ und $\sum_2$ erhalten wurde. Aus der Abstandsformel $d^2 = (x_1 - x_2)^2 + (y_1 - y_2)^2$ und (4.31) folgt schließlich unschwer (4.30).

◇

Aus Satz 4.11 erhält man jetzt eine Verallgemeinerung eines Resultates von N. M. MAKAROWA (vgl. [180,52]):

SATZ 4.12: *Sind $\sum_1$, $\sum_2$ zwei inkongruente Sphären vom parabolischen Typ des $I_3^{(1)}$, die sich nicht berühren, und bezeichnen R_1, R_2 deren Radien, φ ihren Schnittwinkel, d ihren Tangentialabstand und l die Spanne jener Punkte $P_1 \in \sum_1$, $P_2 \in \sum_2$, die auf einer vollisotropen Geraden liegen, wobei die Tangentialebenen in P_1 an $\sum_1$ bzw. in P_2 an $\sum_2$ parallel sind, dann gilt:*

(a) Schneiden sich $\sum_1$ und $\sum_2$ nicht reell, aber besitzen $\sum_1$ und $\sum_2$ einen reellen Tangentialabstand, dann gilt

$$(4.32) \qquad\qquad \varphi^2 = 4R_1 R_2 d^2.$$

(b) Schneiden sich $\sum_1$ und $\sum_2$ nicht reell, und besitzen $\sum_1$ und $\sum_2$ auch keinen reellen Tangentialabstand, dann gilt

$$(4.33) \qquad\qquad \varphi^2 = 4l(R_1 - R_2).$$

Beweis:
Die Aussage (a) folgt aus (4.18), (4.19) und (4.30), wobei zu beachten ist, daß in diesem Fall $\Delta < 0$ und somit $R_1 R_2 < 0$ gilt. Im Fall (b) gilt hingegen $R_1 R_2 > 0$. Bestimmt man das Punktepaar $P_1(x_1, y_1, z_1) \in \sum_1$, $P_2(x_2, y_2, z_2) \in \sum_2$ so, daß die Tangentialebenen in diesen Punkten an $\sum_1$ bzw. $\sum_2$ parallel sind und daß die Verbindungsgerade von P_1 und P_2 vollisotrop ist, so liefert eine kurze Rechnung $(\alpha_1 - \alpha_2)^2 + (\beta_1 - \beta_2)^2 - 4(R_1 - R_2)(\gamma_1 - \gamma_2) = 4l(R_1 - R_2)$. Hieraus und (4.18) bzw. (4.19) folgt die Behauptung (b).

$$\Diamond$$

Bemerkungen:
1) Zu den Sätzen 4.9 bis 4.12, die vom Verfasser in [171,245f] angegeben wurden, existieren n-dimensionale Verallgemeinerungen, die in [170] nachgelesen werden können.

2) So wie in [180,§4] lineare Kreismannigfaltigkeiten der isotropen Ebene studiert wurden, so lassen sich im einfach isotropen Raum lineare Sphärenmannigfaltigkeiten definieren und einheitlich untersuchen. Wir verweisen diesbezüglich auf die Originalarbeiten [170] und [171] des Verfassers. Unter etwas anderen Gesichtspunkten hat sich J. LANG in [90] sehr ausführlich mit linearen Sphärenmannigfaltigkeiten beschäftigt. Wir wollen i. f. nur kurz auf die Grundlagen dieser Überlegungen eingehen.

Für eine gemäß (4.6) beschriebenen Sphäre $\sum$ bilden wir nach [171,251] die *hexasphärischen Koordinaten*

$$(4.34) \qquad x_0 : x_1 : x_2 : x_3 : x_4 : x_5 = c_{11} : c_{01} : c_{02} : c_{03} : c_{00} : \frac{c_{01}^2 + c_{02}^2 - c_{00}c_{11}}{c_{03}},$$

wobei wir $c_{03} \neq 0$ voraussetzen. Durch (4.34) werden somit nur Sphären vom parabolischen Typ bzw. nichtisotrope Ebenen beschrieben. Diese hexasphärischen Koordinaten sind nicht unabhängig, sondern es besteht zwischen ihnen ersichtlich die Beziehung

(4.35)
$$x_1^2 + x_2^2 - x_0 x_4 - x_3 x_5 = 0.$$

Wir interpretieren nun die Koordinaten (4.34) als projektive Koordinaten in einem fünf-dimensionalen reellen projektiven Raum P_5; die Gleichung (4.35) stellt dann eine vierdimensionale Hyperfläche 2. Ordnung $M_4^2 \subset P_5$ dar, die sich als Hyperquadrik erweist. Die Hyperebene $H_0 \ldots x_3 = 0$ ist Tangentialhyperebene im Punkt $S(0:0:0:0:0:1)$ an die M_4^2 und schneidet die M_4^2 nach einem einteiligen Kegel 2. Ordnung N_3^2 mit S als Spitze. Die Menge S der Sphären vom parabolischen Typ einschließlich der nichtisotropen Ebenen des $I_3^{(1)}$ kann somit bijektiv auf die Punkte einer Hyperquadrik $M_4^{*2} := M_4^2 \setminus N_3^2$ abgebildet werden. Wir notieren diese Bijektion als

(4.36)
$$\sigma : S \to M_4^{*2} = M_4^2 \setminus N_3^2 \subset P_5.$$

SATZ 4.13: *Sind $\sum_1 (x_0 : \ldots : x_5)$ und $\sum_2 (y_0 : \ldots : y_5)$ zwei inkongruente bzw. zwei kongruente, nicht konzentrische Sphären, so gilt für ihren Schnittwinkel φ die Formel*

(4.37)
$$\varphi^2 = \frac{1}{x_3 y_3}(-2x_1 y_1 - 2x_2 y_2 + x_0 y_4 + x_4 y_0 + x_3 y_5 + x_5 y_3).$$

Beweis:
Der Beweis ergibt sich unmittelbar aus (4.18), (4.19) und (4.34) durch Nachrechnen, wobei man zu setzen hat

$$\alpha_1 = -\frac{x_1}{x_3}, \quad \beta_1 = -\frac{x_2}{x_3}, \quad \gamma_1 = -\frac{x_4}{2x_3}, \quad R_1 = -\frac{x_0}{2x_3}$$

bzw.

$$\alpha_2 = -\frac{y_1}{y_3}, \quad \beta_2 = -\frac{y_2}{y_3}, \quad \gamma_2 = -\frac{y_4}{2y_3}, \quad R_2 = -\frac{y_0}{2y_3}$$

$$\Diamond$$

Aus (4.37) folgt unmittelbar, daß sich zwei Sphären $\sum_1, \sum_2 \mid \in S$ genau dann berühren, wenn die Punkte $\sigma \sum_1, \sigma \sum_2$ bezüglich der M_4^2 polar konjugiert sind. Nunmehr geben wir die

Definition 4.5: Die Menge der Sphären $\sum(x_0 : x_1 : x_2 : x_3 : x_4 : x_5)$, deren Koordinaten einer linearen Gleichung

(4.38)
$$a_0 x_0 + a_1 x_1 + a_2 x_2 + a_3 x_3 + a_4 x_4 + a_5 x_5 = 0$$

genügen, heißt ein *linearer Sphärenkomplex*. Ein linearer *Sphärenkomplex* heißt vom *Typ 1*, wenn in (4.38) $a_5 \neq 0$ gilt. Ein linearer Sphärenkomplex vom Typ 1 heißt *hyperbolisch, elliptisch* oder *parabolisch*, je nachdem für die Größe

(4.39)
$$I[\vec{a}] = a_1^2 + a_2^2 - 4a_0 a_1 - 4a_3 a_5$$

gilt $I > 0$, $I < 0$ bzw. $I = 0$.

Das Sechstupel $[a] = [a_0 : a_1 : a_2 : a_3 : a_4 : a_5]$ bezeichnen wir als *homogene Koordinaten* des linearen *Sphärenkomplexes*. Wir beweisen zunächst den

SATZ 4.14: *Ein linearer parabolischer Sphärenkomplex besteht aus allen Sphären, die eine feste Sphäre $\sum \in S$ berühren.*

Beweis:
Die den Komplex definierende Hyperebene H_4 (4.38) besitzt bezüglich M_4^2 den Pol $P(a_4 : -\frac{a_1}{2} : -\frac{a_2}{2} : a_5 : a_0 : a_3)$, der ersichtlich für $I = 0$ auf der M_4^2 liegt. Wegen $a_5 \neq 0$ gilt $P \in M_4^{*2}$, d. h. $\sigma^{-1} P$ ist eine Sphäre aus S. Da P zu allen Punkten von $H_4 \cap M_4^2$ konjugiert ist, folgt aus dem Beweis zu SATZ 4.13 die Behauptung.

Um auch zu einer geometrischen Deutung der hyperbolischen bzw. elliptischen Sphärenkomplexe zu gelangen, untersuchen wir zunächst alle Sphären $\sum(x_0 : x_1 : x_2 : x_3 : x_4 : x_5) \in S$, die eine feste Sphäre $\Omega(X_0 : X_1 : X_2 : X_3 : X_4 : X_5) \in S$ unter konstantem reellen oder rein imaginärem Winkel $\varphi \neq 0$ schneiden. Nach (4.37) genügen diese Sphären der linearen Gleichung

$$(4.40) \qquad X_4 x_0 - 2X_1 x_1 - 2X_2 x_2 + (X_5 - \varphi^2 X_3)x_3 + X_0 x_4 + X_3 x_5 = 0$$

mit $X_3 \neq 0$, d. h. sie bilden einen linearen Sphärenkomplex vom Typ 1. Für diesen Sphärenkomplex berechnet man $I = 4X_3^2 \varphi^2$, wobei wegen $\Omega \in S$ die Beziehung $X_1^2 + X_2^2 - X_0 X_4 - X_3 X_5 = 0$ berücksichtigt wurde. Der entstehende Komplex ist somit hyperbolisch bzw. elliptisch, je nachdem φ reell bzw. rein imaginär ist. Genauer gilt der

SATZ 4.15: *Jeder hyperbolische (elliptische) Sphärenkomplex vom Typ 1 kann erzeugt werden als Menge aller Sphären $\sum \in S$, die eine geeignete Sphäre $\Omega \in S$ unter einem konstanten reellen (rein imaginären) Winkel φ schneiden.*

Beweis:
Ist ein Sphärenkomplex in der Form (4.38) vorgegeben, so liefert ein Koeffizientenvergleich mit (4.40)

$$(4.41) \qquad X_0 : X_1 : X_2 : X_3 : X_4 : X_5 = a_4 : -\frac{a_1}{2} : -\frac{a_2}{2} : a_5 : a_0 : \varphi^2 a_5 + a_3,$$

womit die $X_i (i = 0, \ldots, 5)$ eindeutig festliegen, wenn φ gegeben ist. φ wird nun so bestimmt, daß die X_i gemäß (4.35) eine Sphäre Ω definieren. Dies liefert die Beziehung $I = 4\varphi^2 a_5$, womit wegen $a_5 \neq 0$ der Schnittwinkel φ eindeutig bestimmt ist. φ ist reell bzw. imaginär, je nachdem $I > 0$ bzw. $I < 0$ gilt.

Weitere Aussagen über Sphärenkomplexe finden sie in [171]. In [170] wird gezeigt, daß es in jedem isotropen Raum $I_n^{(1)}$ dimensionsunabhängig genau *5 Typen linearer Sphärenkomplexe* gibt.

Nach J. LANG (vgl. [90]) kann ein zweckmäßiger Koordinatenbegriff für Sphären des $I_3^{(1)}$ auch dadurch eingeführt werden, daß man einer Sphäre $\sum$ mit der Darstellung (4.6) die Koordinaten

$$(4.42) \qquad \bar{x}_0 : \bar{x}_1 : \bar{x}_2 : \bar{x}_3 : \bar{x}_4 = \frac{c_{11} + c_{00}}{2} : c_{01} : c_{02} : c_{03} : \frac{c_{11} - c_{00}}{2}$$

zuweist. Deutet man die Koordinaten (4.42) als projektive Koordinaten in einem vierdimensionalen reellen projektiven Raum P_4, so wird die Menge S der Sphären parabolischen Typs einschließlich der nichtisotropen Ebenen bijektiv auf die Punkte des affinen Raumes $A_4 := P_4 \setminus \epsilon$ abgebildet, wobei ϵ die Hyperebene $\bar{x}_3 = 0$ in P_4 bedeutet. Wir notieren diese Abbildung zu

$$(4.43) \qquad \tau : S \to A_4 = P_4 \setminus \epsilon.$$

Nun gilt der bemerkenswerte

SATZ 4.16: *Sind $\sum_1(\bar{x}_0 : \ldots : \bar{x}_4)$ und $\sum_2(\bar{y}_0 : \ldots : \bar{y}_4)$ zwei Sphären aus S, dann gilt für ihren Schnittwinkel*

$$(4.44) \qquad \varphi^2 = -\left(\frac{\bar{y}_0}{\bar{y}_3} - \frac{\bar{x}_0}{\bar{x}_3}\right)^2 + \sum_{i=1}^{4}\left(\frac{\bar{y}_i}{\bar{y}_3} - \frac{\bar{x}_i}{\bar{x}_3}\right)^2.$$

Beweis:
Wir ermitteln aus (4.34) und (4.42) unter Beachtung von (4.35) den Zusammenhang der beiden Arten von Koordinaten. Man findet

$$(4.45) \qquad \begin{aligned} x_0 : x_1 : x_2 : x_3 : x_4 : x_5 &= (\bar{x}_0 + \bar{x}_4) : \bar{x}_1 : \bar{x}_2 : \bar{x}_3 : (\bar{x}_0 - \bar{x}_4) : \\ &: \frac{1}{\bar{x}_3}(\bar{x}_1^2 + \bar{x}_2^2 + \bar{x}_4^2 - \bar{x}_0^2). \end{aligned}$$

Wird jetzt (4.45) in die Winkelformel (4.37) eingesetzt, so folgt nach einiger Rechnung (4.44).

$\Diamond$

Die Bedeutung des Satzes 4.16 liegt vor allem darin, daß man den Schnittwinkel zweier Sphären aus S als pseudoeuklidischen Abstand im Raum A_4 deuten kann, wenn man dem affinen Raum A_4 über die absolute Quadrik

$$(4.46) \qquad C \ldots y_3 = -y_0^2 + + y_1^2 + y_2^2 + y_4^2 = 0$$

eine pseudoeuklidische Metrik aufprägt. Wir beweisen hier noch ein schönes Resultat von J. LANG (vgl. [90,5f]):

SATZ 4.17: *Genau die linearen Sphärenkomplexe vom Typ 1 haben als τ-Bilder C-Hyperkugeln im pseudoeuklidischen Raum A_4.*

Beweis:
Aus (4.38) folgt mit (4.45) als τ-Bild eines linearen Sphärenkomplexes vom Typ 1:
$$a_0(\bar{x}_0 + \bar{x}_4)\bar{x}_3 + a_1\bar{x}_1\bar{x}_3 + a_2\bar{x}_2 + a_2\bar{x}_2\bar{x}_3 + a_4(\bar{x}_0 - \bar{x}_4)\bar{x}_3 + a_5(\bar{x}_1^2 + \bar{x}_2^2 + \bar{x}_4^2 - \bar{x}_0^2) = 0.$$
Diese Fläche 2. Ordnung enthält aber ersichtlich C und erweist sich als regulär.

Die übrigen Typen linearer Sphärenkomplexe, sowie die *Sphärenbündel* und *Sphärenbüschel* werden ebenfalls in [90] ausführlich beschrieben und über ihre τ-Bilder pseudoeuklidisch im A_4 gekennzeichnet.

§5 Aus der Möbiusgeometrie des einfach isotropen Raumes

Wir beschäftigen uns in diesem Abschnitt kurz mit der *Möbiusgeometrie* des $I_3^{(1)}$, so wie sie von H. WÜNSCH in [261] ausführlich entwickelt wurde; hinsichtlich der Details müssen wir aus Platzgründen auf [261] verweisen.

Setzt man $\zeta = x + iy$, $\widetilde{\zeta} = x - iy$, so kann man eine Sphäre vom parabolischen Typ (4.7) in der Form

$$(5.1) \qquad z = R\zeta\widetilde{\zeta} + A\widetilde{\zeta} + \widetilde{A}\zeta + c$$

darstellen, wobei $A := \frac{1}{2}(\alpha + i\beta)$ und $c = \gamma$ gesetzt wurde. Nach [261,34] kann man dann definieren:

Definition 5.1: Unter der *allgemeinen Gruppe der Möbiustransformation* des einfach isotropen Raumes $I_3^{(1)}$ versteht man die zweischichtige Gruppe $\mathcal{G}_{11}$

$$(5.2a,b) \qquad G_{11} \ldots \left\{ \bar{\zeta} = \frac{\alpha\zeta + \beta}{\gamma\zeta + \delta}, \quad \bar{z} = \frac{A_1\zeta\widetilde{\zeta} + C\widetilde{\zeta} + \widetilde{C}\zeta + A_4 + A_5 z}{(\gamma\zeta + \delta)(\widetilde{\gamma}\widetilde{\zeta} + \widetilde{\delta})} \right\}$$

$$H_{11} \ldots \left\{ \bar{\zeta} = \frac{\alpha\widetilde{\zeta} + \beta}{\gamma\widetilde{\zeta} + \delta}, \quad \bar{z} = \frac{A_1\zeta\widetilde{\zeta} + C\widetilde{\zeta} + \widetilde{C}\zeta + A_4 + A_5 z}{(\gamma\widetilde{\zeta} + \delta)(\widetilde{\gamma}\zeta + \widetilde{\delta})} \right\},$$

wobei die Zahlen $\alpha, \beta, \gamma, \delta, C$ komplex und A_1, A_4 und A_5 reell sind; außerdem gelte $\alpha\delta - \beta\gamma \neq 0$ und $A_5 \neq 0$.

Folgerungen und Anmerkungen:

1) In (5.2a,b) bedeutet $\bar{\zeta}$ das Bild der komplexen Zahl ζ im Grundriß , während $\widetilde{\zeta}$ stets den konjugiert-komplexen Wert zu ζ bezeichnet. $\bar{z}$ bedeutet analog die z-Koordinate des Bildpunktes $\bar{P}(\bar{\zeta}, \bar{z})$ zum Urpunkt $P(\zeta, z)$.

2) Die Gruppe $\mathcal{G}_{11}$ ist in der Tat elfparametrig; die Grundrißtransformation (5.2a,b) hängt nämlich von 6 reellen Parametern ab (da durch Division noch eine der komplexen Zahlen α, β, γ, δ zu 1 normiert werden kann), während das Bild $\bar{z}$ noch von 5 reellen Parametern abhängt.

3) Die Transformationen (5.2a) bilden für sich eine Gruppe, wie man leicht bestätigt, die Gruppe G_{11} der *eigentlichen Möbiustransformationen*; dem gegenüber bilden die Transformationen (5.2b) keine Gruppe, sondern nur die Schar H_{11} der *uneigentlichen Möbiusabbildungen*.

4) Die Definition 5.1 wird motiviert durch den

SATZ 5.1: *Bei den isotropen Möbiustransformationen $\mathcal{G}_{11}$ wird die Menge der Sphären vom zylindrischen und parabolischen Typ, der isotropen und nichtisotropen Ebenen als Ganzes auf sich abgebildet. Die Menge der Kreise und Geraden des $I_3^{(1)}$ wird ebenfalls auf sich abgebildet.*

Beweis:

Betrachtet man eine Sphäre $\sum$ parabolischen Typs bzw. eine nichtisotrope Ebene mit der Darstellung (5.1), wobei man sich die Variablen in (5.1) mit Querstrichen versehen denke, so liefert eine Transformation (5.2a) als Bild $A_5 z = R^* \zeta\tilde{\zeta} + A^* \tilde{\zeta} + B^* \zeta + c^*$, wobei zur Abkürzung $R^* := R\alpha\tilde{\alpha} - A_1 + A\gamma\tilde{\alpha} + \tilde{A}\alpha\tilde{\gamma} + c\gamma\tilde{\gamma}$, $A^* := R\beta\tilde{\alpha} - c + A\tilde{\alpha}\delta + \tilde{A}\beta\tilde{\gamma} + c\delta\tilde{\gamma}$, $A := R\alpha\tilde{\beta} - \tilde{c} + A\alpha\tilde{\delta} + A\tilde{\beta}\gamma + c\gamma\tilde{\delta}$, $c^* := R\beta\tilde{\beta} - A_4 + A\tilde{\beta}\delta + \tilde{A}\beta\tilde{\delta} + c\delta\tilde{\delta}$ gesetzt wurde. Ersichtlich sind R^* und c^* reelle Zahlen und es gilt $\tilde{A}^* = B$. Ein Vergleich mit (5.1) zeigt daher, daß das Bild von $\sum$ wieder eine parabolische Sphäre bzw. eine nichtisotrope Ebene ist. Analog führt man den Beweis für Sphären zylindrischen Typs bzw. isotrope Ebenen, wobei man zweckmäßig von (5.6) mit $c_{03} = 0$ ausgeht. Für Transformationen der Schar H_{11} ist der Beweis analog zu führen.

Die zweite Aussage des Satzes folgt unmittelbar aus der ersten Aussage, wenn man beachtet, daß sich jeder Kreis und jede Gerade des $I_3^{(1)}$ als Schnitt von 2 Sphären bzw. Ebenen darstellen läßt.

5) In [261,43f] wird gezeigt, daß die Transformationen (5.2a,b) die einzigen bijektiven, in obigem Sinn sphärentreuen Abbildungen des $I_3^{(1)}$ sind. Hierzu ist allerdings der affine Raum $I_3^{(1)}$ nicht projektiv abzuschließen — was wir bisher immer getan haben — sondern *konisch* abzuschließen. Hierbei wird die Menge der vollisotropen Geraden des $I_3^{(1)}$ durch eine einzige uneigentliche vollisotrope Gerade ergänzt (vgl. [261,28f]).

6) Die Gruppe $\mathcal{G}_8$ der allgemeinen isotropen Ähnlichkeiten ist eine Untergruppe der Gruppe $\mathcal{G}_{11}$; es gilt nämlich der

SATZ 5.2: *Diejenigen Transformationen der Gruppe $\mathcal{G}_{11}$, die den uneigentlichen Punkt $Z(\zeta = \infty, z = 0)$ als Fixpunkt besitzen, sind die allgemeinen isotropen Ähnlichkeiten $\mathcal{G}_8$.*

Beweis:

Setzt man $\zeta = \frac{1}{w}$, so ist $\zeta = \infty$ genau dann ein Fixpunkt in der ersten Gleichung von (5.2a) bzw. (5.2b), wenn $w = 0$ eine Lösung von $\beta w^2 + (\alpha - \delta)w + \gamma = 0$ bzw. $\beta w\tilde{w} + \alpha w - \delta w + \gamma = 0$ ist, was in beiden Fällen $\gamma = 0$ nach sich zieht. Hiermit erweist sich $z = 0$ genau dann als Fixpunkt bei den Abbildungen (5.2a,b) in der z-Koordinate, wenn $A_1 = 0$ gilt. Die gesuchten Abbildungen lassen sich somit in der Form

$$(5.3a,b) \qquad \{\bar{\zeta} = \alpha_1 \zeta + \beta, \; \bar{z} = D\tilde{\zeta} + \tilde{D}\zeta + A_4 + A_5 z\}$$
$$\{\bar{\zeta} = \alpha_1 \tilde{\zeta} + \beta, \; \bar{z} = D\tilde{\zeta} + \tilde{D}\zeta + A_4 + A_5 z\}$$

schreiben, wobei für A_4 und A_5 die alten Bezeichnungen verwendet wurden. Trennt man in (5.3a,b) Real- und Imaginärteil, so erhält man unter Verwendung geeigneter Bezeichnungen gerade die Formeln (1.8) bzw. (1.9), d. h. die direkten Ähnlichkeiten G_8 bzw. die indirekten Ähnlichkeiten H_8.

7) Wir gehen jetzt daran zu untersuchen, ob die Transformationen $\mathcal{G}_{11}$ *winkeltreu* sind. Sicher sind sie es in bezug auf alle jene Winkel, die in der Grundrißebene gemessen

werden (z. B. Winkel zweier isotroper Ebenen), denn die Grundrißtransformation von $\mathcal{G}_{11}$ ist eine euklidische Möbiustransformation und eine solche ist bekanntlich winkeltreu. Wir betrachten nun den Winkel zweier nichtisotroper Ebenen ϵ_1, ϵ_2, die man bequem in der Form

$$(5.4) \qquad z = \frac{1}{2}(\lambda_i \widetilde{\zeta} + \widetilde{\lambda}_i \zeta) + w_i \qquad (i = 1, 2)$$
$$\text{mit} \qquad \lambda_i = u_i + iv_i$$

darstellen kann. Für ihren Schnittwinkel φ gilt dann

$$(5.5) \qquad \varphi^2 = (\lambda_2 - \lambda_1)(\widetilde{\lambda}_2 - \widetilde{\lambda}_1).$$

Durch eine Transformation (5.2a) gehen die Ebenen (5.4) in die beiden Sphären $\sum_1$, $\sum_2$ mit den Darstellungen

$$(5.6) \qquad A_5 z = R_i^* \zeta \widetilde{\zeta} + A_i^* \widetilde{\zeta} + \widetilde{A}_i^* \zeta + c_i^* \qquad (i = 1, 2)$$

über, wobei die Koeffizienten aus dem Beweis von Satz 5.1 zu entnehmen sind; allerdings ist dort $R = 0$, $A = \frac{1}{2}\lambda_i$, $\widetilde{A} = \frac{1}{2}\widetilde{\lambda}_i$ und $c = w_i$ zu setzen. Der Schnittwinkel ϑ^2 der beiden Bildsphären kann nach (4.18) berechnet werden, wobei es zweckmäßig ist, diese Formel in der komplexen Form

$$(5.7) \qquad \vartheta^2 = 4[(A_2 - A_1)(\widetilde{A}_2 - \widetilde{A}_1) - (R_2 - R_1)(c_2 - c_1)]$$

zu schreiben; hierbei wurde die Darstellung (5.1) der Sphären $\sum_1$ und $\sum_2$ zugrundegelegt. Aus (5.5), (5.6) und (5.7) findet man schließlich nach einiger Rechnung

$$(5.8) \qquad \vartheta^2(\Sigma_1, \Sigma_2) = \frac{(\alpha\delta - \beta\gamma)(\widetilde{\alpha}\widetilde{\delta} - \widetilde{\beta}\widetilde{\gamma})}{A_5^2}\varphi^2, \quad d.\,h.$$

der Winkel φ ist keine absolute Invariante gegenüber den Möbiustransformationen der Gruppe G_{11}. Dasselbe Resultat erhält man für Transformationen der Schar H_{11}. Durch die Bedingung

$$(5.9) \qquad A_5^2 = (\alpha\delta - \beta\gamma)(\widetilde{\alpha}\widetilde{\delta} - \widetilde{\beta}\widetilde{\gamma})$$

wird allerdings eine zehnparametrige Gruppe $W_{10} \subset \mathcal{G}_8$ definiert, die alle Winkel invariant läßt. Wir fassen zusammen im

SATZ 5.3: *Die Möbiustransformationen $\mathcal{G}_{11}(G_{11}, H_{11})$ des $I_3^{(1)}$ sind im allgemeinen nicht winkeltreu, sonder lassen nur die im Grundriß gemessenen Winkel invariant. Die winkeltreuen Möbiustransformationen sind durch die Bedingung (5.9) gekennzeichnet und bilden eine zehnparametrige Untergruppe $W_{10} \subset \mathcal{G}_{11}$.*

Ein interessantes, aber umfangreiches Problem ist die *Bestimmung aller involutorischen Möbiustransformationen* (Spiegelungen) des $I_3^{(1)}$ (vgl. [261,50f]). Wir beweisen den

SATZ 5.4: *Die einzigen eigentlichen, involutorischen Möbiustransformationen des $I_3^{(1)}$ sind die Spiegelungen an einer parabolischen Sphäre, die Spiegelungen an einer nicht-isotropen Ebene, die Spiegelungen an einer vollisotropen Geraden, die Spiegelungen an einem Punkt, die Spiegelungen an zwei vollisotropen Geraden und die Spiegelungen an zwei Punkten. Die einzigen uneigentlichen, involutorischen Möbiustransformationen des $I_3^{(1)}$ sind die Spiegelungen an einer isotropen Ebene, die Spiegelungen an einem einteiligen oder nullteiligen Drehzylinder zum Zentrum Z, die Spiegelungen an einer nicht-isotropen Geraden, die Spiegelungen an einem parabolischen Kreis und die Spiegelungen an einem einteiligen oder nullteiligen Kreis elliptischen Typs.*

Beweis:

(1): Soll eine Möbiusabbildung (5.2a,b) involutorisch sein, so muß zunächst die entsprechende Grundrißtransformation involutorisch sein. Setzt man zwei solche Abbildungen zusammen, so muß also die identische Abbildung entstehen. Dies liefert im Fall (5.2a) die *drei Involutionsbedingungen*

$$(5.10a-c) \qquad \gamma(\alpha+\delta)=0, \quad \beta(\alpha+\delta)=0, \quad \alpha^2=\delta^2.$$

Gilt $\alpha+\delta \neq 0$, so ist $\gamma=\beta=0$ und aus der Gleichung (5.10c) folgt zwingend $\alpha=\delta$. In diesem Fall stellt sich die Identität

$$(5.11A) \qquad \bar{\zeta}=\zeta$$

ein. Gilt $\alpha=-\delta$, so erhält man die involutorische Abbildung

$$(5.11B) \qquad \bar{\zeta}=\frac{-\alpha\zeta+\beta}{\gamma\zeta+\alpha},$$

wobei wir zur alten Bezeichnungsweise zurückgekehrt sind. Die Fixpunkte dieser *MÖBIUS-Involution* sind durch die Nullstellen der quadratischen Gleichung

$$(5.12) \qquad \gamma\zeta^2+2\alpha\zeta-\beta=0$$

bestimmt. Für $\gamma=0$ hat (5.12) die beiden Nullstellen

$$(5.13) \qquad \zeta_1=\frac{\beta}{2\alpha}, \quad \zeta_2=\infty,$$

während man für $\gamma \neq 0$ die wegen $\alpha^2+\beta\gamma \neq 0$ stets verschiedenen Nullstellen

$$(5.14) \qquad \zeta_{1,2}=\frac{-\alpha \pm \sqrt{\alpha^2+\beta\gamma}}{\gamma}$$

findet. Im Fall (5.2b) erhält man die *drei Involutionsbedingungen*

$$(5.15a-c) \qquad \tilde{\alpha}\gamma + \tilde{\gamma}\delta = 0, \quad \alpha\tilde{\beta} + \beta\tilde{\delta} = 0,$$
$$\alpha\tilde{\alpha} + \beta\tilde{\gamma} = \tilde{\beta}\gamma + \delta\tilde{\delta}.$$

Aus der Gleichung (5.15a) folgt mit $\rho \in C$ zwingend $\tilde{\alpha} = -\rho\tilde{\gamma}$, $\delta = \rho\gamma$ und hiermit liefert (5.15c) $\beta\tilde{\gamma} = \gamma\tilde{\beta}$. Dann gilt aber $\gamma = \lambda\beta$ mit $\lambda \in \mathcal{R}$ und (5.15b) ist ebenfalls erfüllt. Damit lassen sich die zugehörigen Abbildungen zunächst in der Form $\bar{\zeta} = $ $= \frac{(-\tilde{\rho\gamma})\tilde{\zeta}+\beta}{(\lambda\beta)\tilde{\zeta}+\rho\gamma}$ schreiben. Werden nun Zähler und Nenner mit $\tilde{\beta}$ multipliziert und setzt man abkürzend $\beta\tilde{\beta} = b \in \mathcal{R}$, $\rho\gamma\tilde{\beta} = -\tilde{\alpha}$, so wird $\alpha = -\tilde{\rho\gamma}\tilde{\beta} = -\tilde{\rho}\gamma\tilde{\beta}$ und man findet schließlich

$$(5.11C) \qquad \bar{\zeta} = \frac{\alpha\tilde{\zeta} + b}{c\tilde{\zeta} - \tilde{\alpha}} \qquad \text{mit} \quad b, c| \in \mathcal{R}.$$

Die Fixpunkte dieser Involution liegen für $c \neq 0$ auf dem einteiligen oder nullteiligen Kreis k

$$(5.16) \qquad c\zeta\tilde{\zeta} - \tilde{\alpha}\zeta - \alpha\tilde{\zeta} - b = 0,$$

der den Mittelpunkt $m = \frac{\alpha}{c}$ und den Radius $r = \frac{1}{c}\sqrt{\alpha\tilde{\alpha} + bc}$ besitzt. Die Abbildung (5.11C) ist die bekannte *Inversion* an einem *einteiligen oder nullteiligen Kreis* (vgl. [74,54f]). Im Sonderfall $c = 0$ ist (5.16) eine Gerade und (5.11C) stellt eine *orthogonale Spiegelung* an dieser Geraden dar. In der Tat erhält man aus (5.11C) mit $c = 0$ und $\alpha = a_1 + ia_2$ für die Menge der Fixpunkte die Gleichung $2a_1 x + 2a_2 y + b = 0$. Legt man durch Anwendung einer isotropen Bewegung diese Fixpunktgerade in die x-Achse des Koordinatensystems, so folgt $a_1 = b = 0$ und die Abbildungsgleichungen (5.11C) nehmen die einfache Gestalt $\{\bar{x} = x, \bar{y} = -y\}$ an, womit alles gezeigt ist. Natürlich sind im Sinne der Möbius-Geometrie die Inversion an einem Kreis und die Spiegelung an einer Geraden völlig gleichwertig.

(2): Zu den gewonnenen Involutionstypen (5.11A-C) im Grundriß sind nun jeweils in (5.2a,b) involutorische Transformationen ψ in der z-Koordinate aufzusuchen. Dies geschieht zweckmäßig so, daß man ψ^{-1} bildet und aus der Bedingung $\psi = \psi^{-1}$ durch einen Koeffizientenvergleich die entsprechenden Involutionsbedingungen aufsucht.

<u>Hauptfall A:</u> $\bar{\zeta} = \zeta$.
Wegen $\alpha = \delta = 1$, $\beta = \gamma = 0$ lautet die zugehörige z-Abbildung $\psi : \bar{z} = A_1\zeta\tilde{\zeta} + C\tilde{\zeta} + \tilde{C}\zeta + $ $+ A_4 + A_5 z$ und ψ^{-1} ergibt sich zu $z = -\frac{A_1}{A_5}\bar{\zeta}\tilde{\bar{\zeta}} - \frac{C}{A_5}\tilde{\bar{\zeta}} - \frac{\tilde{C}}{A_5}\bar{\zeta} - \frac{A_4}{A_5} + \frac{1}{A_5}\bar{z}$, woraus man die *fünf Involutionsbedingungen*

$$(5.17) \qquad A_5^2 = 1, A_1 + A_1 A_5 = 0, C + C A_5 = 0, \tilde{C} + \tilde{C} A_5 = 0, A_4 + A_4 A_5 = 0$$

gewinnt. Für $A_5 = 1$ findet man $A_1 = C = A_4 = 0$ und man erhält die Identität $\bar{z} = z$. Für $A_5 = -1$ bleiben die restlichen Konstanten frei wählbar und man erhält den Abbildungstyp

$$(5.18) \qquad \bar{z} = A_1 \zeta \tilde{\zeta} + C \tilde{\zeta} + \tilde{C} \zeta + A_4 - z.$$

Die Fixpunkte dieser Abbildung liegen für $A_1 \neq 0$ auf der parabolischen Sphäre $\sum_0$

$$(5.19) \qquad 2z = A_1 \zeta \tilde{\zeta} + C \tilde{\zeta} + \tilde{C} \zeta + A_4.$$

Zur weiteren Untersuchung transformieren wir $\sum_0$ bezüglich der Gruppe $\mathcal{B}_6^{(1)}$ auf Normalform, sodaß man in (5.19) o.B.d.A. $C = 0$, und $A_4 = 0$ setzen darf. Hiermit lautet (5.18)

$$(5.20) \qquad \{\bar{x} = x,\ \bar{y} = y,\ \bar{z} = A_1(x^2 + y^2) - z\}.$$

Wegen $\bar{\zeta} = \zeta$ bleibt jede vollisotrope Gerade als Ganzes fest. Der Schnittpunkt S der Geraden $\zeta = \zeta_0 = konst.$ mit $\sum_0$ ist durch $z_0 = \frac{A_1}{2} \zeta_0 \tilde{\zeta}_0$ gegeben. Daraus folgt $s(P, S) = = z_0 - z = \frac{A_1}{2} \zeta_0 \tilde{\zeta}_0 - z = A_1 \zeta_0 \tilde{\zeta}_0 - z - \frac{A_1}{2} \zeta_0 \tilde{\zeta}_0 = s(S, \bar{P})$. Der Urpunkt P, der Schnittpunkt der vollisotropen Geraden durch P mit $\sum_0$ und der Bildpunkt $\bar{P}$ liegen daher so, daß die Spannen $\overline{PS}$ und $\overline{S\bar{P}}$ gleich sind. Diese Abbildung, die in Textfigur 6 veranschaulicht wird, heißt *parabolische Inversion (Spiegelung an einer parabolischen Sphäre)*. Im Sonderfall $A_1 = 0$ erhält man analog die *Spiegelung an einer nichtisotropen Ebene*, doch sind diese beiden Fälle nur vom Standpunkt der isotropen Bewegungsgeometrie als verschieden anzusehen, — vom Standpunkt der isotropen Möbiusgeometrie sind sie als G_{11}-äquivalent zu betrachten.

<u>Hauptfall B</u>: $\bar{\zeta} = \frac{-\alpha \zeta + \beta}{\gamma \zeta + \alpha}$.

Man berechnet zunächst $\zeta = \frac{\beta - \bar{\zeta} \alpha}{\alpha + \bar{\zeta} \gamma}$ und findet dann aus der Abbildung ψ in (5.2a) unter Berücksichtigung von $\delta = \alpha$ nach ziemlich aufwendiger Rechnung folgende *Involutionsbedingungen*

$$(5.21) \qquad \begin{aligned}
\alpha \tilde{\alpha} A_1 - \tilde{\alpha} \gamma C - \alpha \tilde{\gamma} \tilde{C} + \gamma \tilde{\gamma} A_4 &= -A_1 A_5 \\
-\tilde{\alpha} \beta A_1 - \alpha \tilde{\alpha} C + \beta \tilde{\gamma} \tilde{C} + \alpha \tilde{\gamma} A_4 &= -A_5 C \\
-\alpha \tilde{\beta} A_1 + \tilde{\beta} \gamma C - \alpha \tilde{\alpha} \tilde{C} + \tilde{\alpha} \gamma A_4 &= -A_5 \tilde{C} \\
\beta \tilde{\beta} A_1 + \alpha \tilde{\beta} C + \tilde{\alpha} \beta \tilde{C} + \alpha \tilde{\alpha} A_4 &= -A_5 A_4 \\
A_5^2 &= (\alpha^2 + \beta \gamma)(\tilde{\alpha}^2 + \tilde{\beta} \tilde{\gamma}).
\end{aligned}$$

Zur Vereinfachung der Diskussion normieren wir die Grundrißtransformation (5.11B), indem wir für die nach (5.12) festgelegten Fixpunkte spezielle Werte vorschreiben:

Abbildung 6:

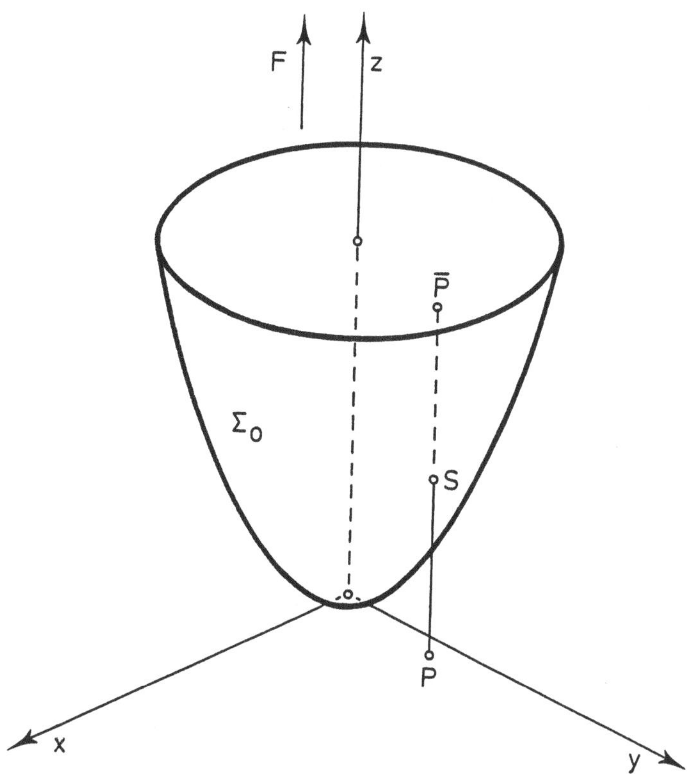

<u>Unterfall B1</u>: $\gamma = 0$; $\zeta_2 = \infty$.

Wir wählen $\zeta_1 = 0$, woraus $\beta = 0$ folgt und $\alpha = 1$ gesetzt werden darf. (5.11B) vereinfacht sich dann zu $\bar{\zeta} = -\zeta$, und (5.21) nimmt die bequemere Gestalt

$$(5.22) \qquad A_1 = -A_1 A_5, \quad C = A_5 C, \quad \widetilde{C} = A_5 \widetilde{C},$$
$$A_4 = -A_4 A_5, \quad A_5^2 = 1$$

an. Dieses Gleichungssystem hat entweder die Lösung $\{A_5 = 1, \quad A_4 = 0, \quad A_1 = 0, C =$ $= beliebig\}$ oder $\{A_5 = -1, A_1 = beliebig, \quad A_4 = beliebig, \quad C = 0\}$. Im *ersten Fall* lautet die zugehörige Involution

$$(5.23) \qquad \bar{\zeta} = -\zeta, \quad \bar{z} = C\widetilde{\zeta} + \widetilde{C}\zeta + z,$$

im *zweiten Fall* stellt sich

$$(5.24) \qquad \bar{\zeta} = -\zeta, \quad \bar{z} = A_1 \zeta\widetilde{\zeta} + A_4 - z$$

ein. Zur geometrischen Deutung von (5.23) beachten wir, daß im Grundriß die Spiegelung am Punkt $O(0,0)$ vorliegt. Die vollisotrope Gerade j durch O bleibt punktweise
fest. Betrachtet man weiter die einparametrige Schar paralleler nichtisotroper Ebenen

$$(5.25) \qquad 2z = -C\widetilde{\zeta} - \widetilde{C}\zeta + \gamma, \quad \gamma \in R,$$

so bleibt jede dieser Ebenen bei (5.23) als Ganzes fest. In der Tat folgt aus (5.25) mit
(5.23) $2\bar{z} + 2C\widetilde{\bar{\zeta}} + 2\widetilde{C}\bar{\zeta} = C\widetilde{\bar{\zeta}} + \widetilde{C}\bar{\zeta} + \gamma$, d. h. $2\bar{z} = -C\widetilde{\bar{\zeta}} - \widetilde{C}\bar{\zeta} + \gamma$. Damit hat man
die Abbildung geometrisch in der Hand! Um zu einem Punkt $P \notin j$ den Bildpunkt $\bar{P}$
zu bestimmen, lege man durch P eine Ebene ϵ der Schar (5.25), spiegle den Grundriß
$\widetilde{P}$ von P an O und schneide die vollisotrope Gerade durch den Spiegelpunkt $\widetilde{P}$ mit ϵ.
Der so gewonnene Punkt $\bar{P}$ ist der Bildpunkt. Demnach kann $\bar{P}$ auch so gewonnen
werden, daß man durch P parallel zur Ebenenstellung (5.25) die Treffgerade s an j legt
und P am Schnittpunkt $S = s \cap j$ in s spiegelt. Wir bezeichnen die Abbildung (5.23)
als *Spiegelung an einer vollisotropen Geraden*.
Die Abbildung (5.24) ist im Grundriß ebenfalls eine Spiegelung am Punkt $O(0,0)$ und
sie besitzt den Punkt $Z(0,0,\frac{1}{2}A_4)$ als einzigen Fixpunkt im Endlichen. Wählen wir
o.B.d.A. $A_4 = 0$, so lauten die Abbildungsgleichungen (5.24) in Normalform

$$(5.26) \qquad \{\bar{x} = -x, \ \bar{y} = -y, \ \bar{z} = A_1(x^2 + y^2) - z\}.$$

Jede isotrope Ebene durch Z bleibt als Ganzes fest. Jeder parabolische Kreis vom
Radius $\frac{1}{2}A_1$ durch Z bleibt ebenfalls als Ganzes fest. Um dies einzusehen genügt es, den
in $x = 0$ gelegenenKreis $z = \frac{1}{2}A_1 y^2 + \alpha y$ abzubilden. Man findet $A_1 \bar{y}^2 - \bar{z} = \frac{1}{2}A_1 \bar{y}^2 - \alpha \bar{y}$,
also $\bar{z} = \frac{1}{2}A_1 \bar{y} + \alpha \bar{y}$. Damit hat man die Abbildung geometrisch in der Hand! Um einen
Punkt P abzubilden, der nicht auf der vollisotropen Geraden j durch Z liegt, lege man
durch Z und P den isotropen Kreis k vom Radius $\frac{1}{2}A_1$ und bestimme $\bar{P} \in k$ so, daß die
Grundrisse von P und $\bar{P}$ zum Grundriß von Z symmetrisch liegen. Punkte auf j werden
an Z gespiegelt. Wir bezeichnen die Involution (5.26) als *Spiegelung an einem Punkt*.

<u>Unterfall B2:</u> $\gamma \neq 0$.
Wir wählen $\zeta_1 = 1$, $\zeta_2 = -1$, was gemäß (5.12) $\alpha = 0$ und $\beta = \gamma$ nach sich zieht. Sei
o.B.d.A. $\gamma = \beta = 1$. Dann vereinfacht sich (5.21) zu

$$(5.27) \qquad A_4 = -A_1 A_5, \quad \widetilde{C} = -A_5 C, \quad C = -A_5 \widetilde{C},$$
$$A_1 = -A_5 A_4, \quad A_5^2 = 1$$

und dieses Gleichungssystem hat entweder die Lösung $\{A_5 = 1, A_1 = beliebig, \ A_4 =
= -A_1, \ C = ic_2 \ mit \ c_2 \in R\}$ oder $\{A_5 = -1, A_1 = beliebig, \ A_4 = A_1, C = c_1 \in R\}$.
Im *ersten Fall* lautet die zugehörige Involution

$$(5.28) \qquad \bar{\zeta} = \frac{1}{\zeta}, \quad \bar{z} = \frac{A_1 \zeta\widetilde{\zeta} + ic_2(\zeta - \widetilde{\zeta}) - A_1 + z}{\zeta\widetilde{\zeta}},$$

während man im *zweiten Fall*

$$(5.29) \qquad \tilde{\zeta} = \frac{1}{\zeta}, \quad \tilde{z} = \frac{A_1 \zeta \tilde{\zeta} + c_1(\tilde{\zeta} + \zeta) + A_1 - z}{\zeta \tilde{\zeta}},$$

findet. Zur geometrischen Deutung von (5.28) beachten wir zunächst, daß (5.28) die beiden vollisotropen Geraden $j_1 : \zeta = 1$ und $j_2 : \zeta = -1$ als *Punktfixgeraden* besitzt. Schreiben wir (5.28) in affinen Koordinaten, so erhält man

$$(5.30) \qquad \{\bar{x} = \frac{x}{x^2 + y^2}, \quad \bar{y} = -\frac{y}{x^2 + y^2}, \quad \bar{z} = \frac{A_1(x^2 + y^2) - 2c_2 y - A_1 + z}{x^2 + y^2}\}$$

und man bestätigt leicht, daß die beiden konjugiert-komplexen Punkte $Z_1(0, i, A_1 + ic_2)$ und $Z_2(0, -i, A_1 - ic_2)$ ebenfalls *Fixpunkte* der Involution sind. Die reelle Verbindungsgerade h von Z_1 und Z_2 kann durch

$$(5.31) \qquad x = 0, \quad z = A_1 + c_2 y$$

beschrieben werden und ist somit eine nichtisotrope Gerade in der Symmetrieebene der beiden Fixgeraden j_1 und j_2. An Hand von (5.31) und (5.30) bestätigt man leicht, daß jede Ebene ϵ durch h bei (5.30) als Ganzes fest bleibt. Weiters sieht man, daß jeder vollisotrope Drehzylinder Φ durch j_1 und j_2

$$(5.32) \qquad x^2 + y^2 + \beta y - 1 = 0$$

bei (5.30) als Ganzes fest bleibt. Damit bleibt bei (5.30) jeder Kreis k elliptischen Typs, der j_1 und j_2 schneidet und in einer Ebene durch h liegt, als Ganzes fest. Schließlich zeigt man durch Rechnung rasch: Ist P, $\bar{P}$ ein in (5.30) sich entsprechendes Punktepaar auf k und bezeichnen F_1 und F_2 die Schnittpunkte von j_1 und j_2 mit der Trägerebene von k, dann liegen P, $\bar{P}$ zu F_1, F_2 *harmonisch*, d. h. die Tangenten in P, $\bar{P}$ an k schneiden sich auf der Verbindungsgeraden $g = F_1 F_2$. Hiermit haben wir die Involution (5.30), die man als *Spiegelung an zwei vollisotropen Geraden* bezeichnet, im Griff. Um zu $P \notin h$ den Bildpunkt zu bestimmen, ermittelt man die Verbindungsebene $\epsilon = P \vee h$ sowie den Kreis k, der durch P, $F_1 = \epsilon \cap j_1$ und $F_2 = \epsilon \cap j_2$ geht und bestimmt $\bar{P}$ so auf k, daß F_1, F_2 und P, $\bar{P}$ harmonisch liegen.

Für die Abbildung (5.29) sind die Punkte $G_1(1, 0, A_1 + c_1)$ und $G_2(-1, 0, A_1 - c_1)$ Fixpunkte und man bestätigt leicht, daß jede nichtisotrope Ebene durch G_1 und G_2 als Ganzes fest bleibt. Da auch jeder vollisotrope Drehzylinder durch G_1 und G_2 als Ganzes festbleibt, so wird auch jeder Kreis elliptischen Typs, der G_1 und G_2 enthält bei (2.59) auf sich abgebildet. Schließlich bestätigt man, daß G_1, G_2 und zusammengehörige Punkte P, $\bar{P}$ stets harmonisch liegen. Insgesamt hat man damit die involutorische Abbildung (5.29),die man als *Spiegelung an zwei Punkten* bezeichnet, vollständig in der Hand und kann sie wie folgt konstruktiv realisieren: Ist $P \notin j_1 \cup j_2$ — wobei j_1 und j_2 die vollisotropen Geraden durch G_1 bzw. G_2 bezeichnen — so legt man durch P und G_1, G_2 einen Kreis k elliptischen Typs und bestimmt $\bar{P} \in k$ so, daß G_1, G_2 und P, $\bar{P}$ harmonisch liegen. Liegt P auf j_1 oder j_2, so ist $\bar{P}$ spiegelbildlich zu G_1 bzw. G_2. Die Verbindungsgerade von G_1 mit G_2 wird auf sich abgebildet und ein zugeordnetes Paar P, $\bar{P}$ liegt ebenfalls zu G_1, G_2 harmonisch.

<u>Hauptfall C</u>: $\bar{\zeta} = \frac{\alpha\tilde{\zeta}+b}{c\tilde{\zeta}-\tilde{\alpha}}$ mit $b, c| \in R$.

Wie im Hauptfall B ergeben sich jetzt die Involutionsbedingungen

$$(5.33) \qquad \begin{aligned} \alpha\tilde{\alpha}A_1 + \tilde{\alpha}cC + \alpha c\tilde{C} + c^2 A_4 &= -A_5 A_1 \\ \alpha b A_1 + bcC - \alpha^2 \tilde{C} - \alpha c A_4 &= -A_5 C \\ \tilde{\alpha}b A_1 - \tilde{\alpha}^2 C + bc\tilde{C} - \tilde{\alpha}c A_4 &= -A_5 \tilde{C} \\ b^2 A_1 - \tilde{\alpha}bC - \alpha b\tilde{C} + \alpha\tilde{\alpha}A_4 &= -A_5 A_4 \\ (A_5)^2 &= (\alpha\tilde{\alpha} + bc)^2. \end{aligned}$$

Denken wir uns die Koeffizienten α, b, c der Grundrißtransformation fest gewählt und betrachten wir A_1, C, $\tilde{C}$, A_4 und A_5 als Unbekannte in dem Gleichungssystem (5.33), so erhält man gemäß der Auflösung der letzten Gleichung *zwei Lösungstypen*, die wir gesondert behandeln.

<u>Unterfall C1</u>: $A_5 = \alpha\tilde{\alpha} + bc$.
Wir untersuchen hier zunächst den *Sonderfall*, daß $c = 0$ gilt, d. h. daß die Grundrißtransformation eine Spiegelung an einer Geraden ist. Nach (1) kann man dann o. B. d. A. $b = 0$ und $\alpha = ia_2 (a_2 \in R)$ wählen; dann gilt $\alpha\tilde{\alpha} = a_2^2 \neq 0$. Das System vereinfacht sich dann zu $\{\alpha\tilde{\alpha}A_1 = -A_5 A_1, \alpha^2 \tilde{C} = A_5 C, \tilde{\alpha}^2 C = A_5\tilde{C}, \alpha\tilde{\alpha}A_4 = -A_5 A_4, A_5 = \alpha\tilde{\alpha}\}$ und hat die Lösung $\{A_1 = A_4 = 0, A_5 = a_2^2, C = ic_2\}$. Die zugehörige Involution lautet

$$(5.34) \qquad \{\bar{x} = x,\ \bar{y} = -y,\ \bar{z} = \frac{2c_2}{a_2^2} + z\}.$$

Man sieht leicht, daß zusammengehörige Punkte P und $\bar{P}$ auf parallelen Geraden der Richtung $\vec{v} = \{0, 1, \frac{2c_2}{a_2^2}\}$ liegen. Somit ist (5.34) eine *Spiegelung an einer isotropen Ebene*. Nach Vorgabe der Punktfixebene σ (in der Formel (5.34) die Ebene $y = 0$) existiert eine einparametrige Schar solcher Spiegelungen.
Nun sei $c \neq 0$, sodaß im Grundriß eine Inversion an einem einteiligen oder nullteiligen Kreis vorliegt. Nach den Überlegungen in (1) kann man nach Anwendung einer Schiebung in der Grundrißebene o.B.d.A. $\alpha = 0$ wählen. Dann vereinfacht sich (5.33) zu

$$(5.35) \qquad \begin{aligned} c^2 A_4 = -A_5 A_1,\ & bcC = -A_5 C, bc\tilde{C} = -A_5\tilde{C}, \\ b^2 A_1 = -A_5 A_4,\ & A_5 = bc. \end{aligned}$$

Hierbei gilt $bc \neq 0$. Hieraus folgt zwingend als Lösung von (5.35) $A_1 = -ct$, $A_4 = bt$, $C = 0$, $A_5 = bc$, wobei t einen Lösungsparameter bezeichnet. Für die zugehörige Involution erhält man, wenn man noch abkürzend $\frac{b}{c} =: d$ setzt

$$(5.36) \qquad \bar{\zeta} = \frac{d}{\tilde{\zeta}},\ \ \bar{z} = \frac{t(-\zeta\tilde{\zeta} + d) + bz}{c\zeta\tilde{\zeta}}$$

bzw. in affinen Koordinaten

$$(5.37) \qquad \{\bar{x} = \frac{dx}{x^2 + y^2}, \ \bar{y} = -\frac{dy}{x^2 + y^2}, \ \bar{z} = \frac{t[d - (x^2 + y^2)] + bz}{c(x^2 + y^2)}\}.$$

Berechnet man nun für den Punkt $Z(0,0,-\frac{t}{c})$ die Vektoren $\overrightarrow{ZP}$ und $\overrightarrow{Z\bar{P}}$ an Hand von (5.37), dann sieht man, daß diese l.a. sind. Somit liegen Urpunkt P, Bildpunkt $\bar{P}$ und Z bei (5.37) auf einer Geraden. Wir bezeichnen Z als *Inversionszentrum* und nennen die Abbildung (5.37) eine *Spiegelung (Inversion) an einem einteiligen oder nullteiligen Drehzylinder zum Zentrum Z*, je nachdem $d > 0$ oder $d < 0$ gilt. Wählt man o.B.d.A. $t = 0$, d. h. $Z(0,0,0)$, so erhält man als Normalform dieses Abbildungstyps

$$(5.38) \qquad \{\bar{x} = \frac{dx}{x^2 + y^2}, \ \bar{y} = -\frac{dy}{x^2 + y^2}, \ \bar{z} = \frac{dz}{x^2 + y^2}\}.$$

Zu vorgegebenem Inversionszylinder gehört gemäß der Wahl von Z eine einparametrige Schar von Inversionen dieser Art. Die nachstehenden Abbildungen 7 a) und 7 b) zeigen beide Typen von Inversionen, wobei im Fall eines nullteiligen Inversionszylinders im Grundriß eine *Antiinversion* an einem *reellen Ersatzzylinder* vorliegt.

<u>Abbildung 7 a) und 7 b):</u>

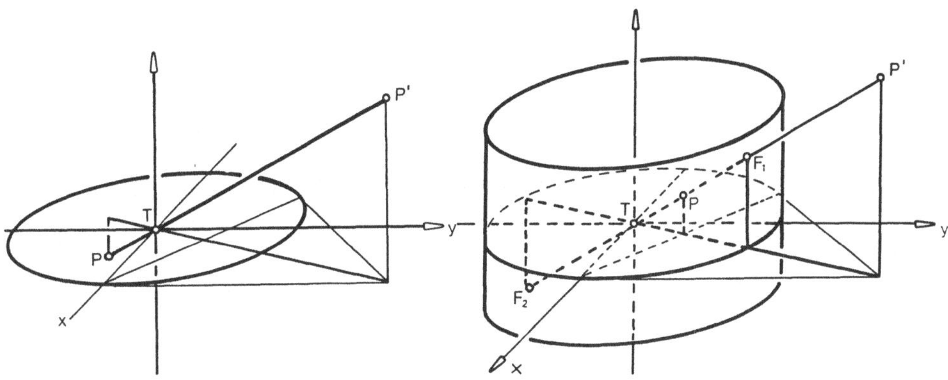

<u>Unterfall C2:</u> $A_5 = -(\alpha\tilde{\alpha} + bc)$.
Wir beginnen wieder mit dem *Sonderfall* $c = 0$ und dürfen nach (1) o.B.d.A. $b = 0$ und $\alpha = ia_2 (a_2 \in R)$ voraussetzen. Das zugehörige Gleichungssystem stimmt dann bis auf $A_5 = -\alpha\tilde{\alpha} = -a_2^2$ mit dem entsprechenden im Sonderfall unter C1) überein und hat die Lösung $\{A_1 = beliebig, \ A_4 = beliebig, \ A_5 = -a_2^2, \ C = c_1 \in R\}$. Die Abbildungsgleichungen der entsprechenden Involution lauten

$$(5.39) \qquad \{\bar{x} = x, \ \bar{y} = -y, \ \bar{z} = \frac{A_1}{a_2^2}(x^2 + y^2) + \frac{2c_1}{a_2^2}x + \frac{A_4}{a_2^2} - z\}.$$

Hier sind *2 Möglichkeiten* zu untersuchen. Ist $A_1 = 0$, dann besitzt (5.39) die Gerade g $\{y = 0, z = \frac{c_1}{a_2^2}x + \frac{A_4}{2a_2^2}\}$ als Punktfixgerade. Legt man g o.B.d.A. nach Anwendung einer isotropen Bewegung in die x-Achse des Koordinatensystems, so kann man in (5.39) $c_1 = A_4 = 0$ setzen und erhält als Normalform dieses Abbildungstyps

$$(5.40) \qquad \{\bar{x} = x,\ \bar{y} = -y,\ \bar{z} = -z\}.$$

Es handelt sich somit um eine *Spiegelung an einer nichtisotropen Geraden.*
Gilt $A_1 \neq 0$, dann ist die Fixpunktmenge von (5.39) der parabolische Kreis $k_p\{y = 0, z = \frac{A_1}{2a_2^2}x^2 + \frac{c_1}{a_2^2}x + \frac{A_4}{2a_2^2}\}$ und man kann wieder $A_4 = c_1 = 0$ erzielen. Damit lauten die Abbildungsgleichungen dieser Involution in *Normalform*

$$(5.41) \qquad \{\bar{x} = x,\ \bar{y} = -y,\ \bar{z} = \frac{A_1}{a_2^2}(x^2 + y^2) - z\}.$$

An Hand von (5.41) bestätigt man nun leicht, daß durch jeden Punkt P, der nicht in der Ebene $y = 0$ liegt, genau eine parabolische Sphäre $\sum$ geht, die k_p enthält und daß $\bar{P}$ ebenfalls auf $\sum$ liegt. Hiermit hat man die Involution (5.41), die man als *Spiegelung an einem isotropen Kreis* bezeichnet, vollständig in der Hand. Die voranstehenden Überlegungen zeigen auch, daß es zu jedem parabolischen Kreis k_p genau eine Spiegelung (5.41) mit k_p als *Punktfixkreis* gibt.
Nun sei $c \neq 0$. Wir können in (5.33) wieder o.B.d.A. $d = 0$ setzen. Dann vereinfacht sich (5.33) zu $\{c^2 A_4 = -A_5 A_1,\ bcC = -A_5 C,\ bc\widetilde{C} = -A_5\widetilde{C},\ b^2 A_1 = -A_5 A_4,\ A_5 = -bc\}$, wobei $bc \neq 0$ gilt. Dieses Gleichungssystem besitzt die allgemeine Lösung $\{C = beliebig, A_4 = \frac{b}{c}A_1, A_1 = beliebig, A_5 = -bc\}$. Die zugehörige Involution lautet, wenn man noch $\frac{b}{c} =: d$ setzt

$$(5.42) \qquad \bar{\zeta} = \frac{d}{\widetilde{\zeta}},\ \bar{z} = \frac{A_1\zeta\widetilde{\zeta} + C\widetilde{\zeta} + \widetilde{C}\zeta + dA_1 - bcz}{c^2\zeta\widetilde{\zeta}}.$$

Die Fixpunktmenge von (5.42) liegt sicher auf dem einteiligen oder nullteiligen Zylinder $\zeta\widetilde{\zeta} = d$ und wie aus der zweiten Gleichung folgt in der nichtisotropen Ebene $\epsilon: bcz = c_1 x + c_2 y + A_1 d$, wobei $C = c_1 + ic_2$ gesetzt wurde. Demnach ist die *Fixpunktmenge* ein *einteiliger oder nullteiliger Kreis* k elliptischen Typs. Man kann nun durch eine isotrope Bewegung erreichen, daß k in der [xy]-Ebene des zugrundegelegten Koordinatensystems liegt, was $A_1 = c_1 = c_2 = 0$ nach sich zieht. Damit vereinfach sicht (5.42) zu

$$(5.43) \qquad \{\bar{x} = \frac{dx}{x^2 + y^2},\ \bar{y} = -\frac{dy}{x^2 + y^2},\ \bar{z} = -\frac{dz}{x^2 + y^2}.\}$$

An Hand von (4.43) zeigt man nun leicht, daß durch jeden Punkt $P \notin \epsilon$ genau eine Sphäre parabolischen Typs $\sum$ geht, die P enthält, und daß auch $\bar{P} \in \sum$ gilt. Damit hat man die Involution (4.43), die man als *Spiegelung an einem einteiligen oder nullteiligen Kreis* elliptischen Typs bezeichnet, vollständig in der Hand. Insgesamt haben wir damit alle involutorischen Möbiustransformationen im $I_3^{(1)}$ bestimmt.

◇

<u>Bemerkungen:</u>
Untersucht man die involutorischen Möbiustransformationen im *konisch abgeschlossenen einfach isotropen Raum* im Sinne der *Möbiusgeometrie*, so fallen einige der im Satz 5.4 aufgezählten Typen zusammen und es verbleiben nur *7 Typen*. Viele interessante Details findet man in [261]. Die für die folgenden Betrachtungen wichtigste involutorische Möbiusabbildung ist die *parabolische Inversion* μ, deren wichtigste *Eigenschaften* wir kurz zusammenstellen. Sie können leicht mittels (5.20) hergeleitet werden:

1) Die parabolische Inversion μ ist eine in $I_3^{(1)}$ bijektive Punktabbildung.

2) Jede Sphäre $\sum \ldots z = R(x^2 + y^2)$ vom Radius R geht bei μ in eine Sphäre vom Radius $\widehat{R} = A_1 - R$ über. Ist $\sum$ zu $\sum_0$ kongruent ($\frac{1}{2}A_1 = R$), dann besitzt die Bildsphäre denselben Radius. Ist R doppelt so groß wie der Radius der Inversionssphäre $\sum_0$, d. h. gilt $R = A_1$, dann ist das Bild von $\sum$ eine nichtisotrope Ebene.

3) Jede nichtisotrope Ebene wird auf eine Sphäre vom Radius $\frac{1}{2}A$ abgebildet. Jede isotrope Ebene bleibt als Ganzes fest.

4) Jede nichtisotrope Gerade g wird auf einen parabolischen Kreis $\widehat{g}$ vom Radius $\frac{1}{2}A$ abgebildet. Dies folgt aus 2), 3) und Satz 4.4, denn g kann als Schnitt der isotropen Ebene durch g mit einer nichtisotropen Ebene erzeugt werden. Jede vollisotrope Gerade bleibt als Ganzes fest.

5) Jeder parabolische Kreis k vom Radius R wird auf einen parabolischen Kreis $\widehat{k}$ vom Radius $\widehat{R} = A_1 - R$ abgebildet, der in derselben Ebene liegt wie k. Dies folgt sofort aus 2) und 3), da man durch k eine Sphäre vom Radius R legen kann.

6) Jeder Kreis k elliptischen Typs wird auf einen elliptischen Kreis vom selben Radius abgebildet.

Wir beschließen unsere Betrachtungen zur Möbiusgeometrie mit einem Satz aus der *Flächentheorie*. In §9 werden wir die *isotropen Krümmungslinien* einer Fläche $z = z(x,y)$ kennenlernen, welche durch die Differentialgleichung

$$(5.44) \qquad\qquad s\,dx^2 - (r-t)dx\,dy - s\,dy^2 = 0$$

mit $r = z_{xx}$, $s = z_{xy}$ und $t = z_{yy}$ gegeben sind. Hier zeigen wir den

<u>**SATZ 5.5:**</u> *Die isotropen Krümmungslinien einer Fläche gehen bei eigentlichen und uneigentlichen Möbiusabbildungen in die isotropen Krümmungslinien der Bildfläche über.*

<u>*Beweis:*</u>
An Stelle der Parameter x, y führen wir auf der Fläche Φ die *isotropen Parameter*

$$(5.45) \qquad\qquad \zeta = x + iy, \qquad \widetilde{\zeta} = x - iy,$$
$$x = \frac{1}{2}(\zeta + \widetilde{\zeta}), \qquad y = \frac{1}{2i}(\zeta - \widetilde{\zeta})$$

ein und erhalten für Φ eine Darstellung der Form $z = z(\zeta, \widetilde{\zeta})$. Hiermit transformieren wir zunächst die Größen r, s und t. Man berechnet beispielsweise $\frac{\partial z}{\partial y} = \frac{\partial z}{\partial \zeta} \cdot i + \frac{\partial z}{\partial \widetilde{\zeta}}(-i)$,

$t = \frac{\partial^2 z}{\partial y^2} = i\left[\frac{\partial^2 z}{\partial^2 \zeta}i + \frac{\partial^2 z}{\partial \zeta \partial \widetilde{\zeta}}(-i)\right] + (-i)\left[\frac{\partial^2 z}{\partial \zeta \partial \widetilde{\zeta}}i + \frac{\partial^2 z}{\partial \widetilde{\zeta}^2}(-i)\right] = -\frac{\partial^2 z}{\partial \zeta^2} + 2\frac{\partial^2 z}{\partial \zeta \partial \widetilde{\zeta}} - \frac{\partial^2 z}{\partial \widetilde{\zeta}^2}$ und analog findet man $r = \frac{\partial^2 z}{\partial x^2} = \frac{\partial^2 z}{\partial \zeta^2} + 2\frac{\partial^2 z}{\partial \zeta \partial \widetilde{\zeta}} + \frac{\partial^2 z}{\partial \widetilde{\zeta}^2}$, $s = \frac{\partial^2 z}{\partial x \partial y} = i\frac{\partial^2 z}{\partial \zeta^2} - i\frac{\partial^2 z}{\partial \widetilde{\zeta}^2}$. Wird hiermit und den Beziehungen $dx = \frac{1}{2}(d\zeta + d\widetilde{\zeta})$, $dy = \frac{1}{2i}(d\zeta - d\widetilde{\zeta})$ die Differentialgleichung (5.44) der Krümmungslinien transformiert, so erhält man in den neuen Parametern $(\zeta, \widetilde{\zeta})$

$$(5.46) \qquad \frac{\partial^2 z}{\partial \zeta^2}d\zeta^2 - \frac{\partial^2 z}{\partial \widetilde{\zeta}^2}d\widetilde{\zeta}^2 = 0.$$

Wendet man nun auf $z = z(\zeta, \widetilde{\zeta})$ eine Möbiustransformation (5.2a) an und berechnet für die Bildfläche $\bar{z} = \bar{z}(\bar{\zeta}, \widetilde{\bar{\zeta}})$ die Differentialgleichung (5.46), so erhält man mit einiger Mühe

$$(5.47) \qquad \frac{\partial^2 \bar{z}}{\partial \bar{\zeta}^2}d\bar{\zeta}^2 - \frac{\partial^2 \bar{z}}{\partial \widetilde{\bar{\zeta}}^2}d\widetilde{\bar{\zeta}}^2 = \frac{A_5}{(\gamma\zeta + \delta)(\widetilde{\gamma}\widetilde{\zeta} + \widetilde{\delta})}\left(\frac{\partial^2 z}{\partial \zeta^2}d\zeta^2 - \frac{\partial^2 z}{\partial \widetilde{\zeta}^2}d\widetilde{\zeta}^2\right).$$

Da der erste Faktor auf der rechten Seite von (5.47) von Null verschieden ist, entsprechen sich somit die Krümmungslinien auf der Ur- und Bildfläche. Der Beweis geht analog für die uneigentlichen Möbiusabbildungen (5.2b), wobei an die Stelle von (5.47) die Gleichung

$$(5.48) \qquad \frac{\partial^2 \bar{z}}{\partial \bar{\zeta}^2}d\bar{\zeta}^2 - \frac{\partial^2 \bar{z}}{\partial \widetilde{\bar{\zeta}}^2}d\widetilde{\bar{\zeta}}^2 = \frac{-A_5}{(\gamma\widetilde{\zeta} + \delta)(\widetilde{\gamma}\zeta + \widetilde{\delta})}\left(\frac{\partial^2 z}{\partial \zeta^2}d\zeta^2 - \frac{\partial^2 z}{\partial \widetilde{\zeta}^2}d\widetilde{\zeta}^2\right)$$

tritt.

§6 Die Kurventheorie des einfach isotropen Raumes bezüglich der Gruppe $\mathcal{B}_6^{(1)}$.

Gegenstand dieses Abschnittes ist es, die *Kurventheorie* des einfach isotropen Raumes $I_3^{(1)}$ *bezüglich* der einfach isotropen *Bewegungsgruppe* $\mathcal{B}_6^{(1)}$ zu studieren. Hierbei wollen wir hier zunächst die allgemeine Theorie entwickeln, während spezielle Fragestellungen erst in §7 behandelt werden. Bezüglich einer ausführlichen Darstellung aller übergeordneten Begriffe, die sich auf die affine Kurventheorie beziehen, verweisen wir auf [10], [12], [29] und [192]; diesbezüglich werden wir uns i. f. sehr kurz fassen.

Ist $I \subset R$ ein offenes (eventuell unbeschränktes) Intervall und bezeichnet A_3 den reellen, dreidimensionalen affinen Raum, so kann eine Abbildung $\varphi : I \to A_3$ nach Auszeichnung eines affinen Koordinatensystems $\{0; x, y, z\}$ durch eine Vektorfunktion

$$(6.1) \qquad \overrightarrow{OX}(t) = \{x(t), y(t), z(t)\} =: \vec{x}(t), t \in I$$

beschrieben werden. Hierbei ist $\varphi(t) = X \in A_3$, der zum Parameter $t \in I$ gehörige Kurvenpunkt X. Bezeichnen i. f. Punkte stets Ableitungen nach dem Parameter t, so gilt in Analogie zu Definition 7.1 in [180]:

Definition 6.1: Eine Abbildung $\varphi : I \to A_3$, beschrieben durch (6.1) heißt eine C^r-*Abbildung*, wenn $x(t), y(t), z(t)| \in C^r$ gilt. φ heißt eine C^r-*Immersion*, wenn φ eine C^r-Abbildung mit $r \geq 1$ ist und $\dot{\vec{x}}(t) = \{\dot{x}(t), \dot{y}(t), \dot{z}(t)\} \neq \vec{o}$ in I gilt. φ heißt eine C^r-*Einbettung*, wenn φ eine injektive C^r-Immersion ist.

Hiermit gelangen wir zu einem *Kurvenbegriff* im A_3, den wir i. f. auf den einfach isotropen Raum $I_3^{(1)} \subset A_3$ spezialisieren werden:

Definition 6.2: Eine Punktmenge $c \subset A_3$ heißt eine C^r-*Kurve (reguläre C^r-Kurve, einfache C^r-Kurve)*, wenn es ein offenes Intervall $I \subset R$ und eine C^r-Abbildung (C^r-Immersion, C^r-Einbettung) $\varphi : I \to A_3$ gibt mit $\varphi(I) = c$.

SATZ 6.1: *Die Begriffe C^r-Kurve, reguläre C^r-Kurve und einfache C^r-Kurve sind $\mathcal{B}_6^{(1)}$-invariant.*

Beweis:

(1): Unterwirft man eine C^r-Kurve (6.1) einer isotropen Bewegung (1.20), so entsteht $\bar{\vec{x}} = \bar{\vec{x}}(t)$ mit der Darstellung

$$(6.2) \qquad \begin{cases} \bar{x} = a + x(t)\,\cos\varphi - y(t)\,\sin\varphi \\ \bar{y} = b + x(t)\,\sin\varphi + y(t)\,\cos\varphi \\ \bar{z} = c + c_1 x(t) + c_2 y(t) + z(t), \end{cases}$$

d. h. es gilt auch $\bar{\vec{x}}(t) \in C^r$.

(2): Durch Differentiation entsteht aus (6.2) $\dot{\bar{\vec{x}}}$ in der Form

$$(6.3) \qquad \begin{cases} \dot{\bar{x}} = \dot{x}\,\cos\varphi - \dot{y}\,\sin\varphi \\ \dot{\bar{y}} = \dot{x}\,\sin\varphi + \dot{y}\,\cos\varphi \\ \dot{\bar{z}} = c_1\dot{x} + c_2\dot{y} + \dot{z}. \end{cases}$$

Angenommen es wäre $\dot{\bar{x}} = \vec{o}$, so würde aus den ersten beiden Gleichungen in (6.3) folgen $\dot{x} = \dot{y} = 0$, denn diese beiden Gleichungen stellen dann ein lineares homogenes Gleichungssystem für die Unbekannten $\dot{x}$ und $\dot{y}$ dar, wobei die Koeffizientendeterminante gleich 1 ist. Aus der dritten Gleichung in (6.3) folgt hiermit $\dot{z} = 0$, d. h. $\dot{\bar{x}} = \vec{o}$. Somit ist mit $\vec{x}(t)$ auch $\bar{\vec{x}}(t)$ eine reguläre C^r-Kurve.

(3): Ist $\vec{x}(t)$ eine einfache Kurve, dann ist auch $\bar{\vec{x}}(t)$ eine einfache Kurve, denn $\bar{\vec{x}}(t)$ entsteht als Zusammensetzung der injektiven Abbildung φ mit einer isotropen Bewegung (1.20), die ja auch injektiv ist.

$$\diamondsuit$$

Analog zum Beweis von Satz 7.2 in [180] zeigt man jetzt den

SATZ 6.2: *Jede reguläre C^r-Kurve $c \subset A_3$ ist in der Umgebung jedes Parameters $t_0 \in I$ eine einfache C^r-Kurve.*

Wie in der ebenen isotropen Kurventheorie wollen wir uns auch jetzt von der speziellen Wahl der Parametrisierung lösen und betrachten daher geeignete Parameterwechsel. Wird die Kurve c durch $\varphi : I \to A_3$ beschrieben und bezeichnet $f : J \to I$ eine surjektive Abbildung des offenen Intervalls J auf I, so beschreibt $\Psi := \varphi \circ f$ dieselbe Punktmenge c. Wird f in der Form $t = f(v)$ angegeben — wobei der neue Parameter v das Intervall J durchläuft — so wird nunmehr c mittels $\vec{x}(t(v)) =: \tilde{\vec{x}}(v)$ beschrieben. Natürlich muß man die Menge der Parametertransformationen geeignet einschränken, wenn Differenzierbarkeitseigenschaften, Regularität usw. erhalten bleiben sollen:

Definition 6.3: Eine Parametertransformation $f : J \to I$, gegeben durch $t = f(v)$ heißt eine *zulässige* C^r-Parametertransformation, wenn f eine surjektive C^r-Funktion mit $r \geq 1$ ist, für die $\frac{df}{dv} \neq 0$ in J gilt.

<u>Folgerungen:</u>
1) Da $f(v)$ stetig und wegen $\frac{df}{dv} \neq 0$ in J eine monotone Funktion ist, ist $f(v)$ auch injektiv, d. h. die Abbildung $f : J \to I$ ist eine *Bijektion*.

2) Da in J stets $\frac{df}{dv} \neq 0$ und $\frac{df}{dv} \in C^0$ gilt, so ist in J entweder immer $\frac{df}{dv} > 0$ oder $\frac{df}{dv} < 0$. Wie im Fall einer Kurve der isotropen Ebene unterscheidet man somit auch jetzt *gleichsinnige* zulässige C^r-Parametertransformationen ($\frac{df}{dv} > 0$) und *gegensinnige* zulässige C^r-Parametertransformationen ($\frac{df}{dv} < 0$).

3) Der Satz 7.3 in [180] überträgt sich — samt Beweis — wörtlich auf den vorliegenden Fall einer Kurve $c \subset A_3$.

Weiters geben wir nunmehr die grundlegende

Definition 6.4: Eine Eigenschaft (Größe) einer Kurve $c \subset I_3^{(1)}$ heißt eine *geometrische Größe* der isotropen Bewegungsgeometrie, wenn sie

    a) invariant gegen Transfomationen aus $\mathcal{B}_6^{(1)}$ und

   b) parameterinvariant

ist. Eine geometrische Größe heißt eine *Differentialinvariante*, wenn bei ihrer Bildung Ableitungen auftreten. Eine Differentialinvariante heißt von *k-ter Ordnung*, wenn sie von Ableitungen bis zur k-ten Ordnung einschließlich, aber keinen höheren abhängt.

Bevor wir uns der *Untersuchung geometrischer Größen* der isotropen Kurventheorie zuwenden, wollen wir zwei geometrische Begriffe studieren, die an sich Begriffe der projektiven Differentialgeometrie sind, aber für die folgenden Überlegungen wichtig sein werden. Den *ersten Begriff* führen wir ein vermöge der

Definition 6.5: Ein Punkt $P_0(t_0)$ einer regulären C^2-Kurve c heißt ein *Wendepunkt*, wenn die Vektoren $\{\dot{\vec{x}}(t_0), \ddot{\vec{x}}(t_0)\}$ linear abhängig sind.

Folgerungen:
  1) Gemäß dieser Definition gilt in einem Wendepunkt P_0 eine Beziehung $\lambda\dot{\vec{x}}(t_0)$ + $+\mu\ddot{\vec{x}}(t_0) = \vec{o}$ mit $(\lambda,\mu) \neq (0,0)$. Da c regulär ist, muß überdies $\mu \neq 0$ sein, sonst wäre wegen $\lambda \neq 0$ sicher $\dot{\vec{x}} = \vec{o}$ im Widerspruch zur Regularität. Wird $\sigma := -\frac{\lambda}{\mu}$ gesetzt, so erhält man damit folgende *Kennzeichnung der Wendepunkte*

$$(6.4) \qquad\qquad \ddot{\vec{x}}(t_0) = \sigma\dot{\vec{x}}(t_0) \quad \text{mit} \quad \sigma \in R.$$

  2) Der Begriff Wendepunkt ist ein geometrischer Begriff im Sinne der Definition 6.4

Beweis:
Da isotrope Bewegungen spezielle Affinitäten sind, und letztere die lineare Abhängigkeit von Vektoren invariant lassen, ist der Begriff Wendepunkt sicher $B_6^{(1)}$-invariant; hierbei wird noch investiert, daß bei einer Affinität und speziell bei einer isotropen Bewegung der k-te Ableitungsvektor $\vec{x}^{(k)}(t)$ in den k-ten Ableitungsvektor $\overline{\vec{x}}^{(k)}(t)$ $(k = 1,2,\ldots)$ übergeht. Die Parameterinvarinanz dieses Begriffes ergibt sich aus $\widetilde{\vec{x}}(v) = \vec{x}(t(v))$ und (6.4) durch folgende kurze Rechnung:

$$\frac{d\widetilde{\vec{x}}}{dv} = \frac{d\vec{x}}{dt}\cdot\frac{dt}{dv} = \dot{\vec{x}}\frac{dt}{dv}, \frac{d^2\widetilde{\vec{x}}}{dv^2} = \ddot{\vec{x}}(\frac{dt}{dv})^2 + \dot{\vec{x}}\frac{d^2t}{dv^2} \Rightarrow \frac{d^2\widetilde{\vec{x}}}{dv^2} = \sigma(t)\dot{\vec{x}}(t)(\frac{dt}{dv})^2 + \dot{\vec{x}}\frac{d^2t}{dv^2} =$$

$$= [\sigma(t)(\frac{dt}{dv})^2 + +\frac{d^2t}{dv^2}](\frac{dt}{dv})^{-1}\frac{d\widetilde{\vec{x}}}{dv} = \widetilde{\sigma}\frac{d\widetilde{\vec{x}}}{dv} \quad \text{mit} \quad \widetilde{\sigma} = \sigma\frac{dt}{dv} + \frac{d^2t}{dv^2}\frac{dv}{dt}.$$

$$\Diamond$$

Um den Begriff Wendepunkt zu motivieren, beweisen wir folgenden

SATZ 6.3: *Die einzigen regulären C^2-Kurven c, die aus lauter Wendepunkte bestehen, sind die Geraden.*

Beweis:
(1): Eine Gerade g kann mittels $\vec{x}(t) = \vec{a} + t\vec{v}(\vec{v} \neq \vec{o})$ parametrisiert werden. Für sie gilt $\dot{\vec{x}} = \vec{v} \neq \vec{o}$, $\ddot{\vec{x}} = \vec{o}$ und somit sind $\{\dot{\vec{x}}, \ddot{\vec{x}}\} = \{\vec{v}, \vec{o}\}$ l.a., d. h. jeder Punkt von g ist Wendepunkt.

(2): Besitzt umgekehrt eine über einem Intervall I reguläre C^2-Kurve c lauter Wendepunkte, so muß nach (6.4) die Differentialgleichung $\ddot{\vec{x}}(t) = \sigma(t)\dot{\vec{x}}(t)$ über I erfüllt sein. Bezeichnen wir in diesem Beweis die affinen Koordinaten im A_3 mit (x_1, x_2, x_3), so läßt sich obige Differentialgleichung in die drei skalaren Differentialgleichungen $\ddot{x}_i = \sigma(t)\dot{x}_i (i = 1, 2, 3)$ zerlegen. Wird $\xi_i = \dot{x}_i$ gesetzt, so folgt $\dot{\xi}_i = \sigma(t)\xi$, und wegen $\sigma(t) \in C^0$ erhält man die allgemeine Lösung dieser Gleichung zu $\xi_i = = b_i\, e^{\int \sigma(t)dt}$, wobei die $b_i (i = 1, 2, 3)$ Integrationskonstanten bezeichnen. Hieraus entsteht durch nochmalige Integration wegen $\dot{x}_i = \xi_i : x_i(t) = b_i \int e^{\int \sigma(t)dt} dt + a_i$ mit Integrationskonstanten a_i. Werden die Integrationskonstanten zu Vektoren $\vec{b}$ bzw. $\vec{a}$ zusammengefaßt, so lauten die allgemeinen Lösungskurven $\vec{x}(t) = = \vec{b} \int e^{\int \sigma(t)dt} dt + \vec{a}$ bzw., wenn man die zulässige C^2-Parametertransformation $t^* = \int e^{\int \sigma(t)dt} dt$ ausführt: $\vec{x}(t^*) = \vec{a} + t^*\vec{b}$. Da wir Regularität der Lösungskurven vorausgesetzt haben, gilt $\frac{d\vec{x}}{dt^*} = \vec{b} \neq \vec{o}$ und die Lösungskurven sind damit als Geraden nachgewiesen.

$$\Diamond$$

Den *zweiten Begriff*, der i.f. wichtig ist, führen wir ein über den

SATZ 6.4: *In jedem Punkt $P(t_0)$ einer regulären, wendepunktfreien C^2-Kurve c, beschrieben durch $\vec{x} = \vec{x}(t)$, existiert eindeutig die Grenzebene einer Folge von Ebenen, die durch die Tangente t in P und einen nicht auf t liegenden — gegen P konvergierenden Kurvenpunkt Q bestimmt wird. Diese Grenzebene heißt Schmiegebene der Kurve c in P. Ihre Gleichung lautet*

$$(6.5) \qquad (\vec{X} - \vec{x}(t_0), \dot{\vec{x}}(t_0), \ddot{\vec{x}}(t_0)) = 0,$$

wobei $\vec{X}$ den Ortsvektor eines laufenden Punktes in der Schmiegebene bezeichnet.

Beweis:
Die Punkte P, $Q| \in c$ mögen durch die Parameterwerte t_0 bzw. $t_0 + h$ mit $h \neq 0$ festgelegt werden. Wegen $\vec{x}(t) \in C^2$ kann man die Taylorentwicklung

$$(6.6) \qquad \vec{x}(t_0 + h) = \vec{x}(t_0) + h\dot{\vec{x}}(t_0) + \frac{1}{2}h^2\ddot{\vec{x}}(t_0 + \Theta h)$$

heranziehen, wobei Θ symbolisch das Tripel $(\Theta_1, \Theta_2, \Theta_3)$ der in den drei Komponenten auftretenden Werte Θ_i mit $0 < \Theta_i < 1$ $(i = 1, 2, 3)$ bezeichnet. Da die Tangente t in P durch den Tangentenvektor $\dot{\vec{x}}(t_0)$ und $\overrightarrow{PQ}$ durch $\overrightarrow{PQ} = \vec{x}(t_0 + h) - \vec{x}(t_0) = h\dot{\vec{x}}(t_0) + \frac{1}{2}h^2\ddot{\vec{x}}(t_0 + \Theta h)$ festgelegt wird, lautet die Gleichung der Verbindungsebene $\bar{\epsilon}$ von t mit Q, wenn $\vec{X}$ den Ortsvektor eines in $\bar{\epsilon}$ laufenden Punktes bezeichnet: $(\vec{X} - \vec{x}(t_0), \dot{\vec{x}}(t_0),$ $h\dot{\vec{x}}(t_0) + \frac{1}{2}h^2\ddot{\vec{x}}(t_0 + \Theta h)) = 0 \Rightarrow (\vec{X} - \vec{x}(t_0), \dot{\vec{x}}(t_0), \ddot{\vec{x}}(t_0 + \Theta h)) = 0 (*)$.

Diese Ebene existiert eindeutig, wenn man Q in einer geeigneten Umgebung von P wählt; wären nämlich die Vektoren $\{\dot{\vec{x}}(t_0), \ddot{\vec{x}}(t_0 + \Theta h)\}$ in Punkten $Q(t_0 + h)$ linear abhängig, die sich um $h = 0$ häufen, so würde durch den Grenzübergang $h \to 0$ folgen, daß $\{\dot{\vec{x}}_0, \ddot{\vec{x}}_0\}$

linear abhängig sind, was der Voraussetzung widerspricht, daß P kein Wendepunkt von c ist. Aus der Gleichung (∗) ergibt sich wegen $\ddot{\vec{x}}(t_0+\Theta h)\in C^0$ nach dem Grenzübergang $h\to 0$ schließlich die Formel (6.5).

$$\Diamond$$

Folgerungen:

1) Da die *Schmiegebene* gemäß Satz 6.4 durch rein geometrische Begriffsbildungen eingeführt wurde, ist sie gemäß Definition 6.4 ein *geometrischer Begriff* der isotropen Differentialgeometrie.

2) Wir erinnern noch an eine andere Definition der Schmiegebene, die man z. B. in [226,137f] nachlesen kann: Ist P kein Wendepunkt einer regulären C^2-Kurve $c\subset A_2$, und sind Q, R mit $Q\neq R$, $Q,R|\neq P$ zwei mit P nicht kollineare Punkte von c, so ist die Grenzlage der Verbindungsebene $\bar{\epsilon}=P\vee Q\vee R$ beim simultanen Grenzübergang $Q,R\to P$ die Schmiegebene in P.

3) Auch in Wendepunkten, sogar in Wendepunkten höherer Ordnung, kann der Begriff Schmiegebene eingeführt werden (vgl. [226,141f]).

4) Besitzt $\vec{X}$ in (6.5) die Komponenten $\vec{X}=(X,Y,Z)$, so lautet (6.5) auführlich

$$(6.5a)\qquad \begin{vmatrix} X-x(t_0) & y-y(t_0) & Z-z(t_0)\\ \dot{x}(t_0) & \dot{y}(t_0) & \dot{z}(t_0)\\ \ddot{x}(t_0) & \ddot{y}(t_0) & \ddot{z}(t_0) \end{vmatrix}=0.$$

Hieraus erkennt man: Die *Schmiegebene* eines Punktes $P(t_0)\epsilon c$ ist genau dann eine *isotrope Ebene*, wenn gilt $\dot{x}(t_0)\ddot{y}(t_0)-\dot{y}(t_0)\ddot{x}(t_0)=0$.

Definition 6.6: Eine Kurve $c\subset I_3^{(1)}$ heißt eine *zulässige* C^r-Kurve $(r\geq 2)$, wenn c eine reguläre, einfache, wendepunktfreie C^r-Kurve $(r\geq 2)$ ist, die keine isotropen Schmiegebenen besitzt.

SATZ 6.5: *Eine C^r-Kurve c mit $r\geq 2$ ist genau dann zulässig, wenn über ihrem Definitionsintervall I gilt*

$$(6.7)\qquad\qquad \dot{x}\ddot{y}-\dot{y}\ddot{x}\neq 0.$$

Eine zulässige C^r-Kurve besitzt keine vollisotropen Tangenten.

Beweis:
Sicher gilt $(\dot{x},\dot{y})\neq(0,0)$ in I, sonst wäre $\dot{x}\ddot{y}-\dot{y}\ddot{x}=0$ im Widerspruch zu (6.7); somit gilt $\dot{\vec{x}}\neq 0$ und c ist regulär über I und frei von vollisotropen Tangenten. Gemäß Satz 6.2 folgt, daß c über I eine einfache Kurve ist. c ist auch wendepunktfrei, denn anderenfalls wäre nach (6.4) $\ddot{x}=\sigma\dot{x}$, $\ddot{y}=\sigma\dot{y}$ und somit $\dot{x}\ddot{y}-\dot{y}\ddot{x}=\dot{x}\sigma\dot{y}-\dot{y}\sigma\dot{x}=0$ im Widerspruch zu (6.7), daß c frei von isotropen Schmiegebenen ist.

$$\Diamond$$

SATZ 6.6: *Die einzigen regulären C^2-Kurven c, für die über einem Intervall I gilt $\dot{x}\ddot{y}-\dot{y}\ddot{x}=0$ sind die vollisotropen Geraden und die Kurven in isotropen Ebenen des $I_3^{(1)}$.*

Beweis:

Die vollisotropen Geraden werden durch $\dot{x} = \dot{y} = 0$ beschrieben und sind ersichtlich Lösungen der vorgegebenen Differentialgleichung. Sei fortan $(\dot{x}, \dot{y}) \neq (0,0)$, und zwar o.B.d.A. $\dot{x} \neq 0$ in I. Dann ist obige Differentialgleichung gleichwertig mit $\frac{\dot{x}\ddot{y}-\dot{y}\ddot{x}}{\dot{x}^2} = \left(\frac{\dot{y}}{\dot{x}}\right)^{\cdot} = 0$, und hieraus folgt durch Integration: $\frac{\dot{y}}{\dot{x}} = c_0 \Rightarrow y = c_0 x + c_1$, d. h. die Lösungskurven liegen in isotropen Ebenen.

$\Diamond$

Von den folgenden Betrachtungen werden wir daher vollisotrope Geraden und Kurven in isotropen Ebenen ausschließen; letztere wurden ja schon in [180,§7] studiert.

Wir gehen jetzt daran, für zulässige Kurven des $I_3^{(1)}$ einen *natürlichen Parameter* einzuführen.

Definition 6.7: Es sei $c : \vec{x}(t)$ eine auf dem abgeschlossenen Intervall $[a,b]$ zulässige Kurve des $I_3^{(1)}$. Dann heißt

$$(6.8) \qquad s := \int_{t=a}^{b} \sqrt{\dot{x}^2 + \dot{y}^2}\, dt = \int_{a}^{b} |\dot{\vec{x}}|\, dt$$

die *isotrope Bogenlänge* der Kurve c von $\vec{x}(a)$ bis $\vec{x}(b)$.

SATZ 6.7: *Die isotrope Bogenlänge einer zulässigen Kurve c des $I_3^{(1)}$ stimmt mit der euklidischen Bogenlänge ihres Grundrisses $\tilde{c}$ überein. Die isotrope Bogenlänge zulässiger Kurven $c \subset I_3^{(1)}$ ist eine nicht-triviale geometrische Größe bezüglich gleichsinniger zulässiger C^1-Parametertransformationen.*

Beweis:

Wie immer bezeichnen wir mit $\tilde{c}$ den Grundriß von c, d. h. die Projektion von c in vollisotroper Richtung in die $[xy]$-Ebene. (6.8) zeigt dann unmittelbar, daß s die euklidische Bogenlänge der Kurve $\tilde{c}$ von $\tilde{A}(a)$ bis $\tilde{B}(b)$ ist (vgl. [226,18]). Da sich die isotropen Bewegungen im Grundriß als euklidische Bewegungen auswirken, ist s sicher $\mathcal{B}_6^{(1)}$-invariant. Die Parameterinvarianz ergibt sich aus der Substitutionsregel für einfache Integrale, wie folgt:

$$\widehat{\vec{x}}(v) = \vec{x}(t(v)) \Rightarrow \frac{d\widehat{\vec{x}}}{dv} = \frac{d\vec{x}}{dt} \cdot \frac{dt}{dv} \Rightarrow \left|\frac{d\widehat{\tilde{\vec{x}}}}{dv}\right| = \left|\frac{d\tilde{\vec{x}}}{dv}\right| \frac{dt}{dv} \qquad \left(\text{wegen } \frac{dt}{dv} > 0\right),$$

also:

$$\widehat{s} = \int_{t^{-1}(a)}^{t^{-1}(b)} \left|\frac{d\widehat{\tilde{\vec{x}}}}{dv}\right| dv = \int_{a}^{b} \left|\frac{d\tilde{\vec{x}}}{dt}\right| \frac{dt}{dv}\frac{dv}{dt}\, dt = \int_{a}^{b} \left|\frac{d\tilde{\vec{x}}}{dt}\right| dt = s.$$

Gemäß der Zulässigkeit der betrachteten Kurven, d.h. wegen $(\dot{x}, \dot{y}) \neq (0,0)$ ist s nicht-trivial.

$\Diamond$

<u>Folgerungen:</u>

1) Ist in (6.8) die obere Grenze variabel, so folgt aus $s(t) = \int_a^t \sqrt{\dot{x}^2 + \dot{y}^2}\, dt$ durch Differentiation $\frac{ds}{dt} = \sqrt{\dot{x}^2 + \dot{y}^2}$ und damit formal

$$(6.9) \qquad ds = \sqrt{\dot{x}^2 + \dot{y}^2}\, dt = |\dot{\vec{x}}|\, dt.$$

Man bezeichnet ds als *einfach isotropes Bogendifferential* und beweist leicht, daß es sich um eine Differentialinvariante 1. Ordnung handelt.

2) Die *isotrope Bogenlänge* (6.8) gestattet eine einfache *geometrische Deutung* im Rahmen der isotropen Geometrie. Ist c eine zulässige Kurve über dem Intervall $I = [a, b]$, beschrieben durch $\vec{x} = \vec{x}(t)$, wobei $\vec{x}(a) = A$ den Anfangspunkt und $\vec{x}(b) = B$ den Endpunkt von c beschreibt, so unterteilen wir den Bogen $\overline{AB}$ durch Zwischenpunkte $P_\nu (\nu = 0, 1, \dots, n-1)$, wobei wir noch zusätzlich $P_0 = A$ und $P_n = B$ setzen. Infolge der Injektivität der Parameterdarstellung entsprechen den Punkten $\{A, P_1, \dots, P_{n-1}, B\}$ verschiedene Parameterwerte t_ν. Bei genügender Verfeinerung der Einteilung kann man stets erreichen, daß P_ν und $P_{\nu+1}$ nicht parallel sind; gehören nämlich P_ν und $P_{\nu+1}$ zu den Parameterwerten t und $t + h (h \neq 0)$, und wäre das Gegenteil der Fall, so würde gelten $x(t+h) - x(t) = 0$, $y(t+h) - y(t) = 0$ für unendlich viele Werte h, die sich um $h = 0$ häufen. Hieraus würde aber folgen: $\lim\limits_{h \to 0} \frac{x(t+h) - x(t)}{h} = \dot{x}(t) = 0$ und ebenso $\dot{y}(t) = 0$, d. h. P_ν wäre kein zulässiger Kurvenpunkt. Nach den bisherigen Überlegungen ist somit der isotrope Abstand $d(P_\nu, P_{\nu+1}) = \overline{\widetilde{P}_\nu \widetilde{P}_{\nu+1}}$, wobei $\overline{\widetilde{P}_\nu \widetilde{P}_{\nu+1}}$ die euklidische Entfernung der Grundrißpunkte $\widetilde{P}_\nu$ und $\widetilde{P}_{\nu+1}$ bezeichnet. Demnach besitzt das c einbeschriebene Polygon $\{A = P_0, P_1, \dots, P_{n-1}, B = P_n\}$ die isotrope Länge $l_n = \sum_{\nu=0}^{n-1} \overline{\widetilde{P}_\nu \widetilde{P}_{\nu+1}}$, die mit der euklidischen Länge des $\widetilde{c}$ einbeschriebenen Polygons $\{\widetilde{P}_0, \widetilde{P}_1, \dots, \widetilde{P}_{n-1}, \widetilde{P}_n\}$ übereinstimmt. Nach bekannten Übelegungen der euklidischen Differentialgeometrie ([226, 21 f]) existiert aber $\lim\limits_{n \to \infty} \sum_{\nu=0}^{n-1} \overline{\widetilde{P}_\nu \widetilde{P}_{\nu+1}}$ und stimmt mit (6.8) überein. Die isotrope Bogenlänge einer zulässigen Kurve c läßt sich somit deuten als Grenzwert der Längen einer Folge von c einbeschriebenen Polygonen bei wachsender Verfeinerung der Unterteilung.

Nun gilt der wichtige

SATZ 6.8: *Jede zulässige C^r-Kurve $c(r \geq 2)$ des einfach isotropen Raumes kann mittels der isotropen Bogenlänge s parametrisiert werden. Genau dann ist die isotrope Bogenlänge s Parameter auf $c : \vec{x} = \vec{x}(t)$, wenn gilt*

$$(6.10) \qquad |\dot{\vec{x}}| \equiv 1.$$

<u>*Beweis:*</u>

(1) Nach Voraussetzung gilt $\frac{ds}{dt} = \sqrt{\dot{x}^2 + \dot{y}^2} > 0$, so daß man $s = s(t)$ nach $t(s)$ auflösen kann, wobei $\frac{dt}{ds} = \frac{1}{\sqrt{\dot{x}^2 + \dot{y}^2}} > 0$ gilt.

Nach einem bekannten Satz der Analysis folgt nun: $\vec{x}(t) \in C^r (r \geq 2) \Rightarrow \dot{\vec{x}}(t) \in C^{r-1} \Rightarrow \frac{dt}{ds} \in C^{r-1} \Rightarrow t = t(s) \in C^r$. Hiermit ist $t = t(s)$ als zulässige C^r-Parametertransformation nachgewiesen; durch sie wird auf c die isotrope Bogenlänge als Parameter eingeführt.

(2) Wir bezeichnen i.f. mit *Strichen* Ableitungen nach der isotropen Bogenlänge s und mit *Punkten* Ableitungen nach dem allgemeinen Parameter t. Ist die Bogenlänge s auf c Parameter, so folgt mittels (6.9): $\widetilde{\vec{x}}\,' = \dot{\widetilde{\vec{x}}}\frac{dt}{ds} \Rightarrow |\widetilde{\vec{x}}\,'| = |\dot{\vec{x}}|\frac{dt}{ds} = |\dot{\vec{x}}|\frac{1}{|\dot{\widetilde{\vec{x}}}|} = 1$. Gilt

umgekehrt $|\dot{\widetilde{\vec{x}}}| \equiv 1$, so folgt: $s(t) = \int_a^t |\dot{\widetilde{\vec{x}}}|dt = \int_a^t = t - a$, d. h. es gilt $t = s$ bis auf eine additive Konstante, die durch die willkürliche Wahl für den Anfangspunkt der Bogenzählung bedingt ist.

$\Diamond$

<u>Bemerkungen:</u>

1) Um auf einer Kurve c des einfach isotropen Raumes die Bogenlänge s einzuführen, bzw. c mit s zu parametrisieren, wird nicht benötigt, daß c eine zulässige Kurve ist. Wie (6.8) und der Beweis von Satz 6.8 zeigen, genügt es vorauszusetzen, daß c eine einfache C^1-Kurve ist, für die $(\dot{x}, \dot{y}) \neq (0,0)$ gilt. Man kann also darauf verzichten, daß c wendepunktfrei und frei von isotropen Schmiegebenen ist; es genügt auch die Differentiationsklasse C^1. Vollisotrope Geraden sind allerdings auszuscheiden.

2) Es sei c eine einfache C^2-Kurve, die keine vollisotrope Gerade ist, wobei c mit der isotropen Bogenlänge s parametrisiert sei. Ist $P(s_0) \in c$ ein Wendepunkt, dann gilt nach (6.4) $\vec{x}''(s_0) = \sigma\vec{x}'(s_0)$. Wegen $\widetilde{\vec{x}}\,'^2 = 1$ folgt $\widetilde{\vec{x}}\,' \cdot \widetilde{\vec{x}}\,'' = 0$ und damit $\widetilde{\vec{x}}\,'(s_0)\cdot$ $\cdot(\sigma\widetilde{\vec{x}}\,'(s_0)) = \sigma\widetilde{\vec{x}}\,'^2(s_0) = \sigma = 0$, d. h. $\vec{x}''(s_0) = 0$. Umgekehrt folgt aus $\vec{x}''(s_0) = 0$, daß $\{\vec{x}'(s_0), \vec{x}''(s_0)\}$ l. a. sind, und daher in $P(s_0)$ eine Wendepunkt vorliegt. Hiermit haben wir gesehen, daß ein *Wendepunkt* $P(s_0)$ auf einer einfachen C^2-Kurve, die keine vollisotrope Gerade ist und mit der isotropen Bogenlänge s parametrisiert ist, *durch* $\vec{x}''(s_0) = 0$ *gekennzeichnet ist.* Speziell sind die nichtisotropen Geraden durch $\vec{x}'' \equiv 0$ gekennzeichnet.

Wir werden künftig speziell für theoretische Untersuchungen immer die isotrope Bogenlänge als *natürlichen Parameter* einführen; dann entfällt beim Nachweis einer geometrischen Größe die Überprüfung der Parameterinvarianz. Wie in der ebenen isotropen Kurventheorie, beschäftigen wir uns jetzt mit der Erstellung eines *begleitenden Dreibeins*, den zughörigen *Ableitungsgleichungen* und mit der Formulierung eines *Fundamentalsatzes*.

a) <u>Begleitendes Dreibein:</u>

Gegeben sei eine über I zulässige C^r-Kurve $c(r \geq 3)$, die wir mit der isotropen Bogenlänge s parametrisieren, d. h. in der Form $\vec{x} = \vec{x}(s)$ darstellen. Der Vektor $\vec{t} := \vec{x}'(s)$ besitzt nach (6.10) die Länge 1. Wir bezeichnen diesen speziellen Tangentenvektor als *Tangenteneinheitsvektor*. Er ist eine geometrische Größe und somit als *erster* Beinvektor geeignet. Aus $\widetilde{\vec{x}}\,'^2 = 1$ folgt durch Differentiation $2\widetilde{\vec{x}}\,' \cdot \widetilde{\vec{x}}\,'' = 0$, d.h. $\widetilde{\vec{x}}\,' \cdot \widetilde{\vec{x}}\,'' = 0$. Da c eine zulässige Kurve ist, gilt $\widetilde{\vec{x}}\,' \neq 0$, $\widetilde{\vec{x}}\,'' \neq 0$, andernfalls wäre (6.7) verletzt. Somit steht $\widetilde{\vec{x}}\,'$ euklidisch normal auf $\widetilde{\vec{x}}\,''$. Diese Eigenschaft ist $\mathcal{B}_6^{(1)}$-invariant, so daß man das Vektorpaar $\{\vec{x}', \vec{x}''\}$ als *isotrop orthogonales Vektorpaar* bezeichnen kann. Die durch den betrachteten Kurvenpunkt P verlaufende Gerade mit dem Richtungsvektor $\vec{x}''$ bezeichnen wir als *isotrope Hauptnormale* n. Nach (6.5) liegt n in der Schmiegebene von P. Da sie auf der Kurventangente normal steht und in der Schmiegebene liegt, ist sie eine geometrische Größe. Als *zweiten* Beinvektor wählen wir nun auf n jenen Vektor $\vec{n}$ mit $\widetilde{\vec{n}}\,^2 = 1$, für den $\{\tilde{t}, \tilde{n}\}$ in dieser Reihenfolge ein Rechtssystem in der Grundrißebene ist. Setzt man $\tilde{n}$ in der Form $\tilde{n} = \frac{1}{\kappa}\tilde{x}''$ an, so gewinnt man aus $Det(\tilde{t}, \tilde{n}) = 1$ sofort $Det(\tilde{x}', \frac{1}{\kappa}\tilde{x}'') = \frac{1}{\kappa} Det(\tilde{x}', \tilde{x}'') = 1 \Rightarrow \kappa = x'y'' - y'x''$. Gemäß (6.7) ist somit $\kappa \neq 0$ und damit $\tilde{n}$ wohldefiniert. Den so eindeutig bestimmten Einheitsvektor $\tilde{n}$ bezeichnen wir als isotropen *Hauptnormalenvektor*. Als *dritten* Beinvektor wählen wir den Einheitsvektor $\vec{b} = (0, 0, 1)$ der vollisotropen Richtung, der ebenfalls eine geometrische Größe ist. Wir bezeichnen $\vec{b}$ als isotropen *Binormalenvektor*; die Gerade b durch P mit dem Richtungsvektor $\vec{b}$ heißt *isotrope Binormale*. Die drei Einheitsvektoren $\vec{t}$, $\vec{n}$ und $\vec{b}$ sind linear unabhängig, denn es gilt :

$$(6.11) \qquad Det\,(\vec{t}, \vec{n}, \vec{b}) = \begin{vmatrix} x' & y' & z' \\ \frac{1}{\kappa}x'' & \frac{1}{\kappa}y'' & \frac{1}{\kappa}z'' \\ 0 & 0 & 1 \end{vmatrix} = \frac{1}{\kappa}(x'y'' - y'x'') = 1.$$

Somit ist $\{\vec{t}, \vec{n}, \vec{b}\}$ als *begleitendes Dreibein* geeignet. Wir betrachten noch die von t, n und b aufgespannten Ebenen. t und n liegen in der *Schmiegebene*. Die durch b und n festgelegte Ebene steht isotrop normal auf t und wird daher als *isotrope Normalebene* bezeichnet. Die durch t und b festgelegte isotrope Ebene bezeichnen wir als *isotrope rektifizierende Ebene*. Fassen wir die Vektoren des begleitenden Dreibeins zusammen:

$$(6.12) \qquad \vec{t} = \tilde{x}' \text{ mit } |\tilde{x}'| = 1 \ \ldots \text{ Tangenteneinheitsvektor}$$

$$\vec{n} = \frac{1}{\kappa}\tilde{x}'' \text{ mit } \kappa = x'y'' - y'x'' \ \ldots \text{ Hauptnormalenvektor}$$

$$\vec{b} = (0, 0, 1) \ \ldots \text{ Binormalenvektor.}$$

b) Ableitungsgleichungen:

Unter den Ableitungsgleichungen im Dreibein $\{\vec{t}, \vec{n}, \vec{b}\}$ versteht man die Darstellung der Ableitungsvektoren $\{\vec{t}', \vec{n}', \vec{b}'\}$ in der Basis $\{\vec{t}, \vec{n}, \vec{b}\}$; diese Darstellungen sind ja bekanntlich eindeutig. Aus $\vec{b} = (0, 0, 1)$ folgt unmittelbar $\vec{b}' = \vec{o}$ als *dritte Ableitungsgleichung*. Es genügt daher i. f. den Ansatz

$$(6.13) \qquad \begin{cases} \vec{t}' = \alpha_{11}\vec{t} + \alpha_{12}\vec{n} + \alpha_{13}\vec{b} \\ \vec{n}' = \alpha_{21}\vec{t} + \alpha_{22}\vec{n} + \alpha_{23}\vec{b} \end{cases}$$

näher zu untersuchen. Aus (6.12) folgt $\vec{t}' = \tilde{x}'' = \kappa\vec{n}$, so daß infolge der Eindeutigkeit der Darstellung in der ersten Gleichung von (6.13) gelten muß $\alpha_{11} = \alpha_{13} = 0$; $\alpha_{12} = \kappa$. Damit ist die *erste Ableitungsgleichung* gefunden. Aus der zweiten Gleichung in (6.13) folgt $\tilde{n}' = \alpha_{21}\tilde{t} + \alpha_{22}\tilde{n}$ und hieraus ensteht mit der aus $\tilde{n}^2 = 1$ fließenden Beziehung $\tilde{n} \cdot \tilde{n}' = 0$ unmittelbar: $\tilde{n}' \cdot \tilde{n} = (\alpha_{21}\vec{t} + \alpha_{22}\tilde{n}) \cdot \tilde{n} = \alpha_{22} = 0$ wegen $\vec{t} \cdot \tilde{n} = 0$ und $\tilde{n}^2 = 1$. Hiermit haben wir $\vec{n}' = \alpha_{21}\vec{t} + \alpha_{23}\vec{b}$ gefunden. Auch der Koeffizient α_{21} kann noch näher bestimmt werden. Hierzu differenzieren wir die Beziehung $\tilde{t} \cdot \tilde{n} = 0$ und investieren die bisher bekannten Ableitungsgleichungen:

$\widetilde{t}\,' \cdot \widetilde{n} + \widetilde{t} \cdot \widetilde{n}\,' = 0 \Rightarrow (\kappa\widetilde{n})\widetilde{n} + \widetilde{t}(\alpha_{21}\widetilde{t}) = 0 \Rightarrow \kappa + \alpha_{21} = 0 \Rightarrow \alpha_{21} = -\kappa.$ Der verbleibende Koeffizient α_{23} ist von κ unabhängig, da bereits alle Bedingungen investiert wurden. Wir setzen abkürzend

$$(6.14) \qquad\qquad \alpha_{23}(s) = \tau(s),$$

wobei wir beachten, daß τ ebenso wie κ längs c Funktionen der isotropen Bogenlänge s sind. Hiermit lauten die gesuchten *Ableitungsgleichungen*

$$(6.15) \qquad\qquad \begin{cases} \vec{t}\,' = \kappa\vec{n} \\ \vec{n}\,' = -\kappa\vec{t} + \tau\vec{b} \\ \vec{b}\,' = \vec{o}. \end{cases}$$

Diese Ableitungsgleichungen bilden das *isotrope Gegenstück* zu den FRENET-Gleichungen der euklidischen Kurventheorie (vgl. [226,157]). Da die in (6.15) auftretenden Vektoren geometrische Größen sind, sind auch die Koeffizienten κ und τ in diesen Ableitungsgleichungen geometrische Größen; es sind Differentialinvarianten.

Definition 6.8: Die Differentialinvariante $\kappa(s)$ in (6.15) heißt *isotrope Krümmung (Flexion)* , die Differentialinvariante $\tau(s)$ in (6.15) heißt *isotrope Windung (Torsion)*.

<u>Folgerungen:</u>
In einer Reihe von Folgerungen wollen wir uns etwas ausführlicher mit der *Krümmung und Windung* beschäftigen.

1) Nach (6.12) ist die Krümmung κ einer mit der isotropen Bogenlänge s parametrisierten zulässigen C^r-Kurve c gegeben durch $\kappa(s) = x'y'' - y'x''$. Da s die euklidische Bogenlänge auf dem Grundriß $\widetilde{c}$ von c ist, so lehrt ein Vergleich mit einer bekannten Formel der ebenen euklidischen Kurventheorie (vgl. [226,40]), daß κ mit der euklidischen Krümmung κ_E von $\widetilde{c}$ übereinstimmt.

2) Wir bestimmen die *Ordnung* der Differentialinvariante κ. Hierzu ist κ als Funktion eines allgemeinen Parameters t darzustellen. Man berechnet mittels $\frac{dt}{ds} = \frac{1}{|\dot{\widetilde{x}}|}$ der Reihe nach: $\vec{x}\,' = \dot{\vec{x}}\frac{dt}{ds}$, $\vec{x}\,'' = \ddot{\vec{x}}(\frac{dt}{ds})^2 + \dot{\vec{x}}\frac{d^2t}{ds^2} \Rightarrow \kappa = x'y'' - y'x'' = Det\,(\widetilde{\vec{x}}\,', \widetilde{\vec{x}}\,'') =$
$= Det(\dot{\widetilde{\vec{x}}}\frac{dt}{ds}, \ddot{\widetilde{\vec{x}}}(\frac{dt}{ds})^2 + \dot{\widetilde{\vec{x}}}\frac{d^2t}{ds^2}) = (\frac{dt}{ds})^3\, Det(\dot{\widetilde{\vec{x}}}, \ddot{\widetilde{\vec{x}}}) = \frac{1}{|\dot{\widetilde{\vec{x}}}|^3}\, Det(\dot{\widetilde{\vec{x}}}, \ddot{\widetilde{\vec{x}}}).$

Wir vermerken

$$(6.16a,b) \qquad \kappa(s) = Det(\widetilde{\vec{x}}\,', \widetilde{\vec{x}}\,'') = x'y'' - y'x'',$$

$$\kappa(t) = \frac{\dot{x}\ddot{y} - \dot{y}\ddot{x}}{\sqrt{(\dot{x}^2 + \dot{y}^2)^3}} = \frac{Det(\dot{\widetilde{\vec{x}}}, \ddot{\widetilde{\vec{x}}})}{\sqrt{(\dot{\widetilde{\vec{x}}}^2)^3}}.$$

Die isotrope Krümmung ist somit eine Differentialinvariante 2. Ordnung.

3) Wir geben eine geometrische Deutung der isotropen Krümmung einer zulässigen C^r-Kurve $c(r \geq 2)$ in Form einer Grenzwertformel. Hierzu seien $P(s_0)$ und $Q(s_0+s)$

zwei Punkte auf c, wobei s die isotrope Bogenlänge auf c bezeichnet. Den Winkel zwischen den Tangentenvektoren $\vec{t}(P)$ und $\vec{t}(Q)$ bezeichnen wir mit ω. Dann gilt $\tilde{\vec{t}}(P) = \{x'(s_0), y'(s_0)\}$, $\tilde{\vec{t}}(Q) = \{x'(s_0 + s), y'(s_0 + s)\}$, und nach (3.20b) gilt $\sin \omega =$ $= x'(s_0) y'(s_0 + s) - x'(s_0 + s) y'(s_0)$. Formt man diesen Ausdruck mit Hilfe der Taylor-Entwicklungen $x'(s_0 + s) = x'(s_0) + s x''(x_0 + \Theta_1 s)$ mit $0 < \Theta_1 < 1$ bzw. $y'(s_0 + s) = = y'(s_0) + s y''(x_0 + \Theta_2 s)$ mit $0 < \Theta_2 < 1$ um, so findet man $\sin \omega =$ $= s[x'(s_0) y''(x_0 + \Theta_2 s) - y'(s_0) x''(x_0 + \Theta_1 s)]$ und hieraus wegen $\vec{x}(s) \in C^2$:

$$\lim_{s \to 0} \frac{\omega}{s} = \lim_{\omega \to 0} \frac{\omega}{\sin \omega} \lim_{s \to 0} \frac{\sin \omega}{s} = x'(s_0) y''(x_0) - y'(s_0) x''(x_0) = \kappa(s_0).$$

Wir vermerken die gewonnene Grenzwertformel:

$$(6.17) \qquad\qquad \kappa = \lim_{s \to 0} \frac{\omega}{s}.$$

Die bisherigen Resultate fassen wir zusammen im

SATZ 6.9: *Für jede zulässige C^r-Kurve $c(r \geq 3)$ des einfach isotropen Raumes gelten die Ableitungsgleichungen (6.15). Die isotrope Krümmung κ ist eine Differentialinvariante 2. Ordnung, die mit der euklidischen Krümmung des Grundrisses $\tilde{c}$ von c übereinstimmt. Die isotrope Krümmung ist gleich dem Grenzwert des Verhältnisses des Winkels zwischen zwei Kurventangenten zum Bogen zwischen ihren Berührungspunkten.*

Da der isotrope Winkel zweier Kurventangenten, ebenso wie die isotrope Bogenlänge einer Kurve c mit dem euklidischen Winkel der entsprechenden Tangenten von $\tilde{c}$ bzw. dem euklidischen Bogen von $\tilde{c}$ übereinstimmt, so liefert die letzte Aussage des Satzes 6.9 gleichzeitig eine Deutung der euklidischen Krümmung κ_E von $\tilde{c}$ in Form einer Grenzwertformel; diese geometrische Deutung ist in der Differentialgeometrie ebener Kurven wohl bekannt (vgl. [226,41]).

4) Wenden wir uns nunmehr der Untersuchung der Windung τ zu! Zunächst folgt aus (6.15) unter Beachtung von (6.11): $Det(\vec{n}', \vec{t}, \vec{n}) = Det(-\kappa \vec{t} + \tau \vec{b}, \vec{t}, \vec{n}) = \tau Det(\vec{b}, \vec{t}, \vec{n}) = \tau Det(\vec{t}, \vec{n}, \vec{b}) = \tau$. Aus der gewonnenen Beziehung $\tau = Det(\vec{t}, \vec{n}, \vec{n}')$ erhält man unter Benützung von $\vec{t} = \vec{x}'$, $\vec{n} = \frac{1}{\kappa} \vec{x}''$, $\vec{n}' = (\frac{1}{\kappa})' \vec{x}'' + \frac{1}{\kappa} \vec{x}'''$ unmittelbar:

$$\tau = Det(\vec{x}', \frac{1}{\kappa} \vec{x}'', (\frac{1}{\kappa})' \vec{x}'' + \frac{1}{\kappa} \vec{x}''') = \frac{1}{\kappa^2} Det(\vec{x}', \vec{x}'', \vec{x}''') = \frac{Det(\vec{x}', \vec{x}'', \vec{x}''')}{[Det(\tilde{\vec{x}}\,', \tilde{\vec{x}}\,'')]^2}.$$

Wir berechnen noch τ in Abhängigkeit von einem allgemeinen Kurvenparameter t. Mittels $\vec{x}' = \dot{\vec{x}} \frac{dt}{ds}$, $\vec{x}'' = \ddot{\vec{x}}(\frac{dt}{ds})^2 + \dot{\vec{x}} \frac{d^2 t}{ds^2}$, $\vec{x}''' = \dddot{\vec{x}}(\frac{dt}{ds})^3 + (*)\ddot{\vec{x}} + (**)\dot{\vec{x}}$ (hierbei bezeichnen $(*)$ und $(**)$ Koeffizienten, die nicht weiter interessieren) und (6.19) berechnet man:

$$Det(\vec{x}', \vec{x}'', \vec{x}''') = Det(\dot{\vec{x}} \frac{dt}{dx}, \ddot{\vec{x}}(\frac{dt}{ds})^2, \dddot{\vec{x}}(\frac{dt}{ds})^3) = (\frac{dt}{ds})^6 Det(\dot{\vec{x}}, \ddot{\vec{x}}, \dddot{\vec{x}}) =$$

$$= \frac{1}{|\dot{\vec{x}}|^6} Det(\dot{\vec{x}}, \ddot{\vec{x}}, \dddot{\vec{x}}) = \frac{1}{(\dot{\vec{x}}^2)^3} Det(\dot{\vec{x}}, \ddot{\vec{x}}, \dddot{\vec{x}}) \Rightarrow$$

112

$$\Rightarrow \tau = \frac{(\dot{\widetilde{x^2}})^3}{[Det(\dot{\widetilde{x}},\ddot{\widetilde{x}})]^2} \cdot \frac{Det(\dot{\vec{x}},\ddot{\vec{x}},\dddot{\vec{x}})}{(\dot{\widetilde{x^2}})^3} = \frac{Det(\dot{\vec{x}},\ddot{\vec{x}},\dddot{\vec{x}})}{[Det(\dot{\widetilde{x}},\ddot{\widetilde{x}})]^2}.$$

Wir vermerken die gewonnenen Formeln

$$(6.18a,b) \qquad \tau(s) = \frac{Det(\vec{x}\,',\vec{x}\,'',\vec{x}\,''')}{[Det(\widetilde{x}\,',\widetilde{x}\,'')]^2},$$

$$\tau(t) = \frac{Det(\dot{\vec{x}},\ddot{\vec{x}},\dddot{\vec{x}})}{[Det(\dot{\widetilde{x}},\ddot{\widetilde{x}})]^2}.$$

Die Windung ist somit eine Differentialinvariante 3. Ordnung.

5) Um zu einer geometrischen Deutung der Windung τ zu gelangen, wollen wir vorerst eine *Hilfsformel* ableiten. Ist eine zulässige C^r-Kurve $c(r \geq 3)$ auf ihre isotrope Bogenlänge s als Parameter bezogen, so folgt zunächst aus (6.5) mit (6.15) als Gleichung der Schmiegebene $(\vec{X} - \vec{x}(s_0)), \vec{t}(s_0), \kappa(s_0)\vec{n}(s_0)) = 0$,d.h.$(\vec{X} - \vec{x},\vec{t},\vec{n}) = 0$. Hieraus gewinnt man $(\vec{X},\vec{t},\vec{n}) - (\vec{x},\vec{t},\vec{n}) = 0$.

Nun hat zwar im einfach isotropen Raum ein äußeres Vektorprodukt zweier Vektoren $\vec{a}(a_1,a_2,a_3)$, $\vec{b}(b_1,b_2,b_3)$ nicht die invariante Bedeutung wie im dreidimensionalen euklidischen Raum, aber es läßt sich doch formal definieren als Bivektor

$$(6.19) \qquad \vec{a} \wedge \vec{b} = \left\{ \begin{vmatrix} a_2 & a_3 \\ b_2 & b_3 \end{vmatrix}, -\begin{vmatrix} a_1 & a_3 \\ b_1 & b_3 \end{vmatrix}, \begin{vmatrix} a_1 & a_2 \\ b_1 & b_2 \end{vmatrix} \right\}.$$

Hiermit läßt sich insbesondere der Vektor $\vec{u} = (u_1,u_2,u_3)$ in einer Ebenengleichung $\vec{u} \cdot \vec{x} + u_0 = u_1 x + u_2 y + u_3 z + u_0 = 0$ in der Form $\vec{u} = \lambda(\vec{a} \wedge \vec{b})$ mit $\lambda \neq 0$ schreiben, wenn $\vec{a}$ und $\vec{b}$ zwei l.u. Vektoren der Ebene bezeichnen.

Im obigen Fall gilt für den Stellungsvektor $\vec{u}$ der Schmiegebene speziell $\vec{u} = \lambda(\vec{t} \wedge \vec{n})$. Für die dritte Komponente dieses Vektors berechnet man

$$u_3 = \lambda \begin{vmatrix} x' & y' \\ \frac{1}{\kappa}x'' & \frac{1}{\kappa}y'' \end{vmatrix} = \lambda\frac{1}{\kappa}(x'y'' - y'x'') = \lambda.$$

Werden daher die Schmiegebenen von c in der Form $u_1(s)x + u_2(s)y + z + u_0(s) = 0$ angesetzt, so ist $\lambda = 1$ und $\vec{u} = \vec{t} \wedge \vec{n}$. Hieraus folgt mittels (6.15): $\vec{u}' = \vec{t}\,'\wedge\vec{n}+\vec{t}\wedge\vec{n}' = = \kappa\vec{n} \wedge \vec{n} + \vec{t} \wedge (-\kappa\vec{t} + \tau\vec{b}) = \tau(\vec{t} \wedge \vec{b}) = (\tau y', -\tau x', 0)$, d. h. $u_1' = \tau y'$, $u_2' = = -\tau x'$. Für die Gleichung dieser nichtisotropen Schmiegebene in der Normalform $z = ux + vy + w$ gilt daher $u' = -y'\tau$, $v' = x'\tau$, woraus $|\tau| = \sqrt{u'^2 + v'^2}$ folgt. Wir vermerken als Hilfsformel

$$(6.20) \qquad z = u(s)x + v(s)y + w(s) \ldots \text{Schmiegebenenschar längs}$$
$$\text{einer zulässigen } C^r\text{-Kurve}$$

$$|\tau| = \sqrt{u'^2 + v'^2}.$$

6) Die Beziehung (6.20) gestattet es, rasch eine Grenzwertformel für $|\tau|$ herzuleiten. Hierzu seien $P(s_0)$ und $Q(s_0 + s)$ zwei Punkte einer zulässigen C^r-Kurve $c(r \geq 3)$, die auf die Bogenlänge s als Parameter bezogen ist. Bezeichnet ω_1 den Winkel zwischen den Schmiegebenen in den Punkten P und Q, so gilt nach (1.59) $\omega_1 = $ $= \sqrt{[u(s_0 + s) - u(s_0)]^2 + [v(s_0 + s) - v(s_0)]^2}$, woraus man findet:

$$\lim_{s \to 0} \frac{\omega_1}{s} = \lim_{s \to 0} \sqrt{\left[\frac{u_0(s_0 + s) - u(s_0)}{s}\right]^2 + \left[\frac{v(s_0 + s) - v(s_0)}{s}\right]^2} = \sqrt{u'^2 + v'^2} = |\tau|.$$

Wir notieren die gewonnene Deutung von $|\tau|$:

$$(6.21) \qquad\qquad |\tau| = \lim_{s \to 0} \frac{\omega_1}{s}.$$

7) Mittels (6.20) zeigen wir jetzt: *Die einzigen zulässigen C^r-Kurven c mit $c \geq 3$, für die $\tau \equiv 0$ gilt, sind die wendepunktfreien C^r-Kurven $(r \geq 3)$ in nichtisotropen Ebenen.*

<u>Beweis:</u>
(1) Sei c eine wendepunktfreie C^r-Kurve $(r \geq 3)$ in einer nichtisotropen Ebene ϵ. Nach Ausführung einer isotropen Bewegung kann man o.B.d.A. annehmen, daß ϵ mit der [xy]-Ebene zusammenfällt, d. h. in $z = 0$ liegt. Sicher ist $(\dot{x}, \dot{y}) \neq (0,0)$, d. h. c ist regulär und kann mittels der isotropen Bogenlänge s parametrisiert werden: $\vec{x}(s) = \{x(s), y(s), 0\}$. Hieraus folgt $Det(\widetilde{\vec{x}}', \widetilde{\vec{x}}'') = x'y'' - y'x'' \neq 0$ sowie

$$Det(\vec{x}', \vec{x}'', \vec{x}''') = \begin{vmatrix} x' & y' & 0 \\ x'' & y'' & 0 \\ x''' & y''' & 0 \end{vmatrix} = 0,$$

d. h. nach (6.18) existiert τ und es gilt $\tau \equiv 0$.
(2) Gilt umgekehrt für eine zulässige C^r-Kurve c mit $r \geq 3$ stets $\tau \equiv 0$, so folgt nach (6.20) für die Menge der Schmiegebenen $z = u(s)x + v(s)y + w(s)(*)$ von $c : u' = 0$, $v' = 0$, d. h. $u = u_0 = konst.$, $v = v_0 = konst.$ Die Schmiegebenen aller Punkte von c sind somit zumindest alle parallel. Demnach läßt sich die Schmiegebenenschar von c in der Form $(\overrightarrow{X} - \vec{x}(s)) \cdot \vec{v}_0 = \overrightarrow{X} \cdot \vec{v}_0 - \vec{x}(s) \cdot \vec{v}_0 = 0$ ansetzen, wobei $\vec{v}_0 \neq 0$ einen konstanten Vektor bezeichnet. Da der Tangentenvektor stets in der Schmiegebene liegt gilt $\vec{t}(s) \cdot \vec{v}_0 = 0$. Wir zeigen, daß $\vec{x}(s) \cdot \vec{v}_0 = konst.$ gilt. Dazu bilden wir $\frac{d}{ds}(\vec{x}(s) \cdot \vec{v}_0) = \vec{x}' \cdot \vec{v}_0 = \vec{t} \cdot \vec{v}_0 = 0 \Rightarrow \vec{x}(s) \cdot \vec{v}_0 = c_0 = konst.$ Damit haben wir gesehen, daß alle Schmiegebenen von c identisch sind, womit c als ebene Kurve nachgewiesen ist. Die Trägerebene ist gemäß (*) nichtisotrop.

Wir führen an dieser Stelle noch folgende Definition ein:

Definition 6.9: Ein Kurvenpunkt $P(t_0)$, der kein Wendepunkt einer regulären C^r--Kurve $(r \geq 3)$ ist und in dem $\tau(t_0) = 0$ gilt, heißt ein *Henkelpunkt*.

In einem Henkelpunkt P verhält sich somit eine zulässige C^r-Kurve $(r \geq 3)$ wie eine ebene Kurve.

Wir fassen einige Resultate zusammen:

SATZ 6.10: *Die isotrope Windung einer zulässigen C^r-Kurve c $(r \geq 3)$ ist eine Differentialinvariante 3. Ordnung. Der Betrag der isotropen Windung $|\tau|$ ist gleich dem Grenzwert des Verhältnisses des Winkels zwischen zwei Schmiegebenen zum Bogen zwischen ihren Berührungspunkten. Genau für die wendepunktfreien C^r-Kurven $(r \geq 3)$ in nichtisotropen Ebenen gilt $\tau \equiv 0$.*

c) <u>Fundamentalsatz:</u>

Bevor wir den Fundamentalsatz der Kurventheorie des einfach isotropen Raumes formulieren wollen, erinnern wir an den *Fundamentalsatz der ebenen euklidischen Kurventheorie*, den wir i. f. benötigen werden. Wir formulieren diesen Satz, dessen Beweis in [226,43f] nachgelesen werden kann, hier als

<u>Hilfssatz:</u> Ist auf einem offenen Intervall I eine C^r-Funktion $(r \geq 0) \kappa = \kappa(s)$ gegeben, so existiert bis auf euklidische Bewegungen in der euklidischen Ebene E_2 eine einzige reguläre C^{r+2}-Kurve c mit s als euklidischer Bogenlänge und κ als euklidischer Krümmung.

Wir beweisen nun den sogenannten *Fundamentalsatz der einfach isotropen Kurventheorie*:

SATZ 6.11: *Sind auf einem offenen Intervall I zwei Funktionen $\kappa(s) \neq 0| \in C^1$ und $\tau(s) \in C^0$ gegeben, dann existiert bis auf isotrope Bewegungen eine einzige zulässige C^3-Kurve mit s als isotroper Bogenlänge, κ als isotroper Krümmung und τ als isotroper Windung.*

<u>Beweis:</u>

(1) <u>Existenznachweis:</u>

Es bezeichne c eine gesuchte Lösungskurve und $\tilde{c}$ ihren Grundriß . Für Lösungskurven dieser Art ist s die euklidische Bogenlänge auf $\tilde{c}$ und $\kappa(s)$ die euklidische Krümmung längs $\tilde{c}$. Nach dem Hilfssatz existiert somit $\tilde{c} : \tilde{x}(s) = \{x(s), y(s)\}$, wobei gilt $x'y'' - y'x'' \neq 0$. Zu $\tilde{c}$ konstruieren wir nun eine Lösungskurve c unter Verwendung der vorgeschriebenen Torsion. Hierzu berechnen wir eine *Hilfsformel*. Nach (6.15) gilt: $Det(\vec{x}', \vec{x}'', \vec{x}''') = Det(\vec{t}, \kappa\vec{n}, \kappa'\vec{n} + \kappa\vec{n}') = \kappa^2 Det(\vec{t}, \vec{n}, \vec{n}') =$
$= \kappa^2 Det(\vec{t}, \vec{n}, -\kappa\vec{t} + \tau\vec{b}) = \kappa^2\tau\, Det(\vec{t}, \vec{n}, \vec{b}) = \kappa^2\tau.$
Wir vermerken

$$(6.22) \qquad \begin{vmatrix} x' & y' & z' \\ x'' & y'' & z'' \\ x''' & y''' & z''' \end{vmatrix} = \kappa^2(s)\tau(s).$$

Entwickelt man (6.22) nach den Elementen der letzten Spalte, so entsteht eine lineare inhomogene Differentialgleichung 3. Ordnung für die Funktion $z(s)$. Nach dem Hilfssatz gilt $\tilde{x}(s) \in C^3$, so daß diese Differentialgleichung stetige Koeffizientenfunktionen besitzt. Somit ist ein Existenzsatz für lineare Differentialgleichungen anwendbar, der die Existenz einer C^3-Lösung $z(s)$ sichert. Hiermit ist die Existenz einer C^3-Lösung $c : \vec{x}(s) = \{x(s), y(s), z(s)\}$ gezeigt. Diese Lösungskurve c besitzt nach Konstruktion s als isotrope Bogenlänge und ist somit regulär; wegen $\kappa \neq 0$ ist sie sogar zulässig. Schließlich besitzt c wegen (6.22) tatsächlich $\tau(s)$ als Windung.

(2) <u>Eindeutigkeitsnachweis:</u>
Nach dem Hilfssatz ist $\tilde{c}$ eindeutig bis auf ebene euklidische Bewegungen bestimmt.
Nach Satz 1.4 liegt somit $\tilde{c}$ eindeutig fest, bis auf einfach isotrope Bewegungen im
Grundriß . Es bleibt also nur mehr die allgemeine Lösungsmenge von (6.22) zu
studieren. Die zu (6.22) gehörige homogene lineare Differentialgleichung hat die
Form

$$(6.22a) \qquad \begin{vmatrix} x' & y' & z' \\ x'' & y'' & z'' \\ x''' & y''' & z''' \end{vmatrix} = 0;$$

sie besitzt bei vorgegebenem $\{x(s), y(s)\}$ ersichtlich die Lösungen $z_1(s) = 1$, $z_2(s) =$
$= x(s)$ und $z_3(s) = y(s)$. Diese Lösungen bilden ein Fundamentalsystem der Differentialgleichung (6.22a), denn für ihre Wronski-Determinante gilt

$$W(z_1, z_2, z_3) = \begin{vmatrix} 1 & 0 & 0 \\ x & x' & x'' \\ y & y' & y'' \end{vmatrix} = (x'y'' - y'x'') \neq 0.$$

Bezeichnet $z_p(s)$ eine spezielle Lösung von (6.22), so erhält man die allgemeine
Lösung $z(s)$ von (6.22) in der Form

$$(6.23) \qquad \bar{z}(s) = c \cdot 1 + c_1 x(s) + c_2 y(s) + z_p(s) \quad \text{mit} \quad c, c_1, c_2| \in \mathcal{R}.$$

Ein Vergleich von (6.23) mit (1.20) lehrt nun, daß jede Lösungskurve dieses Problems aus der speziellen Lösungskurve $c \ldots \vec{x}(s) = \{x(s), y(s), z_p(s)\}$ durch eine
isotrope Bewegung hervorgeht.

$$\diamond$$

<u>Folgerungen:</u>
1) Die beiden Funktionen $\kappa(s)$ und $\tau(s)$ bestimmen nach Satz 6.11 eine Kurve c eindeutig bis auf isotrope Bewegungen. Jede weitere Invariante von c muß sich somit
   als Funktion von κ und τ bzw. deren Ableitungen schreiben lassen. Die beiden
   Differentialinvarianten κ und τ bilden somit ein *vollständiges Invariantensystem*
   für eine zulässige C^r-Kurve ($r \geq 3$). Manchmal bezeichnet man die Gleichungen
   $\{\kappa = \kappa(s), \tau = \tau(s)\}$ auch als *natürliche Gleichungen*.

2) Als Anwendung des Fundamentalsatzes leiten wir eine Kennzeichnung der *Schraublinien* des einfach isotropen Raumes her. Unter einer Schraublinie c verstehen wir
   hierbei eine Kurve des $I_3^{(1)}$ mit der Parameterdarstellung (vgl. (2.9))

$$(6.24) \qquad \vec{x}(t) = \begin{cases} a \, \cos t \\ a \, \sin t \\ pt \end{cases} \quad \text{mit} \quad a > 0, p \neq 0 \quad \text{und} \quad t \in (-\infty, +\infty).$$

Wegen $x^2 + y^2 = a^2$ liegt diese Kurve auf einer zylindrischen Sphäre vom Radius
a. Die Achse l dieses Drehzylinders, die ersichtlich ein $\mathcal{B}_6^{(1)}$-invarianter Begriff ist,
ist nach §2 die *Schraubachse*; sie fällt in der Darstellung (6.24) mit der z-Achse

116

des zugrundegelegten Koordinatensystems zusammen. Es gilt $\vec{x}(t) \in C^\omega$ und man berechnet: $\dot{x} = -a\sin t$, $\dot{y} = a\cos t$, $\ddot{x} = -a\cos t$, $\ddot{y} = -a\sin t \Rightarrow \dot{x}\ddot{y} - \dot{y}\ddot{x} = a^2 \neq 0$. Nach Satz 6.5 ist c somit eine zulässige C^ω-Kurve über $(-\infty, +\infty)$. Für die isotrope Bogenlänge folgt $s = at$, so daß c die natürliche Parameterdarstellung

$$(6.25) \qquad \vec{x}(s) = \begin{cases} a\cos\frac{s}{a} \\ a\sin\frac{s}{a} \\ \frac{p}{a}s \end{cases}$$

besitzt. Für die Hauptnormalen n der Schraublinie c, die man in der Form $\vec{y} = \vec{x}(s) + \lambda\vec{x}''(s)$ ansetzen kann, findet man nach (6.25) die Darstellung

$$(6.26) \qquad \begin{cases} y_1 = \left(a - \frac{\lambda}{a}\right)\cos\frac{s}{a} \\ y_2 = \left(a - \frac{\lambda}{a}\right)\sin\frac{s}{a} \\ y_3 = \frac{p}{a}s. \end{cases}$$

Wird in (6.26) der spezielle Parameterwert $\lambda = a^2$ eingesetzt, so erhält man $y_1 = y_2 = 0$ unabhängig von s, d. h. alle Hauptnormalen von c treffen die vollisotrope Schraubachse l. Nach (6.26) sind sämtliche Hauptnormalen überdies zur Grund-rißebene $z = 0$ parallel, d. h. sie schneiden die Ferngerade $l^*(x_0 = x_3 = 0)$. Da die Hauptnormalen von c ein geometrischer Begriff sind, ist die Gerade l^* ebenfalls $\mathcal{B}_6^{(1)}$-invariant erklärt; wir bezeichnen l^* als *uneigentliche Nebenachse* der Schraublinie c, so wie wir dies schon im §2 taten. Bestimmen wir schließlich die natürlichen Gleichungen von c. Aus (6.25) berechnet man gemäß (6.16) und (6.18):

$$\vec{x}'(s) = \begin{cases} -\sin\frac{s}{a} \\ \cos\frac{s}{a} \\ \frac{p}{a} \end{cases}, \qquad \vec{x}''(s) = \begin{cases} -\frac{1}{a}\cos\frac{s}{a} \\ -\frac{1}{a}\sin\frac{s}{a} \\ 0 \end{cases}, \qquad \vec{x}'''(s) = \begin{cases} \frac{1}{a^2}\sin\frac{s}{a} \\ -\frac{1}{a^2}\cos\frac{s}{a} \\ 0 \end{cases}$$

$$\Rightarrow \kappa = x'y'' - y'x'' = \frac{1}{a} = konst. > 0; \quad Det(\vec{x}', \vec{x}'', \vec{x}''') = \frac{p}{a^4}, \tau = \frac{p}{a^2} \neq 0.$$

Die Schraublinien besitzen somit *konstante Krümmung* und *konstante*, nicht ver-schwindende *Windung*. Aufgrund der Eindeutigkeitsaussage des Fundamental-satzes sind umgekehrt die einzigen zulässigen C^3-Kurven mit $\kappa \neq 0 = konst.$ und $\tau \neq 0 = konst.$ die isotropen Schraublinien.

Wir fassen zusammen:

SATZ 6.12: *Die einzigen zulässigen C^3-Kurven mit konstanter, nicht verschwindender isotroper Krümmung und Windung sind die isotropen Schraublinien c. Alle Hauptnor-malen einer Schraublinie c treffen die eigentliche vollisotrope Schraubachse l und die uneigentliche nichtisotrope Nebenachse l^* der Schraubung.*

Mit der Herleitung des Fundamentalsatzes 6.11 haben wir den formalen Aufbau der Kurventheorie beendet; wir folgten bisher der Abhandlung [208]. Wir ergänzen diese formalen Resultate jedoch noch durch einige Ergebnisse, die von B. PAVKOVIĆ in [131] und [136] angegeben wurden. Ist c eine zulässige C^∞-Kurve des $I_3^{(1)}$, bezogen auf ihre isotrope Bogenlänge s als Parameter, so ordnen wir nach [136,118] der Kurve c zwei Funktionenfolgen zu, die durch die Rekursionsformeln

$$(6.27) \qquad \kappa_i := \kappa_{i-1}, \tau_i := \frac{d}{ds}\left(\frac{\tau_{i-1}}{\kappa_{i-1}}\right) \qquad \text{für} \quad i = 2, 3, \ldots$$

definiert sind, wobei $\kappa_1 = \kappa$ bzw. $\tau_1 = \tau$ die isotrope Krümmung bzw. isotrope Windung von c bezeichnet. Die Größe κ_i bzw. τ_i heißt *i-te Krümmung* bzw *i-te Torsion*. Wir definieren weiter ein i-tes begleitendes Dreibein $\{\vec{t}_i, \vec{n}_i, \vec{b}_i\}$ durch die Rekursionsformeln

$$(6.28a - c) \qquad \begin{cases} \vec{t}_i = \vec{n}_{i-1} \\ \vec{n}_i = -\vec{t}_{i-1} + \frac{\tau_{i-1}}{\kappa_{i-1}}\vec{b}_{i-1} \\ \vec{b}_i = \vec{b}_{i-1}, \end{cases} \qquad \text{für} \quad i : 2, 3, \ldots$$

wobei $\vec{t}_1 = \vec{t}$, $\vec{n}_1 = \vec{n}$ und $\vec{b}_1 = \vec{b}$ die Beinvektoren der Formel (6.12) bezeichnen. Dann gilt der

SATZ 6.13: *Jedes Dreibein (6.28a-c) ist ein orthonormiertes Rechtssystem von Vektoren des $I_3^{(1)}$, für das die Ableitungsgleichungen*

$$(6.29a - c) \qquad \begin{cases} \vec{t}_i' = \kappa_i \vec{n}_i \\ \vec{n}_i' = -\kappa_i \vec{t}_i + \tau_i \vec{b}_i \\ \vec{b}_i' = 0 \end{cases}$$

für $i = 1, 2, \ldots$ gelten.

Beweis:

(1): Wir beweisen zunächst mit vollständiger Induktion, daß die Beinvektoren (6.28a-c) ein orthonormiertes Rechtssystem für jedes $i \geq 2$, $i \in N$ bilden. Für $i = 2$ lautet (6.28a-c) $\vec{t}_2 = \vec{n}$, $\vec{n}_2 = -\vec{t} + \frac{\tau}{\kappa}\vec{b}$, $\vec{b}_2 = \vec{b}$ und man findet $|\tilde{t}_2| = |\tilde{n}| = 1$, $|\vec{n}_2| = |-\tilde{t}| = 1$, $\tilde{t}_2 \cdot \tilde{n}_2 = \tilde{n}_2 \cdot (-\tilde{t}) = 0$, womit die Orthonormiertheit schon gezeigt ist, denn $\vec{b}_2 = \vec{b}$ ist ja ein vollisotroper Einheitsvektor. Schließlich gilt noch $Det(\vec{t}_2, \vec{n}_2, \vec{b}_2) = Det(\tilde{n}, -\tilde{t}) = Det(\tilde{t}, \tilde{n}) = 1$. Nun sei vorausgesetzt, daß die Vektoren (6.28a-c) für $2 \leq i \leq n-1$ ein orthonormiertes Rechtssystem in $I_3^{(1)}$ bilden. Dann gilt weiter: $|\tilde{t}_n| = |\tilde{n}_{n-1}| = 1$, $|\tilde{n}_n| = |-\tilde{t}_{n-1}| = 1$, $\tilde{t}_n \cdot \tilde{n}_n = \tilde{n}_{n-1} \cdot (-\tilde{t}_{n-1}) = 0$, $Det(\vec{t}_n, \vec{n}_n, \vec{b}_n) = Det(\tilde{t}_n, \tilde{n}_n) = Det(\tilde{n}_{n-1}, -\tilde{t}_{n-1}) = 1$, womit die Orthonormiertheit aller Dreibeine (6.28a-c) gezeigt ist.

(2): Für $i = 1$ stellt (6.29a-c) gerade die FRENETschen Ableitungsgleichungen (6.15) dar. Nun sei (6.29a-c) für alle i mit $1 \leq i \leq n-1$ erfüllt. Dann gilt für $i = n: \vec{t}_n' = \vec{n}_{n-1}' = -\kappa_{n-1}\vec{t}_{n-1} + \tau_{n-1}\vec{b}_{n-1} = \kappa_{n-1}(-\vec{t}_{n-1} + \frac{\tau_{n-1}}{\kappa_{n-1}}\vec{b}_{n-1}) = \kappa_{n-1}\vec{n}_n = \kappa_n\vec{n}_n$, womit (6.29a) gezeigt ist. Ebenso gilt $\vec{n}_n' = -\vec{t}_{n-1}' + (\frac{\tau_{n-1}}{\kappa_{n-1}})'\vec{b}_{n-1} = -\kappa_{n-1}\vec{n}_{n-1} + \vec{n}_{n_1} +$

$+\tau_n \vec{b}_{n-1} = -\kappa_n \vec{t}_n + \tau_n \vec{b}_n$. Die Gleichung (6.29c) ist trivial.

$\Diamond$

Wir bezeichnen die Formeln (6.29a-c) als *verallgemeinerte FRENET-Formeln* (vgl. [136, 118]). Die Lösungen (6.29a-c) legen es nahe, allgemein nach Dreibeinmannigfaltigkeiten $\{\vec{t}^*, \vec{n}^*, \vec{b}^*\}$ längs c zu fragen, die orthonormiert sind und formal den Gleichungen (6.15) genügen, wobei κ und τ durch geeignete Funktionen κ^* und τ^* zu ersetzen sind. Dieses Problem wurde von B. PAVKOVIĆ in [131] gelöst. Es gilt der

SATZ 6.14: *Sind $f(s) \neq 0$, $g(s)$ und $h(s)$ drei beliebige reelle C^2-Funktionen mit $f^2 + g^2 = 1$, $g' + f\kappa \neq 0$, dann ist das allgemeinste Frenetdreibein $\{\vec{t}^*, \vec{n}^*, \vec{b}^*\}$ einer zulässigen C^3-Kurve c, das formal den Ableitungsgleichungen genügt, gegeben durch*

$$(6.30a - c) \qquad \begin{cases} \vec{t}^* = a_{11}\vec{t} + a_{12}\vec{n} + a_{13}\vec{b} \\ \vec{n}^* = a_{21}\vec{t} + a_{22}\vec{n} + a_{23}\vec{b} \\ \vec{b}^* = \vec{b} \end{cases}$$

mit

$$(6.31) \qquad a_{11} = f, \quad a_{12} = g, \quad a_{13} = h, \quad a_{21} = -g, \quad a_{22} = f,$$

$$a_{23} = \frac{f(h' + g\tau)}{g' + \kappa f}$$

und

$$(6.32) \qquad \kappa^* = \kappa + \frac{g'}{f}$$

$$\tau^* = h\kappa + f\tau + \frac{h}{f}g' + \left[\frac{f(h' + g\tau)}{g' + f\kappa}\right]',$$

wobei κ und τ die Krümmung bzw. Windung von c bezeichnet und $\{\vec{t}, \vec{n}, \vec{b}\}$ das FRE-NET-Dreibein von c ist.

Beweis:
Wird (6.30a-c) als ein Ansatz betrachtet, dann folgt aus $\{\vec{t}'^* = \kappa^*\vec{n}^*, \vec{n}'^* = -\kappa^*\vec{t}^* + \tau^*\vec{b}^*, \vec{b}'^* = 0\}$ und (6.15) das folgende System von 6 Differentialgleichungen

$$(6.33a - f) \qquad a'_{11} - a_{12}\kappa = a_{21}\kappa^*$$

$$a'_{12} + a_{11}\kappa = a_{22}\kappa^*$$

$$a'_{13} + a_{12}\tau = a_{23}\kappa^*$$

$$a'_{21} - a_{22}\kappa = -a_{11}\kappa^*$$

$$a'_{22} + a_{12}\kappa = -a_{12}\kappa^*$$

$$a'_{23} + a_{22}\tau = -a_{13}\kappa^* + \tau^*.$$

Wählen wir $a_{11} = f$, $a_{12} = g$ und $a_{13} = h$ als beliebige Funktionen, so folgt wegen $|\vec{t}^{*}| = = |\widetilde{\vec{n}}^{*}| = 1$ und $\widetilde{\vec{t}}^{*} \cdot \widetilde{\vec{n}}^{*} = 0$ zunächst $g^2 + f^2 = 1$, $a_{21} = -g$ und $a_{22} = f$. Die Gleichung (6.33b) liefert dann $\kappa^{*} = \kappa + \frac{g'}{f}$ und (6.33c) ergibt $a_{23} = \frac{f(h'+g\tau)}{g'+f\kappa}$. Hiermit kann schließlich aus (6.33f) die Funktion $\tau^{*}(s)$, wie in (6.32) angegeben, berechnet werden. Man bestätigt schließlich rasch, daß alle Bedingungen (6.33a-f) mit diesen Lösungsfunktionen erfüllt sind.

$$\Diamond$$

Bezüglich interessanter Anwendungen vergleichen man [131] und [136]. Mit analogen Fragestellungen im euklidischen Raum E_3 haben sich ST. BILINSKI (vgl. [6]) und Z. KURNIK u. V. VOLENEC (vgl. [86]) beschäftigt. Die Kurventheorie des einfach isotropen Raumes bezüglich der Gruppe W_7 der winkeltreuen isotropen Ähnlichkeiten wurde von B. PAVKOVIĆ in [135] entwickelt.

§7 Spezielle Fragestellungen der isotropen Kurventheorie und spezielle Kurvenklassen.

Während §6 dem formalen Aufbau der Kurventheorie des einfach isotropen Raumes bezüglich der Gruppe $\mathcal{B}_6^{(1)}$ gewidmet war, wollen wir uns in diesem Abschnitt mit *speziellen Fragestellungen* der isotropen Kurventheorie beschäftigen; insbesondere studieren wir im Teil II dieses Paragraphen *spezielle Kurvenklassen*.

I: Spezielle Untersuchungen an Kurven des $I_3^{(1)}$

a) Kanonische Reihenentwicklung

Ist c eine zulässige C^r-Kurve ($r \geq 3$), so lassen sich mit Hilfe der Frenet-Gleichungen (6.15) sämtliche Ableitungsvektoren $\vec{x}'$, $\vec{x}''$, ..., $\vec{x}^{(r)}$ im begleitenden Dreibein $\{\vec{t}, \vec{n}, \vec{b}\}$ linear kombinieren. So gilt z. B. im Fall einer C^4-Kurve: $\vec{x}' = \vec{t}$; $\vec{x}'' = \kappa\vec{n}$; $\vec{x}''' = \kappa'\vec{n} + \kappa\vec{n}' = \kappa'\vec{n} + \kappa(-\kappa\vec{t} + \tau\vec{b}) = -\kappa^2\vec{t} + \kappa'\vec{n} + \kappa\tau\vec{b}$; $\vec{x}^{IV} = -2\kappa\kappa'\vec{t} - \kappa^2(\kappa\vec{n}) + \kappa''\vec{n} + \kappa'(-\kappa\vec{t} + \tau\vec{b}) + (\kappa'\tau + \kappa\tau')\vec{b} = -3\kappa\kappa'\vec{t} + (\kappa'' - \kappa^3)\vec{n} + (2\kappa'\tau + \kappa\tau')\vec{b}$. Wir vermerken das Resultat

$$(7.1) \qquad \begin{cases} \vec{x}' &= \vec{t} \\ \vec{x}'' &= \kappa\vec{n} \\ \vec{x}''' &= -\kappa^2\vec{t} + \kappa'\vec{n} + \kappa\tau\vec{b} \\ \vec{x}^{IV} &= -3\kappa\kappa'\vec{t} + (\kappa'' - \kappa^3)\vec{n} + (2\kappa'\tau + \kappa\tau')\vec{b}. \end{cases}$$

Aus (7.1) findet man für die Grundrißvektoren

$$(7.2) \qquad \begin{cases} \widetilde{\vec{x}}' &= \widetilde{\vec{t}} \\ \widetilde{\vec{x}}'' &= \kappa\widetilde{\vec{n}} \\ \widetilde{\vec{x}}''' &= -\kappa^2\widetilde{\vec{t}} + \kappa'\widetilde{\vec{n}} \\ \widetilde{\vec{x}}^{IV} &= -3\kappa\kappa'\widetilde{\vec{t}} + (\kappa'' - \kappa^3)\widetilde{\vec{n}} \end{cases}$$

und damit folgende Innenprodukte $\widetilde{\vec{x}}^{(i)} \cdot \widetilde{\vec{x}}^{(k)}$, die wir in einer Multiplikationstabelle anordnen:

(7.3)

	$\widetilde{\vec{x}}^{\,\prime}$	$\widetilde{\vec{x}}^{\,\prime\prime}$	$\widetilde{\vec{x}}^{\,\prime\prime\prime}$	$\widetilde{\vec{x}}^{\,IV}$
$\widetilde{\vec{x}}^{\,\prime}$	1	0	$-\kappa^2$	$-3\kappa\kappa'$
$\widetilde{\vec{x}}^{\,\prime\prime}$	0	κ^2	$\kappa\kappa'$	$\kappa\kappa'' - \kappa^4$
$\widetilde{\vec{x}}^{\,\prime\prime\prime}$	$-\kappa^2$	$\kappa\kappa'$	$\kappa^4 + \kappa'^2$	$2\kappa^3\kappa' + \kappa'\kappa''$
$\widetilde{\vec{x}}^{\,IV}$	$-3\kappa\kappa'$	$\kappa\kappa'' - \kappa^4$	$2\kappa^3\kappa' + \kappa'\kappa''$	$(\kappa'' - \kappa^3)^2 + 9\kappa^2\kappa'^2$

Bei der Berechnung wurde die Orthonormiertheit der Basisvektoren $\{\widetilde{\vec{t}}, \widetilde{\vec{n}}\}$ — im euklidischen Sinn — benützt. Ebenso berechnet man auch die Determinanten $Det(\widetilde{\vec{x}}^{(i)}, \widetilde{\vec{x}}^{(j)}) =: [\widetilde{\vec{x}}^{(i)}, \widetilde{\vec{x}}^{(j)}]$

(7.4)

	$\widetilde{\vec{x}}^{\,\prime}\,]$	$\widetilde{\vec{x}}^{\,\prime\prime}\,]$	$\widetilde{\vec{x}}^{\,\prime\prime\prime}\,]$	$\widetilde{\vec{x}}^{\,IV}\,]$
$[\widetilde{\vec{x}}^{\,\prime},$	0	κ	κ'	$\kappa'' - \kappa^3$
$[\widetilde{\vec{x}}^{\,\prime\prime},$	$-\kappa$	0	κ^3	$3\kappa^2\kappa'$
$[\widetilde{\vec{x}}^{\,\prime\prime\prime},$	$-\kappa'$	$-\kappa^3$	0	$3\kappa\kappa'^2 + \kappa^2(\kappa^3 - \kappa'')$
$[\widetilde{\vec{x}}^{\,IV},$	$-\kappa'' + \kappa^3$	$-3\kappa^2\kappa'$	$(\kappa'' - \kappa^3)\kappa^2 - 3\kappa\kappa'^2$	0

Die Beziehungen (7.3) und (7.4) kann man bei vielen Untersuchungen mit Erfolg verwenden. Wählen wir — nach Ausübung einer isotropen Bewegung — das zugrundegelegte Koordinatensystem so, daß die Vektoren $\{\vec{t}, \vec{n}, \vec{b}\}$ die Komponenten $\vec{t} = (1, 0, 0)$, $\vec{n} = (0, 1, 0)$, $\vec{b} = (0, 0, 1)$ erhalten, dann vereinfacht sich (7.1) zu

$$(7.5) \qquad \vec{x}^{\,\prime} = \begin{cases} 1 \\ 0 \\ 0 \end{cases}, \quad \vec{x}^{\,\prime\prime} = \begin{cases} 0 \\ \kappa \\ 0 \end{cases}, \quad \vec{x}^{\,\prime\prime\prime} = \begin{cases} -\kappa^2 \\ \kappa' \\ \tau\kappa \end{cases}, \quad \vec{x}^{\,IV} = \begin{cases} -3\kappa\kappa' \\ \kappa'' - \kappa^3 \\ 2\kappa'\tau + \kappa\tau'. \end{cases}$$

Nun sei eine zulässige C^ω-Kurve c gegeben, die wir auf ihre isotrope Bogenlänge s als Parameter beziehen. Gehört $P_0 \in c$ zum Parameterwert $s_0 = 0$, so lautet die Taylor-Entwicklung an der Stelle $s_0 = 0$ für $|s| < \sigma$:

$$(7.6) \qquad \vec{x}(s) = \vec{x}(0) + \vec{x}^{\,\prime}(0)s + \frac{1}{2}\vec{x}^{\,\prime\prime}(0)s^2 + \frac{1}{3!}\vec{x}^{\,\prime\prime\prime}(0)s^3 + \frac{1}{4!}\vec{x}^{\,IV}(0)s^4 + \ldots$$

Wählt man ein lokales Koordinatensystem $\{P_0; \ \vec{t} = (1, 0, 0), \ \vec{n} = (0, 1, 0), \vec{b} = (0, 0, 1)\}$, so vereinfacht sich (7.6) diesbezüglich — unter Berücksichtigung von (7.5) und $\vec{x}(0) = \vec{o}$ — zu

$$(7.7) \quad \begin{cases} x(s) = s - \frac{\kappa_0^2}{3!}s^3 - \frac{3\kappa_0\kappa_0'}{4!}s^4 + \dots \\[2mm] y(s) = \frac{\kappa_0}{2}s^2 + \frac{\kappa_0'}{3!}s^3 + \frac{\kappa_0''-\kappa_0^3}{4!}s^4 + \dots \\[2mm] z(s) = \frac{\kappa_0\tau_0}{3!}s^3 + \frac{2\kappa_0'\tau_0+\kappa_0\tau_0'}{4!}s^4 + \dots \end{cases}$$

Hierbei bedeuten $\kappa_0 = \kappa(0)$, $\tau_0 = \tau(0)$ usw. Die Darstellung (7.7) bezeichnet man als *kanonische Reihenentwicklung* der Kurve $\vec{x}(s) \in C^\omega$ an der Stelle $s_0 = 0$.

Wird z. B. die Entwicklung (7.7) nach den Gliedern 3. Ordnung abgebrochen, so erhält man eine Raumkurve 3. Ordnung, die die gegebene Kurve in P_0 bis zu den Ableitungen 3. Ordnung einschließlich approximiert.

Ist P_0 ein Punkt einer einfachen C^ω-Kurve, der kein Wendepunkt ist, aber eine isotrope Schmiegebene besitzt, so hat man ausgehend von (7.6) die Ableitungsgleichungen $\{\vec{x}'' = \kappa^*\vec{b}, \ \vec{b}' = \vec{o}\}$ heranzuziehen (vgl. [180,121]), wobei $\kappa^* = z''$ die *Ersatzkrümmung* bezeichnet. Dies liefert

$$(7.8) \qquad \vec{x}(s) = \vec{x}(0) + s\vec{t}(0) + \frac{1}{2}s^2\kappa^*(0)\vec{b} + \frac{1}{3!}s^3\kappa'^*(0)\vec{b} + \dots$$

bzw. wenn man die Entwicklung an einer allgemeinen Stelle s_0 vornimmt

$$(7.9) \qquad \vec{x}(s) = \vec{x}(s_0) + (s-s_0)\vec{t}(s_0) + \frac{1}{2}(s-s_0)^2\kappa^*(s_0)\vec{b} + \dots$$

b) Krümmungskreis und Schmiegsphäre

Definiton 7.1: Sei P_0 ein Punkt einer zulässigen C^2-Kurve c mit der Tangente t_0 in P_0. Unter dem *Krümmungskreis* k_0 in P_0 versteht man den Grenzkreis einer Folge von Kreisen $\{k_\gamma\}$ elliptischen Typs — die t_0 in P_0 berühren und durch einen Kurvenpunkt $Q \neq P_0$ laufen — beim Grenzübergang $Q \to P_0$.

SATZ 7.1: *Der Krümmungskreis in einem zulässigen Kurvenpunkt einer C^2-Kurve c ist eindeutig bestimmt. Es ist ein Kreis elliptischen Typs mit dem Radius* $r = \frac{1}{\kappa(P_0)}$ *und dem Mittelpunkt M mit dem Ortsvektor*

$$(7.10) \qquad \vec{m} = \vec{x}(s_0) + \frac{1}{\kappa^2(P_0)}\vec{x}''(s_0).$$

Beweis:
Betrachten wir den Grundriß $\tilde{k}_\gamma$ der Kreise k_γ, so liegt eine Folge von euklidischen Kreisen $\tilde{k}_\gamma$ vor, wobei jeder Kreis $\tilde{c}$ in $\tilde{P}_0$ berührt und durch den gegen $\tilde{P}_0$ konvergierenden Punkt $\tilde{Q}$ eindeutig bestimmt ist. Diese Kreisfolge besitzt wegen $\kappa(P_0) = \kappa_E(\tilde{P}_0) \neq 0$ einen eindeutig bestimmten Grenzkreis, nämlich den euklidischen Krümmungskreis $\tilde{k}_0$ der Kurve $\tilde{c}$ im Punkt $\tilde{P}_0$ (vgl. [82,96]). Der Radius von $\tilde{k}_0$ ist durch $r = \frac{1}{\kappa_E(\tilde{P}_0)} = \frac{1}{\kappa(P_0)}$

gegeben; für den Mittelpunkt $\widetilde{M}$ von $\widetilde{k}_0$ findet man bekanntlich ([226,61]) den Ortsvektor $\widetilde{m} = \widetilde{\vec{x}}(s) + \frac{1}{\kappa_E(\widetilde{P}_0)}\widetilde{\vec{n}}(*)$, wobei $\widetilde{\vec{n}}$ den euklidischen Hauptnormalenvektor von $\widetilde{c}$ bezeichnet. Da die Trägerebene der Kreise k_γ beim Grenzübergang $Q \to P_0$ gemäß Satz 6.4 gegen die Schmiegebene ϵ des Punktes P_0 konvergiert, so entsteht k_0 als Schnittkurve von ϵ mit dem Drehzylinder durch $\widetilde{k}_0$ und ist daher eindeutig bestimmt. Die Formel (7.10) verifiziert man nunmehr mittels (*) unter Beachtung von $\vec{n} = \frac{1}{\kappa}\vec{x}''$ und der Bemerkung, daß der Grundriß des isotropen Hauptnormalenvektors $\vec{n}$ mit dem euklidischen Hauptnormalenvektor $\widetilde{\vec{n}}$ von $\widetilde{c}$ übereinstimmt.

$$\Diamond$$

Die Definition 7.1 wird unbrauchbar für Punkte P_0 mit isotroper Schmiegebene. Wir geben dann die

Definition 7.2: Ist $P_0(s_0)$ ein Punkt einer einfachen, wendepunktfreien C^2-Kurve c, die in $P_0(s_0)$ eine isotrope Schmiegebene besitzt, dann heißt die Kurve

$$(7.11) \qquad \vec{x}(s) = \vec{x}(s_0) + (s - s_0)\vec{t}(s_0) + \frac{1}{2}(s - s_0)^2\kappa^*(s_0)\vec{b}$$

der *Krümmungskreis* von c in P_0 ist.

<u>Folgerungen:</u>

1) Zur Darstellung (7.11) gelangt man, indem man $\vec{x}(s) \in C^2$ in eine Taylor-Reihe entwickelt, wobei man mit dem Restglied 2. Ordnung abbricht und dieses Restglied $R_2 = \frac{1}{2}(s - s_0)\kappa^*(s_0 + \delta s)\vec{b}$, $0 < \delta < 1$ durch $\frac{1}{2}(s - s_0)^2\kappa^*(s_0)\vec{b}$ ersetzt.

2) Wählt man o.B.d.A. $s_0 = 0$ und führt man ein Koordinatensystem $\{P_o = O; x, y, z\}$ so ein, daß $\{\vec{t} = (1,0,0), \vec{b} = (0,0,1)\}$, $\vec{x}(0) = \vec{o}$ gilt, so vereinfacht sich (7.11) zu

$$(7.12) \qquad \{x = s, y = 0, z = \frac{1}{2}\kappa^*s^2\}.$$

Dies ist ein in der Schmiegebene $y = 0$ gelegener Kreis parabolischen Typs mit der Gleichung $z = \frac{1}{2}\kappa^*x^2$ d. h. vom Radius

$$(7.13) \qquad R = \frac{1}{2}\kappa^* \quad \text{bzw. Parameter} \quad p = \frac{1}{\kappa^*}.$$

Damit haben wir den

SATZ 7.2: *Der Krümmungskreis in einem Punkt P_0 einer einfachen C^2-Kurve c, der kein Wendepunkt ist, aber eine isotrope Schmiegebene besitzt, ist ein Kreis vom parabolischen Typ, dessen Parameter gleich dem Reziprokwert der Ersatzkrümmung von c in P_o ist.*

Bevor wir den Begriff der Schmiegsphäre einführen, erinnern wir an einen allgemeinen Begriff aus der Differentialgeometrie des A_3 (vgl. [226,198f]).

Definition 7.3: Es sei $\vec{x}(t)$ eine reguläre C^n-Kurve $c(n \geq 1)$ und $f(x,y,z) = 0$ sei eine reguläre C^n-Fläche Φ. Ein Punkt $P_0(t_0)$ heißt ein *genau n-facher Schnittpunkt* von c mit Φ, wenn für die Funktion $F(t) := f(x(t), y(t), z(t))$ gilt:

$$(7.14) \qquad F(t_0) = \dot{F}(t_0) = \ddot{F}(t_0) = \ldots = F^{(n-1)}(t_0) = 0; \, F^{(n)}(t_0) \neq 0.$$

Ist P_0 ein genau n-facher Schnittpunkt so berühren sich c und Φ in P_0 *genau n-punktig (von genau (n-1)-ter Ordnung)*.

<u>Bemerkungen und Folgerungen:</u>
1) Man kann beweisen: Ist $f(x,y,z) \in C^r(r \geq 1)$, so beschreibt $f(x,y,z) = 0$ in einer Umgebung jedes Punktes $P_0(x_0, y_0, z_0)$ mit $f(x_0, y_0, z_0) = 0$ und $(f_x(P_0), f_y(P_0), f_z(P_0)) \neq (0,0,0)$ eine einfache C^r-Fläche.

2) Falls über $F^{(n)}(t_0)$ keine Aussage gemacht wird, so sprechen wir von einem n-fachen Schnittpunkt bzw. einer Berührung (n-1)-ter Ordnung.

3) Als Anwendung bestimmen wir eine Ebene ϵ, die in einem Punkt $P(t_0)$, der kein Wendepunkt ist, eine reguläre Kurve c mit der Darstellung $\vec{x}(t) \in C^2$ von 2. Ordnung berührt (oskuliert). Wird ϵ in der Form $\vec{a} \cdot \vec{x} + d = 0$ angesetzt, so folgt aus $F(t) \equiv \vec{a} \cdot \vec{x}(t) + d$ sofort: $\dot{F} = \vec{a} \cdot \dot{\vec{x}}$, $\ddot{F} = \vec{a} \cdot \ddot{\vec{x}}$, d. h. man hat die Bedingungen $\vec{a}\vec{x}(t_0) + d = 0$, $\vec{a} \cdot \dot{\vec{x}}(t_0) = 0$, $\vec{a} \cdot \ddot{\vec{x}}(t_0) = 0$. Aus den letzten beiden Gleichungen fließt $\vec{a} = \rho \dot{\vec{x}}(t_0) \wedge \ddot{\vec{x}}(t_0))$, wobei $\vec{a} \neq 0$ gilt, da $P(t_0)$ kein Wendepunkt ist. Insgesamt erhält man für ϵ die Darstellung $(\vec{x} - \vec{x}_0) \cdot (\dot{\vec{x}}_0 \wedge \ddot{\vec{x}}_0) = Det(\vec{x} - \vec{x}_0, \dot{\vec{x}}_0, \ddot{\vec{x}}_0) = 0$ und dies ist nach (6.5) die Schmiegebene in $P_0(t_0)$ an c. Gilt $\vec{x}(t) \in C^3$, so erhebt sich die Frage, ob ϵ in $P_0(t_0)$ von 3. Ordnung berühren kann. Man hat dann die Bedingungen $\{\vec{a} \cdot \dot{\vec{x}}(t_0) = 0, \vec{a} \cdot \ddot{\vec{x}}(t_0) = 0, \vec{a} \cdot \dddot{\vec{x}}(t_0) = 0\}$, die nur dann nichttrivial $(\vec{a} \neq 0)$ zu erfüllen sind, wenn $Det(\dot{\vec{x}}, \ddot{\vec{x}}, \dddot{\vec{x}}) = 0$ in $P(t_0)$ gilt, d. h. wenn P_0 ein Henkelpunkt ist. In diesem Fall folgt, da P_0 kein Wendepunkt ist: $\dddot{\vec{x}} = \lambda \dot{\vec{x}} + \mu \ddot{\vec{x}}$ und die Gleichung der Schmiegebene in P_0 kann — falls $\dddot{\vec{x}} \neq \lambda \dot{\vec{x}}$ gilt — in der Form

$$(7.15) \qquad Det(\vec{X} - \vec{x}_0, \dot{\vec{x}}_0, \dddot{\vec{x}}_0) = 0$$

geschrieben werden. Einen Henkelpunkt, in dem $\dddot{\vec{x}} \neq \lambda \dot{\vec{x}}$ gilt, bezeichnen wir als *Henkelpunkt 1. Art.* Bezeichnet man eine Berührung 3. Ordnung als eine Hyperoskulation, so hat man das Ergebnis: *In einem Henkelpunkt hyperoskuliert die Schmiegebene; ist der Henkelpunkt von 1. Art, so kann die Schmiegebene auch durch (7.15) beschrieben werden.*

Definition 7.4: Ist c eine zulässige C^r-Kurve $(r \geq 3)$, P_0 ein Punkt von c, so heißt die Sphäre, die c in P_0 von 3. Ordnung berührt, die *Schmiegsphäre* von c in P_0.

Zur Untersuchung der Schmiegsphäre geben wir zunächst eine bequeme Darstellung aller Sphären an, die durch einen Punkt $P_0(x_0, y_0, z_0)$ hindurchgehen. Da P_0 auf der Sphäre (4.1) liegen soll, gilt

$$(7.16) \qquad c_{11}(x_0^2 + y_0^2) + 2c_{01}x_0 + 2c_{02}y_0 + 2c_{03}z_0 + c_{00} = 0$$

und durch Differenzenbildung aus (4.1) und (7.16) entsteht $c_{11}(x^2 - x_0^2) + c_{11}(y^2 - y_0^2) + 2c_{01}(x - x_0) + 2c_{02}(y - y_0) + 2c_{03}(z - z_0) = 0$. Diese Gleichung kann man unter Verwendung der Abkürzungen $c_{11} =: \lambda$, $2c_{11}x_0 + 2c_{01} =: u$, $2c_{11}y_0 + 2c_{02} =: v$, $2c_{03} =: w$ in der Form

$$(7.17) \qquad \lambda(x - x_0)^2 + \lambda(y - y_0)^2 + u(x - x_0) + v(y - y_0) + w(z - z_0) = 0$$

schreiben. Wird noch der Vektor $\vec{u} := (u, v, w)$ eingeführt und verwendet man hilfsweise die Symbolik der euklidischen Vektorrechnung, so kann (7.17) schließlich in der handlichen Form

$$(7.18) \qquad \lambda(\tilde{\vec{x}} - \tilde{\vec{x}}_0)^2 + \vec{u} \cdot (\vec{x} - \vec{x}_0) = 0$$

dargestellt werden. Gemäß Definition 7.3 bilden wir nun — wobei wir die Kurve c auf ihre isotrope Bogenlänge s als Parameter beziehen — die Funktion $F(s) \equiv \lambda(\tilde{\vec{x}}(s) - \tilde{\vec{x}}_0)^2 + \vec{u} \cdot (\vec{x}(s) - \vec{x}_0)$. Durch Differentiation entsteht

$$(7.19) \qquad F'(s) = 2\lambda(\tilde{\vec{x}}(s) - \tilde{\vec{x}}_0) \cdot \tilde{\vec{x}}' + \vec{u} \cdot \vec{x}'$$
$$F''(s) = 2\lambda\tilde{\vec{x}}'^2 + 2\lambda\tilde{\vec{x}} \cdot \tilde{\vec{x}}'' - 2\lambda\tilde{\vec{x}}_0 \cdot \tilde{\vec{x}}'' + \vec{u} \cdot \vec{x}''$$
$$F'''(s) = 4\lambda\tilde{\vec{x}}' \cdot \tilde{\vec{x}}'' + 2\lambda\tilde{\vec{x}}' \cdot \tilde{\vec{x}}'' + 2\lambda\tilde{\vec{x}} \cdot \tilde{\vec{x}}''' - 2\lambda\tilde{\vec{x}}_0 \cdot \tilde{\vec{x}}''' + \vec{u} \cdot \vec{x}'''.$$

Aus (7.19) gewinnt man die Bedingungen $F'(s_0) = F''(s_0) = F'''(s_0) = 0$ in der Gestalt

$$(7.20) \qquad \vec{u} \cdot \vec{x}'(s_0) = 0, \quad 2\lambda + \vec{u} \cdot \vec{x}''(s_0) = 0, \quad \vec{u} \cdot \vec{x}'''(s_0) = 0.$$

Wir setzen i. f. voraus, daß die Vektoren $\{\vec{x}', \vec{x}'''\}$ linear unabhängig sind. Gemäß (7.1) sind sie wegen $\kappa \neq 0$ genau dann linear abhängig, wenn $\kappa'(s_0) = 0$, $\tau(s_0) = 0$ gilt; einen Kurvenpunkt dieser Art nennen wir einen *Henkelpunkt 2. Art*. Sind $\vec{x}'$ und $\vec{x}'''$ l. u., so kann aus der ersten und dritten Gleichung in (7.20) der Vektor $\vec{u}$ bis auf einen Faktor $\rho \neq 0$ eindeutig zu

$$(7.21) \qquad \vec{u} = \rho(\vec{x}'(s_0) \wedge \vec{x}'''(s_0))$$

berechnet werden. Aus (7.21) und der mittleren Gleichung (7.20) folgt $2\lambda = \rho Det(\vec{x}_0', \vec{x}_0'', \vec{x}_0''')$. Ist P_0 ein Henkelpunkt 1. Art, so wird $Det(\vec{x}_0', \vec{x}_0'', \vec{x}_0''') = 0$ und damit $\lambda = 0$. In diesem Fall reduziert sich (7.18) auf $(\vec{x} - \vec{x}_0) \cdot (\vec{x}_0' \wedge \vec{x}_0''') = 0$, d. h. die Schmiegsphäre entartet zur *hyperoskulierenden Schmiegebene* (7.15) im Punkt $P_0(s_0)$. Ist hingegen P_0 kein Henkelpunkt, dann gilt

$$(7.22) \qquad 2\lambda = \rho Det(\vec{x}_0', \vec{x}_0'', \vec{x}_0''') \neq 0$$

und hieraus, (7.21) und (7.18) gewinnt man als *Gleichung der Schmiegsphäre*

$$(7.23) \qquad Det(\vec{x}_0',\vec{x}_0'',\vec{x}_0''')(\tilde{\vec{x}} - \tilde{\vec{x}}_0)^2 + 2Det(\vec{x} - \vec{x}_0,\vec{x}_0',\vec{x}_0''') = 0.$$

Mittels (6.22) kann diese Gleichung noch zu

$$(7.24) \qquad \kappa_0^2 \tau_0 (\tilde{\vec{x}} - \tilde{\vec{x}}_0)^2 + 2Det(\vec{x} - \vec{x}_0,\vec{x}_0',\vec{x}_0''') = 0$$

vereinfacht werden. (7.24) beschreibt eine Sphäre vom parabolischen Typ, wenn bei der Entwicklung der Determinante $Det(\vec{x} - \vec{x}_0,\vec{x}_0',\vec{x}_0''')$ das Glied $(z - z_0)$ vorkommt; dies ist genau dann der Fall, wenn $Det(\tilde{\vec{x}}_0',\tilde{\vec{x}}_0''') = \kappa_0' \neq 0$ gilt. In diesem Fall erhält man als Radius R bzw. als Parameter p der Schmiegsphäre

$$(7.25) \qquad R = -\frac{\kappa_0^2 \tau_0}{2\kappa_0'} = -\frac{Det(\vec{x}_0',\vec{x}_0'',\vec{x}_0''')}{2Det(\tilde{\vec{x}}_0',\tilde{\vec{x}}_0''')} \quad \text{bzw.}$$

$$p = -\frac{\kappa_0'}{\kappa_0^2 \tau_0} = -\frac{Det(\tilde{\vec{x}}_0',\tilde{\vec{x}}_0''')}{Det(\vec{x}_0',\vec{x}_0'',\vec{x}_0''')}.$$

Für $\kappa_0' = 0$ stellt sich eine *Schmiegsphäre vom zylindrischen Typ* ein. Wir fassen zusammen und beweisen ergänzend den

SATZ 7.3: *Ist P_0 kein Henkelpunkt einer zulässigen C^r-Kurve $c(r \geq 3)$, so existiert in P_0 eindeutig eine Schmiegsphäre $\sum$. $\sum$ ist vom parabolischen Typ genau dann, wenn $\tilde{c}$ in $\tilde{P}_0$ keinen Scheitel hat. Ist P_0 ein Henkelpunkt 1. Art, so entartet die Schmiegsphäre zur hyperoskulierenden Schmiegebene (7.15) in P_0. In allen diesen Fällen gehört der Krümmungskreis der Kurve c in P_0 der entsprechenden Schmiegsphäre an.*

Beweis:
Es bleibt nur mehr die letzte Aussage zu beweisen. Dazu führen wir P_0 als Ursprung eines Koordinatensystems ein, wodurch (7.24) zu

$$(7.26) \qquad \kappa_0^2 \tau_0 \tilde{\vec{x}}^2 + 2Det(\vec{x},\vec{x}_0',\vec{x}_0''') = 0$$

vereinfacht werden kann. Der Krümmungskreis k_0 in P_0 besitzt die Parameterdarstellung

$$(7.27) \qquad \vec{x}(t) = \frac{1}{\kappa}[(\sin t)\vec{t} + (1 + \cos t)\vec{n}], \qquad 0 \leq t \leq 2\pi,$$

woraus $\tilde{\vec{x}}^2 = \frac{2}{\kappa^2}(1 + \cos t)$ folgt. Wird alles in (7.26) eingesetzt, so entsteht unter Berücksichtigung von (7.1) eine Identität.

$$\diamond$$

Wir betrachten noch den Sonderfall, daß $\vec{x}(s)$ eine auf einem offenen s-Intervall I — mit Ausnahme eines Punktes s_0 — zulässige C^r-Kurve $c(r \geq 3)$ ist, während in $\vec{x}(s_0)$ die Schmiegebene isotrop ist. Es sei jedoch $P(s_0)$ kein Wendepunkt und überdies sei

$\widetilde{P}$ kein Scheitel von $\widetilde{c}$. Die Funktion $\kappa(s) = Det(\widetilde{\vec{x}}{}', \widetilde{\vec{x}}{}'')$ ist dann eine differenzierbare Funktion, die in s_0 verschwindet. Durch Differentiation folgt $\kappa' = Det(\widetilde{\vec{x}}{}', \widetilde{\vec{x}}{}''') \neq 0$ und man berechnet $Det(\vec{x}', \vec{x}'', \vec{x}''') = -Det(\vec{x}'', \vec{x}', \vec{x}''') = -Det(\kappa^* \vec{b}, \vec{x}', \vec{x}''') = -\kappa^* \cdot$ $\cdot Det(\widetilde{\vec{x}}{}', \widetilde{\vec{x}}{}''') = -\kappa^* \kappa'$. Dies liefert die oft zweckmäßige Hilfsformel

$$(7.28a) \qquad \kappa^* = -\frac{1}{\kappa'(s_0)} Det(\vec{x}'(s_0), \vec{x}''(s_0), \vec{x}'''(s_0)).$$

Wird nun die Schmiegsphäre in P_0 gemäß Definition 7.4 erklärt, so liefert dieselbe Herleitung wie im allgemeinen Fall die Formel (7.23), die sich mittels (7.28a) noch zu

$$(7.28b) \qquad \kappa_0^* \kappa_0' (\widetilde{\vec{x}} - \widetilde{\vec{x}}_0)^2 - 2 Det(\vec{x} - \vec{x}_0, \vec{x}_0', \vec{x}_0''') = 0$$

vereinfachen läßt. Wegen $\kappa_0' \neq 0$ ist diese *Schmiegsphäre* stets vom *parabolischen Typ*. Ihr Radius bzw. Parameter ist

$$(7.29) \qquad R = \frac{\kappa_0^*}{2} \quad \text{bzw.} \quad p = \frac{1}{\kappa_0^*}.$$

Man kann leicht nachweisen, daß der parabolische Krümmungskreis von c im Punkt P_0 ebenfalls ganz auf der Schmiegsphäre liegt. Dazu benützt man zweckmäßig jenes Koordinatensystem, welches zur Herleitung der speziellen Gleichung (7.12) des Krümmungskreises benützt wurde. Wegen (7.13) stimmt übrigens der Radius des Krümmungskreises mit dem Radius der Schmiegsphäre überein. Damit haben wir den

SATZ 7.4: *Ist c eine einfache C^r-Kurve ($r \geq 3$), die im Nicht-Wendepunkt P_0 eine isotrope Schmiegebene besitzt, wobei aber $\widetilde{P}_0$ kein Scheitel von $\widetilde{c}$ ist, dann existiert in P_0 eine eindeutige bestimmte Schmiegsphäre vom parabolischen Typ, deren Radius mit dem Radius des parabolischen Krümmungskreises von c in P_0 übereinstimmt.*

Definiton 7.5: Eine zulässige C^r-Kurve ($r \geq 4$), die frei von Henkelpunkten ist, heißt eine *sphärische Kurve*, wenn sie ganz auf einer Sphäre vom parabolischen Typ liegt.

Suchen wir eine notwendige und hinreichende Bedingung dafür, daß eine Kurve dieser Art sphärisch ist! Dazu schreiben wir die Gleichung (7.23) zunächst in der Gestalt

$$(7.30) \qquad \widetilde{\vec{x}}{}^2 - 2\widetilde{\vec{x}} \cdot \widetilde{\vec{x}}_0 + \widetilde{\vec{x}}_0^2 + 2 \frac{Det(\vec{x}, \vec{x}_0', \vec{x}_0''') - Det(\vec{x}_0, \vec{x}_0', \vec{x}_0''')}{Det(\vec{x}_0', \vec{x}_0'', \vec{x}_0''')} = 0,$$

was wegen $\tau_0 \neq 0$ möglich ist. Die Darstellung (7.30) läßt sich noch in der Form

$$(7.31) \qquad \widetilde{\vec{x}}{}^2 - 2\vec{x} \cdot \left(\widetilde{\vec{x}}_0 - \frac{\vec{x}_0' \wedge \vec{x}_0'''}{Det(\vec{x}_0', \vec{x}_0'', \vec{x}_0''')} \right) + 2 \left[\frac{1}{2} \widetilde{\vec{x}}_0^2 - \frac{Det(\vec{x}_0, \vec{x}_0', \vec{x}_0''')}{Det(\vec{x}_0', \vec{x}_0'', \vec{x}_0''')} \right] = 0$$

zusammenfassen; hierbei wurde die einfache Rechenregel $\vec{a} \cdot \vec{b} = \widetilde{\vec{a}} \cdot \widetilde{\vec{b}}$ für Vektoren $\vec{a}, \vec{b}$ verwendet. Liegt nun eine Kurve c ganz auf einer Sphäre $\sum$, so ist diese die Schmiegsphäre in jedem Punkt von c, denn dann ist $F(\vec{x}(s)) \equiv 0$ für die Gleichung $F(\vec{x}) = 0$ der Sphäre $\sum$ und damit sind die Bedingungen (7.13) erfüllt . In der Darstellung (7.31) bedeutet dies, daß die in den Klammern stehenden Ausdrücke von der Wahl des Punktes $P_0 \in c$ unabhängig sein müssen. Der erste Ausdruck ist ein Vektor $\vec{w}(s)$ längs c, während der zweite Ausdruck $v(s)$ eine Funktion längs c ist. Nach Unterdrückung des Index Null müssen daher die Ausdrücke

$$(7.32a, b) \qquad \vec{w}(s) := \tilde{\vec{x}} - \frac{\vec{x}' \wedge \vec{x}'''}{Det(\vec{x}', \vec{x}'', \vec{x}''')} \qquad \text{und}$$

$$v(s) := \frac{1}{2}\tilde{\vec{x}}^2 - \frac{Det(\tilde{\vec{x}}, \vec{x}', \vec{x}''')}{Det(\vec{x}', \vec{x}'', \vec{x}''')}$$

von s unabhängig sein. Dies ist genau dann der Fall, wenn $\vec{w}'(s) \equiv 0$ und $v'(s) \equiv 0$ gilt. Differentiation liefert

(7.33 a,b)

$$\vec{w}' = \tilde{\vec{x}}' - \frac{Det(\vec{x}', \vec{x}'', \vec{x}''')[(\vec{x}'' \wedge \vec{x}''') + (\vec{x}' \wedge \vec{x}^{IV})] - Det(\vec{x}', \vec{x}'', \vec{x}^{IV})(\vec{x}' \wedge \vec{x}''')}{[Det(\vec{x}', \vec{x}'', \vec{x}''')]^2}$$

$$v' = \tilde{\vec{x}} \cdot \tilde{\vec{x}}' - \frac{Det(\vec{x}', \vec{x}'', \vec{x}''')[Det(\tilde{\vec{x}}', \vec{x}'', \vec{x}''') + Det(\tilde{\vec{x}}, \vec{x}', \vec{x}^{IV})]}{[Det(\vec{x}', \vec{x}'', \vec{x}''')]^2} +$$

$$+ \frac{Det(\vec{x}', \vec{x}'', \vec{x}^{IV}) \cdot Det(\tilde{\vec{x}}, \vec{x}', \vec{x}''')}{[Det(\vec{x}', \vec{x}'', \vec{x}''')]^2}$$

und man erkennt, daß $v' = \vec{x} \cdot \vec{w}'$ gilt. Somit ist die Bedingung (7.33b) eine Folge der Bedingung (7.33a) und es bleibt nur $\vec{w}' \equiv 0$ zu diskutieren. Bekanntlich ist ein Vektor $\vec{z}$ genau dann ein Nullvektor, wenn sein inneres Produkt mit 3 beliebigen, linear unabhängigen Testvektoren $\vec{z}_1, \vec{z}_2, \vec{z}_3$ verschwindet. Als solche wählen wir hier $\vec{z}_1 = \vec{x}'$, $\vec{z}_2 = \vec{x}''$, $\vec{z}_3 = \vec{x}'''$, die wegen $Det(\vec{x}', \vec{x}'', \vec{x}''') = \kappa^2\tau \neq 0$ längs c linear unabhängig sind. Man bestätigt durch Nachrechnen, daß die Gleichungen $\vec{w}' \cdot \vec{x}' \equiv 0$ und $\vec{w}' \cdot \vec{x}'' \equiv 0$ erfüllt sind. Hingegen gilt

$$\vec{w}' \cdot \vec{x}''' = \tilde{\vec{x}}' \cdot \tilde{\vec{x}}''' - \frac{Det(\vec{x}', \vec{x}'', \vec{x}''')Det(\vec{x}', \vec{x}^{IV}, \vec{x}''')}{[Det(\vec{x}', \vec{x}'', \vec{x}''')]^2} = 0$$

und diese Bedingung kann mittels (6.22), (7.3) und der Gleichung $Det(\vec{x}', \vec{x}'', \vec{x}^{IV}) =$ $= 2\kappa'^2\tau + \kappa\kappa'\tau' - \kappa\tau\kappa'' - \kappa^4\tau$ schließlich in der Form

$$(7.34) \qquad 2\kappa'^2\tau + \kappa\kappa'\tau' - \kappa\kappa''\tau = 0$$

geschrieben werden. Diese Bedingung ist aber auch hinreichend dafür, daß eine henkelpunktfreie, zulässige C^r-Kurve $c(r \geq 4)$ sphärisch ist, denn durch Umkehrung obiger Schlüsse folgt, daß c dann in allen Punkten dieselbe Schmiegsphäre $\sum$ besitzt, d. h., daß c auf $\sum$ liegt. Die Bedingung (7.34) läßt sich einfacher schreiben, wenn man den *Krümmungsradius* $r := \frac{1}{\kappa}$ und den *Torsionsradius* $T := \frac{1}{\tau}$ einführt. Dann ist (7.34) gleichwertig mit

(7.35)
$$r''T + r'T' = (r'T)' = 0.$$

Durch Integration folgt unter Berücksichtigung von (7.25)

(7.36)
$$r'T = -\frac{\kappa'}{\kappa^2 \tau} = p = konst.,$$

d. h. die *Konstanz des Parameters* der Schmiegsphäre längs c. Wir fassen zusammen

SATZ 7.5: *Eine zulässige, henkelpunktfreie C^r-Kurve $c(r \geq 4)$ ist genau dann sphärisch, wenn der Radius ihrer Schmiegsphären längs c konstant ist.*

Das Entscheidende an dieser Aussage ist, daß aus der Konstanz des Schmiegsphärenradius bereits folgt, daß alle Schmiegsphären längs c identisch sind. Dies ist ein Analogon zu einer bekannten Aussage der euklidischen Differentialgeometrie ([226,202]).

c) Sphärisches Bild

In der euklidischen Kurventheorie untersucht man bekanntlich ([226,161 f]) die *drei sphärischen Bilder* einer Raumkurve, die man der Reihe nach als *Tangentenbild, Hauptnormalenbild* und *Binormalenbild* bezeichnet. So entseht z. B. das Tangentenbild einer Kurve c des E_3, indem man die Tangenteneinheitsvektoren $\vec{t}$ längs c in einem festen Punkt O anträgt und die von dem Endpunkt von $\vec{t}$ durchlaufene Kurve c_t betrachtet. c_t liegt auf der euklidischen Einheitssphäre um O als Mittelpunkt. Ebenso wird das euklidische Hauptnormalenbild c_n und das euklidische Binormalenbild c_b definiert. In Analogie zu euklidischen Situation kann man im einfach isotropen Raum ein isotropes sphärisches Tangentenbild c_t und ebenso ein Hauptnormalenbild c_n definieren. Die Kurven c_t und c_n liegen dann auf einer Einheitssphäre zylindrischen Typs. Ein isotropes sphärisches Binormalenbild läßt sich jedoch auf diese Art nicht definieren, da der isotrope Binormalenvektor durch $\vec{b} = (0,0,1)$ gegeben ist. Auch der Aufbau der Theorie des sphärischen Tangentenbildes c_t bzw. des sphärischen Hauptnormalenbildes ist nicht sehr ergiebig. Wir beschränken uns auf den Beweis eines einzigen Satzes. Zunächst jedoch die

Definition 7.6: Ist c eine zulässige C^r-Kurve $(r \geq 3)$ mit der Krümmung κ und der Windung τ, so heißt

(7.37)
$$k := \frac{\tau}{\kappa}$$

die *konische Krümmung* von c.

SATZ 7.6: *Für die Krümmung $\kappa(c_t)$ und die Windung $\tau(c_t)$ des sphärischen Tangentenbildes einer zulässigen C^r-Kurve $(r \geq 3)$ gilt*

(7.38)
$$\kappa(c_t) \equiv 1, \quad \tau(c_t) = \frac{1}{\kappa} k'.$$

Genau die zulässigen C^r-Kurven $(r \geq 3)$ konstanter konischer Krümmung besitzen ein ebenes sphärisches Tangentenbild.

Beweis:
Da c_t auf einem Drehzylinder vom Radius 1 mit vollisotropen Erzeugenden liegt, ist $\tilde{c}_t$ ein euklidischer Kreis vom Radius 1 und daher $\kappa \equiv 1$. Aus der Darstellung $\vec{x} = \vec{t}(s)$ erhält man nach (6.18) mittels (7.1) und (7.2) $\tau(c_t) = \frac{1}{\kappa}k'$. Das sphärische Tangentenbild ist eben genau für $\tau = 0$, d. h. $k' = 0$ gemäß (7.38). Somit gilt $k = konst.$

$$\Diamond$$

Wir gehen nun daran, ein nichttriviales sphärisches Binormalenbild einzuführen, das wir i. f. kurz als _sphärisches Bild_ bezeichnen werden. Hierzu sei

$$(7.39) \qquad \Sigma_0 \ldots z = \frac{1}{2}(x^2 + y^2)$$

eine Sphäre parabolischen Typs vom Parameter $p = 1$ (Einheitssphäre).

Definition 7.7: Ist c eine zulässige C^r-Kurve ($r \geq 3$) und $P \in c$ ein Punkt, so heißt der Berührungspunkt P^* der zur Schmiegebene von c in P parallelen Ebene mit $\sum_0$ der _sphärische Bildpunkt_ von P. Die Menge der sphärischen Bildpunkte der Punkt $P \in c$ heißt das _sphärische Bild_ c^* von c.

Folgerungen:
1) Berechnen wir zunächst die Koordinaten von $P^*(x^*, y^*, z^*)$! Die Tangentialebene ϵ im Punkt P^* an $\sum_0$ hat die Gleichung

$$(7.40a) \qquad z = x^* x + y^* y - z^*.$$

Andererseits erhält man die Gleichung der Schmiegebene $\hat{\epsilon}$ in $P(x, y, z) \in c$ gemäß (6.6) zu

$$(7.40b) \qquad z = \frac{1}{\kappa}(z'y'' - y'z'')x + \frac{1}{\kappa}(x'z'' - z'x'')y + w,$$

wobei das Absolutglied w nicht näher interessiert. Bei der Erstellung von (7.40b) haben wir vorausgesetzt, daß c auf die isotrope Bogenlänge s als Parameter bezogen ist; außerdem haben wir $\kappa = x'y'' - y'x''$ benützt. Sollen ϵ und $\hat{\epsilon}$ parallel sein, so folgt zunächst aus (7.40a) und (7.40b)

$$(7.41) \qquad x^* = \frac{1}{\kappa}\begin{vmatrix} z' & y' \\ z'' & y'' \end{vmatrix}, y^* = \frac{1}{\kappa}\begin{vmatrix} x' & z' \\ x'' & z'' \end{vmatrix},$$

womit der Grundriß von c^* festliegt. Weiter findet man aus (7.41) unter Berücksichtigung von $x'^2 + y'^2 = 1$, $x'x'' + y'y'' = 0$, $x''^2 + y''^2 = \kappa^2$ rasch $z^* = \frac{1}{2}(x^{*2} + y^{*2}) = \frac{1}{2\kappa^2}[z'^2(x''^2 + y''^2) + z''^2(x'^2 + y'^2) - 2z'z''(x'x'' + y'y'')] = \frac{1}{2\kappa^2}(z'^2\kappa^2 + z''^2)$. Wir vermerken die Darstellung von c^*:

$$130$$

130

(7.42)   Sphärisches Bild $P^*(x^*, y^*, z^*)$ zu $P(x,y,z) \in c$

$$\vec{x}^* \ldots \begin{cases} x^* = \frac{1}{\kappa}\begin{vmatrix} z' & y' \\ z'' & y'' \end{vmatrix}, \quad y^* = \frac{1}{\kappa}\begin{vmatrix} x' & z' \\ x'' & z'' \end{vmatrix} \\[2mm] z^* = \frac{1}{2\kappa^2}(z'^2\,\kappa^2 + z''^2). \end{cases}$$

2) Bevor wir eine zweckmäßige Parameterdarstellung von c^* angeben, leiten wir die alternierenden Produkte (6.19) der Vektoren $\{\vec{t}, \vec{n}, \vec{b}\}$ des begleitenden Dreibeins von c her. Es gilt unter Beachtung von (7.42)

(7.43a – c) $\vec{t} \wedge \vec{n} = \vec{b} - \tilde{\vec{x}}^*, \quad \vec{n} \wedge \vec{b} = \tilde{\vec{t}}, \quad \vec{b} \wedge \vec{t} = \tilde{\vec{n}}.$

Beweis:

Es ist $\vec{t} \wedge \vec{n} = \vec{x}' \wedge \frac{1}{\kappa}\vec{x}'' = \frac{1}{\kappa}\{y'z'' - y'z'', z'x'' - x'z'', x'y'' - y'x''\} = \{\frac{1}{\kappa}(y'z'' - z'y''),$
$\frac{1}{\kappa}(z'x'' - x'z''), 1\}$. Dieser Vektor ist aber gemäß (7.42) gerade $\vec{b} - \tilde{\vec{x}}^*$. Weiter ist $\vec{n} \wedge \vec{b} =$
$= \frac{1}{\kappa}\vec{x}'' \wedge \vec{b} = \{\frac{1}{\kappa}y'', -\frac{1}{\kappa}x'', 0\} = \{\frac{y''}{x'y'' - y'x''}, \frac{-x''}{x'y'' - y'x''}, 0\}$. Wegen $x'x'' + y'y'' = 0$ folgt
$\frac{y''}{x'y'' - y'x''} = x', \frac{x''}{x'y'' - y'x''} = -y'$ und somit $\vec{n} \wedge \vec{b} = \{x', y', 0\} = \tilde{\vec{x}}' = \tilde{\vec{t}}$. Ebenso zeigt
man (7.43c).

◇

Wir können jetzt eine zweckmäßige Parameterdarstellung der sphärischen Bildkurve c^* angeben. Wegen $\vec{x}^* = \tilde{\vec{x}}^* + z^*\vec{b}$ und $z^* = \frac{1}{2}(x^{*2} + y^{*2}) = \frac{1}{2}\tilde{\vec{x}}^{*2}$ ergibt sich $\vec{x}^* =$
$= \tilde{\vec{x}}^* + \frac{1}{2}\tilde{\vec{x}}^{*2}\vec{b}$, wobei nach (7.43a) $\tilde{\vec{x}}^* = \vec{b} - (\vec{t} \wedge \vec{n})$ gilt. Wir vermerken

(7.44)   Sphärische Bildkurve c^* zu c :

$$\vec{x}^* = \tilde{\vec{x}}^* + \frac{1}{2}\tilde{\vec{x}}^{*2}\vec{b} \quad \text{mit} \quad \tilde{\vec{x}}^* = \vec{b} - (\vec{t} \wedge \vec{n}).$$

Ist $\vec{x}(s) \in C^r (r \geq 2)$, so ist ersichtlich $\vec{x}^*(s) \in C^{r-2}$.

4) Berechnen wir $\vec{x}'^*$. Es ist nach (7.44) $\vec{x}'^* = \tilde{\vec{x}}'^* + (\tilde{\vec{x}}^* \cdot \tilde{\vec{x}}'^*)\vec{b}$. Nun findet man nach
(6.15) und (7.43a-c): $\tilde{\vec{x}}'^* = -(\vec{t}' \wedge \vec{n}) - (\vec{t} \wedge \vec{n}') = -\tau(t \wedge b) = -\tau(-\tilde{\vec{n}}) = \tau\tilde{\vec{n}}$ und weiter
$\tilde{\vec{x}}'^* \cdot \tilde{\vec{x}}^* = \tau\tilde{\vec{n}}\cdot[\vec{b} - (\vec{t} \wedge \vec{n})] = -\tau Det(\vec{t}, \vec{n}, \tilde{\vec{n}}) = -\tau Det(\vec{t}, \vec{n}, \vec{n} - n_3\vec{b}) = n_3\tau Det(\vec{t}, \vec{n}, \vec{b}) =$
$= n_3\tau = \frac{1}{\kappa}z''\tau$, da $n_3 = \frac{1}{\kappa}z''$. Damit haben wir $\vec{x}'^* = \tau\tilde{\vec{n}} + n_3\tau\vec{b} = \tau\tilde{\vec{n}}$. Wir
vermerken

(7.45) $\vec{x}'^* = \tau\tilde{\vec{n}}.$

Diese Formel zeigt, daß $\vec{x}^*$ nur dann *regulär* ist, falls $\tau \neq 0$ gilt, d. h., falls c *frei von Henkelpunkten* ist. In diesem Fall ist der Tangentenvektor von c^* in P^* parallel zum entsprechenden Hauptnormalenvektor von c in P.

5) Bezeichnet s^* die Bogenlänge auf dem sphärischen Bild c^* von c, so gilt wegen (7.45): $\frac{ds^*}{ds} = |\tau\vec{\tilde{n}}| = |\tau|$, womit eine neue *Deutung des Betrages der isotropen Windung* einer zulässigen, henkelpunktfreien Kurve gefunden worden ist. Berechnen wir noch die Krümmung κ^* und die Windung τ^* von c^*! Aus (7.45) folgt

$$\vec{x}''^* = \tau'\vec{n} + \tau(-\kappa\vec{t} + \tau\vec{b}) = -\kappa\tau\vec{t} + \tau'\vec{n} + \tau^2\vec{b} \Rightarrow Det(\vec{\tilde{x}}'^*, \vec{\tilde{x}}''^*) = Det(\tau\vec{\tilde{n}}, -\kappa\tau\vec{\tilde{t}}) =$$

$= \kappa\tau^2(*); \; \vec{\tilde{x}}'^{*\,2} = \tau^2$. Für $\tau \neq 0$ sind die Vektoren $\vec{x}'^*$ und $\vec{x}''^*$ l.u., wie man leicht durch Rechnung bestätigt, sodaß c^* wendepunktfrei ist. Die Vektoren $\vec{x}'^*$ und $\vec{x}''^*$ spannen auch keine isotrope Ebene auf, sonst wäre $Det(\vec{\tilde{x}}'^*, \vec{\tilde{x}}''^*) = 0$, was wegen $\kappa \neq 0$ und $\tau \neq 0$ nach $(*)$ unmöglich ist. Somit ist c^* auch frei von isotropen Schmiegebenen. Bedenkt man, daß s bezüglich c^* ein allgemeiner Kurvenparameter ist, so erhält man nach (7.16b) $\kappa^* = \frac{\kappa\tau^2}{\tau^3} = \frac{\kappa}{\tau} = \frac{1}{k}$. Schließlich gilt $\vec{x}'''^* = [(-\kappa\tau)' - \tau\kappa]\vec{t} + [\tau' - \kappa^2\tau]\vec{n} + [\tau^2 + 2\tau\tau']\vec{b}$ und man berechnet $Det(\vec{x}'^*, \vec{x}''^*, \vec{x}'''^*) = \tau^3(\kappa\tau' - \tau\kappa') = \tau^3\kappa^2 k'$. Hieraus und $Det(\vec{\tilde{x}}'^*, \vec{\tilde{x}}''^*) = \kappa\tau^2$ erhält man nach (7.18b) für die Windung von c^* die Formel $\tau^* = \frac{1}{\tau}(\frac{\tau}{\kappa})'$. Wir vermerken

$$(7.46) \qquad \kappa^* = \frac{\kappa}{\tau} = \frac{1}{k}, \quad \tau^* = \frac{1}{\tau}(\frac{\tau}{\kappa})' = \frac{1}{\tau}k'.$$

Die Formel für die Windung τ^* zeigt, daß c^* genau dann eben ist $(\tau^* = 0)$, wenn die henkelpunktfreie Kurve c konstante isotrope konische Krümmung $(k = konst. \neq 0)$ besitzt. c^* ist somit ein Kreis elliptischen Typs auf $\sum_0$. Wir fassen die wichtigsten Resultate zusammen:

SATZ 7.7: *Ist c eine zulässige, henkelpunktfreie C^r-Kurve $(r \geq 3)$, so ist ihre sphärische Bildkurve c^* lokal eine einfache C^{r-2}-Kurve. Die Tangenten von c^* sind parallel zu den entsprechenden Hauptnormalen von c. Der Betrag der isotropen Windung von c läßt sich deuten als Verhältnis des Bogenelementes ds^* des sphärischen Bildes zum Bogenelement ds der Ausgangskurve. Zulässige, henkelpunktfreie C^r-Kurven $(r \geq 3)$ mit konstanter isotroper konischer Krümmung sind dadurch gekennzeichnet, daß ihre sphärische Bildkurve ein Kreis elliptischen Typs ist.*

d) Darbouxscher Drehvektor

Bei kinematischen Betrachtungen in der euklidischen Kurventheorie spielt der sogenannte Darbouxsche Drehvektor $\vec{D}_E$ eine zentrale Rolle (vgl. [226,171f]); er hat unter anderem die bemerkenswerte Eigenschaft, daß er auf den Ableitungsvektoren $\vec{t}', \vec{n}', \vec{b}'$ des euklidischen begleitenden Dreibeins $\{\vec{t}, \vec{n}, \vec{b}\}$ euklidisch normal steht. Infolge der ausgearteten Orthogonalitätsverhältnisse im einfach isotropen Raum ist natürlich die Bildung eines direkten Analogons zur euklidischen Situation unmöglich. Eine zweckmäßige Definition ergibt sich — unter Zugrundelegung geeigneter Bivektoren bezüglich einer Kurve c — wie folgt:

Definition 7.8: Ist c eine zulässige C^r-Kurve $(r \geq 3)$ des $I_3^{(1)}$ mit dem begleitenden Dreibein $\{\vec{t}, \vec{n}, \vec{b}\}$, dann heißen die Bivektoren

$$(7.47a - c) \qquad \mathcal{T} := \vec{n} \wedge \vec{b}, \; \mathcal{H} := \vec{b} \wedge \vec{t}, \; \mathcal{B} := \vec{t} \wedge \vec{n}$$

die *begleitenden Bivektoren* von c. Der Bivektor

$$(7.48) \qquad\qquad \mathcal{D} = \vec{n} \wedge \vec{n}'$$

heißt *isotroper Drehungsbivektor*.

Folgerungen:

1) Die Bivektoren $\mathcal{T}, \mathcal{H}, \mathcal{B}$ bilden eine Basis.

Beweis:

Beachtet man (7.43b,c), so folgt unter Benützung von $\widetilde{\vec{t}} \wedge \widetilde{\vec{n}} = \vec{b}$ sofort: $Det(\mathcal{T}, \mathcal{H}, \mathcal{B}) = = Det(\widetilde{\vec{t}}, \widetilde{\vec{n}}, \vec{t} \wedge \vec{n}) = (\vec{t} \wedge \vec{n}) \cdot \vec{b} = Det(\vec{t}, \vec{n}, \vec{b}) = 1$.

$$\Diamond$$

2) Da $\{\mathcal{T}, \mathcal{H}, \mathcal{B}\}$ gemäß 1) eine Basis bilden, müssen sich die Ableitungsbivektoren $\mathcal{T}'$, $\mathcal{H}'$, $\mathcal{B}'$ in dieser Basis in eindeutiger Weise als Linearkombinationen darstellen lassen. Wir zeigen, daß

$$(7.49a - c) \qquad\qquad \mathcal{T}' = \kappa\mathcal{H}, \quad \mathcal{H}' = -\kappa\mathcal{T}, \quad \mathcal{B}' = -\tau\mathcal{H}$$

gilt.

Beweis:

Mittels (6.15) folgt aus (7.47a): $\mathcal{T}' = (\vec{n}' \wedge \vec{b}) = (-\kappa\vec{t} + \tau\vec{b}) \wedge \vec{b} = -\kappa(\vec{t} \wedge \vec{b}) = \kappa\mathcal{H}$. Ebenso gilt $\mathcal{H}' = \vec{b} \wedge \vec{t}' = \vec{b} \wedge (\kappa\vec{n}) = \kappa(-\mathcal{T}) = -\kappa\mathcal{T}$ und $\mathcal{B}' = (\vec{t}' \wedge \vec{n}) + (\vec{t} \wedge n') = \vec{t} \wedge (-\kappa\vec{t} + \tau\vec{b}) = = \tau(\vec{t} \wedge \vec{b}) = -\tau\mathcal{H}$.

$$\Diamond$$

3) Aus (7.48) und (6.15) folgt $\mathcal{D} = \vec{n} \wedge (-\kappa\vec{t} + \tau\vec{b}) = -\kappa(\vec{n} \wedge \vec{t}) + \tau(\vec{n} \wedge \vec{b}) = \kappa\mathcal{B} + \tau\mathcal{T}$. Hieraus und (7.49a,c) fließt: $\mathcal{D}' = \kappa'\mathcal{B} + \kappa\mathcal{B}' + \tau'\mathcal{T} + \tau\mathcal{T}' = \kappa'\mathcal{B} - \kappa\tau\mathcal{H} + \tau'\mathcal{T} + \tau\kappa\mathcal{H} = = \kappa'\mathcal{B} + \tau'\mathcal{T}$. Wir notieren

$$(7.50a, b) \qquad\qquad \mathcal{D} = \kappa\mathcal{B} + \tau\mathcal{T}, \quad \mathcal{D}' = \kappa'\mathcal{B} + \tau'\mathcal{T}.$$

Die Formeln (7.50a,b) zeigen nun tatsächlich eine formale Analogie zum euklidischen Darboux-Vektor $\mathcal{D}_E$ (vgl. [226,173]).

4) Fragen wir nach jenen zulässigen C^r-Kurven ($r \geq 4$), für die der Darboux-Vektor konstant ist, so folgt aus (7.50b) die Bedingung $\kappa'\mathcal{B} + \tau'\mathcal{T} = 0$. Da $\{\mathcal{B}, \mathcal{T}\}$ l. u. sind, ist diese Bedingung mit $\kappa' = 0$, $\tau' = 0$, d. h. $\kappa = \kappa_0 = konst. \neq 0$ und $\tau = \tau_0 = konst.$ gleichwertig. Diese Kurven sind daher gemäß Satz 7.12 für $\tau_0 \neq 0$ *isotrope Schraublinien*; für $\tau_0 = 0$ liegen *Kreise elliptischen Typs* vor.

5) Wir beweisen noch: Die einzigen zulässigen C^r-Kurven $c(r \geq 4)$, deren Drehungsbivektoren $\mathcal{D}$ einem festen Bivektor $\mathcal{D}_0$ proportional sind, sind die Kurven konstanter konischer Krümmung k_0.

Beweis:

(1): Es gelte $\mathcal{D}(s) = \mu(s)\mathcal{D}_0$ wobei s die isotrope Bogenlänge auf c und $\mathcal{D}_0$ einen konstanten Bivektor bezeichnet. Durch Differentiation folgt $\mathcal{D}' = \mu'\mathcal{D}_0$ und aus beiden Beziehungen $\mathcal{D}'\mu - \mu'\mathcal{D} = 0$. Mittels (7.50a,b) fließt hieraus $(\kappa'\mathcal{B} + \tau'\mathcal{T})\mu - \mu'(\kappa\mathcal{B} + \tau\mathcal{T}) = (\kappa'\mu - \mu'\kappa)\mathcal{B} + (\tau'\mu - \mu'\tau)\mathcal{T} = 0$, und wegen der linearen Unabhängigkeit von $\mathcal{B}$ und $\mathcal{T}$ erhält man: $\{\kappa'\mu - \mu'\kappa = 0, \tau'\mu - \mu'\tau = 0\}$. Dies ist ein homogenes lineares Gleichungssystem für die Unbekannten μ und μ'. Hierbei ist stets $\mu \neq 0$, sonst wäre $\mathcal{D} = 0$ und aus (7.50a) würde $\kappa = 0$ folgen, was unmöglich ist. Demnach muß obiges Gleichungssystem nichttrivial lösbar sein, was

$$\begin{vmatrix} \kappa' & -\kappa \\ \tau' & -\tau \end{vmatrix} = -\tau\kappa' + \tau'\kappa = 0$$

nach sich zieht. Gilt $\tau = 0$, so ist auch $\tau' = 0$ und es gilt $k = \frac{\tau}{\kappa} = 0 = konst..$ Gilt hingegen $\tau \neq 0$, so liefert obige Bedingung die Differentialgleichung $\frac{\tau'}{\tau} = \frac{\kappa'}{\kappa}$, welche integriert $\tau = c_0\kappa$ mit einer Integrationskonstanten c_0 liefert. Also gilt $\frac{\tau}{\kappa} = k = c_0 = konst..$

(2): Gilt umgekehrt $\frac{\tau}{\kappa} = c_0 = konst.$, d. h. $\tau = c_0\kappa$, so liefert (7.50a) die Gleichung $\mathcal{D} = \kappa(\mathcal{B} + c_0\mathcal{T})$. Aus (7.50b) gewinnt man $\mathcal{D}' = \kappa'\mathcal{B} + c_0\kappa'\mathcal{T} = \kappa'(\mathcal{B} + c_0\mathcal{T})$, also $\mathcal{D}\kappa' - \kappa\mathcal{D}' = 0$. Wegen $\kappa \neq 0$ folgt schließlich: $(\frac{1}{\kappa}\mathcal{D})' = 0 \Rightarrow \frac{1}{\kappa}\mathcal{D} = \mathcal{D}_0$ mit einem konstanten Bivektor $\mathcal{D}_0$, also $\mathcal{D} = \kappa\mathcal{D}_0$.

Wir fassen zusammen im

SATZ 7.8: *Jeder zulässigen C^r-Kurve $c(c \geq 3)$ des einfach isotropen Raumes können gemäß (7.48a-c) drei begleitende Bivektoren zugeordnet werden, die den Ableitungsgleichungen (7.49a-c) genügen. Der Darbouxsche Drehungsbivektor (7.48) ist genau für isotrope Schraublinien und Kreise elliptischen Typs konstant. Genau für Kurven konstanter konischer Krümmung ist der Drehungsbivektor zu einem festen Bivektor proportional.*

II: Spezielle Kurvenklassen

An speziellen Kurven des einfach isotropen Raumes haben wir bisher nur die Schraublinien (vgl. Saz 6.12) kennengelernt. Auch die Kurven c konstanter Krümmung κ sind sofort zu überschauen. Da κ die euklidische Krümmung von $\tilde{c}$ ist, so ist $\tilde{c}$ wegen $\kappa = konst. \neq 0$ ein euklidischer Kreis in der Grundrißebene. Somit sind die Kurven konstanter isotroper Krümmung die Kurven auf Sphären zylindrischen Typs.

Wenden wir uns nun dem Studium verschiedener spezieller Kurvenklassen zu! Hierbei folgen wir zunächst [208].

A) Isotrope Böschungslinien

Definition 7.9: Eine zulässige C^r-Kurve c ($r \geq 3$) des einfach isotropen Raums heißt eine *Böschungslinie*, wenn alle ihre Tangenten mit einer festen, nichtisotropen Bezugsebene β_0 den selben Winkel φ_0 einschließen.

Folgerungen:

1) Da c zulässig ist, sind die Tangenten von c nichtisotrop und somit ist der Winkel φ_0 dieser Tangenten gegen β_0 nach (3.24) erklärt. Wir bezeichnen φ_0 als *Neigungswinkel*. Im folgenden sei $c \ldots \vec{x}(s)$ mit der isotropen Bogenlänge s parametrisiert. Durch eine isotrope Bewegung kann man erreichen, daß β_0 mit der Grundrißebene $\pi(z = 0)$ zusammenfällt. Dann gilt in (3.24) $u_1 = u_2 = 0$, $u_3 \neq 0$ und wegen $\vec{t} = (x', y', z')$ folgt $\varphi_0 = \frac{z'}{\sqrt{x'^2 + y'^2}} = z'$, d. h. $z(s) = \varphi_0 s + c_0$, wobei c_0 eine Integrationskonstante bedeutet. Berechnen wir die konische Krümmung k einer Böschungslinie. Nach (6.16) und (6.18a) ist $k = \frac{\tau}{k} = \frac{1}{\kappa^3} Det(\vec{x}', \vec{x}'', \vec{x}''')$. Nun gilt aber wegen $z' = \varphi_0$, $z'' = 0$, $z''' = 0$ und (7.4) $Det(\vec{x}', \vec{x}'', \vec{x}''') = \varphi_0(x''y''' - y''x''') = \varphi_0 Det(\widetilde{\vec{x}}'', \widetilde{\vec{x}}''') = \varphi_0 \kappa^3$, also $k = \varphi_0 = konst.$. Damit haben wir gesehen, daß die Böschungslinien des $I_3^{(1)}$ *konstante isotrope konische Krümmung* besitzen.

2) Wir zeigen die Umkehrung von 1): Besitzt eine zulässige C^r-Kurve c $(r \geq 3)$ konstante konische Krümmung k_0, dann ist sie eine Böschungslinie.

Beweis:
Wegen $k' = 0$ ist das sphärische Tangentenbild c_t von c nach Satz 7.6 eine ebene Kurve, d. h. ein Kreis elliptischen Typs. Durch eine isotrope Bewegung kann man erreichen, daß die Trägerebene von c_t parallel zu Grundrißebene π verläuft und daß der Mittelpunkt von c_t und der Koordinatenursprung O auf einer vollisotropen Geraden liegen. Man erkennt dann unmittelbar, daß die Erzeugenden des von O und c_t bestimmten Drehkegels mit der Ebene π denselben Winkel einschließen. Da diese Erzeugenden zu den Tangenten von c parallel sind, ist alles gezeigt.

$$\Diamond$$

3) Böschungslinien sind dadurch gekennzeichnet, daß ihre *Hauptnormalen* zu einer *festen nichtisotropen Ebene ϵ parallel* sind.

Beweis:
(1): Ist c eine Böschungslinie mit $\pi(z = 0)$ als Bezugsebene, so folgt aus $\vec{n} = \frac{1}{\kappa} \vec{x}''$ wegen $z'' = 0$ unmittelbar $\vec{n} = \frac{1}{\kappa}(x'', y'', 0)$, d. h. alle Hauptnormalen von c sind zu π parallel.

(2): Sind umgekehrt die Hauptnormalen von c zu einer festen, nichtisotropen Ebene ϵ parallel, so kann man durch eine isotrope Bewegung erreichen, daß diese mit $\pi(z = 0)$ zusammenfällt. Dann gilt $z'' = 0$, d. h. $z' =: \varphi_0 = konst.$. Nach 1) bilden dann alle Tangenten von c mit π den konstanten Winkel φ_0.

$$\Diamond$$

4) Wir geben noch eine andere bemerkenswerte Kennzeichnung der Böschungslinien. Dazu beweisen wir vorerst den

Hilfssatz: Der Ortsvektor $\vec{y}(s) \in C^2$ beschreibt genau dann eine Kurve in einer nichtisotropen Ebene ϵ durch den Koordinatenursprung O , wenn gilt

$$(7.51) \qquad\qquad Det(\vec{y}, \vec{y}', \vec{y}'') = 0, \quad Det(\widetilde{\vec{y}}, \widetilde{\vec{y}}') \neq 0.$$

Beweis:

(1): Liegt die Kurve c, beschrieben durch $\vec{y}(s)$, in einer nichtisotropen Ebene ϵ durch O, dann gibt es Vektoren $\vec{a}$, $\vec{b}$ in ϵ mit $Det(\widetilde{a},\widetilde{b}) \neq 0$, sodaß sich c in der Form $\vec{y}(s) = u(s)a + v(s)\vec{b}$ darstellen läßt; hierbei ist $uv' - u'v \neq 0$, da wir Geraden durch O ausgeschlossen haben und genau für diese die Vektoren $\vec{y}$ und $\vec{y}'$ l. a. sind. Da die Vektoren $\vec{y}(s) = u\vec{a} + v\vec{b}$, $\vec{y}' = u'\vec{a} + v'\vec{b}$, $\vec{y}'' = u''\vec{a} + v''\vec{b}$ komplanar sind, gilt $Det(\vec{y},\vec{y}',\vec{y}'') = 0$. Aus der Beziehung $Det(\widetilde{y},\widetilde{y}') = (uv' - u'v)Det(\widetilde{a},\widetilde{b})$ folgt die zweite Bedingung.

(2): Ist umgekehrt (7.51) erfüllt, dann gibt es Funktionen $\lambda_i(s) \in C^0$ $(i = 0,1,2)$, sodaß gilt $\lambda_2(s)\vec{y}'' + \lambda_1(s)\vec{y}' + \lambda_0(s)\vec{y} = 0$. Diese Differentialgleichung besitzt die allgemeine Lösung $\vec{y}(s) = u(s)\vec{a} + v(s)\vec{b}$, wobei $u(s)$ und $v(s)$ l. u. Lösungen der skalaren Diffentialgleichung $\lambda_2(s)y'' + \lambda_1(s)y' + \lambda_0(s)y = 0$ sind, und $\vec{a}$ und $\vec{b}$ l. u. Vektoren bezeichnen, die man wegen $Det(\widetilde{y},\widetilde{y}') \neq 0$ so wählen muß , daß $Det(\widetilde{a},\widetilde{b}) \neq 0$ gilt. Die lineare Unabhängigkeit von $u(s)$ und $v(s)$ garantiert, daß $uv' - u'v \neq 0$ gilt; hiermit werden Geraden durch O in ϵ ausgeschlossen.

$\Diamond$

Nach 3) sind die Hauptnormalen genau für Böschungslinien zu einer festen nichtisotropen Ebene parallel, d. h., das sphärische Hauptnormalenbild c_n ist ein Kreis vom elliptischen Typ. Somit kann auf $\vec{y}(s) = \vec{n}(s)$ obiger Hilfssatz angewendet werden und man erhält die Bedingung $Det(\vec{n},\vec{n}',\vec{n}'') = 0$; die Nebenbedingung ist wegen $Det(\widetilde{n},\widetilde{n}') = \kappa \neq 0$ erfüllt. Nun gilt andererseits wegen $\vec{x}'' = \kappa\vec{n}$ die Beziehung $Det(\vec{x}'',\vec{x}''',\vec{x}^{IV}) = \kappa^3 Det(\vec{n},\vec{n}',\vec{n}'')$, sodaß $Det(\vec{x}'',\vec{x}''',\vec{x}^{IV}) = 0$ eine *Kennzeichnung der Böschungslinien* ist.

5) Die zweite Aussage im Satz 7.8 läßt sich jetzt auch so formulieren: *Die einzigen zulässigen C^r-Kurven $(c \geq 4)$ des einfach isotropen Raumes, deren Drehungsbivektoren zu einem festen Bivektor proportional sind, sind die Böschungslinien.*

6) Die letzte Aussage in Satz 7.7 liefert nun: *Die einzigen zulässigen C^r-Kurven $(r \geq 3)$, deren sphärische Bildkurve ein Kreis elliptischen Typs ist, sind die Böschungslinien.*

7) Als Beispiele von Böschungslinien kennen wir bisher nur die Schraublinien, die wegen $\kappa = \kappa_0$, $\tau = \tau_0 \neq 0$ ebenfalls konstante konische Krümmung besitzen. Auch die ebenen Kurven sind triviale Sonderfälle von Böschungslinien; sie gehören zum Winkel $\varphi_0 = 0$. Um eine Böschungslinie zu gewinnen, die keine konstanten Fundamentalinvarianten besitzt, bestimmen wir die Böschungslinien einer Sphäre $\sum$ vom parabolischen Typ! Die Schnitte von $\sum$ mit nichtisotropen Ebenen sind trivialerweise Böschungslinien. Wir werden daher künftig $\tau \neq 0$ voraussetzen. Aus $k = \frac{\tau}{\kappa} = k_0 = konst.$ folgt $\kappa\tau' = \tau\kappa'$ und dies liefert eingesetzt in die Bedingung (7.34) wegen $\tau \neq 0$ die Differentialgleichung

$$(7.52) \qquad\qquad 3\kappa'^2 - \kappa\kappa'' = 0$$

für die Funktion $\kappa(s)$. Sie besitzt die allgemeine Lösung $\kappa^2 = \frac{1}{2as+b}$ mit Integrationskonstanten a, b, $\in \mathcal{R}$. Durch geeignete Wahl der Bogenzählung kann man

$b = 0$ erreichen und erhält somit als natürliche Gleichungen der Böschungslinie auf Σ

$$(7.53) \qquad \kappa(s) = \frac{1}{\sqrt{2as}}, \quad \tau(s) = \frac{k_0}{\sqrt{2as}}.$$

Die Integration dieser natürlichen Gleichungen ist in diesem Fall explizit möglich. Die Bestimmung des Kurvengrundrisses $\tilde{c}$ durch Integration der natürlichen Gleichung $\kappa(s) = \frac{1}{\sqrt{2as}}$ ist ein bekanntes Problem der Analysis; man findet bis auf euklidische Bewegungen die Parameterdarstellung

$$(7.54) \qquad \tilde{c} \ldots \begin{cases} x = a(\cos t + t \, \sin t) \\ y = a(\sin t - t \, \cos t) \end{cases}$$

wobei $s = \frac{a}{2}t^2$ gilt. Die Kurve $\tilde{c}$ ist somit die Evolvente eines Kreises vom Radius a. Die Funktion $z(t)$ ergibt sich schließlich nach Vorgabe der Trägerfläche Σ. So ist beispielsweise die Kurve

$$(7.55) \qquad c \ldots \begin{cases} x = a(\cos t + t \, \sin t) \\ y = a(\sin t - t \, \cos t) \\ z = \frac{a^2}{2}(1 + t^2) \end{cases}$$

eine Böschungslinie auf der Sphäre $z = \frac{1}{2}(x^2 + y^2)$. Wir fassen zusammen im

SATZ 7.9: *Böschungslinien des einfach isotropen Raumes sind durch konstante konische Krümmung gekennzeichnet. Eine zulässige C^r-Kurve $(r \geq 4)$ mit der Darstellung $\vec{x}(s)$ ist genau dann eine Böschungslinie, wenn gilt*

$$(7.56) \qquad Det(\vec{x}'', \vec{x}''', \vec{x}^{IV}) = 0.$$

Die Böschungslinien auf Sphären parabolischen Typs sind — außer den Kreisen elliptischen Typs — transzendente Kurven, deren Grundrisse euklidische Kreisevolventen sind.

Eine Verallgemeinerung der Böschungslinien des $I_3^{(1)}$ stellen die isotropen *KOPPschen Kurven* dar, die B. PAVKOVIĆ in [136] erstmals betrachtet hat.

Definition 7.10: Eine zulässige C^r-Kurve c $(r \geq 4)$ des einfach isotropen Raumes heißt eine *KOPPsche Kurve*, wenn alle Hauptnormalen von c gegen eine feste, nichtisotrope Ebene gleich geneigt sind.

Um die natürliche Gleichung dieser Kurvenklasse aufzustellen, beachten wir, daß nach Satz 7.7 das begleitende Dreibein des sphärischen Bildes c* einer Raumkurve c mit dem zweiten begleitenden Dreibein von c gemäß (6.28a-c) übereinstimmt. Da für Böschungslinien die Bedingung $\frac{\tau}{\kappa} = k_0 = konst.$ kennzeichnend ist, ist für KOPPsche Kurven die Bedingung $\frac{\tau_2}{\kappa_2} = k_0 = konst.$ kennzeichnend, wobei man nach (6.27) die Gleichung

$$(7.57) \qquad k_0\kappa^3 + (\tau\kappa' - \kappa\tau') = 0$$

erhält. Die dargelegte Methode zeigt die Zweckmäßigkeit der begleitenden Dreibeine höherer Ordnung, die es gestatten, aus bereits bekannten Sätzen der Kurventheorie durch Übertragung neue Sätze abzuleiten. Eine nähere Untersuchung der KOPPschen Kurven des $I_3^{(1)}$ steht noch aus, scheint aber lohnend zu sein. Im euklidischen Raum E_3 wurde die analoge Kurvenklasse erstmals von W. G. KOPP betrachtet (vgl. [75]).

B) Kurven konstanter Windung $\tau_0 \neq 0$

Um diese Kurven c zu bestimmen, geben wir den Kurvengrundriß $\tilde{c} : \{x = x(s), y = y(s)\}$ vor, wobei s die isotrope Bogenlänge von c bezeichnet, und integrieren die Differentialgleichung (6.22), wobei $\kappa(s) = x'y'' - y'x''$ ist. Dies gelingt allerdings nur dann, wenn man für die gesuchte Funktion $z(s)$ den günstigen Ansatz

$$(7.58) \qquad z(s) = \tau_0 \int (xy' - yx')ds + g(s)$$

mit einer noch zu bestimmenden Funktion $g(s)$ macht. Aus (7.58) und (6.22) folgt dann $z' = \tau_0(xy' - yx') + g'$, $z'' = \tau_0(xy'' - yx'') + g''$, $z''' = \tau_0(xy''' - yx''') + \tau_0\kappa + g''' \Rightarrow$

$$\begin{vmatrix} x' & y' & \tau_0(xy' - yx')+ & g' \\ x'' & y'' & \tau_0(xy'' - yx'')+ & g'' \\ x''' & y''' & \tau_0(xy''' - yx''')+ & \tau_0\kappa + g''' \end{vmatrix} = \begin{vmatrix} x' & y' & g' \\ x'' & y'' & g'' \\ x''' & y''' & \tau_0\kappa + g''' \end{vmatrix} = \kappa^2\tau_0.$$

Betrachtet man in dieser Determinante die Entwicklung nach der letzten Zeile, so sieht man, daß das Glied $\tau_0\kappa(x'y'' - y'x'') = \tau_0\kappa^2$ auftritt, das sich mit dem Glied rechts aufhebt. Somit kann man diese Determinantenbedingung auch in der Form

$$(7.59) \qquad \begin{vmatrix} x' & y' & g' \\ x'' & y'' & g'' \\ x''' & y''' & g''' \end{vmatrix} = 0$$

schreiben. Dies ist eine lineare homogene Differentialgleichung 3. Ordnung für die Funktion $g(s)$. Ersichtlich sind $\{g_1(s) = 1, g_2(s) = x(s), g_3(s) = y(s)\}$ drei l. u. Lösungen, sodaß die allgemeine Lösung von (7.59) lautet $g(s) = c_1 + c_2x(s) + c_3y(s)$, wobei c_1, c_2, c_3 Integrationskonstanten bezeichnen. Wird $g(s)$ in (7.58) eingesetzt, so hat man damit eine *Integraldarstellung der Lösungskurven* gefunden. Diese Darstellung zeigt, daß man sich für die weitere Untersuchung auf die spezielle Lösungskurve

$$(7.60) \qquad \{x = x(s), y = y(s), z(s) = \tau_0 \int (xy' - yx')ds\}$$

beschränken darf, denn alle weiteren Lösungskurven entstehen aus ihr durch isotrope Bewegungen. Untersuchen wir jetzt die Tangentenmenge dieser Lösungskurve. Jede Tangente wird durch den Berührungspunkt $T(1 : x : y : z)$ und den zugehörigen Fernpunkt $T_u(0 : x' : y' : z')$ aufgespannt. Daraus ergeben sich die Plücker-Koordinaten der Tangenten zu

$$(7.61) \qquad p_1 : p_2 : p_3 : p_4 : p_5 : p_6 = x' : y' : z' : yz' - y'z : zx' - xz' :$$
$$: xy' - yx' = x' : y' : z' : yz' - y'z : zx' - xz' : \frac{1}{\tau_0} z',$$

woraus die einfache Beziehung

$$(7.62) \qquad p_3 - \tau_0 p_6 = 0$$

folgt. Diese Gleichung stellt wegen $\tau_0 \neq 0$ nach (3.29b) ein vollisotropes Gewinde dar, und man berechnet nach (3.46) den isotropen Gewindeparameter zu

$$(7.63) \qquad k = -\frac{1}{\tau_0}.$$

Die Lösungskurven sind somit *Gewindekurven in vollisotropen Gewinden.*
Gehört umgekehrt die Tangentenmenge einer Kurve $c \ldots \{x(s), y(s), z(s)\}$ einem vollisotropen Gewinde an, das man nach (3.46) o.B.d.A. in der Normalform $kp_3 + p_6 = 0$ annehmen darf, dann folgt aus der ersten Gleichung (7.61) $kz' + xy' - yx' = 0$, also $z' = -\frac{1}{k}(xy' - yx')$. Nach einer kurzen Rechnung fließt dann aus (6.19a) $\tau = -\frac{1}{k} = konst.$ Wir fassen zusammen im

SATZ 7.10: *Die Kurven konstanter Windung $\tau_0 \neq 0$ sind genau die Gewindekurven in vollisotropen Gewinden des $I_3^{(1)}$, d. h. ihre Tangenten gehören einem vollisotropen Gewinde an. Der isotrope Parameter dieses vollisotropen Gewindes ist hierbei entgegengesetzt gleich dem Reziprokwert der konstanten Windung τ_0.*

Folgerungen:

1) Nach §3 sind vollisotrope Gewinde durch den Gewindeparameter k eindeutig gekennzeichnet. Zwei vollisotrope Gewinde mit gleichem Parameter k lassen sich durch eine Bewegung der Gruppe $\mathcal{B}_6^{(1)}$ ineinander überführen. Dies gilt jedoch nicht für vollisotrope Gewinde mit entgegengesetzt gleichen Parametern. Wir nennen vollisotrope Gewinde mit $k < 0 (k > 0)$ *Rechtsgewinde (Linksgewinde).* Dann gilt: *Kurven konstanter positiver Windung liegen in Rechtsgewinden, Kurven konstanter negativer Windung liegen in Linksgewinden.*

2) Zwei Gewinde $K_{(1)}^1$ und $K_{(2)}^1$ mit den Darstellungen $\sum_{i=1}^{6} a_i p_{i+3} = 0$ und $\sum_{i=1}^{6} b_i p_{i+3} = 0$ heißen *involutorisch*, wenn $\sum_{i=1}^{6} a_i b_{i+3} = 0$ gilt. An Hand der Normalformen zweier vollisotroper Gewinde des $I_3^{(1)}$ sieht man leicht, daß diese genau dann involutorisch sind, wenn sie entgegengesetzt gleichen Gewindeparameter besitzen (vgl. [172,337]). Hieraus folgt sofort: *Zwei Kurven c und $\hat{c}$ mit den konstanten Windungen $\tau_0 > 0$ und $\hat{\tau} = -\tau_0 < 0$ liegen in involutorischen, vollisotropen Gewinden.*

3) Aus (7.60) läßt sich leicht eine *integralfreie Darstellung* der Kurven konstanter Windung herleiten. Setzt man $x = t$, $y = \dot{f}(t)$, dann folgt $z(t) = \tau_0 \int (t\ddot{f} - \dot{f}) dt = \tau_0 \cdot \int (t\dot{f} - 2f) \, dt = \tau_0 (t\dot{f} - 2f)$. Wir notieren

(7.64) $$\{x = t, \ y = \dot{f}(t), \ z = \tau_0(t\dot{f}(t) - 2f(t))\}.$$

C) BERTRANDsche Kurvenpaare

Definition 7.11: Eine zulässige C^r-Kurve c ($r \geq 3$) des $I_3^{(1)}$ heißt eine *BERTRAND-Kurve*, wenn es eine Kurve $\hat{c} \subset I_3^{(1)}$ gibt, deren Hauptnormalen mit denen von c übereinstimmen. Die Kurve $\hat{c}$ heißt zu c *konjugiert* und das Paar $\{c, \hat{c}\}$ heißt ein *BERTRAND-Paar*.

Folgerungen:
1) Bertrandkurven $c, \hat{c}$ *begrenzen* auf ihren gemeinsamen Hauptnormalen *Strecken fester Länge*.

Beweis:
Gehört $\hat{c}$ zu c und ist c auf ihre isotrope Bogenlänge s als Parameter bezogen, so gilt $\hat{\vec{x}}(s) = \vec{x}(s) + a(s)\vec{n}(s)$. Soll $\vec{n}(s)$ auch Hauptnormale von $\hat{c}$ sein, so muß der Tangentenvektor $\hat{t}$ von $\hat{c}$ isotrop normal zu $\vec{n}$ sein, d. h. es muß $\tilde{\hat{\vec{x}}}' \cdot \tilde{\vec{n}} = 0$ gelten. Nun finden wir: $\hat{\vec{x}}' = \vec{x}' + a'\vec{n} + a\vec{n}' = (1 - a\kappa)\vec{t} + a'\vec{n} + a\tau\vec{b} \Rightarrow \tilde{\hat{\vec{x}}}' \cdot \tilde{\vec{n}} = a' = 0 \Rightarrow a = a_0 = konst.$. Da $\vec{n}(s)$ ein Einheitsvektor ist, ist damit die Behauptung gezeigt.

$$\diamond$$

Gilt speziell $\kappa = \frac{1}{a} = konst.$, dann ist $\hat{\vec{x}}' = \frac{\tau}{\kappa}\vec{b}$ und es ist $\hat{\vec{x}}'$ vollisotrop für $\tau \neq 0$ bzw. $\hat{\vec{x}}' = 0$ für $\tau = 0$. Dieser Ausartungsfall, bei dem $\tilde{c}$ kreisförmig ist und $\tilde{\hat{c}}$ durch Abtragen des Krümmungsradius a auf den Hauptnormalen entsteht, sodaß $\tilde{\hat{c}}$ mit dem Mittelpunkt von $\tilde{c}$ zusammenfällt, wird i.f. stets ausgeschlossen.

2) Für zwei Bertrandkurven c und $\hat{c}$ sind die *Tangenten* $\vec{t}$ und $\hat{\vec{t}}$ in entsprechenden Punkten *parallel* und gegeneinander *unter fester Sperrung geneigt*.

Beweis:
Nach 1) gilt $\hat{\vec{x}}' = (1 - a\kappa)\vec{t} + a\tau\vec{b}$ und wegen $1 - a\kappa \neq 0$ ist $\hat{\vec{x}}'$ parallel zur isotropen Ebene durch $\vec{t}$. Der Tangenteneinheitsvektor $\hat{t}$ von $\hat{c}$ läßt sich somit in der Form $\hat{\vec{t}} = \vec{t} + \beta(s)\vec{b}$ ansetzen. Denkt man sich auf $\hat{c}$ die isotrope Bogenlänge $\hat{s}$ als Parameter eingeführt, dann findet man $\frac{d\hat{\vec{t}}}{ds} = \vec{t}' + \beta'\vec{b} = \frac{d\hat{\vec{t}}}{d\hat{s}} \cdot \frac{d\hat{s}}{ds} = \hat{\kappa}\hat{\vec{n}}\frac{d\hat{s}}{ds} \Rightarrow \kappa\vec{n} + \beta'\vec{b} = \hat{\kappa}\hat{\vec{n}}\frac{d\hat{s}}{ds} \Rightarrow (\kappa - \hat{\kappa}\frac{d\hat{s}}{ds})\vec{n} + \beta'\vec{b} = 0$. Da $\{\vec{n}, \vec{b}\}$ l. u. sind, folgt $\beta' = 0$, also $\beta = \beta_0 = konst.$. Dies ist aber gerade die Sperrung von $\hat{\vec{t}}$ gegen $\vec{t}$.

$$\diamond$$

3) Für eine nicht ebene Bertrandkurve besteht eine *lineare Beziehung* zwischen ihrer isotropen Krümmung und Windung, nämlich

(7.65) $$A\kappa + B\tau = 1 \quad \text{mit} \quad A \neq 0, \ B \neq 0.$$

Beweis:

Nach 1) und 2) gilt einerseits $\widehat{\vec{t}} = \vec{t} + \beta_0\vec{b}$, andererseits $\widehat{\vec{t}} = \dfrac{\widetilde{\widehat{\vec{x}}}'}{|\widetilde{\widehat{\vec{x}}}'|} = \vec{t} + \dfrac{a\tau}{1-a\kappa}\vec{b}$ wegen

$\left|\widetilde{\widehat{\vec{x}}}'\right|^2 = (1-a\kappa)^2$. Daraus folgt $\beta_0 = \dfrac{a\tau}{1-a\kappa} \Rightarrow \beta_0 a\kappa + a\tau = \beta_0$. Es ist $\beta_0 \neq 0$, sonst wäre wegen $a \neq 0$ sicher $\tau = 0$ und c wäre eine ebene Kurve. Nach Division mit $\beta_0 \neq 0$ folgt (7.65) mit $A := a \neq 0$ und $B := \dfrac{a}{\beta_0}$.

$$\diamondsuit$$

4) Besteht zwischen Krümmung und Windung einer zulässigen, nicht ebenen C^r-Kurve c ($r \geq 3$) eine lineare Beziehung (7.65), dann ist c eine Bertrandkurve.

Beweis:

Es ist zu zeigen, daß zu einer Kurve $\vec{x} = \vec{x}(s)$, deren Krümmung und Windung (7.65) genügt, eine Kurve $\widehat{\vec{x}}(s)$ existiert, die mit $\vec{x}(s)$ die Hauptnormalen gemeinsam hat. Wenn so eine Kurve existiert, dann läßt sie sich nach 1) in der Form $\widehat{\vec{x}}(s) = \vec{x}(s) + a\vec{n}(s)$ ansetzen, wobei a eine Konstante ist; wir wählen $a = A$. Nun folgt mit $\beta_0 := \dfrac{a}{B}$ aus (7.65): $\widehat{\vec{x}}' = (1-a\kappa)\vec{t} + a\tau\vec{b} = \dfrac{a}{\beta_0}\tau(\vec{t}+\beta_0\vec{b})$. Weiter gilt $\widehat{\vec{t}} = \dfrac{d\widehat{\vec{x}}}{d\widehat{s}} = \widehat{\vec{x}}' \cdot \dfrac{ds}{d\widehat{s}} = \dfrac{a}{\beta_0}\tau(\vec{t}+\beta_0\vec{b})\dfrac{ds}{d\widehat{s}}$,

wenn $\widehat{s}$ die Bogenlänge auf $\widehat{c}$ bezeichnet. Um $\dfrac{ds}{d\widehat{s}}$ zu berechnen, bilden wir $\widehat{\vec{t}} = \dfrac{a\tau}{\beta_0}\vec{t}\dfrac{ds}{d\widehat{s}}$ und quadrieren diese Gleichung. Wegen $\widehat{\vec{t}}^{\,2} = \vec{t}^{\,2} = 1$ entsteht $1 = (\dfrac{a\tau}{\beta_0})^2(\dfrac{ds}{d\widehat{s}})^2$. Nach geeigneter Festsetzung der Bogenzählung folgt hieraus $\dfrac{ds}{d\widehat{s}} = \dfrac{\beta_0}{a\tau}$ und es entsteht aus obigem $\widehat{\vec{t}} = \vec{t} + \beta_0\vec{b}$. Um die Hauptnormalenvektoren $\vec{n}$ und $\widehat{\vec{n}}$ vergleichen zu können, differenzieren wir die letzte Gleichung und finden $\dfrac{d\widehat{\vec{t}}}{d\widehat{s}} = \dfrac{d\widehat{\vec{t}}}{ds} \cdot \dfrac{ds}{d\widehat{s}} = (\vec{t}\,')\dfrac{ds}{d\widehat{s}} = \kappa\vec{n}\dfrac{ds}{d\widehat{s}} \Rightarrow \widehat{\kappa}\widehat{\vec{n}} = \kappa\vec{n}\dfrac{ds}{d\widehat{s}}$, woraus schließlich $\widehat{\vec{n}} = \vec{n}$ folgt.

$$\diamondsuit$$

Wir fassen zusammen und beweisen ergänzend den

SATZ 7.11: *Die nicht ebenen C^r-Bertrandkurven c($r \geq 3$) sind dadurch gekennzeichnet, daß zwischen ihrer isotropen Krümmung und Windung eine lineare Beziehung (7.65) besteht. Die Tangenten in entsprechenden Punkten sind gegeneinander unter konstanter Sperrung geneigt. Das Produkt der Windungen in entsprechenden Punkten ist positiv konstant.*

Beweis:

Es bleibt nur mehr die letzte Aussage zu zeigen. Nach 4) gilt $\widehat{\kappa} = \kappa\dfrac{ds}{d\widehat{s}}$ und $\dfrac{ds}{d\widehat{s}} = \dfrac{\beta_0}{a\tau}$, also $\widehat{\kappa} = \kappa\dfrac{\beta_0}{a\tau}$. Weiter finden wir einerseits $\dfrac{d\widehat{\vec{n}}}{d\widehat{s}} = \dfrac{d\vec{n}}{d\widehat{s}} = \dfrac{d\vec{n}}{ds} \cdot \dfrac{ds}{d\widehat{s}} = (-\kappa\vec{t}+\tau\vec{b})\dfrac{\beta_0}{a\tau}$, andererseits $\dfrac{d\widehat{\vec{n}}}{d\widehat{s}} = -\widehat{\kappa}\vec{t}+\widehat{\tau}\vec{b} = -\widehat{\kappa}(\vec{t}+\beta_0\vec{b})+\widehat{\tau}\vec{b} = -\widehat{\kappa}\vec{t}+(\widehat{\tau}-\widehat{\kappa}\beta_0)\vec{b}$. Ein Koeffizientenvergleich liefert nun $\widehat{\tau}-\widehat{\kappa}\beta_0 = \dfrac{\beta_0}{a}$ und nach obigem $\widehat{\tau} = \kappa\dfrac{\beta_0^2}{a\tau} + \dfrac{\beta_0}{a}$, woraus mit (7.65) schließlich

$$(7.66) \qquad \widehat{\tau}\tau = (\dfrac{\beta_0}{a})^2 > 0$$

entsteht, wobei wie üblich $A = a$, $B = \dfrac{a}{\beta_0}$ gesetzt wurde.

Weitere Sätze über Bertrandkurven werden in [208,32f] angegeben.

D) Loxodromen

Die Loxodromen des einfach isotropen Raumes wurden erstmals von K. STRUBECKER in [234] untersucht.

Definition 7.12: Eine zulässige C^r-Kurve c ($r \geq 1$) des einfach isotropen Raumes $I_3^{(1)}$ heißt eine *Loxodrome*, wenn sie die Ebenen eines Büschels unter konstantem Winkel schneidet.

Folgerungen:

1) Ja nach der Lage der Achse a des Ebenenbüschels unterscheiden wir im $I_3^{(1)}$ 4 Arten von Ebenenbüscheln und wir bezeichnen die entsprechenden Loxodromen synonym. Ist a uneigentlich und vollisotrop ($F \in a$), dann liegen Loxodromen *1. Art* vor; für $a \subset \omega$, $F \notin a$ liegen Loxodromen *2. Art* vor. Ist a eigentlich und vollisotrop, dann liegen Loxodromen *3. Art* vor, während für eine eigentliche nichtisotrope Gerade a Loxodromen *4. Art* vorliegen.

2) Ein Ebenenbüschel 1. Art kann man durch eine isotrope Bewegung auf die Normalform $y = c(c \in \mathcal{R})$ transformieren. Man erkennt dann aus der euklidischen Metrik im Grundriß sofort, daß die Loxodromen des Büschels beliebige Kurven in parallelen isotropen Ebenen sind.

3) Ein Ebenenbüschel 2. Art kann man durch eine isotrope Bewegung auf die Normalform $z = c(c \in \mathcal{R})$ transformieren. Da diese Parallelebenenschar von den Loxodromen unter konstantem Winkel geschnitten werden soll, sind die Lösungskurven Böschungslinien bezüglich einer Bezugsebene (z. B. $z = 0$) dieses Büschels. Diese Kurven wurden unter A) behandelt.

4) Für Ebenenbüschel 3. Art kann man die Normalform $y = cx$, $c \in \mathcal{R} \cup \infty$ herstellen und hat somit jene Kurven k zu bestimmen, deren Grundriß $\widetilde{k}$ ein Geradenbüschel unter konstantem (euklidischen) Winkel schneidet. Dies sind bekanntlich die Kreise und logarithmischen Spiralen, sodaß die gesuchten Lösungskurven als beliebige Kurven auf Sphären zylindrischen Typs oder logarithmischen Spiralzylindern mit vollisotropen Erzeugenden erkannt sind.

5) Die Loxodromen 4. Art bilden die interessanteste Klasse. Durch eine isotrope Bewegung kann man zunächst wieder erreichen, daß das Büschel die einfache Gestalt $z = ux$ mit $u \in \mathcal{R} \cup \infty$ annimmt. Der Tangentenvektor $\dot{\vec{x}} = \{\dot{x}, \dot{y}, \dot{z}\}$ bildet genau dann mit einer Ebene $z = ux$ den Winkel φ_0, wenn gemäß (3.24) gilt $\varphi_0 = \frac{\dot{z} - u\dot{x}}{\sqrt{\dot{x}^2 + \dot{y}^2}}$. Mit $u = \frac{z}{x}$ folgt hieraus als Mongesche Differentialgleichung der *Loxodromen 4. Art*

$$(7.67) \qquad (x\,dz - z\,dx)^2 = \varphi_0^2 x^2 (dx^2 + dy^2).$$

Beachtet man, daß $x^2 d(\frac{z}{x}) = x\,dz - z\,dx$ gilt, so kann (7.67) in der Form $[x\,d(\frac{z}{x})]^2 =$ $= \varphi_0^2(dx^2 + dy^2)$ geschrieben werden, und diese Differentialgleichung kann durch den Ansatz

$$(7.68) \qquad \varphi_0\,dx = 2t\dddot{\Phi}(t)dt, \quad \varphi_0\,dy = (t^2 - 1)\dddot{\Phi}(t)dt,$$
$$x\,d(\frac{z}{x}) = (t^2 + 1)\dddot{\Phi}(t)dt$$

mit einer beliebigen C^3-Funktion $\Phi(t)$ erfüllt werden, wobei $\dot{\Phi}(t) \neq 0$ vorausgesetzt werden muß ;andernfalls würde nach (7.68) $\ddot{x} = 0$ gelten. Wird (7.68) partiell integriert, so gewinnt man eine *Integraldarstellung der Loxodromen 4. Art des $I_3^{(1)}$* zu

$$(7.69) \quad \begin{cases} x = \frac{2}{\varphi_0}[t\ddot{\Phi}(t) - \dot{\Phi}(t)] + c_1 \\ y = \frac{1}{\varphi_0}[(t^2 - 1)\ddot{\Phi}(t) - 2t\dot{\Phi}(t) + 2\Phi(t)] + c_2 \\ z = [t\ddot{\Phi}(t) - \dot{\Phi}(t)] \int \frac{(1+t^2)\dot{\ddot{\Phi}}(t)}{t\ddot{\Phi}(t)-\dot{\Phi}(t)} dt + c_3 \end{cases}$$

wobei c_1, c_2, c_3 Integrationskonstanten bezeichnen. Wir fassen zusammen im

SATZ 7.12: *Im einfach isotropen Raum $I_3^{(1)}$ existieren 4 Arten von Loxodromen. Die Loxodromen 4. Art sind durch die Differentialgleichung (7.67) gekennzeichnet und gestatten eine Integraldarstellung (7.69) mit einer beliebigen C^3-Funktion $\Phi(t)$, für die $\ddot{\Phi}(t) \neq 0$ gilt.*

Bemerkungen:

1) Eine integralfreie Darstellung der Loxodromen 4. Art hat W. WUNDERLICH in [263] angegeben. An Hand dieser Darstellung können leicht algebraische Loxodromen gefunden werden. Die Böschungsloxodromen und die ebenen Loxodromen des einfach isotropen Raumes wurden ebenfalls von W. WUNDERLICH ausführlich studiert (vgl. [262]). Bezüglich vieler spezieller Resultate über Loxodromen vergleiche man die Originalarbeit [234].

2) Die interessante Theorie des ABRAMESCU-Kreises der isotropen Ebene (vgl. [180, 117f]) läßt sich nach Z. KURNIK (vgl. [87]) ebenfalls in den einfach isotropen Raum übertragen, wobei es verschiedenartige Analoga gibt.

3) Die Klasse der CESÀRO-Kurven des $I_3^{(1)}$ werden wir in §10 kurz betrachten.

§8 Grundzüge der Flächentheorie des einfach isotropen Raumes.

In diesem Abschnitt wollen wir die *grundlegenden Begriffe der Flächentheorie* des einfach isotropen Raumes $I_3^{(1)}$ entwickeln; spezielle Fragestellungen werden erst in den folgenden Paragraphen erörtert. Wegen $I_3^{(1)} \subset A_3$ wollen wir — wie beim Aufbau der Kurventheorie — zunächst einige Begriffsbildungen der affinen Flächentheorie voranstellen (vgl. [29],[192]).

Es sei $G \subset \mathcal{R}_2$ ein offenes (eventuell unbeschränktes) Gebiet und $\varphi : G \to A_3$ eine Abbildung von G in den dreidimensionalen affinen Raum A_3. Wird G durch Parameter (u,v) beschrieben und denkt man sich in A_3 ein affines Koordinatensystem $\{0; x,y,z\}$ eingeführt, so wird für jedes Paar $(u,v) \in G$ der Bildpunkt $\varphi(u,v) =: X \in A_3$ durch die affinen Koordinaten $\{x(u,v), y(u,v), z(u,v)\}$ festgelegt. Die Abbildung $\varphi : G \to A_3$ kann daher durch eine Vektorfunktion

$$(8.1) \qquad \overrightarrow{OX}(u,v) = \{x(u,v), y(u,v), z(u,v)\} =: \varphi(u,v), \qquad (u,v) \in G$$

beschrieben werden. Natürlich werden wir, um Differentialgeometrie zu betreiben, nur spezielle Abbildungen φ zulassen.

Definition 8.1: Die Abbildung φ heißt eine C^r-*Abbildung*, wenn in G gilt $x(u,v)$, $y(u,v)$, $z(u,v)| \in C^r$. φ heißt eine C^r-*Immersion*, wenn φ eine C^r-Abbildung mit $r \geq 1$ ist und überdies in G stets $Rg(\vec{x}_u, \vec{x}_v) = 2$ gilt. φ heißt eine C^r-*Einbettung*, wenn φ eine injektive C^r-Immersion ist.

Bemerkungen:
1) $x(u,v) \in C^r (r \geq 1)$ bedeutet, daß sämtliche partiellen Ableitungen von $x(u,v)$ bis zur r-ten Ordnung einschließlich existieren und stetig sind. $x(u,v) \in C^0$ bedeutet, daß $x(u,v)$ eine stetige Funktion ist, $x(u,v) \in C^\infty$ bedeutet, daß alle partiellen Ableitungen von $x(u,v)$ stetig existieren. Schließlich bedeutet $x(u,v) \in C^\omega$, daß die Funktion $x(u,v)$ analytisch ist.

2) Die Schreibweise $\vec{x}(u,v) \in C^r (r \geq 1)$ bedeute künftig, daß sämtliche Komponentenfunktionen von $\vec{x}(u,v)$ aus der Differentiationsklasse C^r sind. Analog wird $\vec{x}(u,v) \in C^0$, $\vec{x}(u,v) \in C^\infty$ und $\vec{x}(u,v) \in C^\omega$ erklärt.

3) $Rg(\vec{x}_u, \vec{x}_v) = 2$ bedeutet, daß die Matrix

$$(8.2) \qquad A = (\vec{x}_u, \vec{x}_v) = \begin{pmatrix} x_u & y_u & z_u \\ x_v & y_v & z_v \end{pmatrix}$$

den Rang 2 besitzt. Hierbei haben wir — wie i. f. oft — die Abkürzungen $x_u := \frac{\partial x}{\partial u}$, $y_u := \frac{\partial y}{\partial u}$, $z_u := \frac{\partial z}{\partial u}$, $x_v = \frac{\partial x}{\partial v}$ usw. verwendet.

Definition 8.2: Eine Punktmenge $U \subset A_3$ heißt eine C^r-*Fläche (reguläre C^r-Fläche, einfache C^r-Fläche)*, wenn es ein Gebiet G und eine C^r-Abbildung (C^r-Immersion, C^r-Einbettung) φ gibt mit $\varphi G = U$.

SATZ 8.1: *Die Begriffe C^r-Fläche, reguläre C^r-Fläche und einfache C^r-Fläche sind $\mathcal{B}_6^{(1)}$-invariant.*

Beweis:

Wird eine Fläche U, beschrieben durch $\vec{x}(u,v)$, einer isotropen Bewegung (1.20) unterworfen, so entsteht

$$(8.3) \qquad \begin{cases} \bar{x}(u,v) = a + x(u,v)\,\cos\varphi - y(u,v)\,\sin\varphi \\ \bar{y}(u,v) = b + x(u,v)\,\sin\varphi + y(u,v)\,\cos\varphi \\ \bar{z}(u,v) = c + c_1 x(u,v) + c_2 y(u,v) + z(u,v). \end{cases}$$

Gilt $\vec{x}(u,v) \in C^r$, so zeigt (8.3) unmittelbar, daß dann auch $\bar{\vec{x}}(u,v) \in C^r$ gilt. Ist U regulär, so gilt $Rg(\vec{x}_u, \vec{x}_v) = 2$ in G. Diese Bedingung ist aber gleichwertig damit, daß die Vektoren $\{\vec{x}_u, \vec{x}_v\}$ über G stets linear unabhängig sind. Beachtet man, daß die zu einer Affinität gehörige Vektorabbildung linear unabhängige Vektoren auf ebensolche abbildet, so folgt, daß $\{\bar{\vec{x}}_u, \bar{\vec{x}}_v\}$ ebenfalls linear unabhängig sind; hierbei wurde investiert, daß isotrope Bewegungen spezielle Affinitäten sind. Ist schließlich U einfach, d. h. $\vec{x}(u,v)$ eine injektive Abbildung, dann ist auch $\bar{\vec{x}}(u,v)$ injektiv, denn $\bar{\vec{x}}(u,v)$ entsteht als Zusammensetzung der injektiven Abbildung $\vec{x}(u,v)$ mit einer injektiven isotropen Bewegung.

$$\Diamond$$

Eine Darstellung einer Fläche U in der Form (8.1) heißt eine *Parameterdarstellung* von U; in diesem Zusammenhang bezeichnet man G als *Parametergebiet* und nennt u und v *Flächenparameter*.

Wir erinnern an einen wichtigen Begriff der Analysis und an einen Hilfssatz, dessen Beweis man in [44,85f] findet.

Definition 8.3: Eine Abbildung $f : G \subset \mathcal{R}_2 \to \mathcal{R}_2$ heißt ein *globaler C^r-Diffeomorphismus*, wenn f auf dem offenen Gebiet G injektiv und aus der Klasse $C^r(r \geq 1)$ ist und überdies $f^{-1} \in C^r(r \geq 1)$ gilt. Eine Abbildung $f : G \subset \mathcal{R}_2 \to \mathcal{R}_2$ heißt ein *lokaler Diffeomorphismus*, wenn f auf dem offenen Gebiet G aus der Klasse C^r ist ($r \geq 1$) und überdies zu jedem $P_0 \in G$ eine Umgebung $G_0 \subset G$ mit $P_0 \in G_0$ existiert, so daß die Einschränkung $f|G_0$ injektiv ist und $(f|G_0)^{-1}$ auf $f(G_0)$ aus der Klasse C^r ist.

Hilfssatz: Es sei $f : G \subset \mathcal{R}^2 \to \mathcal{R}^2$ eine C^r-Abbildung ($r \geq 1$), beschrieben durch $(u,v) \to (f_1(u,v), f_2(u,v))$, für deren Jacobi-Determinante

$$J_f = \begin{vmatrix} \frac{\partial f_1}{\partial u} & \frac{\partial f_2}{\partial u} \\ \frac{\partial f_1}{\partial v} & \frac{\partial f_2}{\partial v} \end{vmatrix} \text{ in G gilt } J_f \neq 0.$$

Dann ist f ein lokaler C^r-Diffeomorphismus.

Bemerkung: Aus der Definition 8.3 folgt, daß jeder globale C^r-Diffeomorphismus auch ein lokaler C^r-Diffeomorphismus ist. Hiervon gilt allerdings nicht die Umkehrung, wie das Beispiel der Abbildung $f : \{f_1 = u^2 - v^2, f_2 = 2uv\}$ zeigt. Es ist $f \in C^\omega$, wobei gilt

$$J_f = \begin{vmatrix} 2u & 2v \\ -2v & 2u \end{vmatrix} = 4(u^2 + v^2) \neq 0$$

für $(u,v) \neq (0.0)$. Nach dem Hilfssatz ist f in $G = \mathcal{R}\backslash(0,0)$ ein lokaler C^ω-Diffeomorphismus. Obwohl in G stets $J_f \neq 0$ gilt, ist f jedoch kein globaler Diffeomorphismus, denn dort besitzen (u,v) und $(-u,-v)$ denselben Bildpunkt, so daß f global nicht injektiv ist.

Oft wird der folgende Satz von Nutzen sein:

SATZ 8.2: *Ist eine C^r-Fläche $U(r \geq 1)$ in einem Punkt $P_0 \in G$ regulär, dann existiert eine Umgebung G_0 von P_0, so daß U dort eine einfache C^r-Fläche ist.*

Beweis:
Sei $U = \varphi G$ mit einer C^r-Abbildung $\varphi : G \to A_3 (r \geq 1)$. Da U, beschrieben durch $\vec{x} =$ $= \vec{x}(u,v)$ in $P_0(u_0,v_0)$ regulär ist, gilt $Rg(\vec{x}_u, \vec{x}_v)_{P_0} = 2$, d. h. in der Matrix (8.2) gibt es sicher eine zweizeilige Unterdeterminante, die in P_0 von Null verschieden ist. Es sei o.B.d.A.

$$\triangle(u_0,v_0) = \begin{vmatrix} x_u & y_u \\ x_v & y_v \end{vmatrix}_{P_0} \neq 0.$$

Wegen $\vec{x}(u,v) \in C^r (r \geq 1)$ ist $\triangle(u,v)$ eine stetige Funktion und es gibt eine Umgebung $G_1 \subset G$ mit $P_0 \in G_1$, wo $\triangle(u,v) \neq 0$ gilt. Die Abbildung $\{x(u,v), y(u,v)\}$ ist dann nach dem Hilfssatz ein lokaler Diffeomorphismus in G_1, d. h., es existiert eine Umgebung G_0 mit $P_0 \in G_0 \subset G_1$, wo die Abbildung $\{x(u,v), y(u,v)\}$ eine injektive C^r-Abbildung $(r \geq 1)$ ist. Da diese Abbildung in G_0 auch regulär ist, so ist $\varphi|G_0$ eine C^r-Einbettung und die hierdurch festgelegte Teilmenge von U somit eine einfache C^r-Fläche.

$$\diamondsuit$$

Der Satz 8.2 liefert zwar nur eine Aussage lokaler Natur, was aber für unsere Zwecke vollkommen ausreichend ist, denn wir werden uns auf die Betrachtung der *lokalen Flächentheorie* (d. h. Flächentheorie im Kleinen) des einfach isotropen Raumes beschränken.

Wie in der Kurventheorie werden wir versuchen, uns von der willkürlichen Wahl der Parameter bei der Darstellung einer Fläche U zu lösen. Hierzu sei $H \subset \mathcal{R}_2$ ein zweites offenes Gebiet und $f : H \to G$ eine surjektive Abbildung. Dann beschreibt $\Psi = \varphi \circ f$ dieselbe Punktmenge $U \subset A_3$, d. h. dieselbe Fläche wie $\varphi : G \to A_3$. Bezeichnen $(\bar{u}, \bar{v})$ Parameter in H, so wird $f : H \to G$ beschrieben durch

$$(8.4) \qquad \{u = u(\bar{u}, \bar{v}), \ v = v(\bar{u}, \bar{v})\}.$$

Man bezeichnet $f : H \to G$ mit der Darstellung (8.4) als *Parametertransformation*. Natürlich werden wir nur gewisse Parametertransformationen zulassen, wenn wir wünschen, daß Differenzierbarkeitseigenschaften usw. erhalten bleiben.

Definition 8.4.: Eine Parametertransformation $(PT)f : H \to G$ heißt eine *zulässige C^r-Parametertransformation $(C^r - PT)$*, wenn f ein lokaler C^r-Diffeomorphismus in H ist.

Folgerungen:
1) Ist $f : H \to G$ eine zulässige $C^r - PT$, so muß notwendig in H gelten

$$(8.5) \qquad J_f = \begin{vmatrix} \frac{\partial u}{\partial \bar{u}} & \frac{\partial v}{\partial \bar{u}} \\ \frac{\partial u}{\partial \bar{v}} & \frac{\partial v}{\partial \bar{v}} \end{vmatrix} = u_{\bar{u}} v_{\bar{v}} - v_{\bar{u}} u_{\bar{v}} \neq 0.$$

Wegen $J_f \in C^0$ gilt dann in H entweder stets $J_f > 0$ oder stets $J_f < 0$. Wir bezeichnen zulässige $C^r - PT$ mit $J_f > 0$ als *gleichsinnige zulässige* $C^r - PT$, solche mit $J_f < 0$ als *gegensinnige zulässige* $C^r - PT$.

2) Ist $\varphi : G \to A_3$ eine C^r-Immersion $(r \geq 1)$ und $f : H \to G$ eine zulässige $C^r - PT(r \geq 1)$, dann ist auch $\varphi \circ f$ eine C^r-Immersion $(r \geq 1)$.

Beweis:
Wird φ beschrieben durch $\vec{x}(u,v) \in C^r$ und f festgelegt durch (8.4), so findet man für $\varphi \circ f$ die Darstellung

$$(8.6) \qquad \vec{x}(u(\bar{u},\bar{v}), v(\bar{u},\bar{v})) =: \bar{\vec{x}}(\bar{u},\bar{v}).$$

Mit der verallgemeinerten Kettenregel der Differentialrechnung folgt dann sofort $\bar{\vec{x}}(\bar{u}, \bar{v}) \in C^r(r \geq 1)$. Insbesondere gilt

$$(8.7) \qquad \begin{cases} \bar{\vec{x}}_{\bar{u}} = \vec{x}_u \frac{\partial u}{\partial \bar{u}} + \vec{x}_v \frac{\partial v}{\partial \bar{u}} \\[2mm] \bar{\vec{x}}_{\bar{v}} = \vec{x}_u \frac{\partial u}{\partial \bar{v}} + \vec{x}_v \frac{\partial v}{\partial \bar{v}}. \end{cases}$$

$$\diamondsuit$$

3) Ist $\varphi : G \to A_3$ eine C^r-Einbettung $(r \geq 1)$ und $f : H \to G$ eine zulässige $C^r - PT(r \geq 1)$, dann ist auch $\varphi \circ f$ lokal eine C^r-Einbettung $(r \geq 1)$.

Beweis:
Nach 2) ist $\varphi \circ f$ eine C^r-Immersion $(r \geq 1)$. Da f lokal injektiv ist, so ist auch $\varphi \circ f$ lokal injektiv.

$$\diamondsuit$$

Definition 8.5: Eine Eigenschaft (Größe) einer Fläche $U \subset I_3^{(1)} \subset A_3$ heißt eine *geometrische Größe* der isotropen Differentialgeometrie, wenn sie

    a) invariant gegen isotrope Bewegungen und
    b) parameterinvariant bei zulässigen $C^r - PT(r \geq 1)$ ist.

Aus dem Satz 8.1 und den letzten beiden Folgerungen ergibt sich hiermit sofort, daß die Begriffe C^r-Fläche, reguläre C^r-Fläche und einfache C^r-Fläche $(r \geq 1)$ lokal geometrische Begriffe sind.

Definition 8.6: Ist durch $\vec{x}(u,v)$ eine reguläre C^r-Fläche $U(r \geq 1)$ gegeben, so heißt die in einem Punkt $X_0 \in U$ von $\vec{x}_u(u_0,v_0)$ und $\vec{x}_v(u_0,v_0)$ aufgespannte Ebene die *Tangentialebene* von U in X_0

SATZ 8.3: *Die Tangentialebene in $X_0 \in U$ ist ein geometrischer Begriff. Sie enthält die Tangenten sämtlicher durch X_0 laufender regulärer C^1-Flächenkurven.*

Beweis:

(1) Wegen $Rg(\vec{x}_u, \vec{x}_v) = 2$ in $P_0(u_0, v_0) \in G$ sind $\vec{x}_u$, $\vec{x}_v$ l. u. und spannen eine Ebene auf. Eine isotrope Bewegung ändert die lineare Unabhängigkeit von $\vec{x}_u$ und $\vec{x}_v$ nicht. Die Parameterinvarianz folgt aus (8.7), wonach $\bar{\vec{x}}_{\bar{u}}$ und $\bar{\vec{x}}_{\bar{v}}$ in der von $\vec{x}_u$ und $\vec{x}_v$ aufgespannten Ebene liegen und wegen $J_f \neq 0$ ebenfalls l. u. sind.

(2) Eine Flächenkurve auf U wird festgelegt, indem man u und v als Funktionen eines Parameters $t \in I$ vorgibt. Mit $u = u(t)$, $v = v(t)$ entsteht dann aus $\vec{x}(u, v)$

$$(8.8) \qquad \vec{x}(u(t), v(t)) =: \vec{x}(t)$$

und durch Differentiation nach t folgt

$$(8.9) \qquad \dot{\vec{x}} = \frac{d\vec{x}}{dt} = \vec{x}_u \, \dot{u} + \vec{x}_v \, \dot{v}.$$

Damit $\vec{x}(t)$ regulär und aus C^1 ist, muß man daher voraussetzen $u, v| \in C^1$ und $(\dot{u}, \dot{v}) \neq (0, 0)$. Wegen der linearen Unabhängigkeit von $\vec{x}_u$ und $\vec{x}_v$ gilt dann $\dot{\vec{x}} \neq 0$, und $\dot{\vec{x}}$ liegt tatsächlich in der von $\vec{x}_u$ und $\vec{x}_v$ aufgespannten Ebene. Hierbei hat man — da $X_0 \in U$ ein fester Punkt ist — (8.9) an einer festen Stelle (u_0, v_0) zu betrachten.

$$\diamond$$

Bezeichnet $\overrightarrow{X}$ den Ortsvektor eines in der Tangentialebene ϵ des Punktes $X_0 \in U$ laufenden Punktes, so lautet die Gleichung von ϵ

$$(8.10) \qquad Det(\overrightarrow{X} - \vec{x}_0, \vec{x}_u(u_0, v_0), \vec{x}_v(u_0, v_0)) = 0,$$

wobei $\vec{x}_0 = \vec{x}(u_0, v_0)$ den Ortsvektor von X_0 bezeichnet. Ausführlich lautet (8.10)

$$(8.10a) \qquad \begin{vmatrix} X - x(u_0, v_0), & Y - y(u_0, v_0), & Z - z(u_0, v_0) \\ x_u(u_0, v_0) & y_u(u_0, v_0) & z_u(u_0, v_0) \\ x_v(u_0, v_0) & y_v(u_0, v_0) & z_v(u_0, v_0) \end{vmatrix} = 0.$$

Hieraus erkennt man: *Die Tangentialebene ϵ eines regulären Flächenpunktes X_0 ist genau dann isotrop, wenn gilt $x_u y_v - y_u x_v = 0$ an der Stelle (u_0, v_0).* Solche Flächenpunkte werden wir fortan ausschließen.

Definition 8.7: Eine Fläche $U \subset I_3^{(1)}$ heißt eine *zulässige* C^r-Fläche, wenn U eine reguläre, einfache C^r-Fläche $(r \geq 1)$ ist, die keine isotropen Tangentialebenen besitzt.

SATZ 8.4: *Ist $\varphi : G \to U \subset A_3$ eine in $P_0 \to X_0 \in U$ reguläre C^r-Fläche $(r \geq 1)$ mit der Parameterdarstellung $\vec{x}(u, v)$ und gilt in P_0*

$$(8.11) \qquad \frac{\partial(x, y)}{\partial(u, v)} = (x_u y_v - y_u x_v)(P_0) \neq 0,$$

dann ist U in einer Umgebung $\widehat{G}_0$ von P_0 eine zulässige C^r-Fläche. In dieser Umgebung gestattet U die *Normaldarstellung*

$$(8.12) \qquad\qquad z = f(x,y) \quad \text{mit} \quad f(x,y) \in C^r(r \geq 1).$$

Beweis:
Nach Satz 8.2 ist U in einer Umgebung G_0 von P_0 eine einfache C^r-Fläche $(r \geq 1)$. Wegen $\frac{\partial(x,y)}{\partial(u,v)} \in C^0$ und $\frac{\partial(x,y)}{\partial(u,v)}(P_0) \neq 0$ gibt es eine Umgebung G_1 von P_0, wo $\frac{\partial(x,y)}{\partial(u,v)} \neq 0$ gilt und das zugehörige Flächenstück frei von isotropen Tangentialebenen ist. Dann ist U aber über $\widehat{G}_0 := G_1 \cap G_0$ eine zulässige C^r-Fläche. Über G_1 kann man die Abbildungsgleichungen $\{x = x(u,v), y = y(u,v)\}$ auflösen nach $\{u = u(x,y), v = v(x,y)\}$ und diese Abbildung ist nach dem angegebenen Hilfssatz wieder eine C^r-Abbildung. Hiermit gewinnt man über $z = z(u,v) = z(u(x,y),v(x,y)) =: f(x,y)$ die Darstellung (8.12).

$\Diamond$

Anmerkungen:
1) Die Normaldarstellung (8.12) ist die bekannte explizite Flächendarstellung der Analysis. Sie darf allerdings nur herangezogen werden, wenn die betrachtete Fläche keine isotropen Tangentialebenen besitzt. Insbesondere haben wir daher Zylinder mit vollisotropen Erzeugenden auszuschließen, wenn wir zulässige Flächen studieren.

2) Da alle Ebenen, die eine vollisotrope Gerade enthalten isotrop sind, besitzt eine zulässige Fläche U keine vollisotropen Flächentangenten.

3) Sei U eine zulässige C^1-Fläche mit der Darstellung $z = f(x,y)$. Aus der zugehörigen Parameterdarstellung $\vec{x}(x,y) = \{x, y, f(x,y)\}$ berechnet man nach (8.10) die Gleichung der Tangentialebene wie folgt: $\vec{x}_x = \{1, 0, f_x\}, \vec{x}_y = \{0, 1, f_y\} \Rightarrow (X - x_0)\cdot(-f_x) - (Y - y_0)(f_y) + (Z - z_0) = 0 \Rightarrow Z - z_0 = f_x(X - x_0) + f_y(Y - y_0)$. Wir vermerken:

$(8.13) \qquad$ Gleichung der Tangentialebene in $X(x_0, y_0, z_0 = f(x_0 y_0))$
$\qquad\qquad$ an die Fläche $z = f(x,y)$:
$$Z - z_0 = f_x(x_0, y_0)(X - x_0) + f_y(x_0, y_0)(Y - y_0).$$

Wenden wir uns jetzt dem *Messen auf einer zulässigen Fläche* des einfach isotropen Raumes zu! Hierbei werden wir die Bogenlänge von Flächenkurven (I), den Winkel zwischen Flächenkurven (II) und die Oberfläche (Inhalt) von Flächenstücken messen (III).

I) Längenmessung:

Als Bogenlänge einer zulässigen C^r-Flächenkurve $c(r \geq 1)$ definieren wir die isotrope Bogenlänge (6.8), wobei man c als Kurve im $I_3^{(1)}$ auffaßt. Besitzt c den Anfangspunkt A und den Endpunkt B und gehört A zu $\vec{x}(a)$, B zu $\vec{x}(b)$, so folgt aus (8.9): $\dot{\widetilde{\vec{x}}} = \widetilde{\vec{x}}_u \dot{u} + \widetilde{\vec{x}}_v \dot{v} \Rightarrow \dot{\widetilde{\vec{x}}}^2 = \widetilde{\vec{x}}_u^2 \dot{u}^2 + 2(\widetilde{\vec{x}}_u \cdot \widetilde{\vec{x}}_v)\dot{u}\dot{v} + \widetilde{\vec{x}}_v^2 \dot{v}^2$. Wir führen folgende Abkürzungen ein:

$$(8.14) \qquad E := \widetilde{\vec{x}}_u^{\,2}, \quad F := \widetilde{\vec{x}}_u \cdot \widetilde{\vec{x}}_v, \quad G := \widetilde{\vec{x}}_v^{\,2}.$$

Die Größen E, F und G sind skalare Funktionen in u und v und werden als *isotrope Fundamentalgrößen 1. Art* der Flächentheorie bezeichnet. Mit ihnen findet man $|\dot{\widetilde{\vec{x}}}| = = \sqrt{E\dot{u}^2 + 2F\dot{u}\dot{v} + G\dot{v}^2}$ und somit aus (6.8)

$$(8.15) \qquad s(\overline{AB}) = \int_a^b \sqrt{E\dot{u}^2 + 2F\dot{u}\dot{v} + G\dot{v}^2}\; dt.$$

Mittels (8.15) ist die isotrope Längenmessung auf U erklärt.

Anmerkungen und Folgerungen:

 1) Die Fundamentalgrößen E, F, G der isotropen Flächentheorie dürfen nicht mit den Fundamentalgrößen 1. Art der euklidischen Flächentheorie verwechselt werden, die man oft mit denselben Buchstaben bezeichnet ([227,22]); letztere werden in der neueren Literatur mit g_{11}, g_{12} und g_{22} bezeichnet. Es gilt $g_{11} = \vec{x}_u^2$, $g_{12} = \vec{x}_u \cdot \vec{x}_v$, $g_{22} = \vec{x}_v^2$, während in (8.14) die Grundrisse dieser Vektoren zur Bildung der inneren Produkte herangezogen werden.

 2) Wird in (8.15) die obere Integralgrenze als variabel angesehen, so hat man

$$(8.16) \qquad s(t) = \int_a^t \sqrt{E\dot{u}^2 + 2F\dot{u}\dot{v} + G\dot{v}^2}\; dt$$

und damit $\frac{ds}{dt} = \sqrt{E\dot{u}^2 + 2F\dot{u}\dot{v} + G\dot{v}^2}$. Hieraus folgt formal in Differentialen

$$(8.17) \qquad ds^2 = E\,du^2 + 2F\,du\,dv + G dv^2 =: I.$$

Die rechte Seite von (8.17) ist eine quadratische Form in den Differentialen (du, dv). Wir bezeichnen sie als *erste Grundform* der isotropen Flächentheorie und notieren sie mit dem Symbol I.

 3) Die erste Grundform der isotropen Flächentheorie ist positiv definit.

Beweis:
Wie aus der Algebra bekannt, genügt es zu zeigen, daß $E > 0$ und $EG - F^2 > 0$ gilt. Nun ist sicher $\widetilde{\vec{x}}_u \neq 0$, sonst wäre $\frac{\partial(x,y)}{\partial(u,v)} = 0$ im Widerspruch zur vorausgesetzten Zulässigkeit von U. Wir haben damit $E = \widetilde{\vec{x}}_u^{\,2} > 0$ bereits gezeigt. Weiter folgt aus $\frac{\partial(x,y)}{\partial(u,v)} = Det(\widetilde{\vec{x}}_u, \widetilde{\vec{x}}_v) \neq 0$ mit der Identität von LAGRANGE:

$$0 < [Det(\widetilde{\vec{x}}_u, \widetilde{\vec{x}}_v)]^2 = \widetilde{\vec{x}}_u^{\,2}\widetilde{\vec{x}}_v^{\,2} - (\widetilde{\vec{x}}_u \cdot \widetilde{\vec{x}}_v)^2 = EG - F^2.$$

◊

Wir führen noch die Bezeichnung $W := Det(\widetilde{\vec{x}}_u, \widetilde{\vec{x}}_v)$ ein und vermerken

$$(8.18) \qquad W := Det(\widetilde{\vec{x}}_u, \widetilde{\vec{x}}_v) = sgn\, Det(\widetilde{\vec{x}}_u, \widetilde{\vec{x}}_v) \cdot \sqrt{EG - F^2}.$$

4) Beschäftigen wir uns kurz mit den *Nullkurven der ersten Grundform*, d. h. jenen Flächenkurven $\{u(t), v(t)\}$ für die in (8.17) $I \equiv 0$ gilt. Wegen der positiven Definitheit von I sind diese Kurven sicher nicht reell. Hingegen gilt für sie in $I_3^{(1)}\,(\mathcal{C}) : |\dot{\tilde{x}}| = 0$.

Definition 8.8: Eine reguläre C^ω-Kurve $\vec{x}(t)$ des $I_3^{(1)}\,(\mathcal{C})$ heißt eine *isotrope Kurve*, wenn gilt $\dot{\tilde{\vec{x}}} \neq 0$ aber $|\dot{\tilde{\vec{x}}}| = 0$.

Nun gestattet I in (8.17) ersichtlich die Faktorzerlegung

$$(8.19) \qquad [(F + iW)du + Gdv][(F - iW)du + Gdv] = 0, \qquad \text{falls } G \neq 0 \text{ ist,}$$

d. h., die Nullkurven ergeben sich als Lösungen der Pfaffschen Formen $(F + iW)du + +Gdv = 0$ bzw. $(F - iW)du + Gdv = 0$. Ist U eine zulässige C^ω-Fläche des komplexen isotropen Raumes, so sind die Pfaffschen Formen nirgends singulär wegen $G \neq 0$, und somit bestimmt jede eine einparametrige Schar von isotropen Kurven auf U. Gilt $G = 0$ aber $E \neq 0$, so führt man dieselbe Überlegung für die Faktorzerlegung

$$(8.19a) \qquad [E\,du + (F + iW)dv][E\,du + (F - iW)dv] = 0$$

aus. Gilt $E = G = 0$, so ist $F \neq 0$, da andernfalls $W = Det(\tilde{x}_u, \tilde{x}_v) = 0$ gelten würde und damit U nicht zulässig wäre. Wegen $F \neq 0$ sind dann die Nullkurven von I durch $du\,dv = 0$, d. h. $u = konst.$ und $v = konst.$ gegeben. Damit haben wir gezeigt: *Jede zulässige C^ω-Fläche des $I_3^{(1)}\,(\mathcal{C})$ trägt zwei Scharen isotroper Kurven; diese sind die Nullkurven der ersten Grundform.* Diese isotropen Kurven entziehen sich einer Behandlung gemäß §6, da z. B. stets $s \equiv 0$ gemäß (6.8) gilt. Wir bemerken noch, daß in $I_3^{(1)}(\mathcal{C})$ aus $\dot{\tilde{\vec{x}}} \neq \vec{o}$ sehr wohl $|\dot{\tilde{\vec{x}}}| = 0$ folgen kann.

5) Berechnen wir die Bogenlänge auf den Parameterlinien einer zulässigen C^r-Fläche U, die durch $\vec{x}(u, v)$ gegeben ist. Eine u-Linie von U ist gegeben durch $v = v_0 = = konst.$ und hat somit die Darstellung $\vec{x}(u) = \vec{x}(u, v_0)$. Hieraus folgt $\frac{d\vec{x}}{du} = \vec{x}_u \Rightarrow$ $\Rightarrow \frac{d\tilde{\vec{x}}}{du} = \tilde{\vec{x}}_u \Rightarrow s = \int_{u_0}^{u_1} |\tilde{\vec{x}}_u| du = \int_{u_0}^{u_1} \sqrt{E(u, v_0)}\,du$. Analog erhält man für eine v-Linie, die durch $\vec{x}(v) = \vec{x}(u_0, v)$ gegeben ist $s = \int_{v_0}^{v_1} \sqrt{G(u_0, v)}\,dv$. Wir vermerken diese Formeln:

$$(8.20) \qquad s = \int_{u_0}^{u_1} \sqrt{E(u, v_0)}\,du \;\ldots\; \text{Bogenlänge der u\,{-}\,Linie } v_0 = konst.$$

$$s = \int_{v_0}^{v_1} \sqrt{G(u_0, v)}\,dv \;\ldots\; \text{Bogenlänge der v\,{-}\,Linie } u_0 = konst.$$

6) Die Koeffizienten E, F, G der ersten Grundform sowie der Ausdruck W sind keine geometrischen Größen; sie sind zwar invariant bezüglich der Gruppe $\mathcal{B}_6^{(1)}$, aber nicht parameterinvariant. Genauer gilt: *Bei zulässigen C^r-Parametertransformationen $(r \geq 1)$ transformieren sich E, F, G und W nach dem Gesetz*

$$(8.21a-d) \qquad (a) \quad \overline{E} = E\left(\frac{\partial u}{\partial \bar{u}}\right)^2 + 2F\frac{\partial u}{\partial \bar{u}}\frac{\partial v}{\partial \bar{u}} + G\left(\frac{\partial v}{\partial \bar{u}}\right)^2$$

$$(b) \quad \overline{F} = E\frac{\partial u}{\partial \bar{u}}\frac{\partial u}{\partial \bar{v}} + F\left(\frac{\partial u}{\partial \bar{u}}\frac{\partial v}{\partial \bar{v}} + \frac{\partial u}{\partial \bar{v}}\frac{\partial v}{\partial \bar{u}}\right) + G\frac{\partial v}{\partial \bar{u}}\frac{\partial v}{\partial \bar{v}}$$

$$(c) \quad \overline{G} = E\left(\frac{\partial u}{\partial \bar{v}}\right)^2 + 2F\frac{\partial u}{\partial \bar{v}}\frac{\partial v}{\partial \bar{v}} + G\left(\frac{\partial v}{\partial \bar{v}}\right)^2$$

$$(d) \quad \overline{W} = W\frac{\partial(u,v)}{\partial(\bar{u},\bar{v})}.$$

Beweis:

Die $\mathcal{B}_6^{(1)}$-Invarianz von E, F, G und W folgt daraus, daß die inneren Vektorprodukte $\widetilde{\vec{x}}_u^{\,2} = E$, $\widetilde{\vec{x}}_u \cdot \widetilde{\vec{x}}_v = F$, $\widetilde{\vec{x}}_v^{\,2} = G$ der Grundrißvektoren $\widetilde{\vec{x}}_u$ und $\widetilde{\vec{x}}_v$ gemäß Satz 1.4 sicher invariant gegenüber isotropen Bewegungen sind. Hiermit ist auch die $\mathcal{B}_6^{(1)}$-Invarianz von W gezeigt. Bei einer zulässigen $C^r - PT$ $(r \geq 1)$ (8.4) folgt nach (8.7): $\overline{E} = \widetilde{\vec{x}}_{\bar{u}}^{\,2} = (\widetilde{\vec{x}}_u\frac{\partial u}{\partial \bar{u}} + \widetilde{\vec{x}}_v\frac{\partial v}{\partial \bar{u}})^2 = \widetilde{\vec{x}}_u^{\,2}\left(\frac{\partial u}{\partial \bar{u}}\right)^2 + 2(\widetilde{\vec{x}}_u \cdot \widetilde{\vec{x}}_v)\frac{\partial u}{\partial \bar{u}}\frac{\partial v}{\partial \bar{u}} + \widetilde{\vec{x}}_v^{\,2}\left(\frac{\partial v}{\partial \bar{u}}\right)^2$, womit (8.21a) gezeigt ist. Ebenso bestätigt man (8.21b-c). Für W findet man aus (8.18): $\overline{W} = Det(\overrightarrow{\vec{x}}_{\bar{u}}, \overrightarrow{\vec{x}}_{\bar{v}}) = Det(\widetilde{\vec{x}}_u\frac{\partial u}{\partial \bar{u}} + \widetilde{\vec{x}}_v\frac{\partial v}{\partial \bar{u}}, \widetilde{\vec{x}}_u\frac{\partial u}{\partial \bar{v}} + \widetilde{\vec{x}}_v\frac{\partial v}{\partial \bar{v}}) = Det(\widetilde{\vec{x}}_u, \widetilde{\vec{x}}_v)\left(\frac{\partial u}{\partial \bar{u}}\frac{\partial v}{\partial \bar{v}} - \frac{\partial v}{\partial \bar{u}}\frac{\partial u}{\partial \bar{v}}\right) = W\frac{\partial(u,v)}{\partial(\bar{u},\bar{v})}.$

$$\Diamond$$

7) Wir berechnen E, F, G und W, sowie die erste Grundform für eine in der Normaldarstellung (8.12) gegebene C^r-Fläche $(r \geq 1)$. Aus der Parametrisierung $\vec{x}(x,y) = \{x, y, f(x,y)\}$ folgt: $\vec{x}_x = \{1, 0, f_x\}$, $\vec{x}_y = \{0, 1, f_y\} \Rightarrow E = \widetilde{\vec{x}}_x^{\,2} = 1$, $F = \widetilde{\vec{x}}_x \cdot \widetilde{\vec{x}}_y = 0$, $G = \widetilde{\vec{x}}_y^{\,2} = 1$; $\Rightarrow W = 1$; $\Rightarrow ds^2 = dx^2 + dy^2 = I$. Wir vermerken

$$(8.22) \qquad \begin{array}{l} \text{Fundamentalgrößen 1. Art einer zulässigen } C^r\text{-Fläche} \\ U(r \geq 1) \text{ in der Normaldarstellung } z = f(x,y): \\ E = G = 1,\ F = 0,\ ds^2 = dx^2 + dy^2. \end{array}$$

Auch die isotropen Kurven von U lassen sich sofort angeben: Aus $dx^2 + dy^2 = 0$ folgt $(dx + idy)(dx - idy) = 0 \Rightarrow x - iy = c_1$, $x + iy = c_2$, wobei c_1, c_2 Integrationskonstanten sind. Damit haben wir: *Die isotropen Kurven auf U sind die Schnitte von U mit den vollisotropen Ebenen.*

8) Zu jeder quadratischen Differentialform der Gestalt (8.17) läßt sich formal eine *Gaußsche Krümmung* K_G gemäß [228,120, Formel (21,8)] definieren. Die zitierte Formel lautet

$$(8.23) \qquad K_G = -\frac{1}{4W^4}\begin{vmatrix} E & F & G \\ E_u & F_u & G_u \\ E_v & F_v & G_v \end{vmatrix} + \frac{1}{2W}\left\{ \frac{\partial}{\partial u}\left(\frac{F_v - G_u}{W}\right) + \frac{\partial}{\partial v}\left(\frac{F_u - E_v}{W}\right)\right\}.$$

Definition 8.9: Die für eine zulässige C^r-Fläche $U(r \geq 2)$ des $I_3^{(1)}$ mit der 1. Grundform (8.17) gemäß (8.23) definierte Gaußsche Krümmung K_a heißt *Absolutkrümmung* von U.

Da die Gaußsche Krümmung parameterinvariant ist (vgl. euklidische Differentialgeometrie!) kann K_a an der Normaldarstellung (8.12) berechnet werden. Aus (8.23) folgt sofort $K_G = 0$, d. h. *die Absolutkrümmung von U verschwindet.*

Dies ist nicht erstaunlich, denn die isotrope Metrik von U stimmt ja mit der euklidischen Metrik der [xy]-Ebene überein, die gerade durch (8.17) gegeben ist; die Gaußsche Krümmung einer Ebene ist aber gleich Null. Wir werden später auf U eine *Relativkrümmung* einführen, die eine geometrische Größe auf U ist.

<u>II) Winkelmessung:</u>

Es seien c_1 und c_2 zwei zulässige C^r-Kurven ($r \geq 1$) auf einer zulässigen C^r-Fläche $U(r \geq 1)$, die sich in einem Punkt P_0 schneiden. Unter dem *Schnittwinkel* φ von c_1 und c_2 in P_0 versteht man den isotropen Winkel φ, den die Tangenten t_1 und t_2 an c_1 bzw. c_2 in P_0 einschließen. Nach Definition von φ stimmt φ mit dem euklidischen Winkel der Projektionen $\tilde{t}_1$, $\tilde{t}_2$ von t_1 und t_2 in die Grundrißebene überein. Wird c_1 durch $\{u_1(t), v_1(t)\}$ und c_2 durch $\{u_2(t), v_2(t)\}$ beschrieben, so berechnet man mit Hilfe der Tangentenvektoren $\vec{t}_1$ an c_1 bzw. $\vec{t}_2$ an c_2 gemäß (8.9): $\vec{t}_1 = \vec{x}_u \dot{u}_1 + \vec{x}_v \dot{v}_1$,

$\vec{t}_2 = \vec{x}_u \dot{u}_2 + \vec{x}_v \dot{v}_2 \Rightarrow |\vec{t}_1| = \sqrt{E\dot{u}_1^2 + 2F\dot{u}_1\dot{v}_1 + G\dot{v}_1^2}$, $|\vec{t}_2| = \sqrt{E\dot{u}_2^2 + 2F\dot{u}_2\dot{v}_2 + G\dot{v}_2^2}$,

$\tilde{t}_1 \cdot \tilde{t}_2 = \tilde{\vec{x}}_u^2 \dot{u}_1\dot{u}_2 + \tilde{\vec{x}}_u\tilde{\vec{x}}_v \dot{u}_1\dot{v}_2 + \tilde{\vec{x}}_v\tilde{\vec{x}}_u \dot{v}_1\dot{u}_2 + \tilde{\vec{x}}_v^2 \dot{v}_1\dot{v}_2 = E\dot{u}_1\dot{u}_2 + F(\dot{u}_1\dot{v}_2 + \dot{v}_1\dot{u}_2) + G\dot{v}_1\dot{v}_2$.

Hieraus folgt für den Winkel φ

$$(8.24) \qquad \cos\varphi = \frac{\tilde{t}_1 \cdot \tilde{t}_2}{|\tilde{t}_1||\tilde{t}_2|} = \frac{E\dot{u}_1\dot{u}_2 + F(\dot{u}_1\dot{v}_2 + \dot{v}_1\dot{u}_2) + G\dot{v}_1\dot{v}_2}{\sqrt{E\dot{u}_1^2 + 2F\dot{u}_1\dot{v}_1 + G\dot{v}_1^2} \cdot \sqrt{E\dot{u}_2^2 + 2F\dot{u}_2\dot{v}_2 + G\dot{v}_2^2}}.$$

Die Formel (8.24) lehrt, daß die Winkelmessung auf U, ebenso wie die Längenmessung durch die isotropen Fundamentalgrößen 1. Art E, F und G bestimmt wird.

<u>Folgerungen:</u>

1) Schreiben wir $\vec{t}_1 = \frac{d\vec{x}_1}{dt}$ und $\vec{t}_2 = \frac{d\vec{x}_2}{dt}$ in Differentialen, d. h. setzen wir $d\vec{x}_1 = \vec{x}_u du + \vec{x}_v dv$ bzw. $d\vec{x}_2 = \vec{x}_u \delta u + \vec{x}_v \delta v$, so legen $(du : dv)$ bzw. $(\delta u : \delta v)$ die Tangentenrichtungen von c_1 und c_2 in der von $\vec{x}_u$ und $\vec{x}_v$ in P_0 aufgespannten Tangentialebene fest. Die Formel (8.24) — geschrieben in Differentialen — nimmt dann folgende Gestalt an:

$$(8.24a) \qquad \cos\varphi = \frac{E\,du\delta u + F(du\delta v + dv\delta u) + G\,dv\delta v}{\sqrt{E\,du^2 + 2F\,dudv + Gdv^2} \cdot \sqrt{E\delta u^2 + 2F\delta u\delta v + G\delta v^2}}.$$

Wir bemerken, daß der Zähler von (8.24a) gerade die Polarform zur quadratischen Form (8.17) ist.

2) Berechnen wir speziell den Winkel zwischen den Parameterlinien auf U. Ist c_1 eine u-Linie ($v_1 = konst.$) und c_2 eine v-Linie ($u_2 = konst.$), so ist mit den Bezeichnungen von Folgerung 1) $dv = 0$ und $\delta u = 0$ und (8.24a) liefert

$$(8.25) \qquad \cos\varphi = \frac{F}{\sqrt{EG}}.$$

3) **Definition 8.10:** Ein Parameternetz auf einer zulässigen C^r-Fläche $U(r \geq 1)$ heißt *orthogonal*, wenn jede u-Linie jede v-Linie orthogonal schneidet.

Nach (8.25) sind somit *orthogonale Parameternetze* durch $F \equiv 0$ auf U gekennzeichnet.

<u>III) Flächenmessung:</u>
Es sei U eine zulässige C^r-Fläche $(r \geq 1)$, definiert über dem Parametergebiet G und beschrieben durch $\vec{x} = \vec{x}(u,v)$. Dann definieren wir die Oberfläche von U (den Inhalt von U) durch die Festsetzung

$$(8.26) \qquad O(U) = \int_G \int \sqrt{EG - F^2}\, du\, dv = \int_G \int |W|\, du\, dv.$$

<u>Folgerungen:</u>
1) $O(U)$ ist eine geometrische Größe, d. h. die Definition (8.26) ist sinnvoll.

<u>*Beweis:*</u>
Da W eine Invariante gegenüber der Gruppe $\mathcal{B}_6^{(1)}$ ist, ist auch $O(U)$ eine $\mathcal{B}_6^{(1)}$-Invariante. Die Parameterinvarianz folgt aus (8.21d) unter Beachtung der Transformationsregel für Gebietsintegrale. Es gilt nämlich:

$$O(\bar{U}) = \int_H \int |\bar{W}|\, d\bar{u}\, d\bar{v} = \int_G \int |W| \left|\frac{\partial(u,v)}{\partial(\bar{u},\bar{v})}\right| \left|\frac{\partial(\bar{u},\bar{v})}{\partial(u,v)}\right|\, du\, dv =$$

$$= \int_G \int |W|\, du\, dv = O(U).$$

◇

2) Wir erhalten eine einfache geometrische Deutung von $O(U)$, wenn wir U in der Normaldarstellung (8.12) $z = f(x,y)$ annehmen; hierdurch wird ein Flächenstück über dem Parametergebiet G der [x,y]-Ebene beschrieben. Wegen $W = 1$ gilt $O(U) = = \int_G \int dx\, dy = F(G)$, wobei $F(G)$ den Flächeninhalt des ebenen Gebietes G bezeichnet. Die isotrope Oberfläche $O(U)$ der zulässigen Fläche U läßt sich somit deuten als der Flächeninhalt jenes ebenen Gebietes G, welches durch Projektion von U in die Grundrißebene entsteht.

3) Wir bemerken noch, daß auch die Flächenmessung auf U durch die isotropen Fundamentalgrößen 1. Art geleistet wird.

Wir fassen einige Resultate zusammen:

SATZ 8.5: *Die isotropen Fundamentalgrößen E, F und G auf einer zulässigen C^r-Fläche $U(r \geq 1)$ des einfach isotropen Raumes regeln die Längen-, Winkel- und Oberflächenmessung auf U. E und G messen die Bogenlänge der Parameterlinien; zusammen mit F messen sie den Winkel zwischen den Parameterlinien. Orthogonale Parameternetze auf U sind durch $F \equiv 0$ gekennzeichnet. Für die Absolutkrümmung K_a von U gilt $K_a \equiv 0$.*

Gegeben sei jetzt eine zulässige C^r-Fläche $(r \geq 2)U \subset I_3^{(1)}$ und ein Punkt $P_0 \in U$. c sei eine zulässige C^r-Kurve $(r \geq 2)$, die P_0 enthält. Diese Kurve sei o.B.d.A. auf ihre isotrope Bogenlänge s als Parameter bezogen, d. h. es sei $\vec{x} = \vec{x}(s)$, und es bezeichne $\{\vec{t}, \vec{n}, \vec{b}\}$ das begleitende Dreibein von c. Wir wollen i. f. die Lage des begleitenden Dreibeins im Punkt $P_0 \in c$ gegenüber der Tangentialebene ϵ in P_0 an U studieren, die ja von $\vec{x}_u(u_0, v_0)$ und $\vec{x}_v(u_0, v_0)$ aufgespannt wird. Dazu führen wir einen Einheitsvektor $\vec{s}$ in ϵ ein, der auf $\vec{t}$ isotrop normal steht und so orientiert ist, daß $\{\widetilde{\vec{t}}, \widetilde{\vec{s}}\}$ in dieser Reihenfolge ein Rechtssystem (in der orientierten Grundrißebene) bilden. Der hiermit eindeutig festgelegte Vektor $\vec{s}$ heißt *Seitenvektor* (vgl. Abbildung 8).

Abbildung 8:

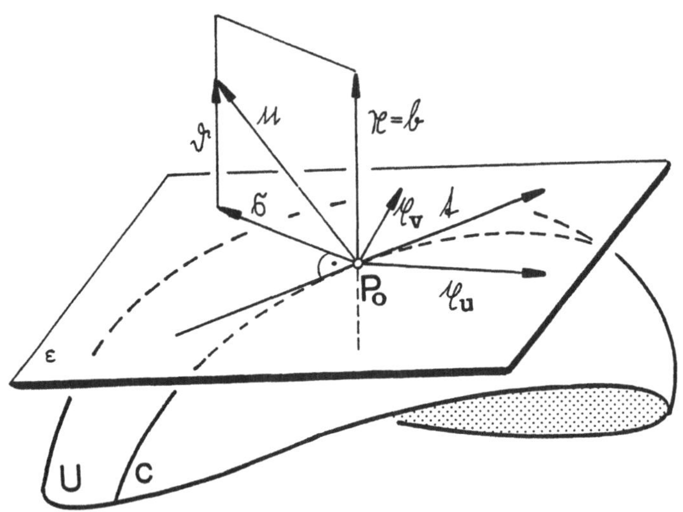

Wir vermerken die Definition von $\vec{s}$

(8.27)   Seitenvektor $\vec{s}$ der Kurve c in $P_0 \in U$, wenn ϵ

die Tangentialebene von U in P_0 bezeichnet :

$$\vec{s} \in \epsilon, \quad \widetilde{\vec{s}}^2 = 1, \quad \widetilde{\vec{t}} \cdot \widetilde{\vec{s}} = 0, \quad Det(\widetilde{\vec{t}}, \widetilde{\vec{s}}) = 1.$$

Die Vektoren $\{\vec{t}, \vec{s}\}$ ergänzen wir zu einem Dreibein in P_0 durch Einführung des Normaleneinheitsvektors $\mathcal{N}(0, 0, 1)$ in P_0; gemäß Definition 1.8 steht ja $\mathcal{N}$ auf ϵ isotrop normal und kann somit als Normalenvektor von U angesprochen werden. Die Vektoren $\{\vec{t}, \vec{s}, \mathcal{N}\}$ sind l. u., denn es gilt $Det(\vec{t}, \vec{s}, \mathcal{N}) = Det(\widetilde{\vec{t}}, \widetilde{\vec{s}}) = 1$; trivialerweise gilt $\mathcal{N} = \vec{b}$. Der Vektor $\vec{x}'' = \vec{t}'$ muß sich im Dreibein $\{\vec{t}, \vec{s}, \mathcal{N}\}$ in eindeutiger Weise linear kombinieren lassen. Aus einem Ansatz $\vec{x}'' = \alpha\vec{t} + \beta\vec{s} + \gamma\mathcal{N}$ folgt mittels (6.15) $\widetilde{\vec{x}}'' = \kappa\widetilde{\vec{n}} = \alpha\widetilde{\vec{t}} + \beta\widetilde{\vec{s}}$. Wird diese Gleichung skalar mit $\widetilde{\vec{t}}$ multipliziert, so folgt unter Beachtung von (8.27) $\alpha = 0$. Damit hat man $\kappa\widetilde{\vec{n}} = \beta\widetilde{\vec{s}} \;\Rightarrow\; \widetilde{\vec{s}} = \frac{\kappa}{\beta}\widetilde{\vec{n}} \;\Rightarrow\; Det(\widetilde{\vec{t}}, \widetilde{\vec{s}}) = = Det(\widetilde{\vec{t}}, \frac{\kappa}{\beta}\widetilde{\vec{n}}) = \frac{\kappa}{\beta} = 1 \Rightarrow \kappa = \beta$. Hierbei wurde $\kappa \neq 0$ investiert. Wir haben bisher gesehen, daß gilt: $\vec{x}'' = \kappa\vec{s} + \gamma\mathcal{N}$. In dieser Gleichung muß der Koeffizient γ eine geometrische Größe sein; wir setzen $\gamma =: \kappa_n$ und bezeichnen κ_n als die *isotrope Normalkrümmung* von c in P_0. Bezeichnet man noch formal $\kappa =: \kappa_g$ als *isotrope geodätische Krümmung* der Flächenkurve c in P_0, so hat man ein isotropes Analogon zu einer bekannten Formel der euklidischen Differentialgeometrie gewonnen (vgl. [91,28]):

$$(8.28) \qquad \vec{x}'' = \kappa \vec{n} = \kappa_g \vec{s} + \kappa_n \mathcal{N} \quad \text{mit} \quad \kappa_g = \kappa.$$

Gehen wir jetzt an die explizite Berechnung des Seitenvektors $\vec{s}$. Hierzu setzen wir $\vec{s}$ in der Form $\vec{s} = A\vec{x}_u + B\vec{x}_v$ an und versuchen die Koeffizienten A und B aus den Bedingungen (8.27) zu bestimmen. Aus $\widetilde{t} \cdot \widetilde{s} = 0$ folgt, wenn man davon ausgeht, daß c durch $\vec{x}(u(s),v(s)) = \vec{x}(s)$ gegeben ist: $\widetilde{t} = \widetilde{\vec{x}}' = \widetilde{\vec{x}}_u u' + \widetilde{\vec{x}}_v v' \Rightarrow (\widetilde{\vec{x}}_u u' + \widetilde{\vec{x}}_v v')(A\widetilde{\vec{x}}_u + B\widetilde{\vec{x}}_v) = AEu' + AFv' + BFu' + BGv' = 0 \Rightarrow A(Eu' + Fv') = -B(Fu' + Gv') \Rightarrow A = \lambda(u,v)(Fu' + Gv')$, $B = -\lambda(u,v)(Eu' + Fv')$, wobei $\lambda(u,v)$ noch näher zu bestimmen ist. Nun gilt $Det(\widetilde{t},\widetilde{s}) = 1 = Det(\widetilde{\vec{x}}_u u' + \widetilde{\vec{x}}_v v', A\widetilde{\vec{x}}_u + B\widetilde{\vec{x}}_v) = Det(\widetilde{\vec{x}}_u u', A\widetilde{\vec{x}}_u) + Det(\widetilde{\vec{x}}_v v', A\widetilde{\vec{x}}_v) + Det(\widetilde{\vec{x}}_u u', B\widetilde{\vec{x}}_v) + Det(\widetilde{\vec{x}}_v v', B\widetilde{\vec{x}}_v) = (Bu' - Av') \, Det(\widetilde{\vec{x}}_u, \widetilde{\vec{x}}_v) = W(Bu' - Av')$. $\Rightarrow \frac{1}{W} == Bu' - Av' = -\lambda'(Eu' + Fv') - \lambda v'(Fu' + Gv') = -\lambda(Eu'^2 + 2Fu'v' + Gv'^2) = -\lambda$, wobei wir die aus $\widetilde{\vec{x}}'^2 = 1$ fließende Beziehung $Eu'^2 + 2Fu'v' + Gv'^2 = 1$ benützt haben. Damit haben wir $\lambda = -\frac{1}{W}$ und finden für den Seitenvektor $\vec{s}$ die Darstellung

$$(8.29) \qquad \vec{s} = -\frac{1}{W}[(Fu' + Gv')\vec{x}_u - (Eu' + Fv')\vec{x}_v].$$

Nun kann auch die Normalkrümmung κ_n rasch explizit berechnet werden. Zunächst gilt nach (8.28) $Det(\vec{x}', \vec{x}'', \vec{s}) = Det(\vec{t}, \kappa_g \vec{s} + \kappa_n \mathcal{N}, \vec{s}) = Det(\vec{t}, \kappa_n \mathcal{N}, \vec{s}) = \kappa_n Det(\vec{t}, \mathcal{N}, \vec{s}) = -\kappa_n \cdot Det(\vec{t}, \vec{s}, \mathcal{N}) = -\kappa_n$. Unter Beachtung von $\frac{1}{W} = Bu' - Av'$ berechnen wir hiermit: $\kappa_n = Det(\vec{x}, \vec{s}, \vec{x}'') = Det(\vec{x}_u u' + \vec{x}_v v', A\vec{x}_u + B\vec{x}_v, \vec{x}'') = Det(\vec{x}_u u, B\vec{x}_v, \vec{x}'') + Det(\vec{x}'_v v, A\vec{x}_u, \vec{x}'') = (Bu' - Av') \, Det(\vec{x}_u, \vec{x}_v, \vec{x}'') = \frac{1}{W} Det(\vec{x}_u, \vec{x}_v, \vec{x}'')$. Somit bleibt nur mehr die Determinante $Det(\vec{x}_u, \vec{x}_v, \vec{x}'')$ zu berechnen. Man erhält: $\vec{x}' = \vec{x}_u u' + \vec{x}_v v'$, $\vec{x}'' = \vec{x}_{uu} u'^2 + 2\vec{x}_{uv} u'v' + \vec{x}_u u'' + \vec{x}_{vv} v'^2 + \vec{x}_v v'' \Rightarrow Det(\vec{x}_u, \vec{x}_v, \vec{x}'') = Det(\vec{x}_u, \vec{x}_v, \vec{x}_{uu} u'^2 + 2\vec{x}_{uv} u'v' + \vec{x}_{vv} v'^2) = u'^2 Det(\vec{x}_u, \vec{x}_v, \vec{x}_{uu}) + 2u'v' Det(\vec{x}_u, \vec{x}_v, \vec{x}_{uv}) + v'^2 Det(\vec{x}_u, \vec{x}_v, \vec{x}_{vv})$. Zusammenfassend folgt $\kappa_n = \frac{Det(\vec{x}_u, \vec{x}_v, \vec{x}_{uu})}{W} u'^2 + \frac{2 Det(\vec{x}_u, \vec{x}_v, \vec{x}_{uv})}{W} u'v' + \frac{Det(\vec{x}_u, \vec{x}_v, \vec{x}_{vv})}{W} v'^2$. Es ist naheliegend folgende Abkürzungen einzuführen

$$(8.30) \qquad L := \frac{Det(\vec{x}_u, \vec{x}_v, \vec{x}_{uu})}{W} = \frac{Det(\vec{x}_u, \vec{x}_v, \vec{x}_{uu})}{Det(\widetilde{\vec{x}}_u, \widetilde{\vec{x}}_v)}$$

$$M := \frac{Det(\vec{x}_u, \vec{x}_v, \vec{x}_{uv})}{W} = \frac{Det(\vec{x}_u, \vec{x}_v, \vec{x}_{uv})}{Det(\widetilde{\vec{x}}_u, \widetilde{\vec{x}}_v)}$$

$$N := \frac{Det(\vec{x}_u, \vec{x}_v, \vec{x}_{vv})}{W} = \frac{Det(\vec{x}_u, \vec{x}_v, \vec{x}_{vv})}{Det(\widetilde{\vec{x}}_u, \widetilde{\vec{x}}_v)}.$$

Die Größen L, M und N sind skalare Funktionen in u und v und werden als *isotrope Fundamentalgrößen 2. Art* der Flächentheorie bezeichnet. Mit ihnen findet man für die isotrope Normalkrümmung

$$(8.31) \qquad \kappa_n = -Det(\vec{x}', \vec{x}'', \vec{s}) = Lu'^2 + 2Mu'v' + Nv'^2.$$

<u>Anmerkungen und Folgerungen:</u>

1) Die isotropen Fundamentalgrößen 2. Art dürfen nicht mit den Fundamentalgrößen 2. Art der euklidischen Flächentheorie verwechselt werden, die man oft ebenso bezeichnet (vgl. [228,20]). Bei der Bildung letzterer, die man besser mit h_{11}, h_{12} und h_{22} bezeichnet, ist die Größe $W = Det(\widetilde{\vec{x}}_u, \widetilde{\vec{x}}_v)$ in (8.30) zu ersetzen durch $W = \sqrt{EG - F^2}$, wobei E, F und G die euklidischen Fundamentalgrößen 1. Art sind. Demnach gilt

$$(8.32) \qquad\qquad h_{11} : h_{12} : h_{22} = L : M : N.$$

2) Wir berechnen die isotrope Normalkrümmung einer zulässigen C^r-Kurve $c(r \geq 2)$, wenn c auf einen allgemeinen Parameter t bezogen ist, d. h. durch $\vec{x}(t)$ gegeben ist. Aus (8.31) folgt mit (8.16): $\kappa_n = L\dot{u}^2(\frac{dt}{ds})^2 + 2M\dot{u}\dot{v}(\frac{dt}{ds})^2 + N\dot{v}^2(\frac{dt}{ds})^2 = \frac{L\dot{u}^2 + 2M\dot{u}\dot{v} + N\dot{v}^2}{E\dot{u}^2 + 2F\dot{u}\dot{v} + G\dot{v}^2}$. Wir vermerken diese Formel, die wir auch gleich noch in Differentialen schreiben:

$$(8.33) \qquad \kappa_n = \frac{L\dot{u}^2 + 2M\dot{u}\dot{v} + N\dot{v}^2}{E\dot{u}^2 + 2F\dot{u}\dot{v} + G\dot{v}^2} = \frac{L\,du^2 + 2M\,du\,dv + N\,dv^2}{E\,du^2 + 2F\,du\,dv + G\,dv^2} = \frac{II}{I}.$$

3) Den Zähler von (8.33), d. h. den Ausdruck

$$(8.34) \qquad\qquad L\,du^2 + 2M\,du\,dv + N\,dv^2 =: II$$

bezeichnet man als *zweite Grundform* der isotropen Flächentheorie und notiert sie mit dem Symbol II. Im Gegensatz zur ersten Grundform der isotropen Flächentheorie ist sie jedoch nicht positiv definit. Setzt man nämlich gemäß (8.32) $L = \rho h_{11}$, $M = \rho h_{12}$, $N = \rho h_{22}$ ($\rho \neq 0$), so folgt $LN - M^2 = \rho^2(h_{11}h_{22} - h_{12}^2) =: \rho^2 h$, und wie aus der euklidischen Flächentheorie bekannt, kann $h > 0$, $h = 0$ oder $h < 0$ gelten. Somit haben wir gesehen, daß $sgn(LN - M^2) = sgn\ h$ gilt. Da sgn h bekanntlich parameterinvariant ist und überdies die Koeffizienten L, M und N sogar $\mathcal{B}_6^{(1)}$-invariant sind, so hat $sgn(LN - M^2)$ auch in der isotropen Geometrie eine geometrische Bedeutung.

<u>**Definition 8.11:**</u> Ein Punkt P_0 einer zulässigen C^r-Fläche ($r \geq 2$) heißt *hyperbolisch*, *parabolisch* bzw. *elliptisch*, je nachdem für ihn $LN - M^2 < 0$, $LN - M^2 = 0$ bzw. $LN - M^2 > 0$ gilt.

4) Untersuchen wir die Nullkurven der zweiten Grundform der isotropen Flächentheorie! Wegen $L = \rho h_{11}$, $M = \rho h_{12}$, $N = \rho h_{22}$ ist $II = 0$ gleichwertig mit $h_{11}du^2 + 2h_{12}du\,dv + h_{22}dv^2 = 0$; diese Differentialform legt aber die *Schmieglinien* in der euklidischen Flächentheorie fest (vgl. [228,28]). Dies ist nicht erstaunlich, denn der Begriff Schmieglinie ist ja sogar ein Begriff der projektiven Differentialgeometrie. Dies zeigt folgende Überlegung: Nach (8.31) gilt in jedem Punkt einer Schmieglinie $\kappa_n = 0$, d. h. nach (8.28) $\vec{x}'' = \kappa\vec{n} = \kappa_g\vec{s}$. Dies bedeutet, daß der Hauptnormalenvektor von c in jedem Kurvenpunkt mit dem Seitenvektor übereinstimmt. Damit ist in jedem Punkt einer Schmieglinie c die Schmiegebene von c mit der Tangentialebene der Trägerfläche U identisch; diese Kennzeichnung ist aber rein projektiver

Natur. Wir werden daher i. f. alle Resultate über Schmieglinien, die affiner oder projektiver Natur sind, in der isotropen Flächentheorie benützen. So trägt z. B. jede hyperbolisch gekrümmte, zulässige Fläche zwei Scharen von Schmieglinien derart, daß durch jeden Flächenpunkt genau eine Schmieglinie aus jeder Schar verläuft (Kurvennetz!). Wird dieses Schmiegliniennetz als Parameternetz verwendet, so gilt $h_{11} = h_{22} = 0$, d. h. $L = N = 0$.

5) Berechnen wir nach (8.33) die Normalkrümmungen der Parameterlinien. Für eine u-Linie ($dv = 0$) entsteht $\kappa_n = \frac{L}{E}$, während sich für eine v-Linie ($du = 0$)$\kappa_n = \frac{N}{G}$ einstellt.

6) Schließlich bestimmen wir κ_n sowie L, M und N für eine zulässige C^r-Fläche $U(r \geq \geq 2)$, die in der Normaldarstellung $z = z(x,y)$ gegeben ist. Wie in der Theorie der partiellen Differentialgleichungen üblich, führen wir die Abkürzungen

$$(8.35) \qquad z_x = p, \; z_y = q, \; z_{xx} = r, \; z_{xy} = s, \; z_{yy} = t$$

ein. Dann folgt über die Parametrisierung $\vec{x}(x,y) = \{x,y,z(x,y)\}$: $\vec{x}_x = \{1,0,p\}$, $\vec{x}_y = \{0,1,q\}$, $\vec{x}_{xx} = \{0,0,r\}$, $\vec{x}_{xy} = \{0,0,s\}$, $\vec{x}_{yy} = \{0,0,t\} \Rightarrow E = G = 1$, $F = 0$, $W = 1$; $L = r$, $M = s$, $N = t$. Wir vermerken

$$(8.36) \qquad \kappa_n = \frac{r \, dx^2 + 2s \, dxdy + t \, dy^2}{dx^2 + dy^2}; \qquad \begin{matrix} L = r, M = s, N = t \\ E = 1, F = 0, G = 1 \end{matrix} \, \cdot$$

7) Die Formel (8.33) zeigt, daß die isotrope Normalkrümmung κ_n für alle Kurven c dieselbe ist, die durch den festen Punkt $P_0(u_0, v_0)$ in derselben Richtung ($du : dv$) hindurchgehen. Wir geben eine geometrische Interpretation von κ_n. Hierzu können wir o. B. d. A. den Vektoren $\{\vec{t}, \vec{s}, \mathcal{N}\}$ die Koordinaten $\vec{t} = (1,0,0)$ $\vec{s} = (0,1,0)$ $\mathcal{N} = (0,0,1)$ zuweisen und P_0 als Ursprung eines Koordinatensystems wählen, dessen Achsen durch $\vec{t}$, $\vec{s}$ und $\mathcal{N}$ festgelegt werden. In diesem System besitze die Flächenkurve c die Darstellung $\vec{x}(s) = \{x(s), y(s), z(s)\}$. Gehört $s = 0$ zum Punkt P_0, so gilt wegen $\vec{x}' = \vec{t}$: $x'(0) = 1$, $y'(0) = 0$, $z' = (0) = 0$. Wegen (8.28) folgt $x''(0) = 0$, $y''(0) = \kappa_g$, $z''(0) = \kappa_n$. Nun berechnen wir andererseits gemäß [180,(7.9)] die Krümmung κ^* jener ebenen Kurve c^*, die durch Projektion von c in Richtung des Vektors $\vec{s}$ auf die von $\vec{t}$ und $\mathcal{N}$ aufgespannte Ebene entsteht. Da c^* durch $\{x(s), z(s)\}$ beschrieben wird - wobei s ein allgemeiner Kurvenparameter auf c^* ist - erhält man $\kappa^*(0) = \frac{1}{x'^3(0)}[z''(0)x'(0) - z'(0)x''(0)] = z''(0) = \kappa_n(P_0)$. Damit hat man eine geometrische Deutung von κ_n gefunden.

Wir fassen einige Resultate zusammen

SATZ 8.6: *Die isotrope Normalkrümmung einer zulässigen C^r-Fläche $U \subset I_3^{(1)}$ läßt sich als Quotient der beiden Grundformen (I) und (II) schreiben. Alle zulässigen C^r-Kurven ($r \geq 2$) c durch ein festes Linienelement $\{P_0, du : dv\}$ auf U besitzen in P_0 dieselbe Normalkrümmung. Die Normalkrümmung einer zulässigen Flächenkurve c in P_0 läßt sich deuten als isotrope Krümmung $\kappa^*(P_0)$ jener ebenen Kurve c^*, die durch Projektion von c — in Richtung des Seitenvektors — auf die durch die Tangente von c in P_0 legbare isotrope Ebene entsteht.*

Wir verzichten an dieser Stelle auf die Erörterung von speziellen Fragestellungen der isotropen Flächentheorie (derartige Themen werden in §9 behandelt werden), sondern setzen unseren formalen Aufbau fort. Diese formale Entwicklung der Flächentheorie hat — ähnlich wie in der euklidischen Flächentheorie — die Konstruktion eines *begleitenden Dreibeins* auf der Fläche, die Erstellung der zugehörigen *Ableitungsgleichungen* und *Integrabilitätsbedingungen*, sowie die Formulierung eines *Fundamentalsatzes* zu umfassen.

a) <u>Begleitendes Dreibein</u>

In der isotropen Flächentheorie zeigt sich, daß die Einführung eines einzigen Dreibeins — so wie es etwa in der euklidischen Flächentheorie geschieht — nicht ausreichend ist. Wir werden *zwei Typen von Dreibeinen* festlegen. Als erstes Dreibein (I) wählen wir die drei Vektoren $\{\vec{x}_u, \vec{x}_v, \mathcal{N}(0,0,1)\}$; wegen $Det(\vec{x}_u, \vec{x}_v, \mathcal{N}) = {} = Det(\widetilde{\vec{x}}_u, \widetilde{\vec{x}}_v) \neq 0$ bilden sie auf einer zulässigen Fläche U tatsächlich ein Dreibein. Wegen $\mathcal{N}_u = \vec{o}$, $\mathcal{N}_v = \vec{o}$ ist verständlich, daß dieses Dreibein allein für weitere Untersuchungen unzureichend ist.

Ein zweites Dreibein (II) konstruieren wir wie folgt: Als ersten bzw. zweiten Beinvektor nehmen wir die gemäß (6.19) definierten Bivektoren $\vec{x}_u \wedge \mathcal{N} =: \vec{a}$ bzw. $\vec{x}_v \wedge \mathcal{N} =: \vec{b}$; als dritten Beinvektor wählen wir den Bivektor $\vec{x}_u \wedge \vec{x}_v$, den wir aber noch geeignet normieren. Da die Vektoren $\vec{x}_u$ und $\vec{x}_v$ ein in der Tangentialebene ϵ von U gelegenes Parallelogramm aufspannen — und ϵ nichtisotrop ist —, so ist der gemäß (8.26) erklärte Flächeninhalt dieses Parallelogramms $Det(\widetilde{\vec{x}}_u, \widetilde{\vec{x}}_v)$ eine $\mathcal{B}_6^{(1)}$-Invariante. Wir bezeichnen daher $\frac{\vec{x}_u \wedge \vec{x}_v}{Det(\widetilde{\vec{x}}_u, \widetilde{\vec{x}}_v)} =: \vec{c}$ als *Einheitsbivektor* der Tangentialebene ϵ und wählen $\vec{c}$ als dritten Beinvektor des Systems (II). Die Vektoren sind tatsächlich linear unabhängig, denn es gilt $Det(\vec{a}, \vec{b}, \vec{c}) = \frac{1}{Det(\widetilde{\vec{x}}_u, \widetilde{\vec{x}}_v)} \cdot$

$$\cdot Det(\vec{x}_u \wedge \mathcal{N}, \vec{x}_v \wedge \mathcal{N}, \vec{x}_u \wedge \vec{x}_v) = \frac{1}{Det(\widetilde{\vec{x}}_u, \widetilde{\vec{x}}_v)}[(\vec{x}_u \wedge \mathcal{N}) \wedge (\vec{x}_v \wedge \mathcal{N})] \cdot (\vec{x}_u \wedge \vec{x}_v) = \frac{1}{Det(\widetilde{\vec{x}}_u, \widetilde{\vec{x}}_v)} \cdot$$

$$\cdot [Det(\vec{x}_u, \vec{x}_v, \mathcal{N}) \mathcal{N} - Det(\mathcal{N}, \vec{x}_v, \mathcal{N}) \vec{x}_u] \cdot (\vec{x}_u \wedge \vec{x}_v) = \frac{1}{Det(\widetilde{\vec{x}}_u, \widetilde{\vec{x}}_v)} \cdot [Det(\mathcal{N}, \vec{x}_u, \vec{x}_v)]^2 = {}$$

$$= Det(\widetilde{\vec{x}}_u, \widetilde{\vec{x}}_v) \neq 0.$$

Natürlich sind beide Dreibeine nicht parameterinvariant — im Gegensatz zum begleitenden Dreibein der Kurventheorie — aber dies ist i. f. belanglos. Wir vermerken

$$(8.37) \qquad \text{Dreibein I von U}: \quad \vec{x}_u, \vec{x}_v, \mathcal{N} = (0,0,1).$$

$$\text{Dreibein II von U}: \quad \vec{a} := \vec{x}_u \wedge \mathcal{N}, \vec{b} := \vec{x}_v \wedge \mathcal{N}$$

$$\vec{c} := \frac{1}{Det(\widetilde{\vec{x}}_u, \widetilde{\vec{x}}_v)} \vec{x}_u \wedge \vec{x}_v = \frac{1}{W} \vec{x}_u \wedge \vec{x}_v.$$

b) <u>Ableitungsgleichungen</u>

Wir setzen i. f. U als zulässige C^r-Fläche $(r \geq 2)$ voraus. Wegen $\mathcal{N}_u = \mathcal{N}_v = \vec{o}$ sind dann nur die Linearkombinationen von $\vec{x}_{uu}$, $\vec{x}_{uv}$ und $\vec{x}_{vv}$ im Dreibein $\{\vec{x}_u, \vec{x}_v, \mathcal{N}\}$ von Interesse. Wir treffen folgenden Ansatz mit noch zu bestimmenden Koeffizienten:

$$(8.38a-c) \qquad \vec{x}_{uu} = \Gamma^1_{11}\vec{x}_u + \Gamma^2_{11}\vec{x}_v + a\mathcal{N}$$
$$\vec{x}_{uv} = \Gamma^1_{12}\vec{x}_u + \Gamma^2_{12}\vec{x}_v + b\mathcal{N}$$
$$\vec{x}_{vv} = \Gamma^1_{22}\vec{x}_u + \Gamma^2_{22}\vec{x}_v + c\mathcal{N}.$$

Wird (8.38a) in die Definition (8.30) von L eingesetzt, so entsteht $Det(\widetilde{\vec{x}}_u, \widetilde{\vec{x}}_v) \cdot L = $
$= Det(\vec{x}_u, \vec{x}_v, a\mathcal{N}) = a\, Det(\widetilde{\vec{x}}_u, \widetilde{\vec{x}}_v) \Rightarrow a = L$. Ebenso zeigt man $b = M$, $c = N$.
Zur Berechnung von Γ^1_{11} und Γ^2_{11} bilden wir $\widetilde{\vec{x}}_{uu} = \Gamma^1_{11}\widetilde{\vec{x}}_u + \Gamma^2_{11}\widetilde{\vec{x}}_v \Rightarrow \widetilde{\vec{x}}_{uu} \cdot \widetilde{\vec{x}}_u =$
$= \Gamma^1_{11}E + \Gamma^2_{11}F$, $\widetilde{\vec{x}}_{uu} \cdot \widetilde{\vec{x}}_v = \Gamma^1_{11}F + \Gamma^2_{11}G$. In diesen beiden Beziehungen drücken
wir die linken Seiten noch durch E, F, G bzw. deren Ableitungen aus. Aus $E = \widetilde{\vec{x}}_u^{\,2}$
bzw. $F = \widetilde{\vec{x}}_u \cdot \widetilde{\vec{x}}_v$ folgt durch Differentiation $E_u = 2\widetilde{\vec{x}}_u \cdot \widetilde{\vec{x}}_{uu}$, $F_u = \widetilde{\vec{x}}_{uu}\widetilde{\vec{x}}_v + \widetilde{\vec{x}}_u\widetilde{\vec{x}}_{vu}$,
$E_v = 2\widetilde{\vec{x}}_u \cdot \widetilde{\vec{x}}_{uv}$ und damit hat man: $\widetilde{\vec{x}}_{uu} \cdot \widetilde{\vec{x}}_u = \frac{1}{2}E_u$, $\widetilde{\vec{x}}_{uu} \cdot \widetilde{\vec{x}}_v = F_u - \frac{1}{2}E_v$. Hiermit
haben wir zur Bestimmung von Γ^1_{11} und Γ^2_{11} das Gleichungssystem

$$(8.39) \qquad \begin{cases} \Gamma^1_{11}E + \Gamma^2_{11}F = \frac{1}{2}E_u \\ \Gamma^1_{11}F + \Gamma^2_{11}G = F_u - \frac{1}{2}E_v \end{cases}$$

gefunden, welches wegen $EG - F^2 \neq 0$ eindeutig lösbar ist. Man berechnet die
Lösungen $\Gamma^1_{11} = \frac{GE_u - 2F\,F_u + F\,E_v}{2(EG - F^2)}$, $\Gamma^2_{11} = \frac{-F\,E_u + 2E\,F_u - E\,E_v}{2(EG - F^2)}$. Hiermit sind die
Koeffizienten in (8.38a) bestimmt. Die Bestimmung der übrigen Koeffizienten Γ^k_{ij}
geht analog. Insgesamt findet man

$$(8.40a-f) \qquad \Gamma^1_{11} = \frac{GE_u - 2FF_u + FE_v}{2(EG - F^2)}, \qquad \Gamma^2_{11} = \frac{-FE_u + 2EF_u - EE_v}{2(EG - F^2)}$$
$$\Gamma^1_{12} = \frac{GE_v - FG_u}{2(EG - F^2)}, \qquad \Gamma^2_{12} = \frac{EG_u - FE_v}{2(EG - F^2)}$$
$$\Gamma^1_{22} = \frac{-FG_v + 2GF_v - GG_u}{2(EG - F^2)} \qquad \Gamma^2_{22} = \frac{EG_v - 2FF_v + FG_u}{2(EG - F^2)}.$$

Diese 6 Funktionen Γ^k_{ij} auf U heißen *isotrope Christoffelsymbole*. Sie besitzen formal
dieselbe Gestalt wie die Christoffelsymbole 2. Art der euklidischen Flächentheorie
(vgl. [227,205]), doch sind die Symbole (8.40a-f) aus den Koeffizienten E, F, G
der ersten Grundform der isotropen Flächentheorie gebildet. Die gesuchten Ableitungsgleichungen besitzen somit die Gestalt

$$(8.41) \qquad \vec{x}_{uu} = \Gamma^1_{11}\vec{x}_u + \Gamma^2_{11}\vec{x}_v + L\mathcal{N}$$
$$\vec{x}_{uv} = \Gamma^1_{12}\vec{x}_u + \Gamma^2_{12}\vec{x}_v + M\mathcal{N}$$
$$\vec{x}_{vv} = \Gamma^1_{22}\vec{x}_u + \Gamma^2_{22}\vec{x}_v + N\mathcal{N}.$$

In Analogie zur euklidischen Situation bezeichnen wir diese Gleichungen als *isotrope
Gaußsche Ableitungsgleichungen*.

Bestimmen wir jetzt die Ableitungsgleichungen, die zum Dreibein (II) gehören. Mittels
(8.41) erhält man aus (8.37) $\vec{a}_u = \vec{x}_{uu} \wedge \mathcal{N} = (\Gamma^1_{11}\vec{x}_u + \Gamma^2_{11}\vec{x}_v + L\mathcal{N}) \wedge \mathcal{N} = \Gamma^1_{11}\vec{a} + \Gamma^2_{11}\vec{b}$

und ebenso findet man $\vec{b}_u = \vec{a}_v = \vec{x}_{uv} \wedge \mathcal{N} = \Gamma_{12}^1 \vec{a} + \Gamma_{12}^2 \vec{b}$, $\vec{b}_v = \vec{x}_{vv} \wedge \mathcal{N} = \Gamma_{22}^1 \vec{a} + \Gamma_{22}^2 \vec{b}$.
Wir vermerken zunächst die Gleichungen

$$(8.42) \qquad \begin{cases} \vec{a}_u = \Gamma_{11}^1 \vec{a} + \Gamma_{11}^2 \vec{b} \\ \vec{a}_v = \vec{b}_u = \Gamma_{12}^1 \vec{a} + \Gamma_{12}^2 \vec{b} \\ \vec{b}_v = \Gamma_{22}^1 \vec{a} + \Gamma_{22}^2 \vec{b}. \end{cases}$$

Bevor wir die Gleichungen für $\vec{c}_u$ und $\vec{c}_v$ aufstellen, leiten wir zwei Hilfsformeln her. Für $W = Det(\widetilde{\vec{x}}_u, \widetilde{\vec{x}}_v)$ gilt

$$(8.43a, b) \qquad W_u = W(\Gamma_{11}^1 + \Gamma_{12}^2), \quad W_v = W(\Gamma_{12}^1 + \Gamma_{22}^2).$$

In der Tat berechnet man mittels (8.41): $\quad W_u \quad = \quad Det(\widetilde{\vec{x}}_{uu}, \widetilde{\vec{x}}_v) + Det(\widetilde{\vec{x}}_u, \widetilde{\vec{x}}_{uv}) =$
$= Det(\Gamma_{11}^1 \widetilde{\vec{x}}_u, \widetilde{\vec{x}}_v) + Det(\widetilde{\vec{x}}_u, \Gamma_{12}^2 \widetilde{\vec{x}}_v) = \Gamma_{11}^1 W + \Gamma_{12}^2 W$ und ebenso zeigt man (8.43b).

Nun berechnen wir unter Verwendung von (8.41) und (8.43a): $\vec{c}_u = \frac{1}{W}[(\vec{x}_{uu} \wedge \vec{x}_v) + (\vec{x}_u \wedge$
$\wedge \vec{x}_{uv})] - \frac{W_u}{W^2}(\vec{x}_u \wedge \vec{x}_v) = \frac{1}{W}[\Gamma_{11}^1(\vec{x}_u \wedge \vec{x}_v) + L(\mathcal{N} \wedge \vec{x}_v) + (\vec{x}_u \wedge \vec{x}_v)\Gamma_{12}^2 + (\vec{x}_u \wedge \mathcal{N})M] -$
$- \frac{W_u}{W^2}(\vec{x}_u \wedge \vec{x}_v) = \frac{1}{W}(\vec{x}_u \wedge \vec{x}_v)[\Gamma_{11}^1 + \Gamma_{12}^2 - \frac{W_u}{W}] - \frac{L}{W}(\vec{x}_v \wedge \mathcal{N}) + \frac{M}{W}(\vec{x}_u \wedge \mathcal{N}) = \frac{M}{W}\vec{a} - \frac{L}{W}\vec{b}$.
Ebenso findet man unter Beachtung von (8.43b) die Ableitungsgleichung $\vec{c}_v = \frac{N}{W}\vec{a} -$
$- \frac{M}{W}\vec{b}$. Wir vermerken diese beiden Gleichungen, die man in Analogie zur euklidischen Flächentheorie, als *isotrope Weingartensche Ableitungsgleichungen* bezeichnet:

$$(8.44) \qquad \begin{cases} \vec{c}_u = \frac{M}{W}\vec{a} - \frac{L}{W}\vec{b} \\ \vec{c}_v = \frac{N}{W}\vec{a} - \frac{M}{W}\vec{b}. \end{cases}$$

c) <u>Integrabilitätsbedingungen</u>
Im folgenden sei U eine zulässige C^r-Fläche ($r \geq 3$) des einfach isotropen Raumes mit der Darstellung $\vec{x}(u, v)$. Um Schreibarbeit zu sparen, führen wir einige neue Bezeichnungen ein. Die Flächenparameter bezeichnen wir i. f. mit $u = u_1$, $v = u_2$; partielle Ableitungen von $\vec{x}(u_1, u_2)$ kennzeichnen wir dann durch tiefgestellte Indizes 1 bzw. 2. Beispielsweise bezeichnet $\vec{x}_{uu} = \vec{x}_{11}$, $\vec{x}_{uv} = \vec{x}_{12}$ usw. Um Verwechslungen vorzubeugen, setzen wir in Zweifelsfällen vor den Index 1 oder 2 ein Komma; z. B.: $\frac{\theta}{\theta u}\Gamma_{11}^1 = \Gamma_{11,1}$, usw. Wird noch in (8.41) vorübergehend $L =: l_{11}$, $M =: l_{12}$, $N =: l_{22}$ gesetzt, so kann (8.41) jetzt in der Form

$$(8.45) \qquad \vec{x}_{jk} = \sum_{\rho=1}^{2} \Gamma_{jk}^{\rho} \vec{x}_{\rho} + l_{jk}\mathcal{N} \qquad (j, k = 1, 2)$$

geschrieben werden. Die Stellung der Indizes jk an Γ_{jk}^{ρ} und l_{jk} weist auf die Ableitungen $\vec{x}_{jk}$ hin. Nach dem Satz von SCHWARZ gilt wegen $\vec{x}(u_1, u_2) \in C^2$ stets $\vec{x}_{jk} = \vec{x}_{kj}$. Wird $\vec{x}_{kj}$ formal in der Gestalt $\vec{x}_{kj} = \sum_{\rho=1}^{2} \Gamma_{kj}^{\rho} \vec{x}_{\rho} + l_{kj}\mathcal{N}$ angesetzt, so folgen aus $\vec{x}_{jk} = \vec{x}_{kj}$ die Beziehungen $\Gamma_{jk}^{\rho} = \Gamma_{kj}^{\rho}$, $l_{jk} = l_{kj}$, d. h. die Christoffelsymbole sind symmetrisch in den unteren Indizes, ebenso die l_{jk}.

Da wir U als zulässige C^r-Fläche ($r \geq 3$) vorausgesetzt haben, sind die dritten partiellen Ableitungen von $\vec{x}(u_1, u_2)$ mindestens stetig und nach dem Satz von Schwarz gilt $\vec{x}_{jkl} = \vec{x}_{jlk}$ für beliebige Wahl der Indizes $j, k, l| \in \{1,2\}$. Aus diesen Vektorgleichungen werden gewisse Bedingungen resultieren, die wir als *Integrabilitätsbedingungen* zu den Gaußschen Ableitungsgleichungen (8.45) bezeichnen werden. Setzt man in $\vec{x}_{jkl} - \vec{x}_{jlk} = \vec{o}$ speziell $k = l$, so entsteht eine Identität, während die Vertauschung $k \Leftrightarrow l$ die Gleichung $\vec{x}_{jlk} - \vec{x}_{jkl} = \vec{o}$, d.h. keine neue Bedingung liefert. Es genügt demnach folgende Indexkombinationen zu betrachten: $j = 1, 2;\ k = 1,\ l = 2$.

Zunächst berechnen wir aus (8.45) durch Differentiation und nachfolgendes Einsetzen von (8.45): $\vec{x}_{jkl} = \sum_\rho \Gamma^\rho_{jk,l}\vec{x}_\rho + \sum_\rho \Gamma^\rho_{jk}\vec{x}_{\rho l} + l_{jk,l}\mathcal{N} = \sum_\rho \Gamma^\rho_{jk,l}\vec{x}_\rho + \sum_\rho \Gamma^\rho_{jk} \cdot$
$\cdot (\sum_\sigma \Gamma^\sigma_{\delta l}\vec{x}_\sigma + l_{\rho l}\mathcal{N}) + l_{jk,l}\mathcal{N}$. Werden im zweiten Summanden die Summationsindizes ρ und σ vertauscht, so gewinnt man folgende Darstellung von $\vec{x}_{jkl}$:

$$(8.46a) \qquad \vec{x}_{jkl} = \sum_\rho \vec{x}_\rho \left(\Gamma^\rho_{jk,l} + \sum_\sigma \Gamma^\sigma_{jk}\Gamma^\rho_{\sigma l}\right) + \mathcal{N}\left(\sum_\sigma \Gamma^\sigma_{jk}l_{\sigma l} + l_{jk,l}\right).$$

Hieraus entsteht durch die Vertauschung $k \Leftrightarrow l$

$$(8.46b) \qquad \vec{x}_{jlk} = \sum_\rho \vec{x}_\rho \left(\Gamma^\rho_{jl,k} + \sum_\sigma \Gamma^\sigma_{jl}\Gamma^\rho_{\sigma k}\right) + \mathcal{N}\left(\sum_\sigma \Gamma^\sigma_{jk}l_{\sigma k} + l_{jl,k}\right)$$

und durch Subtraktion von (8.46a) und (8.46b) erhält man eine Linearkombination der l. u. Vektoren $\{\vec{x}_1, \vec{x}_2, \mathcal{N}\}$, die den Nullvektor darstellt, und deren Koeffizienten somit einzeln verschwinden müssen. Zunächst liefert der Koeffizient bei $\mathcal{N}: l_{jk,l} -$
$- l_{jl,k} + \sum_\sigma \Gamma^\sigma_{jk}l_{\sigma l} - \sum_\sigma \Gamma^\sigma_{jl}l_{\sigma k} = 0$, d. h. wegen $k = 1,\ l = 2$ und $j = 1, 2$ die beiden Bedingungen

$$(8.47a,b) \qquad \begin{cases} l_{11,2} - l_{12,1} + \sum_{\sigma=1}^{2} \Gamma^\sigma_{11}l_{\sigma 2} - \sum_{\sigma=1}^{2} \Gamma^\sigma_{12}l_{\sigma 1} = 0 \\ l_{21,2} - l_{22,1} + \sum_{\sigma=1}^{2} \Gamma^\sigma_{21}l_{\sigma 2} - \sum_{\sigma=1}^{2} \Gamma^\sigma_{22}l_{\sigma 1} = 0. \end{cases}$$

In Analogie zur euklidischen Situation bezeichnen wir diese Integrabilitätsbedingungen als die *isotropen Codazzi-Mainardi-Gleichungen*. Kehrt man zu den alten Bezeichnungen zurück, so lassen sich diese beiden Gleichungen unter Verwendung von (8.40a-f) in folgender, oft sehr brauchbarer Form schreiben:

$$(8.48a,b)$$

$$(EG - 2F^2 + GE)(L_v - M_u) - (EN - 2FM + GL)(E_v - F_u) + \begin{vmatrix} E & E_u & L \\ F & F_u & M \\ G & G_u & N \end{vmatrix} = 0,$$

$$(EG - 2F^2 + GE)(M_v - N_u) - (EN - 2FM + GL)(F_v - G_u) + \begin{vmatrix} E & E_v & L \\ F & F_v & M \\ G & G_v & N \end{vmatrix} = 0.$$

Ausgehend von (8.47a,b) bestätigt man die Formeln durch Rechnung. Für die Koeffizienten der $\vec{x}_\rho (\rho = 1, 2)$ findet man wegen $k = 1,\ l = 2$:

$$(8.49) \qquad \Gamma^{\rho}_{j1,2} - \Gamma^{\rho}_{j2,1} + \sum_{\sigma=1}^{2} \Gamma^{\sigma}_{j1}\Gamma^{\rho}_{\sigma 2} - \sum_{\sigma=1}^{2} \Gamma^{\sigma}_{j2}\Gamma^{\rho}_{\sigma 1} = 0.$$

Wegen $\rho = 1,2$ und $j = 1,2$ scheint (8.49) zunächst vier Bedingungen darzustellen. Es zeigt sich jedoch, daß die Auswertung dieser vier Beziehungen nur eine einzige Bedingung liefert. Betrachtet man z. B. den Fall $\rho = 1$, $j = 1$, so vereinfacht sich (8.49) zu

$$(8.50) \qquad \frac{\partial}{\partial v}\Gamma^{1}_{11} - \frac{\partial}{\partial u}\Gamma^{1}_{12} + \Gamma^{2}_{11}\Gamma^{1}_{22} - \Gamma^{2}_{12}\Gamma^{1}_{21} = 0.$$

Kehrt man zu den alten Bezeichnungen zurück und verwendet man (8.40a-f), so bestätigt man durch eine ziemlich mühsame Rechnung, daß sich (8.50) in der Gestalt

$$(8.51) \qquad -\frac{1}{4W^4}\begin{vmatrix} E & E_u & E_v \\ F & F_u & F_v \\ G & G_u & G_v \end{vmatrix} + \frac{1}{2W}\left\{\frac{\partial}{\partial u}\left(\frac{F_v - G_u}{W}\right) + \frac{\partial}{\partial v}\left(\frac{F_u - E_v}{W}\right)\right\} = 0$$

schreiben läßt. Die drei weiteren Bedingungen in (8.49) lassen sich ebenfalls auf (8.51) zurückführen. Ein Vergleich von (8.51) mit (8.23) lehrt, daß diese Integrabilitätsbedingung gerade die Beziehung $K_G = 0$ darstellt, die ja für zulässige Flächen des $I_3^{(1)}$ stets erfüllt ist. Diese Beziehung ist die isotrope Fassung des *Theorema egregiums* der euklidischen Flächentheorie (vgl. [228,120]). Damit haben wir diese Integrabilitätsbedingungen zu den Gaußschen Ableitungsgleichungen hergeleitet.

Wir gehen nun daran, die Integrabilitätsbedingungen zu (8.42) bzw. zu den Weingartenschen Ableitungsgleichungen (8.44) aufzustellen. Hinsichtlich (8.44) ist die Bedingung $\vec{c}_{uv} = \vec{c}_{vu}$ zu diskutieren. Wird (8.44) partiell differenziert und in die entstehenden Gleichungen wieder (8.44) eingesetzt, so erhält man

$$(8.52a) \qquad \vec{c}_{uv} = \left[\left(\frac{M}{W}\right)_v + \frac{M}{W}\Gamma^{1}_{12} - \frac{L}{W}\Gamma^{1}_{22}\right]\vec{a} + \left[\left(\frac{M}{W}\right)\Gamma^{2}_{12} - \left(\frac{L}{W}\right)_v - \frac{L}{W}\Gamma^{2}_{22}\right]\vec{b}$$

bzw.

$$(8.52b) \qquad \vec{c}_{vu} = \left[\left(\frac{N}{W}\right)_u + \frac{N}{W}\Gamma^{1}_{11} - \frac{M}{W}\Gamma^{1}_{12}\right]\vec{a} + \left[\frac{N}{W}\Gamma^{2}_{11} - \left(\frac{M}{W}\right)_u - \frac{M}{W}\Gamma^{2}_{12}\right]\vec{b}.$$

Wird $\vec{c}_{uv} - \vec{c}_{vu} = \vec{o}$ gebildet, so ist das Verschwinden des Koeffizienten bei $\vec{a}$ gleichwertig mit $W\left(\frac{M}{W}\right)_v + M\Gamma^{1}_{12} - L\Gamma^{1}_{22} = W\left(\frac{N}{W}\right)_u + N\Gamma^{1}_{11} - M\Gamma^{1}_{12}$, und diese Gleichung läßt sich unter Benützung von (8.43a,b) umformen zu

$$(8.53) \qquad M_v - M\Gamma^{2}_{22} - L\Gamma^{1}_{22} = N_u - N\Gamma^{2}_{12} - M\Gamma^{1}_{12}.$$

Ein Vergleich von (8.53) mit (8.47b) lehrt, daß die gefundene Integrabilitätsbedingung genau mit der zweiten Codazzi-Mainardi-Gleichung (8.47b) übereinstimmt. Genauso zeigt man, daß das Verschwinden des Koeffizienten bei $\vec{b}$ in der Vektorgleichung $\vec{c}_{uv} - \vec{c}_{vu} = \vec{o}$ die erste Codazzi-Mainardi-Gleichung (8.47a) liefert.

Auch zu den Ableitungsgleichungen (8.42) gehören Integrabilitätsbedingungen. Betrachten wir den Fall $\vec{a}_{uv} = \vec{a}_{vu}$, so gewinnt man aus (8.42) die Bedingung

$$(8.54) \qquad \Gamma^1_{11,2}\vec{a} + \Gamma^1_{11}(\Gamma^1_{12}\vec{a} + \Gamma^2_{12}\vec{b}) + \Gamma^2_{11,2}\vec{b} + \Gamma^2_{11}(\Gamma^1_{22}\vec{a} + \Gamma^2_{22}\vec{b}) =$$
$$= \Gamma^1_{12,1}\vec{a} + \Gamma^1_{12}(\Gamma^1_{11}\vec{a} + \Gamma^2_{11}\vec{b}) + \Gamma^2_{12,1}\vec{b} + \Gamma^2_{12}(\Gamma^1_{12}\vec{a} + \Gamma^2_{12}\vec{b}).$$

Ein Vergleich der Koeffizienten bei $\vec{a}$ liefert

$$(8.55) \qquad \Gamma^1_{11,2} + \Gamma^2_{11}\Gamma^1_{22} = \Gamma^1_{12,1} + \Gamma^2_{12}\Gamma^1_{12}.$$

Ein Vergleich mit (8.50) zeigt, daß (8.55) wieder die isotrope Fassung des Theorema egregiums ist. Ebenso liefert ein Vergleich der Koeffizienten bei $\vec{b}$, sowie die Auswertung der Beziehung $\vec{b}_{uv} = \vec{b}_{vu}$ das Theorema egregium. Wir fassen zusammen

SATZ 8.7: *Die Gaußschen Ableitungsgleichungen (8.41), die Ableitungsgleichungen (8.42) und die Weingartenschen Ableitungsgleichungen (8.44) einer zulässigen C^r-Fläche $U(r \geq 3)$ des einfach isotropen Raumes führen auf drei Integrabilitätsbedingungen, nämlich die beiden isotropen Gleichungen von Codazzi-Mainardi (8.48a,b), sowie das isotrope Theorema egregium (8.51). Letzteres besagt, daß die zu (8.17) gebildete Absolutkrümmung K_G identisch verschwindet.*

d) Fundamentalsatz

Wir haben bisher gesehen, daß die isotropen Fundamentalgrößen E, F, G bzw. L, M, N einer zulässigen C^r-Fläche $U(r \geq 3)$ des einfach isotropen Raumes $I_3^{(1)}$ nicht beliebige Funktionen der Flächenparameter (u, v) sind, sondern daß sie durch die Gleichungen von Codazzi-Mainardi sowie das Theorema egregium verknüpft sind. Überdies gilt $E > 0$, $G > 0$ und $EG - F^2 > 0$. Nun stellt sich umgekehrt die Frage, ob zu 6 vorgegebenen Funktionen E, F, G; L, M, N, die diesen Bedingungen genügen, Flächen U gehören, für die diese Funktionen die Fundamentalgrößen 1. bzw. 2. Art sind. Diese Frage wird der *Fundamentalsatz* klären. Beginnen wir jedoch mit zwei

Vorbereitungen:

1) Wenn es überhaupt eine Fläche U gibt, die E, F, G und L, M, N als Fundamentalgrößen besitzt, dann hat auch jede Fläche $\overline{U}$ diese Eigenschaft, die durch eine isotrope Bewegung (1.20) aus U entsteht. Aber es gibt noch andere Flächen mit dieser Eigenschaft. Dazu betrachten wir die aus (1.9) durch die Spezialisierung $a = b = c = h_2 = c_1 = c_2 = 0$, $c_3 = 1$ entstehende Abbildung

$$(8.56) \qquad \{\bar{x} = x,\ \bar{y} = -y,\ \bar{z} = z\}.$$

Diese spezielle indirekte isotrope Ähnlichkeit ist eine Spiegelung an der isotropen Ebene $y = 0$. Ersichtlich gilt für die Vektoren $\vec{a}, \vec{b}$ bei dieser Spiegelung: $\bar{\vec{a}} \cdot \bar{\vec{b}} = \tilde{\vec{a}} \cdot \tilde{\vec{b}}$,

$\overline{\tilde{a}}^2 = \overline{\tilde{a}}^2$, $\overline{\tilde{b}}^2 = \overline{\tilde{b}}^2$, $\overline{Det}(\overline{\tilde{a}}, \overline{\tilde{b}}) = -Det(\tilde{a}, \tilde{b})$. Hiermit folgt nach (8.14), daß für die isotropen Fundamentalgrößen 1. Art bei dieser Spiegelung $\overline{E} = E$, $\overline{F} = F$ und $\overline{G} = G$ gilt, während aus (8.18) $\overline{W} = -W$ fließt. Damit ergibt sich gemäß (8.30) $\overline{L} = L$, $\overline{M} = M$, $\overline{N} = N$, d. h. auch die durch Spiegelung aus U entstandene Fläche $\overline{U}$ besitzt dieselben Fundamentalgrößen 1. und 2. Art.

2) Aus der Theorie der partiellen Differentialgleichungen benötigen wir eine Vorbereitung.

<u>Hilfssatz:</u> Gegeben sei ein totales lineares System partieller Differentialgleichungen 1. Ordnung

$$(8.57) \qquad \begin{cases} \dfrac{\partial z_j}{\partial u} = \sum_{\rho=1}^{n} f_{j\rho}(u,v)z_\rho \\[2mm] \dfrac{\partial z_j}{\partial v} = \sum_{\rho=1}^{n} g_{j\rho}(u,v)z_\rho \end{cases} \qquad (j = 1, \ldots, n)$$

für die unbekannten Funktionen $z_j = z_j(u,v)(j = 1, \ldots, n)$, wobei folgende Voraussetzungen erfüllt sind:

(a) Die Funktionen $f_{j\rho}$ und $g_{j\rho}$ $(j = 1, \ldots, n; \rho = 1, \ldots, n)$ sind in einem offenen Gebiet $G \subset \mathcal{R}^{n+2}$ definiert und von der Klasse $C^r(r \geq 1)$.

(b) Die Funktionen $f_{j\rho}$ und $g_{j\rho}$ $(j = 1, \ldots, n)$ erfüllen die n Integrabilitätsbedingungen $\frac{\partial^2 z_j}{\partial u \partial v} = \frac{\partial^2 z_j}{\partial v \partial u}$ über G.

Dann existiert zu einem System von Anfangsbedingungen $z_j(u_0, v_0) = z_j^0 (j = 1, \ldots, n)$ genau ein Lösungssystem $z_j(u,v) \in C^{r+1}$ $(j = 1, \ldots, n)$.

Ein *Beweis* dieses Hilfssatzes findet sich in [12,140]. Die Bezeichnung *totales System* rührt daher, da man mit $\frac{\partial z_j}{\partial u}$ und $\frac{\partial z_j}{\partial v}$ für $j = 1, \ldots, n$ auch die totalen Funktionen $z_j(u,v)$ $(j = 1, \ldots, n)$ kennt.

Wir sind nunmehr in der Lage, den *Fundamentalsatz* der isotropen Flächentheorie zu beweisen.

SATZ 8.8: *In einem offenen Gebiet $G \subset \mathcal{R}_2$ seien drei Funktionen $E(u,v)$, $F(u,v)$, $G(u,v)| \in C^2$, sowie drei Funktionen $L(u,v)$, $M(u,v)$, $N(u,v)| \in C^1$ gegeben, derart, daß die quadratische Form $E\,du^2 + 2F\,dudv + G\,dv^2$ in G positiv definit ist. Genügen dann diese 6 Funktionen formal dem isotropen Theorema egregium von Gauß (8.50) und den beiden Gleichungen von Codazzi-Mainardi (8.47a,b), dann gibt es bis auf isotrope Bewegungen und Spiegelungen an isotropen Ebenen eine eindeutig bestimmte zulässige C^3-Fläche mit den Flächenparametern (u,v) und den Funktionen E, F, G bzw. L, M, N als ersten bzw. zweiten Fundamentalgrößen der isotropen Flächentheorie.*

<u>*Beweis:*</u>
Das formale Erfülltsein der Integrabilitätsbdingungen von Codazzi-Mainardi sowie des Theorema egregiums ist im folgenden Sinn zu verstehen: Wir bilden aus den Funktionen E, F und G gemäß (8.40a-f) formal die Christoffelsymbole Γ_{ij}^k — wobei wir voraussetzen, daß sie in den unteren Indizes symmetrisch sind — und fordern, daß sie zusammen mit L, M und N den Bedingungen (8.48a,b) und (8.51) genügen.

(1): Mit den bekannten Funktionen $\Gamma_{ij}^k(u,v)$, $L(u,v)$, $M(u,v)$, $N(u,v)$ bilden wir das System (8.41) der Gaußschen Ableitungsgleichungen; dieses muß ja erfüllt sein, wenn es überhaupt Lösungsflächen gibt. Wir führen vorübergehend die Abkürzungen $\vec{x}_u = \{z_1(u,v), z_2(u,v), z_3(u,v)\}$, $\vec{x}_v = \{z_4(u,v), z_5(u,v), z_6(u,v)\}$, $\mathcal{N} = \{z_7 \equiv 0, z_8 \equiv 0, z_9 \equiv 1\}$ ein; hiermit kann das System (8.41) in der Gestalt (8.57) geschrieben werden, wobei man noch die trivialen Differentialgleichungen $\frac{\partial z_j}{\partial u} = 0$, $\frac{\partial z_j}{\partial v} = 0$ $(j = 7,8,9)$ hinzuzufügen hat. Für dieses System sind die Voraussetzungen des Hilfssatzes mit $r = 1$ und $n = 9$ erfüllt. Die Integrabilitätsbedingungen für die nichttrivialen Differentialgleichungen sind nämlich nach den Überlegungen in d) gerade die beiden Codazzi-Mainardi-Gleichungen und das Theorema egregium, die nach Voraussetzung formal erfüllt sind. Nach dem Hilfssatz existiert daher zu Anfangsbedingungen $z_j(u_0, v_0) = z_j^{(0)}$ $(j = 1, \ldots, 6)$, $z_7(u_0, v_0) = 0$, $z_8(u_0, v_0) = 0$, $z_9(u_0, v_0) = 1$ ein eindeutiges Lösungssystem $\{z_j(u,v)(j = 1, \ldots, 6)$, $z_7 \equiv 0$, $z_8 \equiv 0, z_9 \equiv 1\}$ der Klasse C^2 über G. Wir schreiben nun für die Funktionen z_j $(j = 1, \ldots, 6)$ folgende Anfangsbedingungen vor:

$$(8.58) \qquad \widetilde{\vec{x}}_u^2(u_0, v_0) = E(u_0, v_0), \widetilde{\vec{x}}_u(u_0, v_0) \cdot \widetilde{\vec{x}}_v(u_0, v_0) = F(u_0, v_0),$$
$$\widetilde{\vec{x}}_v^2(u_0, v_0) = G(u_0, v_0).$$

Um die Realisierung dieser Anfangsbedingungen zu untersuchen genügt es — in Abänderung obiger Bezeichnungen — Vektoren $\vec{a}(a_1, a_2)$, $\vec{b} = (b_1, b_2)$, so zu bestimmen, daß das Gleichungssystem

$$(8.59) \qquad a_1^2 + a_2^2 = E, \quad a_1 b_1 + a_2 b_2 = F, \quad b_1^2 + b_2^2 = G$$

erfüllt ist. Wegen $E > 0$ kann zunächst (a_1, a_2) geeignet gewählt werden. Bei festem (a_1, a_2) lautet dann die allgemeine Lösung von (8.59)

$$(8.60) \qquad b_1 = \frac{1}{E}(a_1 F \mp a_2 \sqrt{EG - F^2})$$
$$b_2 = \frac{1}{E}(a_2 F \pm a_1 \sqrt{EG - F^2}),$$

die wegen $EG - F^2 > 0$ (infolge der positiven Definitheit von $Edu^2 + 2Fdudv + Gdv^2$) sicher reell ist. Die beiden Lösungsvektoren $\vec{b}$ und $\vec{b}^*$, die sich bei festem $\vec{a}$ aus (8.60) ergeben, liegen spiegelbildlich zu $\vec{a}$. Überdies sind die Vektoren $\{\vec{a}, \vec{b}\}$ bzw. $\{\vec{a}, \vec{b}^*\}$ stets l. u; es gilt nämlich $Det(\vec{a}, \vec{b}) = \sqrt{EG - F^2} > 0$ bzw. $Det(\vec{a}, \vec{b}^*) = -\sqrt{EG - F^2} < 0$.

(2): Wir zeigen nun, daß die Anfangsbedingungen (8.58), die in (u_0, v_0) vorgeschrieben wurden, für die Vektoren $\widetilde{\vec{x}}_u$ und $\widetilde{\vec{x}}_v$ in ganz G erfüllt sind; überdies zeigen wir, daß $sgn\, Det(\widetilde{\vec{x}}_u, \widetilde{\vec{x}}_v)$ in G konstant ist. Hierzu bilden wir aus den Lösungen $\vec{x}_u =: \vec{x}_1$ und $\vec{x}_v =: \vec{x}_2$ die C^2-Funktionen $\varphi_{ij} := \widetilde{\vec{x}}_i \cdot \widetilde{\vec{x}}_j$ und berechnen gemäß (8.45): $\varphi_{ij,k} = (\widetilde{\vec{x}}_{ik} \cdot \widetilde{\vec{x}}_j) + (\widetilde{\vec{x}}_i \cdot \widetilde{\vec{x}}_{jk}) = \sum_{\rho=1}^{2} \Gamma_{ik}^\rho (\widetilde{\vec{x}}_\rho \cdot \widetilde{\vec{x}}_j) + \sum_{\rho=1}^{2} \Gamma_{jk}^\rho (\widetilde{\vec{x}}_\rho \cdot \widetilde{\vec{x}}_i) = \sum_{\rho=1}^{2} \Gamma_{ik}^\rho \varphi_{j\rho} + \sum_{\rho=1}^{2} \Gamma_{jk}^\rho \varphi_{i\rho}$. Die entstandenen Gleichungen

$$(8.61) \qquad \varphi_{ij,k} = \sum_{\rho=1}^{2} (\Gamma_{ik}^{\rho} \varphi_{j\rho} + \Gamma_{jk}^{\rho} \varphi_{i\rho})$$

bilden ein System totaler partieller Differentialgleichungen der Gestalt (8.57) für die Funktionen $\varphi_{ij}(u,v)$. Für dieses System sind die Voraussetzungen des Hilfssatzes mit $r = 1$ erfüllt, denn die Funktionen φ_{ij} sind C^2-Lösungen dieses Systems, was das Erfülltsein der Integrabilitätsbedingungen nach sich zieht. Somit gibt es zu den Anfangsbedingungen $\varphi_{11}(u_0, v_0) = E(u_0, v_0)$, $\varphi_{12}(u_0, v_0) = F(u_0, v_0)$, $\varphi_{22}(u_0, v_0) = G(u_0, v_0)$ eindeutig bestimmte Lösungsfunktionen $\varphi_{11}(u,v)$, $\varphi_{12}(u,v)$ und $\varphi_{22}(u,v)$. Wir zeigen, daß dies gerade die Funktionen $\varphi_{11}(u,v) = E(u,v)$, $\varphi_{12}(u,v) = F(u,v)$, $\varphi_{22}(u,v) = G(u,v)$ sind. Die Funktionen E, F, G erfüllen nämlich die Anfangsbedingungen, und sind auch Lösungen von (8.61), wie man unter Beachtung von (8.40a-f) direkt nachrechnet; so gilt z. B. für $i = j = k = 1$: $E_{,1} = E_u = \sum_{\rho=1}^{2}(\Gamma_{11}^{\rho} \varphi_{1\rho} + \Gamma_{11}^{\rho} \varphi_{1\rho}) = 2(\Gamma_{11}^{1} E + \Gamma_{11}^{2} F)$, was nach (8.40a,b) erfüllt ist.

Gemäß der Eindeutigkeitsaussage des Hilfssatzes ist somit gezeigt, daß $\widetilde{\vec{x}}_u^2 = \varphi_{11} = E$, $\widetilde{\vec{x}}_u \widetilde{\vec{x}}_v = \varphi_{12} = F$, $\widetilde{\vec{x}}_v^2 = \varphi_{22} = G$ im ganzen Gebiet G gilt. Gilt an der Stelle (u_0, v_0), daß $Det(\widetilde{\vec{x}}_u, \widetilde{\vec{x}}_v) > 0$ ist, so folgt aus der Stetigkeit der Funktion $Det(\widetilde{\vec{x}}_u, \widetilde{\vec{x}}_v)$ und der Bedingung $Det(\widetilde{\vec{x}}_u, \widetilde{\vec{x}}_v) \neq 0$, daß in G stets $Det(\widetilde{\vec{x}}_u, \widetilde{\vec{x}}_v) > 0$ ist; analog ist die Überlegung für $Det(\widetilde{\vec{x}}_u, \widetilde{\vec{x}}_v) < 0$.

(3): Wir haben bisher eine Dreibeinmannigfaltigkeit $\vec{x}_u(u,v)$, $\vec{x}_v(u,v)$, $\mathcal{N} \equiv (0,0,1)$ der Klasse C^2 konstruiert, die identisch im Gebiet G die Bedingungen (8.58) erfüllt. Zur Bestimmung der Darstellung $\vec{x}(u,v)$ von U bleibt nur mehr die Integration des Vektordifferentials $d\vec{x} = \vec{x}_u\, du + \vec{x}_v\, dv$. Dieses ist ein vollständiges Differential, denn wegen der Symmetrie der Γ_{jk}^{ρ} in den unteren Indizes und wegen $l_{jk} = l_{kj}$ gilt nach (8.45): $\vec{x}_{uv} = \sum_{\rho=1}^{2} \Gamma_{12}^{\rho} \vec{x}_\rho + l_{12}\mathcal{N} = \sum_{\rho=1}^{2} \Gamma_{21}^{\rho} \vec{x}_\rho + l_{21}\mathcal{N} = \vec{x}_{vu}$. Damit hat man alle Lösungsflächen $\vec{x}(u,v) \in C^3$ gefunden.

(4): Es bleibt zu überlegen, daß diese Lösungsflächen die angegebenen Eigenschaften besitzen. Wegen $Det(\widetilde{\vec{x}}_u, \widetilde{\vec{x}}_v) \neq 0$ sind sie jedenfalls zulässig und nach einer Überlegung in 2) gilt $\widetilde{\vec{x}}_u^2 = E$, $\widetilde{\vec{x}}_u \cdot \widetilde{\vec{x}}_v = F$, $\widetilde{\vec{x}}_v^2 = G$. Bezeichnet man die Koeffizienten der zweiten Grundform von U mit $\widehat{L}, \widehat{M}, \widehat{N}$, so findet man nach (8.30) und (8.41): $\widehat{L} = \dfrac{Det(\vec{x}_u, \vec{x}_v, L\mathcal{N})}{Det(\widetilde{\vec{x}}_u, \widetilde{\vec{x}}_v)} = L$, $\widehat{M} = M$ und $\widehat{N} = N$.

(5): Bezüglich der Eindeutigkeitsaussage des Satzes ist zu beachten, daß die Wahl des Vektorpaares $\{\vec{x}_u, \vec{x}_v\}$ mit entweder $Det(\widetilde{\vec{x}}_u, \widetilde{\vec{x}}_v) > 0$ oder $Det(\widetilde{\vec{x}}_u, \widetilde{\vec{x}}_v) < 0$ zu zwei Möglichkeiten Anlaß gibt: Lösungsflächen, die zu Anfangsdreibeinen mit demselben Vorzeichen von $Det(\widetilde{\vec{x}}_u, \widetilde{\vec{x}}_v)$ gehören, lassen sich durch eine Bewegung der Gruppe $\mathcal{B}_6^{(1)}$ ineinander überführen, während Lösungsflächen, die zu Anfangsdreibeinen mit verschiedenen Vorzeichen von $Det(\widetilde{\vec{x}}_u, \widetilde{\vec{x}}_v)$ gehören, nur durch eine isotrope Bewegung und eine anschließende Spiegelung an einer isotropen Ebene ineinander übergeführt werden können; dies gilt nämlich für die punktal gewählten Dreibeine und nach 2) somit global.

<u>Bemerkungen:</u>

1) Im Gegensatz zum Fundamentalsatz der isotropen Kurventheorie wird durch den Fundamentalsatz der isotropen Flächentheorie das Problem der *natürlichen Gleichungen* einer Fläche nicht gelöst; die Größen E, F, G und L, M, N sind ja nicht parameterinvariant, also keine geometrischen Größen der Fläche. Verschiedene Funktionen E, F, G, L, M, N können dieselbe Fläche liefern, allerdings mit einer anderen Parametrisierung.

2) Die isotrope Flächentheorie im obigen Sinne wurde von K. STRUBECKER in [209] und [210] entwickelt. Wir werden im Anschluß an diese formale Theorie in §9 *spezielle Fragestellungen der isotropen Flächentheorie* behandeln und in §10 – §13 *spezielle Flächenklassen* untersuchen.

§9 Spezielle Untersuchungen an Flächen des einfach isotropen Raumes.

Dieser Abschnitt ist *speziellen Fragestellungen der Flächentheorie* des einfach isotropen Raumes $I_3^{(1)}$ gewidmet. So werden u. a. die Krümmungstheorie, die Theorie der dritten und vierten Grundform, sowie die Theorie der Krümmungslinien und der geodätischen Linien entwickelt. Wir folgen hierbei den inhaltsreichen Arbeiten [209] – [212] von K. STRUBECKER.

a) <u>Krümmungstheorie:</u>

Es sei U eine zulässige C^r-Fläche ($r \geq 2$) des $I_3^{(1)}$ und $P_0 \in U$ ein fester Punkt. Die *Krümmungstheorie* beschäftigt sich mit der Untersuchung der isotropen Krümmung κ (vgl. (6.16)) bzw. der Ersatzkrümmung κ^* von Flächenkurven der Klasse C^2, die durch P_0 laufen. Hierbei kommt dem Begriff der Normalkrümmung, der in §8 eingeführt wurde, eine zentrale Bedeutung zu. Dieser Begriff wurde in §8 allerdings nur für zulässige C^2-Kurven eingeführt. Wir fassen den Begriff zusammen in der

Definition 9.1: Ist $\vec{x}(s)$ eine auf ihre isotrope Bogenlänge s bezogene zulässige C^r-Kurve ($r \geq 2$) auf einer zulässigen C^r-Fläche ($r \geq 2$), dann heißt die Komponente von $\vec{x}''$ in Richtung des Normalenvektors $\mathcal{N}(0,0,1)$ die *Normalkrümmung κ_n* von $\vec{x}(s)$.

Da diese Normalkrümmung gemäß Satz 8.6 für alle durch P_0 in der Richtung $(du : dv)$ verlaufenden, zulässigen C^r-Kurven ($r \geq 2$) dieselbe ist, spricht man auch von der *Normalkrümmung zum Linienelement* $(P_0, du : dv)$.

Schwächt man Definition 9.1 ab, indem man auf die Zulässigkeit der betrachteten Flächenkurven teilweise verzichtet, so gelangt man zu einer Eweiterung des Begriffes, wie folgt:

Es sei c_n die Schnittkurve von U mit einer isotropen Ebene η durch P_0; man kann zeigen (vgl. [27,141]), daß c_n lokal eine einfache C^r-Kurve ($r \geq 2$) ist, falls U als reguläre C^r-Fläche ($r \geq 2$) vorausgesetzt wird. Da η den Normalenvektor $\mathcal{N}$ enthält, bezeichnen wir derartige Schnitte als *Normalschnitte* von U. Nach [180,(7.27)] gilt nun $\vec{x}'' = \vec{t}' = \kappa^* \vec{b} =: \kappa_n \mathcal{N}$, woraus $\kappa^* =: \kappa_n$ folgt. Weiter ergibt sich $Det(\vec{x}', \vec{x}'', \vec{s}) = = Det(\vec{t}, \kappa^* \vec{b}, \vec{s}) = \kappa^* Det(\vec{t}, \vec{b}, \vec{s}) = -\kappa^*$. Die Berechnung von κ^* geschieht wie in §8 und man findet schließlich

$$(9.1) \qquad \kappa^* = \frac{L\, du^2 + 2M\, du\, dv + N\, dv^2}{E\, du^2 + 2F\, du\, dv + G\, dv^2} =: \frac{1}{R}.$$

Die Größe $R = \frac{1}{\kappa^*}$ existiert nur, falls c_n in P_0 keinen Wendepunkt besitzt ($\kappa^* \neq 0$), und wird als *Normalkrümmungsradius* bezeichnet. Ein Vergleich von (9.1) mit (8.33) liefert somit die folgende Deutung der Normalkrümmung:

SATZ 9.1: *Die Normalkrümmung κ_n einer zulässigen C^r-Kurve ($r \geq 2$) im Linienelement $(P_0, du : dv)$ stimmt überein mit der Ersatzkrümmung des Normalschnittes in der Richtung $(du : dv)$.*

Die voranstehenden Überlegungen gelten auch, falls eine einfache C^r-Kurve ($r \geq 2$) in P_0 eine isotrope Schmiegebene besitzt. Nun bezeichne σ die Schmiegebene einer zulässigen C^r-Kurve c ($r \geq 2$) in P_0 und ϵ die Tangentialebene von U in P_0. Die Vektoren $\vec{n} \in \sigma$ und $\vec{s} \in \epsilon$ sind nichtisotrope Einheitsvektoren und schließen miteinander einen Winkel $\vartheta := \sphericalangle(\vec{s}, \vec{n})$ ein (vgl. Abbildung 8). Da die Vektoren $\vec{s}$ und $\vec{n}$ in der isotropen Normalebene auf die Kurventangente t in P_0 liegen, stimmt der Betrag von ϑ — nach einer Überlegung aus §1 — mit dem isotropen Winkel zwischen σ und ϵ überein. Mit dem vollisotropen Einheitsvektor $\mathcal{N} = (0,0,1) = \vec{b}$ gilt $\vec{s} + \vartheta \mathcal{N} = \vec{n}$, d. h.

$$(9.2) \qquad \vec{s} = \vec{n} - \vartheta \mathcal{N} = \vec{n} - \vartheta \vec{b},$$

und hieraus folgt: $\vec{s} = \frac{1}{\kappa} \vec{x}'' - \vartheta \mathcal{N} \Rightarrow \vartheta \kappa \mathcal{N} = \vec{x}'' - \kappa \vec{s} = \kappa \vec{s} + \kappa_n \mathcal{N} - \kappa \vec{s} = \kappa_n \mathcal{N}$ gemäß (8.28). Aus dieser Beziehung folgt $\vartheta \kappa = \kappa_n$ und somit nach (8.33)

$$(9.3) \qquad \vartheta \kappa = \kappa_n = \frac{L\, du^2 + 2M\, du\, dv + N\, dv^2}{E\, du^2 + 2F\, du\, dv + G\, dv^2}.$$

Die Formel (9.3) nimmt eine zentrale Rolle bei der Beschreibung der Krümmung von Flächenkurven ein; sie ist ein isotropes Analogon zu einer bekannten Formel (vgl. [228,21]) der euklidischen Krümmungstheorie. Wir studieren nun die Krümmungstheorie in einer Reihe von Überlegungen. Eine Ausnahmestellung bei diesen Untersuchungen spielen dabei stets die *Schmiegtangenten*, d. h. jene Linienelemente $(P, du : dv)$ für die $L\, du^2 + 2M\, du\, dv + N\, dv^2 = 0$ gilt. Nach (9.1) gilt für einen Normalschnitt durch eine Schmiegtangente $\kappa^* = 0$, d. h., c_n besitzt in P_0 einen Wendepunkt. Ist c eine zulässige C^r-Kurve ($r \geq 2$) mit Schmiegtangentenrichtung in P_0, so folgt aus (9.3) $\vartheta \kappa = 0$, d. h. $\vartheta = 0$ wegen $\kappa \neq 0$. Dies bedeutet, daß die Tangentialebene ϵ mit der Schmiegebene σ zusammenfällt. Wir fassen zusammen und beweisen ergänzend den

SATZ 9.2: *Eine einfache C^r-Flächenkurve ($r \geq 2$) durch P_0, die in P_0 eine Schmiegtangente berührt, besitzt entweder in P_0 einen Wendepunkt oder ihre Schmiegebene in P_0 stimmt mit der Tangentialebene der zulässigen C^r-Fläche $U (r \geq 2)$ in P_0 überein.*

Alle zulässigen C^r-Kurven $(r \geq 2)$, die in P_0 dieselbe Schmiegebene σ besitzen, haben in P_0 die gleiche Krümmung κ; diese Krümmung stimmt insbesondere überein mit der Krümmung der ebenen Schnittkurve $\sigma \cap U$ in P_0.

<u>Beweis:</u>
Es bleibt nur mehr die zweite Aussage zu überlegen. Da in (9.3) die Größen ϑ, $(du :$ $: dv)$, sowie $E, \ldots, N$ in P_0 festliegen, ist damit κ eindeutig bestimmt, unabhängig von c. Da $(du : dv)$ in P_0 keine Schmiegrichtung ist, so ist die Tangentialebene ϵ in P_0 von der Schmiegebene σ verschieden. Man kann zeigen (vgl. [27,141]), daß wegen $\sigma \neq \epsilon$ die Kurve $U \cap \sigma =: c_s$ lokal eine einfache C^r-Kurve $(r \geq 2)$ ist. Diese besitzt auch in P_0 keinen Wendepunkt, denn sonst wäre für sie $\vec{x}'' = \vec{o} = 0 \cdot \mathcal{N}$, d. h. $\kappa_n = 0$ und damit wäre $(du : dv)$ eine Schmiegrichtung. Da σ nichtisotrop ist, ist c_s lokal eine zulässige C^r-Kurve. Für diese ist κ somit ebenfalls nach (9.3) bestimmt.

$\Diamond$

<u>Abbildung 9:</u>

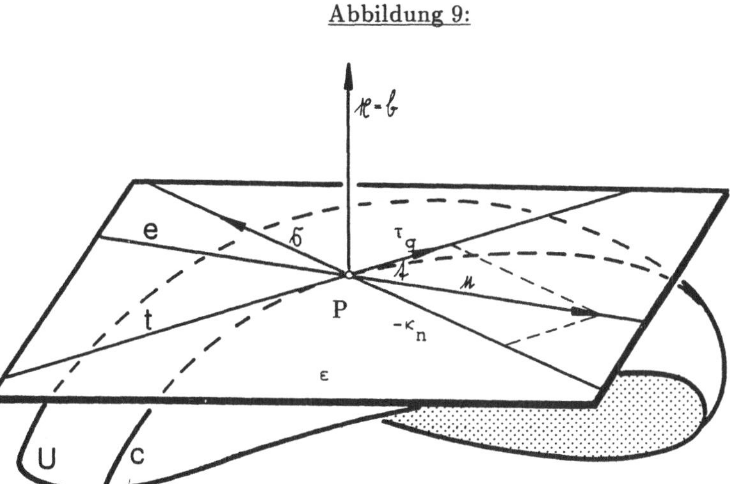

Wir betrachten jetzt alle Flächenkurven durch ein festes Linienelement $(P, du : dv)$ und untersuchen, wo ihre isotropen Krümmungskreise liegen; hierbei setzen wir voraus, daß $(du : dv)$ keine Schmiegtangente sei. Zur Vereinfachung der Untersuchung wählen wir das zugrundegelegte Koordinatensystem so, daß P der Koordinatenursprung wird, und daß die Achsen $\{x, y, z\}$ der Reihe nach die Richtung von $\vec{t}$, $\vec{s}$ und $\vec{b}$ erhalten (vgl. Abb. 9); dies kann durch eine isotrope Bewegung stets erreicht werden. Für eine Kurve mit nichtisotroper Schmiegebene σ in P, besitzt σ in diesem Koordinatensystem die Gleichung $z = \vartheta y$. Der Grundriß $\tilde{k}$ des zugehörigen Krümmungskreises k in der Ebene $z = 0$ hat die Gleichung $x^2 + (y - \frac{1}{\kappa})^2 = \frac{1}{\kappa^2}$, also $x^2 + y^2 - \frac{2}{\kappa}y = 0$, wobei κ die Krümmung der betrachteten Flächenkurve in P bezeichnet. Nach (9.3) gilt $\kappa = \frac{1}{\vartheta}\kappa_n$ und wir erhalten die Krümmungskreise aller zulässigen Flächenkurven zu $(P, du : dv)$ in der Form

$$(9.4) \qquad \left\{ x^2 + y^2 - \frac{2\vartheta}{\kappa_n}y = 0, \quad z = \vartheta y \right\}.$$

Wird aus (9.4) ϑ eliminiert, so gewinnt man die Sphäre vom parabolischen Typ

$$(9.5) \qquad z = \frac{\kappa_n}{2}(x^2 + y^2),$$

die wir als *MEUSNIER-Sphäre* $\sum_M$ bezeichnen wollen. Diese Sphäre hat den Radius $\frac{\kappa_n}{2}$, womit eine neue Deutung der Normalkrümmung κ_n gefunden worden ist. Der Krümmungskreis des Normalschnittes in der Richtung $(du : dv)$ besitzt die Darstellung $\{y = 0, z = \frac{1}{2}\kappa^* x^2\}$ und gehört damit ebenfalls $\sum_M$ an, denn nach (9.1) und (9.3) gilt $\kappa_n = \kappa^*$. Mit dem Normalkrümmungsradius $R = \frac{1}{\kappa_n} = \frac{1}{\kappa^*}$ und dem Krümmungsradius $r = \frac{1}{\kappa}$ folgt aus (9.3) noch als *isotropes Analogon zu Formel von MEUSNIER* (vgl. [228,21])

$$(9.6) \qquad r = \vartheta R.$$

Wir fassen zusammen im

SATZ 9.3: *Die isotropen Krümmungskreise aller Flächenkurven durch ein festes Linienelement $(P, du : dv)$, wobei $(du : dv)$ keine Schmiegtangente ist, liegen auf einer festen Sphäre $\sum_M$, der MEUSNIER-Sphäre zum Linienelement $(P, du : dv)$. $\sum_M$ berührt die Fläche in P und besitzt die halbe Normalkrümmung zum Linienelement $(P, du : dv)$ als Radius. Zwischen dem Krümmungsradius r einer beliebigen Flächenkurve c durch $(P, du : dv)$ und dem Krümmungsradius R des zugehörigen Normalschnittes besteht die MEUSNIER-Formel (9.6), in der ϑ den Winkel bedeutet, den die Schmiegebene σ der betrachteten Kurve c mit der Tangentialebene ϵ der Fäche in P bildet.*

Nach den bisherigen Überlegungen beherrschen wir das Krümmungsverhalten aller Flächenkurven durch ein festes Linienelement $(P, du : dv)$, wobei die Invariante κ_n diese Krümmungstheorie beschreibt. Will man die Krümmungsverhältnisse in einer Umgebung von P kennenlernen, so hat man κ_n für alle Richtungen $(du : dv)$ durch P zu studieren. Mit $\frac{du}{dv} = \lambda$ schreiben wir dazu (9.1) bzw. (9.3) in der Form

$$(9.7) \qquad \kappa_n(\lambda) = \kappa^*(\lambda) = \frac{L\lambda^2 + 2M\lambda + N}{E\lambda^2 + 2F\lambda + G} =: f(\lambda),$$

und untersuchen die Funktion $f(\lambda)$ zunächst auf relative Extrema. Aus $f'(\lambda) = 0$ folgt als notwendige Bedingung für ein Extremum

$$(9.8) \qquad (EM - FL)\lambda^2 + (EN - GL)\lambda + (FN - GM) = 0.$$

Diese quadratische Gleichung besitzt im algebraischen Sinn genau 2 Lösungen für λ, falls nicht alle Koeffizienten in (9.8) verschwinden. Wir bezeichnen diese Lösungen λ_1, λ_2 als *Hauptkrümmungsrichtungen*, und haben natürlich noch zu zeigen, daß in diesen Richtungen tatsächlich relative Extrema vorliegen. Betrachten wir jedoch vorerst den Ausnahmefall, daß

(9.9) $$EM = FL, \quad EN = GL, \quad FN = GM$$

gilt. Ist in (9.9) $L = 0$, so folgt $M = N = 0$ wegen $E \neq 0$. Gilt hingegen $L \neq 0$, so findet man

(9.10) $$L : M : N = E : F : G.$$

Wir geben die

Definition 9.2: Ein Punkt P einer zulässigen C^r-Fläche ($r \geq 2$), in dem $L = M = N = 0$ gilt heißt ein *Flachpunkt*. Der Punkt P heißt ein *Nabelpunkt*, wenn (9.10) gilt.

Um diese beiden Sonderfälle fortan ausschließen zu können, beweisen wir den

SATZ 9.4: *Die einzigen zulässigen C^2-Flächen des $I_3^{(1)}$, die aus lauter Flachpunkten bestehen, sind die nichtisotropen Ebenen. Die einzigen zulässigen C^2-Flächen des $I_3^{(1)}$, die aus lauter Nabelpunkten bestehen, sind die Sphären vom parabolischen Typ.*

Beweis:
Man kann o.B.d.A. den Beweis an der Normaldarstellung $z = f(x,y)$ führen und die Formeln (8.36) heranziehen.

(1): Für eine Fläche U aus lauter Flachpunkten gilt dann $z_{xx} = 0$, $z_{xy} = 0$, $z_{yy} = 0$. Aus der ersten Differentialgleichung folgt $z(x,y) = A(y)x + B(y)$ mit Funktionen $A(y)$ und $B(y)$. Die zweite Differentialgleichung liefert $\frac{d}{dy}A = 0$, also $A =: u_0 = konst.$. Mit $z = u_0 x + B(y)$ ergibt schließlich die dritte Differentialgleichung $\frac{d^2}{dy^2}B(y) = 0$, also $B(y) = v_0 y + w_0$. Damit sind die einzigen Lösungsflächen die nichtisotropen Ebenen $z = u_0 x + v_0 y + w_0$.

(2): Aus (8.36) und (9.10) ergeben sich für Flächen, die nur aus Nabelpunkten bestehen, die zwei partiellen Differentialgleichungen $z_{xy} = 0$, $z_{xx} = z_{yy}$. Die erste dieser Gleichungen hat die Lösung $z(x,y) = f(x) + g(y)$ mit beliebigen Funktionen $f(x)$ und $g(y)$. Bezeichnen Striche Ableitungen nach der entsprechenden unabhängigen Veränderlichen, so liefert die zweite Differentialgleichungen $f''(x) = g''(y)$. Da hierbei rechts eine Funktion in y und links eine Funktion in x auftritt, muß zwingend $f'' = g'' = c = konst.$ gelten. Durch Integration erhält man $f(x) = \frac{c}{2}x^2 + c_1 x + c_2$, $g(y) = \frac{c}{2}y^2 + d_1 y + d_2$ mit Integrationskonstanten c_1, c_2, d_1 und d_2. Damit lauten die Lösungsflächen $z(x,y) = \frac{c}{2}(x^2 + y^2) + c_1 x + d_1 y + c_2 + d_2$, die wegen $c \neq 0$ parabolische Sphären sind. Für $c = 0$ folgt nämlich $L = z_{xx} = 0$, was für Nabelpunkte unmöglich ist.

$\Diamond$

Wir setzen nun unsere Untersuchungen über die Hauptkrümmungsrichtungen fort und ziehen dazu aus (9.8) verschiedene

<u>Folgerungen:</u>

1) Jede Richtung durch einen Flach- oder Nabelpunkt ist eine Hauptkrümmungsrichtung. Es sei i. f. der betrachtete Flächenpunkt P weder Flachpunkt noch Nabelpunkt.

2) Die beiden durch (9.8) festgelegten Hauptkrümmungsrichtungen sind stets reell.

<u>*Beweis:*</u>

Wir führen vorübergehend die Abkürzungen $a := EM - FL, b := EN - GL, c := FN - GM$ ein; dann lautet (9.8) $a\lambda^2 + b\lambda + c = 0 (*)$. Gilt in dieser Gleichung $a = c = 0$, dann liegt ein Nabel- oder Flachpunkt vor, was wir ausschließen. Man kann daher o.B.d.A. $a \neq 0$ voraussetzen, denn andernfalls ist $c \neq 0$ und man führt den Beweis analog, indem man $\lambda = \frac{1}{\mu}$ setzt, womit obige quadratische Gleichung die Form $c\mu^2 + b\mu = 0$ mit $c \neq 0$ annimmt. Die Gleichung (*) hat jedenfalls Lösungen λ_1, λ_2 über C, für die gilt $\lambda_1 + \lambda_2 = -\frac{b}{a}$, $\lambda_1\lambda_2 = \frac{c}{a}$. Da a und b reell sind, ist $\lambda_1 + \lambda_2$ reell. Wir bilden nun die Größen $A_1 := E\lambda_1 + F$ und $A_2 := E\lambda_2 + F$ und zeigen, daß A_1 und A_2 reell sind, — dann ist damit auch gezeigt, daß λ_1 und λ_2 reell sind. Sicher ist $A_1 + A_2 = E(\lambda_1 + \lambda_2) + 2F$ reell. Nun bilden wir $A_1 \cdot A_2 = E^2\lambda_1\lambda_2 + EF(\lambda_1 + \lambda_2) + F^2 = E^2\lambda_1\lambda_2 + EF(\lambda_1 + \lambda_2) + EG - W^2$, wegen $W^2 = EG - F^2$. Mit $B := E\lambda_1\lambda_2 + F(\lambda_1 + \lambda_2) + G$ folgt $A_1 \cdot A_2 = EB - W^2$, wobei man für B findet: $B = E\frac{c}{a} - F\frac{b}{a} + G \Rightarrow Ba = Ec - Fb + Ga = E(FN - GM) - F(EN - GL) + G(EM - FL) = 0 \Rightarrow B = 0$ wegen $a \neq 0$. Wir haben daher insgesamt gesehen, daß $A_1 \cdot A_2 = -W^2 < 0$ gilt, während $A_1 + A_2$ reell ist. Daraus folgert man, daß A_1 und A_2 reell sind, denn aus $A_1 = a_1 + ib_1$ und $A_2 = a_2 + ib_2$ folgt $b_1 = -b_2$ und damit $A_1 \cdot A_2 = a_1a_2 + b_1^2 + i(-a_1b_1 + a_2b_1) < 0$ was $a_1b_1 = a_2b_1$ und $a_1a_2 + b_1^2 < 0$ nach sich zieht. Ist $b_1 = 0$, so folgt $b_2 = 0$ und es ist alles bewiesen; gilt $b_1 \neq 0$, dann erhält man $a_1 = a_2$ und damit $a_1^2 + b_1^2 < 0$, was unmöglich ist.

$\Diamond$

3) Die Hauptkrümmungsrichtungen λ_1, λ_2 sind zueinander im isotropen Sinn orthogonal.

<u>*Beweis:*</u>

Nach 2) ist $B = 0$, d. h. $E\lambda_1\lambda_2 + F(\lambda_1 + \lambda_2) + G = 0$. Setzt man wieder $\lambda_1 = \frac{du}{dv}$, $\lambda_2 = \frac{\delta u}{\delta v}$, so folgt $E\, du\, \delta u + F(du\, \delta v + dv\, \delta u) + G\, dv\delta v = 0$ und dies ist nach (8.24a) die Bedingung dafür, daß die Richtungen $(du : dv)$ und $(\delta u : \delta v)$ zueinander orthogonal sind.

$\Diamond$

4) Wir betrachten jetzt eine Fläche U in der Normaldarstellung $z = z(x, y)$. Nach (8.36) und (9.8) folgt dann mit $\lambda = \frac{du}{dv} = \frac{dx}{dy}$ für die Hauptkrümmungsrichtungen $(\frac{dx}{dy})^2 s + (t - r)(\frac{dx}{dy}) - s = 0$, d. h.

$$(9.11) \qquad z_{xy}dx^2 - (z_{xx} - z_{yy})dx\, dy - z_{xy}dy^2 = 0 \quad \text{bzw.}$$
$$s\, dx^2 - (r - t)dx\, dy - s\, dy^2 = 0.$$

5) Wir gehen nun vom Urkoordinatensystem zu einem neuen Koordinatensystem über, dessen Ursprung im Flächenpunkt P liegt und dessen x- bzw. y-Achse in die Hauptkrümmungsrichtungen fällt; die z-Achse zeige in die vollisotrope Richtung. Dieser

Übergang läßt sich durch eine einfach isotrope Bewegung ausführen. Nach (9.11) ist $x = 0$ und $y = 0$ genau dann Hauptkrümmungsrichtung, wenn $s(P) = 0$ gilt. Hiermit vereinfacht sich (8.36) zu

$$(9.12) \qquad \kappa_n = \frac{r\ dx^2 + t\ dy^2}{dx^2 + dy^2}.$$

Die Normalkrümmung κ_n in einer Hauptkrümmungsrichtung bezeichnen wir als *Hauptkrümmung* und unterscheiden demnach eine *erste Hauptkrümmung* κ_1 (in x-Richtung) und eine *zweite Hauptkrümmung* κ_2 (in y-Richtung). Die Reziprokwerte $R_i = \frac{1}{\kappa_i}(i = 1,2)$ sollen *Hauptkrümmungsradien* heißen. Ersichtlich ist $\kappa_1 = r$, $\kappa_2 = t$. Hiermit kann (9.12) in der Form $\kappa_n = \kappa_1 \frac{dx^2}{dx^2+dy^2} + \kappa_2 \frac{dy^2}{dx^2+dy^2}$ geschrieben werden. Bezeichnet φ den Winkel, den eine beliebige Richtung $(dx : dy)$ durch P mit der ersten Hauptkrümmungsrichtung bildet, dann gilt $\tan\varphi = \frac{dy}{dx}$, d. h. $\cos^2\varphi = \frac{dx^2}{dx^2+dy^2}$, $\sin^2\varphi = \frac{dy^2}{dx^2+dy^2}$, und aus obigem folgt als *isotropes Analogon* zur berühmten *Formel von L. EULER* ([228,40])

$$(9.13) \qquad \kappa_n = \kappa_1\ \cos^2\varphi + \kappa_2\ \sin^2\varphi.$$

Für $\kappa_1, \kappa_2, \kappa_n \neq 0$ kann man (9.13) auch in der Form

$$(9.14) \qquad \frac{1}{R} = \frac{1}{R_1}\ \cos^2\varphi + \frac{1}{R_2}\ \sin^2\varphi$$

schreiben.

6) Wir zeigen abschließend, daß in den Hauptkrümmungsrichtungen eines Punktes P, der weder Flach- noch Nabelpunkt ist, tatsächlich Extrema der Normalkrümmungen vorliegen. Aus (9.13) folgt durch Differentiation $\frac{d}{d\varphi}\kappa_n = -2\kappa_1\ \cos\varphi\ \sin\varphi + 2\kappa_2\ \sin\varphi\ \cos\varphi = (\kappa_2 - \kappa_1)\sin 2\varphi$, $\frac{d^2}{d\varphi^2}\kappa_n = 2(\kappa_2 - \kappa_1)\ \cos 2\varphi$. Es ist $\kappa_2 \neq \kappa_1$, sonst würde ein Flach- bzw. Nabelpunkt vorliegen, denn nach (9.13) wäre dann κ_n unabhängig von der Richtung. Somit folgt für die Hauptkrümmungsrichtungen $\varphi = 0$ und $\varphi = \frac{\pi}{2} : \ddot\kappa_n(0) = 2(\kappa_2 - \kappa_1) \neq 0$ und $\ddot\kappa_n(\frac{\pi}{2}) = -2(\kappa_2 - \kappa_1) \neq 0$, womit gezeigt ist, daß in der einen Richtung ein Minimum und in der anderen Richtung ein Maximum vorliegt. Wir fassen zusammen im

SATZ 9.5: *In jedem Punkt P einer zulässigen C^r-Fläche $(r \geq 2)$ des $I_3^{(1)}$, der weder Flach- noch Nabelpunkt ist, existieren genau zwei zueinander orthogonale Hauptkrümmungsrichtungen, in denen die Normalkrümmung Extremwerte κ_1, κ_2 annimmt. Diese Hauptkrümmungen sind mit der Normalkrümmung κ_n einer beliebigen, durch P verlaufenden Flächenkurve durch die Formel von L. EULER verknüpft, wobei in (9.13) bzw. (9.14) φ den Winkel dieser Flächenkurve gegen die erste Hauptkrümmungsrichtung bezeichnet.*

Wir gehen jetzt daran, eine Formel für die direkte Berechnung von κ_1 und κ_2 herzuleiten. Zweckmäßig ist die Vorwegnahme der

Definition 9.3: Ist P ein Punkt einer zulässigen C^r-Fläche ($r \geq 2$) des $I_3^{(1)}$ mit den Hauptkrümmungen κ_1, κ_2, dann nennt man die Größen

$$(9.15a,b) \qquad K = \kappa_1 \kappa_2, \quad H = \frac{1}{2}(\kappa_1 + \kappa_2)$$

die *Relativkrümmung* und die *isotrope mittlere Krümmung*.

<u>Folgerungen:</u>

1) Obige Definition ist zunächst nur für Punkte sinnvoll, die weder Flach- noch Nabelpunkte sind. Man kann jedoch (9.15a,b) formal auch für solche Punkte bilden.

2) Die Ausdrücke K und H sind geometrische Größen, denn nach (9.5) erweist sich κ_n als geometrische Größe und damit sind auch die Extremwerte κ_1 und κ_2 als geometrische Größen erkannt. Hieraus folgt aber nach (9.15a,b), daß auch K und H geometrische Größen sind.

3) Zur Berechnung von κ_1 und κ_2 gehen wir von (9.7) aus und schreiben diese Gleichung in der Form $(E\kappa_n - L)\lambda^2 + 2(F\kappa_n - M)\lambda + (G\kappa_n - N) = 0(*)$. Ist κ_n vorgegeben, so existieren dazu i. a. zwei Richtungen λ_1, λ_2, in denen κ_n angenommen wird. Da die Hauptkrümmungen aber relative Extrema sind, müssen für diese die Lösungen λ_1 und λ_2 von (*) zusammenfallen, d. h. die Diskriminante dieser quadratischen Gleichung muß verschwinden. Man erhält $(F\kappa_n - M)^2 - (E\kappa_n - L)(G\kappa_n - N) = 0$ und berechnet hieraus $(EG - F^2)\kappa_n^2 - (EN - 2FM + GL)\kappa_n + (LN - M^2) = 0$. Hieraus entnimmt man mittels der Wurzelsätze von VIETA sofort

$$(9.16a,b) \qquad K = \kappa_1 \kappa_2 = \frac{LN - M^2}{EG - F^2},$$
$$H = \frac{1}{2}(\kappa_1 + \kappa_2) = \frac{EN - 2FM + GL}{2(EG - F^2)}.$$

Die Bestimmungsgleichung für κ_1 und κ_2 lautet damit

$$(9.17) \qquad \kappa_n^2 - 2H\kappa_n + K = 0.$$

4) Da zur Bildung von L, M und N zweite partielle Ableitungen erforderlich sind, sind K und H *Differentialinvarianten 2. Ordnung*. Die Relativkrümmung ist das isotrope Analogon zur GAUSS-Krümmung der euklidischen Flächentheorie $K_E = \frac{h_{11}h_{22} - h_{12}^2}{g_{11}g_{22} - g_{12}^2}$, (vgl. [228,36]) der sie formal analog ist. Die *Relativkrümmung* K ist somit eine brauchbare Ersatzinvariante für die triviale Gaußsche Krümmung (8.23) im $I_3^{(1)}$. Ebenso ist die *isotrope mittlere Krümmung* H ein isotropes Analogon zur euklidischen mittleren Krümmung (vgl. [228,36]), der sie formal gleichlautend ist. In beiden Fällen ist jedoch zu beachten, daß die Größen E, F, G und L, M, N anders definiert sind.

5) Aus Definition 8.11 folgt noch unter Beachtung von $EG - F^2 > 0$, daß die Relativkrümmung K in hyperbolischen bzw. elliptischen bzw. parabolischen Punkten negativ bzw. positiv bzw. Null ist.

6) Für eine implizit gegebene zulässige C^r-Fläche U ($r \geq 2$) mit der Darstellung $f(x, y, z) = 0$ ergibt sich

$$(9.18) \qquad K = -\frac{1}{f_z^4} \begin{vmatrix} f_{xx} & f_{xy} & f_{xz} & f_x \\ f_{yx} & f_{yy} & f_{yz} & f_y \\ f_{zx} & f_{zy} & f_{zz} & f_z \\ f_x & f_y & f_y & 0 \end{vmatrix},$$

wie man durch Rechnung bestätigt. Für eine zulässige C^r-Fläche ($r \geq 2$) in der Normalgestalt $z = z(x,y)$ erhält man nach (8.36) und (9.15a,b)

$$(9.19a,b) \qquad K = rt - s^2 = z_{xx} z_{yy} - z_{xy}^2,$$
$$H = \frac{1}{2}(t + r) = \frac{1}{2}(z_{xx} + z_{yy}).$$

Wie die Formel (9.19b) zeigt, läßt sich H als $H = \frac{1}{2}\triangle z(x,y)$ schreiben, wobei $\triangle$ den *LAPLACE-Operator* bezeichnet. Will man H parameterinvariant darstelllen, so kann man den *zweiten BELTRAMI-Operator* bezüglich der ersten Fundamentalform (8.17) für $z(u,v)$ bilden

$$(9.20) \qquad \triangle z(u,v) = \frac{1}{W} \left\{ \frac{\partial}{\partial v} \left(\frac{E z_v - F z_u}{W} \right) + \frac{\partial}{\partial u} \left(\frac{G z_u - F z_v}{W} \right) \right\}$$

und findet dann $H = \frac{1}{2}\triangle z(u,v)$. Wir fassen zusammen im

SATZ 9.6: *Die Relativkrümmung K und die isotrope mittlere Krümmung sind Differentialinvarinaten 2. Ordnung auf zulässigen C^r-Flächen ($r \geq 2$) des $I_3^{(1)}$. Die Hauptkrümmungen können aus (9.17) berechnet werden.*

b) <u>Sphärische Abbildung, 3. und 4. Grundform:</u>
In §7 wurde im Zusammenhang mit der Kurventheorie des $I_3^{(1)}$ eine *sphärische Abbildung* erklärt. Diese Abbildung weist jeder nichtisotropen Ebene ϵ mit der Gleichung $z = ux + vy + w$ als Bildpunkt den Punkt $E^*(x^*, y^*, z^*)$ zu, mit $\{x^* = u, y^* = v, z^* = \frac{1}{2}(u^2 + v^2)\}$; E^* ist der Berührungspunkt der zu ϵ parallelen Tangentialebene an die parabolische Sphäre $\sum_0$ mit der Gleichung $z = \frac{1}{2}(x^2 + y^2)$. Ist U eine zulässige C^r-Fläche ($r \geq 1$), so gewinnt man aus der Gleichung (8.10a) einer Tangentialebene von U hiermit die Abbildungsgleichungen

$$(9.21) \qquad \begin{cases} x^* = -\dfrac{y_u z_v - z_u y_v}{x_u y_v - y_u x_v} \\[2mm] y^* = -\dfrac{x_v z_u - x_u z_v}{x_u y_v - y_u x_v} \\[2mm] z^* = \frac{1}{2}\left(x^{*2} + y^{*2}\right). \end{cases}$$

Um diese Gleichungen etwas übersichtlicher zu schreiben, beachten wir, daß einerseits nach (8.18) $W = Det(\widetilde{x}_u, \widetilde{x}_v) = x_u y_v - y_u x_v$ gilt. Andererseits liefert die Berechnung der dritten Koordinate in (9.21) $z^* = \frac{1}{2W^2}(z_v^2 E - 2z_u z_v F + G z_u^2)$ und dieser Ausdruck läßt sich auch in Determinantenform zu

$$(9.22) \qquad z^* = \frac{\begin{vmatrix} E & F & z_u \\ F & G & z_v \\ z_u & z_v & 0 \end{vmatrix}}{EG - F^2}$$

schreiben. Definiert man in Analogie zur euklidischen Situation (vgl. [227,112]) einen *ersten BELTRAMI-Operator* bezüglich der ersten Fundamentalform (8.17) der einfach isotropen Flächentheorie für die Funktion $z(u,v)$, — bezeichnet mit dem Nabla-Symbol $\bigtriangledown$ — so ist $\frac{1}{2} \bigtriangledown z(u,v)$ gerade (9.22). Damit haben wir insgesamt die Abbildungsgleichungen

$$(9.23) \qquad \begin{cases} x^* = -\frac{1}{W} \begin{vmatrix} y_u & z_u \\ y_v & z_v \end{vmatrix} \\[2mm] y^* = -\frac{1}{W} \begin{vmatrix} z_u & x_u \\ z_v & x_v \end{vmatrix} \\[2mm] z^* = \frac{1}{2} \bigtriangledown z(u,v). \end{cases}$$

Ist U speziell in der Normaldarstellung $z = f(x,y)$ gegeben, so berechnet man mit den Bezeichnungen (8.34) die Abbildungsgleichungen

$$(9.24) \qquad \begin{cases} x^* = p \\ y^* = q \\ z^* = \frac{1}{2}(p^2 + q^2). \end{cases}$$

Das Quadrat des Bogenelementes ds^* des sphärischen Bildes wird als *dritte Grundform III* der einfach isotropen Flächentheorie bezeichnet. Mit $dx^* = p_x\, dx + p_y\, dy = r\, dx + s\, dy$, $dy^* = q_x\, dx + q_y\, dy = s\, dx + t\, dy$ haben wir somit

$$(9.25) \qquad III := (ds^*)^2 = (dx^*)^2 + (dy^*)^2 = (r\, dx + s\, dy)^2 + (s\, dx + t\, dy)^2.$$

Folgerungen:
 1) Die Grundformen I, II und III sind nicht unabhängig. Nach (8.22) gilt nämlich $I = dx^2 + dy^2$ bzw. $II = r\, dx^2 + 2s\, dx\, dy + t\, dy^2$ und hieraus folgt mit (9.25) und (9.19a,b) nach kurzer Rechnung

$$(9.26) \qquad K(I) + (III) - 2H(II) = 0.$$

Da H und K parameterinvariant sind, gilt diese an Hand der Normaldarstellung hergeleitete Beziehung auch bei beliebiger Parameterbelegung von U.

2) Nach (7.45) gilt für die sphärische Bildkurve c^* einer Kurve c die Beziehung $\vec{x}'^* =$
$= |\tau|\vec{n}$, also $|\tau| = \frac{ds^*}{ds}$. Ist $c \subset U$ eine Schmieglinie, dann ist längs c stets $II = 0$
und man erhält aus (9.26) $\frac{III}{I} = -K$. Dann folgt   aber $|\tau| = \frac{ds^*}{ds} = \sqrt{\frac{III}{I}} =$
$= \sqrt{-K}$, d.h. der Betrag der Windung der Schmieglinie durch einen Flächenpunkt
$X \in U$ ist durch $\sqrt{-K}$ gegeben. Ist U hyperbolisch gekrümmt, dann bleibt die
Vorzeichenfrage für die beiden durch $X \in U$ laufenden Schmieglinien zu klären.
Dazu setzen wir eine Schmieglinie $c \subset U$ in der Form $\{x = x(t), y = y(t), z =$
$= z(x(t), y(t))\}$ an; für sie ist die Differentialgleichung

$$(9.27) \qquad r\ dx^2 + 2s\ dx\ dy + t\ dy^2 = 0$$

identisch in t erfüllt. Löst man (9.27) nach $(dx : dy)$ auf, so stellen sich die beiden
Lösungen $dx = \frac{1}{r}(-s \pm \sqrt{-K})dy$ ein. Durch Umformung entsteht hieraus $dy =$
$= \frac{1}{t}(-s \mp \sqrt{-K})dx$. Wir notieren

$$(9.28) \qquad \begin{aligned} r\ dx + s\ dy &= -\sqrt{-K}\,dy \\ s\ dx + t\ dy &= +\sqrt{-K}\,dx, \end{aligned}$$

wobei für die andere Schmieglinie das Vorzeichen von $\sqrt{-K}$ in beiden Gleichungen
zu ändern ist. Nun berechnen wir die Windung τ einer Schmieglinie durch X nach
(6.18b), wobei wir zunächst die Ableitungsvektoren $\dot{\vec{x}}, \ddot{\vec{x}}, \dddot{\vec{x}}$ bestimmen. Es wird $\dot{\vec{x}} =$
$= \{\dot{x}, \dot{y}, p\dot{x} + q\dot{y}\}$, $\ddot{\vec{x}} = \{\ddot{x}, \ddot{y}, p\ddot{x} + q\ddot{y} + (r\dot{x}^2 + 2s\dot{x}\dot{y} + t\dot{y}^2)\}$, $\dddot{\vec{x}} = \{\dddot{x},\ \dddot{y},\ p\dddot{x} + q\dddot{y}+$
$+(r\dot{x} + s\dot{y})\ddot{x} + (s\dot{x} + t\dot{y})\ddot{y}\}$. Die Berechnung der Determinante $Det(\dot{\vec{x}}, \ddot{\vec{x}}, \dddot{\vec{x}})$ ergibt
nun — wobei wir beim Anschreiben schon eine einfache Determinantenumformung
vorgenommen haben —

$$Det(\dot{\vec{x}}, \ddot{\vec{x}}, \dddot{\vec{x}}) = \begin{vmatrix} \dot{x} & \dot{y} & 0 \\ \ddot{x} & \ddot{y} & r\dot{x}^2 + 2s\dot{x}\dot{y} + t\dot{y}^2 \\ \dddot{x} & \dddot{y} & (r\dot{x} + s\dot{y})\ddot{x} + (s\dot{x} + t\dot{y})\ddot{y} \end{vmatrix}.$$

Unter Beachtung von (9.27) und (9.28) folgt weiter

$$Det(\dot{\vec{x}}, \ddot{\vec{x}}, \dddot{\vec{x}}) = \begin{vmatrix} \dot{x} & \dot{y} & 0 \\ \ddot{x} & \ddot{y} & 0 \\ \dddot{x} & \dddot{y} & -\sqrt{-K}\dot{y}\ddot{x} + \sqrt{-K}\dot{x}\ddot{y} \end{vmatrix} = \sqrt{-K}(\dot{x}\ddot{y} - \dot{y}\ddot{x})^2 \quad \text{und}$$

mit (6.18b) stellt sich $\tau = \sqrt{-K}$ ein. Für die andere Schmieglinie folgt $\tau = -\sqrt{-K}$.
Wir notieren

$$(9.29) \qquad \begin{aligned} \tau_1 &= \ \ \sqrt{-K} \ \dots \text{ Windungen } \tau_1, \tau_2 \text{ der beiden Schmieglinien} \\ \tau_2 &= -\sqrt{-K} \ \dots \text{ durch einen hyperbolischen Flächenpunkt} \end{aligned}$$

Die Formel (9.29) ist ein einfach isotropes Analogon zu einer berühmten *Formel
von E. BELTRAMI und A. ENNEPER* (vgl. 228,111]).

3) Die Relativkrümmung K einer Fläche U des $I_3^{(1)}$ besitzt eine hübsche geometrische Deutung, die analog zur Deutung der GAUSS-Krümmung auf Flächen im dreidimensionalen euklidischen Raum ist (vgl. [228,108]). Nach (8.26) gilt für die Oberfläche eines Flächenstückes U die Formel $O(U) = \int\int_G dx\,dy$, wobei wir U durch $z = f(x,y)$ über dem Gebiet G beschrieben haben. Für das durch die sphärische Abbildung gewonnene Flächenstück U^* gilt dann

$$O^* := O(U^*) = \int\int_G dx^* dy^* = \int\int_G \frac{\partial(x^*,y^*)}{\partial(x,y)} dx\,dy = \int\int_G \begin{vmatrix} r & s \\ s & t \end{vmatrix} dx\,dy.$$

Hieraus findet man durch Gebietsdifferentiation für das Verhältnis der Oberflächenelemente dO und dO^*

$$(9.30) \qquad\qquad \frac{dO^*}{dO} = K.$$

Die Formel (9.30) zeigt, daß speziell für Flächen mit $K = \pm 1$ die sphärische Abbildung flächentreu ist, wobei $K = +1$ gleichsinnige, und $K = -1$ gegensinnige Flächentreue liefert.

4) Wir klären, für welche Flächen die sphärische Abbildung *gleichsinnig winkeltreu (konform)* ist. Da die Winkelmessung auf Flächen $U \subset I_3^{(1)}$ durch die euklidische Winkelmessung in der Grundrißebene bestimmt wird, ist die sphärische Abbildung $U \to U^*$ genau dann gleichsinnig konform, wenn für die Abbildungsgleichungen (9.24) die CAUCHY-RIEMANNschen Differentialgleichungen erfüllt sind. Also muß $\frac{\partial x^*}{\partial x} = \frac{\partial y^*}{\partial y}, \frac{\partial x^*}{\partial y} = -\frac{\partial y^*}{\partial x}$ gelten, was $r = t$ und $s = 0$ liefert. Alle Flächen, die diesen Differentialgleichungen genügen, sind aber nach dem Beweis von Satz 9.4 die Sphären vom parabolischen Typ; Ebenen scheiden ja von vornherein aus. Die sphärische Abbildung ist *gegensinnig konform*, wenn gilt $\frac{\partial x^*}{\partial x} = -\frac{\partial y^*}{\partial y}, \frac{\partial x^*}{\partial y} = \frac{\partial y^*}{\partial x}$, was die Bedingung $r + t = 0$ nebst $s = s$ liefert. Für diese Flächenklasse gilt nach (9.19b) $H = 0$. In Analogie zur euklidischen Situation (vgl. [228,45]) bezeichnen wir diese Flächen als *Minimalflächen* des einfach isotropen Raumes. Wir vermerken ihre Differentialgleichung

$$(9.31) \qquad\qquad z_{xx} + z_{yy} = 0.$$

Die Minimalflächen des $I_3^{(1)}$ sind somit genau die *Potentialflächen* $\triangle z = 0$. Aus (9.15b) folgt sofort $\kappa_1 = -\kappa_2$, wobei speziell $\kappa_1 = \kappa_2 = 0$ gelten kann, d. h., Minimalflächen bestehen entweder nur aus Flachpunkten (Ebenen!) oder sie sind hyperbolisch gekrümmt. Die ebenen Minimalflächen schließen wir i. f. von den Betrachtungen aus. Dann gilt: *Genau auf den Minimalflächen bilden die Schmieglinien ein orthogonales Netz.* Berechnet man nämlich aus (8.36) die Schmiegrichtungen einer Fläche U mit der Darstellung $z = f(x,y)$, so ergibt sich mit $y' = \frac{dy}{dx}$

$$(9.32) \qquad\qquad ty'^2 + 2s\,y' + r = 0.$$

Die Nullrichtungen y_1', y_2' von (9.32) sind genau dann orthogonal, wenn $y_1' y_2' = -1$, also $y_1' y_2' = \frac{r}{t} = -1$ gilt; dies ist aber mit $r + t = 0$, also (9.31) gleichwertig. Dieses Resultat ist ein Analogon zu einem bekannten Resultat über euklidische Minimalflächen (vgl. [228,45]). Wir fassen einiges zusammen im

SATZ 9.7: *Der Betrag der Windung einer Flächenkurve in einem Punkt X einer zulässigen C^r-Fläche $U(r \geq 3)$ des $I_3^{(1)}$ ist gleich der Wurzel aus der negativen Relativkrümmung von U in X. Ist U hyperbolisch gekrümmt, dann besitzen die Windungen der beiden, durch X laufenden Schmieglinien entgegengesetzte Vorzeichen. Die sphärische Abbildung ist genau für Sphären vom parabolischen Typ gleichsinnig konform und genau für Minimalflächen des $I_3^{(1)}$ gegensinnig konform. Die nicht ebenen Minimalflächen des $I_3^{(1)}$ sind durch ein orthogonales Schmiegliniennetz unter den zulässigen C^r-Flächen $(r \geq 2)$ des $I_3^{(1)}$ gekennzeichnet; sie sind stets hyperbolisch gekrümmt.*

In §8 hatten wir für zulässige C^r-Kurven $c(r \geq 2)$ auf zulässigen C^r-Flächen $U(r \geq 2)$ ein begleitendes Dreibein $\{\vec{t}, \vec{s}, \mathcal{N}\}$ eingeführt, und in der Folge die Ableitungsgleichung (8.28) $\vec{t}' = \vec{x}'' = \kappa \vec{n} = \kappa_g \vec{s} + \kappa_n \mathcal{N}$ studiert. Nun wollen wir analog den ersten Ableitungsvektor $\vec{s}'$ des Seitenvektors $\vec{s}$ näher untersuchen. Machen wir einen Ansatz $\vec{s}' = \alpha \vec{t} + \beta \vec{s} + \gamma \mathcal{N}$, so folgt wegen $\tilde{\vec{s}}' = \alpha \tilde{\vec{t}} + \beta \tilde{\vec{s}}$ und der aus $\tilde{\vec{s}}^2 = 1$ folgenden Beziehung $\tilde{\vec{s}} \cdot \tilde{\vec{s}}' = 0$ zunächst $0 = \tilde{\vec{s}}' \cdot \tilde{\vec{s}} = \alpha(\tilde{\vec{t}} \cdot \tilde{\vec{s}}) + \beta \tilde{\vec{s}}^2$, also $\beta = 0$. Wird weiter $\vec{t} \cdot \tilde{\vec{s}} = 0$ differenziert, so gewinnt man $0 = \tilde{\vec{t}}' \cdot \tilde{\vec{s}} + \tilde{\vec{t}} \cdot \tilde{\vec{s}}' = \kappa_g \tilde{\vec{s}} \cdot \tilde{\vec{s}} + \vec{t}(\alpha \vec{t}) = \kappa_g + \alpha$, also $\alpha = -\kappa_g$; hierbei wurde (8.27) und (8.28) investiert. Setzt man noch $\gamma =: \tau_g$, so lautet die gesuchte Ableitungsgleichung

$$(9.33) \qquad \vec{s}' = -\kappa_g \vec{t} + \tau_g \mathcal{N}.$$

Die Größe τ_g hat geometrische Bedeutung und wird als *geodätische Windung* von c bezeichnet. Um τ_g zu berechnen, beachten wir zunächst, daß $Det(\vec{t}, \vec{s}, \vec{s}') = Det(\vec{t}, \vec{s}, \tau_g \mathcal{N}) = \tau_g$ gilt. Nun ist $\vec{s}$ nach (8.29) durch $\vec{s} = A\vec{x}_u + B\vec{x}_v$ mit $A = -\frac{1}{W}(Fu' + Gv')$, $B = \frac{1}{W}(Eu' + Fv')$ gegeben, wenn c durch $\{u = u(s), v = v(s)\}$ auf U festgelegt wird, wobei s die isotrope Bogenlänge auf c bezeichnet. Hiermit berechnen wir: $\vec{s}' = A'\vec{x}_u + B'\vec{x}_v + A(\vec{x}_{uu}u' + \vec{x}_{uv}v') + B(\vec{x}_{vu}u' + \vec{x}_{vv}v') \Rightarrow \tau_g = Det(\vec{x}_u u' + \vec{x}_v v', A\vec{x}_u + B\vec{x}_v, \vec{s}') = Det[\vec{x}_u u', B\vec{x}_v, A(\vec{x}_{uu}u' + \vec{x}_{uv}v') + B(\vec{x}_{vu}u' + \vec{x}_{vv}v')] + Det[\vec{x}_v v', A\vec{x}_u, A(\vec{x}_{uu}u' + \vec{x}_{uv}v') + B(\vec{x}_{vu}u' + \vec{x}_{vv}v')] = (u'B - v'A)Det[\vec{x}_u, \vec{x}_v, A u'\vec{x}_{uu} + (A v' + B u')\vec{x}_{uv} + B v'\vec{x}_{vv}] = A u'L + (A v' + B u')M + B v'N$. Bei der letzten Umformung wurde dabei die Beziehung $u'B - Av' = \frac{1}{W}$ und (8.30) benützt. Mit den Werten für A und B ergibt sich schließlich $\tau_g = \frac{1}{W}[-u'L(Fu' + Gv') + M(-Fu'v' - Gv'^2) + M(Eu'^2 + Fu'v') + Nv'(Eu' + Fv')] = \frac{1}{W}[v'^2(NF - MG) + u'v'(NE - LG) + (ME - LF)u'^2]$. Geht man noch zu Differentialen über und schreibt man den Ausdruck in der eckigen Klammer in Form einer Determinante, dann erhält man unter Beachtung von (8.17)

$$(9.34) \qquad \tau_g = \frac{\dfrac{1}{W}\begin{vmatrix} dv^2 & -dudv & du^2 \\ E & F & G \\ L & M & N \end{vmatrix}}{E\,du^2 + 2F\,dudv + G\,dv^2}.$$

Der Zähler von (9.34) ist eine quadratische Differentialform und wird als *vierte Grundform*

$$(9.35) \qquad IV := \frac{1}{W} \begin{vmatrix} dv^2 & -du\,dv & du^2 \\ E & F & G \\ L & M & N \end{vmatrix}$$

bezeichnet. Damit haben wir explizit

$$(9.36) \qquad \tau_g = \frac{IV}{I} = \frac{1}{W} \frac{(NF - MG)dv^2 + (NE - LG)du\,dv + (ME - LF)du^2}{E\,du^2 + 2F\,du\,dv + G\,dv^2}.$$

Die Beziehungen (9.35) und (9.36) sind isotrope Analoga zu Formeln der euklidischen Flächentheorie (vgl. [228,69]), doch sind hier $E, F, \ldots, M, N$ anders definiert.

Folgerungen:

1) Für alle Flächenkurven $c \subset U$, die zu demselben Linienelement $(X, du : dv)$ auf U gehören, ist nach (9.36) die geodätische Windung τ_g gleich.

2) Betrachtet man längs einer Flächenkurve $c \subset U$ jene Geraden durch die Punkte von c, die den Seitenvektor als Richtungsvektor haben, so entsteht eine Regelfläche Ψ_s mit der Darstellung

$$(9.37) \qquad \vec{y}(s,v) = \vec{x}(s) + v\vec{s}(s).$$

Die Theorie der Regelflächen des $I_3^{(1)}$ werden wir in §10 entwickeln und dort zeigen, daß auf *Regelflächen* des $I_3^{(1)}$ eine Differentialinvariante 1. Ordnung δ_I — der *Drall* — definiert ist. Für Regelflächen Φ mit der Darstellung (9.37) gilt hierbei $\delta_I = \frac{Det(\vec{x}', \vec{s}, \vec{s}')}{|\vec{s}'|^2}$. Im vorliegenden Fall hat man $Det(\vec{x}', \vec{s}, \vec{s}') = \tau_g$, $\widetilde{\vec{s}'} = -\kappa_g \widetilde{\vec{t}}$, also

$$(9.38) \qquad \delta_I(\Psi_s) = \frac{\tau_g}{\kappa_g^2} = \frac{\tau_g}{\kappa^2}.$$

Hiermit hat man eine Deutung der geodätischen Windung von c gefunden.

3) Wir geben noch eine andere Deutung der geodätischen Windung τ_g. Dazu betrachten wir längs c die Schar der Tangentialebenen $\{\epsilon\}$ von U, die man in der Form

$$(9.39) \qquad F(s) := Det(\vec{X} - \vec{x}(s), \ \vec{t}(s), \ \vec{s}(s)) = 0$$

schreiben kann. Hat man allgemein eine einparametrige Ebenenschar $\vec{X} \cdot \vec{a}(s) + d(s) = 0$ mit dem Scharparameter s vorliegen, dann umhüllen diese Ebenen eine Torse, d.h., sie sind Tangentialebenen eines Zylinders, eines Kegels, einer Tangentenfläche bzw. bilden ein Ebenenbüschel , wenn $Rg(\vec{a}, \vec{a}') = 2$ gilt (vgl.

[27,90f]). Die Erzeugenden e dieser Torse lassen sich dann aus dem Gleichungssystem $\{F(s) = 0, \frac{dF}{ds} = 0\}$ bestimmen. Aus (9.39) folgt zunächst $\overrightarrow{X} \cdot (\vec{t} \wedge \vec{s}) - \vec{x}(s) \cdot (\vec{t} \wedge \vec{s}) = 0$, also $\vec{a} = \vec{t} \wedge \vec{s}$. Wird (9.39) nach s abgeleitet, so ergibt sich

$$F'(s) = Det(-\vec{t}, \vec{t}, \vec{s}) + Det(\overrightarrow{X} - \vec{x}, \vec{t}\,', \vec{s}(s)) + Det(\overrightarrow{X} - \vec{x}, \vec{t}, \vec{s}\,') = Det(\overrightarrow{X} - \vec{x}, \kappa_g \vec{s} + \kappa_n \mathcal{N}, \vec{s}) + Det(\overrightarrow{X} - \vec{x}, \vec{t}, -\kappa_g \vec{t} + \tau_g \mathcal{N}) = Det(\overrightarrow{X} - \vec{x}, \kappa_n \mathcal{N}, \vec{s}) + Det(\overrightarrow{X} - \vec{x}, \vec{t}, \tau_g \mathcal{N}) =$$
$$= (\overrightarrow{X} - \vec{x}) \cdot [\kappa_n (\mathcal{N} \wedge \vec{s}) + \tau_g (\vec{t} \wedge \mathcal{N})].$$

Da e in der Tangentialebene ϵ liegt, kann diese Gerade in der Form $\overrightarrow{X} = \vec{x}(s) + \alpha \vec{t} + \beta \vec{s}$ angesetzt werden. Hiermit folgt durch Einsetzen in die letzte Gleichung $(\alpha \vec{t} + \beta \vec{s}) \cdot \kappa_n (\mathcal{N} \wedge \vec{s}) + (\alpha \vec{t} + \beta \vec{s}) \cdot \tau_g (\vec{t} \wedge \mathcal{N}) = \kappa_n \alpha Det(\vec{t}, \mathcal{N}, \vec{s}) + \tau_g \beta\, Det(\vec{s}, \vec{t}, \mathcal{N})$. Die Bedingung $F'(s) = 0$ liefert somit $\alpha \kappa_n + \beta \tau_g = 0$, d. h. die Lösung $\alpha = \tau_g$, $\beta = -\kappa_n$. Da für eine zulässige Kurve $c \subset U$ stets $\kappa_n = \kappa \neq 0$ gilt, sieht man rasch, daß $Rg(\vec{a}, \vec{a}\,') = 2$ gilt. Bekanntlich ist in jedem Punkt $X \in c$ die Erzeugende e der U längs c umschriebenen Torse die *konjugierte Flächentangente* zur jeweiligen Tangente in $X \in c$. Wir notieren

$$(9.40) \qquad \overrightarrow{X} = \vec{x}(s) + \lambda \vec{e}(s) \quad \text{mit} \quad \vec{e}(s) = \tau_g(s)\vec{t}(s) - \kappa_n(s)\vec{s}(s).$$

Die Formel (9.40) zeigt, daß $\tau_g(s)$ die Komponente von $\vec{e}$ in Richtung der Tangente $\vec{t}$ festlegt (vgl. Abbildung 9).

Wir fassen zusammen im

SATZ 9.8: *Die geodätische Windung τ_g einer zulässigen C^r-Flächenkurve $c(r \geq 2)$ einer zulässigen C^r-Fläche $U(r \geq 2)$ des einfach isotropen Raumes ist gleich dem Quotienten aus der vierten und der ersten Grundform. Die geodätische Windung von c ist gleich dem Produkt aus dem Quadrat der Krümmung von c und dem Drall der Regelfläche Ψ_s, die von den Seitenvektoren längs c gebildet wird.*

c) Krümmungslinien:

Definition 9.4: Eine zulässige C^r-Kurve $c(r \geq 2)$ einer zulässigen C^r-Fläche $U(r \geq 2)$ des einfach isotropen Raumes heißt eine *Krümmungslinie*, wenn in jedem Punkt von c die Tangente an c Hauptkrümmungsrichtung besitzt.

Wir studieren diese wichtigen Flächenkurven in einer Reihe von

Folgerungen:
1) Da jede Richtung durch einen Flach- bzw. Nabelpunkt Hauptkrümmungsrichtung ist, ist in einer Ebene bzw. auf einer Sphäre parabolischen Typs jede zulässige C^r-Flächenkurve $(r \geq 2)$ eine Krümmungslinie.

2) Nach Satz 9.5 bilden die Krümmungslinien auf jeder Fläche, die weder eine Ebene noch eine parabolische Sphäre ist, ein orthogonales Kurvennetz im isotropen Sinn. Diese Eigenschaft ist ein isotropes Analogon zu einer Aussage der euklidischen Flächentheorie (vgl. [228,60]); die Krümmungslinien sind aber im $I_3^{(1)}$ anders definiert.

3) Mit $\lambda = \frac{du}{dv}$ erhält man die Differentialgleichung der isotropen Krümmungslinien aus (9.8) zu

$$(9.41) \qquad (EM - FL)du^2 + (EN - GL)du\, dv + (FN - GM)dv^2 = 0.$$

Speziell für Flächen in der Normaldarstellung $z = f(x,y)$ ergibt sich aus (9.11) die Differentialgleichung der Krümmungslinien zu

$$(9.42) \qquad s\, y'^2 + (r - t)y' - s = 0 \quad \text{mit} \quad y' = \frac{dy}{dx}.$$

Vergleicht man (9.41) mit (9.35), so erkennt man, daß die Krümmungslinien die Nullkurven der 4. Grundform sind. Aus (9.34) findet man, daß die geodätische Windung genau für Krümmungslinien verschwindet.

4) Sind auf einer zulässigen Fläche $U \subset I_3^{(1)}$ die Parameterlinien die Krümmungslinien, so folgert man aus (9.41) wegen $F = 0$ die beiden Gleichungen $GM = 0$ und $EM = 0$. Da $W = EG \neq 0$ gilt, liefern beide Gleichungen $M = 0$. Wir vermerken

$$(9.43) \qquad F = M = 0 \ \dots \ \text{Krümmungsparameter.}$$

Umgekehrt kann man auf jeder zulässigen C^r-Fläche $U (r \geq 3)$, die weder eine Ebene noch eine parabolische Sphäre ist, die Krümmungslinien als Parameterlinien einführen, was $F = M = 0$ nach sich zieht. Der *Beweis* dieser Aussage ist analog zum Beweis der entsprechenden Aussage im E_3 und kann z. B. in [27,188f] nachgelesen werden.

5) Da die Torsen des $I_3^{(1)}$ durch $\delta_I = 0$ gekennzeichnet sind, ergibt sich aus (9.38): Die Seitenvektoren längs einer Kurve $c \subset U$ bilden genau dann eine Torse Ψ_s, wenn c eine Krümmungslinie ist.

6) Da genau für Krümmungslinien $c \subset U$ gilt $\tau_g = 0$, so folgt für diese nach (8.40) $\vec{e}(s) = -\kappa_n \vec{x}(s)$, d. h. die konjugierte Flächentangente ist orthogonal zur Tangente an c, d. h. die Krümmungslinien bilden auf U ein *konjugiertes* Netz, falls U keine Ebene oder parabolische Sphäre ist. Wir notieren den

SATZ 9.9: *Die Krümmungslinien einer zulässigen C^r-Fläche $U (r \geq 2)$ des einfach isotropen Raumes bilden ein orthogonales und konjugiertes Netz. Längs Krümmungslinien verschwindet die geodätische Windung und die Seitenvektoren bilden eine Torse. Die Krümmungslinien auf zulässigen C^r-Flächen $(r \geq 2)$ des $I_3^{(1)}$ sind die Nullkurven der 4. Grundform.*

Zu den bekannten *Sätzen von F. JOACHIMSTHAL* (vgl. [228,69f]) existieren ebenfalls isotrope Analoga, die man zweckmäßig so herleitet, daß man die geodätische Windung τ_g einer Flächenkurve in etwas anderer Gestalt angibt. Wird (9.2) differenziert, so erhält man $\vec{s}' = \vec{n}' - \vartheta'\vec{b} = -\kappa_g \vec{t} + \tau\vec{b} - \vartheta'\vec{b} = -\kappa_g \vec{t} + (\tau - \vartheta')\mathcal{N}$. Ein Vergleich mit (9.33) liefert nunmehr

$$(9.44) \qquad \tau_g = \tau - \vartheta'(s),$$

wobei $\vartheta(s)$ den Winkel zwischen der Schmiegebene von c und der entsprechenden Tangentialebene längs $c \subset U$ bezeichnet. Nun zeigen wir den

SATZ 9.10: *Sind U_1 und U_2 zwei zulässige C^r-Flächen $(r \geq 2)$ des einfach isotropen Raumes, so folgt aus je zwei der folgenden Eigenschaften*

    1. U_1 und U_2 schneiden sich längs der Kurve c unter konstantem Winkel γ_0
    2. c ist auf U_1 eine Krümmungslinie
    3. c ist auf U_2 eine Krümmungslinie

stets die dritte Eigenschaft.

<u>Beweis:</u>

(1): Schneiden sich U_1 und U_2 längs c unter konstantem Winkel ϑ_0, so folgt aus $\tau_g^{(1)} = \tau - \vartheta_1'(s)$ und $\tau_g^{(2)} = \tau - \vartheta_2'(s)$ die Beziehung $\tau_g^{(1)} - \tau_g^{(2)} = -\vartheta_1'(s) + \vartheta_2'(s) = \gamma_0' = 0$. Ist also c eine Krümmungslinie auf U_1, so liefert $\tau_g^{(1)} = 0$ stets $\tau_g^{(2)} = 0$ und umgekehrt.

(2): Ist c eine Krümmungslinie auf U_1 und U_2, so ergibt (9.44) $\tau = \vartheta_1'(s)$ und $\tau = \vartheta_2'(s)$, also $\vartheta_2'(s) - \vartheta_1'(s) = \gamma'(s) = 0$. Hieraus ergibt sich aber für den Schnittwinkel γ der beiden Flächen $\gamma = \gamma_0 = konst.$.

◇

Aus Satz 9.10 folgt als Sonderfall sofort der

SATZ 9.11: *Die Schnittkurve c einer zulässigen C^r-Fläche $U(r \geq 2)$ des einfach isotropen Raumes mit einer nichtisotropen Ebene ϵ bzw. einer parabolischen Sphäre $\sum$ ist dann und nur dann auf U eine Krümmungslinie, wenn der Schnittwinkel zwischen U und ϵ bzw. $\sum$ längs c konstant ist.*

<u>Beispiele:</u>

1) Unterwirft man eine Kurve m einer isotropen Drehung (2.9) mit $p_0 = 0$, so entsteht eine *Drehfläche* Φ des $I_3^{(1)}$ mit vollisotroper Drehachse. Man kann o. B. d. A. c als Meridiankurve, d. h. als Schnittkurve von Φ mit einer Ebene durch die vollisotrope Drehachse wählen, die man außerdem in die [yz]-Ebene legen kann, womit m durch $\{x = 0, z = f(y)\}$ beschrieben wird. Geht man wie üblich zu Zylinderkoordinaten $\{r, \varphi, z\}$ über, dann kann Φ in der zweckmäßigen Gestalt $\vec{x} = \vec{x}(r, \varphi)$ mit

$$(9.45) \qquad \begin{cases} x = r \, \cos \varphi \\ y = r \, \sin \varphi \\ z = f(r) \end{cases}$$

parametrisiert werden. Nach (8.14) bzw. (8.30) kann man hieraus die Koeffizienten der ersten bzw. zweiten Grundform berechnen. Man erhält

$$(9.46) \qquad E = \vec{\tilde{x}}_r^2 = 1, F = 0, G = \vec{\tilde{x}}_\varphi^2 = r^2, W = r$$
$$L = f''(r), M = 0, N = rf'(r),$$

wobei Striche Ableitungen nach r bezeichnen. Nach (9.43) sind somit die Parameterlinien Krümmungslinien auf Φ; dies sind die Parallelkreise $r = konst.$ und die Meridiane $\varphi = konst.$. Aus (9.46) können mit (9.16a,b) auch noch K und H berechnet werden. Hierbei ergibt sich

$$(9.47) \qquad K = \frac{1}{r} f' f'', \, 2H = \frac{f'}{r} + f''.$$

2) Wir bestimmen die Krümmungslinien auf einem Plücker-Konoid Ψ (vgl. (3.71), das wir jetzt in der einfachen Gestalt

$$(9.48) \qquad z = \frac{2xy}{x^2 + y^2}$$

ansetzen; die Fläche besitzt dann die beiden Geraden $t_1\{z = 1, x = y\}$ und $t_2\{z = -1, x = -y\}$ als *Torsallinien*. Zur rechnerischen Behandlung erweist sich wieder die Einführung von Zylinderkoordinaten (r, φ, z) als zweckmäßig, womit Ψ in der Gestalt

$$(9.49) \qquad \vec{x}(r, \varphi) = \{r \, \cos\varphi, r \, \sin\varphi, \sin 2\varphi\}$$

parametrisiert werden kann. Als Koeffizienten der ersten bzw. zweiten Grundform gewinnt man aus (9.49)

$$(9.50) \qquad E = 1, F = 0, G = r^2; W = r$$
$$L = 0, M = -\frac{2}{r} \, \cos 2\varphi; N = -4 \, \sin 2\varphi.$$

Damit erhält man als Differentialgleichung der isotropen Krümmungslinien nach (9.41)

$$(9.51) \qquad r'^2 + 2r(\tan 2\varphi)r' - r^2 = 0 \quad \text{mit} \quad r' = \frac{dr}{d\varphi},$$

die sich in die beiden Differentialgleichungen

$$(9.52a, b) \qquad -\frac{r'}{r} = \tan 2\varphi \mp \frac{1}{\cos^2 \varphi}$$

aufspalten läßt. Betrachten wir exemplarisch das obere Vorzeichen, so kann man diese Gleichung explizit lösen und findet mit einer Integrationskonstanten c die allgemeine Lösung

$$(9.53) \qquad r = c \cdot \frac{1 - \sin 2\varphi}{\cos \varphi - \sin \varphi}.$$

Aus (9.53) und (9.49) erkennt man, daß die Krümmungslinien dieser Schar in den Ebenen

$$(9.54) \qquad x - y = c(1 - z)$$

liegen, d. h., in den Ebenen des Büschels um die Torsallinie t_1. Um die Grundrisse der Lösungskurven zu bestimmen, bilden wir aus (9.49) mit (9.53) $x^2 + y^2 = c^2(1 - \sin 2\varphi)$. Andererseits gilt $x - y = c(1 - \sin 2\varphi)$, woraus $x^2 + y^2 = c(x - y)$ fließt. Die Grundrisse dieser Krümmungslinien sind somit die Kreise

$$(9.55) \qquad (x - \tfrac{c}{2})^2 + (y + \tfrac{c}{2})^2 = \tfrac{c^2}{2},$$

die ihre Mittelpunkte alle auf der Geraden $x = -y$ haben und den Koordinatenursprung enthalten. Die Krümmungslinien dieser Schar sind somit Kreise elliptischen Typs, die die Torsallinie t_1 im *Kuspidalpunkt* $T_1(0,0,1)$ berühren. Ebenso liefert das andere Vorzeichen in der Differentialgleichung (9.52) als zweite Schar der Krümmungslinien auf Ψ eine Schar von Kreisen elliptischen Typs, die in den Ebenen des Büschels um die Torsallinie t_2 liegen und t_2 im Kuspidalpunkt $T_2(0,0,-1)$ berühren. Im Grundriß erscheinen diese Kreise als euklidische Kreise, deren Mittelpunkte auf der Geraden $x = y$ liegen, sodaß man insgesamt im Grundriß zwei parabolische, sich orthogonal schneidende Kreisbüschel als Projektion der Krümmungslinien vorliegen hat.

Betrachten wir nun alle Sphären parabolischen Typs, die sich durch eine Krümmungslinie der ersten Schar zu festem c legen lassen. Eine kurze Rechnung ergibt, daß sich alle diese Sphären $\sum$ in der Form

$$(9.56) \qquad z = R(x^2 + y^2) - \frac{1}{c}(Rc^2 + 1)x + \frac{1}{c}(Rc^2 + 1)y + 1$$

schreiben lassen, wobei der Sphärenradius als Scharparameter fungiert. Unter diesen Sphären gibt es genau eine, die das Plücker-Konoid Ψ längs der Krümmungslinie berührt. Berechnet man nämlich die Normalenvektoren $\mathcal{N}_1$ bzw. $\mathcal{N}_2$ von $\sum$ bzw. Ψ, so findet man $\mathcal{N}_1\{2Rx - \tfrac{1}{c}(Rc^2 + 1), \ 2Ry + \tfrac{1}{c}(Rc^2 + 1), \ -1\}$ bzw. $\mathcal{N}_2\{\frac{2y(y^2 - x^2)}{(x^2 + y^2)^2}, \ \frac{2y(x^2 - y^2)}{(x^2 + y^2)^2}, \ -1\}$, und diese Vektoren stimmen längs $x^2 + y^2 = c(x - y)$ genau dann überein, wenn $R = \tfrac{1}{c^2}$ gilt. Die Sphäre parbolischen Typs

$$(9.57) \qquad z = \frac{1}{c^2}(x^2 + y^2) - \frac{2}{c}x + \frac{2}{c}y + 1$$

berührt daher Ψ längs der zu c gehörigen Krümmungslinie der ersten Schar. Läßt man c in (9.57) variieren, so erhält man eine Schar parabolischer Sphären, die das Plücker-Konoid Ψ umhüllen. Eine analoge Aussage gilt daher auch für die zweite Schar der Krümmungslinien auf Ψ. Dieses interessante Resultat wurde erstmals von K. STRUBECKER in [209,754f] angegeben; später hat D. PALMAN diese Aussage im Rahmen der Theorie der isotropen Zykliden (vgl. [126,82]) unter einheitlichen Gesichtspunkten systematisiert. Wir notieren den

SATZ 9.12: *Jedes Plücker-Konoid läßt sich auf zweifache Weise als Hüllfläche einer je einparametrigen Schar parabolischer Sphären erzeugen, wobei diese Sphären das Plücker-Konoid längs ihrer isotropen Krümmungslinien berühren; diese Krümmungslinien sind Kreise elliptischen Typs.*

Bestimmen wir an Hand von (9.57) den euklidischen Scheitel dieses Drehparaboloids $\sum$, so stellt sich $S(c, -c, -1)$ ein; dieser Punkt liegt auf der Torsallinie t_2, die $\sum$ in S berührt. Damit hat man eine interessante, euklidische Erzeugungsweise des Plücker-Konoids gefunden, die von D. PALMAN stammt (vgl. [126,82]):

SATZ 9.13: *Im euklidischen Raum E_3 sei ein Punkt T und eine T nicht enthaltende Gerade t gegeben. Es bezeichne d die Normale von T auf t und R den Normalenfußpunkt auf t. Dann umhüllen alle Drehparaboloide mit der Achsenrichtung d, die T enthalten und die t als Scheiteltangente besitzen, ein Plücker-Konoid Ψ mit d als doppelter Leitgeraden und T bzw. R als Kuspidalpunkten; t ist eine Torsallinie von Ψ.*

3) Die Krümmungslinien auf Mittelpunktsquadriken Φ des $I_3^{(1)}$ lassen sich ebenfalls leicht bestimmen (vgl. [204,250]). Ist z. B. Φ ein einschaliges Hyperboloid, dann bilden sich die Erzeugenden von Φ bei Normalprojektion auf die [xy]-Ebene π_1 als Tangenten des Umrißkegelschnittes $\tilde{u}$ ab; sie sind somit die Grundrisse der Schmieglinien von Φ. Die im Grundriß orthogonalen und konjugierten Flächentangenten halbieren in jedem Punkt $\tilde{X}$ von π_1 immer den Winkel der beiden von $\tilde{X}$ an $\tilde{u}$ legbaren Kegelschnittstangenten. Diese Geraden sind aber bekanntlich die Tangenten der zu $\tilde{u}$ konfokalen Kegelschnittschar. Hat Φ allgemeine Lage zur Absolutfigur $\{\omega, f_1, f_2, F\}$, dann ergeben sich die Krümmungslinien auf Φ als Schnittkurven von Φ mit den vollisotropen Zylindern 2. Ordnung durch die Konfokalschar von $\tilde{u}$ und sind somit algebraische Raumkurven 4. Ordnung, 1. Art. Dieses Ergebnis, das sich bei komplexer Erweiterung auch für die übrigen Mittelpunktsflächen 2. Ordnung zeigen läßt, stammt schon von É. TURRIÈRE (vgl. [246,230f]), der sich ohne Kenntnis des Begriffes des isotropen Raumes mit jenen konjugierten Flächenkurven beschäftigt hat, die im Grundriß als orthogonales Netz erscheinen. Wir vermerken den

SATZ 9.14: *Die einfach isotropen Krümmungslinien einer Mittelpunktsfläche 2. Ordnung Φ allgemeiner Lage des $I_3^{(1)}$ bilden sich im Grundriß als konfokale Kegelschnittschar zum Umriß von Φ in vollisotroper Richtung ab. Die Krümmungslinien auf Φ sind algebraische Raumkurven 4. Ordnung, 1. Art.*

Wir kehren wieder zur allgemeinen Theorie zurück und geben zwei weitere Kennzeichnungen der isotropen Krümmunslinien im Rahmen der *relativen Differentialgeometrie*, die von E. MÜLLER (vgl. [111] und [112]) begründet wurde. Es sei U eine zulässige C^ω-Fläche des $I_3^{(1)}$ und $X_0 \in U$ ein fester Flächenpunkt mit der Tangentialebene ϵ. Durch Anwendung einer einfach isotropen Bewegung kann man den Ursprung des Koordinatensystems in den Punkt X_0 legen und ϵ als [xy]-Ebene $z = 0$ des neuen Koordinatensystems $\{X_0; x, y, z\}$ wählen. Entwickelt man dann die Flächendarstellung $z = f(x, y)$ in eine Taylor-Reihe, so gilt in einer Umgebung von X_0 bis auf Glieder 3. Ordnung

$$(9.58) \qquad z = \frac{1}{2}(r_0 x^2 + 2s_0 xy + t_0 y^2) + \cdots$$

wobei wir die Abkürzungen aus (8.35) verwendet haben. Eine durch X_0 laufende, zulässige C^ω-Flächenkurve c von U kann in der Form

$$(9.59) \qquad \begin{cases} y = \lambda x + \ldots \\ z = \frac{1}{2}(r_0 + 2s_0\lambda + t_0\lambda^2)x^2 + \ldots \end{cases}$$

mit $\lambda = \frac{dy}{dx} = y'$ dargestellt werden. Nach (8.13) lauten die Ebenenkoordinaten der Tangentialebene einer durch $z = f(x,y)$ gegebenen Fläche

$$(9.60) \qquad u_0 : u_1 : u_2 : u_3 = u_0 : f_x : f_y : -1,$$

woraus man für die Tangentialebenen von U längs c findet

$$(9.61) \qquad u_0 : u_1 : u_2 : u_3 = u_0 : (r_0 + s_0\lambda)x : (s_0 + t_0\lambda)x : -1.$$

Die einparametrige Menge der parabolischen Sphären $\{\textstyle\sum\}$

$$(9.62) \qquad z = R(x^2 + y^2)$$

vom Radius R berühren U in X_0 und besitzen nach (9.60) die Tangentialebenen

$$(9.63) \qquad u_0 : u_1 : u_2 : u_3 = u_0 : 2Rx : 2Ry : -1.$$

Ein Vergleich von (9.61) mit (9.63) zeigt, daß es unter den Sphären (9.62) genau zwei gibt, welche die Fläche im Ursprung stationär, d. h. noch in einem Nachbarpunkt berühren. Durch Koeffizientenvergleich ergibt sich nämlich $\frac{r_0 + s_0\lambda}{s_0 + t_0\lambda} = \frac{1}{\lambda}$ und dies liefert die beiden Fortschreitungsrichtungen $(dy : dx)$ gemäß

$$(9.64) \qquad s_0 y'^2 + (r_0 - t_0)y' - s_0 = 0.$$

Dies sind aber nach (9.42) genau die isotropen Hauptkrümmungsrichtungen. Die zu den Hauptkrümmungsrichtungen (9.64) gehörigen parabolischen Sphären $\sum_1, \sum_2$ werden bei E. MÜLLER als *Hauptkugeln* bezeichnet; sie oskulieren U in X_0. Hiermit kann man gemäß [112] die einfach isotropen Krümmungslinien als relative Krümmungslinien bezüglich der vierparametrigen Mannigfaltigkeit der Sphären parabolischen Typs im $I_3^{(1)}$ auffassen. Auf Grund der Herleitung sind die isotropen Krümmungslinien sogar invariant gegenüber der Gruppe $\mathcal{G}_{11}$ der Möbiustransformationen des einfach isotropen Raumes (vgl. §5).

Da man auf die beweistechnische Voraussetzung der Analytizität verzichten kann, haben wir den

<u>SATZ 9.15:</u> *Die isotropen Krümmungslinien auf einer zulässigen C^r-Fläche $U(r \geq 2)$ des einfach isotropen Raumes können als relative Krümmungslinien im Sinne von E. MÜLLER hinsichtlich der vierparametrigen Menge von parabolischen Sphären des $I_3^{(1)}$ aufgefaßt werden.*

Ein bekannter Satz der euklidischen Differentialgeometrie (vgl. [228,71f]) besagt, daß eine Flächenkurve c einer Fläche $U \subset E_3$ genau dann eine euklidische Krümmungslinie ist, wenn die Flächennormalen längs c eine Torse bilden. Ein direktes Analogon zu diesem Satz existiert in der isotropen Flächentheorie nicht, da die vollisotropen Normalen längs *jeder* Flächenkurve ja einen vollisotropen Zylinder bilden. Es liegt aber nahe, eine analoge Aussage im Sinne der relativen Differentialgeometrie und einer entsprechenden *relativen Normalisierung* zu gewinnen.

Bei dieser relativen Normalisierung einer Fläche U wählt man nach H. MINKOWSKI (vgl. [110]) als *Eichfläche* ein geschlossenes Oval $\sum^*$, das man meist als zentriert annimmt, wobei das Zentrum M^* den *Eichmittelpunkt* abgibt. Bezeichnet ϵ die Tangentialebene eines Punktes $X \in U$ und X^* den Berührpunkt der zu ϵ parallelen Tangentialebene ϵ^* an $\sum^*$, so gibt der Vektor $\overrightarrow{M^*X^*}$ die Richtung der Relativnormalen n^* in X an. Um $\mathcal{B}_6^{(1)}$-invariante Aussagen zu gewinnen, muß man aber im einfach isotropen Raum als Eichfläche eine parabolische Sphäre $\sum^*$, d. h. eine offene Fläche wählen, was ein direktes Einsetzen der Methoden der relativen Differentialgeometrie vereitelt (vgl. z. B. T. KUBOTA [85]). Man kann trotzdem — einer Idee von E. MÜLLER folgend ([112,17 – 18]) — zu einer Kennzeichnung der isotropen Krümmungslinien gelangen, wobei man freilich keinen isotrop-invariant erklärten Eichpunkt M^* bezüglich $\sum^*$ finden kann, sodaß die gewonnenen Aussagen keinen isotrop-invarianten Charakter besitzen. Als einziger $\mathcal{B}_6^{(1)}$-invariant erklärter Punkt einer parabolischen Sphäre $\sum^*$ erweist sich nämlich der absolute Punkt F, der aber die übliche triviale Normalisierung liefert und für relativgeometrische Betrachtungen ungeeignet ist.

Wir wählen daher einen beliebigen Punkt $M^*(m_1, m_2, m_3)$ und normalisieren U in der beschriebenen Weise (vgl. Abbildung 10).

Wird U in der Normaldarstellung $z = f(x, y)$ angenommen, dann hat ein Richtungsvektor $\mathcal{N}^*$ auf der Relativnormalen n^* nach (9.24) die Komponenten

$$(9.65) \qquad \mathcal{N}^* = \{p - m_1, q - m_2, \frac{1}{2}(p^2 + q^2) - m_3\}.$$

Abbildung 10:

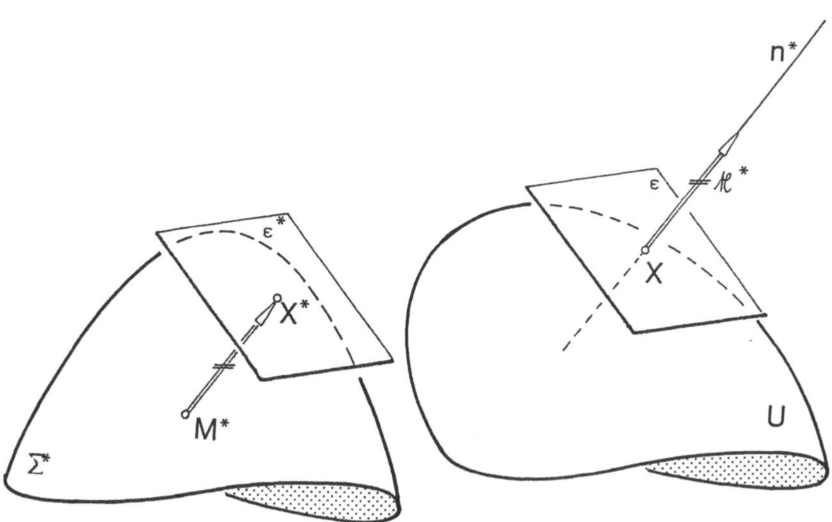

Nun beweisen wir den

SATZ 9.16: *Eine zulässige C^r-Kurve $c(r \geq 2)$ einer zulässigen C^r-Fläche $U(r \geq 2)$ des einfach isotropen Raumes ist genau dann eine Krümmungslinie auf U, wenn die Relativnormalen bezüglich $\{\sum^*, M^*\}$ eine Torse bilden, wobei M^* beliebig wählbar ist.*

<u>Beweis:</u>
Wird $c \subset U$ durch $\vec{x}(x) = \{x, y(x), z(x)\}$ parametrisiert, so führt die Torsenbedingung $Det(\vec{x}', \mathcal{N}^*, \mathcal{N}^{*'}) = 0$ auf

$$\begin{vmatrix} 1 & p - m_1 & r + sy' \\ y' & q - m_2 & s + ty' \\ p + qy' & \frac{1}{2}(p^2 + q^2) - m_3 & (pr + qs) + (ps + qt)y' \end{vmatrix} = 0.$$

Soll diese Determinante für alle Werte (m_1, m_2, m_3) verschwinden, dann müssen alle zweizeiligen Unterdeterminanten zur zweiten Spalte dieser Determinante Null werden. Dies führt aber jedesmal zur Differentialgleichung (9.42) der isotropen Krümmungslinien. Die Umkehrung zeigt man analog.

$\diamond$

Der Satz 9.16 läßt sich in einer bemerkenswerten isotrop-euklidischen Form ausprechen, wenn man M^* als euklidischen Brennpunkt des Drehparaboloids $\sum^*$ wählt. Die Relativnormalen sind ja dann parallel zu jenen Spiegelstrahlen, die man aus den vollisotropen Geraden bei euklidischer Spiegelung an den Tangentialebenen von $\sum^*$ erhält. Da ϵ und ϵ^* parallel sind, haben wir damit den interessanten

SATZ 9.17: *Werden die vollisotropen Normalen einer zulässigen C^r-Fläche $U(r \geq 2)$ des einfach isotropen Raumes an den Tangentialebenen von U euklidisch gespiegelt, dann erhält man eine Geradenkongruenz, deren Torsen die Fläche U nach ihren isotropen Krümmungslinien schneiden.*

<u>Bemerkungen:</u>
1) Die Relativkrümmung K und die isotrope mittlere Krümmung H kommen im Sinne der Relativgeometrie schon bei E. MÜLLER vor; eine neue Deutung mit isotropen Methoden gelang jedoch erst B. PAVKOVIĆ (vgl. [134]).

2) Die metrische Dualität des einfach isotropen Raumes erlaubt es, duale Gegenstücke zu den Sätzen von MEUSNIER und EULER aufzusuchen. Die Beweise dieser isotropen Analoga zu den Sätzen von A. MANNHEIM und W. BLASCHKE können in [210,369f] nachgelesen werden.

Neben den Schmieglinien und Krümmungslinien spielen in der euklidischen Flächentheorie die *geodätischen Linien* eine wichtige Rolle (vgl. [227,202ff]).

Eine geeignete Übertragung dieses Begriffes in den einfach isotropen Raum liefert die folgende

Definition 9.5: Unter den *geodätischen Linien* einer zulässigen C^r-Fläche $U(r \geq 2)$ des einfach isotropen Raumes versteht man alle Schnitte von U mit isotropen Ebenen und alle Flächengeraden auf U.

<u>Folgerungen:</u>
1) Ist c keine geradlinige Geodätische auf U, dann enthält die Schmiegebene jedes Punktes von c die Flächennormale; dies ist die erste Analogie zu einer Aussage über Geodätische im E_3 (vgl. [227,209]).

2) Sind X_1, X_2 zwei Punkte auf U, dann ist die Bogenlänge $s(X_1, X_2)$ die im Grundriß euklidisch zu messende Streckenlänge $\overline{\widetilde{X}_1 \widetilde{X}_2}$. Demnach sind die isotropen Geodätischen die kürzesten Verbindungen von Flächenpunkten (bezüglich der euklidischen Situation vergleiche man [227,209f]).

3) Nach (8.28) hatten wir in der Darstellung $\vec{x}'' = \kappa_g \vec{s} + \kappa_n \mathcal{N}$ die Größe κ_g als *isotrope geodätische Krümmung* einer zulässigen C^r-Flächenkurve $(r \geq 2)$ bezeichnet. Für eine Geodätische gilt zwar (8.28) nicht, doch gilt wegen $\kappa_g = \kappa$ sicher $\kappa_g = 0$ in Analogie zu einem euklidischen Resultat (vgl. [227,212]).

4) Wir zeigen, daß die geodätische Krümmung κ_g einer zulässigen C^r-Flächenkurve $c(r \geq 2)$ — wie in der euklidischen Differentialgeometrie — eine Größe der inneren Flächentheorie ist, d. h. nur von den Koeffizienten E, F, G der ersten Grundform und deren partiellen Ableitungen erster Ordnung abhängt. Wir haben dazu für eine durch $\vec{x} = \vec{x}(u(t), v(t))$ gegebene Flächenkurve c die Krümmung

$$\kappa = \frac{Det(\dot{\widetilde{\vec{x}}}, \ddot{\widetilde{\vec{x}}})}{(\dot{\widetilde{\vec{x}}^2})^{\frac{3}{2}}}$$

zu berechnen. Unter Anwendung von (8.38a-c) berechnet man: $Det((\dot{\tilde{\vec{x}}}, \ddot{\tilde{\vec{x}}}) = (\tilde{\vec{x}}_u\dot{u} +$
$+\tilde{\vec{x}}_v\dot{v}, \tilde{\vec{x}}_{uu}\dot{u}^2 + 2\tilde{\vec{x}}_{uv}\dot{u}\dot{v} + \tilde{\vec{x}}_{vv}\dot{v}^2 + \tilde{\vec{x}}_u\ddot{u} + \tilde{\vec{x}}_v\ddot{v}) = (\tilde{\vec{x}}_u\dot{u}, \dot{u}^2\Gamma_{11}^2\tilde{\vec{x}}_v + 2\dot{u}\dot{v}\Gamma_{12}^2\tilde{\vec{x}}_v + \dot{v}^2\Gamma_{22}^2\tilde{\vec{x}}_v +$
$+\ddot{v}\tilde{\vec{x}}_v) + (\vec{x}_v\dot{v}, \dot{u}^2\Gamma_{11}^1\tilde{\vec{x}}_u + 2\dot{u}\dot{v}\Gamma_{12}^1\tilde{\vec{x}}_u + \dot{v}^2\Gamma_{22}^1\tilde{\vec{x}}_u + \ddot{u}\tilde{\vec{x}}_u) = W[\dot{u}\ddot{v} - \dot{v}\ddot{u} + \dot{u}^3\Gamma_{11}^2 -$
$-\dot{v}^3\Gamma_{22}^1 + \dot{u}^2\dot{v}(2\Gamma_{12}^2 - \Gamma_{11}^1) - \dot{u}\dot{v}^2(2\Gamma_{12}^1 - \Gamma_{22}^2)]$. Mit $\dot{\tilde{\vec{x}}}^2 = E\dot{u}^2 + 2F\dot{u}\dot{v} + G\dot{v}^2$ erhalten
wir somit

$$(9.66) \quad \kappa_g = \frac{\sqrt{EG - F^2}}{(E\dot{u}^2 + 2F\dot{u}\dot{v} + G\dot{v}^2)^{3/2}}[\dot{u}\ddot{v} - \dot{v}\ddot{u} + \dot{u}^3\Gamma_{11}^2 - \dot{v}^3\Gamma_{22}^1 + \dot{u}^2\dot{v}(2\Gamma_{12}^2 - \Gamma_{11}^1) -$$

$$-\dot{u}\dot{v}^2(2\Gamma_{12}^1 - \Gamma_{22}^2)].$$

Speziell werden die geodätischen Linien durch die Differentialgleichung

$$(9.67) \quad \dot{u}\ddot{v} - \dot{v}\ddot{u} + \dot{u}^3\Gamma_{11}^2 - \dot{v}^3\Gamma_{22}^1 + \dot{u}^2\dot{v}(2\Gamma_{12}^2 - \Gamma_{11}^1) - \dot{u}\dot{v}^2(2\Gamma_{12}^1 - \Gamma_{22}^2) = 0$$

gekennzeichnet.

5) Eine mit Metrik verträgliche *Parallelverschiebung* auf einer Fläche U des einfach
isotropen Raumes $I_3^{(1)}$ wird erhalten, wenn man beachtet, daß die auf U induzierte
Metrik mit der ebenen euklidischen Metrik des Grundrisses übereinstimmt. Die geodätische Parallelverschiebung auf U muß sich also in der [xy]-Ebene als gewöhnliche
Parallelverschiebung auswirken. Dann müssen aber bei der Parallelverschiebung
eines Flächenvektors $\vec{a}(t)$ längs einer Flächenkurve $\{u(t), v(t)\}$ die x- und y-Koor-
dinate ungeändert bleiben. Wird $\vec{a}$ in der Gestalt $\vec{a} = \alpha\vec{x}_u + \beta\vec{x}_v$ angesetzt, so
muß für $\dot{\vec{a}} = \dot{\alpha}\vec{x}_u + \alpha(\vec{x}_{uu}\dot{u} + \vec{x}_{uv}\dot{v}) + \dot{\beta}\vec{x}_v + \beta(\vec{x}_{vu}\dot{u} + \vec{x}_{vv}\dot{v})$ gelten $\dot{\tilde{\vec{a}}} = \vec{o}$. Unter
Beachtung von (8.38a-c) erhält man damit — wegen der linearen Unabhängigkeit
von $\tilde{\vec{x}}_u$ und $\tilde{\vec{x}}_v$ — als Differentialgleichungen der Parallelverschiebung

$$(9.68) \quad \dot{\alpha} + \alpha\dot{u}\Gamma_{11}^1 + (\alpha\dot{v} + \beta\dot{u})\Gamma_{12}^1 + \beta\dot{v}\Gamma_{22}^1 = 0$$
$$\dot{\beta} + \alpha\dot{u}\Gamma_{12}^2 + (\alpha\dot{v} + \beta\dot{u})\Gamma_{12}^2 + \beta\dot{v}\Gamma_{22}^2 = 0.$$

Wir fassen zusammen im

SATZ 9.18: *Die geodätischen Linien auf einer zulässigen C^r-Fläche $U(r \geq 2)$ des
einfach isotropen Raumes sind durch verschwindende geodätische Krümmung gekennzeichnet und werden durch die Differentialgleichung (9.67) bestimmt. Die geodätische
Parallelverschiebung (9.68) ist auf jeder zulässigen C^r-Fläche $U(r \geq 2)$ des $I_3^{(1)}$ wegun-
abhängig und besitzt die Geodätischen als Autoparallelen.*

§10 Differentialgeometrie der Regelflächen des einfach isotropen Raumes.

Die Differentialgeometrie der Regelflächen des einfach isotropen Raumes $I_3^{(1)}$ wurde erstmals von W. O. VOGEL (vgl. [249]) und später vom Autor in [167] systematisch entwickelt; einen anderen interessanten Zugang fand I. KAMERNAROVIĆ in [68]. Wir entwickeln in diesem Abschnitt zunächst die *natürliche Geometrie* der Regelflächen des $I_3^{(1)}$, in Analogie zur Methode von E. KRUPPA im dreidimensionalen, euklidischen Raum (vgl. [81]), wobei wir [249] folgen. Die allgemeine Theorie wird durch spezielle Resultate ergänzt (vgl. [167] – [169]).

Gegeben sei eine Regelfläche Φ mit der Parameterdarstellung

$$(10.1) \qquad \vec{y}(t,v) = \vec{x}(t) + v\vec{a}(t),$$

wobei $\vec{x}(t)$ eine C^r-*Leitkurve* $(r \geq 1)$ und $\vec{a}(t)$ einen C^r-*Richtungsvektor* $(r \geq 1)$ bezeichnet; v sei ein auf den Erzeugenden von Φ laufender Parameter. Sind nicht alle Erzeugenden von Φ vollisotrop, dann existieren auf Φ nur diskret verteilte vollisotrope Erzeugende, die wir i. f. ausschließen können, wenn wir lokale Differentialgeometrie auf Regelflächen Φ betreiben. Wir schließen daher i. f. speziell alle Zylinder mit vollisotropen Erzeugenden von den Betrachtungen aus. Wie in der euklidischen Situation versuchen wir nun jeder Erzeugenden $e \in \Phi$ einen ausgezeichneten Punkt S zuzuweisen, den sogenannten *Striktionspunkt (Kehlpunkt)*, was natürlich im $I_3^{(1)}$ anders zu geschehen hat als im E_3. Als zweckmäßig erweist sich die

Definition 10.1: Ist Φ ein von vollisotropen Erzeugenden freies C^r-Regelflächenstück $(r \geq 1)$, dann heißt jeder Punkt S einer Erzeugenden $e \in \Phi$ mit isotroper Tangentialebene *Striktionspunkt* von e. Die Menge der Striktionspunkte von Φ heißt *Striktionslinie* von Φ.

Folgerungen:
1) Um in (10.1) den Parameterwert v_s so zu bestimmen, daß die Tangentialebene in $S \in e$ isotrop ist, beachten wir, daß genau in diesem Fall die Vektoren $\vec{y}_t = \dot{\vec{x}} + v\dot{\vec{a}}$, $\vec{y}_v = \vec{a}$ und $\vec{b} = \{0,0,1\}$ linear abhängig sein müssen. Aus $Det(\vec{y}_t, \vec{y}_v, \vec{b}) = 0$ erhält man $\dot{x}a_2 - a_1\dot{y} + v_s(\dot{a}_1 a_2 - a_1\dot{a}_2) = 0$, also für $\dot{a}_1 a_2 - a_1\dot{a}_2 \neq 0$

$$(10.2) \qquad v_s = \frac{\dot{x}a_2 - a_1\dot{y}}{a_1\dot{a}_2 - a_2\dot{a}_1} = \frac{[\dot{\tilde{x}}, \tilde{\dot{a}}]}{[\tilde{\dot{a}}, \tilde{\dot{a}}]}.$$

In diesem Fall wird somit der Striktionspunkt S auf $e \in \Phi$ eindeutig durch

$$(10.3) \qquad \vec{s} = \vec{x}(t) + \frac{\dot{x}a_2 - a_1\dot{y}}{a_1\dot{a}_2 - a_2\dot{a}_1}\vec{a}(t)$$

festgelegt.

2) Gilt in einem t-Intervall $a_1 \dot{a}_2 = a_2 \dot{a}_1$, so findet man für $a_1 \neq 0$, $a_2 \neq 0$ zunächst $\frac{\dot{a}_1}{a_1} = \frac{\dot{a}_2}{a_2}$, und durch Integration entsteht $a_1 = c_0 a_2$ mit einer Integrationskonstanten $c_0 \neq 0$, d. h., alle Erzeugenden von Φ sind zu einer isotropen Ebene parallel. Dasselbe Resultat findet man auch für $a_1 = 0$ oder $a_2 = 0$, während ja $a_1 = a_2 = 0$ von unseren Betrachtungen ausgeschlossen ist. Der Ausnahmefall $a_1 \dot{a}_2 - a_2 \dot{a}_1 = 0$ kennzeichnet also *konoidale* Regelflächen mit *isotroper Fernleitgeraden*.

3) Beachtet man, daß bei den Regelflächen unter 1) die Striktionslinie s die Eigenschattengrenze von Φ bei Parallelbeleuchtung aus dem absoluten Punkt F ist, gelang man zu einer Typenteilung dieser Regelflächen, wenn man die Projektion sämtlicher Erzeugenden von Φ in die Grundrißebene $\pi(z = 0)$ betrachtet. Entweder umhüllen diese Geraden eine Kurve $\tilde{s}$ oder sie gehen alle durch einen Punkt. Eine Schar paralleler Geraden ist nur im Fall 2) möglich. Da alle diese Begriffsbildungen isotropinvariant erklärt sind, gelangt man so zu einem brauchbaren Einteilungsprinzip der Regelflächen nach

Definition 10.2: Eine windschiefe C^r-Regelfläche $\Phi(r \geq 1)$ des einfach isotropen Raumes $I_3^{(1)}$ heißt vom *Typ I)*, wenn ihre Striktionslinie eine Raumkurve oder eine krumme Kurve in einer nichtisotropen Ebene ist. Φ heißt vom *Typ II)*, wenn ihre Striktionslinie eine vollisotrope Gerade ist. Φ heißt vom *Typ III)*, wenn Φ konoidal mit isotroper Fernleitgeraden ist.

Bemerkung: W. O. VOGEL gibt in [249] eine Einteilung der Regelflächen in 5 Typen, wobei er allerdings auch die abwickelbaren Flächen mit einbezieht, und weiter Flächen mit vollisotropen Erzeugenden zuläßt. Die entsprechende Einteilung, die sich auch aus unseren Überlegungen sofort ergibt, lautet:

Typ 1: Zylinder Φ mit vollisotropen Erzeugenden, Parallelstrahlbüschel in vollisotroper Richtung.

Typ 2: Tangentenschar Φ einer Kurve c, die in einer isotropen Ebene ϵ liegt bzw. Geradenbüschel oder Parallelstrahlbüschel in ϵ.

Typ 3: Zylinderflächen Φ bzw. konoidale Regelflächen mit isotroper Leitgeraden (Typ III nach obiger Einteilung).

Typ 4: Kegelflächen Φ bzw. windschiefe Regelflächen mit vollisotroper Leitgeraden (Typ II nach obiger Einteilung).

Typ 5: Tangentenflächen Φ von Raumkurven oder ebenen Kurven in nichtisotropen Ebenen, windschiefe Regelflächen mit einer Raumkurve oder ebenen Kurve in einer nichtisotropen Ebene als Striktionslinie.

Die Theorie der Regelflächen $\Phi_I - \Phi_{III}$ der Typen I) – III) muß gesondert entwickelt werden.

I) <u>Windschiefe Regelflächen vom Typ I)</u>

Wir setzen i. f. voraus, daß die Striktionslinie s der Regelfläche Φ_I eine zulässige C^r-Raumkurve $(r \geq 2)$ oder eine zulässige ebene C^r-Kurve $(r \geq 2)$ in einer nichtisotropen Ebene sei. In beiden Fällen kann s mit der isotropen Bogenlänge u in der Form

$$(10.4) \qquad \vec{s}(u) = \{x(u), y(u), z(u)\} \quad \text{mit} \quad \tilde{\vec{s}}'^2 = 1$$

parametrisiert werden. $\vec{s}(u)$ werde i. f. als Leitkurve von Φ gewählt. Da Φ keine voll-isotropen Erzeugenden enthält, kann man in (10.1) weiter den Richtungsvektor $\vec{a}$ als normiert voraussetzen ($\tilde{\vec{a}}^2 = 1$). Wird $\vec{e} = \frac{\vec{a}}{|\vec{a}|}$ gesetzt, so hat man die Darstellung

$$(10.5) \qquad \vec{y}(u,v) = \vec{s}(u) + v\vec{e}(u) \quad \text{mit} \quad \tilde{\vec{e}}^2 = 1.$$

Wird Φ auf eine allgemeine Leitkurve bezogen, dann vereinfachen sich bei einem Einheitsvektor als Richtungsvektor der Erzeugenden die Formeln (10.2) und (10.3) erheblich: Aus $e_1^2 + e_2^2 = 1$ folgt durch Differentiation $e_1\dot{e}_1 + e_2\dot{e}_2 = 0$ und aus der LAGRANGE-Indentität $(e_1\dot{e}_2 - e_2\dot{e}_1)^2 = (e_1^2 + e_2^2)(\dot{e}_1^2 + \dot{e}_2^2) - (e_1\dot{e}_1 + e_2\dot{e}_2)^2$ fließt $(e_1\dot{e}_2 - e_2\dot{e}_1)^2 = \dot{e}_1^2 + \dot{e}_2^2 = |\dot{\tilde{\vec{e}}}|^2$. Damit lautet (10.2) bzw. (10.3)

$$(10.6) \qquad v_s = \frac{[\dot{\tilde{\vec{x}}}, \tilde{\vec{e}}]}{|\dot{\tilde{\vec{e}}}|} \qquad \text{bzw.}$$

$$(10.7) \qquad \vec{s}(t) = \vec{x}(t) + \frac{[\dot{\tilde{\vec{x}}}, \tilde{\vec{e}}]}{|\dot{\tilde{\vec{e}}}|} \vec{e}(t).$$

Die Beziehung

$$(10.8) \qquad [\dot{\tilde{\vec{x}}}, \tilde{\vec{e}}] = 0$$

besteht genau dann, wenn $\vec{x}(t)$ schon Striktionslinie auf Φ ist. Der Tangentenvektor $\vec{t} = \vec{s}'$ an die Striktionslinie ist nach (10.4) ein Einheitsvektor, der in der von $\vec{e}$ und $\vec{b} = \{0,0,1\}$ aufgespannten Tangentialebene von Φ im Striktionspunkt liegt. Bezeichnet man den Winkel zwischen $\vec{e}$ und $\vec{t}$ als *einfach isotrope Striktion* $\sigma(u)$, dann gilt

$$(10.9) \qquad \vec{t} = \vec{s}'(u) = \vec{e}(u) + \sigma(u)\vec{b}$$

und durch Integration dieser Gleichung erhält man zusammen mit (10.5) folgende *Normaldarstellung* einer zulässigen, windschiefen C^r-Regelfläche $\Phi(r \geq 2)$ vom Typ I)

$$(10.10) \qquad \vec{y}(u,v) = \int [\vec{e}(u) + \sigma(u)\vec{b}]du + v\vec{e}(u).$$

Diese Darstellung ist das einfach isotrope Analogon zur bekannten Regelflächendarstellung von E. KRUPPA im E_3 (vgl. [82,64]). Der Winkel $\sigma(u)$ hat ersichtlich geometrische Bedeutung; man findet explizit

$$(10.11) \qquad \sigma(u) = \sphericalangle(\vec{e}, \vec{t}) = z' - e_3,$$

wobei Striche, wie i. f. immer, Ableitungen nach der Bogenlänge u auf s bezeichnen sollen. Da zur Herleitung von $\sigma(u)$ eine Differentiation erforderlich ist, und $\sigma(u)$ in (10.11) die Ableitung z' enthält, ist die *Striktion* eine *Differentialinvariante 2. Ordnung* auf Φ_I. Ähnlich wie in der Kurventheorie des $I_3^{(1)}$ werden wir nun für Regelflächen Φ_I ein *begleitendes Dreibein* konstruieren, zugehörige *Ableitungsgleichungen* aufstellen, und einen *Fundamentalsatz* angeben.

a) Begleitendes Dreibein:
Als *ersten* Beinvektor wählen wir den Einheitsvektor $\vec{e}(u) = \{e_1(u), e_2(u), e_3(u)\}$ der Erzeugenden $e \in \Phi_I$. Der Ableitungsvektor $\vec{e}' = \{e_1', e_2', e_3'\}$ von $\vec{e}$ besitzt die Komponenten $(e_1', e_2') \neq (0,0)$, denn andernfalls wäre $e_1\dot{e}_2 - e_2\dot{e}_1 = 0$ und nach der letzten Folgerung 2) würde keine Regelfläche vom Typ I vorliegen. Somit kann $\vec{e}'$ normiert werden; wir führen als *zweiten Beinvektor* ein

$$(10.12) \qquad \vec{n} := \frac{\vec{e}'}{|\widetilde{\vec{e}'}|}$$

und bezeichnen $\vec{n}$ als einfach isotropen *Zentralnormalenvektor*. Wegen $\widetilde{\vec{e}}.\widetilde{\vec{e}'} = 0$ steht der Zentralnormalenvektor auf dem Richtungsvektor der Erzeugenden normal und er besitzt geometrische Bedeutung. Bezeichnen wir wie in der affinen Regelflächentheorie die Tangentialebene η im Fernpunkt E_u von e als *asymptotische Ebene*, so gewinnt man die Gleichung der Ferngeraden von η über die Fernkurve

$$(10.13) \qquad x_0 : x_1 : x_2 : x_3 = 0 : e_1(u) : e_2(u) : e_3(u)$$

von Φ_I zu

$$(10.14) \qquad x_0 = (e_2'e_3 - e_2e_3')x_1 - (e_1'e_3 - e_3'e_1)x_2 + (e_1'e_2 - e_1e_2')x_3 = 0.$$

Man erkennt damit, daß der Zentralnormalenvektor zur asymptotischen Ebene η parallel ist. Als *dritten* Beinvektor wählen wir den vollisotropen Einheitsvektor

$$(10.15) \qquad \vec{b} = \{0, 0, 1\},$$

den wir als *Zentraltangentenvektor* bezeichnen. Die Vektoren $\{\vec{e}, \vec{n}, \vec{b}\}$ sind linear unabhängig wegen $Det(\vec{e}, \vec{n}, \vec{b}) = [\widetilde{\vec{e}}, \widetilde{\vec{n}}] = 1$ und bilden in dieser Reihenfolge ein Rechtssystem. Wir führen diese drei Vektoren als *begleitendes Dreibein* von Φ_I längs e ein, wobei wir uns diese Vektoren im Striktionspunkt $S \in e$ angeheftet denken. Die Gerade durch S mit der Richtung $\vec{n}$ heißt *Zentralnormale*.

b) Ableitungsgleichungen:
Auf Φ_I hängen die Vektoren $\vec{e}(u)$ und $\vec{n}(u)$ von u ab. Als Ableitungsgleichungen bezeichnet man die Darstellungen der Vektoren $\vec{e}', \vec{n}', \vec{b}'$ als Linearkombinationen in der Basis $\{\vec{e}, \vec{n}, \vec{b}\}$. Trivial ist die Darstellung $\vec{b}' = 0$. Machen wir weiter den Ansatz $\{\vec{e}' = \alpha_{11}\vec{e} + \alpha_{12}\vec{n} + \alpha_{13}\vec{b}, \; \vec{n}' = \alpha_{21}\vec{e} + \alpha_{22}\vec{n} + \alpha_{23}\vec{b}\}$, so können wir zunächst die aus

(10.12) fließende Beziehung $\vec{e}' = |\widetilde{\vec{e}'}|\vec{n}$ berücksichtigen, woraus $\alpha_{11} = \alpha_{13} = 0$ folgt. Aus $\widetilde{\vec{n}}^2 = 1$ ergibt sich $\widetilde{\vec{n}} \cdot \widetilde{\vec{n}}' = 0 = \widetilde{\vec{n}} \cdot (\alpha_{21}\widetilde{\vec{e}} + \alpha_{22}\widetilde{\vec{n}}) = \alpha_{22}$, sodaß $\vec{n}' = \alpha_{21}\vec{e} + \alpha_{23}\vec{b}$ verbleibt. Wird noch die Beziehung $\widetilde{\vec{e}}.\widetilde{\vec{n}} = 0$ differenziert, so gewinnt man $\widetilde{\vec{e}} \cdot \widetilde{\vec{n}}' + \widetilde{\vec{e}}' \cdot \widetilde{\vec{n}} = 0 = \widetilde{\vec{e}}(\alpha_{21}\widetilde{\vec{e}}) + |\widetilde{\vec{e}'}|\widetilde{\vec{n}} \cdot \widetilde{\vec{n}} = \alpha_{21} + |\widetilde{\vec{e}'}|$, woraus $\alpha_{21} = -|\widetilde{\vec{e}'}|$ folgt. Setzt man

$$(10.16) \qquad \kappa := |\widetilde{\vec{e}'}|, \quad \tau := \alpha_{23},$$

so entstehen die Ableitungsgleichungen

$$(10.17a-c) \qquad \begin{cases} \vec{e}' = \kappa\vec{n} \\ \vec{n}' = -\kappa\vec{e} + \tau\vec{b} \\ \vec{b}' = \vec{o}. \end{cases}$$

Man bezeichnet κ als *einfach isotrope Krümmung* und τ als *einfach isotrope Windung* der Regelflächen Φ_I. Die Formeln (10.17a-c) sind das einfach isotrope Analogon zu den Ableitungsgleichungen von E. KRUPPA (vgl. [82,64]).

<u>Folgerungen:</u>

1) Als Koeffizienten in den Ableitungsgleichungen (10.17a-c) sind κ und τ geometrische Größen, also Differentialinvarianten. Zur Bestimmung ihrer Ordnung berechnen wir sie für eine allgemeine Parametrisierung von Φ_I in der Form

$$(10.18) \qquad \vec{y}(t,v) = \vec{x}(t) + v\vec{e}(t).$$

Zunächst ist dann $\frac{du}{dt} = \dot{u} = |\dot{\vec{s}}(t)|$. Wegen $\widetilde{\vec{e}}' = \dot{\widetilde{\vec{e}}}.\frac{dt}{du}$ haben wir damit

$$(10.19) \qquad \kappa = |\widetilde{\vec{e}'}| = \frac{|\dot{\widetilde{\vec{e}}}|}{|\dot{\widetilde{\vec{s}}}|} = [\widetilde{\vec{e}}, \widetilde{\vec{e}'}].$$

Da die Berechnung von $\vec{s}(t)$ selbst eine Differentiation erfordert, ist κ somit eine *Differentialinvariante 2. Ordnung*.

Zur Berechnung von τ bilden wir aus (10.17b) $Det(\vec{e},\vec{n},\vec{n}') = Det(\vec{e},\vec{n},\tau\vec{b}) = \tau$. Nun berechnen wir: $\vec{n} = \frac{1}{\kappa}\vec{e}'$, $\vec{n}' = (\frac{1}{\kappa})'\vec{e}' + \frac{1}{\kappa}\vec{e}'' \Rightarrow \tau = Det(\vec{e}, \frac{1}{\kappa}\vec{e}', \frac{1}{\kappa}\vec{e}'') = \frac{1}{\kappa^2}Det(\vec{e},\vec{e}',\vec{e}'')$. Die Umrechnung auf einen allgemeinen Parameter t erfolgt über: $\vec{e}' = \dot{\vec{e}}\frac{dt}{du}$, $\vec{e}'' = \ddot{\vec{e}}(\frac{dt}{du})^2 + \dot{\vec{e}}\frac{d^2t}{du^2} \Rightarrow Det(\vec{e},\vec{e}',\vec{e}'') = (\frac{dt}{du})^3(\vec{e},\dot{\vec{e}},\ddot{\vec{e}})$, $[\widetilde{\vec{e}}, \widetilde{\vec{e}'}] = [\widetilde{\vec{e}}, \dot{\widetilde{\vec{e}}}]\frac{dt}{du}$. Damit haben wir

$$(10.20a,b) \qquad \tau = \frac{Det(\vec{e},\vec{e}',\vec{e}'')}{\kappa^2} = \frac{Det(\vec{e},\vec{e}',\vec{e}'')}{[\widetilde{\vec{e}}, \widetilde{\vec{e}'}]^2} = \frac{Det(\vec{e},\vec{e}',\vec{e}'')}{(\widetilde{\vec{e}'})^2} \qquad \text{bzw.}$$

$$\tau = \frac{Det(\vec{e},\dot{\vec{e}},\ddot{\vec{e}})}{\dot{\widetilde{\vec{e}}}^2\,|\dot{\widetilde{\vec{s}}}|}.$$

Die Darstellung (10.20b) zeigt, daß auch die *Windung* von Φ_I eine *Differentialinvariante 2. Ordnung* ist.

2) Die Größen κ und τ beziehen sich auf die Regelflächen Φ_I und dürfen nicht mit der Krümmung κ_S bzw. der Windung τ_S der Striktionslinie $s \subset \Phi_I$ verwechselt werden. Nach (6.16a) findet man $\kappa_S = [\tilde{\vec{s}}', \tilde{\vec{s}}''] = [\tilde{\vec{e}}, \tilde{\vec{e}}'] = \kappa$. Um τ_S zu berechnen, gehen wir von (10.9) $\vec{s}' = \vec{e} + \sigma\vec{b}$ aus und ermitteln mit (10.17a-c) $\vec{s}'' = \kappa\vec{n} + \sigma'\vec{b}$, $\vec{s}''' = {} = \kappa'\vec{n} + \kappa(-\kappa\vec{e} + \tau\vec{b}) + \sigma''b \Rightarrow \vec{s}''' = -\kappa^2\vec{e} + \kappa'\vec{n} + (\sigma'' + \tau\kappa)\vec{b} \Rightarrow Det(\vec{s}', \vec{s}'', \vec{s}''') = \kappa\sigma'' + {} + \tau\kappa^2 - \sigma'\kappa' + \sigma\kappa^3$. Hiermit folgt aus (6.18a) $\tau_S = \dfrac{Det(\vec{s}', \vec{s}'', \vec{s}''')}{\kappa_S^2} = \kappa\sigma + \tau + \dfrac{\kappa\sigma'' - \sigma'\kappa'}{\kappa^2} = {} = \kappa\sigma + \tau + (\frac{\sigma'}{\kappa})'$. Wir vermerken die Beziehungen

$$(10.21a,b) \qquad \kappa_s = \kappa$$

$$\tau_S = \kappa\sigma + \tau + \left(\frac{\sigma'}{\kappa}\right)'.$$

3) Für die Striktion σ folgt aus (10.11) die allgemeinere Formel

$$(10.22) \qquad \sigma(t) = \frac{\dot{s}_3}{|\dot{\vec{s}}(t)|} - e_3(t),$$

wenn $s_3(t)$ die z-Komponente der Striktionslinie bezeichnet.

4) Wir geben eine geometrische Deutung der Krümmung κ einer windschiefen Regelfläche Φ_I! Sind $e_1(u)$ und $e_2(u + h)$ benachbarte Erzeugenden auf Φ_I, beschrieben durch die Einheitsvektoren $\vec{e}(u)$ und $\vec{e}(u + h)$, so gilt für ihren Winkel φ gemäß (3.20b) — nach Anwendung der Taylor-Entwicklungen auf die Komponenten von $\vec{e}(u + h)$

$$(10.23) \quad \sin\varphi = h(e_2'e_1 - e_1'e_2) + \frac{1}{2}h^2[e_1\dot{e}_2(u + \vartheta_2 h) - e_2\dot{e}_1(u + \vartheta_1 h)] \quad \text{mit}$$
$$0 < \vartheta_1,\ \vartheta_2 < 1.$$

Beachtet man, daß h die Bogenlänge der Striktionslinie s zwischen den Schnittpunkten von e_1 und e_2 mißt, so folgt über $\lim\limits_{h\to 0} \frac{\varphi}{h} = \lim\limits_{h\to 0} \frac{\varphi}{\sin\varphi} \cdot \lim\limits_{h\to 0} \frac{\sin\varphi}{h} = \lim\limits_{h\to 0} (e_2'e_1 - e_1'e_2) + {} + \lim\limits_{h\to 0} \frac{1}{2}h[e_1\dot{e}_2(u + \vartheta_2 h) - e_2\dot{e}_1(u + \vartheta_1 h)] = \kappa$ nach (10.19) die gewünschte Deutung von κ als Grenzwert.

5) Analog zu 4) geben wir eine Deutung der Windung τ von Φ_I! Nach (10.14) gilt für die asymptotische Ebene η längs einer Erzeugenden $e \subset \Phi_I : z = Ux + Vy + W$ mit $U = \frac{e_2e_3' - e_3e_2'}{e_2e_1' - e_2'e_1}$, $V = \frac{e_3e_1' - e_3'e_1}{e_2e_1' - e_1e_2'}$. Hieraus folgt durch Differentiation und einiger Rechnung unter Beachtung von (10.20a)

$$(10.24) \qquad U' = -e_2\tau, \quad V' = e_1\tau.$$

Andererseits gilt für den Winkel ψ zweier benachbarter asymptotischer Ebenen $\eta(u)$ und $\eta(u + h)$ ersichtlich $\psi = {}_+\sqrt{[U(u + h) - U(u)]^2 + [V(u + h) - V(u)]^2}$, woraus man $\lim\limits_{h\to 0} \frac{\psi}{h} = {}_+\sqrt{U'^2 + V'^2}$ findet. Aus dieser Beziehung und (10.24) gewinnt man die gesuchte Deutung von $|\tau|$ zu

$$(10.25) \qquad\qquad |\tau| = \lim_{h \to 0} \frac{\psi}{h}$$

als Grenzwert. Wir fassen einiges zusammen im

SATZ 10.1: *Windschiefe C^r-Regelflächen $\Phi_I (r \geq 2)$ vom Typ I) des einfach isotropen Raumes besitzen die Normaldarstellung (10.10) und genügen den Ableitungsgleichungen (10.17a-c) zum begleitenden Dreibein $\{\vec{e}, \vec{n}, \vec{b}\}$. Die Krümmung κ, die Windung τ und die Striktion σ sind Differentialinvarianten 2. Ordnung von Φ. Die Krümmung κ von Φ_I stimmt mit der Krümmung der Striktionslinie von Φ_I überein und ist gleich dem Grenzwert des Verhältnisses des Winkels zweier Erzeugender von Φ_I zum Bogen auf der Striktionslinie zwischen diesen beiden Erzeugenden. Der Betrag $|\tau|$ der Windung von Φ_I ist gleich dem Grenzwert des Verhältnisses des Winkels zwischen zwei asymptotischen Ebenen zum Bogen auf der Striktionslinie zwischen den entsprechenden Striktionspunkten.*

c) <u>Fundamentalsatz:</u>
Änlich wie in der Kurventheorie des $I_3^{(1)}$ kann nun für Regelflächen Φ_I ein Fundamentalsatz formuliert werden.

SATZ 10.2: *Sind auf einem offenen Intervall I drei Funktionen $\kappa(u) \neq o/ \in C^1$, $\tau(u) \in C^0$ und $\sigma(u) \neq 0/ \in C^2$ gegeben, dann existiert bis auf einfach isotrope Bewegungen im $I_3^{(1)}$ eine einzige C^2-Regelfläche vom Typ I) mit u als isotroper Bogenlänge auf der Striktionslinie von Φ_I, $\kappa(u)$ als Krümmung, $\tau(u)$ als Windung und $\sigma(u)$ als Striktion von Φ_I.*

<u>Beweis:</u>
Unter den gegebenen Voraussetzungen ist nach (10.21a,b) die Krümmung κ_s und die Windung τ_s der Striktionslinie von Φ_I als C^1 bzw. C^0-Funktion über I gegeben. Gemäß Satz 6.11 existiert dann bis auf einfach isotrope Bewegungen genau eine C^3-Kurve s, welche Striktionslinie auf Φ_I werden soll. Hierzu ist $\vec{e}(u)$ gemäß $\vec{e}(u) = \vec{s}'(u) - \sigma(u)\vec{b}$ zu wählen, wenn $\vec{s}(u)$ die Striktionslinie beschreibt. Wegen $\vec{e}(u) \in C^2$ liegt eine C^2-Regelfläche vor, die ersichtlich $\kappa(u)$ als Krümmung, $\tau(u)$ als Windung und $\sigma(u)$ als Striktion besitzt.

Die Funktionen κ, τ, σ auf Φ_I sind alle Differentialinvarianten 2. Ordnung. In einer *Reihe von Überlegungen* versuchen wir nun eine Differentialinvariante 1. Ordnung zu konstruieren; wir folgen hierbei [167].

1.) Wir gehen aus von einer C^ω-Regelfläche Φ_I, die wir durch Plücker-Koordinaten

$$(10.26) \qquad\qquad p_1(t) : p_2(t) \ldots : p_6(t) \quad \text{mit} \quad \Omega(p(t)) \equiv 0$$

beschreiben. Da Φ_I als windschief vorausgesetzt wird, sind alle Erzeugenden in einer genügend kleinen Umgebung einer festen Erzeugenden $p(t)$ zu $p(t)$ windschief, sodaß zwischen $p(t)$ und einer Nachbarerzeugenden $p(t+h)$ $(h \neq 0)$ nach Satz 3.3 ein Abstand d und ein Winkel ψ gemäß (3.20a,b) definiert ist. Zieht man die Taylor-Entwicklung $p_j(t+h) = p_j(t) + h\dot{p}_j(t) + \frac{1}{2}h^2\ddot{p}_j(t) + [3]$ heran $(j=1,\ldots,6)$, wobei [3] Glieder ab der dritten Ordnung bezeichnet, so findet man $\Omega(p(t+h),p(t)) = \Omega(p(t) + h\dot{p}(t) + \frac{1}{2}h^2\ddot{p}(t) + [3], p(t)) = \frac{1}{2}h^2\Omega(\ddot{p}(t),p(t)) + [3]$, wobei die Beziehungen $\Omega(p,p) = 0$ und $\Omega(p,\dot{p}) = 0$ investiert wurden. Beachtet man noch die Relation $\Omega(\ddot{p},p) = -2\Omega(\dot{p})$, so gewinnt man

$$(10.27) \qquad \Omega(p(t+h),p(t)) = -h^2\Omega(\dot{p}) + [3].$$

Weiter erhält man $p_1(t)p_2(t+h) - p_2(t)p_1(t+h) = h(p_1\dot{p}_2 - p_2\dot{p}_1) + [2]$ und ähnlich $\sqrt{p_1^2(t+h) + p_2^2(t+h)} = \sqrt{p_1^2 + p_2^2} + \frac{p_1\dot{p}_1 + p_2\dot{p}_2}{\sqrt{p_1^2 + p_2^2}}h + [2]$, womit sich gemäß (3.20a,b) mit (10.27) schließlich

$$(10.28) \qquad d = \frac{h^2\Omega(\dot{p}) + [3]}{h(p_1\dot{p}_2 - p_2\dot{p}_1) + [2]} \qquad \text{sowie}$$

$$(10.29) \qquad \sin\psi = \frac{h(p_1\dot{p}_2 - p_2\dot{p}_1) + [2]}{(p_1^2 + p_2^2) + (p_1\dot{p}_1 + p_2\dot{p}_2)h + [2]}$$

einstellt. Mit (10.28) und (10.29) kann man nun bilden:

$$\lim_{h\to 0} \frac{d}{\sin\psi} = \lim_{h\to 0} \frac{d}{\psi} \cdot \lim_{h\to 0} \frac{\psi}{\sin\psi}, \quad \text{also}$$

$$\lim_{h\to 0} \frac{d}{\psi} = \lim_{h\to 0} \frac{h^2(p_1^2 + p_2^2)\Omega(\dot{p}) + [3]}{h^2(p_1\dot{p}_2 - p_2\dot{p}_1)^2 + [3]} = \frac{\Omega(\dot{p})(p_1^2 + p_2^2)}{(p_1\dot{p}_2 - p_2\dot{p}_1)^2}.$$

Wir bezeichen den Grenzwert

$$(10.30) \qquad \delta_I := \lim_{h\to 0} \frac{d}{\psi} = \frac{\Omega(\dot{p})(p_1^2 + p_2^2)}{(p_1\dot{p}_2 - p_2\dot{p}_1)^2}$$

als den *einfach isotropen Drall* δ_I der Regelfläche Φ_I.

2.) Wird eine Regelfläche Φ_I in der Gestalt (10.1) mit $\vec{x}(t) = \{x(t), y(t), z(t)\}$ und $\vec{a}(t) = \{a_1(t), a_2(t), a_3(t)\}$ vorgegeben, dann erhält man für die Plücker-Koordinaten von Φ_I

$$(10.31) \qquad \begin{array}{ll} p_1 = a_1 & p_4 = ya_3 - za_2 \\[4pt] p_2 = a_2 & p_5 = za_1 - xa_3 \\[4pt] p_3 = a_3 & p_6 = xa_2 - ya_1, \end{array}$$

woraus man nach kurzer Rechnung $\Omega(\dot{p}) = Det(\dot{\vec{x}}, \vec{a}, \dot{\vec{a}})$ findet. Damit erhält man aus (10.30) die *Drallformel*

$$(10.32) \qquad \delta_I = \frac{Det(\dot{\vec{x}}, \vec{a}, \dot{\vec{a}})(a_1^2 + a_2^2)}{(a_1 \dot{a}_2 - a_2 \dot{a}_1)^2} = \frac{\widetilde{\vec{a}}^2 \, Det(\dot{\vec{x}}, \vec{a}, \dot{\vec{a}})}{[\widetilde{\vec{a}}, \dot{\widetilde{\vec{a}}}]^2}.$$

Da δ_I als Grenzwert einer Folge geometrischer Größen erklärt ist, ist der *Drall* auch eine geometrische Größe und zwar eine *Differentialinvariante 1. Ordnung*, wie man aus (10.32) erkennt.

3) Wird $\vec{a}$ als Einheitsvektor $\vec{e}(t)$ gewählt, so vereinfacht sich (10.32) erheblich. Wegen $(e_1 \dot{e}_1 - e_2 \dot{e}_1)^2 = \dot{e}_1^2 + \dot{e}_2^2 = |\dot{\widetilde{\vec{e}}}|^2$ fließt aus (10.32)

$$(10.33) \qquad \delta_I = \frac{Det(\dot{\vec{x}}, \vec{e}, \dot{\vec{e}})}{|\dot{\widetilde{\vec{e}}}|^2}.$$

Spezialisiert man (10.33) noch weiter, indem man als Leitkurve auf Φ_I die auf ihre Bogenlänge u bezogene Striktionslinie $\vec{s}(u)$ wählt, so folgt aus (10.9) und (10.17a) $Det(\vec{s}', \vec{e}, \vec{e}') = Det(\vec{e} + \sigma\vec{b}, \vec{e}, \kappa\vec{n}) = \kappa\sigma \, Det(\vec{e}, \vec{n}, \vec{b}) = \kappa\sigma$. Mit $\widetilde{\vec{e}}' = \kappa\widetilde{\vec{n}}$, also $|\widetilde{\vec{e}}'|^2 = \kappa^2$ ergibt sich hiermit aus (10.33)

$$(10.34) \qquad \delta_I = \frac{\sigma}{\kappa}.$$

Beachtet man, daß δ_I schon auf C^1-Regelflächen $\Phi_I \subset I_3^{(1)}$ erklärt ist und daß die Voraussetzung C^ω in 1) rein beweistechnischer Natur war, so hat man den

SATZ 10.3: *Auf jeder C^r-Regelfläche $\Phi_I(r \geq 1)$ des einfach isotropen Raumes ist als Differentialinvariante 1. Ordnung die mittels (10.30) bzw. (10.32) – (10.34) gegebene Drallfunktion δ_I erklärt. Der Drall δ_I ist gleich dem Grenzwert des Verhältnisses des Abstandes zweier Erzeugenden von Φ_I zum Winkel dieser Erzeugenden.*

Aus dem *vollständigen Invariantensystem* $\{\kappa, \tau, \sigma\}$ von Φ_I bildet man oft die neue Differentialinvariante

$$(10.35) \qquad k_I := \frac{\tau}{\kappa},$$

die man als einfach isotrope *konische Krümmung* der Regelfläche bezeichnet. Wir ziehen einige

Folgerungen:
 1) Für eine Regelfläche Φ_I erhält man nach (10.20a)

$$(10.36) \qquad k_I = \frac{Det(\vec{e}, \vec{e}', \vec{e}'')}{\kappa^3} = \frac{Det(\vec{e}, \vec{e}', \vec{e}'')}{[\widetilde{\vec{e}}, \widetilde{\vec{e}}']^3} = \frac{Det(\vec{e}, \vec{e}', \vec{e}'')}{\left(\sqrt{\widetilde{\vec{e}'^2}}\right)^3}, \quad \text{d. h.}$$

k_I hängt nicht von der Leitkurve, sondern nur vom Richtungsvektor $\vec{e}$ der Erzeugenden von Φ_I ab. Wird ein allgemeiner Parameter t auf der Leitkurve verwendet, so folgt aus (10.36)

$$(10.37) \qquad k_I = \frac{Det(\vec{e}, \dot{\vec{e}}, \ddot{\vec{e}})}{\left(\sqrt{\dot{\vec{e}}^2}\right)^3}.$$

Gelegentlich wird auch k_I benötigt, wenn die Richtungsvektoren der Erzeugenden von Φ_I nicht normiert sind. Mit $\vec{e}(t) = \rho(t)\vec{a}(t)$ und $\rho(t) = \dfrac{1}{+\sqrt{a_1^2+a_2^2}} = \dfrac{1}{|\tilde{\vec{a}}(t)|}$ berechnet man $\dot{\vec{e}} = \dot{\rho}\vec{a} + \rho\dot{\vec{a}}$, $\ddot{\vec{e}} = \ddot{\rho}\vec{a} + 2\dot{\rho}\dot{\vec{a}} + \rho\ddot{\vec{a}}$, $\quad Det(\vec{e}, \dot{\vec{e}}, \ddot{\vec{e}}) = Det(\rho\vec{a}, \rho\dot{\vec{a}}, \rho\ddot{\vec{a}}) = \rho^3 Det(\vec{a}, \dot{\vec{a}}, \ddot{\vec{a}})$, $[\tilde{\dot{\vec{e}}}, \tilde{\vec{e}}] = [\rho\tilde{\vec{a}}, \rho\tilde{\dot{\vec{a}}}] = \rho^2[\tilde{\vec{a}}, \tilde{\dot{\vec{a}}}]$. Damit folgt aus (10.36)

$$(10.38) \qquad k_I = \frac{Det(\vec{a}, \dot{\vec{a}}, \ddot{\vec{a}})}{[\tilde{\vec{a}}, \tilde{\dot{\vec{a}}}]^3}\sqrt{|\tilde{\vec{a}}|^3}.$$

2) Nach H. BRAUNER ([23,106]) existiert für nicht konoidale Regelflächen Φ des affinen Raumes A_3 bezüglich der äquiaffinen Gruppe eine *Scherungsinvariante a*, die für Regelflächen mit der Darstellung (10.1) durch

$$(10.39) \qquad a = \frac{Det(\dot{\vec{x}}, \vec{a}, \dot{\vec{a}})}{Det(\vec{a}, \dot{\vec{a}}, \ddot{\vec{a}})^{2/3}}$$

gegeben ist. Aus (10.32),(10.38) und (10.39) folgt somit die interessante Beziehung

$$(10.40) \qquad a = \delta_I : k_I^{2/3},$$

die vom Autor in [167,24] angegeben wurde; sie ist ein isotropes Gegenstück zur gleichlautenden euklidischen Relation (vgl. [23,107]).

3) Wir geben noch eine geometrische Deutung der konischen Krümmung k_I einer Regelfläche Φ_I (vgl. [167,21f]). Führt man in der Fernebene $\omega \ldots x_0 = 0$ mittels $\xi = \frac{x_1}{x_3}$ $\eta = \frac{x_2}{x_3}$ inhomogene Koordinaten ein, dann läßt sich die Fernkurve c_u der Regelfläche Φ_I nach (10.13) durch

$$(10.41) \qquad \xi(t) = \frac{e_1(t)}{e_3(t)}, \quad \eta(t) = \frac{e_2(t)}{e_3(t)}$$

beschreiben. Da die isotrope Bewegungsgruppe in ω eine dual-euklidische Geometrie induziert, erweist es sich als zweckmäßig (10.41) am Einheitskreis $\xi^2 + \eta^2 = 1$ zu polarisieren, wodurch eine Kurve $\hat{c}_u$ mit der Parameterdarstellung

$$(10.42) \qquad \widehat{X}(t) = \frac{\dot{\eta}}{\xi\dot{\eta} - \eta\dot{\xi}} = \frac{e_3\dot{e}_2 - e_2\dot{e}_3}{e_1\dot{e}_2 - e_2\dot{e}_1}$$

$$\widehat{Y}(t) = -\frac{\dot{\xi}}{\xi\dot{\eta} - \eta\dot{\xi}} = -\frac{e_3\dot{e}_1 - e_1\dot{e}_3}{e_1\dot{e}_2 - e_2\dot{e}_1}$$

entsteht, die wir als *Polarkurve* zu c_u bezeichnen. Mit der Abkürzung $\Delta := Det(\vec{e}, \dot{\vec{e}}, \ddot{\vec{e}})$ berechnet man aus (10.42) die ersten Ableitungen zu

$$(10.43) \qquad \dot{\widehat{X}} = -\frac{e_2\Delta}{(e_1\dot{e}_2 - e_2\dot{e}_1)^2}, \quad \dot{\widehat{Y}} = -\frac{e_1\Delta}{(e_1\dot{e}_2 - e_2\dot{e}_1)^2}$$

und gewinnt hieraus $\dot{\widehat{X}}\ddot{\widehat{Y}} - \dot{\widehat{Y}}\ddot{\widehat{X}} = \frac{\Delta^2}{(e_1\dot{e}_2 - e_2\dot{e}_1)^3}$. Damit bekommt man für die euklidische Krümmung $\widehat{\kappa}_E$ von $\widehat{c}_u$

$$(10.44) \qquad \widehat{\kappa}_E = \frac{(e_1\dot{e}_2 - e_2\dot{e}_1)^3}{\Delta} = \frac{1}{k_I}$$

nach (10.36), womit eine geometrische Deutung von k_I gefunden ist. Wir fassen einiges zusammen im

SATZ 10.4: *Auf jeder C^r-Regelfläche $\Phi_I (r \geq 2)$ des einfach isotropen Raumes ist durch (10.35) – (10.38) eine Differentialinvariante 2. Ordnung k_I erklärt, die man als konische Krümmung bezeichnet. k_I läßt sich als Reziprokwert der euklidischen Krümmung der Polarkurve $\widehat{c}_u$ zur Fernkurve c_u von Φ_I deuten. Der Quotient aus dem Kubus des Dralls und dem Quadrat der konischen Krümmung einer nicht konoidalen Regelfläche Φ_I des einfach isotropen Raumes ist eine Scherungsinvariante der Fläche.*

II) <u>Windschiefe Regelflächen vom Typ II)</u>

Da Regelflächen Φ_{II} dieser Art eine vollisotrope Striktionsgerade besitzen, können wir sie o. B. d. A. in der Form

$$(10.45) \qquad \vec{y}(t,v) = \left\{ \begin{array}{l} 0 \\ 0 \\ f(t) \end{array} \right. + v \left\{ \begin{array}{l} \cos t \\ \sin t \\ g(t) \end{array} \right.$$

mit zwei Funktionen $f(t)$ und $g(t)$ ansetzen, wobei wir den Richtungsvektor $\vec{e}(t) = \{\cos t, \sin t, g(t)\}$ von Φ_{II} schon normiert haben. Der Drall δ_I für die Regelfläche Φ_{II} kann genauso als Grenzwert erklärt werden wie für Regelflächen Φ_I, sodaß die Formeln (10.30) – (10.33) anwendbar sind. Mit (10.33) erhält man wegen $\dot{\vec{e}}^2 = 1$

$$(10.46) \qquad \delta_I = \dot{f}.$$

Auch die konische Krümmung k_I kann gemäß den Überlegungen zu Satz 10.4 für Regelflächen Φ_{II} übernommen werden. Aus (10.37) folgt dann

$$(10.47) \qquad k_I = g + \ddot{g}.$$

Damit gewinnen wir als *Fundamentalsatz* den

SATZ 10.5: *Sind auf einem offenen Intervall I zwei Funktionen $\delta_I(t) \neq 0/ \in C^0$ und $k_I(t) \in C^0$ gegeben, dann existiert bis auf einfach isotrope Bewegungen in $I_3^{(1)}$ eine einzige C^1-Regelfläche Φ_{II} mit δ_I als Drall und k_I als konischer Krümmung.*

Der *Beweis* von Satz 10.5 ergibt sich unmittelbar durch Integration der Differentialgleichungen (10.46) und (10.47).

Will man für Regelflächen Φ_{II} ein *begleitendes Dreibein* einführen, so wählt man als *ersten* Beinvektor den Vektor $\vec{e}$ in (10.45), als *zweiten* Beinvektor den Vektor

$$(10.47a) \qquad \vec{n} := \dot{\vec{e}} = \{-\sin t,\ \cos t, \dot{g}(t)\},$$

den man als Zentralnormalenvektor bezeichnet, und als *dritten* Beinvektor den vollisotropen Einheitsvektor $\vec{b} = \{0,0,1\}$. Die Gerade durch den Striktionspunkt einer Erzeugenden e mit der Richtung $\vec{n}$ heißt *Zentralnormale*. Ihr kommt ebenso wie $\vec{n}$ geometrische Bedeutung zu. Wegen $\widetilde{\vec{n}}^2 = 1$, $\widetilde{\vec{e}.\vec{n}} = 0$ ist nämlich $\vec{n}$ ein zu $\vec{e}$ orthogonaler Einheitsvektor. Aus (10.47a) folgen mit (10.47) noch die zugehörigen Ableitungsgleichungen

$$(10.47b) \qquad \begin{cases} \vec{e}' = \vec{n} \\ \vec{n}' = -\vec{e} + k_I\vec{b}\,, \\ \vec{b}' = \vec{o} \end{cases}$$

während man für den Tangentenvektor $\vec{t}$ in der vollisotropen Striktionsgeraden $\vec{x}(t) = = \{0,0,f(t)\}$ mit (10.46)

$$(10.47c) \qquad \vec{t} = \vec{x}' = \delta_I\vec{b}$$

findet.

III) <u>Windschiefe Regelflächen vom Typ III)</u>

Die Erzeugenden einer Regelfläche Φ_{III} liegen in parallelen, isotropen Ebenen, die man o. B. d. A. als parallel zur [yz]-Ebene des Koordinatensystems wählen kann. Da auf den Flächen Φ_{III} keine Striktionslinie existiert, wählen wir als Leitkurve eine *Orthogonaltrajektorie* der Erzeugendenschar von Φ_{III}, d. h. eine Kurve, die sich im Grundriß als Gerade normal zu den Erzeugendengrundrissen abbildet; sie ist natürlich nicht eindeutig bestimmt. Wählt man die Leitkurve o. B. d. A. in der [xz]-Ebene, dann kann Φ_{III} in der Gestalt

$$(10.48) \qquad \vec{y}(t,v) = \begin{Bmatrix} t \\ 0 \\ f(t) \end{Bmatrix} + v \begin{Bmatrix} 0 \\ 1 \\ g(t) \end{Bmatrix}$$

angesetzt werden. Wegen $\widetilde{\vec{x}^{\,2}}{}' = 1$ und $\widetilde{\vec{e}}^{\,2} = 1$ ist hiermit der Tangentenvektor $\vec{t} := \vec{x}'$ der Leitkurve schon normiert, und der Richtungsvektor $\vec{e}$ auf den Erzeugenden von Φ_{III} ist ebenfalls ein Einheitsvektor. Als *begleitendes Dreibein* von Φ_{III} wählen wir die Vektoren $\{\vec{e}, \vec{t}, \vec{b}\}$. Dann gilt, wie aus der Theorie der Kurven in isotropen Ebenen bekannt $\vec{t}' = \kappa^* \vec{b}$ mit der Ersatzkrümmung κ^*. Um die Ableitungsgleichung für $\vec{e}'$ zu finden, machen wir den Ansatz $\vec{e}' = \alpha \vec{e} + \beta \vec{t} + \gamma \vec{b}$ aus dem wegen $\widetilde{\vec{e}}' = \alpha \widetilde{\vec{e}} + \beta \widetilde{\vec{t}}$ mit $\widetilde{\vec{e}}.\widetilde{\vec{e}} = 0$ sofort $\alpha = 0$ folgt, wenn man beachtet, daß $\widetilde{\vec{e}}.\widetilde{\vec{t}} = 0$ gilt. Wird die Beziehung $\widetilde{\vec{e}}.\widetilde{\vec{t}} = 0$ differenziert, so entsteht $\widetilde{\vec{e}}.\widetilde{\vec{t}}' + \widetilde{\vec{e}}'.\widetilde{\vec{t}} = (\beta \widetilde{\vec{t}}).\widetilde{\vec{t}} = \beta = 0$ und es verbleibt $\vec{e}' = \gamma \vec{b}$. Wir bezeichnen $\gamma =: \delta_I$ als den *Drall* der Regelfläche Φ_{III} und haben damit die *Ableitungsgleichungen*

$$(10.49a - c) \qquad \{\vec{e}' = \delta_I \vec{b}, \vec{t}' = \kappa^* \vec{b}, \vec{b}' = \vec{o}\}.$$

<u>Folgerungen:</u>

1) Aus (10.48) folgt sofort

$$(10.50a) \qquad \kappa^* = \ddot{f}(t), \ \delta_I = \dot{g}(t),$$

woraus man erkennt, daß durch Vorgabe von $\kappa^* \in C^0$ und $\delta_I \in C^0$ eine C^1-Regelfläche Φ_{III} samt orthogonaler Leitkurve bis auf isotrope Bewegungen eindeutig bestimmt ist. κ^* hängt von der Leitkurve ab und ist somit keine Differentialinvariante auf Φ_{III}. κ^* wird trotzdem gelegentlich als Krümmung von Φ_{III} bezeichnet.

2) Anders als κ^* ist δ_I eine Differentialinvariante auf Φ_{III}, die sich als Grenzwert deuten läßt. Bezeichnet nämlich a bzw. s nach (3.21a,b) den Abstand bzw. die Sperrung zweier benachbarter Erzeugenden $e = e(t)$ und $\hat{e} = e(t + h)$, so gilt $a(e, \hat{e}) = h$, $s(e, \hat{e}) = g(t + h) - g(t)$. Hieraus folgt $\lim\limits_{h \to 0} \frac{s}{a} = \lim\limits_{h \to 0} \frac{g(t+h)-g(t)}{h} = \dot{g}(t) = \delta_I$. Wir notieren diese Deutung

$$(10.51) \qquad \delta_I = \lim\limits_{h \to 0} \frac{s}{a}.$$

3) Betrachtet man auf Φ_{III} zwei Orthogonaltrajektorien c_1 und c_2 als Leitkurven, die zu den Parameterwerten $v_1 = konst.$ und $v_2 = konst.$ in (10.48) gehören, dann berechnet man aus (10.48) ihre Krümmungen zu $\kappa_1^* = \ddot{f} + v_1 \ddot{g}$, $\kappa_2^* = \ddot{f} + v_2 \ddot{g}$, woraus mit (10.50b) folgt

$$(10.52) \qquad \kappa_2^* - \kappa_1^* = (v_2 - v_1)\dot{\delta}_I.$$

Damit haben wir als *Fundamentalsatz* den

<u>**SATZ 10.6:**</u> *Besitzen zwei windschiefe Regelflächen vom Typ III) des einfach isotropen Raumes den gleichen Drall, während sich ihre Krümmungen nur um ein additives Glied der Form $c_0 \delta_I$ mit $c_0 = konst.$ unterscheiden, dann können sie durch eine einfach isotrope Bewegung ineinander übergeführt werden.*

Aus der allgemeinen Theorie der Regelflächen $\Phi_I - \Phi_{III}$ ziehen wir nun eine Reihe wichtiger

<u>Folgerungen:</u>

1) Wie aus der projektiven Geometrie der Regelflächen bekannt, ist eine Torsalerzeugende e durch $\Omega(\dot{p}) = 0$ gekennzeichnet. Ist $e \in \Phi_I$ nicht torsal, so folgt aus (10.30) sofort $\delta_I \neq 0$. Längs nicht torsalen Erzeugenden e existiert bekanntlich eine injektive Abbildung der Punkte $P \in e$ auf die Tangentialebenen $\pi(P)$, die man als *Chaslesche Berührkorrelation* bezeichnet; diese soll nun unter metrischen Gesichtspunkten im $I_3^{(1)}$ beschrieben werden (vgl. [167,36f]). Berechnet man aus (10.10) gemäß der Formel (8.9) die Gleichung der Tangentialebene π eines Punktes $P(\vec{y}^\circ) \in \Phi_I$, so erhält man über

$$Det(\vec{x}, \sigma\vec{b} + v\vec{e'}, \vec{e}) + konst. = 0$$

$$(10.53) \qquad u_1 x + u_2 y + u_3 z + konst = 0 \qquad \text{mit}$$
$$u_1 = v(e_2' e_3 - e_3' e_2) - \sigma e_2$$
$$u_2 = v(e_3' e_1 - e_1' e_3) + \sigma e_1$$
$$u_3 = v(e_1' e_2 - e_2' e_1).$$

Andererseits besitzt nach (10.14) die asymptotische Ebene η einer Erzeugenden $e \in \Phi_I$ die Darstellung

$$(10.54) \qquad \alpha_1 x + \alpha_2 y + \alpha_3 z + konst. = 0 \qquad \text{mit}$$
$$\alpha_1 = e_2' e_3 - e_2 e_3'$$
$$\alpha_2 = e_3' e_1 - e_3 e_1'$$
$$\alpha_3 = e_1' e_2 - e_1 e_2'.$$

Für Regelflächen Φ_I ist η nichtisotrop, und wir wollen voraussetzen, daß auch π nichtisotrop ist, d. h., daß P vom Striktionspunkt $S \in e$ verschieden ist. Dann gilt für den Winkel $\vartheta := \sphericalangle(\pi, \eta)$

$$(10.55) \qquad \vartheta^2 = \left(\frac{-\alpha_1}{\alpha_3} + \frac{u_1}{u_3}\right)^2 + \left(\frac{-\alpha_2}{\alpha_3} + \frac{u_2}{u_3}\right)^2 = \frac{(u_1 - v\alpha_1)^2 + (u_2 - v\alpha_2)^2}{v^2 \alpha_3^2}.$$

Aus (10.53) und (10.54) folgt weiter $u_1 - v\alpha_1 = -\sigma e_2$, $u_2 - v\alpha_2 = \sigma e_1$ und damit $\vartheta^2 = \frac{\sigma^2}{v^2 \alpha_3^2}$. Wegen $\alpha_3^2 = (e_1' e_2 - e_1 e_2')^2 = e_1'^2 + e_2'^2 = \kappa^2$ gewinnt man schließlich

$$(10.56) \qquad |\vartheta|\, |v| = |\delta_I|,$$

wobei $|v|$ den Abstand des Punktes P vom Striktionspunkt $S \in e$ bezeichnet. Dies ist die gesuchte *metrische Deutung der Berührkorrelation* längs e, die man analog für Regelflächen Φ_{II} bestätigt.

Für Regelflächen Φ_{III} ist eine Deutung der Gestalt (10.56) nicht möglich, da die asymptotische Ebene einer Erzeugenden $e \in \Phi_{III}$ isotrop ist. Wir geben hier eine andere

Deutung der Berührkorrelation! Nach (10.48) gewinnt man als Gleichung der Tangentialebene eines Punktes $P \in e \subset \Phi_{III}$

$$(10.57) \qquad (\dot{f} + \dot{g}v)x + gy - z = konst.$$

und daraus entnimmt man als Winkel ϑ zwischen zwei Tangentialebenen π_1 und π_2, die zu den Punkten $P_1(v_1)$ und $P_2(v_2)$ gehören, $\vartheta^2 = \dot{g}^2(v_1 - v_2)^2$. Mit (10.50b) entsteht schließlich die gesuchte Deutung

$$(10.58) \qquad |\vartheta| = |\delta_I|\,|d(P_1, P_2)|.$$

Wir notieren den

SATZ 10.7: *Es sei P ein beliebiger Punkt einer regulären Erzeugenden e einer Regelfläche Φ_I oder Φ_{II} des $I_3^{(1)}$ — verschieden vom Striktionspunkt $S \in e$ — und es bezeichne η die asymptotische Ebene von e und π die Tangentialebene von P an Φ_I (Φ_{II}). Dann ist das Produkt aus dem Abstand des Punktes P von S und dem Winkel $|\vartheta|$ zwischen η und π konstant, und zwar gleich dem Betrag des Dralls der Regelfläche in e. Ist e eine reguläre Erzeugende einer Regelfläche Φ_{III}, dann ist der Quotient aus dem Winkel $|\vartheta|$ zweier Tangentialebenen in zwei Punkten $P_1, P_2/ \in e$ und dem Abstand $\overline{P_1 P_2}$ konstant, und zwar gleich dem Betrag des Dralls von Φ_{III} in e.*

2) Wir studieren die Regelflächen des $I_3^{(1)}$, die durch konstante Fundamentalinvarianten gekennzeichnet sind. Dazu betrachten wir nach (2.9) eine Schraubung

$$(10.59) \qquad \begin{cases} \bar{x} = x\,\cos t - y\,\sin t \\ \bar{y} = x\,\sin t + y\,\cos t \\ \bar{z} = pt + z \end{cases}$$

mit dem Schraubparameter p. Speziell für $p = 0$ liegt eine isotrope Drehung vor. Wird eine Gerade g verschraubt, die weder die Hauptachse l noch die Nebenachse l^* der Schraubung schneidet, so entsteht eine *offene Regelschraufläche*. Schneidet g sowohl l als auch l^*, dann entsteht eine *Wendelfläche* des $I_3^{(1)}$. Schneidet g die Achse l, so soll die entstehende Regelfläche *geschlossen* heißen; schneidet g die Achse l^*, dann soll die erzeugte Regelfläche *gerade* heißen. Die Wendelflächen sind somit gerade, geschlossene Regelschraubflächen des $I_3^{(1)}$.

Beginnen wir mit der Untersuchung der offenen Regelschraubflächen. Legt man o. B. d. A. die x-Achse des zugrundegelegten Koordinatensystems in die euklidische Gemeinnormale von l (z-Achse) und g, dann kann g in der Form $\{x = a \neq 0, y = t, z = bt\}$ parametrisiert werden. Hierin bedeutet a die Länge dieser Gemeinnormalen und b den isotropen Winkel von g gegen die Stellung durch l^*. Aus (10.59) folgt hiermit als Parameterdarstellung der erzeugten Regelfläche Φ_I

$$(10.60) \qquad \vec{y}(t, v) = \begin{pmatrix} a\,\cos t \\ a\,\sin t \\ pt \end{pmatrix} + v \begin{pmatrix} -\sin t \\ \cos t \\ b \end{pmatrix}.$$

Der Richtungsvektor der Erzeugenden $\vec{e}(t) = \{-\sin t, \cos t, b\}$ ist ein Einheitsvektor.
Da für die Leitkurve $\vec{x}(t) = \{a \cos t, a \sin t, pt\}$ gilt $[\tilde{\vec{x}} \cdot \tilde{e}] = 0$, ist nach (10.8) diese
Leitkurve mit der Striktionslinie von Φ_I identisch. Für ihre Bogenlänge findet man
$u = at$, woraus mit (10.60) die Darstellung (10.5) zu

$$(10.61) \qquad \vec{y}(u,v) = \begin{pmatrix} a \cos \frac{u}{a} \\ a \sin \frac{u}{a} \\ \frac{p}{a} u \end{pmatrix} + v \begin{pmatrix} -\sin \frac{u}{a} \\ \cos \frac{u}{a} \\ b \end{pmatrix}$$

wird. Hieraus berechnet man gemäß (10.11), (10.16) und (10.20a)

$$(10.62) \qquad \kappa = \frac{1}{a} = konst. \neq 0, \quad \tau = \frac{b}{a} = konst., \quad \sigma = \frac{1}{a}(p - ab) = konst.$$

Die erzeugten Regelflächen Φ_I besitzen somit konstante Fundamentalinvarianten und
gemäß der Eindeutigkeitsaussage von Satz 10.2 sind dies auch alle Regelflächen Φ_I des
$I_3^{(1)}$ mit konstanten Invarianten — bis auf isotrope Bewegungen. Es gilt $\sigma = 0$ genau
für $p = ab$, d. h. für die Tangentenfläche der Schraublinie $\vec{x}(t)$. Es gilt $\tau = 0$ genau
dann, wenn Φ_I eine gerade offene Regelschraubfläche ist.
Schneidet g die Achse l, dann entstehen Regelflächen vom Typ II) und man erhält wegen
$a = 0$ aus (10.60) mit $\widehat{t} = t + \frac{\pi}{2}$

$$(10.63) \qquad \vec{y}(\widehat{t},v) = \begin{pmatrix} 0 \\ 0 \\ p(\widehat{t} - \frac{\pi}{2}) \end{pmatrix} + v \begin{pmatrix} \cos \widehat{t} \\ \sin \widehat{t} \\ b \end{pmatrix}.$$

Hieraus folgt nach (10.46) bzw. (10.47) $\delta_I = p = konst.$ bzw. $k_I = b = konst.$ Nach
Satz 10.5 sind dies wieder *alle Regelflächen* Φ_{II} mit konstanten Fundamentalinvarianten.
Speziell die Wendelflächen des $I_3^{(1)}$ sind durch $\delta_I = konst. \neq 0$ und $k_I = 0$ gekennzeichnet. Bestimmen wir noch die Regelflächen Φ_{III} mit $\delta_I = konst.$ und $\kappa^* = konst..$ Für
die *konstant gedrallten Regelflächen* Φ_{III} folgt aus (10.50b) $\dot{g} = \delta_I^{(0)} \Rightarrow g(t) = \delta_I^{(0)} t + c_1$
und nach (10.48) lassen sich diese Lösungsflächen in der Normalform

$$(10.64) \qquad z = f(x) + \delta_I^{(0)} xy$$

schreiben. Verlangt man noch $\kappa^* = \kappa_0^* = konst.$, so liefert (10.50a) $f''(x) = \kappa_0^*$ also
$f(x) = \frac{1}{2}\kappa_0^* x^2 + c_2 x + c_3$. Nach Anwendung einer geeigneten isotropen Bewegung gewinnt
man hieraus und (10.64) die Normalform

$$(10.65) \qquad z = \frac{1}{2}\kappa_0^* x^2 + \delta_I^{(0)} xy$$

der gesuchten Flächen Φ_{III}. Die Flächen (10.65) sind hyperbolische Paraboloide, die
im absoluten Punkt F die Fernebene ω berühren, wobei für $\kappa_0^* = 0$ die beiden Erzeugendenscharen zueinander orthogonal sind. Wir fassen zusammen im

SATZ 10.8: *Die einzigen C^r-Regelflächen $\Phi_I(r \geq 2)$ mit konstanten Fundamentalinvarianten des einfach isotropen Raumes $I_3^{(1)}$ sind die offenen Regelschraubflächen bzw. Drehregelflächen. Genau für $\tau = 0$ liegen gerade, offene Regelschraubflächen vor. Die einzigen C^r-Regelflächen $\Phi_{II}(r \geq 2)$ mit konstanten Fundamentalinvarianten sind die geschlossenen Regelschraubflächen; genau für $k_I = 0$ liegen Wendelflächen des $I_3^{(1)}$ vor. Die einzigen C^r-Regelflächen $\Phi_{III}(r \geq 2)$ des $I_3^{(1)}$ mit konstanten Invarianten sind hyperbolische Paraboloide, die die Fernebene ω im absoluten Punkt berühren.*

3) Die konstant gedrallten Regelflächen Φ_{III} (10.64) lassen eine interessante Kennzeichnung zu. Berechnet man nämlich nach (10.48) mit $g'(t) = \delta_I^{(0)}$ die Plücker-Koordinaten von Φ_{III}, so findet man

$$(10.66) \qquad p_1 : \ldots : p_6 = 0 : 1 : \delta_I^{(0)}t : -f(t) : -t^2\delta_I^{(0)} : t$$

und hieraus folgt $p_3 - \delta_I^{(0)}p_6 = 0$, d. h. Φ_{III} liegt in einem vollisotropen Gewinde (3.39b) vom Parameter $k = \frac{1}{\delta_I^{(0)}}$. Liegt umgekehrt eine Regelfläche Φ_{III} in einem vollisotropen Gewinde, das man o. B. d. A. nach (3.39b) in der Normalform $p_6 + kp_3 = 0$ annehmen darf, dann findet man mit (10.48) $g(t) = -\frac{1}{k}t$, also $\delta_I = g(t) = -\frac{1}{k}$, d. h. Φ_{III} ist konstant gedrallt.

4) Analog zu 3) geben wir nun eine Kennzeichnung der Regelfläche Φ_{II} mit $k_I = 0$ an (vgl.[249,206]). Nach 2) sind diese Regelflächen isotrope Wendelflächen, also Netzflächen in jenem hyperbolischen Strahlnetz, das durch die eigentliche Schraubachse $l(x = y = 0)$ und die uneigentliche Schraubachse $l^*(x_0 = x_3 = 0)$ als Netzbrennlinien bestimmt wird. Die Flächen Φ_{II} mit $k_I = 0$ liegen somit im Komplexbüschel

$$(10.67) \qquad u[c_4p_1 + c_5p_2 - p_3] + vp_6 = 0,$$

das aus lauter vollisotropen Gewinden besteht. Liegt umgekehrt eine Regelfläche Φ_{II} im Schnittnetz des Büschels (10.67), dann ist Φ_{II} eine Wendelfläche.

5) In Analogie zu 3) und 4) geben wir nun eine Kennzeichnung der Regelflächen Φ_I von konstanter Windung τ_0. Wird die Striktionslinie $\vec{s}(u)$ durch $\{x(u), y(u), z(u)\}$ parametrisiert, so machen wir für den Einheitsvektor $\vec{e}(u)$ von Φ_I folgenden günstigen Ansatz

$$(10.68) \qquad \vec{e}(u) = \begin{cases} e_1(u) \\ e_2(u) \\ \tau_0(xe_2 - ye_1) + g(u), \end{cases}$$

wobei $g(u)$ eine noch zu bestimmende Funktion bezeichnet. Aus (10.68) folgt durch Differentiation unter Berücksichtigung der aus (10.9) fließenden Beziehungen: $x' = e_1$, $y' = e_2$, $e_3' = \tau_0(xe_2' - ye_1') + g'$, $e_3'' = \tau_0(xe_2'' - ye_1'') + \tau_0\kappa + g''$. Berechnet man hiermit die Determinante $Det(\vec{e}, \vec{e}', \vec{e}'')$, so ergibt sich nach einigen Umformungen

$$\begin{vmatrix} e_1 & e_1' & e_1'' \\ e_2 & e_2' & e_2'' \\ g & g' & g'' \end{vmatrix} + \tau_0 \kappa^2 = Det(\vec{e}, \vec{e}', \vec{e}'').$$

Hieraus und (10.20a) folgt, daß Φ_I genau dann die konstante Windung τ_0 hat, wenn gilt

$$(10.69) \qquad \begin{vmatrix} e_1 & e_1' & e_1'' \\ e_2 & e_2' & e_2'' \\ g & g' & g'' \end{vmatrix} = 0.$$

Mit derselben Überlegung wie zu Formel (7.58) zeigt man, daß man nach Anwendung einer geeigneten isotropen Bewegung o. B. d. A. in (10.68) $g(u) \equiv 0$ wählen kann. Berechnet man andererseits aus $S(1 : x : y : z)$ und $E_u(0 : e_1 : e_2 : e_3)$ die Plücker-Koordinaten von Φ_I, so erhält man $p_3 = e_3$, $p_6 = x e_2 - y e_1$, sodaß Φ_I im vollisotropen Gewinde

$$(10.70) \qquad p_3 - \tau_0 p_6 = 0$$

liegt. Ein Vergleich mit (3.39b) und (3.46) lehrt, daß dieses Gewinde den Parameter $k = -\frac{1}{\tau_0}$ besitzt.

Liegt umgekehrt eine Regelfläche Φ_I in einem vollisotropen Gewinde, das man o. B. d. A. in der Normalform $k p_3 + p_6 = 0$ annehmen darf, dann folgt mit den Plücker Koordinaten $p_3 = e_3$ und $p_6 = x e_2 - y e_1$ für Φ_I die Beziehung $k e_3 + x e_2 - y e_1 = 0$, also $e_3 = -\frac{1}{k}(x e_2 - y e_1)$. Dann besitzt aber Φ_I nach den Überlegungen zu (10.68) die konstante Windung $\tau_0 = -\frac{1}{k}$. Wir fassen zusammen im

SATZ 10.9: *Die konstant gedrallten C^r-Regelflächen $\Phi_{III}(r \geq 1)$ vom Typ III) des einfach isotropen Raumes $I_3^{(1)}$ sind dadurch gekennzeichnet, daß ihre Erzeugenden in vollisotropen Gewinden vom Parameter $k = -\frac{1}{\delta_1^{(0)}}$ liegen. Die C^r-Regelflächen $\Phi_I(r \geq 2)$ des $I_3^{(1)}$ von konstanter Windung $\tau \neq 0$ sind dadurch gekennzeichnet, daß ihre Erzeugenden in vollisotropen Gewinden vom Parameter $k = -\frac{1}{\tau_0}$ liegen.*

<u>Bemerkungen:</u>

1) Die zweite Aussage von Satz 10.9 verallgemeinert den Satz 7.10 der Kurventheorie des $I_3^{(1)}$ auf Regelflächen Φ_I des einfach isotropen Raumes.

2) Für $\tau_0 = 0$ zeigen die Überlegungen zu (10.68), daß die Regelflächen Φ_I verschwindender Windung eine nichtisotrope Richtebene besitzen, also konoidal sind.

Berechnen wir gemäß (8.13) bzw. (8.29) die isotropen Fundamentalgrößen 1. bzw. 2. Art für Regelflächen $\Phi_I - \Phi_{III}$ des $I_3^{(1)}$! Für eine Regelfläche Φ_I vom *Typ I)* gewinnt man aus der Normaldarstellung (10.10) unter Beachtung von (10.17a-c): $\vec{y}_u =$
$= \vec{e} + (v\kappa)\vec{n} + \sigma\vec{b}, \vec{y}_v = \vec{e}; \vec{y}_{uu} = (-\kappa^2 v)\vec{e} + (\kappa + v\kappa')\vec{n} + (\sigma' + v\kappa\tau)\vec{b}, \vec{y}_{uv} = \kappa\vec{n}, \vec{y}_{vv} = \vec{o};$
$E = \widetilde{\vec{y}}_u^2 = 1 + v^2\kappa^2, F = \widetilde{\vec{y}}_u \cdot \widetilde{\vec{y}}_v = 1, G = \widetilde{\vec{y}}_v^2 = 1, W = {}_+\sqrt{EG - F^2} = v\kappa.$ Weiter

findet man $Det(\vec{y}_u, \vec{y}_v, \vec{y}_{uu}) = -v(\kappa\sigma' - \sigma\kappa') - v^2\kappa^2\tau + \sigma\kappa$, $Det(\vec{y}_u, \vec{y}_v, \vec{y}_{uv}) = \sigma\kappa$, $Det(\vec{y}_u, \vec{y}_v, \vec{y}_{vv}) = 0$, womit man insgesamt erhält

$$(10.71) \qquad E = 1 + v^2\kappa^2, \; F = 1, \; G = 1, \; W = v\kappa,$$
$$L = -\frac{\kappa}{v}(v\delta_I' - \delta_I + \tau v^2), \; M = \frac{\sigma}{v} = \frac{\delta_I\kappa}{v},$$
$$N = 0.$$

Analog bestimmt man aus (10.45) die Fundamentalgrößen einer Regelfläche Φ_{II} vom *Typ II)* zu

$$(10.72) \qquad E = v^2, \; F = 0, \; G = 1, \; W = v,$$
$$L = -\dot{\delta}_I - vk_I, \; M = \frac{1}{v}\delta_I, \; N = 0.$$

Für eine Regelfläche Φ_{III} vom *Typ III)* berechnet man schließlich aus (10.48) mit (10.49a-c)

$$(10.73) \qquad E = 1, \; F = 0, \; G = 1, \; W = 1,$$
$$L = -\kappa^* - v\delta_I', \; M = -\delta_I, \; N = 0.$$

Als erste Anwendung berechnen wir aus (10.71) – (10.73) gemäß (9.16a) die Relativkrümmung K der Regelflächen $\Phi_I - \Phi_{III}$. Man erhält für Flächen vom Typ I) bzw. II)·

$$(10.74) \qquad K = -\frac{\delta_I^2}{v^4},$$

während sich für eine Regelfläche vom Typ III)

$$(10.75) \qquad K = -\delta_I^2$$

einstellt. Für Regelflächen Φ_I bzw. Φ_{II} ist (10.74) ein *isotropes Gegenstück* zur bekannten *Formel von LAMARLE* (vgl. [82,74]), während (10.75) die konstant gedrallten Regelflächen vom Typ III) als Regelflächen Φ_{III} von konstanter Relativkrümmung kennzeichnet. Die Formeln (10.74) und (10.75) zeigen auch, daß windschiefe Regelflächen des $I_3^{(1)}$ stets negative Relativkrümmung besitzen und daher nur hyperbolische Punkte tragen. Nach (10.74) existieren keine Regelflächen vom Typ I) oder II), welche konstante nicht verschwindende Relativkrümmung besitzen.

Als weitere Anwendung bestimmen wir jene Regelflächen des $I_3^{(1)}$, welche gleichzeitig Minimalflächen sind, d. h. für die $H = 0$ gilt. Gemäß (9.16b) berechnet man für Regelflächen vom Typ I) bzw. Typ II) bzw. Typ III)

$$(10.76) \qquad H = -\frac{1}{2\kappa v^3}(\delta_I + \delta_I' v + \tau v^2) \quad \text{bzw.}$$

$$(10.77) \qquad H = -\frac{1}{2v^2}(\delta_I' + vk_I) \quad \text{bzw.}$$

$$(10.78) \qquad H = -\frac{1}{2}(\kappa^* + v\delta_I').$$

Soll für eine Fläche Φ_I stets $H = 0$ gelten, so würde aus (10.76) folgen $\delta_I = 0$, $\delta_I' = 0$, $\tau = 0$, was für eine windschiefe Regelfläche unmöglich ist. Für Regelflächen Φ_{II} folgt aus (10.77) $\delta_I = konst.$ und $k_I = 0$, d. h. die Lösungsflächen sind nach Satz 10.8 genau die isotropen Wendelflächen. Schließlich folgt für Regelflächen vom Typ III) aus (10.78) $\kappa^* = 0$, $\delta_I = konst.$, sodaß sich als Lösungsflächen nach (10.65) hyperbolische Paraboloide einstellen, welche die Fernebene ω im absoluten Punkt berühren und deren Erzeugendenscharen zueinander orthogonal sind. Diese Flächen bezeichnen wir als *orthogonale Clifford-Flächen*. Wir fassen zusammen im

SATZ 10.10: *Die Relativkrümmung in einem Punkt P einer Regelfläche vom Typ I) oder II) des einfach isotropen Raumes $I_3^{(1)}$ stimmt bis auf das Vorzeichen mit dem Quotienten aus dem Quadrat des Dralls in der Erzeugenden e durch P und der vierten Potenz des Striktionsabstandes $\overline{SP}(S \in e)$ überein. Die Regelflächen Φ_{III} des $I_3^{(1)}$ von konstanter Relativkrümmung sind genau die konstant gedrallten Regelflächen Φ_{III}. Die einzigen C^r-Minimalregelflächen $(r \geq 2)$ des einfach isotropen Raumes sind die isotropen Wendelflächen und die orthogonalen Clifford-Flächen.*

Wie in der euklidischen Differentialgeometrie der Regelflächen sind auch im einfach isotropen Raum *konstant gedrallte* Regelflächen von besonderem Interesse (bezüglich der Literatur im euklidischen Raum vgl. den Übersichtsartikel [22]). Da die Regelflächen Φ des $I_3^{(1)}$ mit konstantem Drall durch das Verschwinden der ersten Ableitung von δ_I — also eine Differentialinvariante 2. Ordnung — gekennzeichnet sind, liegt es nahe, diese Flächen im Zusammenhang mit ihrer LIE-$F_2 \sum$ (Schmiegquadrik) zu studieren (vgl. [115,76f]). Um die LIE-$F_2 \sum$ einer Regelfläche Φ_I bzw. Φ_{II} längs einer Erzeugenden e anzugeben, benötigen wir die Differentialgleichung der krummen Schmieglinien auf Φ_I bzw. Φ_{II}, die wir gemäß (8.33) durch $II = 0$ unter Verwendung von (10.71) bzw. (10.72) berechnen können. Man findet

$$(10.79a,b) \qquad v' = \frac{dv}{du} = \frac{1}{2\delta_I}(\tau v^2 + \delta_I' v - \delta_I) \quad \text{bzw.}$$

$$v' = \frac{dv}{du} = \frac{1}{2\delta_I}(k_I v^2 + \delta_I' v).$$

Für eine Regelfläche Φ_I findet man aus (10.10) für den Tangentenvektor $\mathcal{T}$ einer krummlinigen Schmieglinie auf Φ_I

$$(10.80) \qquad \mathcal{T} = (1 + v')\vec{e} + (v\kappa)\vec{n} + \sigma\vec{b},$$

wobei v' aus (10.79a) zu entnehmen ist. Damit erhält man für $\sum$ längs $u = konst.$

$$(10.81) \qquad \vec{z}(v,\mu) = \vec{s}(u) + v\vec{e}(u) + \mu[(1 + v')\vec{e} + (v\kappa)\vec{n} + \sigma\vec{b}].$$

Führt man durch Anwendung einer isotropen Bewegung ein lokales Koordinatensystem ein, mit dem Ursprung im Striktionspunkt $S \in e$ und den Vektoren $\{\vec{e}, \vec{n}, \vec{b}\}$ als Richtungsvektoren der Koordinatenachsen, dann folgt aus (10.81) für $\sum$

$$(10.82) \qquad \begin{cases} x = v + \mu(1 + v') \\ y = \mu v\kappa \\ z = \mu\sigma \end{cases},$$

woraus sich mit (10.79a) als Gleichung von $\sum$ in diesem lokalen Koordinatensystem zu

$$(10.83) \qquad z^2 + \tau\delta_I y^2 + \delta_I' yz + 2\tau(\delta_I y - xy) = 0$$

ergibt. Für Regelflächen Φ_{II} gewinnt man über (10.45) – (10.47) und (10.79b) analog die Gleichung von $\sum$ zu

$$(10.84) \qquad k_I \delta_I y^2 + \delta_I' yz - 2\delta_I xz + 2\delta_I^2 y = 0.$$

Die Flächen (10.83) bzw. (10.84) sind für $\tau = 0$ bzw. $k_I = 0$ hyperbolische Paraboloide, während für $\tau \neq 0$ bzw. $k_I \neq 0$ einschalige Hyperboloide vorliegen, für die man die Körrdinaten des Mittelpunktes M zu

$$(10.85a,b) \qquad M\left(-\frac{\delta_I'}{2\tau}, -\frac{\delta_I}{k_I}, 0\right) \quad \text{bzw.}$$

$$M\left(-\frac{\delta_I'}{2k_I}, -\frac{\delta_I}{k_I}, 0\right)$$

berechnet. Hieraus folgt der

SATZ 10.11: *Eine nicht konoidale Regelfläche Φ_I bzw. Φ_{II} des einfach isotropen Raumes $I_3^{(1)}$ ist genau dann konstant gedrallt, wenn die Mittelpunkte der LIE-F_2 auf der jeweiligen Zentralnormalen der entsprechenden Erzeugenden liegen.*

Eine andere interessante Kennzeichnung konstant gedrallter Regelflächen $\Phi_I \subset I_3^{(1)}$, die vom Autor stammt (vgl. [168,164f]) geben wir im

SATZ 10.12: *Es bezeichnen Φ_I eine nicht konoidale Regelfläche vom Typ I) des einfach isotropen Raumes $I_3^{(1)}$, $\{\omega, f_1, f_2, F\}$ die Absolutfigur des $I_3^{(1)}$, c die Fernkurve der LIE-F_2 längs einer Erzeugenden $e \in \Phi_I$ mit dem Fernpunkt E_u. Weiter sei g eine reelle Verbindungsgerade zweier konjugiert-komplexer Schnittpunkte S_1, S_2 von c mit f_1 bzw. f_2, E^* die Projektion des Punktes E_u von F auf g und H der Schnittpunkt der*

Ferngeraden der asymptotischen Ebene von e mit g. Genau dann besitzt Φ_I konstanten, einfach isotropen Drall, wenn gilt: $DV(S_1 S_2 H E^*) = -1$.

<u>Beweis:</u>
Die Fernkurve c der *LIE-F_2* längs e besitzt in projektiven Koordinaten nach (10.83) die Gleichung

$$(10.68) \qquad x_0 = x_3^2 + \tau\delta_I x_2^2 + \delta_I' x_2 x_3 - 2\sigma x_1 x_3 = 0.$$

Die Ferngerade h der asymptotischen Ebene von e wird nach obigem durch $x_0 = x_3 =$ $= 0$ festgelegt; sie enthält den Erzeugendenfernpunkt $E_u(0:1:0:0)$. Es erweist sich als zweckmäßig, die Punkte S_1, S_2 von F aus auf h zu projizieren. Bezeichnen $\widehat{S}_1$, $\widehat{S}_2$ die Bildpunkte bei dieser Projektion, H den Schnittpunkt von h mit g, so genügt es, die Gleichung $DV(\widehat{S}_1 \widehat{S}_2 H E_u) = -1$ zu diskutieren. Man findet

$$(10.87) \qquad \widehat{S}_1 = (0:i:1:0), \quad \widehat{S}_2 = (0:-i:1:0),$$

während sich als Schnittpunkte von f_1 bzw. f_2 mit c die vier Punkte

$$(10.88) \qquad \begin{aligned} S_{1,1} &= (0:2i:2:2i\sigma - \delta_I' + W), \\ S_{1,2} &= (0:2i:2:2i\sigma - \delta_I' - W), \\ S_{2,1} &= (0:-2i:2:-2i\sigma - \delta_I' + \overline{W}), \\ S_{2,2} &= (0:-2i:2:-2i\sigma - \delta_I' - \overline{W}) \end{aligned}$$

einstellen, wobei die Abkürzung

$$(10.89) \qquad W := {}_+\!\sqrt{(2i\sigma - \delta_I')^2 - 4\tau\delta_I}$$

eingeführt wurde, und ein Querstrich den Übergang zur konjugiert-komplexen Zahl bedeutet. Die Paare $(S_{1,1}, S_{2,1})$ und $(S_{1,2}, S_{2,2})$ treten als konjugiert-komplexe Punktepaare auf, und besitzen demnach je eine reelle Verbindungsgerade g bzw. $\tilde{g}$. Man rechnet sofort nach, daß g die Gerade h im Punkt

$$(10.90) \qquad H = (0:A:-B:0)$$

schneidet, wobei die Abkürzungen

$$(10.91) \qquad A = \frac{1}{2}(-\delta_I' + Re\,W), \quad B = \frac{1}{2}(2\sigma + Im\,W)$$

benützt wurden. Damit fließt aus (10.87) und (10.90)

$$(10.92) \qquad DV(\widehat{S}_1 \widehat{S}_2 H \ E_u) = \frac{A - iB}{A + iB}$$

und es ist genau dann $DV(\widehat{S}_1 \widehat{S}_2 H E_u) = -1$, wenn $A = 0$ gilt. Es bleibt somit die Bedingung

$$(10.93) \qquad Re \ W = \delta'_I$$

zu untersuchen. Zur Auswertung beachten wir, daß in einer Darstellung $\sqrt{\alpha + i\beta} = c_0 + ic_1$ stets

$$(10.94) \qquad c_0 = \sqrt{\frac{\alpha + \sqrt{\alpha^2 + \beta^2}}{2}}$$

gilt. Hiermit folgt aus (10.89) mit $\alpha = \delta_I'^2 - 4\sigma^2 - 4\tau\delta_I$ und $\beta = -4\sigma\delta'_I$ nach kurzer Umformung die gleichwertige Bedingung

$$(10.95) \qquad 4\tau\delta_I\delta_I^{2'} = 0,$$

die für nicht konoidale windschiefe Regelflächen nur für $\delta'_I = 0$, d. h. konstant gedrallte Flächen zu erfüllen ist. Man sieht unmittelbar, daß für konstant gedrallte Regelflächen Φ_I auch die Verbindungsgerade $\widetilde{g}$ durch H läuft und umgekehrt.

$$\Diamond$$

Bezüglich einer Kennzeichnung der konstant gedrallten Regelflächen vom Typ II) und III) bzw. der konoidalen Regelflächen vergleiche man [168].

Wird eine Gerade g einer isotropen Drehung unterworfen, so überstreicht g eine *isotrope Drehregelfläche* Ψ_d. Man gewinnt die Gleichung von Ψ_d, wenn man in (10.60) $p = 0$ setzt und t bzw. v eliminiert. Man erhält

$$(10.96) \qquad x^2 + y^2 - \frac{z^2}{b^2} = a^2,$$

womit Ψ_d als einschaliges Hyperboloid nachgewiesen ist. Mit dieser Begriffsbildung kann eine wichtige Unterklasse der konstant gedrallten Regelflächen definiert und untersucht werden (vgl. [169,62f]).

Definition 10.3: Eine C^r-Regelfläche $\Phi_I(r \geq 2)$ des einfach isotropen Raumes heißt eine *EDLINGER-Fläche*, wenn ihre sämtlichen LIE-F_2 isotrope Drehregelflächen Ψ_d sind.

Diese Definition impliziert sofort, daß für EDLINGER-Flächen stets $\tau \neq 0$ gilt, denn konoidale Regelflächen $\Phi_I(\tau = 0)$ besitzen hyperbolische Paraboloide als LIE-F_2.

Eine erste Kennzeichnung dieser Flächenklasse liefert der

SATZ 10.13: *Eine C^r-Regelfläche $\Phi_I(r \geq 2)$ des einfach isotropen Raumes ist genau dann eine EDLINGER-Fläche, wenn sie konstant gedrallt ist und wenn für ihre natürlichen Invarianten gilt*

$$(10.97) \qquad\qquad \sigma\kappa + \tau = 0.$$

Beweis:

(1) Wir bemerken zunächst, daß die Zentralnormalen aller Erzeugenden einer Drehregelfläche Ψ_d durch den Mittelpunkt M von Ψ_d laufen. In der Tat liefert (10.60) mit $p = 0$ als Striktionslinie von Ψ_d den Kreis $\{x = a \, \cos t, y = a \, \sin t, z = 0\}$ in der [xy]-Ebene und mit (10.12) erhält man die Zentralnormalen von Ψ_d in der Parameterdarstellung $\{x = a \, \cos t - \mu \, \cos t, y = a \, \sin t - \mu \, \sin t, z = 0\}$; diese Geraden enthalten aber für $\mu = a$ alle den Mittelpunkt $M(0,0,0)$ von Ψ_d.

(2) Da weiter die *LIE*-F_2 $\sum$ einer Regelfläche Φ_I längs einer Erzeugenden e diese längs e berührt, haben $\sum$ und Φ_I längs e dieselbe Berührkorrelation und damit dieselbe Zentralnormale. Da nach (1) der Mittelpunkt M von $\sum$ auf der Zentralnormalen liegt, folgt aus (10.85a) $\delta_I' = 0$, also $\delta_I = konst.$. Wird $\delta_I' = 0$ in (10.86) eingesetzt und beachtet man, daß c die beiden absoluten Geraden $x_0 = x_1^2 + x_2^2 = 0$ berühren muß , so fließt daraus die Bedingung $\sigma^2 + \tau\delta_I = 0$, die wegen $\sigma \neq 0$ mit (10.97) gleichwertig ist. Umgekehrt ist jede C^r-Regelfläche $\Phi_I(r \geq 2)$ mit $\delta_I = konst.$ und $\sigma\kappa + \tau = 0$ eine EDLINGER-Fläche, wie man durch Umkehren der Schlüsse einsieht.

◇

Der Satz 10.13 ist ein direktes Analogon zu einem euklidischen Resultat von R. EDLINGER (vgl. [38,36]). Bezeichnet man jene Regelfläche, die von den Zentralnormalen einer Regelfläche Φ_I gebildet wird als *Zentralnormalenfläche* $\Phi^{(n)}$, dann gilt der

SATZ 10.14: *Eine C^r-Regelfläche $\Phi_I(r \geq 2)$ des einfach isotropen Raumes ist genau dann eine EDLINGER-Fläche, wenn sie konstant gedrallt ist und ihre Zentralnormalenfläche eine Torse ist.*

Beweis:
$\Phi^{(n)}$ kann in der Form $\vec{z} = \vec{s}(u) + \mu\vec{n}(u)$ angesetzt werden. Beachtet man, daß $\Phi^{(n)}$ genau dann eine Torse ist, wenn $\delta_I(\Phi^{(n)}) = 0$ gilt, so bedeutet dies nach (10.33), daß $Det(\vec{s}', \vec{n}, \vec{n}') = 0$ gelten muß . Die Auswertung dieser Bedingung unter Beachtung von (10.17a-c) liefert gerade (10.97), womit alles gezeigt ist.

◇

Bezüglich weiterer Resultate über EDLINGER-Flächen des $I_3^{(1)}$ vergleiche man [169]. Wird eine Regelfläche Φ des dreidimensionalen euklidischen Raumes durch Plücker-Koordinaten $p_1(t) : \ldots : p_6(t)$ beschrieben, dann gilt bekanntlich für den *euklidischen Drall* (vgl. [22,65])

$$(10.98) \qquad \delta_E = \frac{\Omega(\dot{p})(p_1^2 + p_2^2 + p_3^2)}{(p_1\dot{p}_2 - p_2\dot{p}_1)^2 + (p_1\dot{p}_3 - p_3\dot{p}_1)^2 + (p_2\dot{p}_3 - p_3\dot{p}_2)^2}.$$

Da δ_E wie δ_I in (10.30) gebaut ist, liegt es nahe, nach Regelflächen Φ_I oder Φ_{II} des $I_3^{(1)}$ zu fragen, für die $\delta_E = \delta_I$ gilt (vgl. [167], 28]). Aus (10.98) und (10.30) erhält man für den Richtungsvektor $\vec{a} = \{a_1, a_2, a_3\}$ der gesuchten Regelflächen mit $\delta_E = \delta_I$ die Differentialgleichung

$$(10.99) \qquad \frac{a_1^2 + a_2^2}{(a_1\dot{a}_2 - a_2\dot{a}_1)^2} = \frac{a_1^2 + a_2^2 + a_3^2}{(a_1\dot{a}_2 - a_2\dot{a}_1)^2 + (a_1\dot{a}_3 - a_3\dot{a}_1)^2 + (a_2\dot{a}_3 - a_3\dot{a}_2)^2},$$

die sich bequem auswerten läßt, wenn man die Normierung $a_1^2 + a_2^2 = 1$ einführt. Mit der daraus folgenden Beziehung $a_1\dot{a}_1 + a_2\dot{a}_2 = 0$ reduziert sich (10.99) auf $\dot{a}_3 = 0$, woraus $a_3 = konst.$ folgt. Damit haben wir den

SATZ 10.15: *Die einzigen C^r-Regelflächen Φ_I bzw. $\Phi_{II}(r \geq 1)$ des einfach isotropen Raumes, für die der einfach isotrope Drall mit dem euklidischen Drall übereinstimmt, sind die konoidalen Regelflächen bzw. die Regelflächen mit einem Richtdrehkegel mit vollisotroper Drehachse.*

Der Satz 10.15 kann zur Bestimmung konstant gedrallter algebraischer Regelflächen herangezogen werden. Bekanntlich exisitiert im $I_3^{(1)}$ keine konstant gedrallte, algebraische Regelfläche 3. Grades vom Typ I) oder II), wie in [167,47f] gezeigt wurde. Man kann jedoch schnell ein Beispiel einer algebraischen Regelfläche 4. Grades des $I_3^{(1)}$ angeben, wenn man die von H. BRAUNER in [21,436] aufgefundene Regelfläche

$$(10.100) \qquad p_1 : \ldots : p_6 = a(1 - t^2) : 2at : 1 + t^2 : t^4 - 3t^2 - ad(t^2 - 1) :$$
$$- 4t^3 + 2adt : a[t^4 + 3t^2 - ad(1 + t^2)]$$

betrachtet, die eine verallgemeinerte euklidische Böschungsfläche ist, d. h. konstanten euklidischen Drall und konstante euklidische Krümmung besitzt. Da eine Fläche dieser Art einen euklidischen Richtdrehkegel besitzt, hat die Regelfläche (10.100) nach Satz 10.15 konstanten einfach isotropen Drall δ_I; man berechnet in der Tat mit (10.30) aus (10.100) $\delta_I = d = konst.$.

Man erhält interessante Resultate, wenn man die Theorie der Regelflächen mit der Kurventheorie des $I_3^{(1)}$ verknüpft. Bezeichnet c eine zulässige C^r-Kurve ($r \geq 3$) des $I_3^{(1)}$ mit $\kappa\tau \neq 0$, dann kann man fragen, ob es c schneidende Geraden gibt, die starr mit dem begleitenden Dreibein $\{\vec{t}, \vec{n}, \vec{b}\}$ von c verbunden, bei der Dreibeinbewegung längs c eine abwickelbare Regelfläche überstreichen. Der folgende hübsche Satz stammt von I. Z. BERANI (vgl. [3,10f]).

SATZ 10.16: *Die einzigen zulässigen C^r-Kurven c($r \geq 3$) des einfach isotropen Raumes mit $\kappa\tau \neq 0$, bei denen c schneidende Geraden existieren — die von der Kurventangente und der vollisotropen Binormalen verschieden sind — welche bei der Dreibeinbewegung längs c abwickelbare Regelflächen überstreichen, sind die Böschungslinien. Zu jedem Zeitpunkt des Bewegungsvorganges bilden diese Geraden einen quadratischen Kegel Γ, der die Schmiegebene der Kurve längs der Tangente berührt und dessen Fernkurve eine Parabel l vom Parameter $\frac{1}{2k_I}$ ist, wenn k_I die konische Krümmung von c bezeichnet. Die Gratpunktmenge ist zu jedem Zeitpunkt eine Raumkurve 3. Ordnung $k^{(3)}$, die* *auf Γ und einer zylindrischen Sphäre vom Radius $\frac{1}{2\kappa}$ liegt; $k^{(3)}$ schneidet die Fernebene ω im absoluten Punkt F und in den konjugiert-komplexen Schnittpunkten von l mit den absoluten Geraden.*

Beweis:

Wird c durch $\vec{x} = \vec{x}(u)$ mit u als Bogenlänge beschrieben, dann kann die von g überstrichene Regelfläche Φ in der Form

$$(10.101) \qquad \vec{y}(u,v) = \vec{x}(u) + v[\alpha\vec{t}(u) + \beta\vec{n}(u) + \gamma\vec{b}]$$

angesetzt werden, wobei α, β, γ Konstanten sind. Soll Φ abwickelbar sein, so muß für $\vec{a}(u) = \alpha\vec{t} + \beta\vec{n} + \gamma\vec{b}$ gelten $Det(\vec{x}\,', \vec{a}, \vec{a}\,') = 0$, woraus man nach kurzer Rechnung unter Beachtung von (6.15) findet

$$(10.102) \qquad \beta^2\tau - \alpha\gamma\kappa = 0.$$

Ist $\beta = 0$, so folgt $\alpha = 0$ oder $\gamma = 0$, womit man die vollisotrope Binormale bzw. die Kurventangente erhält. Diese Geraden überstreichen bei der Dreibeinbewegung für jede Kurve c abwickelbare Flächen, nämlich den vollisotropen Zylinder durch c bzw. die Tangentenfläche von c. Für $\beta \neq 0$ folgt aus (10.102) gemäß Satz 7.9, daß c Böschungslinie des $I_3^{(1)}$ ist. Führt man ein lokales Koordinatensystem $\{O; \bar{x}, \bar{y}, \bar{z}\}$ ein, mit dem Ursprung im betrachteten Kurvenpunkt und den Vektoren $\vec{t}$, $\vec{n}$, $\vec{b}$ als Einheitsvektoren auf den Koordinatenachsen, dann folgt $\{\bar{x} = v\alpha, \bar{y} = v\beta, \bar{z} = v\gamma\}$, sodaß alle Lösungsgeraden wegen (10.102) auf dem quadratischen Kegel Γ

$$(10.103) \qquad \kappa\bar{x}\bar{z} - \tau\bar{y}^2 = 0$$

liegen. Γ berührt die Schmiegebenen längs der Kurventangente und besitzt die Fernkurve $l : x_0 = \kappa x_1 x_3 - \tau x_2^2 = 0$, die sich mit $\xi = \frac{x_1}{x_3}, \eta = \frac{x_2}{x_3}$ in der Gestalt $\eta^2 = \frac{\kappa}{\tau}\xi$ schreiben läßt. l ist somit eine Parabel vom Parameter $\frac{1}{2k_I}$. Zur Bestimmung der Gratpunkte auf den Erzeugenden von Γ beachten wir, daß dazu v in (10.101) so bestimmt werden muß, daß $(\vec{x}\,' \times \vec{a}) + v(\vec{a}\,' \times \vec{a}) = 0$ gilt. Die Auswertung dieser Bedingung liefert nebst (10.102) noch

$$(10.104) \qquad v = \frac{\gamma}{\beta(\alpha\tau + \gamma\kappa)},$$

wobei wir $\alpha\tau + \gamma\kappa \neq 0$ vorausgesetzt haben. Setzt man $t := \frac{\alpha}{\beta}$, so gewinnt man aus (10.104) und (10.101) in obigem lokalen Koordinatensystem die gesuchte Gratpunktmenge zu

$$(10.105) \qquad \begin{cases} \bar{x} = \dfrac{t}{\kappa(t^2+1)} \\ \bar{y} = \dfrac{1}{\kappa(t^2+1)} \\ \bar{z} = \dfrac{\tau}{\kappa^2 t(t^2+1)}. \end{cases}$$

Dies ist eine Raumkurve 3. Ordnung $k^{(3)}$ mit den zu $t = 0$ und $t = \pm i$ gehörigen Fernpunkten $F(0 : 0 : 0 : 1)$ und $L_1(0 : \kappa : i\kappa : -\tau)$ bzw. $L_2(0 : \kappa : -i\kappa : -\tau)$, die l und den absoluten Geraden angehören. Aus (10.105) folgt noch, daß $k^{(3)}$ auf der zylindrischen Sphäre $x^2 + (y - \frac{1}{2\kappa})^2 = \frac{1}{4\kappa^2}$ liegt.

$\Diamond$

Folgerungen und Anmerkungen:

1)   Der Kegel Γ in Satz 10.16 ist das isotrope Analogon zum Kegel vom P. APPEL (vgl. [9,277]) in der euklidischen Kurventheorie.

2)   Verzichtet man in den voranstehenden Überlegungen auf die Forderung, daß g die Kurve c schneidet, so gelangt man zu den *CESÀRO-Kurven* des einfach isotropen Raumes, die erstmals D. PALMAN in [117] studiert hat. Man kann hierbei nach [117,53f] gleich allgemeiner nach jenen Geraden fragen, die bei der Begleitbewegung des Dreibeins $\{\vec{t}, \vec{n}, \vec{b}\}$ längs einer Kurve c eine Regelfläche Φ_I von konstantem Drall δ_I überstreichen. Geraden dieser Art werden δ_I-*Geraden* genannt; speziell sind die 0-Geraden die CESÀRO-Geraden. Macht man für Φ_I den Ansatz

$$(10.106) \qquad \vec{y}(u,v) = \vec{x}(u) + a\vec{t}(u) + b\vec{n}(u) + c\vec{b} + v\vec{a}(u)$$

mit $\vec{a}(u) = \alpha\vec{t}(u) + \beta\vec{n}(u) + \gamma\vec{b}$, so liefert die Auswertung von (10.32) mit $\delta_I = konst.$ die Bedingung

$$(10.107) \qquad [\gamma(b\alpha - a\beta) - \delta_I(\alpha^2 + \beta^2)]\kappa^2 + \alpha(\alpha b - a\beta)\kappa\tau = \alpha\gamma\kappa - \beta^2\tau.$$

Zulässige C^r-Kurven $c(r \geq 3)$ mit $\kappa\tau \neq 0$, die (10.107) genügen, nennt man *einfach isotrope CESÀRO-Kurven*. Die entsprechenden δ_I-Geraden (speziell die CESÀRO-Geraden) werden in [117] ausführlich untersucht. Ist c keine CESÀRO-Kurve, so kann eine Gerade g nur dann δ_I-Gerade sein, wenn in (10.107) alle Koeffizienten verschwinden. Dann folgt aber, daß als δ_I-Geraden nur die vollisotropen Geraden auftreten können, die aber bei der Dreibeinbewegung vollisotrope Zylinder, also keine Regelflächen Φ_I beschreiben. Für $\delta_I = 0$ stellen sich als CESÀRO-Geraden alle Geraden ein, für die in (10.106) $\beta = \gamma = b = 0$ gilt, d. h. alle Geraden in der isotropen Ebene durch die Kurventangente, die zur Kurventangente parallel sind. Bezüglich weiterer Resultate vergleiche man [117].

3)   Stellt man in Analogie zu 2) die Frage nach Geraden im Dreibein $\{\vec{e}, \vec{n}, \vec{b}\}$ einer Regelfläche Φ des $I_3^{(1)}$, die bei der Dreibeinbewegung längs der Striktionslinie von Φ Regelflächen von konstantem Drall (speziell eine abwickelbare Regelfläche) beschreiben, so gelangt man zu den CESÀRO-Regelflächen; diese wurden von D. PALMAN in [118] ausführlich untersucht.

4)   Entwickelt man die Theorie der Regelflächen des $I_3^{(1)}$, wobei man sich nicht auf die Striktionslinie als Leitkurve stützt, sondern eine beliebige Flächenkurve als Leitkurve wählt, so gelangt man zu einer interessanten Theorie, die I. KAMENAROVIĆ in [68] entwickelt hat. Der dort angegebene Kalkül erlaubt es, *Existenzsätze über Regelflächen des einfach isotropen Raumes zu beweisen.*

5)   Betreibt man im einfach isotropen Raum komplexe Geometrie, so kann man jene Regelflächen studieren, deren Erzeugenden durchwegs isotrop sind. Regelflächen dieser Art werden als *MONGESCHE Flächen* bezeichnet. Ihre differentialgeometrische Behandlung — die mit völlig anderen Methoden zu erfolgen hat — wurde von K. STRUBECKER in [224] vorgenommen. Von besonderem Interesse sind hierbei isotrope *SERRET-Flächen*, das sind die MONGESCHEN Flächen von konstanter Relativkrümmung.

6)   Die Theorie der Regelflächen des einfach isotropen Raumes bezüglich der Gruppe W_7 der winkeltreuen isotropen Ähnlichkeiten wurde vom Verfasser in [178] entwickelt.

§11 Die Flächen konstanter Relativkrümmung des einfach isotropen Raumes.

In der euklidischen Differentialgeometrie bilden die Flächen konstanter Gaußscher Krümmung eine sehr interessante Flächenklasse (vgl. [228,143]). Das isotrope Analogon dazu sind die *Flächen konstanter Relativkrümmung*. Zu ihrer Bestimmung hat man nach (9.19a) die partielle Differentialgleichung

$$(11.1) \qquad K_0 = z_{xx} z_{yy} - z_{xy}^2$$

zu integrieren. Es handelt sich hierbei um eine spezielle *MONGE-AMPERESCHE Differentialgleichung*, deren geometrische Interpretation erst K. STRUBECKER in [209] gelang; bezüglich verschiedener Anwendungen und einer Verallgemeinerung vergleiche man [220] bzw. [225]. Man kann sich zunächst darauf beschränken, die Flächen der Relativkrümmung $K_0 = -1$ zu untersuchen, denn wendet man auf eine Fläche in der Darstellung $z = z(x,y)$ mit der Relativkrümmung K eine reelle oder komplexe Affinität $\bar{z} = \gamma z (\gamma \in C)$ an, so gilt für die Relativkrümmung $\overline{K}$ der Bildfläche: $\overline{K} = \gamma^2 K$. Die Lösungsflächen des allgemeineren Problems sind somit reell oder komplex affin zu den Lösungsflächen von $K_0 = -1$. Für die weitere Untersuchung erweist sich folgende Begriffsbildung als zweckmäßig:

Definition 11.1: Ein Kurvennetz auf einer Fläche $U \subset I_3^{(1)}$ heißt ein *TSCHEBY-SCHEFF-Netz (äquidistantes Netz)*, wenn für die Fundamentalgrößen E und G, bezogen auf die Netzkurven als Parameterlinien, gilt $E = G = 1$.

Wir zeigen den wichtigen

SATZ 11.1: *Die Tschebyscheff-Netze der Ebene stimmen mit den Schiebnetzen überein. Genau auf den zulässigen C^r-Flächen $U \subset I_3^{(1)} (r \geq 3)$ von konstanter Relativkrümmung $K_0 \neq 0$ bilden die Schmieglinien ein Tschebyscheff-Netz.*

Beweis:

(1): Ein Schiebnetz in der Ebene $z = 0$ kann durch $\tilde{\tilde{x}} = \tilde{y}(u) + \tilde{z}(v)$ beschrieben werden. Bedeuten o.B.d.A. die Parameter u und v die Bogenlängen auf den Netzkurven, dann gilt $E = G = 1$. Gilt umgekehrt $E = \tilde{\tilde{x}}_u^2 = 1$ und $G = \tilde{\tilde{x}}_v^2 = 1$, so folgt $\tilde{\tilde{x}}_u \cdot \tilde{\tilde{x}}_{uv} = 0$ und $\tilde{\tilde{x}}_v \cdot \tilde{\tilde{x}}_{vu} = 0$ und aus einem Ansatz $\tilde{\tilde{x}}_{uv} = A\tilde{\tilde{x}}_u + B\tilde{\tilde{x}}_y$ erhält man hiermit nach innerer Multiplikation mit $\tilde{\tilde{x}}_u$ bzw. $\tilde{\tilde{x}}_v$ die beiden Gleichungen $\{A + BF = 0, AF + B = 0\}$. Dieses Gleichungssystem in den Unbekannten A und B besitzt die Koeffizientendeterminante $1 - F^2 = W^2 \neq 0$, und hat daher nur die triviale Lösung $A = B = 0$. Damit haben wir $\tilde{\tilde{x}}_{uv} = 0$, woraus sich durch Integration $\tilde{\tilde{x}} = \tilde{y}(u) + \tilde{z}(v)$, d. h. ein Schiebnetz ergibt.

(2): Es sei U eine C^r-Fläche konstanter Relativkrümmung $K_0 \neq 0$, die wir o.B.d.A. auf Schmiegparameter (u,v) beziehen. Dann gilt $L = N = 0$ und aus $K_0 = \frac{-M^2}{EG-F^2}$ fließt

$$(11.2) \qquad M^2 = -K_0(EG - F^2) \neq 0.$$

Die Codazzi-Mainardi-Gleichungen (8.47a,b) nehmen nun die einfachere Gestalt

$$(11.3a,b) \qquad 2\frac{MM_u}{K_0} + 2F(E_v - F_u) - (EG_u - GE_u) = 0$$

$$-2\frac{MM_v}{K_0} + 2F(F_v - G_u) - (EG_v - GE_v) = 0$$

an, wobei in der Rechnung jeweils durch $M \neq 0$ dividiert wurde, und anschließend (11.2) eingesetzt wurde. Wird (11.2) partiell nach u bzw. v abgeleitet, so entstehen die Beziehungen $2MM_u = -K_0(E_uG + EG_u - 2FF_u)$ bzw. $2MM_v = -K_0(E_vG + EG_v - 2FF_v)$, die in (11.3a,b) eingesetzt die einfachen Gleichungen

$$(11.4a,b) \qquad \begin{cases} EG_u - FE_v = 0 \\ FG_u - GE_v = 0 \end{cases}$$

abgeben. Da für die Koeffizientendeterminante in (11.4a,b) $EG - F^2 \neq 0$ gilt, folgt aus (11.4a,b) $G_u = E_v = 0$ und damit

$$(11.5) \qquad E = E(u), \quad G = G(v).$$

Wird schließlich die zulässige Parametertransformation

$$(11.6) \qquad \bar{u} = \int \sqrt{E(u)}\, du, \quad \bar{v} = \int \sqrt{G(v)}\, dv$$

ausgeführt, dann gewinnt man

$$(11.7) \qquad \bar{E} = \bar{G} = 1,$$

womit das Schmiegliniennetz auf U als Tschebyscheff-Netz nachgewiesen ist.

(3): Nun mögen umgekehrt auf einer zulässigen C^r-Fläche $U \subset I_3^{(1)}(r \geq 3)$ die Schmieg-linien — gewählt als Parameterlinien (u,v) – ein Tschebyscheff-Netz bilden. Nebst $E = G = 1$ gilt dann $L = N = 0$ und die Codazzi-Mainardi-Gleichungen (8.47a,b) vereinfachen sich zu

$$(11.8a,b) \qquad \begin{cases} (1 - F^2)M_u + MFF_u = 0 \\ (1 - F^2)M_v + MFF_v = 0. \end{cases}$$

Wird die Beziehung $K = \frac{-M^2}{1-F^2}$ für die Relativkrümmung $K(u,v)$ partiell nach u differenziert, so entsteht

$$(11.9) \qquad K_u(1 - F^2) - 2KFF_u + 2MM_u = 0.$$

Wird hierin das Glied FF_u mittels (11.8a) ausgedrückt, so verbleibt nach dem Kürzen durch $1 - F^2 \neq 0$ und $M \neq 0$ die Gleichung $K_u = 0$. Ebenso leitet man mittels (11.8b) die Gleichung $K_v = 0$ her, woraus insgesamt $K = K_0 = konst.$ folgt.

$$\diamond$$

<u>Bemerkungen:</u>
1) Das Ergebnis des Beweisschrittes (2) stammt bereits von É.GOURSAT (vgl. [42, 47]), die schwierigere Umkehrung (3) hat jedoch erst G. SCHEFFERS in [191,114] gezeigt.

2) Der Satz 11.1 ist das isotrope Analogon zu einem Resultat von J. N. HAZZIDAKIS (vgl. [52]) und A. VOSS (vgl. [255]) für den eukldischen Raum bzw. von L. BIANCHI (vgl. [5]) für den elliptischen Raum.

Um eine tiefere Einsicht in die Theorie der Flächen mit $K_0 = -1$ zu gewinnen, knüpfen wir nochmals an die Theorie der vollisotropen Gewinde des $I_3^{(1)}$ an (vgl. §3). Da die Fernebene ω bezüglich eines Gewindes (3.34) den Nullpunkt $N(0 : a_1 : a_2 : a_3)$ besitzt, lassen sich alle vollisotropen Gewinde des $I_3^{(1)}$ in der Form

$$(11.10) \qquad a_4 p_1 + a_5 p_2 + a_6 p_3 + a_3 p_6 = 0$$

anschreiben. Betrachtet man die in (11.10) gelegenen Gewindekurven, deren Tangenten man durch $T(1 : x : y : x)$ und den jeweiligen Tangentenfernpunkt $T_u(0 : x' : y' : z')$ aufspannen kann, so folgt über $p_1 = x'$, $p_2 = y'$, $p_3 = z'$ und $p_6 = xy' - yx'$ die zu (11.10) äquivalente Darstellung

$$(11.11) \qquad dz = Adx + Bdy + C(xdy - ydx),$$

wobei abkürzend $A := -\frac{a_4}{a_6}$, $B := -\frac{a_5}{a_6}$ und $C := -\frac{a_3}{a_6}$ gesetzt wurde. Wir bemerken, daß nach (3.46) $C = -\frac{1}{k}$ gilt, wobei k den Gewindeparameter von (11.10) bezeichnet, und daß nach Satz 7.10 für die Windung τ der in (11.11) gelegenen Gewindekurven gilt $\tau = C$. Vollisotrope Gewinde (11.11) mit $C > 0 (C < 0)$ bezeichnen wir i.f. als *Rechtsgewinde K_r (Linksgewinde K_l)*. Berechnet man den Spurpunkt $S(x,y,0)$ der euklidischen Gewindeachse von (11.11) in der Grundrißebene $\pi_1(z = 0)$, so stellt sich

$$(11.12) \qquad\qquad S(kB, -kA, 0)$$

ein, womit alle drei Konstanten in (11.11) geometrisch gedeutet sind. Von entscheidender Bedeutung ist der folgende

Hilfssatz: Jedes Rechtsgewinde K_r mit $C = 1$ gestattet an unimodularen Grenzbewegungen genau alle Cliffordschen Linksschiebungen $S_3^{(l)}$. Jedes Linksgewinde K_l mit $C = -1$ gestattet an unimodularen Grenzbewegungen genau alle Cliffordschen Rechtsschiebungen $S_3^{(r)}$.

Beweis:
Bei einer unimodularen Grenzbewegung (1.26) transformieren sich die Plücker-Koordinaten gemäß

$$(11.13) \qquad \bar{p}_1 = p_1, \ \bar{p}_2 = p_2, \ \bar{p}_3 = c_1 p_1 + c_2 p_2 + p_3,$$
$$\bar{p}_6 = -b p_1 + a p_2 + p_6,$$

woraus zusammen mit (11.10) folgt, daß das Gewinde (11.10) genau dann als Ganzes festbleibt, wenn $a_6 c_1 = a_3 b$ und $a_6 c_2 = -a_3 a$ gilt. Ist K_r ein Rechtsgewinde mit $C = -\frac{a_3}{a_6} = 1$, dann findet man $c_1 = -b$, $c_2 = a$ und es liegt eine Linksschiebung $S_3^{(l)}$ vor. Ist hingegen K_l ein Linksgewinde mit $C = -1$, dann folgt $c_1 = b$, $c_2 = -a$ und die entsprechenden unimodularen Grenzbewegungen sind Rechtsschiebungen $S_3^{(r)}$.

$$\diamond$$

Ist nun eine Fläche $U \subset I_3^{(1)}$ mit $K = -1$ gegeben, dann sind ihre Schmieglinien stets reell und für die Windungen dieser Schmieglinien gilt nach (9.29) $\tau = +1$ bzw. $\tau = -1$. Diese Schmieglinien liegen demnach in Rechtsgewinden K_r bzw. Linksgewinden K_l gemäß Satz 7.10 und sollen demnach sinngemäß mit c_r bzw. c_l bezeichnet werden. Da nach Satz 11.1 die Grundrisse dieser Schmieglinien je ein Schiebnetz bilden, sind die Kurven jeder Schar kongruent und besitzen daher dieselbe natürliche Gleichung

$$(11.14a,b) \qquad \tilde{c}_r \ \dots \ \kappa = \kappa_1(s)$$
$$\tilde{c}_l \ \dots \ \kappa = \kappa_2(s).$$

Im Raum selbst werden die Schmieglinien durch die natürlichen Gleichungen

$$(11.15a,b) \qquad c_r \ \dots \ \{\kappa = \kappa_1(s), \ \tau = +1\}$$
$$c_l \ \dots \ \{\kappa = \kappa_2(s), \ \tau = -1\}$$

beschrieben. Die Exemplare jeder Schar können nach Satz 6.11 somit durch eine Bewegung der Gruppe $\mathcal{B}_6^{(1)}$ aufeinander abgebildet werden. Da sich diese Bewegung im

Grundriß als Schiebung auswirkt, liegt nach (1.26) sogar eine unimodulare Grenzbewegung vor, durch die je zwei Exemplare aus einer der Scharen (11.15a,b) aufeinander abgebildet werden können. Die Flächen U mit $K = -1$ sind somit durch Bewegung ihrer Schmieglinien erzeugbar, wobei dieser Bewegungsvorgang im Grundriß als Translation erscheint. Wird eine Schmieglinie $c_r \subset U$, die in einem Rechtsgewinde K_r liegt, bewegt, dann beschreiben die Punkte vor c_r die Schmieglinien der anderen Schar, deren Tangenten somit in Linksgewinden liegen.

Nach obigem Hilfssatz sind die erzeugenden unimodularen Grenzbewegungen von c_r somit Cliffordsche Rechtsschiebungen. Vertauscht man in dieser Überlegung *rechts* mit *links*, so gewinnt man eine analoge Aussage. Wir notieren den

SATZ 11.2: *Ist c_r bzw. c_l eine Schmieglinie der Torsion $\tau = +1$ bzw. $\tau = -1$ auf einer zulässigen C^3-Fläche U des einfach isotropen Raumes mit der konstanten Relativkrümmung $K = -1$, dann kann U erzeugt werden, indem man c_r einer kontinuierlichen Folge von Rechtsschiebungen längs c_l unterwirft bzw. c_l einer kontinuierlichen Folge von Linksschiebungen längs c_r unterwirft.*

Wir beweisen die Umkehrung zu Satz 11.2.

SATZ 11.3: *Haben zwei Kurven c_r bzw. c_l mit den Torsionen $\tau = +1$ bzw. $\tau = -1$ in ihrem Schnittpunkt P dieselbe Schmiegebene π und verschiebt man c_r rechtsseitig längs c_l (bzw. c_l linksseitig längs c_r), dann erhält man eine Fläche U der konstanten Relativkrümmung $K = -1$ im $I_3^{(1)}$, auf der die Kurven $\{c_r\}$ und $\{c_l\}$ Schmieglinien sind.*

Beweis:
Die Ausgangskurve c_r ist Gewindekurve in einem Rechtsgewinde K_r. Unterwirft man nun c_l samt dem Flächenelement (P, π) kontinuierlich der Schar von Linksschiebungen längs c_r, so bleibt das Gewinde K_r fest, d. h., die durch K_r induzierte Nullkorrelation bleibt erhalten. Bei dem Schiebvorgang durchläuft π somit die Schar der Schmiegebenen von c_r, denn die Nullebene π wird bei jeder Linksschiebung auf eine Nullebene der Gewindekurve c_r abgebildet. Diese Schmiegebenen von c_r sind gleichzeitig aber Schmiegebenen in den Schnittpunkten der mitbewegten Kurve c_l mit c_r. Damit ist π in jeder Lage auch als Tangentialebene der erzeugten Fläche U nachgewiesen und c_r als Schmieglinie von U erkannt; analog zeigt man, daß c_l eine Schmieglinie auf U ist. Man sieht weiter rasch, daß alle Kurven aus $\{c_r\}$ bzw. $\{c_l\}$ stets Schmieglinien auf U sind. Ist nämlich $P^* \in c_l$ beliebig, so beschreibt P^* eine Bahnkurve c_r^*, die aus c_l durch die Rechtsschiebung $P \to P^*$ längs c_l entsteht. Da hierbei alle Linksgewinde K_l fest bleiben, ist auch c_r^* Schmieglinie von U; analog zeigt man dies für alle Kurven $c_l^* \in \{c_l\}$. Nach Formel (9.29) folgt schließlich, daß U die Relativkrümmung $K = -1$ besitzt.

$\Diamond$

Bemerkungen:
1) Die elegante Erzeugungsweise der Flächen $U \subset I_3^{(1)}$ mit $K = -1$ läßt sich auf Flächen mit konstanter Relativkrümmung K_0 verallgemeinern. Man hat dann zwei Kurven c_r bzw. c_l der festen Torsionen $\tau_1 = +\sqrt{-K_0}$ bzw. $\tau_2 = -\sqrt{-K_0}$ zu wählen, die in den Rechtsgewinden $\widehat{K}_r \ldots dz = A dx + B dy + \sqrt{-K_0}(x dy - y dx)$ bzw. Linksgewinden $\widehat{K}_l \ldots dz = A dx + B dy - \sqrt{-K_0}(x dy - y dx)$ liegen, und an Stelle

rechten bzw. linken Cliffordschiebungen (1.28) bzw. (1.29) die *rechtsseitigen* bzw. *linksseitigen C-Schiebungen*

$$(11.16a) \qquad \begin{cases} \bar{x} = a + x \\ \bar{y} = b + y \\ \bar{z} = c + Cbx - Cay + z \end{cases} \qquad \dots\; C_3^r \;\; \text{bzw.}$$

$$(11.16b) \qquad \begin{cases} \bar{x} = \alpha + x \\ \bar{y} = \beta + y \\ \bar{z} = \gamma - C\beta x + C\alpha y + z \end{cases} \qquad \dots\; C_3^l$$

mit $C = \sqrt{-K_0}$ anzuwenden. Für $C = 1$ erhält man die bekannten Cliffordschen Rechts- bzw. Linksschiebungen.

2) Ein Analogon zur kinematischen Erzeugungsweise der Flächen $U \subset I_3^{(1)}$ mit $K =$ $= konst.$ für Flächen des elliptischen Raumes hat L. BIANCHI in [5] angegeben.

Geben wir als nächstes eine explizite Darstellung der Lösungsflächen des Problems $K =$ $= -1$ an! Dazu ist die in den Sätzen 11.2 und 11.3 angegebene kinematische Erzeugung analytisch nachzuspielen. Es erweist sich dabei als zweckmäßig, einen kleinen Umweg zu gehen, der eine Umformulierung der angegebenen Erzeugungsweise ermöglicht.

Wir gehen aus von zwei *Grundkurven* c_{r_0} bzw. c_{l_0} der festen Torsionen $\tau = +1$ bzw. $\tau = -1$, die somit in einem Rechtsgewinde K_r bzw. Linksgewinde K_l liegen (Abbildung 11). Bezeichnet O den Koordinatenursprung

Abbildung 11:

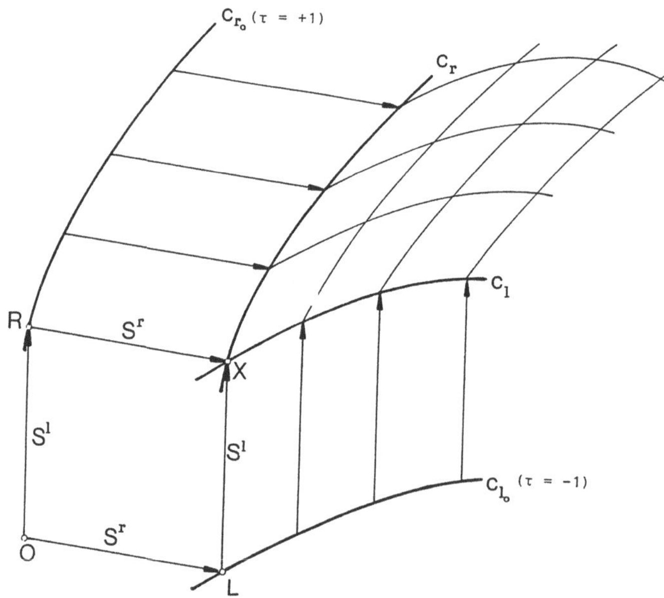

und sind die Punkte $R \in c_{r_0}$ und $L \in c_{l_0}$ beliebig gewählt, dann gibt es eine eindeutig bestimmte Cliffordsche Linksschiebung S^l bzw. Rechtsschiebung S^r, die O nach R bzw. L bringt. Die Abbildung $S^r \circ S^l = S^l \circ S^r$ ist dann eine Grenzbewegung, die O auf einen Punkt X abbildet. Setzt man voraus, daß die Gewinde K_r und K_l dem Punkt O dieselbe Nullebene π zuweisen, dann werden wir zeigen, daß der Punkt X eine Fläche $U \subset I_3^{(1)}$ mit $K = -1$ durchläuft, wenn man R und L unabhängig voneinander die Grundkurven c_{r_0} und c_{l_0} durchlaufen läßt. Hält man zum Beweis des Satzes zunächst $L \in C_{l_0}$ fest, während R die Kurve c_{r_0} durchläuft, so beschreibt X eine Kurve $c_r \subset U$, die durch die Rechtsschiebung S^r aus c_{r_0} entsteht; sie besitzt die Torsion $\tau = 1$. Die Schmiegebene von X ergibt sich aus der Schmiegebene von R mittels S^r. Andererseits fällt aber die Schmiegebene des Punktes R mit der Nullebene von R in K_r zusammen und diese entsteht aus π durch die Linksschiebung S^l, die ja jedes Rechtsgewinde verträgt. Damit entsteht die Schmiegebene des Punktes X aus π durch die Grenzbewegung $S^r \circ S^l$. Hält man analog $R \in c_{r_0}$ fest, während L die Kurve c_{l_0} durchläuft, so beschreibt X eine Kurve $c_l \subset U$ der Torsion $\tau = -1$, die durch die Linksschiebung S^l aus c_{l_0} entsteht. Die Kurven c_l und c_r schneiden sich in X und man zeigt analog wie oben, daß die Schmiegebene in X an c_l aus π durch die Grenzbewegung $S^l \circ S^r$ entsteht. Wegen $S^l \circ S^r = S^r \circ S^l$ besitzen c_l und c_r in $X \in U$ somit dieselbe Schmiegebene, die gleichzeitig Tangentialebene von U in X ist. Damit sind die Kurvenscharen $\{c_r\}$ und $\{c_l\}$ als Schmieglinien von U nachgewiesen und die Erzeugung einer Fläche mit $K = -1$ ist sichergestellt.

Zur analytischen Formulierung wählen wir die beiden Gewinde

$$(11.17a,b) \qquad \begin{aligned} K_r &\ \dots\ dz = x\,dy - z\,dx \\ K_l &\ \dots\ dz = y\,dx - x\,dy, \end{aligned}$$

die ersichtlich dem Ursprung O dieselbe Nullebene $z = 0$ zuweisen. Weiter seien

$$(11.18a,b) \qquad \begin{aligned} c_{r_0} &\ \dots\ \{x_r(u), y_r(u), z_r(u)\} \qquad \text{bzw.} \\ c_{l_0} &\ \dots\ \{x_l(v), y_l(v), z_l(v)\} \end{aligned}$$

zwei Gewindekurven in K_r bzw. K_l. Da die Schiebungsgruppen S_3^l und S_3^r einfach transitiv sind, gilt nach (1.27) bzw. (1.28) $S^l(0,0,0) = (\alpha,\beta,\gamma) = (x_r,y_r,z_r)$ bzw. $S^r(0,0,0) = (a,b,c) = (x_l,y_l,z_l)$, womit die Parameter der entsprechenden Schiebungen S^l und S^r bestimmt sind. Setzt man nun die Schiebungen (1.27) und (1.28) zusammen und beachtet man, daß durch $S^l \circ S^r = S^l \circ S^r$ der Ursprung O auf den gesuchten Flächenpunkt $X(x,y,z)$ abgebildet wird, so gewinnt man als Darstellung von U

$$(11.19) \qquad \begin{cases} x = x_r + x_l \\ y = y_r + y_l \\ z = z_r + z_l + x_r y_l - y_r x_l. \end{cases}$$

Eine integralfreie Darstellung der Flächen U mit $K = -1$ gewinnt man schließlich aus (11.19), indem man für die Gewindekurven c_{r_0} und c_{l_0} eine explizite Darstellung verwendet. Eine solche Darstellung erhält man aus (7.59), indem man mittels $\{x_r = u,\ y_r = U'(u)\}$ bzw. $\{x_l = v, y_l = V'(v)\}$ eine partielle Integration auf die z-Koordinate anwendet. Man gewinnt

$$(11.20a) \qquad c_{r_0} \ldots \begin{cases} x_r = u \\ y_r = U'(u) \\ z_r = uU' - 2U \end{cases} \qquad \text{bzw.}$$

$$(11.20b) \qquad c_{l_0} \ldots \begin{cases} x_l = v \\ y_l = V'(v) \\ z_l = -vV' + 2V, \end{cases}$$

woraus mit (11.19) schließlich als Darstellung der Lösungsflächen U

$$(11.21) \qquad \begin{cases} x = u + v \\ y = U'(u) + V'(v) \\ z = 2[V(v) - U(u)] + (u - v)[U'(u) + V'(v)] \end{cases}$$

fließt. Damit (11.21) eine zulässige Fläche darstellt, muß allerdings nach (8.10) gelten $\frac{\partial(x,y)}{\partial(u,v)} = V''(v) - U''(u) \neq 0$. Die schöne Darstellung (11.21) stammt von G. DARBOUX (vgl. [34]), der diese allerdings mit Hilfe der Charakteristikentheorie gewonnen hat.

Wir fassen zusammen im

SATZ 11.4: *Sind $U(u)$ und $V(v)$ zwei beliebige Funktionen der Klasse $C^r(r \geq 2)$ mit $U''(u) \neq V''(v)$, dann wird durch (11.21) eine C^{r-1}-Fläche U des einfach isotropen Raumes beschrieben, welche die konstante Relativkrümmung $K = -1$ besitzt. Umgekehrt läßt sich jede Fläche dieser Art in der Form (11.21) integralfrei darstellen.*

Bemerkungen:

1) Die Darstellung (11.21) der Flächen $U \subset I_3^{(1)}$ mit $K = -1$ läßt sich auf Flächen mit konstanter Relativkrümmung K_0 verallgemeinern, wobei man zu fordern hat, daß die Kurven c_{r_0} bzw. c_{l_0} jetzt den Gewinden $K_r \ldots dz = +\sqrt{-K_0}(x\,dy - y\,dx)$ bzw. $K_l \ldots dz = -\sqrt{-K_0}(x\,dy - y\,dx)$ angehören. In Analogie zu (11.21) findet man dann

$$(11.22) \qquad \begin{cases} x = u + v \\ y = U'(u) + V'(v) \\ z = \sqrt{-K_0}\{[V(v) - U(u)] + (u - v)[U'(u) - V'(v)]\}, \end{cases}$$

wobei $U''(u) \neq V''(v)$ vorauszusetzen ist.

2) Die Flächen U mit $K_0 = konst.$ spielen eine wichtige Rolle in der affinen Differentialgeometrie, wo sie als sogenannte *uneigentliche Affinsphären* auftreten, d. h. als Flächen, deren sämtliche Affinnormalen parallel sind. Unter diesem Gesichtspunkt haben sich vor allem W. BLASCHKE (vgl. [10,216]) und E. SALKOWSKI (vgl. [185],[186]) mit diesen Flächen befaßt.

Wir wollen uns bei der Beschäftigung mit den Flächen von konstanter Relativkrümmung K_0 noch kurz den *Drehflächen* dieser Art zuwenden; diese Flächenklasse besitzt ja auch in der euklidischen Differentialgeometrie eine herausragende Bedeutung   (vgl. [228,

147f]). Nach (9.47) genügt die Meridiankurve $z = f(r)$ der Differentialgleichung

$$(11.23) \qquad f''f' - rK_0 = 0,$$

die sich über $K_0 r = \frac{1}{2}(f'^2)'$ sofort integrieren läßt. Mit den Integrationskonstanten c_1, c_2 stellt sich die allgemeine Lösung

$$(11.24) \qquad z = f(r) = c_1 + \int \sqrt{K_o r^2 + c_2}\; dr$$

ein. Beachtet man, daß die Bewegungsgruppe $\mathcal{B}_6^{(1)}$ z-parallele Schiebungen enthält, so kann man o.B.d.A. in (11.24) $c_1 = 0$ wählen.

Nun sind gemäß der Wahl von K_0 und c_2 genau *4 Unterfälle* zu unterscheiden, wobei wir wieder o.B.d.A. $K_0 = \pm 1$ wählen dürfen:

<u>Fall 1:</u> $c_2 = 0$, $K = +1$:
Man findet dann $z = \pm\frac{1}{2}r^2$, d. h. die Lösungsflächen

$$(11.25) \qquad z = \pm\frac{1}{2}(x^2 + y^2).$$

Dies sind zwei Sphären parabolischen Typs vom Radius $\pm\frac{1}{2}$.

<u>Fall 2:</u> $c_2 > 0$, $K = -1$:
Man hat dann $z = \int \sqrt{-r^2 + c_2}\; dr$ und die Substitution $r = \sqrt{c_2}\,\cos\psi$ liefert $z = \frac{1}{2}c_2(\sin\psi\,\cos\psi - \psi)$. Damit hat die Lösungsfläche die Parameterdarstellung

$$(11.26) \qquad \begin{cases} x = \sqrt{c_2}\,\cos\psi\,\cos\varphi \\ y = \sqrt{c_2}\,\cos\psi\,\sin\varphi \\ z = \frac{1}{2}(\sin\psi\,\cos\psi - \psi), \end{cases}$$

die man über den Parameterwechsel $\varphi = \frac{1}{2}(u + v)$, $\psi = \frac{1}{2}(v - u)$ in die Gestalt

$$(11.27) \qquad \begin{cases} x = \frac{1}{2}\sqrt{c_2}\,(\cos u + \cos v) \\[2mm] y = \frac{1}{2}\sqrt{c_2}\,(\sin u + \sin v) \\[2mm] z = \frac{1}{4}c_2[(u - v) - \sin(u - v)] \end{cases}$$

überführen kann. Diese Darstellung lehrt im Vergleich mit (11.19), daß die Lösungsfläche U durch Cliffordschiebung der beiden Schraublinien

$$(11.28a,b) \qquad \begin{aligned} x_r &= \frac{1}{2}\sqrt{c_2}\,\cos u & x_l &= \frac{1}{2}\sqrt{c_2}\,\cos v \\ y_r &= \frac{1}{2}\sqrt{c_2}\,\sin u\;, & y_l &= \frac{1}{2}\sqrt{c_2}\,\sin v \\ z_r &= \frac{1}{4}c_2 u & z_l &= -\frac{1}{4}c_2 v \end{aligned}$$

erzeugt werden kann; die Parameter (u, v) sind Schmiegparameter auf U. Die Meridiankurve dieser Drehfläche, die an den konischen Typ der Drehflächen konstanter Gauß-Krümmung im E_3 erinnert (vgl. [228,152]), wurde in Abbildung 12a) dargestellt. Die Fläche besitzt kreisförmige Rückkehrkanten im Abstand $\frac{\pi}{2}$, sowie konische Knoten auf der z-Achse im Abstand $\frac{\pi}{2}$; im Gesamtverlauf setzt sie sich längs der z-Achse periodisch fort.

<u>Fall 3</u>: $c_2 < 0, K = +1$:
Man hat dann $z = \int \sqrt{r^2 + c_2}\, dr$ mit $c_2 < 0$ und findet mit der Substitution $r = \sqrt{-c_2}\,ch\psi$ die Lösung $z = -\frac{1}{2}c_2(-\psi + sh\psi ch\psi)$; sie liefert die Fläche U mit der Parameterdarstellung

$$(11.29) \qquad \begin{cases} x = \sqrt{-c_2}\ ch\psi\ \cos\varphi \\ y = \sqrt{-c_2}\ ch\psi\ \sin\varphi \\ z = -\frac{1}{2}c_2\ (-\psi + sh\psi\ ch\psi). \end{cases}$$

Wendet man auf (11.29) den komplexen Parameterwechsel $\varphi = \frac{1}{2}(u + v)$, $\psi = \frac{1}{2i}(u - v)$ an, dann entsteht in Analogie zu (11.27)

$$(11.30) \qquad \begin{cases} x = \frac{1}{2}\sqrt{-c_2}\ (\cos u + \cos v) \\ y = \frac{1}{2}\sqrt{-c_2}\ (\sin u + \sin v) \\ z = -\frac{ic_2}{4}\ [(u - v) - \sin(u - v)]. \end{cases}$$

Denkt man sich den einfach isotropen Raum komplex erweitert, und überträgt man die zu den Sätzen 11.2. – 11.4. dargelegte Theorie auf Flächen mit positiver Relativkrümmung — die Schmieglinien sind dann konjuiert-komplex — dann lehrt (11.30), daß die zugehörige Lösungsfläche U durch Cliffordschiebung der beiden konjugiert-komplexen Schraublinien

$$(11.31a, b) \qquad \begin{cases} x_r = \frac{1}{2}\sqrt{-c_2}\ \cos u \\ y_r = \frac{1}{2}\sqrt{-c_2}\ \sin u \\ z_r = -\frac{1}{4}ic_2 u \end{cases} \qquad \begin{cases} x_l = \frac{1}{2}\sqrt{-c_2}\ \cos v \\ y_l = \frac{1}{2}\sqrt{-c_2}\ \sin v \\ z_l = \frac{1}{4}ic_2 v \end{cases}$$

erzeugt werden kann. Die Meridiankurve der Drehfläche (11.29) ist durch $\{r = \sqrt{-c_2}ch\psi,\ z = -\frac{1}{2}c_2(-\psi + sh\psi\ ch\psi)\}$ gegeben und erweist sich speziell für $c_2 = -1$ als Evolute der Kettenlinie $z = \frac{1}{2}ch2r$, wie ein Vergleich mit [226,70] lehrt. Die Meridiankurve dieser Fläche ist in Abbildung 12b) dargestellt.

<u>Fall 4</u>: $c_2 > 0,\ K = +1$:
Aus $z = \int \sqrt{r^2 + c_2}\, dr$ findet man mit $r = \sqrt{c_2}sh\psi$ wie im Fall 3) die Lösungsflächen

$$(11.32) \qquad \begin{cases} x = \sqrt{c_2}\ sh\psi\ \cos\varphi \\ y = \sqrt{c_2}\ sh\psi\ \sin\varphi \\ z = \frac{1}{2}c_2(\psi + sh\psi\ ch\psi). \end{cases}$$

Nach dem komplexen Parameterwechsel $\varphi = \frac{1}{2}(u + v - \pi)$, $\psi = \frac{1}{2i}(u - v)$ nimmt (11.32) die Gestalt

(11.33)
$$\begin{cases} x = \frac{i}{2}\sqrt{c_2}\,(\cos u - \cos v) \\ y = \frac{i}{2}\sqrt{c_2}\,(\sin u - \sin v) \\ z = -\frac{ic_4}{4}\,[(u - v) + \sin(u - v)] \end{cases}$$

an, sodaß die Fläche (11.32) durch Schiebung der konjugiert-komplexen Schraublinien der Torsionen $\tau = \pm i$

(11.34a, b)
$$\begin{cases} x_r = \frac{i}{2}\sqrt{c_2}\cos u \\ y_r = \frac{i}{2}\sqrt{c_2}\sin u \\ z_r = -\frac{i}{4}c_2 u \end{cases} \qquad \begin{cases} x_r = -\frac{i}{2}\sqrt{c_2}\cos v \\ y_r = -\frac{i}{2}\sqrt{c_2}\sin v \\ z_r = \frac{i}{4}c_2 v \end{cases}$$

als Schmieglinien erzeugt werden kann. Die Meridiankurve dieser Fläche ist in Abbildung 12c) dargestellt. Der Ursprung des Koordinatensystems ist ein konischer Knoten der Fläche.

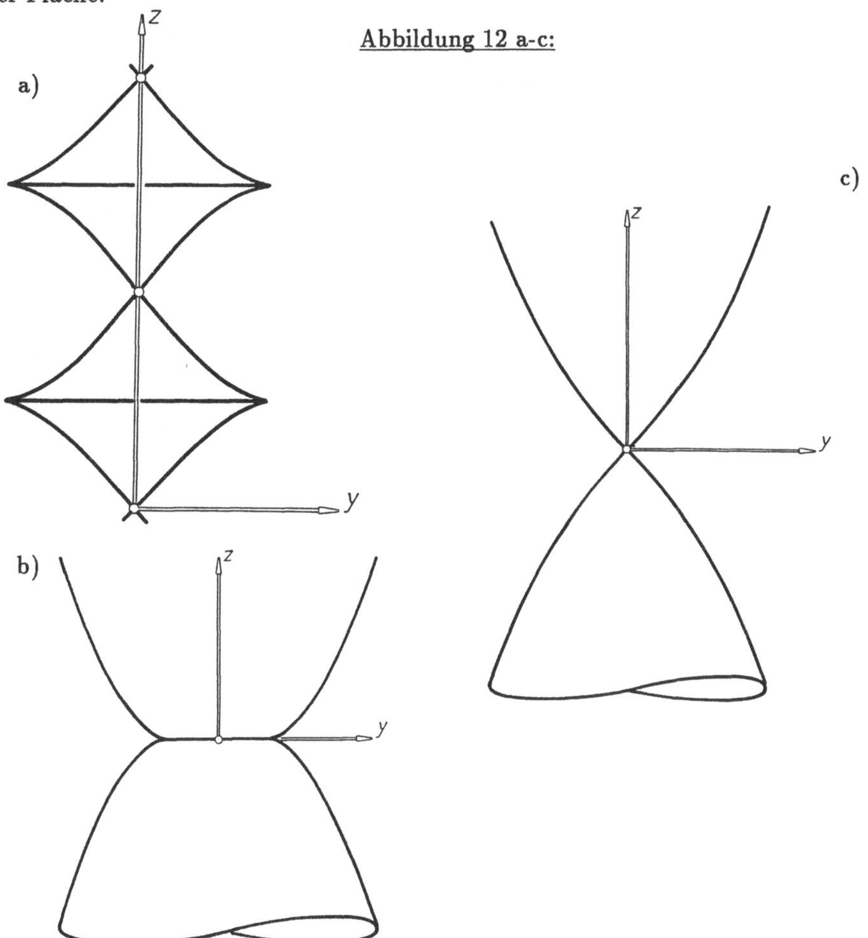

Wir fassen zusammen und beweisen ergänzend den

SATZ 11.5: *Im einfach isotropen Raum $I_3^{(1)}$ existieren außer den Sphären parabolischen Typs genau 3 Typen von Drehflächen konstanter Relativkrümmung, die sich durch die Darstellungen (11.26), (11.29) und (11.32) beschreiben lassen. Die Schraubflächen des $I_3^{(1)}$ von konstanter Relativkrümmung K_0 besitzen die Meridiankurve*

$$(11.35) \qquad z = \int \frac{1}{r} \sqrt{K_0 r^4 + c_1 r^2 - p^2} \; dr,$$

wobei p den Schraubparameter und c_1 eine Integrationskonstante bezeichnen.

Beweis:
Wird der Meridian der Schraubfläche Φ durch $\{x = 0, z = f(r)\}$ beschrieben, dann läßt sich Φ in Zylinderkoordinaten durch

$$(11.36) \qquad \vec{x}(r, \varphi) = \{-r \, \sin\varphi, r \, \cos\varphi, p\varphi + f(r)\}$$

erfassen, woraus man als Fundamentalgrößen 1. und 2. Art berechnet

$$(11.37) \qquad \begin{aligned} E &= 1, \; F = 0, \; G = r^2 \\ L &= f'', \; M = -\frac{p}{r}, \; N = r f'. \end{aligned}$$

Für die Relativkrümmung K folgt hieraus

$$(11.38) \qquad K = \frac{1}{r} f' f'' - \frac{1}{r^4} p^2.$$

Die Problemstellung führt somit auf die Differentialgleichung $(f'^2)' = 2K_0 r + \frac{2}{r^3} p^2$, die sich zu (11.35) integrieren läßt.

Weitere Resultate über Schraubflächen konstanter Relativkrümmung können in [209,774f] nachgelesen werden.

§12 Die Minimalflächen des einfach isotropen Raumes.

Wie wir in §9 gesehen haben, sind die *Minimalflächen* Φ des einfach isotropen Raumes, d. h. die Flächen von verschwindender mittlerer Krümmung $H = 0$, genau die *Potentialflächen* $\Delta z = z_{xx} + z_{yy} = 0$, wobei Φ in der Normaldarstellung $z = z(x, y)$ angenommen wurde. Wir wollen hier einige Resulate aus der interessanten Theorie dieser Flächen darstellen! Um neben den schon bestimmten Minimalflächen (vgl. SATZ 10.10) noch weitere elementare Beispiele vor Augen zu haben, zeigen wir den

SATZ 12.1: *Die einzigen Minimaldrehflächen des einfach isotropen Raumes sind die Drehlogarithmoide. Die Minimalschraubflächen des einfach isotropen Raumes sind die logarithmischen Schraubflächen*

$$(12.1) \qquad\qquad z = c_1 \, ln\sqrt{x^2 + y^2} - p \; arc \; tg \; \frac{x}{y}.$$

Beweis:
Aus (9.47) folgt für Minimaldrehflächen Φ die Differentialgleichung $f'' + \frac{1}{r}f' = 0$ mit der allgemeinen Lösung $f(r) = c_1 \, ln \, r + c_2$, wobei c_1, c_2 Integrationskonstanten bezeichnen. Die Fläche Φ entsteht somit durch Drehung einer logarithmischen Kurve um die z-Achse und kann daher als *Drehlogarithmoid* bezeichnet werden.

Für Minimalschraubflächen stellt sich nach (9.16b) mit (11.37) ebenfalls die Differentialgleichung $f'' + \frac{1}{r}f' = 0$ ein, sodaß die Lösungsflächen durch Verschraubung einer logarithmischen Kurve um die z-Achse entstehen. Mittels (11.36) folgt die explizite Darstellung (12.1).

$$\Diamond$$

Eine der schönsten Aussagen über Minimalflächen im euklidischen Raum ist jene, daß diesen Flächen notwendig Lösungen des PLATEAUschen Problems sind (vg. [228,221f]). Dieses Problem lautet bekanntlich, man möge durch eine glatte, geschlossene und doppelpunktfreie Raumkurve, eine einfach zusammenhängende C^2-Fläche von kleinster Oberfläche legen. Natürlich läßt sich unter Verwendung des Oberflächenbegriffes (8.26) im einfach isotropen Raum $I_3^{(1)}$ kein Analogon zu obigem Resultat angeben, denn alle in eine einfach geschlossene Kurve c eingespannten einfach zusammenhängenden, zulässigen Flächen U besitzen nach (8.26) dieselbe Oberfläche, deren Inhalt ja im Grundriß abzulesen ist. Trotzdem kann man unter Verwendung der sogenannten *Relativoberfläche* — die allerdings nicht isotrop-invariant erklärt ist — ein isotropes Analogon zum Plateauschen Variationsproblem angeben (vgl. [210,417f]). Wir normalisieren die Fläche U wie in §9 über einen Eichmittelpunkt M^* und eine Eichsphäre $\sum^*$, die wir gleichzeitig zur Realisierung der sphärischen Abbildung $U \rightarrow \sum^*$ verwenden. Ist X^* der sphärische Bildpunkt von $X \in U$, so bezeichne wie in §9 $\mathcal{N} = \overrightarrow{M^* X^*}$ einen Vektor der Relativnormalen n^* von U.

Definition 12.1: Unter der *Relativoberfläche* O^* einer zulässigen C^r-Fläche $U(r \geq 1)$, definiert über einem Bereich G, versteht man das Integral

$$(12.2) \qquad O^* = \int\int_G Det(\mathcal{N}^*, \vec{x}_u, \vec{x}_v) \, du \, dv.$$

Bezeichnet $\vec{m}^* = \overrightarrow{OM^*}$ den Ortsvektor von M^* und $\vec{x}^* = \overrightarrow{OX^*}$ den Ortsvektor des sphärischen Bildpunktes X^*, dann gilt $\mathcal{N}^* = \vec{x}^* - \vec{m}^*$ und aus (12.2) folgt

$$(12.3) \qquad O^* = \int\int_G Det(\vec{x}^*, \vec{x}_u, \vec{x}_v) du \, dv - \int\int_G Det(\vec{m}^*, \vec{x}_u, \vec{x}_v) du \, dv.$$

Der erste Summand in diesem Integral ist die Relativoberfläche O^* von U in Bezug auf den Koordinatenursprung als Eichmittelpunkt und ist somit ebenfalls nicht isotrop-invariant erklärt. Allerdings läßt sich O^* unter Anwendung von (9.21) und (9.23) in parameterinvarianter Weise schreiben. Es gilt nämlich $Det(\vec{x}^*, \vec{x}_u, \vec{x}_v) = \frac{1}{W}(y_u z_v - y_v z_u)^2 - \frac{1}{W}(x_u z_v - x_v z_u)^2 - \frac{1}{2}\nabla z(u,v)W = \nabla z(u,v)W - \frac{1}{2}\nabla z(u,v)W = \frac{1}{2}\nabla z(u,v)W$, wobei zur Berechnung des ersten Gliedes die Beziehungen zur Formel (9.22) verwendet wurden. Der zweite Summand in (12.3) kann zweckmäßig umgeformt werden, indem man vom GAUSSschen Integralsatz

$$(12.4) \qquad \int\int_G (\vec{x}_u \times \vec{x}_v) du \, dv = \frac{1}{2}\oint_c \vec{x} \times d\vec{x}$$

ausgeht — wobei c den Rand des betrachteten Flächenstücks bezeichnet — und durch innere Multiplikation mit $\vec{m}^*$ hieraus die Darstellung

$$(12.5) \qquad \int\int_G (\vec{m}^*, \vec{x}_u, \vec{x}_v) = \frac{1}{2}\oint_c Det(\vec{m}^*, \vec{x}, d\vec{x})$$

gewinnt. Entscheidend ist, daß bei Variation der Relativoberfläche im Sinne des Plateauschen Problems dieses Integral als Kurvenintegral über den Rand keinen Beitrag liefert. Wir notieren zunächst

$$(12.6) \qquad O^* = \frac{1}{2}\int\int_G \nabla z(u,v)W \, du \, dv - \frac{1}{2}\oint_c Det(\vec{m}^*, \vec{x}, d\vec{x}).$$

Nun setzen wir die Vergleichsflächen $\widetilde{U}$ durch den Rand c in der Form

$$(12.7) \qquad \widetilde{\vec{x}}(u,v) \ \ldots \ \begin{cases} \bar{x} = x(u,v) \\ \bar{y} = y(u,v) \\ \bar{z} = z(u,v) + \epsilon\,\lambda(u,v) \end{cases}$$

an, wobei $\lambda(u,v)$ auf dem gemeinsamen Rand c von U und $\widetilde{U}$ verschwindet; geometrisch entstehen nach (12.7) die Vergleichsflächen $\widetilde{U}$ aus U dadurch, daß man auf den vollisotropen Normalen von U die Strecken $\epsilon\lambda(u,v)$ abträgt. Wegen des gemeinsamen Parameterbereichs lautet nach (12.6) die variierte Relativoberfläche $\widetilde{O}^*$ von $\widetilde{O}$

$$(12.8) \qquad \tilde{O}^* = \frac{1}{2} \int \int_G \nabla \bar{z}(u,v) W \, du \, dv.$$

Zur Berechnung von $\nabla \bar{z}$ beachten wir, daß wie im euklidischen Fall (vgl. [227,112f]) für den *gemischten Beltramioperator* $\nabla(\varphi, \psi)$ gilt $\nabla(\varphi) = \nabla(\varphi, \varphi)$ und daß $\nabla(\varphi, \psi)$ in beiden Variablen symmetrisch und linear ist. Hiermit folgt $\nabla \bar{z}(u,v) = \nabla(z+\epsilon\lambda, z+\epsilon\lambda) =$ $= \nabla(z,z) + 2\epsilon\nabla(z,\lambda) + \epsilon^2 \, \nabla(\lambda, \lambda)$. Hierbei ist explizit

$$(12.9) \qquad \nabla(z,\lambda) = \frac{E z_v \lambda_v - F(z_u \lambda_v + z_v \lambda_u) + G z_u \lambda_u}{EG - F^2} = \frac{- \begin{vmatrix} E & F & z_u \\ F & G & z_v \\ \lambda_u & \lambda_v & 0 \end{vmatrix}}{EG - F^2}.$$

Damit ergibt sich

$$(12.10) \qquad \tilde{O}^* = O^* + \epsilon \int \int_G \nabla(z,\lambda) W \, du \, dv + \frac{\epsilon^2}{2} \int \int_G \nabla(\lambda) W \, du \, dv$$

und für die erste Variation der Relativoberfläche stellt sich ein

$$(12.11) \qquad \delta \tilde{O}^* = \int \int_G \nabla(z,\lambda) W \, du \, dv.$$

Die Formel (12.11) formen wir um unter Anwendung der *ersten Greenschen Formel* (vgl. [227,140]), wobei wir c so durchlaufen denken, daß im Grundriß das Innere von c stets zur Linken bleibt. Versteht man unter $\frac{\partial z}{\partial n}$ die Ableitung von z nach der isotropen Normalenrichtung n von c, wobei wir die Normale in das Innere des Grundrisses von c orientiert denken, dann gilt

$$(12.12) \qquad \int \int_G \nabla(z,\lambda) \, W \, du \, dv = - \oint \lambda \frac{\partial z}{\partial n} ds - \int \int_G \lambda \Delta z \, W \, du \, dv.$$

In dieser Darstellung der ersten Variation δO^* verschwindet das Randintegral, da $\lambda(u,v)$ auf c stets Null ist, sodaß sich schließlich

$$(12.13) \qquad \delta O^* = - \int \int_G \lambda \Delta z(u,v) W \, du \, dv$$

einstellt. Aus der notwendigen Bedingung $\delta O^* = 0$ für eine Extremale folgt somit aus (12.13) zwingend $2H = \Delta z(u,v) = 0$, d. h., die Lösungen des Variationsproblems sind notwendig die Minimalflächen des $I_3^{(1)}$. Wir fassen zusammen und beweisen ergänzend den

234

SATZ 12.2: *Normalisiert man eine zulässige C^r-Fläche $U \subset I_3^{(1)} (r \geq 2)$ mit den Ortsvektoren ihres sphärischen Bildes, dann sind die Extremalen der zugehörigen Relativoberfläche die Minimalflächen des einfach isotropen Raumes. Das zu den Minimalflächen gehörige Extremum der Relativoberfläche ist stets ein absolutes Minimum.*

<u>Beweis:</u>
Um die zweite Aussage von Satz 12.2 einzusehen, berechnen wir die Variationsformel (12.10) für eine explizit gegebene Fläche $z = z(x,y)$. Wegen $W = 1$ gewinnt man nach [227,(23.13)] sofort $\nabla\lambda = \lambda_x^2 + \lambda_y^2$ und aus (12.10) und (12.12) ergibt sich

$$(12.14) \qquad \tilde{O}^* = O^* - \epsilon \int\int_G \lambda \Delta z(x,y) dx\ dy + \frac{\epsilon^2}{2} \int\int_G (\lambda_x^2 + \lambda_y^2) dx\ dy.$$

Das erste Integral in (12.14) verschwindet wegen $\Delta z(x,y) = 0$ für Minimalflächen, während das zweite Integral wegen $\lambda \neq 0$ stets positiv ist. Hieraus folgt die Behauptung.

◇

<u>Bemerkungen:</u>
1) Das behandelte Variationsproblem ist identisch mit dem in der Funktionentheorie wohlbekannten *DIRICHLETschen Problem.*

2) Die hübsche Interpretation der Potentialflächen als relative Minimalflächen stammt schon von E. MÜLLER (vgl. [112]).

Eine tiefere Einsicht in die Geometrie der Minimalflächen des $I_3^{(1)}$ gewinnt man, wenn man das isotrope Analogon zum bekannten *BJÖRLINGschen Problem* (vgl. [228,242f]) löst. Dieses Problem lautet, man solle durch den reellen analytischen Streifen

$$(12.15) \qquad \vec{x} = \vec{x}(u),\ p = p(u),\ q = q(u)$$

eine isotrope Minimalfläche Φ legen; hierbei setzen wir die Streifenkurve $\vec{x} = \vec{x}(u)$ als zulässig und analytisch voraus und verlangen, daß die Richtungsparameter p und q der Streifenebenen ebenfalls analytisch sind. Da die Minimalflächen des $I_3^{(1)}$ genau die Potentialflächen sind, kann man diese Flächen — wenn $f(z)$ eine komplexe analytische Funktion der komplexen Veränderlichen $z = x + iy$ ist — auch in der Form

$$(12.16a,b) \qquad z = Rf(z) = Rf(x + iy) \quad \text{bzw.} \quad z = If(z) = If(x + iy)$$

darstellen, wobei R den Realteil und I den Imaginärteil einer komplexen Zahl bezeichnet. Mit

$$(12.17) \qquad z = f(z) = f(x + iy) = U(x,y) + iV(x,y)$$

sind $U(x,y)$ und $V(x,y)$ im elementaren Sinn *konjugierte Potentialflächen* und es gelten die CAUCHY-RIEMANNschen Differentialgleichungen

$$(12.18) \qquad U_x(x,y) = V_y(x,y), \; V_x(x,y) = -U_y(x,y)$$

sowie

$$(12.19) \qquad U_{xx} = V_{yx} = V_{xy}, \; U_{xy} = U_{yx} = -V_{xx} = V_{yy},$$
$$U_{yy} = -V_{xy} = -U_{xx}.$$

Für die erste Ableitung von $f(z)$ gilt bekanntlich

$$(12.20) \qquad f'(z) = U_x(x,y) - iU_y(x,y).$$

Beachtet man die Streifenbedingung

$$(12.21) \qquad dz = p \, dx + q \, dy,$$

so folgt aus $f'(z) = U_x - iU_y = p(x,y) - iq(x,y)$ die Beziehung

$$(12.22) \qquad p(x,y) = Rf'(z), \; q(x,y) = -If'(z).$$

Beachtet man noch $z = Rf(z) = R \int f'(z)dz$, so findet man längs des Streifens (12.15)

$$(12.23a,b) \qquad z^* := x(u) + iy(u), \; f'(z^*) = p(u) - iz(u)$$

und schließlich

$$(12.23c) \qquad z^* = z(u) = R \int f'(z^*)dz^* =$$
$$= R \int [p(u) - iq(u)][dx(u) + idy(u)].$$

Setzt man in den Formeln (12.23a-c) alle darin vorkommenden reellen analytischen Funktionen (12.15) analytisch fort, d. h., ersetzt man den reellen Parameter u durch den komplexen Parameter $u+iv$, dann stellen sich wegen $z = x+iy = x(u+iv)+iy(u+iv)$ die Formeln

$$(12.24a-d) \qquad x = R[x(u + iv) + iy(u + iv)]$$
$$y = I[x(u + iv) + iy(u + iv)]$$
$$p = R[p(u + iv) - iq(u + iv)]$$
$$q = -I[p(u + iv) - iq(u + iv)]$$

und schließlich

$$(12.24e) \qquad z = R \int [p(u + iv) - iq(u + iv)].[dx(u + iv) + idy(u + iv)]$$

ein. Durch (12.24a-e) wird sicher eine Potentialfläche Φ festgelegt, die für $v = 0$ den Streifen (12.15) enthält, da in (12.15) nur reelle Funktionen auftreten. Wegen der eindeutigen Lösbarkeit des CAUCHYschen Anfangswertproblems folgt zusammenfassend der

SATZ 12.3: *Durch jeden zulässigen, reellen analytischen Streifen läßt sich eine eindeutig bestimmte isotrope Minimalfläche legen; diese ist durch die Formeln (12.24a-e) bestimmt.*

Der Satz 12.3 ist das isotrope Gegenstück zu den bekannten Formeln von H. A. SCHWARZ (vgl. [228,242]). Als Anwendung von Satz 12.3 beweisen wir zwei interessante geometrische Resultate über Minimalflächen des $I_3^{(1)}$, die erstmals in [218] gezeigt wurden:

SATZ 12.4: *Enthält eine reelle Minimalfläche Φ des einfach isotropen Raumes $I_3^{(1)}$ eine reelle, nichtisotrope Gerade g, so ist g eine isotrope Symmetrieachse der Fläche. Schneidet eine reelle Minimalfläche $\Phi \subset I_3^{(1)}$ eine reelle isotrope Ebene π nach einer isotropen Krümmungslinie c, dann ist π eine isotrope Symmetrieebene von Φ.*

Beweis:
(1): Man kann durch eine isotrope Bewegung erreichen, daß die Gerade g in die x-Achse des zugrundegelegten Koordinatensystems fällt, sodaß sich jeder Streifen längs g durch

$$(12.25) \qquad x = u, \; y = 0, \; z = 0; \; p = 0, \; q = q(u) = f'(u)$$

mit einer reellen analytischen Funktion $q(u) = f'(u)$ beschreiben läßt. Die Formeln (12.24a-e) liefern dann der Reihe nach: $x = u, y = v; p = R[-if'(u+iv)] = I[f'(u+iv)]$, $q = R[f'(u+iv)], z = R \int \{I(f'(u+iv)-iR[f'(u+iv)]\}d(u+iv) = R \int [-If'(u+iv)]d(u+ +iv) = R[-if(u + iv)] = If(u + iv)$. Man kann somit jede die x-Achse enthaltende Minimalfläche des $I_3^{(1)}$ in der Form

$$(12.26) \qquad z = I f(x + iy)$$

darstellen, wobei $f(x + iy)$ eine reelle analytische Funktion ist. Umgekehrt stellt (12.26) stets eine Minimalfläche $\Phi \subset I_3^{(1)}$ dar, welche die Gerade g enthält, denn für $y = 0$ folgt aus (12.26) stets $z = 0$. Man sieht weiter, daß mit dem Punkt $P(x, y, z) \in \Phi$ auch stets der Punkt $\widehat{P}(x, -y, -z) \in \Phi$ liegt, denn da f eine reelle analytische Funktion ist, ist die Änderung des Vorzeichens in y gleichwertig mit der Änderung des Vorzeichens des Imaginärteiles, d. h. mit der Änderung des Vorzeichens von z. Da die Punkte P und $\widehat{P}$ aber bezüglich der x-Achse symmetrisch liegen, ist damit die erste Aussage des Satzes gezeigt.

(2): Durch eine isotrope Bewegung kann man erreichen, daß die isotrope Ebene π in die [xz]-Ebene $y = 0$ des zugrundegelegten Koordinatensystems fällt. Als Schnitt von Φ mit einer isotropen Ebene ist dann c eine Geodätische. Ist c eine Krümmungslinie auf Φ, dann sind nach Folgerung 6) vor Satz 9.9 die zu den Tangenten t von c längs c konjugierten Flächentangenten e stets orthogonal zu t im Sinne der isotropen Metrik. Da die Grundrisse aller Tangenten $\{t\}$ in die x-Achse fallen sind die Tangenten $\{e\}$ alle parallel zur [yz]-Ebene. Die der Minimalfläche Φ längs c umschreibende Torse Θ ist somit ein Zylinder mit Erzeugenden parallel zur [yz]-Ebene. Man kann durch eine isotrope Bewegung, die $y = 0$ als Ganzes festläßt, erreichen, daß die Erzeugenden von Θ y-parallele Geraden werden. Demnach läßt sich jeder Streifen durch die geodätische Krümmungslinie $c \subset \Phi$ mittels

$$(12.27) \qquad x = u,\ y = 0,\ z = f(u);\ p = f'(u),\ q = 0$$

beschreiben, wobei $f(u)$ eine reelle analytische Funktion ist. Mit den Formeln (12.24) erhält man dann der Reihe nach aus (12.27): $\quad x = u,\ y = v;\ p = R[f'(u + iv)],\ q =$ $= -I[f'(u+iv)];\ z = R \int f'(u + iv).d(u+iv) = R[f(u+iv)]$. Man kann somit jede Minimalfläche $\Phi \subset I_3^{(1)}$, deren Schnitt mit der Ebene $y = 0$ eine isotrope Krümmungslinie ist, in der Form

$$(12.28) \qquad z = R\, f(x + iy)$$

darstellen, wobei f eine reelle analytische Funktion ist. Da mit jedem Punkt $P(x,y,z) \in$ Φ auch der Punkt $\widetilde{P}(x, -y, z) \in \Phi$ liegt — eine Vorzeichenänderung von y in (12.28) hat ja keinen Einfluß auf den Realteil einer reellen Funktion — ist damit auch die zweite Aussage in Satz 12.4 gezeigt.

$$\Diamond$$

<u>Bemerkungen:</u>
Die beiden Aussagen des Satzes 12.4 sind isotrope Analoga zu bekannten Resultaten von H. A. SCHWARZ (vgl. [228,246]).

In Analogie zu einem Resultat über euklidische Minimalflächen (vgl. [228,226]) gilt der

<u>SATZ 12.5:</u> *Jede Minimalfläche Φ des einfach isotropen Raumes $I_3^{(1)}$ ist als Schiebfläche konjugiert-komplexer isotroper Kurven erzeugbar.*

<u>Beweis:</u>
Mit $\mathbf{z} = x + iy,\ \bar{\mathbf{z}} = x - iy$ kann eine Minimalfläche der Darstellung (12.16a) in der Tat in der Form

$$(12.29) \qquad \vec{x}(\mathbf{z},\bar{\mathbf{z}}) = \begin{cases} \frac{1}{2}(\mathbf{z} + \bar{\mathbf{z}}) \\[2mm] \frac{1}{2i}(\mathbf{z} - \bar{\mathbf{z}}) \\[2mm] \frac{1}{2}[f(\mathbf{z}) + f(\bar{\mathbf{z}})] \end{cases}$$

parametrisiert werden. Die Fläche (12.29) entsteht aber durch Schiebung der konjugiert-komplexen Parameterlinien $z = x + iy = konst.$ bzw. $\bar{z} = x - iy = konst.$, die in zueinander konjugiert-komplexen vollisotropen Ebenen liegen.

$$\diamondsuit$$

Eine Minimalfläche Φ mit der Darstellung (12.16b) kann ebenfalls als Schiebfläche in der Gestalt (12.29) parametrisiert werden. In Analogie zu [228,231f] geben wir die

Definition 12.9: Wird eine Minimalfläche $\Phi \subset I_3^{(1)}$ durch die analytische Funktion $f(z)$ beschrieben, dann heißt die Flächenschar $\{\Phi_\alpha\}$

$$(12.30) \qquad z = \frac{1}{2}[f(z)e^{-i\alpha} + f(\bar{z})e^{i\alpha}]$$

— wobei $\alpha \in \mathcal{R}$ einen Scharparameter bezeichnet — die Schar der zu Φ *assoziierten Minimalflächen*. Zwei Minimalflächen dieser Schar, die zu Parameterwerten α und $\alpha + \frac{\pi}{2}$ gehören, heißen *adjungiert*.

In einer Reihe von Folgerungen leiten wir noch einige Resultate über Minimalflächen her, um zu zeigen, wie man diese Flächenklasse zweckmäßig rechnerisch behandeln kann.

<u>Folgerungen:</u>
1) Mit $f(z) = U(x,y) + iV(x,y)$ folgt aus (12.30) sofort $z = U(x,y)\cos\alpha + V(x,y)\sin\alpha$. Hieraus entnimmt man, daß die Flächen Φ_0 und Φ_π, beschrieben durch $z = U(x,y)$ bzw. $z = V(x,y)$ stets adjungierte Minimalflächen sind. Sie sind konjugierte Potentialflächen im Sinne der Funktionentheorie.

2) Die Flächen (12.30) kann man in der Gestalt

$$(12.31) \qquad \vec{x}(z,\bar{z}) = \begin{cases} \frac{1}{2}(z + \bar{z}) \\[2mm] \frac{1}{2i}(z - \bar{z}) \\[2mm] \frac{1}{2}[f(z)e^{-i\alpha} + f(\bar{z})e^{i\alpha}] \end{cases}$$

parametrisieren und berechnet daraus unschwer

$$(12.32) \qquad E = 0,\ F = \frac{1}{2},\ G = 0;\ W = \frac{1}{2}i,$$
$$L = \frac{1}{2}f''(z)e^{-i\alpha},\ M = 0,\ N = \frac{1}{2}f''(\bar{z})e^{i\alpha}.$$

Hieraus folgt nach (9.16a,b)

$$(12.33) \qquad K = -f''(z)f''(\bar{z}) = -|f''(z)|^2,\quad H = 0,$$

womit gezeigt ist, daß alle Flächen (12.30) in der Tat Minimalflächen sind. Außerdem folgt mit (12.32), daß diese Flächen im isotropen Sinn isometrisch bei Gleichheit der Relativkrümmungen sind.

3) Aus (9.3) erhält man für die Normalkrümmung κ_n

$$(12.34) \qquad \kappa_n = \frac{II}{I} = \frac{f''(z)e^{-i\alpha}dz^2 + f''(\bar{z})e^{i\alpha}d\bar{z}^2}{2dzd\bar{z}},$$

während sich nach (9.36) für die geodätische Windung

$$(12.35) \qquad \tau_g = \frac{IV}{I} = \frac{f''(\bar{z})e^{i\alpha}d\bar{z}^2 - f''(z)e^{-i\alpha}dz^2}{2idzd\bar{z}}$$

einstellt. Für die Schmieglinien der Flächen Φ_α - als Nullkurven der 2. Grundform - erhält man somit

$$(12.36) \qquad f''(z)e^{-i\alpha}dz^2 + f''(\bar{z})e^{i\alpha}d\bar{z}^2 = 0,$$

während man für die isotropen Krümmungslinien — als Nullkurven der 4. Grundform

$$(12.37) \qquad f''(\bar{z})e^{i\alpha}d\bar{z}^2 - f''(z)e^{-i\alpha}dz^2 = 0$$

findet. Schreibt man die Formeln (12.36) bzw. (12.37) für die adjungierten Minimalflächen Φ_0 und Φ_π explizit hin, so erhält man

$$(12.38a) \qquad f''(z)dz^2 + f''(\bar{z})d\bar{z}^2 = 0 \qquad \text{und}$$

$$(12.38b) \qquad f''(z)dz^2 - f''(\bar{z})d\bar{z}^2 = 0 \qquad \text{bzw.}$$

$$(12.39a) \qquad f''(z)dz^2 - f''(\bar{z})d\bar{z}^2 = 0 \qquad \text{und}$$

$$(12.39b) \qquad f''(z)dz^2 + f''(\bar{z})d\bar{z}^2 = 0,$$

woraus man erkennt, daß den Grundrissen der Schmieglinien bzw. Krümmungslinien von Φ_0 wechselseitig die Grundrisse der Krümmungslinien bzw. Schmieglinien auf Φ_π entsprechen.

4) Die Gleichungen (12.38) lassen sich zweckmäßig integrieren, wenn man setzt

$$(12.40) \qquad \int \sqrt{f''(z)}\, dz = u(x,y) + iv(x,y).$$

Zunächst folgt nämlich durch Faktorzerlegung von (12.38), daß die Schmieglinien auf Φ_α durch

$$(12.41) \qquad \sqrt{f''(z)}e^{-\frac{i}{2}\alpha}dz \pm i\sqrt{f''(\bar{z})}e^{\frac{i}{2}\alpha}d\bar{z} = 0$$

erfaßt werden, woraus man nach Integration unter Beachtung von (12.40) für die Schmieglinengrundrisse

$$(12.42) \qquad u \ \cos(\frac{\pi}{4} + \frac{\alpha}{2}) + v \ \sin(\frac{\pi}{4} + \frac{\alpha}{2}) = konst.$$
$$-u \ \sin(\frac{\pi}{4} + \frac{\alpha}{2}) + v \ \cos(\frac{\pi}{4} + \frac{\alpha}{2}) = konst.$$

erhält; hierbei wurde nach Trennung von Real- und Imaginärteil eine geringfügige trigonometrische Umformung angewendet. Analog erhält man aus (12.39) für die Grundrisse der Krümmungslinien von Φ_α

$$(12.43) \qquad u \ \cos\frac{\alpha}{2} + v \ \sin\frac{\alpha}{2} = konst.$$
$$-u \ \sin\frac{\alpha}{2} + v \ \cos\frac{\alpha}{2} = konst.$$

Die Formeln (12.42) und (12.43) zeigen, daß die Krümmungslinien und die Schmieglinien assoziierter Minimalflächen zu Parameterwerten, die sich um α unterscheiden, isogonale $\frac{\alpha}{2}$-Trajektorien sind. Wir fassen einiges zusammen im

SATZ 12.6: *Assoziierte Minimalflächen des einfach isotropen Raumes sind im isotropen Sinn isometrisch bei Erhalt der Relativkrümmung. Die Grundrisse der Schmieglinien bzw. Krümmungslinien assoziierter Minimalflächen Φ_0 und Φ_α sind $\frac{\alpha}{2}$-Trajektorien. Die Grundrisse der Schmieglinien (Krümmungslinien) einer isotropen Minimalfläche decken sich mit dem Grundriß der Krümmungslinien (Schmieglinien) der adjungierten Minimalfläche.*

Bemerkung:
Die letzte Aussage des Satzes 12.6 ist ein isotropes Analogon zu einem bekannten euklidischen Resultat (vgl. [228,234]).

Wir beschließen unsere Betrachtungen über Minimalflächen des $I_3^{(1)}$ indem wir als spezielles Beispiel die Minimalfläche Φ_E

$$(12.44) \qquad z = \frac{3}{2}I(x + iy)^{2/3}$$

untersuchen (vgl. [232]). Setzt man

$$(12.45) \qquad x + iy = (\xi + i\eta)^3 = (\xi^3 - 3\xi\eta^2) + i(3\xi^2\eta - \eta^3),$$

so findet man als Parameterdarstellung von Φ_E

$$(12.46) \qquad \begin{cases} x = \xi^3 - 3\xi\eta^2 \\ y = 3\xi^2\eta - \eta^3 \\ z = 3\xi\eta. \end{cases}$$

Die Berechnung der Koeffizienten der ersten und zweiten Grundform an Hand von (12.46) liefert

$$(12.47) \qquad E = G = 9(\xi^2 + \eta^2)^2, \; F = 0, \; W = 9(\xi^2 + \eta^2)^2,$$
$$L = N = 0, \; M = -3,$$

sodaß Φ_E auf Schmiegparameter bezogen ist. Die Kurven $\xi = konst.$ bzw. $\eta = konst.$ auf Φ_E sind *kubische Parabeln*, deren Grundrisse man aus (12.46) zu

$$(12.48) \qquad (\xi^3 - x)(8\xi^3 + x)^2 = 27\xi^3 y^2 \qquad \text{bzw.}$$
$$(\eta^3 + y)(8\eta^3 - y)^2 = 27\eta^3 x^2$$

erhält; diese ebenen Kurven sind TSCHIRNHAUSEN-Kubiken. Für $\xi = 0$ bzw. $\eta = 0$ erhält man die y-Achse bzw. x-Achse als Flächengerade. Die gewonnene Eigenschaft legt es nahe, die Fläche Φ_E als isotropes Analogon zur *ENNEPERschen Minimalfläche* anzusprechen, deren Schmieglinien bekanntlich auch Kubiken sind.

Bestimmen wir nun nach (9.23) die sphärischen Bildkurven der Schmieglinien von Φ_E! Aus (12.46) und (12.47) erhält man durch einfache Rechnung

$$(12.49) \qquad x^* = -\frac{\eta}{\xi^2 + \eta^2}$$
$$y^* = \frac{\xi}{\xi^2 + \eta^2}$$
$$z^* = \frac{1}{2(\xi^2 + \eta^2)}$$

und hieraus die Beziehungen

$$(12.50a - d) \qquad \xi(x^{*2} + y^{*2}) = y^*, \qquad \eta(x^{*2} + y^{*2}) = -x^*$$
$$y^* = 2\xi z^*, \qquad x^* = -2\eta z^*.$$

Die Gleichungen (12.50c,d) besagen, daß die sphärischen Bildkurven der Schmieglinien $\xi = konst.$ bzw. $\eta = konst.$ ebene Kurven sind, während die Gleichungen (12.50a,b) zeigen, daß sich diese Kurven im Grundriß als *orthogonale parabolische Kreisbüschel* abbilden. Die sphärischen Bilder der Schmieglinien von Φ_E sind somit konjugierte parabolische Kreisbüschel von Kreisen elliptischen Typs auf der Bildsphäre $\sum_0$. Die analoge Eigenschaft besitzt die ENNEPERsche Minimalfläche im euklidischen Raum. Da die sphärischen Bilder der Schmieglinien von Φ_E ebene Kurven sind, sind die Schmieglinien selbst Böschungslinien. Bestimmen wir noch die Krümmungslinien von Φ_E. Aus (9.41) entsteht mit (12.47) die Differentialgleichung $d\xi^2 - d\eta^2 = 0$ mit den Lösungen

$$(12.51a,b) \qquad \sigma := \xi + \eta = konst., \; \tau := \xi - \eta = konst.$$

Wird (12.51a,b) in (12.46) eingesetzt, so erhält man eine Darstellung von Φ_E in den Krümmungsparametern (σ, τ)

$$(12.52) \qquad \begin{cases} x = \frac{1}{4}(\sigma + \tau)(4\sigma\tau - \sigma^2 - \tau^2) \\[2mm] y = \frac{1}{4}(\sigma - \tau)(4\sigma\tau + \sigma^2 + \tau^2) \\[2mm] z = \frac{3}{4}(\sigma^2 - \tau^2). \end{cases}$$

Da man aus (12.52) sofort die Gleichungen

$$(12.53) \qquad x - y + 2\sigma z = \sigma^3, \; x + y - 2\tau z = \tau^3$$

gewinnt, sind die isotropen Krümmungslinien $\sigma = konst.$ und $\tau = konst.$ *rationale ebene Kurven 3. Ordnung*; auch diese bemerkenswerte Eigenschaft hat Φ_E mit der euklidischen ENNEPER-Fläche gemeinsam. Als Grundrisse der isotropen Krümmungslinien findet man

$$(12.54) \qquad \begin{aligned} 27\sigma^3(x^2 + y^2) &= (x - y + 2\sigma^3)^3 \\ 27\tau^3(x^2 + y^2) &= (x + y + 2\tau^3)^3, \end{aligned}$$

d. h. für $\sigma \neq 0$, $\tau \neq 0$ TSCHIRNHAUSEN-Kubiken. Für $\sigma = 0$ und $\tau = 0$ erhält man die Geraden $x - y = 0$ und $x + y = 0$. In Punkt- und Ebenenkoordinaten hat Φ_E die algebraischen Gleichungen

$$(12.55) \qquad \begin{aligned} 27^3(x^2 + y^2)^2 z^3 - (27xy + 16z^3)^3 &= 0 \\ uv + (u^2 + v^2)^2 w &= 0. \end{aligned}$$

Wir fassen zusammen im

<u>SATZ 12.7</u>: *Die isotrope ENNEPERsche Minimalfläche Φ_E ist eine algebraische Fläche 9. Ordnung und 5. Klasse, deren Schmieglinien kubische Parabeln sind und deren isotrope Krümmungslinien ebene Kurven 3. Ordnung sind. Die Grundrisse beider Kurvenscharen sind TSCHIRNHAUSEN-Kubiken. Die Schmieglinien der Fläche sind Böschungslinien, deren sphärische Bildkurven im Grundriß als orthogonale parabolische Kreisbüschel erscheinen.*

Weitere interessante Resultate über die isotrope ENNEPER-Fläche findet man in [232]. Bezüglich weiterer Resultate über isotrope Minimalflächen verweisen wir auf die Untersuchungen von K. STRUBECKER über duale Minimalflächen [238], über die Minimalflächen von SCHERK [236], über die Minimalflächen, welche gleichzeitig Affinminimalflächen sind [235], sowie über die Fläche $z = -\frac{1}{2}I(x + iy)^{-2}$ (vgl. [233]).

§13 Verallgemeinerte Zykliden und Zykliden des einfach isotropen Raumes.

Beispiele von Zykliden des einfach isotropen Raumes haben wir schon in §2 kennengelernt. In diesem Abschnitt wollen wir uns unter allgemeinen Gesichtspunkten kurz mit dieser interessanten Flächenklasse beschäftigen, wobei wir [182] – [184], sowie den inhaltsreichen Arbeiten von D. PALMAN (vgl. [121] – [129]) folgen. Zunächst geben wir eine Verallgemeinerung von Satz 4.2!

Sei $\Phi^{(n)}$ eine algebraische Fläche n-ter Ordnung des $I_3^{(1)}$ mit $\omega \not\subset \Phi^{(n)}$ und sei $P \notin \Phi^{(n)}$ ein Punkt. Weiter sei g eine nichtisotrope Gerade durch P, welche $\Phi^{(n)} \cap \omega$ nicht schneidet. Dann trifft g die Fläche $\Phi^{(n)}$ in n Punkten $\{X_1, \ldots, X_n\}$ im algebraischen Sinn.

Definition 13.1: Das Produkt der Abstände

$$(13.1) \qquad \mathcal{P}(P, g) := d(P, X_1).d(P; X_2) \ \ldots \ d(P, X_n)$$

heißt *Potenz des Punktes P in der Geraden g* bezüglich der Fläche $\Phi^{(n)}$.

Wir beschäftigen und zunächst mit der Frage, für welche Flächen $\Phi^{(n)}$ diese Potenz $\mathcal{P}$ nicht von der Geraden g durch P abhängt. Wir zeigen den

SATZ 13.1: *Die einzigen algebraischen Flächen $\Phi^{(n)}$ n-ter Ordnung mit $\omega \not\subset \Phi^{(n)}$, für welche die Potenz $\mathcal{P}(P)$ eines Punktes $P \notin \Phi^{(n)}$ von der Lage der Geraden g durch P unabhängig ist, sind die Flächen mit der Gleichung*

$$(13.2) \qquad (x^2 + y^2)^m + \Psi_{2m-1}(x,y,z) + \Psi_{2m-2}(x,y,z) + \ldots + \Psi_1(x,y,z) +$$
$$+ b_{000} = 0, \qquad (m \geq 1) \ \text{ und } \ n = 2m,$$

wobei die $\Psi_j(x,y,z)$ Formen vom Grad j in x,y,z sind. Die Potenz eines Punktes $P_0(x_0, y_0, z_0)$ bezüglich (13.2) ist gegeben durch

$$(13.3) \qquad \mathcal{P}(P_0) = (x_0^2 + y_0^2)^m + \sum_{j=1}^{2m-1} \Psi_j(x_0, y_0, z_0) + b_{000}.$$

Die Flächen (13.2) sind die einzigen algebraischen Flächen der Ordnung $n = 2m$, welche die Fernebene ω nur nach den absoluten Geraden f_1, f_2 schneiden. Hierbei ist jede Gerade $f_j(j = 1,2)$ im algebraischen Sinn m-fach zu zählen.

Beweis:
Wir setzen $\Phi^{(n)}$ in der Form $\sum_{i,j,k=0}^{i+j+k \leq n} a_{ijk} x^i y^j z^k = 0$ an, und wählen für die Gerade g durch $P_0(x_0, y_0, z_0)$ die Darstellung $\{x = x_0 + \lambda v_1, \ y = y_0 + \lambda v_2, \ z = z_0 + \lambda v_3\}$ mit $(v_1, v_2) \neq (0,0)$. Die Schnittpunkte $\{X_1, \ldots, X_n\}$ werden dann durch die Gleichung $\sum_{i,j,k=0}^{i+j+k \leq n} a_{ijk}(x_0 + \lambda v_1)^i (y_0 + \lambda v_2)^j (z_0 + \lambda v_3)^k = 0$ erfaßt, die sich in der einsichtigen

Gestalt

$$(13.4) \qquad \lambda^n \sum^{i+j+k=n} a_{ijk}\, v_1^i v_2^j v_3^k + \ldots + \sum^{i+j+k\leq n} a_{ijk}\, x_0^i y_0^j z_0^k = 0$$

schreiben läßt. Für ihre Nullstellen $\lambda_1,\ldots,\lambda_n$ im algebraischen Sinn folgt dann nach den Wurzelsätzen von VIETÀ

$$(13.5) \qquad \lambda_1 \lambda_2 \ldots \lambda_n = (-1)^n \frac{\sum^{i+j+k\leq n} a_{ijk}\, x_0^i y_0^j z_0^k}{\sum^{i+j+k=n} a_{ijk}\, v_1^i v_2^j v_3^k}.$$

Nun gilt andererseits $d^2(P, X_i) = (x_0 - x_i)^2 + (y_0 - y_i)^2 = \lambda_i^2(v_1^2 + v_2^2)$, d. h. nach (13.1) $\mathcal{P}(P, g) = \Pi_{i=1}^n d(P, X_i) = \lambda_1 \ldots \lambda_n \cdot (v_1^2 + v_2^2)^n$. Hiermit und (13.5) ergibt sich schließlich als Potenz

$$(13.6) \qquad \mathcal{P}(P_0, g) = (-1)^n \frac{\sqrt{(v_1^2 + v_2^2)^n} \sum^{i+j+k\leq n} a_{ijk}\, x_0^i y_0^j z_0^k}{\sum^{i+j+k=n} a_{ijk}\, v_1^i v_2^j v_3^k},$$

und dieser Ausdruck soll nicht von v_1, v_2, v_3 abhängen. Man erkennt zunächst, daß $n = 2m$ gerade sein muß . In dem Ausdruck

$$(13.7) \qquad \mathcal{P} = \frac{(v_1^2 + v_2^2)^m \sum^{i+j+k\leq 2m} a_{ijk}\, x_0^i y_0^j z_0^k}{\sum^{i+j+k=2m} a_{ijk}\, v_1^i v_2^j v_3^k}$$

darf der Nenner nicht von v_3 abhängen, sodaß alle Koeffizienten a_{ijk} mit $k \neq 0$ und $i + j + +k = 2m$ verschwinden müssen. Somit verbleibt im Nenner die Form $\sum_{i+j=2m} a_{ij0} v_1^i v_2^j$ und (13.7) kann in der Gestalt

$$(13.8) \qquad \mathcal{P} = \frac{(v_1^2 + v_2^2)^m [\sum^{i+j=2m} a_{ij0}\, x_0^i y_0^j + \sum^{i+j+k\leq 2m-1} a_{ijk}\, x_0^i y_0^j z_0^k]}{\sum^{i+j=2m} a_{ij0}\, v_1^i v_2^j}$$

geschrieben werden. Der Nenner ist daher eine Form vom Grad 2m, welche durch die Form $(v_1^2 + v_2^2)^m$ vom Grad 2m teilbar sein muß. Demnach gilt mit $A \neq 0$ sicher $\sum^{i+j=2m} a_{ij0} v_1^i v_2^j = A(v_1^2 + v_2^2)^m$, womit man aus (13.8) unmittelbar

$$(13.9) \qquad \mathcal{P} = (x_0^2 + y_0^2)^m + \sum^{i+j+k\leq 2m-1} b_{ijk}\, x_0^i y_0^j z_0^k$$

erhält, wobei $b_{ijk} := \frac{1}{A} a_{ijk}$ gesetzt wurde. Damit ist (13.3) gezeigt. Man erkennt weiter, daß die Lösungsflächen (13.2) die Fernebene ω nur nach den beiden absoluten Geraden f_1, f_2 schneiden, wobei jede im algebraischen Sinn m-fach zu zählen ist. Umgekehrt besitzen alle algebraischen Flächen der Ordnung $n = 2m$ mit dieser Eigenschaft eine Darstellung der Form (13.2).

$$\Diamond$$

Auf Grund der letzten Aussage liegt die folgende Definition nahe:

Definition 13.2: Die Flächen (13.2) heißen *verallgemeinerte Zykliden* der Ordnung 2m des einfach isotropen Raumes.

Dem gegenüber definiert man nach D. PALMAN (vgl. [128,427]):

Definition 13.3: Eine algebraische Fläche $\Phi^{(4)}$ der Ordnung 4, welche die absoluten Geraden f_1 und f_2 als Doppelgeraden enthält, heißt eine *Zyklide* des einfach isotropen Raumes.

Bemerkungen:
1) Der Satz 13.1 läßt sich unter Beachtung der Definition 13.2 auch so formulieren: *Die einzigen algebraischen Flächen $\Phi^{(n)} \subset I_3^{(1)}$ n-ter Ordnung mit $\omega \not\subset \Phi^{(n)}$, für welche die Potenz eines Punktes P_0 nicht von der Wahl der Geraden g durch P_0 abhängt, sind die verallgemeinerten Zykliden der Ordnung $n = 2m (m \geq 1)$. Diese verallgemeinerten Zykliden werden in* [182] *untersucht.*

2) Alle von D. PALMAN in [121] – [129] studierten Zykliden besitzen natürlich die interessante Potenzeigenschaft. Allerdings gibt es für $m = 2$ noch andere Flächen dieser Eigenschaft. Beispielsweise ist die Fläche $(x^2 + y^2)^2 + Az^3 + Bz^2 + Cz + D = 0$ eine verallgemeinerte Zyklide 4. Ordnung. Sie ist jedoch keine Zyklide im Sinne von Definition 13.3, denn jede Ebene durch f_1 oder f_2 schneidet über $\mathcal{C}$ die Fläche im algebraischen Sinn noch nach einer Kurve 3. Ordnung. Somit sind f_1 und f_2 je einfache Flächengeraden.

Um zu einer *Normalformentheorie der Zykliden* zu gelangen, gehen wir von der Gleichung einer verallgemeinerten Zyklide 4. Ordnung $\Phi^{(4)}$ aus. Nach (13.2) lautet diese

$$(13.10) \qquad (x^2 + y^2)^2 + \alpha_0 z^3 + (A + Bx + Cy)z^2 + q_2(x,y)z +$$
$$+ q_3(x,y) = 0,$$

wobei $q_j(x,y)$ ein Polynom vom Grad j in x und y bezeichnet. Da für eine Zyklide $\Phi^{(4)}$ nach Definition 13.3 der absolute Punkt $F(0:0:0:1)$ mindestens die Vielfachheit 2 hat, folgt in (13.10) zwingend $\alpha_0 = 0$. Nun beachten wir weiter, daß die Geraden f_1 und f_2 *Doppelgeraden* auf $\Phi^{(4)}$ sein müssen, d.h., daß der Restschnitt von $\Phi^{(4)}$ mit den *vollisotropen Ebenen* $\epsilon_1 \dots x + iy = \gamma \ (x,y,\gamma | \epsilon \mathcal{C})$ algebraische Kurven 2. Ordnung sein müssen. Wird $x = \gamma - iy$ in $(A + Bx + Cy)z^2$ eingesetzt, so müssen also in dem entstehenden Ausdruck die kubischen Glieder verschwinden, was über $\mathcal{R}$ zwingend $B = C = 0$ nach sich zieht. Ebenso stellt man fest, daß $q_2(x,y)z$ die Bauart $u_3 z(x^2 + y^2) + z(L_1 x + L_2 y + L_0)$ besitzen muß. Für die rein kubischen Glieder in $q_3(x,y)$ gewinnt man analog den Ausdruck $(x^2 + y^2)(u_1 x + u_2 y)$, sodaß man nach geeignetem Zusammenfassen als *Darstellung aller Zykliden des* $I_3^{(1)}$

$$(13.11) \qquad F := (x^2 + y^2)^2 + Az^2 + p_2(x,y) + z(L_1 x + L_2 y + L_0) +$$
$$(x^2 + y^2)(u_1 x + u_2 y + u_3 z) = 0.$$

erhält. Um zu einer Klassifikation der Zykliden (13.11) zu gelangen, bestimmen wir ihre sogenannte *Hauptachsenfläche* Σ^*. Schneidet man die Fläche (13.11) mit der vollisotropen Ebene $x + iy = \gamma \ (x,y,\gamma | \epsilon \mathcal{C})$, so erhält man nebst der Doppelgeraden f_1 eine Kurve 2.Ordnung k. Die Polare von F bezüglich der Projektion k_2 von k in die [yz]-Ebene hat die Gleichung

$$(13.12) \qquad \gamma^2 u_3 + L_1\gamma + L_0 + (L_2 - iL_1 - 2i\gamma u_3)\,y + 2Az = 0.$$

Die x-parallele Ebene durch (13.12) schneidet ϵ_1 nach der Polaren von F bezüglich k. Variiert $\gamma \in C$, so liegen alle diese Polaren wegen $\gamma^2 u_3 - 2i\gamma\,u_3 y = u_3(\gamma - iy)^2 + u_3 y^2 = u_3(x^2 + y^2)$ auf der Fläche 2. Ordnung Σ^*

$$(13.13) \qquad L_1 x + L_2 y + 2Az + u_3(x^2 + y^2) + L_0 = 0,$$

die man als Hauptachsenfläche bezeichnet und die auch schon in den Arbeiten [63] – [65] mit Erfolg benützt wird. Σ^* trägt auch alle Polaren von F bezüglich der Restschnitte 2. Ordnung von $\Phi^{(4)}$ mit den vollisotropen Ebenen durch f_2. Wie an Hand von (13.13) ersichtlich, ist Σ^* entweder eine *parabolische Sphäre* ($A \neq 0, u_3 \neq 0$) oder eine *nicht-isotrope Ebene* ($A \neq 0, u_3 = 0$) oder eine *zylindrische Sphäre* ($A = 0, u_3 \neq 0$) — hier sind gemäß den Realitätsverhältnissen noch 3 Unterfälle über $\mathcal{R}$ zu unterscheiden — oder eine *isotrope Ebene* ($A = 0, u_3 = 0, (L_1, L_2) \neq (0,0)$) oder Σ^* besteht nur aus der *Fernebene* ($A = 0, u_3 = 0, L_1 = L_2 = 0$). Dies legt nahe die

Definition 13.4: Eine Zyklide (13.11) des einfach isotropen Raumes heißt vom *ersten* bzw. *zweiten* bzw. *dritten* bzw. *vierten* bzw. *fünften* Haupttyp, je nachdem in (13.11) $A \neq 0$, $u_3 \neq 0$ bzw. $A \neq 0$, $u_3 = 0$ bzw. $A = 0$, $u_3 \neq 0$ bzw. $A = 0$, $u_3 = 0$, $(L_1, L_2) \neq (0,0)$ bzw. $A = u_3 = L_1 = L_2 = 0$ gilt.

Ersichtlich wird (13.13) aus (13.11) über $\frac{\partial F}{\partial z} = 0$ gewonnen. Bezeichnet man $\Sigma^* \cap \Phi^{(4)} =: c$ als *charakteristische Kurve*, so erkennt man, daß c jene Flächenkurve der Zyklide ist, längs der die Tangentialebenen isotrop sind. Sowohl Σ^* als auch c besitzen somit *geometrische Bedeutung* sogar in der isotropen Ähnlichkeitsgeometrie.

Um zunächst eine *Zyklide vom 1. Haupttyp* auf Normalform zu transformieren, wenden wir auf (13.11) die isotrope Bewegung $\{x = \bar{x}, y = \bar{y}, z = -\frac{u_1}{u_3}\bar{x} - \frac{u_2}{u_3}\bar{y} + \bar{z}\}$ an, wodurch (13.11) nach geeignetem Zusammenfassen in

$$(13.14) \qquad \begin{aligned} &(\bar{x}^2 + \bar{y}^2)^2 + A\bar{z}^2 + \widetilde{p}_2(\bar{x},\bar{y}) + \bar{z}(\widetilde{L}_1\bar{x} + \widetilde{L}_2\bar{y} + \widetilde{L}_0) + \\ &+ u_3\bar{z}(\bar{x}^2 + \bar{y}^2) = 0 \end{aligned}$$

übergeht. Σ^* besitzt nun die Gleichung

$$(13.15) \qquad \bar{z} = -\frac{u_3}{2A}(\bar{x}^2 + \bar{y}^2) - \frac{\widetilde{L}_1}{2A}\bar{x} - \frac{\widetilde{L}_2}{2A}\bar{y} - \frac{\widetilde{L}_0}{2A}.$$

Da man durch eine geeignete Schiebung in (13.15) stets $\widetilde{L}_1 = \widetilde{L}_2 = \widetilde{L}_0 = 0$ erreichen kann, und eine derartige Schiebung die Bauart von (13.14) nicht verändert, kann man (13.14) — nach Rückkehr zur alten Bezeichnung — zu

$$(13.16\ I) \qquad (x^2 + y^2)^2 + Az^2 + u_3 z(x^2 + y^2) + p_2(x,y) = 0$$

vereinfachen. Wir bezeichnen (13.16 I) als *Normalform einer Zyklide* $\Phi_I^{(4)}$ *vom 1. Haupttyp des* $I_3^{(1)}$. Die noch immer zulässigen euklidischen Drehungen um die z-Achse würden fallweise noch eine Vereinfachung des quadratischen Polynoms $p_2(x,y)$ in (13.16 I) liefern, was jedoch hier nicht weiter betrachtet werden soll. Des weiteren würde man aus (13.16 I) noch eine feinere Klassifikation der Zykliden $\Phi_I^{(4)}$ gewinnen, wenn man die charakteristische Kurve näher untersuchen würde; dies ist ja über C eine Raumkurve 4. Ordnung, 1. Art, die natürlich auch reduzibel sein kann.

Für die Zykliden der *Haupttypen II bis V* erhält man die *Normalformen*

$$(13.16\ II)\quad (x^2 + y^2)^2 + Az^2 + q_2(x,y) = 0$$

$$(13.16\ III)\ (x^2 + y^2)^2 + L_0 z + u_3 z(x^2 + y^2) + q_2(x,y) = 0$$

$$(13.16\ IVa)(x^2 + y^2)^2 + z(L_1 x + L_0) + \alpha_{11} x^2 + 2\alpha_{12} xy + \alpha_{22} y^2 = 0 \quad \text{bzw.}$$

$$(13.16\ IVb)(x^2 + y^2)^2 + L_1 xz + \alpha_{22} y^2 + \alpha_{02} y + \alpha_{00} = 0$$

$$(13.16\ V)\quad (x^2 + y^2)^2 + L_0 z + q_2(x,y) = 0,$$

wie hier ohne Beweis angegeben sei (vgl. [183]).

Definition 13.4: Eine Zyklide heißt eine *Drehzyklide*, wenn sie durch eine isotrope Drehung (2.9) einer Kurve erzeugbar ist.

Da die Gleichungen (13.16 I – V) im Falle von Drehzykliden gegenüber Abbildungen (2.9) invariant sein müssen, ergeben sich nur die folgenden Möglichkeiten:

$$(13.17\ D\ I)\quad (x^2 + y^2)^2 + Az^2 + u_3 z(x^2 + y^2) + B(x^2 + y^2) + D = 0$$

$$(13.17\ D\ II)\quad (x^2 + y^2)^2 + Az^2 + B(x^2 + y^2) + D = 0$$

$$(13.17\ D\ III)\quad (x^2 + y^2)^2 + L_0 z + u_3 z(x^2 + y^2) + B(x^2 + y^2) + D = 0$$

$$(13.17\ D\ V)\quad (x^2 + y^2)^2 + L_0 z + B(x^2 + y^2) + D = 0$$

Wir fassen zusammen im

SATZ 13.2: *Die Zykliden* $\Phi^{(4)}$ *des einfach isotropen Raumes können gemäß ihrer Hauptachsenfläche* $\sum^*$ *in 5 Haupttypen eingeteilt werden, die sich durch die Normalformen (13.16 I – V) beschreiben lassen. Die charakteristische Kurve* $c = \sum^* \cap \Phi^{(4)}$ *einer Zyklide ist die Parallelschattengrenze von* $\Phi^{(4)}$ *bei einer Beleuchtung aus dem absoluten Punkt. Die Drehzykliden des* $I_3^{(1)}$ *werden durch die Normalformen (13.17 D I – D IV) festgelegt.*

Wenden wir auf eine Zyklide (13.16 I) vom 1. Haupttyp eine Spiegelung an einer parabolischen Sphäre (5.20) mit $R = A_1$ an, so erhält man als Koeffizient den Gliedes z^2 den Ausdruck $\frac{1}{4R^2} + \frac{u_3}{2R} + A$ und dieser verschwindet genau dann, wenn

$$(13.18) \qquad (\frac{1}{R})_{1,2} = -u_3 \pm \sqrt{u_3^2 - 4A}$$

gilt. Demnach gibt es über C *zwei parabolische Inversionen*, welche die Zyklide $\Phi^{(4)}$ auf eine Fläche 3. Ordnung Φ_I^* abbilden. In der Tat erhält man aus (13.18) durch obige Inversionen die Flächen

$$(13.19) \qquad \pm \bar{z}(\bar{x}^2 + \bar{y}^2)\sqrt{u_3^2 - 4A} + A\bar{z}^2 + p_2(\bar{x}, \bar{y}) = 0.$$

Genau für

$$(13.20) \qquad u_3^2 = 4A$$

existiert eine einzige Inversion dieser Art und die Bildfläche Φ_I^* ist dann sogar eine Fläche 2. Ordnung. Als Grundriß der charakteristischen Kurve c erhält man aus (13.16 I) die Gleichung

$$(13.21) \qquad (1 - \frac{u_3^2}{4A})(x^2 + y^2)^2 + p_2(x, y) = 0,$$

d. h. für die spezielle Klasse der Zykliden (13.20) liegt c auf einem Zylinder 2. Ordnung mit vollisotropen Erzeugenden, der natürlich auch reduzibel sein kann. Wir notieren den

SATZ 13.3: *Jede Zyklide $\Phi_I^{(4)}$ vom ersten Haupttyp läßt sich über C auf 2 Arten durch eine parabolische Inversion auf eine kubische Fläche Φ^* abbilden. Genau dann wenn nur eine einzige parabolische Inversion existiert, ist Φ^* eine Fläche 2. Ordnung. In diesem Fall liegt die charakteristische Kurve c auf einem quadratischen Zylinder mit vollisotropen Erzeugenden, der eventuell reduzibel sein kann.*

Weitere allgemeine Resultate über Zykliden können in [183] nachgelesen werden. Als *erste Anwendung* beschäftigen wir uns kurz mit den *Drehzykliden 1. Art* (vgl. [122]). Für die inverse Fläche Φ^* einer Drehzyklide (13.17 DI) erhält man nach (13.19)

$$(13.22) \qquad \pm z(x^2 + y^2)\sqrt{u_3^2 - 4A} + Az^2 + B(x^2 + y^2) + D = 0.$$

Nach D. PALMAN (vgl. [124,10]) heißt eine Drehzyklide Φ_I von *erster, zweiter* oder *dritter Art*, je nachdem $\Delta := \sqrt{u_3^2 - 4A} = 0$ bzw. $\Delta < 0$ oder $\Delta > 0$ gilt. Für Drehzykliden Φ_I von erster Art ist Φ^* somit eine *Drehfläche 2. Ordnung* und wir unterscheiden folgende Fälle:

1) Es ist $A > 0, B < 0, D < 0$. Dann ist Φ^* ein *einschaliges Drehhyperboloid*. Da Φ^* durch Drehung einer reellen Geraden um die vollisotrope Drehachse erzeugt werden kann, läßt sich Φ_I durch Drehung eines reellen parabolischen Kreises, der die Drehachse nicht schneidet, gewinnen. Jede nichtisotrope Gerade wird nämlich bei einer parabolischen Inversion (5.20) auf einen parabolischen Kreis abgebildet. Eine Drehzyklide dieser Art heißt nach [122,135] vom *Typus* I_1. Ihre Meridiankurve m entsteht durch Spiegelung einer Hyperbel mit isotroper Nebenachse an einem isotropen Kreis (vgl. [180,149]).

2) Es ist $A > 0, B > 0, D < 0$. Dann ist $\sum^*$ ein *Drehellipsoid*. Da $\sum^*$ komplexe Erzeugenden in reellen isotropen Ebenen trägt und durch Drehung einer solchen Erzeugenden erhalten werden kann, ist die entsprechende Zyklide durch Drehung eines komplexen parabolischen Kreises, der in einer reellen isotropen Ebene liegt, erzeugbar. Eine Drehzyklide dieser Art heißt nach [122, 138f] vom *Typus* I_2. Ihre Meridiankurve m entsteht durch Spiegelung einer Ellipse an einem isotropen Kreis.

3) Es ist $A > 0, B < 0, D > 0$. Dann ist Φ^* ein *zweischaliges Drehhyperboloid*. Φ^* besitzt komplexe Erzeugenden in komplexen isotropen Ebenen und die entsprechende Drehzyklide läßt sich somit durch Drehung eines komplexen isotropen Kreises, der in einer komplexen isotropen Ebenen liegt, erzeugen. Diese Drehzyklide heißt nach [122,140] vom *Typus* I_3. Ihre Meridiankurve entsteht durch Spiegelung einer Hyperbel mit isotroper Hauptachse an einem isotropen Kreis.

4) Es ist *sgn* $A \neq$ *sgn* B, $D = 0$. Dann ist Φ^* ein *einteiliger Drehkegel*. Die entsprechende Drehzyklide entsteht durch Drehung eines reellen parabolischen Kreises, der die Drehachse schneidet. Diese Drehzyklide wird *isotroper Torus* genannt und wurde vor allem in den Arbeiten [121], [125] und [127] ausführlich studiert.

5) Gilt $B = 0, D \neq 0$ bzw. $B = D = 0$ so besteht Φ^* über C aus zwei bzw. einer nichtisotropen Ebene und Φ besteht aus zwei bzw. einer parabolischen Sphäre. Dieser Fall ist als Ausartungsfall anzusehen. Damit haben wir den

<u>SATZ 13.4</u>: *Die einzigen Drehzykliden 1. Art sind die Drehzykliden der Typen* I_1, I_2 *und* I_3, *die zu einem einschaligen Drehhyperboloid, einem Drehellipsoid bzw. einem zweischaligen Drehhyperboloid invers sind, und der isotrope Torus.*

Die restlichen Typen von Drehzykliden wurden in [123], [124] und [129] ausführlich untersucht. Als *zweite Anwendung* bestimmen wir nun alle *parabolischen Schiebzykliden*, d. h. alle Zykliden, die sich durch Schiebung eines parabolischen Kreises erzeugen lassen (vgl. [183]). Dazu schneiden wir die Zyklide (13.16 I) mit der Ebene $x = 0$ und verwenden die so erhaltene Kurve

$$(13.23) \qquad m \ldots y^4 + Az^2 + u_3 zy^2 + b_2 y^2 + b_1 y + b_0 = 0$$

als *Leitkurve* für die Schiebung, wobei $p_2(0, y) = b_2 y^2 + b_1 y + b_0$ gesetzt wurde. Längs m wird nun ein parabolischer Kreis mit der Darstellung

$$(13.24) \qquad \{x = t, \ y = \alpha_0 t + y_0, \ z = R_0 t^2 + \delta_1 t + z_0\}$$

verschoben. Die Kreise (13.24) müssen alle m schneiden, d. h. der Punkt $M(0, y_0, z_0)$ muß der Gleichung (13.23) genügen. Wird $y_0 = y - \alpha_0 x$, $z_0 = z - R_0 x^2 - \delta_1 x$ in diese

Gleichung eingesetzt, so erhält man entsprechende Bedingungen dafür, daß eine Zyklide $\Phi_I^{(4)}$ (13.16 I) vorliegt. Man findet die Bedingungen

$$(13.25) \qquad R_0 = -\frac{2}{u_3}, \quad u_3^2 = 4A, \quad \delta_1 = 0,$$

sodaß alle Lösungsflächen nach (13.20) zu einer Fläche 2. Ordnung Φ^* invers sind. Die Durchführung der Rechnung liefert alle *Lösungsflächen* $\Phi_I^{(4)}$ *vom 1. Haupttyp* in der Gestalt

$$(13.26) \qquad [(x^2 + y^2) + \frac{u_3}{2}z]^2 + b_2 y^2 + b_1 y + b_0 = 0.$$

Für den inversen quadratischen Zylinder Φ^* stellt sich nach (13.19)

$$(13.27) \qquad \frac{1}{4}u_3^2 \bar{z}^2 + b_2 \bar{y}^2 + b_1 \bar{y} + b_0 = 0$$

ein. Auf analogem Wege zeigt man, daß *keine Lösungsflächen* der *Haupttypen II – V* existieren. Man erkennt, daß (13.27) invers zur Leitkurve m von $\Phi_I^{(4)}$ ist. Eine nähere Untersuchung zeigt, daß (13.27) für $b_2 < 0$, $b_1^2 < 4b_0 b_2$ eine Hyperbel mit reeller vollisotroper Hauptachse ist, während für $b_2 < 0$, $b_1^2 > 4b_0 b_2$ eine Hyperbel mit reeller, isotroper Nebenachse vorliegt. Die entsprechenden Lösungsflächen bezeichnen wir als *HORNINGER-Zykliden 1. Art bzw. 2. Art.* Sie können dadurch erzeugt werden, daß man einen parabolischen Kreis k längs der Meridiankurve einer Drehzyklide vom Typus I_1 bzw. I_3 verschiebt, wobei die Trägerebene von k auf der Trägerebene von m normal steht. Diese HORNINGER-Zykliden wurden vom Autor in [182] unter anderen Gesichtspunkten gefunden. Eine Behandlung dieser Flächen mit CAD-Methoden wurden in [267] gegeben. Für $b_2 > 0$ und $b_1^2 > 4b_0 b_2$ ist (13.27) eine Ellipse und nach §2 ist die entsprechende Lösungsfläche eine *PALMAN-Zyklide.* Die Annahme $b_2 > 0$, $b_1^2 < 4b_0 b_2$ liefert keine reelle Lösungfläche, während sich für $b_2 = 0$, $b_1 \neq 0$ nach §2 eine *BRAUNER-Zyklide* einstellt, da m zu einer Parabel isotrop invers ist. Damit sind alle Fälle erschöpft. Genauer kann man zeigen (vgl. [183]), daß die Schar der HORNINGER- bzw. PALMAN-Zykliden von 3 freien Parametern abhängt, während die Schar der BRAUNER-Zykliden nur von zwei freien Parametern abhängt. Damit haben wir den

SATZ 13.5: *Die einzigen parabolischen Schiebzykliden des einfach isotropen Raumes sind die dreiparametrigen Scharen der HORNINGER-Zykliden (1. und 2. Art) und der PALMAN-Zykliden, sowie die zweiparametrige Schar der BRAUNER-Zykliden.*

Wir befassen uns abschließend noch mit einer außerordentlich interessanten Zyklide (vgl. [128]).

Definition 13.6: Eine Zyklide $\Phi^{(4)}$ des einfach isotropen Raumes heißt eine *DUPIN-Zyklide,* wenn sie 4 verschiedene konische Knotenpunkte besitzt, die nicht alle in einer Ebene liegen.

Wir beschäftigen uns i. f. mit dem Existenznachweis von DUPIN-Zykliden und mit dem Erstellen einer Normalform, wobei wir in modifizierter Form einer Idee von M. HUSTY (vgl. [62]) folgen. Nach den voranstehenden Überlegungen müssen die Knotenpunkte D_1, D_2, D_3, D_4 auf der charakteristischen Kurve $c = \Phi^{(4)} \cap \sum^*$ liegen. Da c eine algebraische Raumkurve 4. Ordnung, 1. Art ist, muß c zerfallen. Ein Zerfallen in eine Gerade und eine gewundene oder ebene Kubik ist nicht möglich, da diese Objekte maximal 3 Punkte gemeinsam haben. c kann auch nicht in 2 Kurven 2. Ordnung in 2 verschiedenen Ebenen zerfallen, denn diese können maximal 2 Punkte gemeinsam haben. Damit folgt, daß c zwingend in *4 verschiedene Geraden* $g_1,\ldots,g_4$ zerfallen muß, die sich als Verbindungsgeraden der Doppelpunkte einstellen. Da diese Geraden auf $\sum^*$ liegen und $D_1,\ldots,D_4$ nicht in einer Ebene liegen sollen, kommt für $\sum^*$ nur eine parabolische Sphäre in Betracht und die Geraden $g_1,\ldots,g_4$ sind konjugiert-komplexe Erzeugenden auf $\sum^*$. Damit ist $\Phi^{(4)}$ zwingend vom 1. Haupttyp und der Grundriß von $g_1,\ldots,g_4$ muß sich in der Form (13.21) darstellen lassen. Zunächst kann man durch eine euklidische Drehung von $\sum^*$ erreichen, daß der Grundriß $\widetilde{D}_1$ von D_1 die Koordinaten $\widetilde{D}_1(\gamma, 0)$ mit $\gamma \in \mathcal{R}$ erhält. Die Geraden $\widetilde{g}_1$ und $\widetilde{g}_4$ durch $\widetilde{D}_1$ besitzen dann die Gleichungen $x + iy = \gamma$ bzw. $x - iy = \gamma$, also das Produkt $x^2 + y^2 - 2\gamma x + \gamma^2 = 0$. Die Geraden $\widetilde{g}_2$ und $\widetilde{g}_3$ durch $\widetilde{D}_3$ können in der Gestalt $x + iy = \rho$ bzw. $x - iy = \bar{\rho}$ mit $\rho = \alpha + i\beta \in C$ angesetzt werden, woraus sich als Produkt $x^2 + y^2 - 2\alpha x - 2\beta y + \alpha^2 + \beta^2 = 0$ ergibt. Bildet man schließlich das Produkt $(x^2 + y^2 - 2\gamma x + \gamma^2)(x^2 + y^2 - 2\alpha x - 2\beta y + \alpha^2 + \beta^2)$ und vergleicht dies mit (13.21), so ergibt sich zwingend $\alpha = -\gamma$, $\beta = 0$ und (13.21) nimmt die Gestalt

$$(13.28) \qquad (x^2 + y^2)^2 + 2\gamma^2(y^2 - x^2) + \gamma^4 = 0$$

an. Wird in (13.21) $\frac{1}{C} := 1 - \frac{u_3^2}{2A}$ gesetzt, so folgt mittels (13.28) $Cp_2(x,y) = 2\gamma^2(y^2 - x^2) + \gamma^4$ und aus (13.16 I) entsteht $(x^2 + y^2)^2 + Az^2 + u_3 z(x^2 + y^2) + \frac{2\gamma^2}{C}(y^2 - x^2) + \frac{\gamma^4}{C} = 0$. Nach geeignetem Zusammenklammern folgt hieraus und mit der Abkürzung $\frac{1}{AC} =: B$ als *Normalform aller DUPIN-Zykliden*

$$(13.29) \qquad [z + \frac{u_3}{2A}(x^2 + y^2)]^2 + B[(x^2 + y^2)^2 + 2\gamma^2(y^2 - x^2) + \gamma^4] = 0.$$

Die Fläche (13.29) besitzt die 4 singulären Punkte

$$(13.30) \qquad \begin{array}{ll} D_1(\gamma, 0, -\frac{u_3}{2A}\gamma^2) \,, & D_2(-\gamma, 0, \frac{-u_3}{2A}\gamma^2) \\[2mm] D_3(0, i\gamma, \frac{u_3}{2A}\gamma^2) \,, & D_4(0, -i\gamma, \frac{u_3}{2A}\gamma^2), \end{array}$$

von denen also stets 2 reell, und 2 konjugiert-komplex sind. Um den Typ des Flächenpunktes $D_1(x_0, y_0, z_0)$ zu klären, betrachten wir für die Gleichung $F = 0$ (13.29) die quadratischen Glieder in der Taylorentwicklung, d.h. $F^\circ_{xx}(x - x_0)^2 + F^\circ_{yy}(y - y_0)^2 + F^\circ_{zz}(z - z_0)^2 + 2F^\circ_{xy}(x - x_0)(y - y_0) + 2F^\circ_{xz}(x - x_0)(z - z_0) + 2F^\circ_{yz}(y - y_0)(z - z_0) = 0$. Setzt man $x - x_0 = X$, $y - y_0 = Y$, $z - z_0 = Z$ so findet man nach einiger Rechnung die Fläche 2. Ordnung

(13.31) $$Z^2 + 4R\gamma XZ + 4B\gamma^2 Y^2 + 4\gamma^2 (R^2 + B)X^2 = 0,$$

wobei $R := \frac{u_3}{2A}$ gesetzt wurde. Für die Determinante Δ von (13.31) gilt $\Delta = 16B^2\gamma^4 \neq$ $\neq 0$, sodaß (13.31) ein quadratischer Kegel, und damit D_1 als konischer Knotenpunkt nachgewiesen ist. Die in der Gleichung (13.29) verbleibenden Koeffizienten $\frac{u_3}{2A} =: R$, B und γ besitzen alle geometrische Bedeutung: $-R$ *ist der Radius* der Hauptachsenfläche $\sum^*$. Weiter besitzen die Diagononalen des von $\{D_1, D_2, D_3, D_4\}$ gebildeten Vierseits das vollisotrope Gemeinlot $l(x = y = 0)$ und der Durchmesser der Zyklide auf l hat die Spanne $2\gamma^2\sqrt{-B}$, während $|\gamma|$ den Abstand der Knotenpunkte von l angibt. Wir fassen zusammen im

SATZ 13.6: *Im einfach isotropen Raum existiert hinsichtlich der Bewegungsgruppe $\mathcal{B}_6^{(1)}$ eine einzige DUPIN-Zyklide, die sich durch die Normalform (13.29) beschreiben läßt; von ihren Knotenpunkten sind stets 2 reell und 2 konjugiert-komplex.*

<u>Bemerkungen:</u>
1) In [128] werden die DUPIN-Zykliden unter geometrischen Aspekten untersucht und u. a. gezeigt, daß sich jede solche Fläche als *Hüllfläche zweier Scharen parabolischer Sphären erzeugen läßt*. Die Berührkurven dieser Sphären mit der Zyklide sind die *Krümmungslinien* auf beiden Flächen.

2) Setzt man in (13.29) $u_3 = 0$, so erhält man die Fläche

(13.32) $$z^2 + B[(x^2 + y^2)^2 + 2\gamma^2(y^2 - x^2) + \gamma^4] = 0,$$

die ersichtlich eine *Zyklide vom 2. Haupttyp* ist. Mit dieser interessanten Fläche hat sich in anderem Zusammenhang erstmals A. LACKNER beschäftigt (vgl. [88], [89]), der vor allem ihre Schmieglinien untersucht hat; einen anderen Zugang zu dieser Fläche, die wir als *LACKNER-Zyklide* bezeichnen wollen, gab K. STRUBECKER in [204,254f]. Diese Fläche besitzt 4 konische Knoten $D_1(\gamma, 0, 0)$, $D_2(-\gamma, 0, 0)$, $D_3(0, i\gamma, 0)$, $D_4(0, -i\gamma, 0)$, die in der Ebene $z = 0$ liegen.

3) Eine ebenfalls interessante Zyklide ist jene mit der Flächengleichung

(13.33) $$(x^2 + y^2)^2 + u_3 z(x^2 + y^2) + p(x^2 - y^2) = 0.$$

Diese Fläche gehört dem *3. Haupttyp* an, wobei die Achsenfläche $\sum^*$ in die beiden absoluten Ebenen $x^2 + y^2 = 0$ zerfällt. Die Gerade $x = y = 0$ ist Doppelgerade der Fläche und gleichzeitig die charakteristische Kurve. Da auch die absoluten Geraden Doppelgeraden sind, kann man die Fläche als *STEINERsche Römerfläche* ansprechen. Sie wird in [126] auführlich behandelt.

4) Ersetzt man den isotropen Raum $I_3^{(1)}$ durch einen pseudo-isotropen Raum $I_3^{*(1)}$, so lassen sich in $I_3^{*(1)}$ ebenfalls Zykliden untersuchen (vgl. [63] – [65]). Ein dort gefundenes Analogon zur LACKNER-Fläche wurde zur Überdachung einer Sporthalle nutzbar gemacht (vgl. [60]). Die Abbildung 13 zeigt diese Fläche, wobei zur

Überdachung der geplanten Traglufthalle natürlich nur der innere Flächenteil verwendet werden kann.

5) In [271] wurden alle Zykliden des $I_3^{(1)}$ bestimmt, welche f_1 und f_2 als einfache Flächengeraden besitzen, und die sich durch Schiebung eines parabolischen Kreises erzeugen lassen. Es wurde gezeigt, daß genau 7 derartige Flächenklassen existieren. Jede dieser Zykliden ist zu einem Zylinder 3. Ordnung invers, der eine NEWTON-Parabel als Leitkurve besitzt. In [268] wurde von W. HARTMANN und dem Autor eine CAD-Methode zur Behandlung dieser Flächen entwickelt. Bezüglich weiterer Resultate über Zykliden vergleiche man auch [267] und [269].

Abbildung 13:

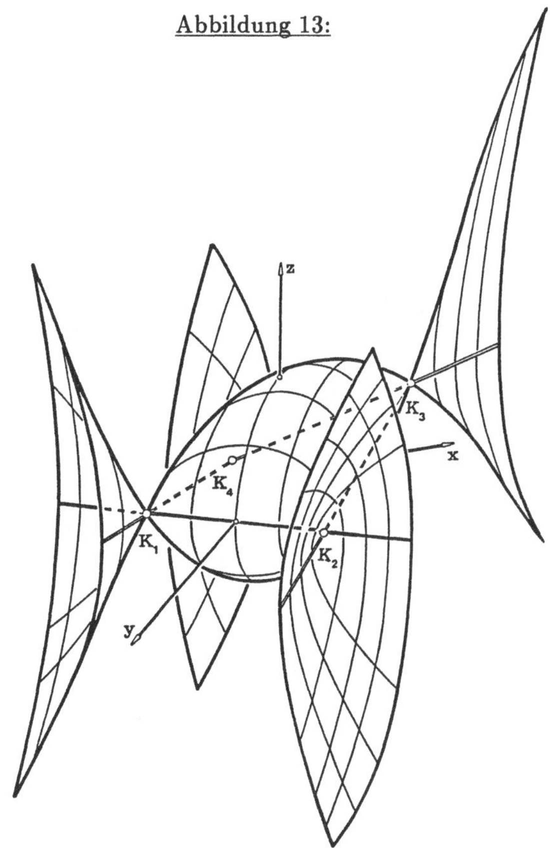

Diese wenigen Bemerkungen zeigen bereits, wie interessant die Theorie spezieller Flächen des $I_3^{(1)}$ ist, und daß hier noch ein weites Forschungsgebiet offen steht. Die *Kreisflächen* des $I_3^{(1)}$ hat W. VETTER in [248], die *Schraublinienflächen* in [247] untersucht. Oft ist es hierbei zweckmäßig kinematische Überlegungen einzubringen (vgl. [63] – [65]). Mit den *symmetrischen Schrotungen* des $I_3^{(1)}$ hat sich M. HUSTY in [61] beschäftigt; die *DARBOUX-Bewegungen* hat J. TÖLKE in [244] untersucht. Die Theorie der *Schiebflächen* des einfach isotropen Raumes wurde von P. BLANK, A. ZAGANJ und C. ISCHTSCHENKO in [8] entwickelt; mit jenen Flächen des $I_3^{(1)}$, die unendlich viele Schiebnetze tragen hat sich P. BLANK in [7] beschäftigt.

§14 <u>Ergänzungen.</u>

Wir wollen uns in diesem ergänzenden Abschnitt exemplarisch mit 3 ausgewählten Themen der einfach isotropen Geometrie beschäftigen, wobei wir versuchen dem Leser jene Grundlagen bereitzustellen, die er benötigt, um unschwer die zugehörigen Publikationen verfolgen zu können. Wir wollen uns dabei mit der *Streifentheorie*, der Theorie der *parataktischen Abbildung* und mit der Geometrie der allgemeinen *Geradenkongruenzen* und *-Komplexe* des $I_3^{(1)}$ beschäftigen.

A) <u>Zur Streifentheorie:</u>

Wir hatten es gelegentlich bei unseren Betrachtungen mit der folgenden Situation zu tun (vgl. Folgerung 3) vor Satz 9.8): Gegeben ist eine Kurve c auf einer Fläche U, und man studiert die Menge der Tangentialebenen $\{\pi\}$ von U längs c. Diese Ebenenmenge bezeichnet man gerne als *Flächenstreifen* von U längs c. Da alle diese Streifenebenen π die jeweilige Tangente des Berührpunktes von π mit U an c enthalten, kann dieser Begriff wie folgt verallgemeinert werden:

<u>Definition 14.1:</u> Gegeben sei eine C^r-Kurve $c(r \geq 1)$ des einfach isotropen Raumes $I_3^{(1)}$. Weist man jedem Punkt $P \in c$ eine Ebene $\pi(P)$ zu, welche die Tangente t von ·P an c enthält, dann bildet die Ebenenmenge $\{\pi\}$ einen *C^r-Streifen* $(r \geq 1)$ längs c. Die Kurve c heißt *Streifenkurve*, jede Ebene π heißt *Streifenebene*.

Je nachdem die Kurve c in einer isotropen Ebenen ϵ liegt oder nicht, sprechen wir von *geodätischen* Streifen bzw. *nichtgeodätischen Streifen*. Gemäß der Definition 14.1 ist der Streifenbegriff jetzt vom Flächenbegriff losgelöst und soll i. f. für beide Streifentypen studiert werden, wobei wir den Abhandlungen [210] – [213] folgen.

I: <u>Nichtgeodätische Streifen:</u>

Es sei c eine zulässige C^r-Kurve $(r \geq 1)$, die wir o.B.d.A. mit ihrer isotropen Bogenlänge s als Parameter durch $\vec{x} = \vec{x}(s)$ beschreiben. Jede Streifenebene π kann man sich dann aufgespannt denken durch den *Tangentenvektor* $\vec{t}(s)$ und einen Einheitsvektor $\vec{s}(s)$, der in π liegt und auf $\vec{t}(s)$ isotrop normal steht, wobei $\vec{t}$ und $\vec{s}$ in dieser Reihenfolge im Grundriß ein Rechtssystem bilden sollen. Der Vektor $\vec{s}(s)$ heißt *Seitenvektor* des Streifens. Wir geben die

<u>Definition 14.2:</u> Ein Streifen längs einer zulässigen C^r-Kurve c $(r \geq 1)$ heißt ein *zulässiger C^r-Streifen* $(r \geq 1)$, wenn alle Streifenebenen nichtisotrop sind und weiter $\vec{s}(s) \in C^r$ gilt $(r \geq 1)$.

<u>Folgerungen:</u>

1) Ein zulässiger C^r-Streifen $(r \geq 1)$ ist ersichtlich nach obigem gekennzeichnet durch

$$(14.1) \qquad \vec{x} = \vec{x}(s), \quad \vec{s} = \vec{s}(s) \in C^r (r \geq 1), \quad \widetilde{\vec{s}}^{\,2} = 1$$
$$\widetilde{\vec{t}} \cdot \widetilde{\vec{s}} = 0, \quad Det(\widetilde{\vec{t}}, \widetilde{\vec{s}}) = 1.$$

2) Wir führen für den Streifen längs c ein *begleitendes Dreibein* $\{\vec{t}, \vec{s}, \vec{b}\}$ mit $\vec{b} = \{0, 0, 1\}$

ein und untersuchen, wie dieses Dreibein mit dem begleitenden Dreibein $\{\vec{t},\vec{n},\vec{b}\}$ von c zusammenhängt. Da die Werte von $\vec{t}$ und $\vec{b}$ dieselben sind, bleibt nur $\vec{\tilde{s}}$ zu untersuchen. Sicher gilt in der Basis $\{\vec{t},\vec{n},\vec{b}\}$ der Ansatz $\vec{\tilde{s}} = \alpha\vec{t} + \beta\vec{n} + \gamma\vec{b}$ mit eindeutig bestimmten Werten α, β, γ. Aus $\vec{\tilde{s}} = \alpha\vec{\tilde{t}} + \beta\vec{\tilde{n}}$ folgt durch innere Multiplikation mit $\vec{\tilde{t}}$ die Gleichung $\vec{\tilde{s}} \cdot \vec{\tilde{t}} = 0 = \alpha$, d. h. es gilt $\vec{\tilde{s}} = \beta\vec{n} + \gamma\vec{b}$. Weiter folgt nach (14.1) $Det(\vec{\tilde{t}},\vec{\tilde{s}}) = 1 = Det(\vec{\tilde{t}},\alpha\vec{\tilde{t}} + \beta\vec{\tilde{n}}) = Det(\vec{\tilde{t}},\beta\vec{\tilde{n}}) = \beta \cdot 1$, also $\beta = 1$. Somit haben wir $\vec{\tilde{s}} = \vec{n} + \gamma\vec{b}$. Setzt man abkürzend $\gamma(s) =: -\vartheta(s)$, dann hat man die wichtige Beziehung

$$(14.2) \qquad \vec{\tilde{s}}(s) = \vec{n}(s) - \vartheta(s)\vec{b}.$$

3) Nach Konstruktion ist $\vartheta(s)$ eine geometrische Größe. Diese Invariante ϑ ist der Winkel $\sphericalangle(\sigma,\pi)$ zwischen der Schmiegebene σ an c und der Streifenebene π im betrachteten Kurvenpunkt P. In der Tat sind ja die Vektoren $\vec{\tilde{s}}$ und $\vec{n}$ normal zur Kurventangente t in P, liegen also in der isotropen Normalebene von c in P und haben beide die isotrope Länge 1. Für die dritte Komponente in (14.2) gilt dann $\vartheta = n_3 - s_3 = \sphericalangle(\sigma,\pi)$.

4) Wir entwickeln *Ableitungsgleichungen* für das begleitende Dreibein $\{\vec{t},\vec{\tilde{s}},\vec{b}\}$. Mit (14.2) folgt: $\vec{t}' = \kappa\vec{n} = \kappa(\vec{\tilde{s}} + \vartheta\vec{b}) = \kappa\vec{\tilde{s}} + \kappa\vartheta\vec{b}$, $\vec{\tilde{s}}' = \vec{n}' - \vartheta'\vec{b} = -\kappa\vec{t} + \tau\vec{b} - \vartheta'\vec{b} = -\kappa\vec{t} + (\tau - \vartheta')\vec{b}$, $\vec{b}' = \vec{o}$. Es ist üblich die Abkürzungen

$$(14.3a - c) \qquad \alpha(s) = \tau - \vartheta', \quad \beta(s) = \kappa\vartheta, \quad \gamma(s) = \kappa$$

einzuführen, wobei man $\alpha(s)$ als *geodätische Windung*, $\beta(s)$ als *Normalkrümmung* und $\gamma(s)$ als *geodätische Krümmung* des Streifens bezeichnet. Man hat dann als isotropes Analogon zu den bekannten Ableitungsgleichungen von BURALI-FORTI der euklidischen Streifentheorie (vgl. [228,9]) die Gleichungen

$$(14.4a - c) \qquad \begin{cases} \vec{t}' = \gamma\vec{\tilde{s}} + \beta\vec{b} = \kappa\vec{\tilde{s}} + \kappa\vartheta\vec{b} \\ \vec{\tilde{s}}' = -\gamma\vec{t} + \alpha\vec{b} = -\kappa\vec{t} + (\tau - \vartheta')\vec{b} \\ \vec{b}' = \vec{o}. \end{cases}$$

Aus (14.4a-c) folgern wir nun den *Fundamentalsatz* der isotropen Streifentheorie für nichtgeodätische Streifen:

SATZ 14.1: *Sind auf einem offenen Intervall I drei Funktionen $\alpha(s) \in C^0$, $\beta(s) \in C^1$ und $\gamma(s) \neq 0 \in C^1$ gegeben, dann existiert bis auf isotrope Bewegungen ein einziger zulässiger C^1-Streifen mit s als isotroper Bogenlänge auf der Streifenkurve, $\alpha(s)$ als geodätischer Windung, $\beta(s)$ als Normalkrümmung und $\gamma(s)$ als geodätischer Krümmung des Streifens.*

Beweis:
Aus (14.3a-c) folgt $\kappa = \gamma(s) \in C^1$, $\vartheta(s) = \frac{\beta(s)}{\kappa(s)} \in C^1$ und $\tau(s) = \alpha(s) + \vartheta'(s) \in C^0$, wegen $\vartheta' \epsilon C^0$. Nach Satz 6.11 existiert dann bis auf einfach isotrope Bewegungen eine einzige

zulässige C^3-Kurve c mit s als isotroper Bogenlänge, κ als isotroper Krümmung und τ als isotroper Windung. Nach (14.2) gilt $\vec{s}(s) \in C^1$, denn es ist $\vec{n}(s) = \frac{1}{\kappa}\vec{x}''(s) \in C^1$ und nach Voraussetzung gilt $\vartheta(s) \in C^1$. Somit wird durch $\vec{s}(s)$ eindeutig ein zulässiger C^1-Streifen festgelegt, der tatsächlich die Invarianten α, β, γ besitzt, wie man unmittelbar sieht.

$$\Diamond$$

Beschäftigen wir uns nun mit verschiedenen Deutungen der Streifeninvarianten α, β und γ! Wir können uns dabei teilweise auf die in der Flächentheorie gewonnenen Resultate stützen, sofern man diese Ergebnisse rein streifentheoretisch formulieren kann. Dies geschieht in einer Reihe von

Folgerungen:

1) Wegen $\gamma = \kappa$ stimmt die geodätische Streifenkrümmung mit der Krümmung der Streifenkurve c überein. Projiziert man c normal auf die Streifenebene, dann hat die Projektion $\hat{c}$ denselben Grundriß wie c und somit dieselbe Krümmung. Damit haben wir: *Die geodätische Krümmung eines nichtgeodätischen Streifens stimmt mit der Krümmung der Normalprojektion der Streifenkurve auf die Streifenebene überein.* Dieses Ergebnis ist ein Analogon zu einer bekannten Aussage der euklidischen Streifentheorie (vgl. [228,12]).

2) Projiziert man die Streifenkurve c in Richtung des Seitenvektors $\vec{s}$ auf die isotrope Ebene ϵ, die man durch die Tangente t des Punktes $P \in c$ legen kann, so entsteht eine Kurve c^* und man hat genau die Situation der Folgerung 7) vor Satz 8.6. Gemäß Satz 8.6 folgt nun für Streifen: *Projiziert man die Streifenkurve c in Richtung der Streifennormalen eines Punktes $P \in c$ auf die c in P berührende isotrope Ebene, dann stimmt die Normalkrümmung des Streifens in P mit der Krümmung $\kappa^*(P)$ der ebenen Bildkurve c^* in P überein.*

3) Gilt für einen Streifen $\beta(s) \equiv 0$, dann folgt aus (14.3b) wegen $\kappa \neq 0 : \vartheta \equiv 0$ und der Streifen besteht aus den Schmiegebenen der Streifenkurve c. Ein Streifen dieser Art heißt ein *Schmiegstreifen*. Dieser Begriff ist ein Begriff der projektiven Differentialgeometrie.

4) Wir geben noch eine weitere Deutung der Normalkrümmung β eines Streifens, wobei wir voraussetzen, daß dieser Streifen kein Schmiegstreifen sei. Wir betrachten jene Sphäre $\sum_M$, welche in $P_0 \in c$ die Streifenebene berührt und außerdem die Streifenkurve c oskuliert; diese Sphäre soll *MEUSNIER-Sphäre* des Streifens heißen. Die Sphäre $\sum_M$ kann in der Form

$$(14.5) \qquad (x - x_0)^2 + (y - y_0)^2 + u(x - x_0) + v(y - y_0) + w(z - z_0) = 0$$

angesetzt werden, wenn P_0 die Koordinaten $P_0(x_0, y_0, z_0)$ besitzt; dann gilt $P_0 \in \sum_M$. Mit dem Hilfsvektor $\vec{u} = \{u, v, w\}$ kann man (14.5) in der handlichen Form

$$(14.6) \qquad (\tilde{\vec{x}} - \tilde{\vec{x}}_0)^2 + \vec{u} \cdot (\vec{x} - \vec{x}_0) = 0$$

schreiben. Soll nun $\sum_M$ die Streifenebene berühren, dann muß die Streifennormale

$$(14.7) \qquad \vec{x} = \vec{x}_0 + \lambda \vec{s}_0$$

mit $\sum_M$ einen doppelt zu zählenden Schnittpunkt besitzen. Wird (14.7) in (14.6) eingesetzt, so entsteht die Gleichung $\lambda^2 \widetilde{\vec{s}_0^2} + \lambda(\vec{u} \cdot \vec{s}_0) = 0$ mit der Nullstelle $\lambda = 0$, die genau für $\vec{u} \cdot \vec{s}_0 = 0$ eine doppelte Nullstelle ist. Nach (14.2) folgt hieraus

$$(14.8) \qquad \vec{u} \cdot (\vec{n}_0 - \vartheta_0 \vec{b}) = \vec{u}(\frac{1}{\kappa_0} \vec{x}_0'' - \vartheta_0 \vec{b}) = 0, \quad \text{d.h.}$$

$$(14.9) \qquad \vec{u} \cdot \vec{x}_0'' - \kappa_0 \vartheta_0 \vec{b} = \vec{u} \cdot \vec{x}_0'' - \kappa_0 \vartheta_0 w = 0.$$

Damit $\sum_M$ die Streifenebene berührt, muß auch die Tangente von c in P_0 einen doppelten Schnittpunkt mit $\sum_M$ besitzen, und dies liefert analog wie oben die Bedingung

$$(14.10) \qquad \vec{u} \cdot \vec{t}_0 = \vec{u} \cdot \vec{x}_0' = 0.$$

Nun muß noch investiert werden, daß $\sum_M$ die Streifenkurve $\vec{x}(s)$ in P_0 oskulieren soll. Dann muß aber die Taylorentwicklung $\vec{x}(s) = \vec{x}_0 + \vec{x}_0' ds + \frac{1}{2}\vec{x}_0''(ds)^2 + \dots$ bis auf Glieder dritter und höherer Ordnung die Gleichung (14.6) identisch in ds erfüllen. Die liefert nebst (14.10) noch die Bedingung

$$(14.11) \qquad \widetilde{\vec{x}^2}_0' + \frac{1}{2}\vec{u} \cdot \vec{x}_0'' = 1 + \frac{1}{2}\vec{u} \cdot \vec{x}_0'' = 0,$$

die zusammen mit (14.9)

$$(14.12) \qquad \kappa_0 \vartheta_0 w = -2$$

abgibt. Die Gleichung (14.12) legt wegen $\kappa_0 \neq 0$, $\vartheta_0 \neq 0$ die Konstante w eindeutig fest. Hiermit können aus den beiden Gleichungen $\{\vec{u} \cdot \vec{x}_0'' = -2, \vec{u} \cdot \vec{x}_0' = 0\}$ die Unbekannten (u, v) eindeutig bestimmt werden, denn dieses System ist wegen $\kappa \neq 0$ eindeutig lösbar. Damit liegt der Hilfsvektor $\vec{u}$ und somit auch $\sum_M$ eindeutig fest. Nach (14.3b) und (14.12) gilt für den Radius R von $\sum_M$ schließlich $R = -\frac{1}{w} = \frac{\beta}{2}$, womit eine geometrische Deutung von β gefunden ist.

5) Um eine geometrische Deutung der Streifentorsion $\alpha(s)$ zu finden, betrachten wir die von den Seitenvektoren längs c festgelegte Regelfläche Φ_s mit der Darstellung

$$(14.13) \qquad \vec{y}(s, v) = \vec{x}(s) + v\vec{s}(s)$$

und berechnen nach (10. 33) ihren Drall δ_I. Wegen $Det(\vec{t}, \vec{s}, -\gamma\vec{t} + \alpha\vec{b}) = \alpha$ und $\widetilde{\vec{s}^2}' = \gamma^2$ ergibt sich

$$(14.14) \qquad \delta_I(\Phi_s) = \frac{\alpha}{\gamma^2},$$

womit die gesuchte geometrische Deutung gefunden ist.

6) Ein nichtgeodätischer Streifen heißt ein *Krümmungsstreifen*, wenn die Streifennormalenfläche Φ_s eine Torse ist. Da genau für Torsen $\delta_I = 0$ gilt, folgt aus (14.14) daß Krümmungsstreifen durch $\alpha(s) \equiv 0$ gekennzeichnet sind.

7) Eine weitere Einsicht in die Streifentheorie erhält man, wenn man beachtet, daß die Schar der Streifenebenen längs c eine Torse Ψ bildet. Die Erzeugende e dieser Torse, die durch den Punkt $P_0 \in c$ hindurchgeht, nennt man die zur Tangente t in P_0 an c *konjugierte Streifentangente*. Analytisch kann man diese konjugierte Streifentangente so bestimmen, indem man in Punkten $P_0(s_0)$ und $P(s_0 + h)$ die Streifenebenen π_0 und π betrachtet, diese zum Schnitt bringt, wodurch eine Gerade $g := \pi_0 \cap \pi$ entsteht, und dann den Grenzwert $e := \lim_{h \to 0} g$ bildet. Eine zu Folgerung 3) vor Satz 9.8 analoge Rechnung liefert für den Richtungsvektor $\vec{e}$ der konjugierten Streifentangente

$$(14.15) \qquad \vec{e}(s) = \alpha(s)\vec{t}(s) - \beta(s)\vec{s}(s).$$

Hieraus erkennt man, daß für einen Krümmungsstreifen $\vec{e}(s) = -\beta(s)\vec{s}(s)$, also $\widetilde{\vec{e}} \cdot \widetilde{\vec{t}} = = -\beta \widetilde{\vec{s}} \cdot \widetilde{\vec{t}} = 0$ gilt. Dies besagt, daß genau für Krümmungsstreifen in jedem Punkt $P \in c$ die Tangente an die Streifenkurve zur konjugierten Streifentangente orthogonal ist.

8) Für Schmiegstreifen gilt $\vec{e}(s) = \alpha(s)\vec{t}(s)$, d. h. $e = t$.

9) Aus $\alpha = \tau - \vartheta'$ folgt, daß sich die geodätische Windung eines Streifens nicht ändert, wenn man alle Streifenebenen um die jeweilige Tangente der Streifenebene um einen konstanten Winkel φ_0 dreht. Hieraus folgt speziell, daß aus einem Krümmungsstreifen ($\beta \equiv 0$) wieder ein Krümmungsstreifen entsteht, wenn man alle Streifenebenen π um einen konstanten Winkel φ_0 um die entsprechenden Tangenten der Streifenkurve c dreht. Dies ist ein isotropes Analogon zu einem bekannten Satz der euklidischen Streifentheorie (vgl. [228,14]), der von F. JOACHIMSTHAL stammt. Wir fassen einiges zusammen im

SATZ 14.2: *Die Normalkrümmung eines nichtgeodätischen zulässigen C^r-Streifens ($r \geq 2$), der kein Schmiegstreifen ist, stimmt mit dem zweifachen Radius der MEUSNIER-Sphäre des Streifens überein. Die geodätische Windung eines zulässigen C^r-Streifens ($r \geq 2$) beschreibt zusammen mit der Normalkrümmung des Streifens die Richtung der konjugierten Streifentangente. Krümmungsstreifen sind dadurch gekennzeichnet, daß die konjugierte Streifentangente stets zur Tangente an die Streifenkurve orthogonal ist.*

II: Geodätische Streifen:

Es sei nun c eine C^r-Kurve ($r \geq 2$) in einer isotropen Ebene ϵ, die im Sinne der ebenen isotropen Geometrie zulässig sei. Wird jedem Punkt $P \in c$ eine Ebene π zugeordnet, welche die Tangente von c in P enthält, dann entsteht ein geodätischer Streifen. Der Name wird dadurch gerechtfertigt, daß c auf jeder durch c legbaren, zulässigen Fläche eine Geodätische ist. Die Theorie dieser Streifen ist anders als in I zu entwickeln, da ein isotroper Winkel zwischen ϵ und π nicht gemessen werden kann. Um eine Theorie zu entwickeln, legen wir durch c, beschrieben durch $\vec{x}(s) = \{x(s), y(s), z(s)\}$, zunächst einen zylindrischen Streifen, dessen Erzeugenden wir am besten durch

$$(14.16) \qquad \vec{c}(s) = \{-y'(s),\ x'(s),\ 0\}$$

festlegen; wir haben somit die Erzeugenden des Streifens isotrop orthogonal zu π gewählt. Bezeichnen wir einen zylindrischen Streifen, dessen Erzeugenden zu π orthogonal sind, als *zylindrischen Normalstreifen*, dann sind alle diese Normalstreifen im isotropen Sinn bewegungskongruent, denn sie gehen auseinander durch vollisotrope Scherungen längs ϵ hervor. Man kann sich daher o.B.d.A. auf (14.16) stützen. Jeder geodätische Streifen durch c kann dann über die Seitenvektoren

$$(14.17) \qquad \vec{s}(s) = \vec{c}(s) + \gamma(s)\vec{b}$$

festgelegt werden, wobei γ den Winkel der Streifenebene π gegen die Streifenebene des festen zylindrischen Normalstreifens von c mißt. Bezeichnet $\vec{t} = \{x'(s), y'(s), z'(s)\}$ die Tangente von c, dann bilden die Vektoren $\{\vec{t}, \vec{s}, \vec{b}\}$ das *begleitende Dreibein* des geodätischen Streifens. Aus der Ableitungsgleichung $\vec{t}' = \kappa^*(s)\vec{b}$ für Kurven in isotropen Ebenen — wobei $\kappa^*(s) = z''(s)$ die Ersatzkrümmung von c bezeichnet — und (14.17) gewinnt man nun als Ableitungsgleichungen für geodätische Streifen

$$(14.18a-c) \qquad \{\vec{t}' = \kappa^*(s)\vec{b},\ \vec{s}' = \gamma'(s)\vec{b},\ \vec{b}' = \vec{o}\}.$$

Man bezeichnet

$$(14.19a,b) \qquad \alpha(s) := \gamma'(s) \quad \text{bzw.} \quad \beta := \kappa^*(s)$$

als *geodätische Windung* bzw. *Normalkrümmung* des geodätischen Streifens. Als Fundamentalsatz über geodätische Streifen erhält man den

SATZ 14.3: *Sind auf einem offenen Intervall I zwei Funktionen $\beta(s) \in C^0$, $\alpha(s) \in C^0$ gegeben, dann existiert bis auf isotrope Bewegungen ein einziger geodätischer C^1-Streifen mit s als Bogenlänge auf der in einer isotropen Ebene gelegenen Streifenkurve, $\alpha(s)$ als geodätischer Windung und $\beta(s)$ als Normalkrümmung des Streifens.*

Beweis:
Nach Satz 7.13 in [180] existiert zu $\kappa^*(s) = \beta(s)$ eine bis auf isotrope Bewegungen in ϵ eindeutig bestimmte, zulässige C^2-Kurve c mit $\kappa^*(s)$ als isotroper Krümmung und s als isotroper Bogenlänge auf c. Wegen $\vec{c}(s) \in C^1$ nach (14.16), folgt mit (14.17) $\vec{s}(s) \in C^1$, womit eindeutig ein geodätischer C^1-Streifen festliegt, der tatsächlich die Invarianten α und β besitzt, wie man unmittelbar sieht.

$\diamond$

<u>Folgerungen:</u>

1) Die Invariante $\beta(s)$ stimmt mit der Krümmung der Kurve c in ϵ überein. Speziell kennzeichnet $\beta \equiv 0$ jene Streifen, die eine nichtisotrope Gerade als Streifenkurve besitzen.

2) Um die Invariante $\alpha(s)$ zu deuten, betrachten wir die von den Seitenvektoren $\vec{s}(s)$ längs c gebildete *Streifennormalenfläche* Φ_s. Da die Vektoren $\vec{s}(s)$ alle zu einer festen isotropen Ebene parallel sind (nämlich zu jeder isotropen Ebene $\eta \perp \epsilon$), ist Φ_s nach §10 eine Regelfläche vom Typ III. Man kann o.B.d.A. Φ_s in der Form

$$(14.20) \qquad \vec{y}(s,v) = \vec{x}(s) + v[\vec{c} + \gamma(s)\vec{b}]$$

mit $\vec{c} = \{0, 1, \gamma(s)\}$ darstellen. Dann folgt nach (10.50b) für den Drall δ_I von Φ_s

$$(14.21) \qquad \delta_I(\Phi_s) = \gamma' = \alpha,$$

womit $\alpha(s)$ geometrisch gedeutet ist.

3) Ein geodätischer Streifen heißt ein *Krümmungsstreifen*, wenn Φ_s eine Torse ist. Da Torsen durch $\delta_I = 0$ gekennzeichnet sind, fließt aus (14.21), daß genau für geodätische Krümmungsstreifen $\alpha = konst.$ gilt. Diese Streifen sind stets zylindrisch.

4) Man kann analog wie in Folgerung 6) vor Satz 14.2 den Begriff der konjugierten Streifentangente e definieren, und findet für den Richtungsvektor $\vec{e}$ auf dieser konjugierten Streifentangente

$$(14.22) \qquad \vec{e}(s) = \alpha(s)\vec{t}(s) - \beta(s)\vec{s}(s).$$

Genau für Krümmungsstreifen besitzt $\vec{e}(s)$ die Richtung von $\vec{s}(s)$, d. h., Krümmungsstreifen sind dadurch gekennzeichnet, daß die konjugierte Streifentangente zur entsprechenden Tangente von c stets orthogonal ist.

5) Ein *Schmiegstreifen* läßt sich im Anschluß an Folgerung 8) vor Satz 14.2 durch die Forderung $\vec{e}(s) \parallel \vec{t}(s)$ definieren. Dann gilt nach (14.22) $\beta(s) \equiv 0$, woraus man nach (14.19b) folgert, daß c eine nichtisotrope Gerade ist.

6) Wie in Folgerung 4) vor Satz 14.2 kann man die MEUSNIER-Sphäre $\sum_M$ eines geodätischen Streifens definieren, der kein Schmiegstreifen ist. Dann gewinnt man mit denselben Bezeichnungen wie in der zitierten Folgerung für $\sum_M$ die Bedingungen

$$(14.23a - c) \qquad \vec{u} \cdot \vec{s}_0 = 0, \quad \vec{n} \cdot \vec{t}_0 = 0, \quad 1 + \frac{1}{2}\vec{u} \cdot \vec{x}_0'' = 0.$$

Mit $\vec{x}_0'' = \vec{t}' = \kappa^*\vec{b}$ folgt aus (14.23c) sofort $w = -\frac{2}{\kappa^*}$, also $\kappa^* = 2R$, wenn R den Radius von $\sum_M$ bezeichnet. Wir fassen einiges zusammen im

SATZ 14.4: *Die geodätische Windung eines geodätischen C^r-Streifens ($r \geq 1$) stimmt mit dem Drall der Streifennormalenfläche Φ_s überein. Die geodätischen Krümmungsstreifen sind die zylindrischen Streifen längs c, die geodätischen Schmiegstreifen sind die Streifen mit geradliniger, nichtisotroper Streifenkurve.*

Wir kehren wieder zu den nichtgeodätischen Streifen zurück und zeigen, wie man diese Streifen rechnerisch bequem in den Griff bekommen kann (vgl. [212,534f]). Wird der Streifen durch die Streifenkurve c

$$(14.23) \qquad \vec{x}(s) = \{x(s),\ y(s),\ z(s)\}$$

mit der isotropen Bogenlänge s als Parameter festgelegt, dann kann man die Streifenebenen — als nichtisotrope Ebenen – in der Form

$$(14.24) \qquad z = p(s)x + q(s)y + d(s)$$

ansetzen, wobei diese Ebenen stets die Kurventangente enthalten müssen, d. h. $z' = p(s)x' + q(s)y'$ gelten muß . Wir notieren diese *Streifenbedingung*

$$(14.25) \qquad z' = px' + qy'$$

und vermerken, daß für den Tangentenvektor von c gilt

$$(14.26) \qquad \vec{t} = \vec{x}' = \{x', y', px' + qy'\}.$$

Beachtet man, daß für den isotropen Hauptnormalenvektor $\vec{n}$ von c gilt $\widetilde{\vec{n}} = \{-y', x'\}$, dann folgt aus der ersten FRENET-Formel (6.15)

$$(14.27a, b) \qquad \{x'' = -\kappa y',\ y'' = \kappa x'\}.$$

Weiter gilt nach (14.26) und (14.27) $z'' = p'x' + px'' + q'y' + qy'' = (p'x' + q'y') - \kappa(py' - qx')$. Wir notieren

$$(14.27c) \qquad z'' = (p'x' + q'y') - \kappa(py' - qx').$$

Nun berechnen wir für den Seitenvektor $\vec{s}$ zunächst $\kappa\vec{s} = \kappa\vec{n} = \kappa \cdot \frac{1}{\kappa}\widetilde{\vec{x}}'' = \{x'', y''\}$. Für die dritte Komponente gilt, da $\vec{s}(s_1, s_2, s_3)$ in der Streifenebene (14.24) liegen muß, $s_3 = \frac{1}{\kappa}(px'' + qy'')$, woraus zusammenfassend

$$(14.28) \qquad \kappa\vec{s} = \{x'', y'', px'' + qy''\}$$

fließt. Andererseits folgt aus (14.2) $\kappa\vec{s} = \kappa\vec{n} - \kappa\vartheta\vec{b} = \vec{x}'' - \kappa\vartheta\vec{b} = \{x'', y'', (px'' + qy'') + p'x' + q'y' - \kappa\vartheta\}$. Ein Vergleich dieser Beziehung mit (14.28) liefert

(14.29)
$$\beta = \kappa\vartheta = p'x' + q'y'$$

und für die Streifennormale gewinnt man aus (14.28) schließlich

(14.30)
$$\vec{s} = \{-y', x', qx' - py'\}.$$

Nach (14.29) findet man somit für die *Normalkrümmung* des Streifens

(14.31)
$$\beta = \kappa\vartheta = \frac{dpdx + dqdy}{ds^2} = \frac{II}{I},$$

wobei man analog wie in der Flächentheorie die Grundformen I und II einführt. Für die geodätische Windung α folgt aus (14.4b) $Det(\vec{x}', \vec{s}, \vec{s}') = Det(\vec{x}', \vec{n} - \vartheta\vec{b}, -\gamma\vec{t} + \alpha\vec{b}) = \alpha$ und die Berechnung der Determinante $Det(\vec{x}', \vec{s}, \vec{s}')$ liefert unter Beachtung von $x'^2 + {}+y'^2 = \widetilde{\vec{x}}'^2 = 1$ die Beziehung $\alpha = x'q' - y'p'$. Wir notieren

(14.32)
$$\alpha = \tau - \vartheta' = \frac{dqdx - dpdy}{ds^2} = \frac{IV}{I}.$$

Die Berechnung des Richtungsvektors $\vec{e}$ der konjugierten Streifentangente e, festgelegt durch (14.15), ergibt unter Beachtung von (14.31) und (14.32)

(14.33)
$$\vec{e} = \{q', -p', pq' - qp'\}.$$

Als Anwendung dieses Kalküls leiten wir ein isotropes Analogon zu einer Formel von O. RODRIGUES her. Wir betrachten dazu das *sphärische Bild* c* des Streifens bezüglich einer Sphäre $\sum_0$ (7.38), das nach (7.39a) durch

(14.34)
$$\vec{x}^* = \{p, q, \frac{1}{2}(p^2 + q^2)\}$$

gegeben ist. Für den Tangentenvektor $\vec{t}^* = \frac{d\vec{x}^*}{ds}$ findet man

(14.35)
$$\vec{t}^* = \{p', q', pp', +qq'\},$$

sodaß nach (14.33) gilt $\widetilde{\vec{t}}^* \cdot \widetilde{\vec{e}} = 0$. Der Tangentenvektor des sphärischen Bildes eines Streifens ist somit zur konjugierten Streifentangente orthogonal. Für *Krümmungsstreifen* gilt dann $\vec{x}'^* \parallel \vec{x}'$, d. h. $\vec{x}'^* = \lambda\vec{x}'$ mit einem noch zu bestimmenden Skalar λ. Zur Bestimmung von λ beachten wir, daß sich (14.31) in der Form $\beta = \widetilde{\vec{t}}^* \cdot \widetilde{\vec{x}}'$ schreiben läßt. Damit folgt $\beta = \lambda\widetilde{\vec{x}}' \cdot \widetilde{\vec{x}}' = \lambda$, also

(14.36a)
$$\vec{t}^* = \vec{x}'^* = \beta\vec{x}'.$$

Dies ist das isotrope Analogon zur Formel von O. RODRIGUES für Krümmungsstreifen. Für *Schmiegstreifen* gilt $\vec{x}'^* \perp \vec{x}'$, d. h. $\vec{x}'^* = \mu\vec{n}$ mit noch zu bestimmendem μ. Da für Schmiegstreifen $\vartheta = 0$ gilt, hat man $\alpha = \tau = Det(\widetilde{\vec{x}}', \widetilde{\vec{t}}^{\,*})$ nach (14.32) und (14.35). Damit folgt $\alpha = Det(\widetilde{\vec{x}}', \mu\widetilde{\vec{n}}) = \mu$, d. h.

$$(14.36b) \qquad\qquad \vec{t}^{\,*} = \vec{x}'^{\,*} = \tau\vec{n}.$$

Dies ist eine RODRIGUES-Formel für Schmiegstreifen. Wir vermerken den

SATZ 14.5: *Der Tangentenvektor des sphärischen Bildes eines zulässigen, nichtgeodätischen C^r-Streifens ($r \geq 2$) ist stets orthogonal zur konjugierten Streifentangente. Für Krümmungsstreifen bzw. Schmiegstreifen gelten die isotropen Formeln (14.36a) bzw. (14.36b) von O. RODRIGUES.*

Mit den durch Bewegung eines Streifens erzeugbaren Flächen in $I_3^{(1)}$ hat sich F. MÜLLER in [116] beschäftigt.

B) Die parataktische Abbildung:

Unter einem *Flächenelement* $E(P, \pi)$ versteht man einen Punkt P mit einer inzidenten Ebene π.

Definition 14.3: Ein Flächenelement $E(P, \pi)$ des einfach isotropen Raumes heißt *regulär*, wenn P ein eigentlicher Punkt und π eine nichtisotrope Ebene ist.

Ein reguläres Flächenelement $E(P, \pi)$ läßt sich somit immer durch 5 Koordinaten $E(x, y, z, p, q)$ festlegen; die ersten 3 Koordinaten sind die des Punktes $P(x, y, z)$, die letzten beiden sind die Stellungsparameter der Ebene $\pi \ldots z - z_0 = p(x - x_0) + q(y - y_0)$. Zur Definition der sogenannten *parataktischen Abbildung* sind die schon in §11 betrachteten Gewindebündel (11.11) von grundlegender Bedeutung. Indem wir in (11.11) auf $C = -1$ und $C = +1$ spezialisieren, betrachten wir i. f. das Bündel

$$(14.37a) \qquad\qquad \mathcal{B}_l \ldots dz = Adx + Bdy - (xdy - ydx)$$

von Linksgewinden K_l, sowie das Bündel

$$(14.37b) \qquad\qquad \mathcal{B}_r \ldots dz = Adx + Bdy + (xdy - ydx)$$

von Rechtsgewinden K_r. Jedes Linksgewinde gestattet nach einem Hilfssatz aus §11 alle Cliffordschen Rechtsschiebungen, während jedes Rechtsgewinde alle Cliffordschen Linksschiebungen zuläßt. Bei diesen Schiebungen wird die dreiparametrige Schar von Flächenelementen (P, π) jedes solchen Gewindes — bestehend aus Nullebene π und Nullpunkt P — in einfach transitiver Weise vertauscht.

Definition 14.4: Zwei Flächenelemente, die durch Linksschiebung auseinander hervorgehen, heißen *rechtsparataktisch*; zwei Flächenelemente, die durch Rechtsschiebung auseinander hervorgehen, heißen *linksparataktisch*.

Wir fassen zusammen und beweisen ergänzend den

SATZ 14.6: *Genau die Flächenelemente eines Linksgewindes (Rechtsgewindes) sind zueinander linksparataktisch (rechtsparataktisch). Ein Linksgewinde und ein Rechtsgewinde schneiden sich stets in einer Schar paralleler Flächenelemente, die durch Schiebung in vollisotroper Richtung aufeinander abgebildet werden können.*

Beweis:
Da ein Rechtsgewinde die Gruppe $S_3^{(l)}$ und ein Linksgewinde die Gruppe $S_3^{(r)}$ gestattet, so läßt der Schnitt beider Gewinde genau die Gruppe $S_3^{(l)} \cap S_3^{(r)}$ zu; dies ist aber die vollisotrope Schiebungsgruppe $\{\bar{x} = x,\ \bar{y} = y,\ \bar{z} = z + \gamma\}$.

$$\Diamond$$

Flächenelemente, die durch vollisotrope Schiebung auseinander hervorgehen, werden wir i. f. als *parallel* bezeichnen, und unterscheiden diesen Begriff präzise vom Begriff der Parataxie. Natürlich sind parallele Flächenelemente sowohl rechts- als auch linksparataktisch. Wir zeigen nun den wichtigen

SATZ 14.7: *Zu jeder Schar paralleler Flächenelelmente $E^*(x^*, y^*, z^*, p^*, q^*)$ gibt es in den Gewindebündeln B_l und B_r genau ein Linksgewinde K_l und genau ein Rechtsgewinde K_r, welches die Parallelschar enthält.*

Beweis:
Nach Satz 14.6 ist diese Aussage gezeigt, wenn es gelingt ein Gewinde K_l bzw. K_r aus (14.37a) bzw. (14.37b) anzugeben, das ein Flächenelement E^* enthält. Für die Linienelemente $(dx : dy : dz)$ dieses Flächenelementes muß gelten $dz = p^* dx + q^* dy$, woraus eingesetzt in (14.37a) eine Identität in $(dx : dy)$ entstehen muß . Man findet $p^* dx + q^* dy = A dx + B dy - (x^* dy - y^* dx)$, woraus man $A = p^* - y^*$, $B = q^* + x^*$ berechnet. Damit lautet das Linksgewinde K_l, welches das Flächenelement E^* und alle dazu parallelen Flächenelemente enthält

$$(14.38a) \qquad dz = (p^* - y^*)dx + (q^* + x^*)dy - (x\,dy - y\,dx).$$

Analog erhält man für das E^* enthaltende Rechtsgewinde K_r die Darstellung

$$(14.38b) \qquad dz = (p^* + y^*)dx + (q^* - x^*)dy + (x\,dy - y\,dx).$$

$$\Diamond$$

Man kann nun eine einfache Abbildung der Flächenelemente $E^*(x^*, y^*, z^*, p^*, q^*)$ auf Punktepaare (E_r, E_l) gewinnen, indem man den in Satz 14.7 konstruierten Gewinden K_r und K_l ihre Nullpunkte E_r und E_l in der Bildebene $\pi_1(z = 0)$ zuordnet.

Definition 14.5: Die parataktische Abbildung $E^* \to (E_r, E_l)$ der regulären Flächenelemente E^* auf Punktepaare (E_r, E_l) der Grundrißebene $\pi_1(z = 0)$ entsteht, indem man das E^* enthaltende Rechtsgewinde K_r bzw. Linksgewinde K_l im Bündel B_r bzw. B_l aufsucht und den Nullpunkt E_r bzw. E_l von K_l in π_1 bestimmt.

<u>Folgerungen:</u>

1) Wir bezeichnen den Punkt $E_l(x_l,y_l)$ als *linken Nullpunkt* und den Punkt $E_r(x_r,y_r)$ als *rechten Nullpunkt*. Um die Abbildungsgleichungen der parataktischen Abbildung $E(x,y,z,p,q) \to (E_r,E_l)$ aufzustellen, haben wir — nach Weglassen der Sterne — in (14.38) $dz = 0$ und $x = x_l$, $y = y_l$ zu setzen, während $(dx : dy)$ willkürlich bleibt. Durch Koeffizientenvergleich entsteht damit $\{x_l = x + q, y_l = y - p\}$. Analog gewinnt man aus (14.38b), wenn man $dz = 0$ und $x = x_r$, $y = y_r$ setzt, die Abbildungsgleichungen $\{x_r = x - q, y_r = y + p\}$. Wir notieren diese grundlegenden Gleichungen, wobei wir auch gleich die Umkehrabbildung angeben, in

$$(14.39a) \qquad \begin{cases} x_l = x + q \\ y_l = y - p \end{cases}, \quad \begin{cases} x_r = x - q \\ y_r = y + p \end{cases} \quad \text{bzw.}$$

$$(14.39b) \qquad \begin{cases} x = \tfrac{1}{2}(x_l + x_r) \\[4pt] y = \tfrac{1}{2}(y_l + y_r) \qquad p = -\dfrac{1}{2}(y_l - y_r), \quad q = \dfrac{1}{2}(x_l - x_r). \\[4pt] z = \text{beliebig} \end{cases}$$

2) Aus (14.39b) folgt sofort, daß der Grundriß P' eines Flächenelementes $E(P,\pi)$ mit dem Mittelpunkt der beiden parataktischen Bildpunkte E_l und E_r übereinstimmt. Wir zeigen noch: *Genau die Flächenelemente in π_1 und alle dazu parallelen Flächenelemente haben zusammenfallende parataktische Bildpunkte $E_l = E_r$. Spiegelt man ein Flächenelement $E(P,\pi)$ an der Ebene π_1, dann vertauschen sich seine parataktischen Bilder.*

<u>Beweis:</u>

Für Flächenelemente in π_1 oder parallel zu π_1 gilt $p = q = 0$, sodaß $E_l = E_r$ gilt . Umgekehrt folgt aus $E_l = E_r$ sicher $q = p = 0$, sodaß die Trägerebene π von $E(P,\pi)$ die Gleichung $z = konst.$ besitzt, also zu π_1 parallel ist.

Spiegelt man eine Ebene $\pi \dots z = px + qy + w$ an π_1 so entsteht die Ebene $\widehat{\pi} \dots z = -px - qy - w$, während P in $\widehat{P}(x,y,-z)$ übergeht. Damit berechnet man $\widehat{x}_l = x + \widehat{q} = x - q = x_r$, $\widehat{y}_l = y - \widehat{p} = y + p = y_r$, sodaß $\widehat{E}_l = E_r$ gilt; analog zeigt man $\widehat{E}_r = E_l$.

$$\diamond$$

3) Wenden wir uns der parataktischen Abbildung einer nichtisotropen Geraden g zu, die wir in der Gestalt $\vec{x} = \vec{a} + \lambda\vec{v}$ mit $\vec{a} = (a_1,a_2,a_3)$, $\vec{v} = (v_1,v_2,v_3)$ ansetzen, wobei $(v_1,v_2) \neq (0,0)$ gilt. Jede nichtisotrope Ebene π durch g kann in der Form $z = px + qy + w$ geschrieben werden, wobei sich p und q aus den beiden Gleichungen $\{pa_1 + qa_2 = a_3 - w, pv_1 + qv_2 = -v_3\}$ berechnen lassen. Da man wegen $(v_1,v_2) \neq (0,0)$ o.B.d.A. $a_1 v_2 - a_2 v_1 \neq 0$ voraussetzen darf, gewinnt man die Lösungen

$$(14.40) \qquad p = \frac{v_2(a_3 - w) - a_2 v_3}{a_1 v_2 - a_2 v_1}, \quad q = \frac{v_1(w - a_3) + a_1 v_3}{a_1 v_2 - a_2 v_1}.$$

Hiermit entstehen in (14.39a) die Gleichungen $g_l \dots \{x_l = a_1 + q + \lambda v_1, y_l = a_2 - p + \lambda v_2\}$ bzw. $g_r \dots \{x_r = a_1 - q + \lambda v_1, y_r = a_2 + p + \lambda v_2\}$, die zwei zum Grundriß $\widetilde{g}$ von g parallele Geraden g_l und g_r darstellen. Bestimmt man die Schnittpunkte der Geraden $\widetilde{g}$, g_l und g_r

mit der x-Achse des Koordinatensystems, so sieht man, daß g_l und g_r zu $\tilde{g}$ symmetrisch liegen. Umgekehrt kann bei vorgegebenen Geraden g_l und g_r die Gerade g im Raum bis auf vollisotrope Schiebungen zurückgewonnen werden.

4) Wir geben eine Beschreibung der parataktischen Abbildung mit Mitteln der Darstellenden Geometrie! Dazu bringen wir im Punkt $Z(0,0,1)$ den Augpunkt einer Zentralprojektion an, und bestimmen für die euklidische Normale $n \perp \pi$ den Fluchtpunkt P_u^c des Punktes $P \in E(\pi, P)$. Wird dieser Fluchtpunkt P_u^c um $\tilde{Z}(0,0,0)$ um $\frac{\pi}{2}$ im positiven Sinn gedreht, so erhält man den *Drehfluchtpunkt* P^* des Punktes P (vgl. Abbildung 14). Wir beweisen:

<u>Abbildung 14:</u>

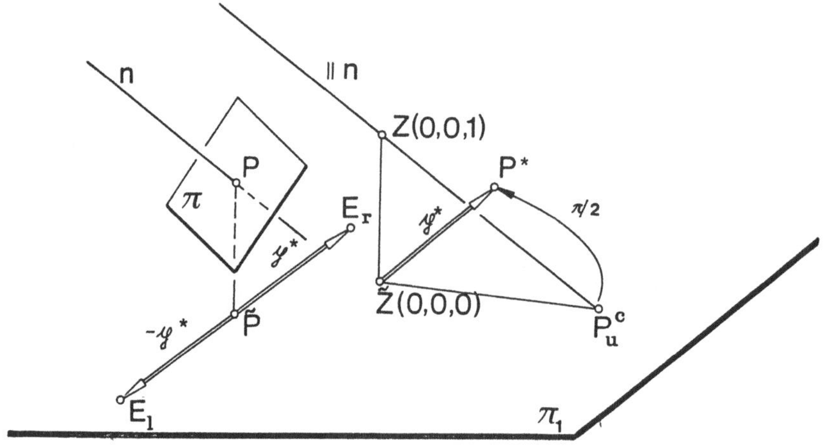

Heftet man den *Vektor der Drehflucht* $\vec{p}^* := \overrightarrow{\tilde{Z}P^*}$ erst positv, dann negativ genommen in $\tilde{P}$ an, so erhält man den rechten bzw. linken Bildpunkt E_r bzw. E_l des Flächenelementes $E(P, \pi)$.

<u>*Beweis:*</u>
Die Normale $n \perp \pi$ hat den Richtungsvektor $\{p, q, -1\}$ und kann somit in der Form $\vec{x} = \{0, 0, 1\} + \mu\{p, q, -1\}$ geschrieben werden. Hieraus berechnet man $P_u^c(p, q, 0)$ und $P^*(-q, p, 0)$. Mit $\vec{p}^* = \overrightarrow{\tilde{Z}P^*} = \{-q, p\}$ und $\tilde{P}(x, y)$ folgt aus (14.39a) die Behauptung.

$\Diamond$

5) Um exemplarisch auch die parataktische Abbildung der Tangentialebenen einer Fläche U vor Augen zu haben, wählen wir für U die parabolische Sphäre $\sum$ vom Radius R

$$(14.41) \qquad z = R(x^2 + y^2) + 2Ax + 2By + C$$

und betrachten im Punkt $P(x_0, y_0, z_0) \in \sum$ die Tangentialebene π, deren Gleichung man zu $(z + z_0) = 2R(xx_0 + yy_0) + 2A(x + x_0) + 2B(y + y_0)$ erhält. Hieraus fließt $p = 2Rx_0 + 2A$, $q = 2Ry_0 + 2B$, sodaß man für die parataktische Abbildung findet

$$(14.42) \qquad \begin{cases} x_l = x_0 + 2Ry_0 + 2B \\ y_l = y_0 - 2Rx_0 - 2A \end{cases}, \qquad \begin{cases} x_r = x_0 - 2Ry_0 - 2B \\ y_r = y_0 + 2Rx_0 + 2A \end{cases}.$$

Wendet man in π_1 die Schiebung $\{\widehat{x} = x + \frac{A}{R}, \widehat{y} = y + \frac{B}{R}\}$ an, dann vereinfachen sich die Gleichungen (14.42) zu

$$(14.43) \qquad \vec{x}_l \;\ldots\; \begin{cases} \widehat{x}_l = 2R\widehat{y}_0 + \widehat{x}_0 \\ \widehat{y}_l = -2R\widehat{x}_0 + \widehat{y}_0 \end{cases}, \qquad \vec{x}_r \;\ldots\; \begin{cases} \widehat{x}_r = -2R\widehat{y}_0 + \widehat{x}_0 \\ \widehat{y}_r = 2R\widehat{x}_0 + \widehat{y}_0 \end{cases}.$$

Die Ortsvektoren $\vec{x}_l$ und $\vec{x}_r$ sind gleich lang wegen $|\vec{x}_l| = \sqrt{(x_0^2 + y_0^2)(1 + 4R^2)} = |\vec{x}_r|$ — die Dächer wurden weggelassen — und gehen somit durch Drehung um einen gewissen Winkel α auseinander hervor. Mit $tg^2\frac{\alpha}{2} = \frac{1-\cos\alpha}{1+\cos\alpha}$ und $\cos\alpha = \frac{1-4R^2}{1+4R^2}$ gewinnt man

$$(14.44) \qquad tg\frac{\alpha}{2} = 2R.$$

Das Drehzentrum $\{\widehat{x} = \widehat{y} = 0\}$, d. h. $\{x = -\frac{A}{R}, y = -\frac{B}{R}\}$ ist hierbei das parataktische Bild des zu π_1 parallelen Flächenelementes von $\sum$, für das ja nach Folgerung 2) $E_l = E_r$ gilt. Wir fassen zusammen und beweisen ergänzend

SATZ 14.8: *Die parataktischen Bilder E_l und E_r einer nichtisotropen Geraden g bilden zwei zum Grundriß $\widetilde{g}$ von g parallele Geraden g_l und g_r, die zu $\widetilde{g}$ symmetrisch liegen. Die parataktischen Bilder E_l und E_r der Tangentialebenen einer parabolischen Sphäre $\sum$ vom Radius R gehen durch Drehung um einen festen Winkel α auseinander hervor, wobei $tg\frac{\alpha}{2} = 2R$ gilt; Drehzentrum ist hierbei das parataktische Bild der zu π_1 parallelen Tangentialebene von $\sum$. Werden die regulären Flächenelemente E des einfach isotropen Raumes einer isotropen Bewegung $\mathcal{B}_6^{(1)}$ unterworfen, dann erfahren die parataktischen Bilder E_l und E_r dieser Flächenelemente simultane, gleichwinkelige, ebene Bewegungen B_l und B_r in π_1; dies sind solche simultane Bewegungen des linken und rechten Bildfeldes, welche den Parallelismus entsprechender Geraden g_l und g_r der Bildfelder erhalten. Genau dann sind B_l und B_r simultane, ebene Translationen, wenn $\mathcal{B}_6^{(1)}$ eine Grenzbewegung ist. Ist $\mathcal{B}_6^{(1)}$ keine Grenzbewegung, dann sind B_l und B_r simultane, ebene Drehungen um denselben Drehwinkel φ, der mit der Größe φ in (1.20) übereinstimmt.*

Beweis:
Um die letzten beiden Aussagen einzusehen, werde das Flächenelement $E(x,y,z,p,q)$ durch die isotrope Bewegung (1.20) in das Flächenelement $E^*(x^*,y^*,p^*,q^*)$ übergeführt. Nach (1.20) und (1.57) bestehen dann zwischen E und E^* folgende Abbildungsgleichungen

$$(14.45) \qquad \begin{cases} x^* = a + x\,\cos\varphi - y\,\sin\varphi \\ y^* = b + x\,\sin\varphi + y\,\cos\varphi \\ z^* = c + c_1 x + c_2 y + z \\ p^* = (c_1 + p)\cos\varphi - (c_2 + q)\,\sin\varphi \\ q^* = (c_1 + p)\sin\varphi + (c_2 + q)\,\cos\varphi. \end{cases}$$

Sind nun $E_l^*(x_l^*, y_l^*)$ und $E_r^*(x_r^*, y_r^*)$ die beiden parataktischen Bilder von E^* und bezeichnen $E_l(x_l, y_l)$ und $E_r(x_r, y_r)$ die parataktischen Bilder von E, so folgt durch Anwendung von (14.39a) auf (14.45)

$$(14.46) \qquad \begin{aligned} B_l \ \cdots\ &\begin{cases} x_l^* = a + (x_l + c_2)\ \cos\varphi - (y_l - c_1)\ \sin\varphi \\ y_l^* = b + (x_l + c_2)\ \sin\varphi + (y_l - c_1)\ \cos\varphi, \end{cases} \\[2ex] B_r \ \cdots\ &\begin{cases} x_r^* = a + (x_r - c_2)\ \cos\varphi - (y_r + c_1)\ \sin\varphi \\ y_r^* = b + (x_r - c_2)\ \sin\varphi + (y_r + c_1)\ \cos\varphi. \end{cases} \end{aligned}$$

Diese Abbildungen sind aber genau die im Satz 14.8 beschriebenen . B_l und B_r sind genau für $\varphi = 0$ reine Schiebungen; dann liegt aber die Gruppe B_5 (1.26) der unimodularen Grenzbewegungen vor. Die Gleichungen (14.46) vereinfachen sich dann zu

$$(14.47) \qquad \begin{aligned} B_l \ \cdots\ &\begin{cases} x_l^* = a + c_2 + x_l \\ y_l^* = b - c_1 + y_l, \end{cases} \\[2ex] B_r \ \cdots\ &\begin{cases} x_r^* = a - c_2 + x_r \\ y_r^* = b + c_1 + y_r. \end{cases} \end{aligned}$$

$\Diamond$

Folgerungen:

1) Jene Grenzbewegungen B_5, bei denen der linke Bildpunkt festbleibt, sind nach (14.47) durch $a = -c_2$, $b = c_1$ gekennzeichnet. Ein Vergleich von (1.26) mit (1.28) lehrt, daß dies genau die Cliffordschen Rechtsschiebungen sind. Der rechte Bildpunkt $E_r^*(2a + x_r, 2b + y_r)$ entsteht hierbei aus $E_r(x_r, y_r)$ durch die Translation $2\widetilde{S}_r$, wobei wir unter $\widetilde{S}_r$ die Grundrißwirkung von $S_3^{(r)}$ (1.28) verstehen wollen. Analog sind alle Grenzbewegungen mit festem rechten Bildpunkt durch $a = c_2$, $b = -c_1$ gekennzeichnet, und sind nach (1.26) und (1.27) somit Cliffordsche Linksschiebungen. Der linke Bildpunkt erfährt hierbei die Translation $2\widetilde{S}_l$ in sinngemäßer Bezeichnung.

2) Ein Flächenelement $E(P, \pi)$ mit der Trägerebene $z = px + qy + w$ hat gegen π_1 die isotrope Neigung $\vartheta^2 = p^2 + q^2$. Andererseits gilt für den Abstand der parataktischen Bildpunkte nach (14.39a) $\overline{E_l E_r}^2 = 4(p^2 + q^2)$, woraus insgesamt

$$(14.48) \qquad \vartheta^2 = \left(\frac{\overline{E_l E_r}}{2}\right)^2$$

folgt.

Wir fassen zusammen und beweisen ergänzend den

SATZ 14.9: *Bei einer Cliffordschen Linksschiebung (Rechtsschiebung) bleibt das rechte (linke) parataktische Bild fest, während das linke (rechte) parataktische Bild eine Schiebung um $2\widetilde{S}_l(2\widetilde{S}_r)$ erfährt. Die parataktischen Bildfelder $\{E_l\}$ und $\{E_r\}$ der Flächenelemente einer nichtisotropen Ebene ϵ sind zueinander schiebungskongruent; sie gehen* *auseinander durch Translation längs der Spur $e := \epsilon \cap \pi_1$ hervor, wobei die Schrittweite der Translation gleich dem doppelten isotropen Neigungswinkel von ϵ gegen π_1 ist.*

<u>*Beweis:*</u>
Zum Beweis beachtet man, daß ϵ durch eine eindeutig bestimmte Linksschiebung nach π_1 abgebildet werden kann; man hat hierzu ϵ so lange längs $e = \epsilon \cap \pi_1$ zu verschieben, bis ϵ mit π_1 zur Deckung kommt. Da sich die Flächenelemente von π_1 mit ihren parataktischen Bildern decken, folgt aus der ersten Aussage von Satz 14.9 und der Formel (14.48) die Behauptung.

$$\Diamond$$

In der Geometrie des einfach isotropen Raumes sind zwei besonders wichtige Abbildungen die *Polaritäten an der Einheitssphäre*, sowie die *Polaritäten* an isotropen *Links- bzw. Rechtsgewinden*. Wir wollen i. f. die parataktischen Bilder dieser beiden Abbildungen studieren! Bezeichnet $\sum$ eine parabolische Sphäre und $E(P, \pi)$ ein reguläres Flächenelement, dann ordnet die Polarität an $\sum$ dem Punkt P eine Ebene π^* und der Ebene π einen mit π^* inzidenten Punkt P^* zu. Das Flächenelement $E^*(P^*, \pi^*)$ heißt zu $E(P, \pi)$ *polar*; es ist wieder regulär, da P als eigentlich und π als nichtisotrop vorausgesetzt wurde. Wir gehen i. f. von den beiden Einheitssphären $\sum_\epsilon$

$$(14.49) \qquad \Sigma_\epsilon \ \dots \ z = \frac{\epsilon}{2}(x^2 + y^2) + 2Ax + 2By + C$$

aus, wobei $\epsilon = \pm 1$ bedeutet, und finden zu einem Punkte $P(x_0, y_0, z_0)$ die Polarebene $\pi^* \ \dots \ z = (\epsilon x_0 + A)x + (\epsilon y_0 + B)y + Ax_0 + By_0 - z_0$, woraus sich $p^* = \epsilon x_0 + A$, $q^* = \epsilon y_0 + B$ ergibt. Umgekehrt folgen aus $p = \epsilon x^* + A$, $q = \epsilon y^* + B$ die Beziehungen $x^* = \epsilon(p - A)$, $y^* = \epsilon(q - B)$. Wir notieren

$$(14.50) \qquad \begin{aligned} x^* &= \epsilon(p - A), & y^* &= \epsilon(q - B), \\ p^* &= \epsilon x_0 + A, & q^* &= \epsilon y_0 + B. \end{aligned}$$

Werden diese Gleichungen in (14.39a) eingesetzt, so stellen sich die Beziehungen

$$(14.51) \qquad \begin{cases} x_l^* + \epsilon A = \epsilon y_r + B \\ y_l^* + \epsilon B = -\epsilon x_r - A \end{cases} , \qquad \begin{cases} x_r^* + \epsilon A = -\epsilon y_l - B \\ y_r^* + \epsilon B = \epsilon x_l + A \end{cases}$$

ein, die man nach Anwendung der Schiebung $\{\widehat{x} = \epsilon A + x, \widehat{y} = \epsilon B + y\}$ auf die Gestalt

$$(14.52) \qquad \begin{cases} \widehat{x}_l^* = \epsilon \widehat{y}_r \\ \widehat{y}_l^* = -\epsilon \widehat{x}_r \end{cases} , \qquad \begin{cases} \widehat{x}_r^* = -\epsilon \widehat{y}_l \\ \widehat{y}_r^* = \epsilon \widehat{x}_l \end{cases}$$

transformieren kann. Diese Gleichungen zeigen, daß der rechte Bildpunkt E_r für $\epsilon = +1$ durch eine negative Vierteldrehung nach E_l^* übergeht — wobei das Drehzentrum der Punkt $\widehat{0}(\widehat{x} = 0, \widehat{y} = 0)$ ist — hingegen geht der linke Bildpunkt E_l durch eine positive Vierteldrehung um $\widehat{0}$ nach E_r^* über. Für $\epsilon = -1$ ist die Situation gerade umgekehrt. Drehzentrum ist hierbei stets der Punkt $(-\epsilon A, -\epsilon B)$, der als parataktisches Bild der zu π_1 parallelen Tangentialebene von $\sum_\epsilon$ auftritt. Wir fassen zusammen im

SATZ 14.10: *Die parataktischen Bilder polarer Flächenelemente E und E* an der Einheitssphäre $\sum_1(\epsilon = +1)$ hängen dadurch zusammen, daß das linke Bildfeld $\{E_l\}$ durch eine positive Vierteldrehung in das rechte Bildfeld $\{E_r^*\}$ übergeht, während das rechte Bildfeld $\{E_r\}$ durch eine negative Vierteldrehung in das linke Bildfeld $\{E_l^*\}$ übergeht; Drehzentrum ist hierbei jedesmal der parataktische Bildpunkt des zu π_1 parallelen Flächenelementes von $\sum_1$. Für die Einheitssphäre $\sum_{-1}(\epsilon = -1)$ ist die Situation gerade umgekehrt.*

In Analogie zu Satz 14.10 beweisen wir nun den

SATZ 14.11: *Zwei in einem Linksgewinde K_l mit Parameter $\epsilon = -1$ (Rechtsgewinde K_r mit Parameter $\epsilon = +1$) polare Flächenelemente E, E* haben linke Bilder E_l, E_l^* (rechte Bilder E_r, E_r^*), welche zueinander bezüglich des Nullpunktes N_l von K_l (des Nullpunktes N_r von K_r) in π_1 symmetrisch liegen, während die rechten Bilder E_r, E_r^* (die linken Bilder E_l, E_l^*) identisch sind.*

Beweis:
Die Gewinde K_r bzw. K_l können nach (11.11) in der Form

$$(14.53) \qquad dz = A\,dx + B\,dy + \epsilon(x\,dy - y\,dx)$$

geschrieben werden ($\epsilon = \pm 1$), und besitzen nach (11.12) in der Ebene $\pi_1(z = 0)$ den Nullpunkt $N(-\epsilon B, \epsilon A, 0)$, sodaß $N_r(-B, A, 0)$ und $N_l(B, -A, 0)$ gilt. Ist nun ein reguläres Flächenelement $E(P, \pi)$ gegeben (P muß nicht der Nullpunkt von π bezüglich K_r oder K_l sein!), dann kann auf $E(P, \pi)$ das zu K_r bzw. K_l gehörige Nullsystem angewendet werden. Hierbei wird P eine Ebene π^* zugewiesen, während der Ebene π ein Ebenenbündel mit Zentrum $P^* \in \pi^*$ entspricht. Das Flächenelement $E^*(P^*, \pi^*)$ heißt *polar* zu $E(P, \pi)$ bezüglich des Gewindes K_r bzw. K_l. Benützt man die zu (11.11) gleichwertige Darstellung (11.10), sowie die Abbildungsgleichungen (3.37) der zugehörigen Nullpolarität, so gewinnt man als Nullebene eines Punktes $P(x, y, z)$

$$(14.54) \qquad Z = (A - \epsilon y)X + (B + \epsilon x)Y + z - Ax - By.$$

Wird nun eine nichtisotrope Ebene $z = px + qy + w$ durch P mittels (14.54) abgebildet, so erhält man das Ebenenbündel $Z = (A - \epsilon y)X + (B + \epsilon x)Y + px + qy + w - Ax - By$ mit den Stellungsparametern $p^* = A - \epsilon y$, $q^* = B + \epsilon x$. Das Bündelzentrum erhält man, indem man nebst der Gleichung $F \equiv -Z + (A - \epsilon y)X + (B + \epsilon x)Y + px + qy + w - Ax - By = 0$ dieses Bündels die partiellen Ableitungen $\frac{\partial F}{\partial x} = 0$, $\frac{\partial F}{\partial y} = 0$ setzt. Man gewinnt so $y^* = \epsilon(A - p)$, $x^* = \epsilon(q - B)$ und durch Einsetzen in $F = 0$ schließlich $z^* = A\epsilon q - B\epsilon p + w = \epsilon \begin{vmatrix} A & B \\ p & q \end{vmatrix} + z - px - qy$. Wir notieren diese Abbildungsgleichungen

$$(14.55) \qquad \begin{cases} x^* = \epsilon(q - B) \\ y^* = \epsilon(A - p) \\ z^* = z - px - qy + \epsilon \begin{vmatrix} A & B \\ p & q \end{vmatrix} \\ p^* = A - \epsilon y \\ q^* = B + \epsilon x. \end{cases}$$

Hieraus ergibt sich mit (14.39a) für die parataktischen Bilder für $\epsilon = 1$ bzw. $\epsilon = -1$ der Reihe nach:

$$(14.56a) \qquad \begin{cases} x_l^* = x_l, \\ y_l^* = y_l \end{cases}, \qquad \begin{cases} x_r^* = -x_r - 2B \\ y_r^* = -y_r + 2A \end{cases} \quad \text{bzw.}$$

$$(14.56b) \qquad \begin{cases} x_l^* = -x_l + 2B, \\ y_l^* = -y_l - 2A \end{cases}, \qquad \begin{cases} x_r^* = x_r, \\ y_r^* = y_r \end{cases},$$

woraus die Behauptung folgt.

$$\diamond$$

Da sich nach Satz 14.8 jede isotrope Bewegung in den parataktischen Bildern als Paar gleichwinkeliger Drehungen auswirkt (speziell als Paar von Schiebungen!), müssen sich die isotropen Bewegungsinvarianten einer Mannigfaltigkeit von Flächenelementen als euklidische Invarianten der Bildelemente in der Grundrißebene π_1 deuten lassen und umgekehrt. Natürlich ist hierbei von den Invarianten paralleler Flächenelemente abzusehen, die ja dieselben parataktischen Bilder besitzen. Wir betrachten hier nur den einfachsten Fall, nämlich die *Grundfigur* $E(P,\pi)$, $\bar{E}(\bar{P},\bar{\pi})$, bestehend aus zwei regulären Flächenelementen. Wir zeigen den

SATZ 14.12: *Es seien $E(P,\pi)$ und $\bar{E}(\bar{P},\bar{\pi})$ zwei reguläre Flächenelemente mit den parataktischen Bildern $\{E_l, E_r\}$ und $\{\bar{E}_l, \bar{E}_r\}$, und es bezeichnen A bzw. B die Mittelpunkte der Strecken $\overline{E_r \bar{E}_l}$ bzw. $\overline{E_l \bar{E}_r}$, dann gilt für die drei isotropen Invarianten $d := \overline{P\bar{P}}$, $\vartheta := \sphericalangle(\pi,\bar{\pi})$ und $\varphi = \sphericalangle(\pi\bar{\pi}, P\bar{P})$:*

(a): Der Abstand d ist gleich dem euklidischen Abstand $\overline{\widetilde{P}\widetilde{\bar{P}}}$ in π_1.

(b): Der Winkel ϑ der Ebenen π und $\bar{\pi}$ ist gleich dem euklidischen Abstand $\overline{AB}$. Der Vektor $\overrightarrow{AB}$ gibt im Grundriß die Richtung der Schnittgeraden von π mit $\bar{\pi}$ an.

(c): Der Kreuzungswinkel φ der Verbindungsgeraden von P und $\bar{P}$ gegen die Schnittgerade der Ebenen π und $\bar{\pi}$ ist gleich dem euklidischen Winkel von $\widetilde{P}\widetilde{\bar{P}}$ gegen AB.

Beweis:
Die Aussage a) ist trivial. Zum Beweis von b) berechnen wir nach (14.39a) die Koordinaten der Punkte A,B zu

$$(14.57) \qquad \begin{cases} x_a = \tfrac{1}{2}(\bar{x}_l + x_r) = \tfrac{1}{2}(\bar{x} + \bar{q} + x - q) \\[2mm] y_a = \tfrac{1}{2}(\bar{y}_l + y_r) = \tfrac{1}{2}(\bar{y} - \bar{p} + y + p) \end{cases} \quad \ldots A$$

$$\begin{cases} x_b = \tfrac{1}{2}(x_l + \bar{x}_r) = \tfrac{1}{2}(x + q + \bar{x} - \bar{q}) \\[2mm] y_b = \tfrac{1}{2}(y_l + \bar{y}_r) = \tfrac{1}{2}(y - p + \bar{y} + \bar{p}) \end{cases} \quad \ldots B$$

und finden hieraus den Vektor $\overrightarrow{AB} = \{q - \bar{q}, \bar{p} - p\}$. Nun gilt einerseits $\overline{AB}^2 = (q - \bar{q})^2 +$

$+(p - \bar{p})^2$ und andererseits berechnet man nach (1.59) für den Winkel ϑ der beiden Ebenen $\pi \ldots z = px + qy + w$, $\bar{\pi} \ldots z = \bar{p}x + \bar{q}y + \bar{w}$ den Wert $\vartheta^2 = (p - \bar{p})^2 + (q - \bar{q})^2$. Einen Richtungsvektor der Schnittgeraden $\pi \cap \bar{\pi}$ erhält man aus den Normalenvektoren $\vec{n}(\pi) = \{p, q, -1\}$ und $\bar{\vec{n}}(\bar{\pi}) = \{\bar{p}, \bar{q}, -1\}$ über das äußere Produkt $\vec{n} \wedge \bar{\vec{n}} = \{\bar{q} - q, p - \bar{p}, p\bar{q} - q\bar{p}\}$; dieser Vektor stimmt aber bis auf das Vorzeichen im Grundriß mit $\overrightarrow{AB}$ überein, womit die Aussage b) gezeigt ist. Die Aussage c) folgt unmittelbar aus a) und b).

$\Diamond$

Die Abbildung 15a) zeigt den im Satz 14.12 beschriebenen geometrischen Sachverhalt. Eine besonders einprägsame Deutung der isotropen Invarianten von E und $\bar{E}$ erhält man, wenn man eine Grenzbewegung auf E und $\bar{E}$ ausübt, durch die das Flächenelement E zu π_1 parallel wird. Dann

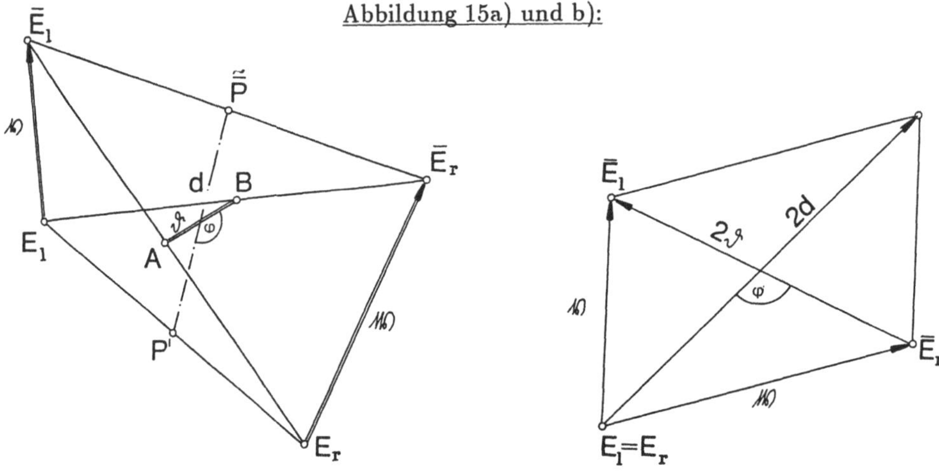

fallen die Bildpunkte E_l und E_r zusammen, und aus Satz 14.12 ergibt sich die in Abbildung 15b) angegebene Deutung von d, ϑ und φ. Wir fassen zusammen und beweisen ergänzend den

SATZ 14.13: *Sind* $\{E_l = E_r\}$ *und* $\{\bar{E}_l, \bar{E}_r\}$ *die parataktischen Bilder zweier Flächenelemente* E *und* $\bar{E}$, *wobei* E *zu* π_1 *parallel ist, dann besitzen die Diagonalen in dem von* $\vec{v} = \overrightarrow{E_l\bar{E}_l}$ *und* $\vec{w} = \overrightarrow{E_r\bar{E}_r}$ *aufgespannten Parallelogramm die Längen* $|\vec{v} + \vec{w}| = 2d$ *und* $|\vec{v} - \vec{w}| = 2\vartheta$, *während ihr Schnittwinkel mit dem Kreuzungswinkel* φ *von* $P\bar{P}$ *mit* $\pi \cap \bar{\pi}$ *übereinstimmt. Dieser Kreuzungswinkel ist genau dann ein rechter Winkel, wenn* $\overline{E_l\bar{E}_l} = \overline{E_r\bar{E}_r}$ *gilt, d.h., wenn die Paare der linken und rechten parataktischen Bilder isometrisch sind.*

Beweis:
Denkt man sich — um die zweite Aussage zu zeigen — durch eine Grenzbewegung wieder die spezielle Lage der Abbildung 15b) hergestellt, so berechnet man zunächst

$$(14.58) \qquad v = |\vec{v}| = \sqrt{d^2 + \vartheta^2 + 2d\vartheta \, \cos\varphi}$$

$$w = |\vec{w}| = \sqrt{d^2 + \vartheta^2 - 2d\vartheta \, \cos\varphi}.$$

Im Sonderfall $\vartheta = \frac{\pi}{2}$ folgt hieraus $|\vec{v}| = \overline{E_l \bar{E}_l} = \overline{E_r \bar{E}_r} = |\vec{w}|$.

$\Diamond$

Wir haben uns bisher gleichsam mit der *Elementargeometrie* der parataktischen Abbildung beschäftigt. Weitere diesbezügliche Aussagen, speziell auch in gruppentheoretischer Hinsicht, können in [213] nachgelesen werden. Wir wollen uns nun den differentialgeometrischen Aspekten zuwenden, wobei wir [211] und [212] folgen.
Ist im $I_3^{(1)}$ ein Streifen gemäß (14.23) und (14.24) durch $c \ldots \vec{x} = \vec{x}(s)$ und $p = p(s)$, $q = q(s)$ gegeben, so entspricht diesem nach (14.39a) als parataktisches Bild ein *Kurvenpaar*

$$(14.59) \qquad c_l \ldots \vec{x}_l \begin{cases} x_l = x_l(s) = x(s) + q(s) \\ y_l = y_l(s) = y(s) - p(s), \end{cases}$$

$$c_r \ldots \vec{x}_r \begin{cases} x_r = x_r(s) = x(s) - q(s) \\ y_r = y_r(s) = y(s) + p(s). \end{cases}$$

Ist umgekehrt in π_1 ein C^r-Kurvenpaar $\vec{x}_l(s)$, $\vec{x}_r(s)(r \geq 1)$ gegeben, so kann man dieses Paar stets als parataktisches Bild eines C^r-Streifens ($r \geq 1$) auffassen, der bis auf vollisotrope Schiebungen eindeutig bestimmt ist. Aus (14.39b) und der Streifenbedingung (14.25) folgt nämlich

$$(14.60) \qquad \begin{cases} x(s) = \frac{1}{2}[x_l(s) + x_r(s)], \quad p = \frac{1}{2}[y_r(s) - y_l(s)] \\[2mm] y(s) = \frac{1}{2}[y_l(s) + y_r(s)], \quad q = \frac{1}{2}[x_l(s) - x_r(s)] \\[2mm] z(s) = \int_{s_0}^{s} p(s)dx + q(s)dy. \end{cases}$$

Man gelangt zu einer geometrischen Konstruktion der Streifenkurve $\vec{x}(s)$ aus den beiden parataktischen Bildkurven $\vec{x}_l(s)$ und $\vec{x}_r(s)$, wenn man das Integral in (14.60) teilweise ausführt. Man gewinnt nämlich aus (14.60) durch Einsetzen

$$z = \frac{1}{4}\int_{s_0}^{s} [(y_r dx_l + x_l dy_r) - (x_r dy_l + y_l dx_r) + (x_l dy_l - y_l dx_l) - (x_r dy_r -$$

$$- y_r dx_r)] = \frac{1}{4}[x_l y_r - x_r y_l]_{s_0}^{s} + \frac{1}{4}\int_{s_0}^{s} (x_l dy_l - y_l dx_l) - \frac{1}{4}\int_{s_0}^{s} (x_r dy_r - y_r dx_r).$$

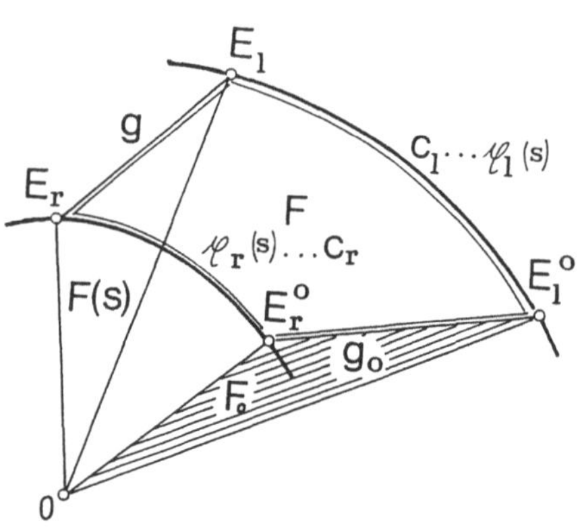

Zur Interpretation dieser Formel mögen E_r^0 und E_l^0 die parataktischen Bilder zu $s = s_0$ auf $\vec{x}_r(s)$ und $\vec{x}_l(s)$ bezeichnen; $g_0 = E_r^0 E_l^0$ sei die Anfangssehne, die die Punkte $E_r^0 \in c_r$ und $E_l^0 \in c_l$ verbindet (vgl. Abbildung 16). Analog bezeichne $E_r \in c_r$ und $E_l \in c_l$ die zum Parameter s gehörigen parataktischen Bildpunkte und $g = E_r E_l$ die Endsehne. Bezeichnet O den Koordinatenursprung und bezeichnen $F(s)$ und F_0 die Flächeninhalte der Dreiecke $\{O, E_l, E_r\}$ bzw. $\{O, E_l^0, E_r^0\}$ dann gilt $\frac{1}{4}[x_l y_r - x_r y_l]_{s_0}^s = = \frac{1}{2}[F(s) - F_0]$. Bedeuten weiter F_l und F_r die Flächen der Kurvensektoren, die von O und den Bogen $\overline{E_l^0 E_l}$ auf c_l bzw. $\overline{E_r^0 E_r}$ auf c_r berandet werden, dann läßt sich obige Integraldarstellung in der Form

$$(14.61) \qquad z = \frac{1}{2}[F(s) - F_0 + F_l - F_r] = \frac{1}{2}F$$

schreiben, wobei F die Fläche jenes Bereiches bezeichnet, der von den parataktischen Bildkurven $\vec{x}_l$ und $\vec{x}_r$ sowie den Sehnen g und g_0 berandet wird. Damit ist eine schöne Erzeugungsweise von $\vec{x}(s)$ gefunden. Wir fassen alles zusammen im

SATZ 14.14: *Zwei einander zugeordnete C^r-Kurven c_l und c_r ($r \geq 1$) in π_1 können stets als parataktisches Bild eines C^r-Streifens ($r \geq 1$) des einfach isotropen Raumes aufgefaßt werden. Um die zugehörige Streifenkurve $\vec{x}(s)$ zu konstruieren, wähle man eine beliebige Anfangssehne g_0, welche zusammengehörige Punkte $E_l^0 \in \vec{x}_l$ und $E_r^0 \in \vec{x}_r$ verbindet; trägt man dann im Mittelpunkt $\vec{x}_M := \frac{1}{2}[\vec{x}_l(s) + \vec{x}_r(s)]$ der variablen Endsehne $g = E_l E_r$ in der z-Richtung als Höhe die halbe Fläche des durch die Sehne zwischen $\vec{x}_l$ und $\vec{x}_r$ überstrichenen Sektors auf, so erhält man die gesuchte Streifenkurve.*

Interessant für die globale Kurventheorie ist der Sonderfall, wo die parataktischen Bildkurven c_r und c_l geschlossen und periodisch aufeinander bezogen sind, d.h. wenn $\vec{x}_l(s + \lambda) = \vec{x}_l(s)$, $\vec{x}_r(s + \lambda) = \vec{x}_r(s)$ mit $\lambda \in \mathcal{R} \setminus \{0\}$ gilt. Bezeichnet F_l bzw. F_r die Fläche des von c_l bzw. c_r umschlossenen Bereichs, so wird bei jedem Umlauf die z-Koordinate von c um den Wert

$$(14.62) \qquad h = \frac{1}{2}(F_l - F_r)$$

vergrößert. Hieraus folgt der interessante

SATZ 14.15: *Zu zwei geschlossenen und periodisch aufeinander bezogenen Bildkurven c_l und c_r gehört im einfach isotropen Raum ein Streifen, der sich periodisch über der zugehörigen Mittenkurve $\vec{x}_M = \frac{1}{2}(\vec{x}_l + \vec{x}_r)$ erhebt und dessen Ganghöhe h gleich der halben Differenz der Flächeninhalte der von c_l und c_r umschlossenen Bereiche ist.*

Der Streifen ist genau dann geschlossen, wenn die parataktischen Bildkurven c_l und c_r flächengleiche Bereiche umschließen.

Wir wenden uns nunmehr der differentialgeometrischen Untersuchung der parataktischen Bildkurven eines Streifens zu. Nach (6.5a) sind die Stellungsparameter p, q der Schmiegebene einer duch $\vec{x} = \vec{x}(s) = \{x(s), y(s), z(s)\}$ gegebenen zulässigen C^r-Kurve $c(r \geq 3)$ durch $p = \frac{1}{\kappa}(z'y'' - y'z'')$, $q = \frac{1}{\kappa}(xz'' - z'x'')$ mit $\kappa = x'y'' - y'x'' \neq 0$ gegeben. Bezeichnet $\vec{s}$ den Seitenvektor der Streifenebene π und schließt $\vec{s}$ mit dem Hauptnormalenvektor den Winkel ϑ ein, dann gilt $\vec{s} = \vec{n} + \vartheta \vec{b} = \frac{1}{\kappa}\vec{x}'' + \vartheta \vec{b}$. Die Stellungsparameter p, q von π können dann aus dem äußeren Produkt $\vec{x}' \times \vec{s} = \frac{1}{\kappa}(\vec{x}' \times \vec{x}'') + \vartheta(\vec{x}' \times \vec{b})$ ermittelt werden; es sind dies die ersten beiden Komponenten in $\vec{x}' \times \vec{s}$, wenn die dritte Komponente hierbei zu -1 normiert wird. Man erhält

$$(14.63) \qquad p = \vartheta y' + \frac{1}{\kappa}(z'y'' - z''y'),$$

$$q = -\vartheta x' + \frac{1}{\kappa}(x'z'' - x''z')$$

und gewinnt hiermit gemäß (14.39a) für die parataktischen Bildpunkte

$$E_l \ \ldots \ \begin{cases} x_l = x - \vartheta x' + \frac{1}{\kappa}(x'z'' - x''z') \\ y_l = y - \vartheta y' + \frac{1}{\kappa}(y'z'' - y''z'), \end{cases}$$

$$(14.64a,b)$$

$$E_r \ \ldots \ \begin{cases} x_r = x + \vartheta x' - \frac{1}{\kappa}(x'z'' - x''z') \\ y_r = y + \vartheta y' - \frac{1}{\kappa}(y'z'' - y''z'). \end{cases}$$

Vektoriell lassen sich diese Formeln bequemer in der Gestalt

$$(14.65a,b) \qquad E_l \ \ldots \ \tilde{\vec{x}}_l = \tilde{\vec{x}} - (\vartheta - \frac{z''}{\kappa})\tilde{\vec{x}}' - \frac{z'}{\kappa}\tilde{\vec{x}}'',$$

$$E_r \ \ldots \ \tilde{\vec{x}}_r = \tilde{\vec{x}} + (\vartheta - \frac{z''}{\kappa})\tilde{\vec{x}}' + \frac{z'}{\kappa}\tilde{\vec{x}}''$$

schreiben. Als erste Anwendung beachten wir, daß die zweiparametrige Schar der Berührelemente $E(s, \vartheta)$ der Kurve $c \ \ldots \ \vec{x}(s)$ eine Abbildung $f : \tilde{\vec{x}}_l(s, \vartheta) \to \tilde{\vec{x}}_r(s, \vartheta)$ der parataktischen Bildfelder $\pi_l \to \pi_r$ vermittelt. Die Funktionaldeterminante $\frac{\partial(x_l, y_l)}{\partial(\vartheta, s)} = \ = \frac{\partial x_l}{\partial \vartheta}\frac{\partial y_l}{\partial s} - \frac{\partial x_l}{\partial s}\frac{\partial y_l}{\partial \vartheta}$ kann an Hand von (14.64a) ziemlich rasch berechnet werden. Man findet $\frac{\partial(x_l, y_l)}{\partial(\vartheta, s)} = \kappa \vartheta$ und derselbe Wert stellt sich aus (14.64b) für $\frac{\partial(x_r, y_r)}{\partial(\vartheta, s)}$ ein. Wir notieren

$$(14.66) \qquad \frac{\partial(x_l, y_l)}{\partial(\vartheta, s)} = \frac{\partial(x_r, y_r)}{\partial(\vartheta, s)} = \kappa \vartheta = \beta.$$

Hieraus fließt der interessante

SATZ 14.16: *Die parataktischen Bildpunkte E_l, E_r der berührenden Flächenelemente E einer zulässigen C^r-Kurve $c(r \geq 2)$ vermitteln eine eigentlich-flächentreue Abbildung zwischen den parataktischen Bildfeldern π_l und π_r, die nur in den Bildern der*

Schmiegelemente von c singulär ist; die Mitten zusammengehöriger Bildpaare liegen auf einer krummen Kurve in π_1. Der Wert der Funktionaldeterminanten (14.66) stimmt mit der Normalkrümmung des Streifens durch c überein.

Ist der Winkel ϑ als Funktion der isotropen Bogenlänge s durch $\vartheta = \vartheta(s)$ gegeben, so erhält man einen bestimmten Streifen durch c und dazu in π_1 die parataktischen Bildkurven $\widetilde{x}_l(s)$ und $\widetilde{x}_r(s)$ der Darstellung (14.65a,b), die durch gleiche Werte des Parameters s aufeinander bezogen sind. Die Eigenschaften des Streifens müssen sich somit durch simultane Eigenschaften der parataktischen Bildkurven beschreiben lassen. In erster Differentiationsordnung müssen dazu zunächst die ersten Ableitungen $\widetilde{x}_l'$ und $\widetilde{x}_r'$ aus (14.65a,b) bestimmt werden. Dazu ist es zweckmäßig, zunächst aus den FRENET-Gleichungen (6.15) für den Vektor $\vec{x}(s)$ eine Hilfsformel herzuleiten. Man bestätigt unschwer die Vektoridentität

$$(14.67) \qquad \kappa^3 \vec{x}' - \kappa' \vec{x}'' + \kappa \vec{x}''' = \kappa^2 \tau \vec{b}.$$

Nun folgt aus (14.65a) $\widetilde{x}_l' = \widetilde{x} - (\vartheta - \frac{z''}{\kappa})' \widetilde{x}' - (\vartheta - \frac{z''}{\kappa})' \widetilde{x}'' - (\frac{z'}{\kappa})' \widetilde{x}'' - \frac{z'}{\kappa} \widetilde{x}'''$. Wird in diese Beziehung die aus (14.67) fließende Identität $\widetilde{x}''' = \frac{\kappa'}{\kappa} \widetilde{x}'' - \kappa^2 \widetilde{x}'$ eingesetzt, und beachtet man die aus der dritten Komponente von (14.67) fließende Beziehung $\kappa^3 z' - \kappa' z'' + \kappa z''' = \kappa^2 \tau$, so stellt sich schließlich $\widetilde{x}_l' = (1 + \tau - \vartheta') \widetilde{x}' - \vartheta \widetilde{x}''$ ein; analog wird $\widetilde{x}_r'$ berechnet. Wir vermerken

$$(14.68) \qquad \begin{aligned} \widetilde{x}_l' &= (1 + \tau - \vartheta') \widetilde{x}' - \vartheta \widetilde{x}'' \\ \widetilde{x}_r' &= (1 - \tau + \vartheta') \widetilde{x}' + \vartheta \widetilde{x}'' \end{aligned}$$

und beachten, daß sich mit (6.15) und (14.3a-c) diese Gleichungen auch in der Gestalt

$$(14.69) \qquad \begin{aligned} \widetilde{x}_l' &= (1 + \alpha) \widetilde{t} - \beta \widetilde{n} \\ \widetilde{x}_r' &= (1 - \alpha) \widetilde{t} + \beta \widetilde{n} \end{aligned}$$

schreiben lassen. Die Vektoren $\widetilde{x}_l'$ und $\widetilde{x}_r'$ geben die Tangentenrichtungen der parataktischen Bildkurven in zusammengehörigen Punkten an. Bringt man diese beiden Vektoren im Punkt $\widetilde{x}(s) = \frac{1}{2}[\widetilde{x}_l(s) + \widetilde{x}_r(s)]$ an — dies ist der Grundriß $\widetilde{P}$ des Punktes P im Streifenelement $E(P,\pi)$ — so kann man diese Vektoren zu einem Parallelogramm ergänzen (vgl. Abbildung 17), das man als *Verzerrungsparallelogramm* bezeichnet. Wir zeigen den

SATZ 14.17: *Das Verzerrungsparallelogramm gestattet elementare Deutungen der isotropen Streifeninvarianten. Insbesondere kann man an ihm die geodätische Windung α, die Normalkrümmung β des Streifens, das Bogenelement ds und das Bogenelement ds* des sphärischen Streifenbildes ablesen. Ebenso können die konjugierte Streifentangente e und die Bogenelemente ds_l und ds_r der parataktischen Bildkurven abgelesen werden.*

Beweis:

Zunächst erhält man für die Halbdiagonalen des Verzerrungsparallelogramms aus (14.69)

$$(14.70) \qquad \frac{1}{2}(\widetilde{\vec{x}}\,'_l + \widetilde{\vec{x}}\,'_r) = \vec{t},$$

$$\frac{1}{2}(\widetilde{\vec{x}}\,'_l - \widetilde{\vec{x}}\,'_r) = \alpha\vec{t} - \beta\vec{n}.$$

Diese Gleichungen besagen, daß die eine Halbdiagonale den Grundriß der Tangente in P an c festlegt, während die andere im Grundriß die Richtung der konjugierten Streifentangente (14.15) bestimmt. Demnach können, wie in Abbildung 17 gezeichnet, die Invarianten α und β als Vektorkomponenten von $\vec{e}$ in den Richtungen $\widetilde{t}$ und $-\widetilde{n}$ abgelesen werden. Eine andere Deutung von β ergibt sich, wenn man $Det(\widetilde{\vec{x}}\,'_l, \widetilde{\vec{x}}\,'_r)$ berechnet. Man findet nach (14.69) $Det(\widetilde{\vec{x}}\,'_l, \widetilde{\vec{x}}\,'_r) = Det[(1 + \alpha)\widetilde{\vec{t}} - \beta\widetilde{\vec{n}}, (1 - \alpha)\widetilde{\vec{t}} + \beta\widetilde{\vec{n}}] = 2\beta$, d. h., die Normalkrümmung des Streifens läßt sich als halber Flächeninhalt des Verzerrungsparallelogramms deuten. Wir berechnen noch den Winkel φ den der Tangentenvektor $\vec{t}$ von c mit dem Richtungsvektor $\vec{e}$ der konjugierten Streifentangente einschließt. Mit $\cos\varphi = \frac{\widetilde{\vec{e}}\cdot\widetilde{\vec{t}}}{|\widetilde{\vec{e}}||\widetilde{\vec{t}}|}$ und $\sin\varphi = \frac{Det(\widetilde{\vec{e}},\widetilde{\vec{t}})}{|\widetilde{\vec{e}}||\widetilde{\vec{t}}|}$ entsteht aus (14.69)

$$(14.71) \qquad \sin\varphi = \frac{\beta}{+\sqrt{\alpha^2 + \beta^2}}, \quad \cos\varphi = \frac{\alpha}{+\sqrt{\alpha^2 + \beta^2}}.$$

Dieser Winkel ist der Winkel der Diagonalen im Verzerrungsparallelogramm.

Für das Bogenelement ds^* des sphärischen Streifenbildes gilt

$$(14.72) \qquad (ds^*)^2 = (\alpha^2 + \beta^2)ds^2,$$

denn nach (14.35) gilt $(ds^*)^2 = |\vec{t}^*|^2 = p'^2 + q'^2$ und in der Tat hat man nach (14.31) und (14.32) $\alpha^2 + \beta^2 = (q'x' - p'y')^2 + (p'x' + q'y')^2 = p'^2 + q'^2$ wegen $x'^2 + y'^2 = 1$. Aus (14.72) und (14.71) gewinnt man nun die Beziehungen

$$(14.73a, b) \qquad \alpha = \frac{ds^*}{ds}\cos\varphi, \quad \beta = \frac{ds^*}{ds}\sin\varphi$$

und schließlich berechnet man aus (14.69) die Quadrate der Bogenelemente von c_l und c_r zu

$$(14.74a, b) \qquad (ds_l)^2 = |\widetilde{\vec{x}}\,'_l|^2 ds^2 = [(1 + \alpha)^2 + \beta^2]ds^2$$

$$(ds_r)^2 = |\widetilde{\vec{x}}\,'_r|^2 ds^2 = [(1 - \alpha)^2 + \beta^2]ds^2.$$

Mit Rücksicht auf (14.72) und (14.73a,b) folgt aus (14.74a,b) endlich

$$(14.75a,b) \qquad (ds_l)^2 = (ds)^2 + (ds^*)^2 + 2ds.ds^* \cos\varphi$$
$$(ds_r)^2 = (ds)^2 + (ds^*)^2 - 2ds.ds^* \cos\varphi.$$

Die Formeln (14.72) und (14.75a,b) enthalten die gesuchten geometrischen Deutungen von ds^*, ds_l und ds_r im Verzerrungsparallelogramm: *Wird ds als Länge der Halbdiagonale* $\frac{1}{2}(\widetilde{\vec{x}}_l' + \widetilde{\vec{x}}_r')$ *in diesem Parallelogramm interpretiert, dann liefert die Länge der zweiten Halbdiagonale nach (14.72) gerade ds*, während die Seitenlängen des Parallelogramms nach (14.75a,b) gerade ds_l und ds_r liefern.*

$\Diamond$

Abbildung 17:

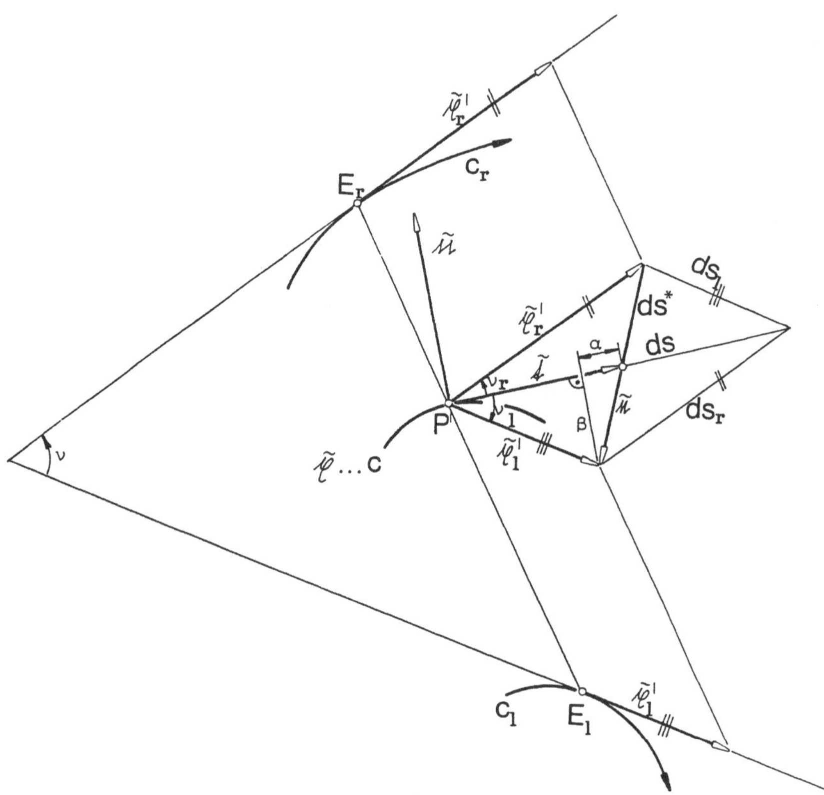

<u>Folgerungen:</u>

1) Aus (14.75a,b) findet man noch die oft brauchbaren Formeln

$$(14.76a,b) \qquad (ds_l)^2 + (ds_r)^2 = 2(ds^2 + ds^{*2}),$$
$$(ds_l)^2 - (ds_r)^2 = 4\alpha ds^2 = 4ds\,ds^* \cos\varphi.$$

2) Wie in Abbildung 17 eingezeichnet, führen wir noch den *totalen Verzerrungswinkel* $\nu := \sphericalangle(\widetilde{\vec{x}}_l', \widetilde{\vec{x}}_r')$ und den *linken* bzw. *rechten Verzerrungswinkel* $\nu_l := \sphericalangle(\widetilde{\vec{x}}', \widetilde{\vec{x}}_l')$ bzw.

$\nu_r := \sphericalangle(\widetilde{\vec{x}}\,', \widetilde{\vec{x}}\,'_r)$ ein. Dann gilt bei Beachtung der Orientierungen $\nu = \nu_r - \nu_l$ und man berechnet unschwer aus (14.69)

$$(14.77a-c) \qquad tg\ \nu_l = -\frac{\beta}{1+\alpha}, \quad tg\ \nu_r = \frac{\beta}{1-\alpha},$$
$$tg\ \nu = \frac{2\beta}{1-\alpha^2-\beta^2}\ .$$

Werden die Gleichungen (14.77a,b) nach α und β aufgelöst, so erhält man die geodätische Windung α und die Normalkrümmung β des Streifens ausgedrückt durch die Verzerrungswinkel ν_r und ν_l zu

$$(14.78a,b) \qquad \alpha = \frac{tg\ \nu_r + tg\ \nu_l}{tg\ \nu_r - tg\ \nu_l},$$
$$\beta = \frac{2tg\ \nu_r\ tg\ \nu_l}{tg\ \nu_l - tg\ \nu_r}.$$

Dies sind Invarianten gegenüber gleichwinkeligen Bewegungen der Bildfelder π_r und π_l, wie es nach Satz 14.8 sein muß .

3) Liegt speziell ein nichtgeodätischer Krümmungstreifen vor, dann ist $\alpha = 0$ und aus (14.76b) folgt $ds_l = ds_r$, d.h., die zugehörigen parataktischen Bildkurven sind isometrisch. Nach (14.77a,b) gilt $tg\ \nu_l = -tg\ \nu_r$, d.h. $\nu_l = -\nu_r$. Das Verzerrungsparallelogramm ist somit ein Rhombus. Es gilt nach (14.77c) $tg\ \nu = \frac{2\beta}{1-\beta^2}$, woraus man

$$(14.79) \qquad tg\ \frac{\nu}{2} = \beta$$

folgert. Diese Formel liefert eine schöne Deutung der Normalkrümmung für Krümmungsstreifen.

4) Liegt ein Schmiegstreifen ($\vartheta = 0$) vor, so vereinfachen sich die Gleichungen (14.68) zu

$$(14.80) \qquad \widetilde{\vec{x}}\,'_l = (1+\tau)\widetilde{\vec{x}}\,', \quad \widetilde{\vec{x}}\,'_r = (1-\tau)\widetilde{\vec{x}}\,',$$

d.h. die parataktischen Bildkurven c_l und c_r eines Schmiegstreifens sind durch parallele Tangenten aufeinander bezogen. Ist dies umgekehrt für einen nichtgeodätischen Streifen der Fall, dann folgt aus (14.77a,b) $\beta = 0$ und der Streifen ist ein Schmiegstreifen. Ist speziell die Torsion τ der Streifenkurve gleich $\tau = \pm 1$, dann reduziert sich nach (14.80) das rechte bzw. linke Bild auf einen festen Punkt $\vec{x}_r^0$ bzw. $\vec{x}_l^0$. Der Schmiegstreifen gehört dann einem Rechts- bzw. Linksgewinde (14.37b) bzw. (14.37a) an.

5) Da ein Schmiegstreifen ein selbstduales Gebilde ist, ist die Theorie der zulässigen Kurven des $I_3^{(1)}$ gleichwertig mit der Theorie der parallelbezogenen Kurvenpaare und soll unter diesem Gesichtspunkt noch ein wenig verfolgt werden. Zunächst folgt aus (14.80) $\widetilde{\vec{x}}\,'^2_l = (1+\tau)^2\widetilde{\vec{x}}\,'^2 = (1+\tau)^2$, d.h. $ds_l = (1+\tau)ds$, und ebenso erhält man

$ds_r = (1-\tau)ds$. Hieraus und der Beziehung $ds^* = |\tau|ds$ für das sphärische Bild gewinnt man folgende Formelgruppe

$$(14.81a-e) \qquad ds_l = (1+\tau)ds, \quad ds_r = (1-\tau)ds,$$
$$ds = \frac{1}{2}(ds_l + ds_r), \quad \tau ds = \frac{1}{2}(ds_l - ds_r),$$
$$ds^* = \frac{1}{2}(ds_l - ds_r) \quad \text{für} \quad \tau > 0,$$
$$ds^* = \frac{1}{2}(ds_r - ds_l) \quad \text{für} \quad \tau < 0.$$

Bei der Wahl von korrespondierenden Anfgangspunkten für die Bogenzählung erhält man aus (14.81c,e)

$$(14.82) \qquad
\begin{aligned}
s &= \frac{1}{2}(s_l + s_r), & s^* &= \frac{1}{2}(s_l - s_r) \ (\tau > 0)\\
s_l &= s + s^*, & s_r &= s - s^* \quad \text{bzw.}\\
s^* &= \frac{1}{2}(s_r - s_l), & s_r &= s + s^*,\\
s_l &= s - s^* \quad \text{für} \ \tau < 0.
\end{aligned}$$

Die Krümmungen κ_l und κ_r der Bildkurven c_l und c_r lassen sich nach der bekannten Formel $\kappa_l = \frac{Det(\widetilde{\vec{x}}_l', \widetilde{\vec{x}}_l'')}{(\widetilde{\vec{x}}'^2)^{3/2}}$ ebenfalls leicht berechnen. Aus $\widetilde{\vec{x}}_l' = (1+\tau)\vec{t}$ und $\widetilde{\vec{x}}_l'' = (1+\tau)\kappa\vec{n} + \tau'\vec{t}$ ergibt sich $Det(\widetilde{\vec{x}}_l', \widetilde{\vec{x}}_l'') = \kappa(1+\tau)^2$ und schließlich folgt — mit analoger Rechnung für c_r

$$(14.83) \qquad \kappa_l = \frac{\kappa}{1+\tau}, \quad \kappa_r = \frac{\kappa}{1-\tau}.$$

Werden diese Gleichungen nach κ und τ aufgelöst, so erhält man, wenn man noch die Krümmungsradien $R = \frac{1}{\kappa}$, $R_l = \frac{1}{\kappa_l}$, $R_r = \frac{1}{\kappa_r}$ einführt

$$(14.84a,b) \qquad
\begin{aligned}
\kappa &= \frac{2\kappa_l\kappa_r}{\kappa_l + \kappa_r} = \frac{2}{R_l + R_r}\\
\tau &= \frac{\kappa_r - \kappa_l}{\kappa_r + \kappa_l} = \frac{R_l - R_r}{R_l + R_r}.
\end{aligned}$$

Besonders interessant ist hierbei die Beziehung (14.84a), die man auch in der Form

$$(14.85) \qquad R = \frac{1}{2}(R_l + R_r)$$

schreiben kann. Sie besagt, daß der Krümmungsradius der Mittenkurve zweier parallelbezogener Kurven gleich dem arithmetischen Mittel aus den Krümmungsradien dieser Kurven ist.

6) Bildet man eine Schraublinie ($\kappa = \kappa_0 = konst., \tau = \tau_0 = konst. \neq 0$) parataktisch ab, so erhält man nach (14.83) zwei Kreise in π_1 von verschiedenem Radius. Hiervon gilt nach (14.84a,b) auch die Umkehrung.

7) Aus (14.83) folgt $R_l - R_r = 2\frac{\tau}{\kappa}$. Sind daher c_l und c_r zwei parallelbezogene Parallelkurven (vgl. [226,67]), so erhält man wegen $R_l - R_r = konst.$, daß die zugehörige Streifenkurve für $R_l \neq R_r$ eine isotrope Böschungslinie ist. Hiervon gilt auch die Umkehrung. Wir fassen einiges zusammen und beweisen ergänzend ein globales Resultat:

SATZ 14.18: *Die beiden parataktischen Bilder eines nichtgeodätischen Krümmungsstreifens sind zueinander isometrisch. Die Normalkrümmung eines nichtgeodätischen Krümmungsstreifens ist gleich dem Tangens des halben totalen Verzerrungswinkels. Genau den Schmiegstreifen des $I_3^{(1)}$, entsprechen parallelbezogene Kurvenpaare c_l, c_r, von denen ein Bild zu einem Punkt degeneriert, falls der Schmiegstreifen Nullstreifen in einem Rechts- oder Linksgewinde ist. Genau dann gehört der Schmiegstreifen einer Kurve c zu zwei gleichsinnig parallel aufeinander bezogenen Eilinien c_r und c_l, wenn sich c periodisch über der Eilinie $\vec{x}_M = \frac{1}{2}(\vec{x}_l + \vec{x}_r)$ erhebt und für die Windung von c gilt $-1 < \tau < +1$.*

Beweis:
Unter einer Eilinie verstehen wir eine ebene C^2-Kurve, die bei positivem Durchlaufen die Krümmung $\kappa > 0$ besitzt und die das topologische Bild eines Kreises ist. Sind nun c_l und c_r Eilinien, so gehört nach Satz 14.15 dazu eine Kurve c, die sich periodisch über der Mittenkurve $\vec{x}_M$ erhebt. Da c_l und c_r gleichsinnig parallel aufeinander bezogen sind, folgt aus (14.80) $(1 + \tau)(1 - \tau) = (1 - \tau)^2 > 0$, d.h. $-1 < \tau < +1$. Nach (14.84a) gewinnt man schließlich $\kappa > 0$, womit $\vec{x}_M$ als Eilinie nachgewiesen ist. Umgekehrt folgt aus $\kappa > 0$ und $1 + \tau > 0$ bzw. $1 - \tau > 0$ nach (14.83) $\kappa_l > 0$ und $\kappa_r > 0$, woraus man die Umkehrung erhält.

$$\diamondsuit$$

Die letzte Aussage im Satz 14.18 ist ein wichtiges Hilfsmittel beim Studium von Scheitelsätzen über Eilinien, wie dies von K. STRUBECKER in [212] ausgeführt wurde; wir verweisen diesbezüglich auf die Originalliteratur.

Betrachten wir noch zwei spezielle Typen von nichtgeodätischen Streifen!

1) Gilt für einen Schmiegstreifen $(\vartheta = 0)\tau = \tau_0 = konst.$, dann folgt aus (14.80) durch Integration

$$(14.86) \qquad \widetilde{\vec{x}}_l = (1 + \tau_0)\widetilde{\vec{x}} - \vec{a}, \quad \widetilde{\vec{x}}_r = (1 - \tau_0)\widetilde{\vec{x}} + \vec{a}$$

mit einem konstanten Vektor $\vec{a}$; hierbei wurde in (14.86) der konstante Vektor $\vec{a}$ so gewählt, daß die Bedingung $\widetilde{\vec{x}} = \frac{1}{2}(\widetilde{\vec{x}}_l + \widetilde{\vec{x}}_r)$ für die Mittenkurve erfüllt ist. Die Kurven $\widetilde{\vec{x}}_l$ und $\widetilde{\vec{x}}_r$ entstehen aus dem Grundriß $\widetilde{\vec{x}}$ der Gratlinie des Streifens durch zentrische Ähnlichkeiten vom Modul $(1 + \tau_0)$ bzw. $(1 - \tau_0)$, wobei sich als Ähnlichkeitszentrum in beiden Fällen der Punkt $\vec{x}_z = \frac{1}{\tau_0}\vec{a}$ ergibt. Zur geometrischen Deutung dieses Zentrums Z beachten wir, daß die Gewinde (11.11) mit $C = \tau_0$ in der Bildebene $\pi_1(z = 0)$ wegen (11.12) den Nullpunkt $S(-\frac{B}{\tau_0}, \frac{A}{\tau_0}, 0)$ besitzen. Man rechnet leicht nach, daß $Z = S$ für jenes Gewinde in (11.11) gilt, welches obigen Schmiegstreifen als Nullstreifen besitzt.

2) Ein nichtgeodätischer Streifen heißt ein *äquimetrischer Streifen*, wenn die parataktischen Bildkurven in entsprechenden Punkten orthogonale Tangenten besitzen. Nach (14.69) gilt wegen $\tilde{\vec{x}}_l' \cdot \tilde{\vec{x}}_r' = 0$ für diese Streifen

$$(14.87) \qquad\qquad \alpha^2 + \beta^2 = 1$$

bzw. nach (14.72)

$$(14.88) \qquad\qquad ds^* = ds,$$

d.h. für äquimetrische Streifen, und nur für diese, sind die Streifenkurve und die sphärische Bildkurve des Streifens isometrisch. Ein äquimetrischer Streifen ist genau dann ein *Schmiegstreifen* ($\beta = 0$), wenn $\alpha = \pm 1$, d.h. wenn $\alpha = \pm 1 = \tau$ gilt. Diese Streifen sind somit Nullstreifen in einem Links- oder Rechtsgewinde und das Links- bzw. Rechtsbild reduziert sich auf einen festen Punkt. Ein äquimetrischer Streifen ist genau dann ein *Krümmungsstreifen* ($\alpha = 0$), wenn $\beta = \pm 1$ gilt. Nach Folgerung 4) vor Satz 14.2, besitzt die Meusniersphäre $\sum_M$ des Streifens dann den konstanten Radius $R = \pm\frac{1}{2}$, d.h. die Streifenkurve c liegt auf $\sum_M$. Der Streifen ist *sphärisch*. Nach Satz 14.8 gehen die parataktischen Bilder c_l und c_r dann auseinander durch eine Vierteldrehung hervor.

Wir wollen hier die Theorie der nichtgeodätischen Streifen nicht weiter verfolgen und verzichten speziell darauf, die Konstruktion flächentreuer Abbildungen mit krummliniger Mittenkurve zu studieren; wir verweisen diesbezüglich auf die Originalliteratur (vgl. [211,30f]).

Wenden wir uns noch kurz der parataktischen Abbildung der geodätischen Streifen zu! Wird der Streifen durch die Leitkurve $\vec{x}(s) = \{x(s), y(s), z(s)\}$ mit $x'' = y'' = 0$, $z''(s) = \kappa^*$ festgelegt, so kann man unter Beachtung von (14.16) und (14.17) die Stellungsparameter p und q des Streifens aus $\vec{x}' \times \vec{s} = (\vec{x}' \times \vec{c}) + \gamma(\vec{x}' \times \vec{b})$ berechnen; es sind dies die ersten beiden Komponenten in $\vec{x}' \times \vec{s}$, wenn man die dritte Komponente zu -1 normiert. Man findet

$$(14.89) \qquad\qquad p = x'z' - \gamma y', \quad q = y'z' + \gamma x'$$

und berechnet daraus nach (14.39a) die parataktischen Bildpunkte zu

$$E_l \ \dots \ \begin{cases} x_l = x + y'z' + \gamma x' \\ y_l = y - x'z' + \gamma y' \end{cases}$$

$$(14.90a,b)$$

$$E_r \ \dots \ \begin{cases} x_r = x - y'z' - \gamma x' \\ y_r = y + x'z' - \gamma y'. \end{cases}$$

Vektoriell lassen sich diese Formeln bequem in der Gestalt

$$(14.91a,b) \qquad\qquad E_l \ \dots \ \tilde{\vec{x}}_l = \tilde{\vec{x}} - z'\tilde{\vec{c}} + \gamma\tilde{\vec{x}}'$$

$$E_r \ \dots \ \tilde{\vec{x}}_r = \tilde{\vec{x}} + z'\tilde{\vec{c}} - \gamma\tilde{\vec{x}}'$$

schreiben. Die zweiparametrige Schar der Berührelemente $E(s,\gamma)$ der Kurve c vermittelt eine Abbildung f: $\widetilde{x}_l(s,\gamma) \to \widetilde{x}_r(s,\gamma)$ der parataktischen Bildfelder $\pi_l \to \pi_r$. Man berechnet an Hand von (14.90a) rasch die Funktionaldeterminante

$$\frac{\partial(x_l,y_l)}{\partial(s,\gamma)} = \frac{\partial x_l}{\partial s}\frac{\partial y_l}{\partial \gamma} - \frac{\partial y_l}{\partial s}\frac{\partial x_l}{\partial \gamma} = x'^2 z'' + y'^2 z'' = z'' = \kappa^*$$

und ebenso findet man $\frac{\partial(x_r,y_r)}{\partial(s,\gamma)} = \kappa^*$. Wir notieren

$$(14.92) \qquad \frac{\partial(x_l,y_l)}{\partial(s,\gamma)} = \frac{\partial(x_r,y_r)}{\partial(s,\gamma)} = \kappa^*.$$

Die Abbildung f ist somit eigentlich-flächentreu und ist nur für geodätische Schmiegstreifen ($\kappa^* = 0$) singulär. Wird der Winkel γ als Funktion der isotropen Bogenlänge $\gamma = \gamma(s)$ vorgegeben, so erhält man einen bestimmten geodätischen Streifen durch c, dessen parataktische Bildkurven $\widetilde{x}_l(s)$ und $\widetilde{x}_r(s)$ durch (14.90a,b) gegeben sind, wobei diese Kurven durch gleiche Parameterwerte aufeinander bezogen sind. Für ihre ersten Ableitungen folgt aus (14.91a,b) mit (14.19a,b) unter Beachtung von $\widetilde{\vec{c}}' = 0$ und $\widetilde{\vec{x}}'' = 0$

$$(14.93) \qquad \begin{aligned} \widetilde{\vec{x}}_l' &= (1+\alpha)\widetilde{\vec{x}}' - \beta\widetilde{\vec{c}} \\ \widetilde{\vec{x}}_r' &= (1-\alpha)\widetilde{\vec{x}}' + \beta\widetilde{\vec{c}}, \end{aligned}$$

woraus man sofort die Bogenelemente

$$(14.94a,b) \qquad \begin{aligned} ds_l^2 &= \widetilde{\vec{x}}_l'^2 ds^2 = [(1+\alpha)^2 + \beta^2]ds^2 \\ ds_r^2 &= \widetilde{\vec{x}}_r'^2 ds^2 = [(1-\alpha)^2 + \beta^2]ds^2 \end{aligned}$$

berechnet. Wird der Begriff Verzerrungsparallelogramm genauso wie für nichtgeodätische Streifen definiert, so erhält man aus (14.93) für seinen Flächeninhalt $Det(\widetilde{\vec{x}}_l', \widetilde{\vec{x}}_r') = 2\beta$, worin eine hübsche Deutung der Normalkrümmung des Streifens steckt. Wir fassen zusammen und beweisen ergänzend

SATZ 14.19: *Die parataktischen Bildpunkte E_l, E_r der berührenden Flächenelemente E einer zulässigen C^r-Kurve c$(r \geq 2)$ in einer isotropen Ebene vermitteln eine eigentlich-flächentreue Abbildung zwischen den parataktischen Bildfeldern π_l und π_r, wobei die Mitten zusammengehöriger Bildpaare auf einer Geraden liegen; die Abbildung ist nur für geodätische Schmiegstreifen singulär. Der Wert der Funktionaldeterminanten (14.92) stimmt mit der Normalkrümmung des Streifens durch c überein. Die parataktischen Bilder eines geodätischen Krümmungsstreifens sind zueinander isometrisch. Die Bildkurven c_l und c_r eines zylindrischen Normalstreifens entstehen auseinander durch eine Umlegung, deren Achse mit dem geradlinigen Grundriß der Streifenkurve zusammenfällt.*

Beweis:
Für geodätische Krümmungsstreifen gilt $\alpha = 0$ und damit fließt aus (14.94a,b) $ds_l = ds_r$, womit die Isometrie von c_l und c_r gezeigt ist. Wählt man einen Krümmungsstreifen durch c als zylindrischen Normalstreifen, dann gilt $\gamma = 0$ und aus (14.91a,b) folgt, daß $\overrightarrow{E_l E_r}$ stets zu $\tilde{t}$, d.h. zum Grundriß der Streifenkurve orthogonal ist, denn es gilt $(\tilde{\vec{x}}_l - \tilde{\vec{x}}_r) \cdot \tilde{t} = -2z'\tilde{\vec{c}} \cdot \tilde{t} = 0$.

Bezüglich der Abbildung allgemeiner Krümmungsstreifen durch c, sowie weiterer Beziehungen in der Theorie der geodätischen Streifen verweisen wir auf [211,38f]. Wir verzichten an dieser Stelle auch auf eine Darstellung der parataktischen Abbildung *konischer Vereine* (vgl. [211,33f]) und befassen uns abschließend noch kurz mit der parataktischen Abbildung der Flächenelemente einer zulässigen C^r-Fläche $U(r \geq 2)$. Ist eine zulässige Fläche U in der Parameterdarstellung $\vec{x} = \vec{x}(u,v)$ gegeben, so kann man die Stellungsparameter p,q einer Tangentialebene π von U dadurch berechnen, daß man $\vec{x}_u \times \vec{x}_v$ bildet; die ersten beiden Komponenten dieses Vektors liefern dann p und q, wenn man die dritte Komponente zu -1 normiert. Man erhält

$$(14.95) \qquad p = \frac{1}{W}(z_u y_v - y_u z_v), \quad q = \frac{1}{W}(x_u z_v - z_u x_v)$$
$$\text{mit} \quad W = x_u y_v - y_u x_v$$

und findet daraus nach (14.39a) für die parataktischen Bildpunkte der Berührelemente $E(P,\pi)$ von U

$$E_l \ \ldots \ \begin{cases} x_l = x + \frac{1}{W}(x_u z_v - x_v z_u) \\ y_l = y + \frac{1}{W}(y_u z_v - y_v z_u), \end{cases}$$

$$(14.96\text{a,b})$$

$$E_r \ \ldots \ \begin{cases} x_r = x - \frac{1}{W}(x_u z_v - x_v z_u) \\ y_r = y - \frac{1}{W}(y_u z_v - y_v z_u). \end{cases}$$

In vektorieller Darstellung lautet (14.96a,b)

$$(14.97a,b) \qquad E_l \ \ldots \ \tilde{\vec{x}}_l = \tilde{\vec{x}} + \frac{1}{W}(z_v \tilde{\vec{x}}_u - z_u \tilde{\vec{x}}_v),$$

$$E_r \ \ldots \ \tilde{\vec{x}}_r = \tilde{\vec{x}} - \frac{1}{W}(z_v \tilde{\vec{x}}_u - z_u \tilde{\vec{x}}_v).$$

Diese Gleichungen vermitteln eine Abbildung $f : \pi_l \to \pi_r$ der parataktischen Bildfelder, deren Mittenort $\vec{x}_M = \frac{1}{2}(\tilde{\vec{x}}_l + \tilde{\vec{x}}_r)$ nun *flächenhaft* ist. Wir beweisen den

SATZ 14.20: *Die beiden parataktischen Bilder einer zulässigen C^r-Fläche $U(r \geq 2)$ des einfach isotropen Raumes sind stets eigentlich-flächentreu aufeinander bezogen. Umgekehrt kann jede solche flächentreue Abbildung $(r \geq 1)$ mit flächenhaftem Mittenort als parataktisches Bild einer zulässigen, (bis auf vollisotrope Translationen) eindeutig bestimmten C^{r+1}-Fläche $(r \geq 1)$ aufgefaßt werden.*

Beweis:
(1): Wir nehmen o.B.d.A. an, daß U in der Normalform $z = z(x,y)$ gegeben ist. Dann berechnet man

$$\frac{\partial(x_l,y_l)}{\partial(x,y)} = \frac{\partial x_l}{\partial x}\frac{\partial x_l}{\partial y} - \frac{\partial x_l}{\partial y}\frac{\partial y_l}{\partial x} = (1+z_{xy})(1-z_{xy}) + z_{yy}z_{xx} = 1 + rt - s^2$$

und dieser Wert stimmt mit $\frac{\partial(x_r,y_r)}{\partial(x,y)}$ überein. Wir notieren

$$(14.98) \qquad \frac{\partial(x_l,y_l)}{\partial(x,y)} = \frac{\partial(x_r,y_r)}{\partial(x,y)} = 1 + rt - s^2 = 1 + K,$$

wobei K die Relativkrümmung von U bezeichnet. Man sieht somit, daß die Abbildung $f : \pi_l \to \pi_r$ flächentreu ist; sie ist regulär, wenn man die Flächen der konstanten Relativkrümmung $K = -1$ ausnimmt.

(2): Umgekehrt findet man für die Funktionaldeterminanten der parataktischen Abbildung einer zweiparametrigen Schar von Flächenelementen mit Richtungsparametern $p = p(x,y)$, $q = q(x,y)$

$$(14.99) \qquad \frac{\partial(x_l,y_l)}{\partial(x,y)} = 1 + (p_y - q_x) + (p_x q_y - p_y q_x)$$

$$\frac{\partial(x_r,y_r)}{\partial(x,y)} = 1 - (p_y - q_x) + (p_x q_y - p_y q_x),$$

und diese vermitteln genau dann eine flächentreue Abbildung $\pi_l \to \pi_r$, wenn sie gleich sind, d.h. wenn $p_y = q_x$ gilt. Diese Bedingung besagt aber, daß der Ausdruck $p(x,y)dx + q(x,y)dy$ ein totales Differential einer Funktion

$$(14.100) \qquad z(x,y) + c = \int pdx + qdy$$

ist. Durch (14.100) ist eine zulässige C^{r+1}-Fläche $U(r \geq 1)$ eindeutig bis auf vollisotrope Translationen bestimmt.

$$\diamond$$

Folgerungen:
1) Die in (14.98) auftretende Größe $1+K$ wird gelegentlich als *parataktische Krümmung*

$$(14.101) \qquad K_p = 1 + K = 1 + rt - s^2$$

bezeichnet. Sie gestattet folgende einfache geometrische Deutung: Bezeichnet nämlich $F = \int\int dx dy$ den Flächeninhalt des Bereiches, über dem $U \ldots z = z(x,y)$ definiert ist, dann gilt für den gemeinsamen Flächeninhalt $F_l = F_r$ der parataktischen Bildbereiche $F_l = \int\int_{B_l} dx_l\, dy_l = \int\int_{B_r} dx_r\, dy_r = \int\int_{B_l} K_p\, dx\, dy = \int\int_{B_r} K_p\, dx\, dy$ und hieraus folgt durch Gebietsdifferentiation

$$(14.102) \qquad K_p = \lim_{\mathcal{B} \to X} \frac{F_l}{F} = \lim_{\mathcal{B} \to X} \frac{F_r}{F},$$

wenn der Bereich $\mathcal{B}$ auf einen Innenpunkt $X \in \mathcal{B}$ zusammengezogen wird. Für zulässige Tangentenflächen, Zylinder und Ebenen ist $K_p = 1$. Die parataktische Krümmung verschwindet für Flächen der konstanten Relativkrümmung $K = -1$. In diesem Fall reduzieren sich die parataktischen Bilder zu Kurven, deren Flächeninhalte ebenfalls wertgleich, nämlich Null sind.

2) Jeder Flächenrichtung $d\vec{x} = \vec{x}_u\, du + \vec{x}_v\, dv$ mit Grundriß $d\widetilde{\vec{x}} = \widetilde{\vec{x}}_u du + \widetilde{\vec{x}}_v dv$ entsprechen zwei parataktische Bildrichtungen $d\widetilde{\vec{x}}_l$ und $d\widetilde{\vec{x}}_r$, die man aus (14.97a,b) berechnen kann. Man hat zunächst $d\widetilde{\vec{x}}_l = \frac{\partial}{\partial u}\widetilde{\vec{x}}_l du + \frac{\partial}{\partial v}\widetilde{\vec{x}}_l dv = \widetilde{\vec{x}}_u du + \widetilde{\vec{x}}_v dv + [\frac{1}{W}(z_v \widetilde{\vec{x}}_u - z_u \widetilde{\vec{x}}_v)]_u du + [\frac{1}{W}(z_v \widetilde{\vec{x}}_u - z_u \widetilde{\vec{x}}_v)]_v dv$. Zur Berechnung dieses Ausdrucks beachtet man, daß nach (8.37a-c) wegen $\widetilde{N} = 0$ die Ableitungen der eckigen Klammern nur Komponenten nach $\widetilde{\vec{x}}_u$ und $\widetilde{\vec{x}}_v$ besitzen, sodaß man den Ansatz $[\ ]_u du + [\ ]_v dv = (\alpha du + \beta dv)\widetilde{\vec{x}}_u + (\gamma du + \delta dv)\widetilde{\vec{x}}_v(*)$ machen kann. Weiter beachten wir, daß wegen $\widetilde{\vec{x}}_u = \vec{x}_u - z_u \vec{b}$ und $\widetilde{\vec{x}}_v = \vec{x}_v - z_v \vec{b}$ auch $\frac{z_v}{W}\widetilde{\vec{x}}_u - \frac{z_u}{W}\widetilde{\vec{x}}_v = \frac{z_v}{W}\vec{x}_u - \frac{z_u}{W}\vec{x}_v$ gilt, sodaß man in der linken Seite der Gleichung $(*)\widetilde{\vec{x}}_u$ und $\widetilde{\vec{x}}_v$ durch $\vec{x}_u$ und $\vec{x}_v$ ersetzen kann. Mittels der Beziehung $\widetilde{\vec{x}}_u \times \widetilde{\vec{x}}_v = \vec{x}_u \times \vec{x}_v - W\vec{b}$ lassen sich dann die Größen α, β, γ, δ leicht berechnen. Man erhält $\alpha = \frac{M}{W}$, $\beta = \frac{N}{W}$, $\gamma = -\frac{L}{W}$ und $\delta = -\frac{M}{W}$. Analog wird $d\widetilde{\vec{x}}_r$ bestimmt. Wir notieren

$$(14.103) \qquad d\widetilde{\vec{x}}_l = \widetilde{\vec{x}}_u\, du + \widetilde{\vec{x}}_v\, dv + \frac{1}{W}[(M du + N dv)\widetilde{\vec{x}}_u - (L du + M dv)\widetilde{\vec{x}}_v]$$

$$d\widetilde{\vec{x}}_r = \widetilde{\vec{x}}_u\, du + \widetilde{\vec{x}}_v\, dv - \frac{1}{W}[(M du + N dv)\widetilde{\vec{x}}_u - (L du + M dv)\widetilde{\vec{x}}_v].$$

Aus den beiden Beziehungen (14.103) kann man die Bogenelemente $ds_l^2 = d\widetilde{\vec{x}}_l^{\,2}$ und $ds_r^2 = d\widetilde{\vec{x}}_r^{\,2}$ berechnen, wobei man bei der etwas komplizierten Umformung die Formeln (9.35), (9.26) und die Darstellungen (9.16a,b) für H und K benützt; man erhält unter Benützung der Bezeichnungen I, III und IV für die entsprechenden Grundformen

$$(14.104) \qquad ds_l^2 = I + III + 2IV$$

$$ds_r^2 = I + III - 2IV.$$

Da $IV = 0$ genau die isotropen Krümmungslinien kennzeichnet, folgt aus (14.104), daß den isometrischen Kurven $(ds_l = ds_r)$ der parataktischen Abbildung die Bilder der Krümmungslinien der Fläche U entsprechen.

3) Zur weiteren Einsicht beziehen wir die Fläche U auf Krümmungsparameter; dann gilt $F = M = 0$, $W = {}_{+}\sqrt{EG}$, $K = \frac{LN}{EG}$, $H = \frac{1}{2}\frac{EN+GL}{EG}$ und aus (9.3) folgt $\kappa_1 = \frac{1}{R_1} = \frac{L}{E}$, $\kappa_2 = \frac{1}{R_2} = \frac{N}{G}$. Unter Beachtung von (9.26) finden wir dann aus (14.104) $ds_l^2 = (E du^2 + G dv^2)(1 - \frac{1}{R_1 R_2}) + (L du^2 + N dv^2)(\frac{1}{R_1} + \frac{1}{R_2}) + \frac{2}{W}(EN - GL)du dv$, wobei auch (9.35) benützt wurde. Vereinfacht man diesen Ausdruck unter Anwendung der obenstehenden Beziehungen, so bekommt man

$$(14.105a,b) \quad ds_l^2 = E(1 + \frac{1}{R_1^2})du^2 + 2(\frac{1}{R_2} - \frac{1}{R_1})W\,dudv + G(1 + \frac{1}{R_2^2})dv^2,$$

$$ds_r^2 = E(1 + \frac{1}{R_1^2})du^2 - 2(\frac{1}{R_2} - \frac{1}{R_1})W\,dudv + G(1 + \frac{1}{R_2^2})dv^2,$$

wobei (14.105b) analog gewonnen wurde. Für isotrope *Nabelpunkte* ($R_1 = R_2$) folgt wegen $K = \frac{1}{R_1^2}$ daraus

$$(14.106) \qquad\qquad ds_l^2 = ds_r^2 = (1 + K)\,ds^2,$$

d.h., die Abbildung $f : \pi_l \to \pi_r$ ist in einer Umgebung eines Nabelpunktes eine Kongruenz; die parataktische Abbildung der Fläche auf π_l bzw. π_r ist eine lokale Ähnlichkeit.

4) Wie in der Theorie der parataktischen Abbildung von Flächenstreifen führen wir den linken bzw. rechten Verzerrungswinkel $\nu_l = \sphericalangle(d\tilde{x}, d\tilde{x}_l)$ bzw. $\nu_r = \sphericalangle(d\tilde{x}, d\tilde{x}_r)$ ein und definieren weiter den totalen Verzerrungswinkel $\nu = \sphericalangle(d\tilde{x}_l, d\tilde{x}_r) = \nu_r - \nu_l$. Mit Hilfe der Formel $tg\,\nu_l = \frac{Det(d\tilde{x}, d\tilde{x}_l)}{d\tilde{x} \cdot d\tilde{x}_l}$ kann $tg\,\nu_l$ leicht berechnet werden. Man erhält aus (14.103) für Krümmungsparameter $Det(d\tilde{x}, d\tilde{x}_l) = -Ldu^2 - Ndv^2 = -I$ und $d\tilde{x} \cdot d\tilde{x}_l = I + \frac{1}{W}(NE - LG)dudv = I - (\frac{1}{R_1} - \frac{1}{R_2})W\,dudv = I - (\frac{1}{R_1} - \frac{1}{R_2})dO$, wobei das isotrope Flächenelement $dO = W\,dudv$ eingeführt wurde; analog wird $tg\,\nu_r$ und $tg\,\nu$ berechnet. Wir vermerken die Resultate

$$(14.107a - c) \qquad tg\,\nu_l = -\frac{II}{1 - (\frac{1}{R_1} - \frac{1}{R_2})\,dO},$$

$$tg\,\nu_r = \frac{II}{1 + (\frac{1}{R_1} - \frac{1}{R_2})\,dO},$$

$$tg\,\nu = \frac{2II}{I - III} = \frac{2II}{(1 + K)I - 2H\,II}\,.$$

Die Formel (14.107c) zeigt, daß in der flächentreuen Abbildung $f : \pi_l \to \pi_r$ genau den Schmieglinien ($II = 0$) auf U, die parallelbezogenen Kurvenpaare ($\nu = 0$) entsprechen. Wir fassen zusammen und beweisen ergänzend den

SATZ 14.21: *Wird eine zulässige C^r-Fläche $U(r \geq 2)$ parataktisch abgebildet, dann entsprechen den isometrischen Kurven bei der Abbildung $f : \pi_l \to \pi_r$ genau die Krümmungslinien von U. Genau den Schmieglinien von U entsprechen in f die parallelbezogenen Kurvenpaare. Die Abbildung f ist in der Umgebung eines Nabelpunktes von U eine lokale Kongruenz und die Beziehung zur Fläche selbst ist eine lokale Ähnlichkeit. Genau den äquimetrischen Flächenkurven ($I = III$) von U entsprechen die orthogonalbezogenen Kurvenpaare ($\nu = \frac{\pi}{2}$) in der Abbildung f.*

<u>Beweis:</u>
Nach (14.107c) ist $tg\,\nu = \infty$ genau für $I = III$. Da für Flächenkurven dieser Art $ds = ds^*$ gilt, sehen wir nach (14.88), daß dies genau die äquimetrischen Flächenkurven sind.

$\diamond$

Wir wollen in diesem Zusammenhang noch kurz die äquimetrischen Flächenkurven beschreiben:

SATZ 14.22: *Die äquimetrischen Flächenkurven genügen der Differentialgleichung*

$$(14.108) \qquad\qquad (1 + K)I - 2H \cdot II = 0$$

und können reell, zusammenfallend oder konjugiert-komplex sein. Flächen der festen Relativkrümmung $K = -1$ tragen stets reelle äquimetrische Kurven, während Minimalflächen nur konjugiert-komplexe äquimetrische Kurven besitzen. Die einzigen zulässigen C^r-Flächen ($r \geq 2$), auf denen jede Flächenkurve äquimetrisch ist, sind die Sphären

$$(14.109) \qquad\qquad z = \pm\frac{1}{2}(x^2 + y^2)$$

und die orthogonalen Cliffordschen Flächen

$$(14.110) \qquad\qquad z = \pm\frac{1}{2}(x^2 - y^2).$$

Beweis:
Ersichtlich ist die Differentialgleichung $I \equiv III$ wegen (9.26) mit (14.108) gleichwertig. Diese Differentialgleichung lautet für Flächen in der Normaldarstellung $z = z(x, y)$

$$(14.111) \qquad (K + 1 - 2Hr)dx^2 - 4sH\ dxdy + (K + 1 - 2Ht)\ dy^2 = 0,$$

woraus man für die Diskriminante Δ findet

$$(14.112) \qquad \Delta = 4H^2 - (1 + K)^2 = 4(H^2 - K) - (1 - K)^2,$$

wobei $2H = r + t$ und $K = rt - s^2$ benützt wurde. Je nachdem, ob $\Delta > 0$, $\Delta = 0$ oder $\Delta < 0$ gilt, trägt die Fläche U zwei verschiedene reelle Scharen, oder eine einzige, oder zwei konjugiert-komplexe Scharen äquimetrischer Linien. Speziell gilt für $K = -1$ stets $\Delta > 0$, während für Minimalflächen ($H = 0$) stets $\Delta < 0$ gilt. Ist auf einer Fläche U jede Kurve eine äquimetrische Kurve, dann sind nach (14.111) folgende Differentialgleichungen simultan zu erfüllen

$$(14.113a - c) \qquad\qquad r^2 + s^2 = 1, \quad s(r + t) = 0, \quad t^2 + s^2 = 1.$$

Die aus (14.113b) fließende Beziehung $r + t = z_{xx} + z_{yy} = 0$ würde auf Minimalflächen führen, was nach obigem nicht möglich ist. Somit gilt für Lösungsflächen $s = 0$, also weiter $r = \pm 1$ bzw. $t = \pm 1$. Aus $s = 0$ folgt $z(x, y) = f(x) + g(y)$ und aus den restlichen Differentialgleichungen gewinnt man $f(x) = \pm\frac{x^2}{2} + c_1 x + c_2$ bzw. $g(y) = \pm\frac{y^2}{2} + d_1 y + d_2$, wobei c_1, c_2, d_1 und d_2 Integrationskonstanten bezeichnen. Insgesamt erhält man damit bis auf isotrope Bewegungen die Lösungsflächen (14.109) bzw. (14.110).

$$\diamond$$

Wir verzichten auf die Darlegung weiterer Resultate zur Theorie der parataktischen Flächenabbildung, und verweisen diesbezüglich auf [211,57f], wo man speziell die Theorie der parataktischen Indikatrix dargestellt findet. Wir beweisen zum Abschluß von Abschnitt B) noch den *Hauptsatz der parataktischen Abbildung*:

SATZ 14.23: *Eine C^r-Abbildung $f : \pi_l \to \pi_r$ der Ebene kann dann und nur dann, als parataktische Abbildung eines Lieschen Elementvereines des einfach isotropen Raumes aufgefaßt werden, wenn sie eigentlich-flächentreu ist. Hierbei gibt es vier Abbildungstypen, solche mit flächenhaftem Mittenort, solche mit kurvenhaftem Mittenort, der im Grundriß krummlinig oder geradlinig sein kann, und solche mit punktförmigem Mittenort.*

Beweis:
Wird der Liesche Elementverein zunächst als flächenhaft vorausgesetzt, dann kann mittels $\{p = p(x,y), q = q(x,y)\}$ die zugehörige parataktische Abbildung $f : \pi_l \to \pi_r$ gemäß

$$(14.114) \qquad \begin{cases} x_l = x + q(x,y) \\ y_l = y - p(x,y) \end{cases} \qquad \begin{cases} x_r = x - q(x,y) \\ y_r = y + p(x,y) \end{cases}$$

festgelegt werden. Hieraus berechnet man

$$(14.115) \qquad \frac{\partial(x_l, y_l)}{\partial(x,y)} = 1 + (p_y - q_x) + (p_x q_y - p_y q_x)$$

$$\frac{\partial(x_r, y_r)}{\partial(x,y)} = 1 - (p_y - q_x) + (p_x q_y - p_y q_x)$$

und diese Funktionaldeterminanten stimmen genau für $p_y = q_x$ überein, d.h. genau dann wenn $p(x,y)dx + q(x,y)dy$ ein vollständiges Differential $dz(x,y)$ ist. Dies ist aber für einen Lieschen Elementverein erfüllt, und umgekehrt wird dadurch auch ein Liescher Elementverein festgelegt. Diesem Beweis haben sich bisher nur die kurvenhaften und punktförmigen Lieschen Vereine entzogen. Da aus solchen aber durch Anwendung eines Nullsystems, z.B. eines Linksgewindes, stets flächenhafte Vereine entstehen und hierbei nach Satz 14.11 das linke Bildfeld lediglich eine Drehung um den Winkel Π erfährt, während das rechte Bildfeld fest bleibt, hat damit auch der ursprüngliche kurvenhafte oder punktförmige Verein flächentreue parataktische Bilder. Der einzige selbstduale, kurvenhafte Verein ist schließlich der einer Geraden, der nach Satz 14.8 ebenfalls eine flächentreue, wenn auch singuläre Abbildungen der parataktischen Bildfelder liefert.

Gemäß den Typen Liescher Elementvereine im $I_3^{(1)}$ können wir somit folgende vier Haupttypen flächentreuer Abbildungen $\pi_l \to \pi_r$ unterscheiden:

a) Der Mittenort der Abbildung ist flächenhaft.

b) Der Mittenort der Abbildung ist eine krumme Kurve.

c) Der Mittenort der Abbildung ist eine Gerade.

d) Der Mittenort ist ein Punkt, d.h. der Elementverein besteht aus alle Flächenelementen durch einen festen Punkt; es liegt ein konischer Verein vor.

Diese Einteilung kann noch verfeinert werden, wenn man jene Sonderfälle getrennt betrachtet, wo die Funktionaldeterminante der Abbildung verschwindet.

$$\Diamond$$

<u>Bemerkungen:</u>

1) Der Satz 14.23 wurde in anderem Zusammenhang schon von G. SCHEFFERS (vgl.
[190]) gefunden. Bezüglich einer detaillierten Darstellung aller Zusammenhänge
verweisen wir auf die inhaltsreiche Arbeit [211] von K. STRUBECKER.

2) Die Anwendungen der Theorie der flächentreuen Abbildungen der Ebene sind sehr
vielseitig. Wir erwähnen exemplarisch die Anwendung dieser Theorie zur Beschreibung der Geometrie ebener komplexer Kurven. Nach v.STAUDT kann man nämlich
die zweiparametrige, komplexe Punktmenge einer ebenen analytischen Kurve c
durch orientierte Involutionen auf reellen Geraden der Trägerebene von c darstellen;
diese selbst lassen sich wieder durch ihre orientierten, reellen Potenzpunkte E_l,
E_r darstellen. Nach E.STUDY (vgl. [242]) ist dann die Abbildung $\{E_l\} \to$
$\{E_r\}$ eine eigentlich-flächentreue Abbildung mit parallelgestellten Indikatrizen (vgl.
[211,73f]).

C) <u>Zur Theorie der Geradenkongruenzen und Geradenkomplexe:</u>

Die Theorie der *Geradenkongruenzen* des einfach isotropen Raumes wurde erstmals vom
Autor in [167] entwickelt. Später haben sich J. HOSCHEK (vgl. [56]) und vor allem
G. STAMOU (vgl. [193] – [200],[272]) mit Geradenkongruenzen im $I_3^{(1)}$ beschäftigt,
sodaß diesbezüglich nunmehr eine weit entwickelte Theorie vorliegt. Die Theorie der
Geradenkomplexe wurde von I. KAMENAROVIĆ in [68] und [69] ausführlich studiert.
Wir können hier auf beide Themenkreise nur sehr kurz eingehen, wobei wir vom Kalkül
her die Methode der äußeren Formen benützen wollen; als praktische Einführung in
diesen Kalkül sei hier das schöne Buch von E. HEIL über Differentialformen empfohlen
(vgl. [53]).

Um zunächst die *Ableitungsgleichungen* und *Strukturgleichungen* des $I_3^{(1)}$ herzuleiten,
betrachten wir Dreibeinmannigfaltigkeiten $\{\vec{w}_1, \vec{w}_2, \vec{w}_3\}$, die bezüglich der einfach isotropen Bewegungsgruppe $\mathcal{B}_6^{(1)}$ orthonormiert sind, für die also

$$(14.116) \qquad \widetilde{\vec{w}}_1^2 = \widetilde{\vec{w}}_2^2 = 1, \quad \widetilde{\vec{w}}_1 \cdot \widetilde{\vec{w}}_2 = 0, \quad \vec{w}_3 = \{0,0,1\},$$
$$\widetilde{\vec{w}}_3 = 0, \quad Det(\vec{w}_1, \vec{w}_2, \vec{w}_3) = 1$$

gilt. Wird jedem Punkt $A \in I_3^{(1)}$ ein Dreibein (14.116) zugeordnet, so entsteht eine
Dreibeinmannigfaltigkeit $\{A; \vec{w}_1, \vec{w}_2, \vec{w}_3\}$, die von maximal 6 Parametern abhängt; wir
setzen i.f. alle auftretenden Funktionen von der Klasse $C^r (r \geq 2)$ voraus. Wird A durch
den Ortsvektor $\vec{a}$ beschrieben, so gilt für die Differentiale $d\vec{a}$ und $d\vec{w}_i$ $(i = 1,2,3)$ einer
Dreibeinmannigfaltigkeit des $I_3^{(1)}$ der Ansatz

$$(14.117a, b) \qquad d\vec{a} = \sigma^j \vec{w}_j, \quad d\vec{w}_i = \omega_i^j \vec{w}_j \quad (i, j = 1, 2, 3),$$

wobei über gleich bezeichnete obere und untere Indizes stets von 1 bis 3 zu summieren ist, und wobei die σ^j und die ω_i^j Pfaffsche Formen bezeichnen, die maximal von sechs Parametern abhängen. Wegen $d\vec{w}_3 = 0$ folgt aus (14.117b) sofort $\omega_3^1 = \omega_3^2 = \omega_3^3 = 0$. Weiter gewinnt man durch Differentiation von $\widetilde{w}_2^2 = 1$ die Beziehung $\widetilde{w}_1 \cdot d\widetilde{w}_1 = \widetilde{w}_1 \cdot (\omega_1^1 \widetilde{w}_1 + \omega_1^2 \widetilde{w}_2) = \omega_1^1 = 0$, und analog fließt aus $\widetilde{w}_2^2 = 1$ die Gleichung $\omega_2^2 = 0$. Wird die zweite Gleichung in (14.116) differenziert, so folgt $d\widetilde{w}_1 \cdot \widetilde{w}_2 + d\widetilde{w}_2 \cdot \widetilde{w}_1 = (\omega_1^1 \widetilde{w}_1 + \omega_1^2 \widetilde{w}_2) \cdot \widetilde{w}_2 + (\omega_2^1 \widetilde{w}_1 + \omega_2^2 \widetilde{w}_2) \cdot \widetilde{w}_1 = \omega_1^2 + \omega_2^1 = 0$, woraus man $\omega_1^2 = -\omega_2^1$ gewinnt. Damit lauten die *Ableitungsgleichungen* des einfach isotropen Raumes

$$(14.118a - d) \qquad \begin{cases} d\vec{a} = \sigma^1 \vec{w}_1 + \sigma^2 \vec{w}_2 + \sigma^3 \vec{w}_3 \\ d\vec{w}_1 = \omega_1^2 \vec{w}_2 + \omega_1^3 \vec{w}_3 \\ d\vec{w}_2 = -\omega_1^2 \vec{w}_1 + \omega_2^3 \vec{w}_3 \\ d\vec{w}_3 = 0. \end{cases}$$

Die Formen σ^j und ω_i^j sind nicht unabhängig. Nach dem 1. Poincaréschen Lemma (vgl. [53,17]) gilt ja $d(d\vec{a}) = 0$, $d(d\vec{w}_i) = 0$, wobei d die äußere Ableitung von Differentialformen bezeichnet. Bezeichnet man mit $\wedge$ das äußere Produkt von Differentialformen, so gewinnt man aus (14.118b-d) $d(d\vec{w}_i) = \vec{w}_j d\omega_i^j + d\vec{w}_j \wedge \omega_i^j = \vec{w}_j d\omega_i^j + \omega_j^k \vec{w}_k \wedge \omega_i^j = \vec{w}_k(d\omega_i^k + \omega_j^k \wedge \omega_i^j) = 0$. Da die Vektoren $\{\vec{w}_1, \vec{w}_2, \vec{w}_3\}$ l.u. sind, hat man damit $d\omega_i^k = \omega_i^j \wedge \omega_j^k (i = 1, 2; j, k = 1, 2, 3)$. Analog berechnet man aus (14.118a) $d(d\vec{a}) = \vec{w}_j d\sigma^j + d\vec{w}_j \wedge \sigma^j = \vec{w}_j d\sigma^j + \omega_j^k \vec{w}_k \wedge \sigma^j = \vec{w}_k(d\sigma^k + \omega_j^k \wedge \sigma^j) = 0$, woraus man $d\sigma^k = \sigma^j \wedge \omega_j^k (j, k = 1, 2, 3)$ gewinnt. Wir notieren

$$(14.119) \qquad d\sigma^k = \sigma^j \wedge \omega_j^k, \quad d\omega_i^k = \omega_i^j \wedge \omega_j^k$$
$$(i = 1, 2; \; j, k = 1, 2, 3).$$

Führt man die Gleichungen (14.119) explizit aus, so entstehen die Gleichungen

$$(14.120) \qquad \begin{aligned} & d\sigma^1 = \sigma^2 \wedge \omega_2^1, \quad d\sigma^2 = \sigma^1 \wedge \omega_1^2, \\ & d\sigma^3 = \sigma^1 \wedge \omega_1^3 + \sigma^2 \wedge \omega_2^3, \\ & d\omega_1^2 = 0, \quad d\omega_1^3 = \omega_1^2 \wedge \omega_2^3, \\ & d\omega_2^3 = \omega_2^1 \wedge \omega_1^3, \end{aligned}$$

die ω_1^2 als geschlossene 1-Form erkennen lassen. Damit haben wir den

SATZ 14.24: *Im einfach isotropen Raum $I_3^{(1)}$ gelten für orthonormierte Dreibeinmannigfaltigkeiten die Ableitungsgleichungen (14.118a-c). Die zugehörigen Strukturgleichungen sind durch (14.120) gegeben und kennzeichnen ω_1^2 als geschlossene 1-Form.*

Wird jedem Punkt einer zulässigen Fläche U des $I_3^{(1)}$ eine Gerade g zugeordnet, dann entsteht eine *Geradenkongruenz* **R**; man nennt U die *Leitfläche* der Kongruenz. Sind die Geraden von $\mathbf{R}$ nichtisotrop, dann soll $\mathbf{R}$ *zulässig* heißen. Kongruenzen dieser Art lassen sich vektoriell in der Form

$$(14.121) \qquad \vec{y}(u,v,t) = \vec{x}(u,v) + t\vec{e}(u,v), \quad -\infty < t < +\infty$$

beschreiben, wobei $\vec{e}(u,v)$ einen Einheitsvektor $(\tilde{\vec{e}}^2 = 1)$ auf den Geraden von $\mathbf{R}$ bezeichnet und $\vec{x}(u,v)$ die Leitfläche festlegt; alle auftretenden Vektorfunktionen seien i.f. von der Klasse $C^r(r \geq 2)$ vorausgesetzt. Um den voranstehenden Kalkül anzuwenden, setzen wir $\vec{w}_1 = \vec{e}$ und $\vec{x} = \vec{a}$. Will man isotrope Bewegungsinvarianten von $\mathbf{R}$ bestimmen, so hat man die Auswirkung einer isotropen Bewegung auf das Dreibein $\{A; \vec{w}_1, \vec{w}_2, \vec{w}_3\}$ der Kongruenz zu studieren. Da A längs der Kongruenzstrahlen verschoben werden darf, und das begleitende Dreibein bei festem $\vec{w}_3$ in der zugehörigen isotropen Normalebene des Kongruenzstrahls isotrop gedreht werden darf, lassen sich alle Bewegungsvorgänge, die in Frage kommen durch

$$(14.122) \qquad \bar{\vec{w}}_1 = \vec{w}_1, \quad \bar{\vec{w}}_2 = \vec{w}_2 + \varphi\vec{w}_3, \quad \bar{\vec{w}}_3 = \vec{w}_3,$$
$$\bar{\vec{x}} = \vec{x} + t\vec{w}_1.$$

beschreiben. Im neuen Bezugssystem lassen sich die zugehörigen Differentialformen $\bar{\sigma}^j(j = 1,2,3)$ und $\bar{\omega}_1^2, \bar{\omega}_1^3, \bar{\omega}_2^3$ rasch berechnen. Man hat $d\bar{\vec{a}} = d\bar{\vec{x}} = \bar{\sigma}^1\bar{\vec{w}}_1 + \bar{\sigma}^2\bar{\vec{w}}_2 + \\ +\bar{\sigma}^3\bar{\vec{w}}_3 = \bar{\sigma}^1\vec{w}_1 + \bar{\sigma}^2(\vec{w}_2 + \varphi\vec{w}_3) + \bar{\sigma}\vec{w}_3 = d\vec{x} + dt\vec{w}_1 + td\vec{w}_1 = \sigma^1\vec{w}_1 + \sigma^2\vec{w}_2 + \sigma^3\vec{w}_3 + dt\vec{w}_1 + \\ +t(\omega_1^2\vec{w}_2 + \omega_1^3\vec{w}_3) = (\sigma^1 + dt)\vec{w}_1 + (\sigma^2 + t\omega_1^2)\vec{w}_2 + (\sigma^3 + t\omega_1^3)\vec{w}_3.$ Da $\{\vec{w}_1, \vec{w}_2, \vec{w}_3\}$ l.u. sind, ergibt sich hieraus $\bar{\sigma}^1 = \sigma^1 + dt$, $\bar{\sigma}^2 = \sigma^2 + t\omega_1^2$, $\bar{\sigma}^3 = -(\sigma^2 + t\omega_1^2)\varphi + \sigma^3 + t\omega_1^3$. Analog gewinnt man $d\bar{\vec{w}}_2 = -\bar{\omega}_1^2\bar{\vec{w}}_1 + \bar{\omega}_2^3\bar{\vec{w}}_3 = -\bar{\omega}_1^2\vec{w}_1 + \bar{\omega}_2^3\vec{w}_3 = d\vec{w}_2 + d\varphi\vec{w}_3 = -\omega_1^2\vec{w}_1 + \omega_2^3\vec{w}_3 + d\varphi\vec{w}_3$, woraus $\bar{\omega}_1^2 = \omega_1^2$ und $\bar{\omega}_2^3 = \omega_2^3 + d\varphi$ fließt; analog berechnet man aus $d\bar{\vec{w}}_1$ die Beziehung $\bar{\omega}_1^3 = -\varphi\omega_1^2 + \omega_1^3$. Wir fassen zusammen

$$(14.123a - f) \qquad \begin{cases} \bar{\sigma}^1 = \sigma^1 + dt \\ \bar{\sigma}^2 = \sigma^2 + t\omega_1^2 \\ \bar{\sigma}^3 = -(\sigma^2 + t\omega_1^2)\varphi + \sigma^3 + t\omega_1^3 \end{cases} \qquad \begin{cases} \bar{\omega}_1^2 = \omega_1^2 \\ \bar{\omega}_1^3 = -\varphi\omega_1^2 + \omega_1^3 \\ \bar{\omega}_2^3 = \omega_2^3 + d\varphi. \end{cases}$$

Die Größen φ und t heißen wie in der euklidischen Theorie (vgl. [57,149f]) *sekundäre Parameter*. Da in Invarianten keine sekundären Parameter auftreten, kommen σ^1 und ω_2^3 zur Bildung von Invarianten nicht in Frage; es sind sekundäre Differentialformen. Über geeignete Produktbildungen können jedoch aus (14.123b,c,d,e) invariante Formen konstruiert werden, und im Anschluß daran durch Quotientenbildung aus diesen Produkten isotrope Bewegungsinvarianten von $\mathbf{R}$ erzeugt werden. Ersichtlich sind

$$(14.124a - d) \qquad \omega_1^2, \quad \omega_1^2 \wedge \omega_1^3, \quad \sigma \wedge \omega_1^2 \quad \text{und} \quad \sigma^3\omega_1^2 - \sigma^2\omega_1^3$$

solche invariante Formen, denn es gilt $\bar{\omega}_1^2 = \omega_1^2$, $\bar{\omega}_1^2 \wedge \bar{\omega}_1^3 = \omega_1^2 \wedge (-\varphi\omega_1^2 + \omega_1^3) = \omega_1^2 \wedge \omega_1^3$ und analog zeigt man (c) und (d).

Trägt man die Vektoren $\vec{w}_1 = \vec{e}(u,v)$ von einem festen Punkt aus ab, so bilden die Endpunkte eine Punktmenge auf der zylindrischen Sphäre $\sum \ldots x^2 + y^2 = 1$; diese

Punktmenge heißt das *sphärische Bild* der Kongruenz **R**. Wird in (14.121) der Parameter u bzw. v festgehalten, so entsteht je eine Regelfläche, die in der Kongruenz liegt, und die als *u-Kongruenzfläche* bzw. *v-Kongruenzfläche* bezeichnet werden soll. Diese Kongruenzflächen besitzen auf $\sum$ sphärische Bildkurven c_u und c_v. Wir nennen **R** *nichtzylindrisch*, wenn $c_u \neq c_v$ gilt; in ihrem Schnittpunkt besitzen dann c_u und c_v verschiedene Tangenten; andernfalls heißt **R** *zylindrisch*. Man erkennt an (14.118b) sofort, daß **R** genau dann nichtzylindrisch ist, wenn die Formen ω_1^2 und ω_1^3 linear unabhängig sind. Allgemeiner wird durch zwei Funktionen $u = u(t)$, $v = v(t)$ in (14.121) eine allgemeine Kongruenzregelfläche festgelegt; für zylindrische Geradenkongruenzen fallen dann die sphärischen Bilder aller Kongruenzregelflächen in einer Kurve auf $\sum$ zusammen, die sogar zu einem Punkt entarten kann. Wir werden i.f. nur nichtzylindrische Geradenkongruenzen betrachten.

Da die primären Differentialformen σ^2, σ^3, ω_1^2 und ω_1^3 Pfaffsche Formen in 2 Variablen sind, sind sie linear abhängig, und nach obigem kann man Linearkombinationen

$$(14.125) \qquad \sigma^2 = a_2^2 \omega_1^2 + a_3^2 \omega_1^3, \quad \sigma^3 = a_2^3 \omega_1^2 + a_3^3 \omega_1^3$$

in den Basisformen $\{\omega_1^2, \omega_1^3\}$ ansetzen. Nun sei Ψ_I eine Regelfläche vom Typ I in der Kongruenz **R**. Um ihre Striktionslinie im $I_3^{(1)}$ zu ermitteln, berechnen wir nach (10.6) und (14.118a,b)

$$(14.126) \qquad t_s = \frac{Det(d\widetilde{\vec{a}}, \widetilde{\vec{w}}_1)}{|d\widetilde{\vec{w}}_1|} = -\frac{\sigma^2}{\omega_1^2};$$

t_s gibt den Abstand des gesuchten Striktionspunktes von der Leitfläche U an. Ähnlich kann nach (10.33) mit (14.118a,b) der Drall δ_I von Ψ_I zu

$$(14.127) \qquad \delta_I = \frac{Det(d\vec{a}, \vec{w}_1, d\vec{w}_1)}{|d\widetilde{\vec{w}}_1|^2} = \frac{\omega_1^2 \sigma^3 - \omega_1^3 \sigma^2}{(\omega_1^2)^2}$$

errechnet werden. δ_I ist bekanntlich eine isotrope Bewegungsinvariante und somit liefert (14.126) eine typische Kongruenzinvariante, die aus (114.124a,d) durch Quotientenbildung entsteht. Wegen $\delta_I = 0$ für Torsen, ist

$$(14.128) \qquad \omega_1^2 \sigma^3 - \omega_3^1 \sigma^2 = 0$$

die Differentialgleichung der *Kongruenztorsen*. Ähnlich wie in der euklidischen Geometrie fragen wir nun nach den Extremwerten des Dralls (14.127); die entsprechenden Drallwerte sollen *Hauptdralle* heißen. Die zugehörigen Striktionspunkte bezeichnen wir als *Hauptpunkte*. Wird abkürzend $\mu := \frac{\omega_1^2}{\omega_1^3}$ gesetzt, dann kann (14.127) unter Anwendung von (14.125) in der Gestalt $\delta_I(\mu) = \frac{1}{\mu^2}(a_2^3 \mu^2 + a_3^3 \mu - a_2^2 \mu - a_3^2)$ geschrieben werden und $\frac{d}{d\mu}\delta_I(\mu) = 0$ liefert die beiden Möglichkeiten $\mu_1 = \frac{2a_3^2}{-a_2^2 + a_3^3}$ und $\mu_2 = 0$. Werden diese Werte oben eingesetzt, so erhält man die Hauptdralle

$$(14.129a,b) \qquad \delta_I^{(1)} = \frac{(a_2^2 - a_3^3)^2 + 4a_2^3 a_3^2}{4a_3^2}, \quad \delta_I^{(2)} = \infty.$$

Werden die Werte μ_1 und μ_2 in (14.126) eingesetzt, so findet man die Hauptpunkte

$$(14.130a,b) \qquad H_1[t_s^{(1)} = -\frac{1}{2}(a_2^2 + a_3^3)], \quad H_2(t_s^{(2)} = \infty).$$

Anders als in der euklidischen Situation existiert somit im $I_3^{(1)}$ nur ein einziger, endlicher Hauptdrall und ein einziger, im Endlichen gelegener Hauptpunkt. Alle endlichen Hauptpunkte von **R** bilden die *Hauptfläche* der Kongruenz; als zweite Hauptfläche fungiert die Fernebene. Wird die Hauptfläche als Leitfläche der Kongruenz gewählt, dann gilt nach (14.130a)

$$(14.131) \qquad a_2^2 + a_3^3 = 0$$

bzw. folgt mittels (14.125)

$$(14.132) \qquad \sigma^2 \wedge \omega_1^3 - \sigma^3 \wedge \omega_1^2 = 0.$$

Wir bestimmen jetzt die beiden Brennpunkte F_1, F_2 eines Kongruenzstrahls, d.h. die Striktionspunkte der Kongruenztorsen auf einem Kongruenzstrahl. Diese Fragestellung hat natürlich projektiven Charakter — es ist prinzipiell dasselbe Resultat wie in der euklidischen Kongruenztheorie zu erwarten — doch benötigt man für weitere Untersuchungen die entsprechenden Resultate im zugrundegelegten Kalkül. Aus (14.126) folgt mit $\nu := \frac{\omega_1^3}{\omega_1^2}$ die Beziehung $t = -a_2^2 - \nu a_3^2$, während man aus (14.128) die Gleichung $a_2^3 + \nu(t + a_3^3) = 0$ erhält. Wird aus beiden Gleichungen ν eliminiert, so stellt sich für den Abstand t der gesuchten Brennpunkte die quadratische Gleichung

$$(14.133) \qquad t^2 + (a_2^2 + a_3^3)t + a_2^2 a_3^3 - a_2^3 a_3^2 = 0$$

ein. Diese Gleichung wird besonders einfach, wenn man als Leitfläche die Hauptfläche wählt, wodurch sich gemäß (14.131) die Gleichung (14.133) auf

$$(14.133a) \qquad t^2 - (a_3^3)^2 - a_2^3 a_3^2 = 0$$

reduziert. Je nachdem $B := (a_3^2)^2 + a_2^3 a_3^2 > 0$, $B = 0$ oder $B < 0$ gilt, ist die Geradenkongruenz *hyperbolisch* (2 reelle, verschiedene Brennpunkte), *parabolisch* (ein einziger Brennpunkt) oder *elliptisch* (2 konjugiert-komplexe Brennpunkte). Für hyperbolische bzw. elliptische Kongruenzen fällt der *Mittelpunkt M* der Brennstrecke $\overline{F_1 F_2}$ nach (14.133a) in den Hauptpunkt; für parabolische Kongruenzen fällt der einzige

Brennpunkt in den Hauptpunkt. B hat als Quadrat des Abstandes $\overline{MF_1} = \overline{MF_2}$ geometrische Bedeutung; die Formel (14.129a) läßt sich hiermit in der Gestalt $\delta_I^{(1)} = \frac{B}{a_3^2}$ schreiben. Beachtet man noch die aus (14.125) folgende Beziehung $\sigma^2 \wedge \omega_1^2 = a_3^2 \omega_1^3 \wedge \omega_1^2$, dann kann man hieraus die isotrope Bewegungsinvariante

$$(14.134) \qquad h := \frac{1}{\delta_I^{(1)}} = \frac{\sigma^2 \wedge \omega_1^2}{B(\omega_1^3 \wedge \omega_1^2)}$$

bilden, die man als *isotrope mittlere Krümmung* der Kongruenz bezeichnet. Berechnen wir noch den Zentralnormalenvektor $\vec{n}$ für die einen Kongruenzstrahls enthaltenden Regelflächen Ψ_I! Nach (10.12) gilt mit (14.118b)

$$(14.135) \qquad \vec{n} = \frac{d\vec{w}_1}{|d\vec{w}_1|} = \vec{w}_2 + \frac{\omega_1^3}{\omega_1^2}\vec{w}_3 = \vec{w}_2 + \nu\vec{w}_3.$$

Die von $\vec{n}(H_1)$ und $\vec{w}_1$ aufgespannte Ebene heißt die *eigentliche Hautpebene* χ_1, während die von $\vec{n}(H_2)$ und $\vec{w}_1$ aufgespannte Ebene als *uneigentliche Hautpebene* χ_2 bezeichnet wird. Die von $\vec{n}(F_1)$ bzw. $\vec{n}(F_2)$ und $\vec{w}_1$ aufgespannte Ebene heißt *erste bzw. zweite Brennebene* φ_1 bzw. φ_2. Wegen $\nu_2 = \frac{1}{\mu_2} = \infty$ ist die uneigentliche Hauptebene stets die isotrope Ebene durch den betrachteten Kongruenzstrahl; für die eigentliche Hauptebene gilt bei Zugrundelegung der Hauptfläche als Leitfläche

$$(14.136) \qquad \nu_1 = \nu(\chi) = \frac{a_3^3}{a_3^2}.$$

Eliminiert man aus den schon weiter oben verwendeten Gleichungen $\quad t = -a_2^2 - \nu a_2^3,$ $a_2^3 + \nu(t + a_3^3) = 0$ die Größe t, so verbleibt die quadratische Gleichung

$$(14.137) \qquad \nu^2 a_3^2 + (a_2^2 - a_3^3)\nu - a_2^3 = 0,$$

welche durch ihre Lösungen ν_1, ν_2 die Zentralnormalenvektoren der Brennebenen φ_1, φ_2 festlegt. Mit der Mittenfläche als Leitfläche vereinfacht sich (14.137) zu

$$(14.137a) \qquad \nu^2 a_3^2 - 2a_3^3\nu - a_2^3 = 0.$$

Da nach VIETÀ gilt $\nu_1 + \nu_2 = 2\frac{a_3^3}{a_3^2}$, lehrt ein Vergleich mit (14.136), daß die Hauptebene χ den Winkel der beiden Brennebenen halbiert (vgl. [167,93]). Wir fassen einiges zusammen im

SATZ 14.25: *Nichtzylindrische Geradenkongruenzen des einfach isotropen Raumes lassen sich durch die primären Differentialformen σ^2, σ^3, ω_1^2 und ω_1^3 beschreiben, wobei ω_1^2 und ω_1^3 als Basisformen gewählt werden können. Jede Kongruenz **R** besitzt eine eigentliche Hauptfläche, die sich als Mittenfläche der Kongruenz deuten läßt. Die* *eigentliche Hauptebene eines Kongruenzstrahls halbiert den Winkel der beiden Brennebenen, während die uneigentliche Hauptebene die isotrope Ebene durch den Kongruenzstrahl ist. Die beiden Hauptebenen stehen im isotropen Sinn aufeinander normal und trennen die beiden Brennebenen einer hyperbolischen Geradenkongruenz harmonisch.*

Wir beweisen noch ein isotropes Analogon zu einer *Formel von A. MANNHEIM* (vgl. [167,93f]).

SATZ 14.26: *Es bezeichne $2\omega_0$ den Winkel zwischen den Brennebenen eines Kongruenzstrahls g einer hyperbolischen Geradenkongruenz und $\delta_I^{(1)}$ den eigentlichen Hauptdrall. Bezeichnet φ den Winkel, den die asymptotische Ebene einer g enthaltenden Kongruenzregelfläche Ψ_I mit der eigentlichen Hauptebene bildet, dann gilt für den Drall δ_I von Ψ_I in g*

$$(14.138) \qquad \delta_I = \delta_I^{(1)}[1 - (\frac{\varphi}{\omega_0})^2].$$

Beweis:
Werden aus (14.137) die Nullstellen ν_1 und ν_2 berechnet, dann ergibt sich $\omega_0 = \frac{1}{2}(\nu_2 - \nu_1) = \frac{1}{a_3^2}\sqrt{(a_3^3)^2 + a_3^2 a_2^3}$. Weiter gilt nach (14.135) und (14.136) $\varphi = \nu - \nu(H) = \frac{a_3^2\omega_1^3 - a_3^3\omega_1^2}{\omega_1^2 a_3^3}$, d.h. $(\frac{\varphi}{\omega_0})^2 = \frac{(a_3^2\omega_1^3 - a_3^3\omega_1^2)^2}{(\omega_1^2)^2[(a_3^3)^2 + a_3^2 a_2^3]}$. Unter Berücksichtigung von $a_2^2 + a_3^3 = 0$ bestätigt man hiermit durch direkte Rechnung (14.138) unter Benützung von (14.126).

$$\diamondsuit$$

Bezüglich weiterer lokaler Resultate vergleiche man [167], wo auch ein isotropes Analogon zur *Formel von W. R. HAMILTON* angegeben wird (vgl. [167,95f]).

Bezeichnet Ψ_I eine geschlossene Regelfläche des $I_3^{(1)}$ und $g \subset \Psi_I$ eine Erzeugende, dann kann man die von einem Punkt $P \in g$ ausgehende Orthogonaltrajektorie c der Erzeugenden von Ψ_I betrachten. Trifft sie g nach einem Umlauf im Punkt P_1, dann heißt die Strecke $\overline{PP_1}$ die *Öffnungsstrecke*. Diese hängt von der Wahl des Punktes $P \in g$ nicht ab und ist somit eine globale Invariante von Ψ_I. Wir zeigen abschließend ein hübsches globales Resultat über geschlossene Kongruenzflächen, das von J. HOSCHEK stammt (vgl. [56,208f]):

SATZ 14.27: *Die Öffnungsstrecke l einer geschlossenen Kongruenzfläche Ψ_I des einfach isotropen Raumes läßt sich als Integral über das Produkt von mittlerer Krümmung h, dem Abstandsquadrat B der Brennpunkte vom Mittelpunkt und dem Flächenelement des sphärischen Bildes der Kongruenz deuten.*

Beweis:
Wird die Regelfläche Ψ_I gemäß (14.121) als Kongruenzfläche von **R** durch $\vec{y}(u,t) = \vec{x}(u) + t\vec{e}(u)$ festgelegt, so gewinnt man die Orthogonaltrajektorien von Ψ_I aus $d\vec{y} \cdot \vec{e} = d\vec{y} \cdot \tilde{w}_1 = 0$. Nach (14.118a,b) findet man die Differentialgleichung $dt + \sigma^1 = 0$ und damit die Öffnungsstrecke

$$(14.139) \qquad l = \oint_{\partial G} dt = - \oint_{\partial G} \sigma^1,$$

wobei ∂G den Rand des Parameterbereichs von Ψ_I bezeichnet. Nach dem Integralsatz von GAUSS folgt hieraus unter Beachtung von (14.120) und (14.134)

$$(14.140) \qquad l = -\int\int_G d\sigma^1 = \int\int_G \omega_2^1 \wedge \sigma^2 = \int\int_G hB\omega_1^3 \wedge \omega_1^2,$$

wobei sich $\omega_1^3 \wedge \omega_1^2$ als Flächenelement des sphärischen Bildes von $\mathbf{R}$ auf der zylindrischen Einheitssphäre $\sum$ deuten läßt.

$$\Diamond$$

Wenden wir uns abschließend noch kurz der Theorie der *Geradenkomplexe* des $I_3^{(1)}$ zu, wobei wir [68] folgen. Nach Ausschluß vollisotroper Komplexstrahlen läßt sich jeder Geradenkomplex $\mathbf{K}$ durch

$$(14.141) \qquad \vec{y}(u,v,w) = \vec{x}(u,v,w) + t\vec{e}(u,v,w), \quad -\infty < t < +\infty$$

darstellen, wobei $\vec{e}(u,v,w)$ einen Einheitsvektor ($\tilde{\vec{e}}^2 = 1$) bezeichnet. Sind alle auftretenden Vektorfunktionen von der Klasse $C^r(r \geq 1)$, dann liegt ein C^r-Komplex vor. Mit jedem Komplexstrahl g verknüpfen wir nun eine Dreibeinmannigfaltigkeit $\{A; \vec{w}_1, \vec{w}_2, \vec{w}_3\}$, wobei wir $\vec{x} = \vec{a}$ und $\vec{w}_1 = \vec{e}$ wählen. Dann ist $d\vec{w}_1 = 0$ und $d\vec{a}$ besitzt nur eine Komponente in der Richtung $\vec{w}_1$, was nach (14.118a,b)

$$(14.142) \qquad \sigma^2 = \sigma^3 = \omega_1^2 = \omega_1^3 = 0$$

nach sich zieht. Die vier Formen (14.142) sind somit linear abhängig. Trägt man die Richtungsvektoren $\vec{w}_1 = \vec{e}$ der Komplexstrahlen von einem festen Punkt aus ab, so liegen die Endpunkte auf der zylindrischen Einheitssphäre $\sum \ldots x^2 + y^2 = 1$ und bilden eine i.a. mehrfach überdeckte Punktmenge, die man als *sphärisches Bild* des Komplexes $\mathbf{K}$ bezeichnet. Ein Komplex heißt *zylindrisch*, wenn das sphärische Bild eine Kurve ist, andernfalls *nichtzylindrisch*. Wir setzen i.f. $\mathbf{K}$ als nichtzylindrisch voraus; dann sind die Formen ω_1^2 und ω_1^3 linear unabhängig und man kann o.B.d.A. $\{\omega_1^2, \omega_1^3, \sigma^2\}$ als Basisformen wählen. Hieraus gewinnt man den Ansatz

$$(14.143) \qquad \sigma^3 = K\omega_1^2 + a\omega_1^3 + b\sigma^2.$$

Wir beschränken uns darauf, hier nur zwei Resultate über Komplexe anzugeben; es sind dies isotrope Analoga zur *Formel von M. CHASLES bzw. G. KOENIGS*.

Bekanntlich existiert längs jedes Strahls g eines nicht singulären Geradenkomplexes eine Korrelation, die jedem Punkt $X \in g$ die Tangentialebene $\pi(X)$ des zu X gehörigen Komplexkegels längs g zuordnet [187,163f]; diese Korrelation soll nun unter metrischen *Gesichtspunkten* für einen Komplex in $I_3^{(1)}$ untersucht werden. Die dem Fernpunkt G_u von g zugeordnete Ebene η bezeichnen wir als *asymptotische Ebene* und setzen voraus, daß η nichtisotrop ist. Einen *Komplexstrahl* mit dieser Eigenschaft nennen wir *zulässig*. Als *Zentralebene* des Strahls g bezeichnen wir die isotrope Ebene ξ durch g; den in der

Korrelation $X \leftrightarrow \pi(X)$ der Ebene ξ zugeordneten Punkt $Z \in g$ nennen wir *Zentralpunkt*. Um den Komplexkegel Γ_X eines Punktes $X(\vec{x}) \in g$ analytisch zu beschreiben, berechnen wir mittels (14.141) und (14.118a,b) zunächst

$$(14.144) \qquad d\vec{y} = (\sigma^1 + dt)\vec{w}_1 + (\sigma^2 + t\omega_1^2)\vec{w}_2 + (\sigma^3 + t\omega_1^3)\vec{w}_3.$$

Wegen $d\vec{y} = 0$ folgen aus (14.144) unter Beachtung der linearen Unabhängigkeit von $\vec{w}_1$, $\vec{w}_2$, $\vec{w}_3$ die Differentialgleichungen von Γ_X zu

$$(14.146) \qquad \sigma^2 : \sigma^3 = a + t : bt - K.$$

Die dem Punkt X zugeordnete Ebene $\pi(X)$, die Γ_X längs g berührt, legen wir nunmehr durch $\vec{w}_1$ und einen in π liegenden isotropen Einheitsvektor $\vec{n}$ fest. Den in X angehefteten Vektor $\vec{n}$ bezeichnen wir als *Seitenvektor*. Beachtet man, daß $\pi(X)$ den Vektor $d\vec{a}$ enthält, so gewinnt man unter Berücksichtigung von (14.118a) und (14.146) für $\vec{n}$ die Darstellung

$$(14.147) \qquad \vec{n} = \vec{w}_2 + \vartheta\vec{w}_3,$$

wobei

$$(14.148) \qquad \vartheta := \frac{bt - K}{a + t}$$

gesetzt wurde. Geometrisch bedeutet ϑ den Winkel $\sphericalangle(\vec{w}_2, \vec{n})$; dieser Winkel stimmt mit dem Schnittwinkel der Ebene $\pi(X)$ und der von $\vec{w}_1$ und $\vec{w}_2$ bestimmten Ebene überein. Für die asymptotische Ebene η findet man aus (14.148) für $t \to \infty$ die Beziehung

$$(14.149) \qquad \vartheta_\eta = b = \sphericalangle(\vec{w}_2, \vec{n}_\eta).$$

Wir wählen nun den Beinvektor $\vec{w}_2$ so, daß $\vec{w}_2 = \vec{n}_\eta$ gilt. Dann folgt aus (14.148) und (14.149) $b = 0$. Bezeichnen wir den Beinvektor $\vec{w}_2 = \vec{n}_\eta =: \vec{h}$ als *Hauptnormalenvektor* und $\vec{w}_3 =: \vec{b}$ als *Binormalenvektor* des Strahl g, so ist das Dreibein $\{\vec{e}, \vec{h}, \vec{b}\}$ geometrisch ausgezeichnet. Aus (14.148) folgt noch, daß sich die Zentralebene ξ für $a + t = 0$ einstellt. Wird $A = Z$ gewählt, so findet man $t = -a = 0$ und aus (14.143) folgt die *kanonische Darstellung* eines Geradenkomplexes des $I_3^{(1)}$ in der Form

$$(14.150) \qquad \sigma^3 = K\omega_1^2.$$

Das Dreibein $\{Z; \vec{e}, \vec{h}, \vec{b}\}$ bezeichnen wir als *kanonisches Dreibein* des Komplexstrahls g. Dem in (14.150) verbleibenden Koeffizienten K muß eine geometrische Bedeutung zukommen; wir bezeichnen in Analogie zur euklidischen Situation K als *Hauptdrall* [48, 562]. Im kanonischen Dreibein folgt aus (14.148) das isotrope Analogon zur *Formel von M. CHASLES*:

(14.151)
$$\vartheta \cdot t = -K.$$

Wir haben damit den

SATZ 14.28: *Es sei g ein zulässiger Strahl eines nichtzylindrischen, nicht singulären C^r-Komplexes ($r \geq 1$) des einfach isotropen Raumes mit dem Zentralpunkt Z und der asymptotischen Ebene η. Dann ist für jeden eigentlichen Punkt $X \in g$, $X \neq Z$ das Produkt aus dem Winkel $\vartheta = \sphericalangle(\eta, \pi(X))$ und dem Abstand des Punktes X vom Zentralpunkt Z konstant.*

Wir beweisen noch das isotrope Analogon zur *Formel von G. KOENIGS* (vgl. [48, 571]):

SATZ 14.29: *Zwischen dem Drall δ_I einer Komplexregelfläche Ψ_I vom Typ I durch einen zulässigen Komplexstrahl g, dem Abstand $t_s = \overline{ZS}$ des Striktionspunktes S von Ψ_I auf g vom Zentralpunkt $Z \in g$ und dem Winkel φ, den die asymptotische Ebene von g mit der asymptotischen Ebene von Ψ_I bildet, besteht die Beziehung*

(14.152)
$$\delta_I - K = t_s \varphi.$$

Beweis:
Es sei Ψ_I eine Regelfläche in $\mathbf{K}$, die den Komplexstrahl g enthält; dann kann ihr Drall δ_I nach (14.127) berechnet werden und mittels (14.150) findet man $\delta_I - K = \frac{\omega_1^2 \sigma^3 - \omega_1^3 \sigma^2}{(\omega_1^2)^2} = \frac{\sigma^3}{\omega_1^2} - \frac{\omega_1^3 \sigma^2}{(\omega_1^2)^2} - \frac{\sigma^3}{\omega_1^2} = -\frac{\omega_1^3 \sigma^2}{(\omega_1^2)^2}$. Andererseits gilt nach (14.135) $\varphi = \frac{\omega_1^3}{\omega_1^2}$ und schließlich $t_s = -\frac{\sigma^2}{\omega_1^2}$, wobei bei allen Überlegungen die kanonische Darstellung von $\mathbf{K}$ benützt wurde. Insgesamt folgt aus diesen Beziehungen (14.152).

Bezüglich weiterer Resultate, speziell über Komplexkurven und Eigenschaften in zweiter und dritter Differentiationsordnung vergleiche man die inhaltsreiche Abhandlung [68].

LITERATURVERZEICHNIS

[1] БАЛАБАНОВА, Р.: Линии в псевдоизотропно пространство без метрика, Пловдивски Унив., Научни трудове 16 (1978), 355 – 375.

[2] *BECK, H.:* Dreidimensionale Geometrien mit einer einzigen unendlich fernen Ebene, Sitz.-Ber. Berlin, Math. Ges. 35 (1936), 3 – 16.

[3] *BERANI, I.Z.:* Prilozi diferencijalnoj geometriji izotropnih prostora. Disertacija, Priština 1984, 1 – 85.

[4] *BIANCHI, L.:* Lezioni di geometria differenziale II, Bologna – Pisa 1923.

[5] *BIANCHI, L.:* Sulle superficie a curvatura nulla in geometria ellitica, Ann. di mat. 24 (1896), 93 – 129.

[6] *BILINSKI, St.:* Eine Verallgemeinerung der Formeln von Frenet und eine Isomorphie gewisser Teile der Differentialgeometrie der Raumkurven, Glasnik Mat. 10 (1955), 175 – 180.

[7] БЛАНК, Я.П.: О поверхностях изотропного пространства, несущих бесконечное множество сетий переноса, Украински геом. сборник 17 (1975), 23 – 33.

[8] БЛАНК, Я.П. и. ЗАГАЙНЫЙ, Н.А. и. ИЩЕНКО, В.С.: Поверхности переноса в изотропном пространстве, Украински геом. сборник 14   (1973), 11 – 21.

[9] *BLASCHKE, W.:* Vorlesungen über Differentialgeometrie I, Elementare Differentialgeometrie, Springer-Verlag, Berlin 1930.

[10] *BLASCHKE, W.:* Vorlesungen über Differentialgeometrie II, Affine Differentialgeometrie, Springer-Verlag, Berlin 1923.

[11] *BLASCHKE, W.:* Vorlesungen über Differentialgeometrie III, Differentialgeometrie der Kreise und Kugeln, Springer-Verlag, Berlin 1929.

[12] *BLASCHKE, W. u. LEICHTWEISS, K.:* Elementare Differentialgeometrie, Springer-Verlag, Berlin-Heidelberg-New York 1973.

[13] *BOMPIANI, E.:* Sur l' élément linéaire des hypersurfaces, C. R. Acad. Sci., Paris 160 (1915), 760 – 763.

[14] *BOMPIANI, E.:* Geometrie riemanniane di specie superiore, Mem. Accad. d'Italia, 6 (1935), 269 – 520.

[15] *BOMPIANI, E.:* Le superficie emisotrope nello spazio euclideo a quattro dimensioni, Mem. Accad. d'Italia, 12 (1940), 1 – 23.

[16] *BOMPIANI, E.:* Intorno alle varietà isotrope, Ann. di Mat. (4), 20 (1941), 21-58.

[17] *BOMPIANI, E.:* Geometrische Kennzeichnung der Flächen mit der Krümmung Null, Jahresber. Deutsch. Math. Ver. 51 (1944), 82 – 100.

[18] *BRAUNER, H.:* Geometrie des zweifach isotropen Raumes I, Journ. f. reine u. angew. Math. 224 (1966), 118 – 146.

[19] *BRAUNER, H.:* Geometrie des zweifach isotropen Raumes II, Journ. f. reine u. angew. Math. 226 (1967), 132 – 158.

[20] *BRAUNER, H.:* Geometrie des zweifach isotropen Raumes III, Journ. f. reine u. angew. Math. 228 (1967), 38 – 70.

[21] *BRAUNER, H.:* Die verallgemeinerten Böschungsflächen, Math. Annalen 143 (1961), 431 – 439.

[22] *BRAUNER, H.:* Neuere Untersuchungen über windschiefe Flächen, Jahresber. d. DMV 70 (1967), 61 – 85.

[23] *BRAUNER, H.:* Eine Scherungsinvariante der Strahlflächen, Monatsh. Math. 66 (1962), 105 – 109.

[24] *BRAUNER, H.:* Die quadratischen Strahlkomplexe der Charakteristik [(321)], Math. Zeitschr. 88 (1965), 320 – 357.

[25] *BRAUNER, H.:* Lehrbuch der Konstruktiven Geometrie, Springer-Verlag, Wien – New York 1986.

[26] *BRAUNER, H., KICKINGER, W.:* Baugeometrie, Bd. 1, Bauverlag, Wiesbaden und Berlin 1977.

[27] *BRAUNER, H.:* Differentialgeometrie, Vorlesungsausarbeitung von H. Sachs a. d. U. Stuttgart 1968/69, 1 – 336.

[28] *BRAUNER, H.:* Geometrie projektiver Räume I, II; Bibliographisches Institut Mannheim, 1976.

[29] *BRAUNER, H.:* Differentialgeometrie, Vieweg-Verlag, Braunschweig-Wiesbaden 1981.

[30] БУХАРАЕВ, Р.Г.: О поверхностях евклидова пространства с вырождающимся абсолютом, Уч. зап. Казанского гос. ун-та, 114 (1954), 39 – 52.

[31] *BURAU, W.:* Algebraische Kurven und Flächen I, Algebraische Kurven der Ebene, Sammlung Göschen, Bd. 435, Berlin 1962.

[32] *BURAU, W.:* Algebraische Kurven und Flächen II, Algebraische Flächen 3. Grades und Raumkurven 3. und 4. Grades, Sammlung Göschen, Bd. 436/436a, Berlin 1962.

[33] *BURAU, W.:* Mehrdimensionale projektive und höhere Geometrie, VEB Deutscher Verlag der Wissenschaften, Berlin 1961.

[34] *DARBOUX, G.:* Théorie des surfaces III, Paris 1894.

[35] *DEGEN, W.:* Analytische Geometrie II, Vorlesungsausarbeitung a. d. U. Stuttgart 1969, 195 S.

[36] ДЕНИСОВА, Н.С.: Линейчатые 2-поверхности в галилеевом и изотропном n-простанствах, Моск. Гос. Пед. ин-та. «Geometry of imbedded manifolds» (1980), 23 – 29.

[37] *DOEHLEMANN, K.:* Geometrische Transformationen II, Sammlung Schubert, Bd. 28, Göschens Verlagshandlung, Leipzig 1908.

[38] *EDLINGER, R.:* Über Regelflächen, deren sämtliche oskulierenden Hyperboloide Drehhyperboloide sind, Sitz.-Ber. Österr. Akad. Wiss. Wien 132 (1923), 243 – 351.

[39] ЕФИМОВ, Н.В.: Высшая геометрия, издательство наука, Москва 1971 (gegenüber der deutschen Fassung, Vieweg 1970, erheblich erweiterte Ausgabe).

[40] *EISENHART, L.P.:* Continuous Groups of Transformations, Dover publications, New York 1961.

[41] *GIERING, O.:* Vorlesungen über höhere Geometrie, Vieweg-Verlag, Braunschweig-Wiesbaden 1982.

[42] *GOURSAT, É.:* Sur les lignes asymptotiques, Bull. soc. math. de France 24 (1896), 43 – 51.

[43] *GRAF, U.:* Über komplexe Zahlsysteme und ihren Zusammenhang mit den äquidistanten Transformationen in Ebenen mit nichteuklidischer Maßbestimmung, Sitz-Ber. d. Berl. Math. Ges. 32 (1933), 33 – 44.

[44] *GRAUERT, H. u. FISCHER, W.:* Differential- und Integralrechnung II, Springer-Verlag, Berlin-Heidelberg-New York 1968.

[45] *GREUB, W. H.:* Linear Algebra, Springer-Verlag, Berlin-Heidelberg-New York 1976.

[46] *GRIMM, W.:* Über Flächen mit zwei Scharen von kubischen Asymptotenlinien, Dissertation Universität Karlsruhe 1972, 1 – 329.

[47] *GROTEMEYER, K. P.:* Analytische Geometrie, Sammlung Göschen, Bd. 65/65a, Walter de Gruyter, Berlin 1962.

[48] *HAAK, W.:* Differentialgeometrie der Strahlenkomplexe I, Math. Zeitschr. 40 (1935), 560 – 581.

[49] *HAAK, W.:* Differentialgeometrie der Strahlenkomplexe II, Math. Zeitschr. 40 (1936), 703 – 712.

[50] *HAAK, W.:* Differentialgeometrie der Strahlenkomplexe III, Monatsh. Math. 44 (1936), 27 – 40.

[51] *HAAK, W.:* Differentialgeometrie der Strahlenkomplexe IV, Math. Zeitschr. 41 (1936), 252 - 260.

[52] *HAZZIDAKIS, J. N.:* Über einige Eigenschaften der Flächen mit konstantem Krümmungsmaß , Crelles Journ. 88 (1880), 68 - 73.

[53] *HEIL, E.:* Differentialformen, Bibliographisches Institut, Mannheim-Wien-Zürich, 1974.

[54] *HLAVATÝ, V.:* Differentielle Liniengeometrie, Groningen 1945.

[55] *HOSCHEK, J.:* Eine Erweiterung der natürlichen Geometrie der Strahflächen, Sitz.-Ber. Österr. Akad. Wiss. Wien 176 (1967), 73 - 92.

[56] *HOSCHEK, J.:* Globale Invarianten von Raumkurven, Regelflächen und Geradenkongruenzen im einfach isotropen Raum, Journ. f. d. reine u. angew. Math. 286/287 (1976), 205 - 212.

[57] *HOSCHEK, J.:* Liniengeometrie, Bibliographisches Institut, Bd. 733a/b, Zürich 1971.

[58] *HUSTY, M.:* Zur Schraubung des Flaggenraumes. Dissertation, TU Graz 1983, 1 - 90.

[59] *HUSTY, M.:* Zur Schraubung des Flaggenraumes $J_3^{(2)}$, Berichte der Math.-Stat. Sektion, Forschungszentrum Graz, Bericht Nr. 217 (1984), 1 - 10.

[60] *HUSTY, M.:* Eine Palman-Zyklide im Bauwesen. Colloquium on Differential Geometry, Hajduszoboszló, 1984.

[61] *HUSTY, M.:* Symmetrische Schrotungen im einfach isotropen Raum $J_3^{(1)}$, Sitz.-Ber. Österr. Akad. Wiss. Wien 195 (1986), 291 - 306.

[62] *HUSTY, M.:* Eine Bemerkung zu den Dupinschen Zykliden des einfach isotropen bzw. pseudoisotropen Raumes, Anz. d. Österr. Akad. d. Wiss. 122 (1985), 171 - 174.

[63] *HUSTY, M. u. RÖSCHEL, O.:* Eine affinkinematische Erzeugung gewisser Flächen vierter Ordnung mit zerfallendem Doppelkegelschnitt I, Glasnik Mat. 22 (1987), 143 - 156.

[64] *HUSTY, M. u. RÖSCHEL, O.:* Eine affinkinematische Erzeugung gewisser Flächen vierter Ordnung mit zerfallendem Doppelkegelschnitt II, Glasnik Mat. 22 (1987), 429 - 447.

[65] *HUSTY, M. u. RÖSCHEL, O.:* On a particular class of cyclides in isotropic respectively pseudoisotropic space, Coll. Math. Soc. J. BOLYAI, 46 (1984), 531 - 557.

[66] *JAGLOM, I.M. u. ROZENFELD, B.A. u. JASINSKAYA, E.U.:* Projective Metrics, Russ. math. Surveys, 19, No. 5 (1964), 49 - 107, (englische Übersetzung aus Uspeki mat. Nauk, 19, No. 5 (119), (1964) 51 - 113).

[67] *JESSOP, C.M.:* A treatise on the line complex, Chelsea Publishing Company, New York 1969 (first published 1903 at Cambridge).

[68] *KAMENAROVIĆ, I.:* Prilozi diferencijalnoj geometriji pravačastih tvorevina u izotropnom prostoru $I_3^{(1)}$. Disertacija, Zagreb 1978, 1 – 94.

[69] *KAMENAROVIĆ, I.:* On line complexes in the isotropic space $I_3^{(1)}$, Glasnik Mat. 17 (1982), 321 – 329.

[70] *KAMENAROVIĆ, I.:* On some properties of linear line complexes in the isotropic space $I_3^{(1)}$, Glasnik Mat. 20 (1985), 127 – 138.

[71] *KELLER, O.H.:* Analytische Geometrie und lineare Algebra, VEB Deutscher Verlag der Wissenschaften, Berlin 1957.

[72] *KLEIN, F.:* Vorlesungen über nicht-euklidische Geometrie, Springer-Verlag, Berlin 1928, (Nachdruck 1968).

[73] *KLEIN, F.:* Vergleichende Betrachtungen über neuere geometrische Forschungen, Programm zum Eintritt in die philosophische Fakultät und den Senat der k. Friedrich-Alexanders-Universität zu Erlangen, 1872 bzw. Math. Ann. 43 (1893), 63 – 100.

[74] *KNOPP, K.:* Elemente der Funktionentheorie, Sammlung Göschen, Bd. 1109, Berlin 1959.

[75] *КОПП, В.Г.:* Об одном обобщении линий откоса, Уч. Зап. Казанского Гос. Пед. Инст. 10 (1955), 137 – 154.

[76] *KOMMERELL, K.:* Vorlesungen über analytische Geometrie des Raumes, Koehler-Verlag, Stuttgart 1940.

[77] *KOWALSKY, H.-J.:* Lineare Algebra, Göschens Lehrbücherei Bd. 27, Walter de Gruyter, Berlin 1967.

[78] *KRANJČEVIĆ, E.:* Die Fußpunktflächen der linearen Kongruenzen, Glasnik Mat. 23 (1968), 269 – 274.

[79] *КРЕЙЦЕР, Г.П.:* Кривые в n-мерном пространстве с вырожденным абсолютом, Уч. зап. Орехово - зуевского пед. института 7, (1957), 165 – 171.

[80] *KRUPPA, E.:* Das Analogon zu einem Satz von Cesàro über Bertrand-Kurven im Bereich der Strahlflächen, Monatsh. Math. 54 (1950), 45 – 54.

[81] *KRUPPA, E.:* Zur Differentialgeometrie der Strahlflächen und Raumkurven, Sitz.-Ber. Österr. Akad. Wiss. Wien 157 (1949), 143 – 176.

[82] *KRUPPA, E.:* Analytische und konstruktive Differentialgeometrie, Springer-Verlag, Wien 1957.

[83] *KRUPPA, E.:* Strahlflächen als Verallgemeinerung der Cesàro-Kurven, Monatsh. Math. 52 (1948), 323 – 336.

[84] *KRUPPA, E.:* Natürliche Geometrie der Mindingschen Verbiegungen der Strahlflächen, Monatsh. Math. 55 (1951), 340 – 345.

[85] *KUBOTA, T.:* Krümmungstheorie in der relativen Flächentheorie, Japan Journ. of Mathem. XII/2 (1935), 21 – 26.

[86] *KURNIK, Z. u. VOLENEC, V.:* Über die begleitenden Dreibeine der Raumkurve, Glasnik Mat. 26 (1971), 129 – 142.

[87] *KURNIK, Z.:* Zum Satz von ABRAMESCU für Kurven des einfach isotropen Raumes, Rad JAZU (1989, im Druck).

[88] *LACKNER, A.:* Haupttangentenkurven der Flächen vierten Ordnung mit zwei sich schneidenden Doppelgeraden und vier isolierten Doppelpunkten, Sitz.-Ber. Österr. Akad. Wiss. Wien 121 (1912), 2519 – 2551.

[89] *LACKNER, A.:* Über zwei Flächen vierter Ordnung und das orthogonale Hyperboloid, Sitz.-Ber. Österr. Akad. Wiss. Wien 121 (1912), 339 – 358.

[90] *LANG, J.:* Zu den linearen Sphärenmannigfaltigkeiten im einfach isotropen Raum, Berichte der Math.-Stat. Sektion, Forschungszentrum Graz, Ber. Nr. 218 (1984), 1 – 30.

[91] *LAUGWITZ, D.:* Differentialgeometrie, Teubner-Verlag, Stuttgart 1968.

[92] *LENSE, J.:* Über spezielle ametrische Mannigfaltigkeiten, Sitz.-Ber. Österr. Akad. Wiss. Wien 135 (1926), 26 – 32.

[93] *LENSE, J.:* Über ametrische Mannigfaltigkeiten und quadratische Differentialformen mit verschwindender Diskriminante, Jahresber. DMV 35 (1926), 280 – 294.

[94] *LENSE, J.:* Ein Beitrag zur Kugelgeometrie, Sitz.-Ber. Österr. Akad. Wiss. Wien 136 (1927), 81 – 85.

[95] *LENSE, J.:* Über Tangentialräume ametrischer Mannigfaltigkeiten, Math. Zeitschr. 29 (1928), 87 – 95.

[96] *LENSE, J.:* Die Ableitungsgleichungen ametrischer Mannigfaltigkeiten, Math. Zeitschr. 34 (1932), 721 – 736.

[97] *LENSE, J.:* Über Kurven mit isotropen Normalen, Math. Ann. 112 (1935), 129 – 154.

[98] *LENSE, J.:* Über vollisotrope Flächen, Monatsh. Math. Phys. 43 (1936), 177-186.

[99] *LENSE, J.:* Über isotrope Mannigfaltigkeiten, Math. Ann. 116 (1939), 297 – 309.

[100] *LENSE, J.:* Beiträge zur Theorie der isotropen Mannigfaltigkeiten, Monatsh. Math. Phys. 48 (1939), 121 – 128.

[101] *LENSE, J.:* Längentreue Abbildungen, isotrope Mannigfaltigkeiten vom Range Null, Einbettungssatz, Jahresber. DMV 50 (1940), 1 – 6.

306

[102] *LENSE, J.:* Über die Ableitungsgleichungen einer Mannigfaltigkeit im mehrdimensionalen komplexen euklidischen Raum, Math. Zeitschr. 47 (1940), 78 – 84.

[103] *LENSE, J.:* Determinazione d'una curva nello spazio euclideo complesso di n dimensioni, Boll. Unione Mat. Ital. 2 (1940), 227 – 230.

[104] *LENSE, J.:* Über einige Determinanten aus der Theorie der mehrdimensionalen Mannigfaltigkeiten, Math. Ann. 119 (1944), 216 – 220.

[105] *LENZ, H.:* Vorlesungen über projektive Geometrie, Akad. Verlagsgesellschaft, Leipzig 1965.

[106] *LÜBBERT, CH.:* Zerlegungen der Grenzgruppe des einfach isotropen Raumes J_n, Journal of Geometry 14 (1980), 59 – 70.

[107] *LÜBBERT, CH.:* Eine Kennzeichnung der Grenzgruppe des einfach isotropen Raumes J^3, Sitz.-Ber. Österr. Akad. Wiss. Wien 187 (1978), 313 – 323.

[108] *MAURER, L. u. BURKHARDT, H.:* Kontinuierliche Transformationsgruppen, Encyklopädie der math. Wiss. II, A.6, 401 – 436.

[109] *MIHĂILEANU, N.:* Geometrie diferentială neeuclidiană, Editura acad. republ. pop. romîne, 1964.

[110] *MINKOWSKI, H.:* Volumen und Oberfläche, Math. Ann. 57 (1903), 447 – 495.

[111] *MÜLLER, E.:* Punktmittenflächen und eine Art relativer Flächentheorie, Sitz.-Ber. Österr. Akad. Wiss. Wien 134 (1925), 255 – 280.

[112] *MÜLLER, E.:* Relative Minimalflächen, Monatsh. f. Math. um Phys. 31 (1921), 1 – 19.

[113] *MÜLLER, E.:* Die Geometrie orientierter Kugeln nach Grassmannschen Methoden, Monatsh. Math. Phys. 9 (1898), 269 – 315.

[114] *MÜLLER, E. u. KRAMES, J.:* Vorlesungen über Darstellende Geometrie, Bd. 2; Die Zyklographie, Verlag Deuticke, Leipzig und Wien 1929.

[115] *MÜLLER, E. u. KRAMES, J.:* Vorlesungen über Darstellende Geometrie, Bd. 3; Kontruktive Behandlung der Regelflächen, Verlag Deuticke, Leipzig und Wien 1931.

[116] *MÜLLER, F.:* Über die durch Bewegung eines Streifens im einfach isotropen Raum erzeugbaren Flächen. Dissertation, Universität Stuttgart 1974, 1 – 64.

[117] *PALMAN, D.:* Cesàrokurven im isotropen Raum, Glasnik Mat. 3 (1968), 49 – 76.

[118] *PALMAN, D.:* Strahlflächen als Verallgemeinerung der Cesàrokurven im einfach isotropen Raum, Sitz.-Ber. Österr. Akad. Wiss. Wien 180 (1972), 111 – 135.

[119] *PALMAN, D.:* Fußpunktfläche einer linearen hyperbolischen Strahlenkongruenz im isotropen Raum, Glasnik Mat. 9 (1974), 289 – 301.

[120] *PALMAN, D.:* Projektivna geometrija, Školska knjiga — Zagreb, 1984.

[121] *PALMAN, D.:* Sphärische Quartiken auf dem Torus im einfach isotropen Raum, Glasnik Mat. 14 (1979), 345 - 357.

[122] *PALMAN, D.:* Drehzykliden 4. Ordnung (Typus I) des einfach isotropen Raumes, Glasnik Mat. 15 (1980), 133 - 148.

[123] *PALMAN, D.:* Drehzykliden des einfach isotropen Raumes (Typus II), Rad JAZU 408 (1984), 51 - 59.

[124] *PALMAN, D.:* Drehzykliden im einfach isotropen Raumes (Typus III), Rad JAZU 421 (1986), 9 - 25.

[125] *PALMAN, D.:* Sphärische Quartiken auf Drehzykliden des einfach isotropen Raumes, Berichte der Math.-Stat. Sektion, Forschungszentrum Graz, Ber. Nr. 263 (1986), 1 - 17.

[126] *PALMAN, D.:* Plückersches Konoid und Steinersche Fläche als Flächen des einfach isotropen Raumes, Rad JAZU 386 (1980), 73 - 87.

[127] *PALMAN, D.:* Über die Kugelschnitte der Torusfläche des isotropen Raumes I_3, Sitz.-Ber. Österr. Akad. Wiss. Wien 187 (1979), 51 - 68.

[128] *PALMAN, D.:* Dupinsche Zykliden des einfach isotropen Raumes, Sitz.-Ber. d. Österr. Akad. Wiss. Wien 190 (1982), 427 - 443.

[129] *PALMAN, D.:* Drehzykliden des einfach isotropen Raumes (Typus IV), Sitz.-Ber. Österr. Akad. Wiss. Wien (1989, in Vorbereitung).

[130] ПАРНАССКИЙ,И.В.: Аксиоматическое построение трехмерной параболической геометрии, Уч. зап. Орлоского пед. института 2 (1956), 321 - 328.

[131] *PAVKOVIĆ, B.:* Allgemeine Lösung des Frenetschen Systems von Differentialgleichungen im isotropen und pseudoisotropen dreidimensionalen Raum, Glasnik Mat. 10 (1975), 321 - 328.

[132] *PAVKOVIĆ, B.:* Äquiform-metrische Kurven isotroper Räume, Berichte der Math.-Stat. Sektion, Forschungszentrum Graz, Ber. Nr. 242 (1985), 1 - 14.

[133] *PAVKOVIĆ, B.:* Pseudogeodätische und Unionlinien auf Flächen im isotropen Raum $I_3^{(1)}$, Glasnik Mat. 10 (1975), 115 - 124.

[134] *PAVKOVIĆ, B.:* An interpretation of the relative curvatures for surfaces in the isotropic space, Glasnik Mat. 15 (1980), 149 - 152.

[135] *PAVKOVIĆ, B.:* Equiform geometry of curves in the isotropic spaces $I_3^{(1)}$ and $I_3^{(2)}$, Rad JAZU 421 (1986), 39 - 44.

[136] *PAVKOVIĆ, B.:* Eine Verallgemeinerung der Frenetschen Formeln im isotropen Raum, Glasnik Mat. 4 (1969), 177 - 122.

[137] *PAVKOVIĆ, B.:* Relative differential geometry of surfaces in isotropic space, Rad JAZU (1989, in Vorbereitung).

[138] *PINL, M.:* Über ametrische Mannigfaltigkeiten im euklidischen Raum von vier und
mehr Dimensionen. Dissertation, Wien 1926.

[139] *PINL, M.:* Über Kurven mit isotropen Schmiegräumen im euklidischen Raum von
n Dimensionen, Monatsh. Math. Phys. 39 (1932), 157 – 172.

[140] *PINL, M.:* Quasimetrik auf totalisotropen Flächen I, Proceedings Amsterdam 35/9
(1932), 1181 – 1188.

[141] *PINL, M.:* Quasimetrik auf totalisotropen Flächen II, Proceedings Amsterdam 36
(1933), 550 – 557.

[142] *PINL, M.:* Quasimetrik auf totalisotropen Flächen III, Proceedings Amsterdam 38
(1935), 171 – 180.

[143] *PINL, M.:* Zur dualistischen Theorie isotroper und verwandter Kurven im euklidischen Raum von n Dimensionen, Monatsh. Math. Phys. 44 (1936), 1 – 12.

[144] *PINL, M.:* Zur integrallosen Darstellung n-dimensionaler isotroper Mannigfaltigkeiten im euklidischen R_{n+2}, Math. Zeitschr. 42 (1937), 337 – 354.

[145] *PINL, M.:* W-Projektionen totalisotroper Flächen I, II, Časopis Praha 66 (1937),
95 – 102 bzw. 69 (1940), 23 – 35.

[146] *PINL, M.:* Zur Existenztheorie und Klassifikation totalisotroper Flächen, Comp.
mat. 5 (1937). 208 – 238.

[147] *PINL, M.:* Zur Theorie der halbisotropen Flächen in R_4, Jahresber. DMV 50
(1940), 65 – 78.

[148] *PINL, M.:* Zur dualistischen Theorie isotroper Kurven, Monatsh. Math. Phys. 49
(1940), 261 – 278.

[149] *PINL, M.:* Über Flächen mit isotropem mittlerem Krümmungsvektor, Monatsh.
Math. 52 (1948), 301 – 310.

[150] *PINL, M.:* Binäre orthogonale Matrizen und integrallose Darstellungen isotroper
Kurven, Math. Ann. 121 (1949), 1 – 20.

[151] *PINL, M.:* Zur integrallosen Darstellung reeller isotroper Kurven, Journ. f. reine
u. angew. Math. 192 (1954), 204 – 209.

[152] *PINL, M.:* Integrallose Darstellung isotroper Kurven im sphärischen drei- und vierdimensionalen Raum, Math. Ann. 128 (1954), 49 – 54.

[153] *PINL, M.:* Explicit representation of real isotropic curves in pseudospherical three-
and fourdimensional spaces, Rend.Mat.Pura ed Appl.V.Ser. 14 (1955),686-695.

[154] *PINL, M.:* Zur Integration der isotropen Komplexe in R_5, Monatsh. Math. 60
(1956), 298 – 312.

[155] *PINL, M.:* Zur Differentialgeometrie im totalisotropen R_2 und R_3 eines komplexen euklidischen R_4 und R_6, Monatsh. Math. 63 (1959), 256 - 264.

[156] *PINL, M.:* Die Hauptgruppen singulärer konformeuklidischer Räume, Journ. f. d. reine u. angew. Math. 203 (1960), 40 - 46.

[157] *PINL, M.:* Über die Verwendung natürlicher Kurvenparameter eingebetteter Riemannscher Mannigfaltigkeiten, Journ. f. d. reine u. angew. Math. 214/215 (1964), 399 - 404.

[158] *PINL, M.:* Die Radikale des komplexen euklidischen n-dimensionalen Raumes, Monatsh. Math. 71 (1967), 218 - 222.

[159] *PINL, M.:* Minimalmannigfaltigkeiten und analytische Funktionen I, Journ. f. d. reine und angew. Math. 239/240 (1970), 145 - 152.

[160] *PINL, M. u. ZILLER, W.:* Minimalmannigfaltigkeiten und analytische Funktionen II, Journ. f. d. reine u. angew. Math. 244 (1970) 177 - 189.

[161] ПРОСКУРИНА, Р.Г.: Интерпретации трехмерного псевдоизотропного пространства, Украински геом. сборник 15 (1974), 80 - 95.

[162] ПРОСКУРИНА, Р.Г.: Образы симметрии и антисимметрии трехмерного псевдоизотропного пространства, Украински геом. сборник 14 (1973), 77 - 83.

[163] РОЗЕНФЕЛЬД, Б.А.: Неевклидовы пространства, издательство наука, Москва 1969.

[164] РОЗЕНФЕЛЬД, Б.А.: Неевклидовы геометрии, государственное издательство, Москва 1955.

[165] РОЗЕНФЕЛЬД, Б.А.: Многомерные пространства, издательство наука, Москва 1966.

[166] РУДЬ, Н.Н.: К дифференциальной геометрии пространств с проективной метрикой, Ученые записки МГПИ (1965), 325 - 340.

[167] *SACHS, H.:* Zur Liniengeometrie isotroper Räume. Habilitationsschrift, Universität Stuttgart (1972), 120 S., Privatdruck.

[168] *SACHS, H.:* Projektiv-metrische Kennzeichnungen konstant gedrallter Regelflächen, Sitz.-Ber. Österr. Akad. Wiss. Wien 182 (1974), 155 - 175.

[169] *SACHS, H.:* Edlinger Flächen in isotropen Räumen, Sitz.-Ber. d. Bayer. Akad. d. Wiss. München, Mathem.-Naturwiss. Klasse 5, (1975), 59 - 86.

[170] *SACHS, H.:* Zur Geometrie der Hypersphären im n-dimensionalen einfach isotropen Raum, Journ. f. d. reine u. angew. Math. 298 (1978), 199 - 217.

[171] *SACHS, H.:* Zur Geometrie der Sphären im einfach isotropen Raum, Sitz.-Ber. Österr. Akad. Wiss. Wien 186 (1978), 241 - 261.

[172] *SACHS, H.:* Lineare Geradenkomplexe im einfach isotropen Raum, Glasnik Mat. 14 (1979), 325 – 344.

[173] *SACHS, H.:* Zur Theorie der Pseudogeodätischen auf Regelflächen des einfach isotropen Raumes, Sitz.-Ber. Österr. Akad. Wiss. Wien 189 (1980), 67 – 82.

[174] *SACHS, H.:* Lineare Komplexbündel im einfach isotropen Raum, Journ. of Geometry 23 (1984), 184 – 200.

[175] *SACHS, H.:* Klassifikationstheorie der linearen Komplexbüschel und Bündel im einfach isotropen Raum, Glasnik Mat. 21 (1986), 393 – 406.

[176] *SACHS, H.:* Parabolic bundles of linear complexes in the simply isotropic space, Colloquia math. soc. János Bolyai 46 (1984), 1083 – 1106.

[177] *SACHS, H.:* Die metrische Theorie der linearen Komplexbündel von Typ 1 des einfach isotropen Raumes $J_3^{(1)}$, Monatsh. Math. 101 (1986), 227 – 243.

[178] *SACHS, H.:* Differentialgeometrie der Regelflächen isotroper Räume bezüglich der Gruppe der winkeltreuen isotropen Ähnlichkeiten, Journ. of Geometry (1989, in Vorbereitung).

[179] *SACHS, H.:* Sofia — eine Hochburg der axialen Geometrie, 1300 Jahre Bulgarien, Südosteuropa-Studien Heft 30 (1982), Teil II, 23 – 30.

[180] *SACHS, H.:* Ebene isotrope Geometrie, Vieweg-Verlag, Braunschweig/Wiesbaden 1987.

[181] *SACHS, H. u. KURILJ, P.:* Zur Theorie der Flächen 2. Ordnung im einfach isotropen Raum, Sitz.-Ber. Österr. Akad. Wiss. Wien (1989, in Vorbereitung).

[182] *SACHS, H.:* Zur Theorie der Zykliden des einfach isotropen Raumes $I_3^{(1)}$, Glasnik Mat. (1988, im Druck).

[183] *SACHS, H.:* Parabolische Schiebzykliden des einfach isotropen Raumes, Geometriae Dedicata 31 (1989), 301 – 320.

[184] *SACHS, H.:* Zykliden des einfach isotropen Raumes mit einer Schar parabolischer Kreise, Rad JAZU (1989, im Druck).

[185] *SALKOWSKI, E.:* Affinminmalflächen und Gewindekurven, Sitz.-Ber. Berl. Mat. Ges. 28 (1929), 114 – 123.

[186] *SALKOWSKI, E.:* Zur Theorie der Affinminimalflächen, Comme. m. Vol. Calcutta Math. Soc. Bull 20 (1930), 295 – 308.

[187] *SAUER, R.:* Projektive Liniengeometrie, Göschens Lehrbücherei, Bd. 23, Walter de Gruyter, Berlin und Leipzig 1937.

[188] *SCHAAL, H.:* Lineare Algebra und Analytische Geometrie I, Vieweg-Verlag, Braunschweig 1976.

[189] *SCHAAL, H.:* Lineare Algebra und Analytische Geometrie II, Vieweg-Verlag, Braunschweig 1976.

[190] *SCHEFFERS, G.:* Flächentreue Abbildungen in der Ebene, Math. Zeitschr. 2 (1918), 180 – 186.

[191] *SCHEFFERS, G.:* Eigenschaften der Integralflächen der partiellen Differentialgleichung $s^2 - rt = const.$, Math. Zeitschr. 5 (1919), 112 – 117.

[192] *SCHIROKOW, A. u. P.:* Affine Differentialgeometrie, B. G. Teubner Verlagsgesellschaft, Leipzig 1962.

[193] *STAMOU, G.:* Integral- und Identitätssätze für Strahlensysteme im einfach isotropen Raum, Arch. d. Math. 28 (1977), 538 – 543.

[194] *STAMOU, G.:* Beitrag zur Geometrie der Geradenkongruenzen des einfach isotropen Raumes. Habilitationsschrift, Thessaloniki 1979.

[195] *STAMOU, G.:* Spezielle Geradenkongruenzen im einfach isotropen Raum, Journ. of Geometry 14 (1980), 38 – 49.

[196] *STAMOU, G.:* Über eine spezielle Geradenkongruenz im einfach isotropen Raum. Manuscr. Math. 32 (1980), 81 – 90.

[197] *STAMOU, G.:* Lokale und globale Eigenschaften von Geradenkongruenzen und Kongruenzflächen im einfach isotropen Raum, Arch. Math. 39 (1982), 369 – 375.

[198] *STAMOU, G.:* Konstant gedrallte Kongruenzflächen im einfach isotropen Raum, Journ. of Geometry 20 (1983), 155 – 168.

[199] *STAMOU, G.:* Einige spezielle Geradenkongruenzen im einfach isotropen Raum, Sitz.-Ber. Österr. Akad. Wiss. Wien 194 (1985), 249 – 263.

[200] *STAMOU, G.:* Neue Eigenschaften spezieller Geradenkongruenzen im einfach isotropen Raum, Proceedings of the Congress of Geometry, Thessaloniki (1987), 173 – 187.

[201] *STRUBECKER, K.:* Über Flächen mit einer zweigliedrigen nichteuklidischen Bewegungsgruppe, Monatsh. Math. Phys. 44 (1936), 51 – 59.

[202] *STRUBECKER, K.:* Gruppentheoretische Begründung der Lieschen Deutung der Flächenelemente des R_3 als Punkte des R_5, Monatsh. Math. Phys. 44 (1936), 295 – 306.

[203] *STRUBECKER, K.:* Beiträge zur Geometrie des isotropen Raumes, Journ. f. reine u. angew. Math. 178 (1938), 135 – 173.

[204] *STRUBECKER, K.:* Die Geometrie des isotropen Raumes und einige ihrer Anwendungen, Jahresber. DMV 48 (1938), 236 – 257.

[205] *STRUBECKER, K.:* Über die Eulersche Transformation, Compt. Rend. Inst. des Sciences de Roumaine 3 (1939), 1 – 6.

[206] *STRUBECKER, K.:* Zum Chauchyschen Problem der Differentialgleichung $rt - s^2 = konst.$, Dtsch. Math. 6 (1942), 507 – 524.

[207] *STRUBECKER, K.:* Über die flächentreuen Abbildungen der Ebene, Bull. math. soc. Roumaine Sci. 44 (1942), 59 - 70.

[208] *STRUBECKER, K.:* Differentialgeometrie des isotropen Raumes I: Theorie der Raumkurven, Sitz.-Ber. Österr. Akad. Wiss. Wien 150 (1941), 1 - 53.

[209] *STRUBECKER, K.:* Differentialgeometrie des isotropen Raumes II: Die Flächen konstanter Relativkrümmung $K = rt - s^2$, Math. Zeitschr. 47 (1942), 743 - 777.

[210] *STRUBECKER, K.:* Differentialgeometrie des isotropen Raumes III: Flächentheorie, Math. Zeitschr. 48 (1942), 369 - 427.

[211] *STRUBECKER, K.:* Differentialgeometrie des isotropen Raumes IV: Theorie der flächentreuen Abbildungen der Ebene, Math. Zeitschr. 50 (1944), 1 - 92.

[212] *STRUBECKER, K.:* Differentialgeometrie des isotropen Raumes V: Zur Theorie der Eilinien, Math. Zeitschr. 52 (1949), 525 - 573.

[213] *STRUBECKER, K.:* Über die parataktischen Abbildungen der Flächenelemente des isotropen Raumes auf Punktepaare der Ebene, Journ. f. reine u. angew. Math. 186 (1945), 1 - 36.

[214] *STRUBECKER, K.:* Über die Flächen, deren Asymptotenlinien beider Scharen linearen Komplexen angehören, Math. Zeitschr. 52 (1949), 401 - 435.

[215] *STRUBECKER, K.:* Überblick über die Differentialgeometrie des isotropen Raumes, Jahresber. DMV 54 (1951), 34.

[216] *STRUBECKER, K.:* Über die Flächen, deren Asymptotenlinien ein Quasirückungsnetz bilden, Sitz.-Ber. d. Bayer. Akad. Wiss. München 12 (1952), 103 - 110.

[217] *STRUBECKER, K.:* Minimalflächen des isotropen Raumes, Proc. Int. Math. Congress Amsterdam 1954, II, 258 - 260.

[218] *STRUBECKER, K.:* Über Potentialflächen, Arch. Math. 5 (1954), 32 - 38.

[219] *STRUBECKER, K.:* Alcune applicazioni della geometria differenziale dello spazio isotropo, Bull. Convegno di Geometria Differenziale. Roma (1954), 1 - 10.

[220] *STRUBECKER, K.:* Über die Flächen $rt - s^2 = K = konst.$ und ihren Zusammenhang mit den Flächen $Kr + t = 0$, Abh. Math. Sem. Univ. Hamburg 21 (1957), 99 - 103.

[221] *STRUBECKER, K.:* Differentialgeometrie isotroper Mannigfaltigkeiten, Schriftenreihe des Inst. f. Math. Deutsche Akad. d. Wiss. Berlin (1957), Heft 1.

[222] *STRUBECKER, K.:* Casi limiti di geometrie non-euclidee, Rendiconti del Seminario Mat. dell'Università e del Politecnico di Torino 21 (1961), 141 - 212.

[223] *STRUBECKER, K.:* Anwendungen der Differentialgeomerie des isotropen Raumes auf Geometrie und Mechanik, Internat. Math. Nachrichten 16, Heft 72 (1962), 51 - 52.

[224] *STRUBECKER, K.:* Über die Flächen von Monge und Serret im isotropen Raum, Math. Zeitschr. 81 (1963), 155 – 179.

[225] *STRUBECKER, K.:* Über Monge-Ampèrsche Differentialgleichungen mit konstanten Koeffizienten, Journ. f. reine u. angew. Math. 217 (1965), 143 – 179.

[226] *STRUBECKER, K.:* Differentialgeometrie I, Kurventheorie der Ebene und des Raumes, Sammlung Göschen, Bd. 1113/1113a, Berlin 1964.

[227] *STRUBECKER, K.:* Differentialgeometrie II, Theorie der Flächenmetrik, Sammlung Göschen, Bd. 1179/1179a, Walter de Gruyter, Berlin 1969.

[228] *STRUBECKER, K.:* Differentialgeometrie III, Theorie der Flächenkrümmung, Sammlung Göschen, Bd. 1180/1180a, Walter de Gruyter, Berlin 1969.

[229] *STRUBECKER, K.:* Geometrie isotroper Räume, Instituto Nazionale di alta mat., Symposia Mat. V (1971), 263 – 284.

[230] *STRUBECKER, K.:* Geometrie und Kinematik des elliptischen, quasielliptischen und isotropen Raumes, Wege der Forschung, Bd. 177 (Geometrie), Darmstadt 1972.

[231] *STRUBECKER, K.:* Airysche Spannungsfunktion und isotrope Differentialgeometrie, Math. Zeitschr. 78 (1962), 189 – 198.

[232] *STRUBECKER, K.:* Über das isotrope Gegenstück $z = \frac{3}{2}I(x + iy)^{2/3}$ der Minimalfläche von Enneper, Abh. Math. Sem. Univ. Hamburg 44 (1975/76), 152 – 174.

[233] *STRUBECKER, K.:* Über einige Eigenschaften der Fläche $z = \frac{1}{2}J(x + iy)^{-2}$, Bollettino U.M.I.(4) 12 (1975), 158 – 173.

[234] *STRUBECKER, K.:* Loxodromen im isotropen Raum, Sitz.-Ber. Österr. Akad. Wiss. Wien 184 (1975), 269 – 305.

[235] *STRUBECKER, K.:* Über die Minimalflächen des isotropen Raumes, welche zugleich Affinminimalflächen sind, Monatsh. Math. 84 (1977), 303 – 339.

[236] *STRUBECKER, K.:* Über die isotropen Gegenstücke der Minimalfläche von Scherk, Journ. f. reine u. angew. Math. 293/294 (1977), 22 – 51.

[237] *STRUBECKER, K.:* Theorie der flächentreuen Abbildungen der Ebene, Berichte der Math.-Stat. Sektion, Forschungszentrum Graz, Ber. Nr. 93 (1978), 1 – 23.

[238] *STRUBECKER, K.:* Duale Minimalflächen des isotropen Raumes, Rad. JAZU 382 (1978), 91 – 107.

[239] *STRUBECKER, K.:* Minimalflächen des isotropen Raumes, Journ. of Geometry 13 (1979), 22 – 24.

[240] *STRUBECKER, K.:* Die Geometrie isotroper Räume und Mannigfaltigkeiten, Inst. f. Math. u. Informatik der TU München, M 8010 (1980).

[241] *STRUBECKER, K.:* Eulersche Transformation und isotrope Raumgeometrie, Rad. JAZU 396 (1982), 71 - 100.

[242] *STUDY, E.:* Vorlesungen über ausgewählte Gegenstände der Geometrie, 1. Heft: Ebene analytische Kurven und zu ihnen gehörige Abbildungen, Leipzig - Berlin 1911.

[243] *STUDY, E.:* Zur Differentialgeometrie der analytischen Kurven, Trans. Amer. Math. Soc. 10 (1909), 1 - 49.

[244] *TÖLKE, J.:* Die isotropen Gegenstücke der Darbouxbewegungen, Sitz.-Ber. Österr. Akad. Wiss. Wien 187 (1978), 289 - 296.

[245] ЧЕБОТАРЕВ, Х.Г.: Теория групп Ли, государственное издателбство, Москва - Ленинград 1940.

[246] *TURRIÈRE, É.:* Sur les réseaux conjugués orthogonaux en projection sur un plan, Bull. Soc. Math. France 40 (1912), 228 - 238.

[247] *VETTER, W.:* Schraublinien-Flächen im einfach isotropen Raum, Sitz.-Ber. Österr. Akad. Wiss. Wien 186 (1978), 217 - 239.

[248] *VETTER, W.:* Kreisflächen im einfach isotropen Raum. Dissertation, TU München 1975, 1 - 89.

[249] *VOGEL, W.O.:* Regelflächen im isotropen Raum, Journ. f. reine u. angew. Math. 202 (1959), 196 - 214.

[250] *VOGEL, W.O.:* Zur isometrischen Einbettung einfach und zweifach singulärer Riemannscher Mannigfaltigkeiten in einem gewöhnlichen Riemannschen Raum. Habilitationsschrift, TU Karlsruhe 1962.

[251] *VOGEL, W.O.:* Über lineare Zusammenhänge in singulären Riemannschen Räumen, Archiv d. Math. 16 (1965), 106 - 116.

[252] *VOGEL, W.O.:* Zur isometrischen Einbettung einer singulären Riemannschen Mannigfaltigkeit in einem regulären Riemannschen Raum, Math. Nachr. 42 (1969). 1 - 27.

[253] *VOGEL, W.O.:* Klassifikation der dreidimensionalen Mannigfaltigkeiten mit einfach singulärer Riemannscher Metrik, Berichte der Fakultät für Mathematik der Universität Karlsruhe, Bericht Nr. 25 (1986).

[254] *VOGEL, W.O.:* Klassifikation der dreidimensionalen Mannigfaltigkeiten mit zweifach singulärer Riemannscher Metrik, Berichte der Fakultät für Mathematik der Universität Karlsruhe, Bericht Nr. 27 (1989).

[255] *VOSS, A.:* Über ein neues Prinzip der Abbildung krummer Oberflächen, Math. Annalen 19 (1881), 1 - 26.

[256] ВАСИЛЬЕВА, З.И. и. КОНЯЕВА, Л.В. и. ЛИБЕРМАН, Л.И.: Квадрики в изотропном пространстве, Уч. зап. Коломен. Пед. ин-та, «Проективные метрики», 8 (1964), 34 – 52.

[257] *WEISS, E.:* S. Lies Abbildungen der Linienelemente einer Ebene und die nicht-euklidische Geraden-Kugel-Transformation, Monatsh. Math. Phys. 46 (1938), 199 – 205.

[258] *WELLSTEIN, J.:* Flächen isotroper Drehungen und Schraubungen, Journ. f. reine u. angew. Math. 156 (1927), 149 – 163.

[259] *WELLSTEIN, J.:* Isotrope Drehungen und Schraubungen, Festschr. z. 100-Jahres-Feier der TU Karlsruhe (1925), 142 – 150.

[260] ВОИТЕНКО, М.А.: Геометрия трехмерного пространства с вырожденным абсолютом, Уч. зап. Орехово-зуевского пед. института, 7 (1957), 113 – 136.

[261] *WÜNSCH, H.:* Die kugeltreuen Transformationen des isotropen Raumes, Dissertation, TU Karlsruhe 1936, 1 – 216.

[262] *WUNDERLICH, W.:* Böschungsloxodromen und ebene Loxodromen im isotropen Raum, Sitz.-Ber. Österr. Akad. Wiss. Wien 187 (1978), 339 – 361.

[263] *WUNDERLICH, W.:* Integrallose Darstellung der Loxodromen im isotropen Raum, Anz. Österr. Akad. Wiss. 1977/7, 93 – 96.

[264] *ZINLDER, K.:* Liniengeometrie mit Anwendungen I, Sammlung Schubert, Bd. 34, Göschens Verlagshandlung, Leipzig 1902.

[265] *ZINDLER, K.:* Algebraische Liniengeometrie, in Encykl. d. Math. Wiss. III, C8, 2.2, 973 – 1228.

DERNIERE MINUTE:

[266] *ARNOLD, R.:* Eine Übertragung des Satzes von Bonnet auf Regelflächen im einfach isotropen Raum, Monatsh. Math. 106 (1988), 99 – 105.

[267] *HARTMANN, W. u. SACHS, H.:* CAD-Methoden in der Behandlung parabolischer Schiebzykliden des einfach isotropen Raumes, CAD und Computergrafik, Wien 12, (2) (1989), 67 – 73.

[268] *HARTMANN, W. u. SACHS, H.:* Verallgemeinerte parabolische Schiebzykliden des $I_3^{(1)}$ in der konstruktiven Computer-Geometrie, Journal of Theoretical Graphics and Computing, Georgia Institute of Technology (1989, im Druck).

[269] *PALMAN, D. u. SACHS, H.:* Die Strubecker-Zykliden des einfach isotropen Raumes, Mathematica Pannonica (1989, im Druck).

[270] *PAVKOVIĆ, B.:* Relative differential geometry of surfaces in isotropic space $I_3^{(1)}$, Rad JAZU (1989, im Druck).

[271] *SACHS, H.:* Verallgemeinerte parabolische Schiebzykliden des einfach isotropen Raumes $I_3^{(1)}$, Sitz. Ber. Österr.Akad. Wiss. Wien (1989, im Druck).

[272] *STAMOU, G.:* Über isotrope Geradenkongruenzen des $I_3^{(1)}$, Internationale Geometrietagung in Seggauberg 1989.

SACHVERZEICHNIS

-e, Spanne zweier -, 6

Q

Quaternionen, isotrope, 11

R

Radius, eines Kreises elliptischen Typs, 70
-, - parabolischen Typs, 70
-, einer Sphäre parabolischen Typs, 68
-, -zylindrischen Typs, 68
Raum, einfach isotroper ($I_3^{(1)}$), 1
Rechtsschiebungen, Cliffordsche (im $I_3^{(1)}$), 9
Regelfläche, konoidale, 193
-, konstant gedrallte, 206
-, windschiefe, 192
Reihenentwicklung, kanonische (für eine Kurve im $I_3^{(1)}$), 121
Relativkrümmung, (einer Fläche im $I_3^{(1)}$), 174
RODRIGUES-Formel, (für Schmiegstreifen), 262

S

Scherungen, vollisotrope, 32
Scherungsinvariante, 201
Schiebungen, nichtisotrope, 32
-, windschiefe (im $I_3^{(1)}$), 32
Schiebungsgruppe, vollisotrope, 32
Schiebzykliden, parabolische, 36, 249
Schmiegebene, (einer Kurve), 104
Schmiegsphäre, (einer Kurve im $I_3^{(1)}$), 121
Schmiegstreifen, (im $I_3^{(1)}$), 260
Schnitte, (von Sphären mit Ebenen und Sphären), 74
Schraublinien, (des $I_3^{(1)}$), 30, 115, 132
Schraubung, isotrope, 30
-, -, (Haupt- und Nebenachse), 30
Seitenvektor, 154
SERRET-Flächen, 219
Sphäre, (parabolischen Typs), 34, 66
-, (zylindrischen Typs), 66 f
Sphärenbewegungen, isotrope, 72
Sphärenkomplexe, lineare (im $I_3^{(1)}$), 84
Spiegelung, (an einem einteiligen Drehzylinder zum Zentrum Z), 90, 97
-, (an einem einteiligen Kreis ellitpischen Typs des $I_3^{(1)}$), 90, 98
-, (an einem isotropen Kreis im $I_3^{(1)}$), 90, 98
-, (an einem nullteiligen Drehzylinder zum Zentrum Z), 90, 97
-, (an einem nullteiligen Kreis elliptischen Typs des $I_3^{(1)}$), 90

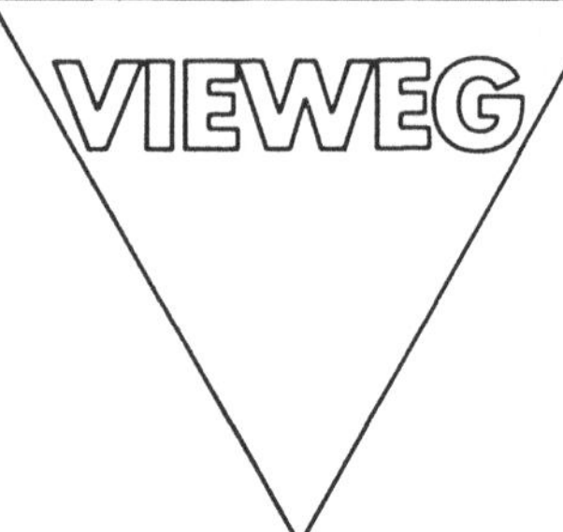

Hans Sachs

Ebene Isotrope Geometrie

1987. VIII, 198 Seiten. Kartoniert.

In diesem Lehrbuch werden erstmals die vielseitigen Ergebnisse zur ebenen isotropen Geometrie, die bisher nur in Originalarbeiten vorlagen, systematisch dargestellt. Der Leser wird auf elementarem Weg in die reiche Formenwelt einer speziellen nicht euklidischen Geometrie eingeführt und mit der Arbeitsmethodik der Cayley-Klein-schen Geometrie vertraut gemacht. Zahlreiche Textfiguren erleichtern den Einstieg in dieses moderne Arbeitsgebiet.

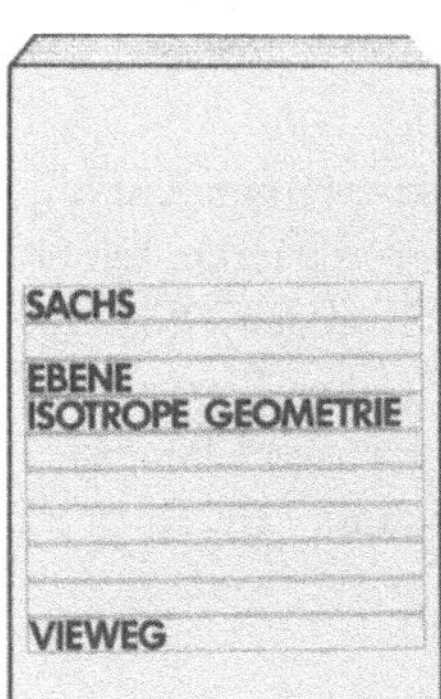